Dominique Foata
Aimé Fuchs

Wahrscheinlichkeits-rechnung

Aus dem Französischen von Volker Strehl

Springer Basel AG

Autoren:
Donminique Foata und
Aimé Fuchs
Département de Mathématiques
Université Louis Pasteur
7, rue René Descartes
F-67084 Strasbourg

Die französische Originalausgabe erschien 1996 unter dem Titel „Calcul des probabilités"
bei Masson, Paris.
© 1996 Masson

1991 Mathematics Subject Classification 60-01

Deutsche Bibliothek Cataloging-in-Publication Data

Foata, Dominique:
Wahrscheinlichkeitsrechnung / Dominique Foata ; Aimé Fuchs. –
Basel ; Boston ; Berlin : Birkhäuser, 1999
   (Grundstudium Mathematik)
   Einheitssacht:: Calcul des probabilités <dt.>
   ISBN 978-3-7643-6169-3   ISBN 978-3-0348-8695-6 (eBook)
   DOI 10.1007/978-3-0348-8695-6

© 1999 Springer Basel AG
Ursprünglich erschienen bei Birkhäuser Verlag, Basel, Schweiz 1999

Gedruck auf säurefreiem Papier, hergestellt aus chlorfrei gebleichtem Zellstoff. TCF ∞

ISBN 978-3-7643-6169-3

9 8 7 6 5 4 3 2 1

INHALTSVERZEICHNIS

KAPITEL 13. **Erzeugende Funktionen der Momente.**
Charakteristische Funktionen 191

Einführung. Elementare Eigenschaften. Momente. Charakteristische
Funktion. Die zweite charakteristische Funktion. Erzeugende Funktion und charakteristische Funktion eines Zufallsvektors. Die fundamentale Eigenschaft. Ergänzungen und Übungen.

KAPITEL 14. **Die wichtigsten (absolut stetigen)**
Wahrscheinlichkeitsverteilungen 211

Die Gleichverteilung auf $[0,1]$. Die Gleichverteilung auf $[a,b]$.
Die Normalverteilung oder Gauss-(Laplace)-Verteilung. Die lognormale Verteilung. Die Exponentialverteilung. Die (erste) Laplace-Verteilung. Die Cauchy-Verteilung. Die Gamma-Verteilung. Die Beta-Verteilung. Die Arcussinus-Verteilungen. Ergänzungen und Übungen.

KAPITEL 15. **Verteilungen von Funktionen einer**
Zufallsvariablen 233

Eindimensionaler Fall. Zweidimensionaler Fall. Verteilung einer Funktion von zwei Zufallsvariablen. Ergänzungen und Übungen.

KAPITEL 16. **Stochastische Konvergenz** 245

Konvergenz in der Verteilung. Konvergenz in der Wahrscheinlichkeit. Konvergenz im Mittel der Ordnung $r > 0$. Fast-sichere Konvergenz. Vergleich der Konvergenzbegriffe. Verteilungskonvergenz für ganzzahlige und für absolut-stetige Zufallsvariablen. Verteilungskonvergenz und fast-sichere Konvergenz. Die Verteilungskonvergenz aus funktionaler Sicht. Der Satz von Paul Lévy. Ergänzungen und Übungen.

KAPITEL 17. **Gesetze der grossen Zahlen** 269

Das schwache Gesetz der grossen Zahlen. Das starke Gesetz der grossen Zahlen. Die Lemmata von Borel-Cantelli. Ergänzungen und Übungen.

KAPITEL 18. **Zentrale Rolle der Normalverteilung.**
Zentraler Grenzwertsatz 281

Historischer Abriss. Der zentrale Grenzwertsatz. Der zentrale Grenzwertsatz und die Formel von Stirling. Der Satz von Lindeberg. Eine Ergänzung zum Satz von Lindeberg-Lévy. Der Satz von Liapunov. Ergänzungen und Übungen.

VORWORT

Das vorliegende Buch ist die Übersetzung des leicht überarbeiteten französischen Originaltextes: D. Foata, A. Fuchs, *Calcul des Probabilités, Cours et exercices corrigés*, Masson, Paris, 1996.

Herr Dr. Volker Strehl (Erlangen) hat die Aufgabe der Übersetzung auf sich genommen und wir möchten es nicht versäumen, ihm gleich zu Beginn den gebührenden Dank auszusprechen.

Es war keineswegs die Absicht der Verfasser, einen tiefschürfenden Grundriss der Wahrscheinlichkeitstheorie zu schreiben; vielmehr wollten sie dem einigermassen fortgeschrittenen Studenten ein brauchbares Lehrbuch bieten. Zu diesem Zwecke enthält jedes Kapitel auch eine Anzahl von ergänzenden Bemerkungen und Übungsaufgaben, deren Lösungen der interessierte Leser am Ende des Buches finden wird.

Zum tieferen Verständnis des Buches ist eine gute Praxis der mathematischen Analysis, wie sie zum Beispiel in den ersten zwei Jahren des Universitätsstudiums gelehrt wird, unerlässlich. Insbesondere ist ein Umgang mit unendlichen Reihen, insbesondere auch (formalen) Potenzreihen, erforderlich.

In den ersten neun Kapiteln wird die Theorie der *diskreten* Wahrscheinlichkeiten vorgestellt. Diese fusst hauptsächlich auf der Theorie der unendlichen Reihen. Aber auch andere, tiefer liegende Begriffe werden in diesen Kapiteln gestreift, so zum Beispiel die Dynkin-Systeme, welche in einigen Fällen den üblichen monotonen Systemen vorzuziehen sind.

Es hat sich gezeigt, dass eine vertiefte Behandlung der Wahrscheinlichkeitsrechnung nur auf der Basis der Mass- und Integrationstheorie möglich ist. Für diesen modernen, axiomatischen Aufbau der Wahrscheinlichkeitstheorie, der bekanntlich auf Kolmogorov zurückgeht, verfügt man über ausgezeichnete Lehrbücher; wir erwähnen H. Bauer [1, 2a], M. E. Munroe [8], J. Neveu [9]. Die Erfahrung lehrt jedoch, dass die wenigsten Studenten, die mit dem Studium der Wahrscheinlichkeitstheorie beginnen, über genügende Kenntnisse in der Mass- und Integrationstheorie verfügen. Es schien uns deshalb angebracht, die wichtigsten Elemente dieser Theorie in ihren Grundzügen vorzustellen; dies geschieht im zehnten Kapitel. Später werden wir zeigen, dass die wichtigsten *masstheoretischen* Begriffe auch eine *wahrscheinlichkeitstheoretische* Deutung zulassen; so ist zum Beispiel der Erwartungswert einer Zufallsvariablen nichts anderes als das abstrakte Integral bezüglich eines Wahrscheinlichkeitsmasses. Ähnliches gilt für viele andere wahrscheinlichkeitstheoretische Begriffe. Diese Betrachtungen erlauben es dann, den axiomatischen Aufbau der Wahrscheinlichkeitstheorie auf einer soliden Basis zu vollziehen. Dies geschieht in den Kapiteln 11 bis 15. Zudem behandeln wir folgende Abschnitte: Zufallsvariable in mehreren Dimensionen, bedingte Erwartungswerte im Falle absolut-stetiger Zufallsvariablen, Gauss-verteilte Zufallsvariable in mehreren Dimensionen, erzeugende und charakteristische Funktionen.

Bevor wir aber zum Kern der Theorie übergehen, geben wir einen Überblick über die wichtigsten absolut-stetigen Zufallsvariablen, zusammen mit einer Beschreibung ihrer häufigsten Anwendungsgebiete.

In den Kapiteln 16 bis 19 dringen wir endlich zum Kern der Theorie vor; wir behandeln die stochastischen Konvergenzbegriffe, das schwache und das starke Gesetz der grossen Zahlen, die zentralen Grenzwertsätze und schliesslich das Gesetz vom iterierten Logarithmus.

Im zwanzigsten Kapitel werden schliesslich einige Probleme mit vollständigen Lösungen vorgestellt. Diese Probleme, die ihrer Natur nach sehr verschieden sind, eröffnen Querverbindungen zu anderen Gebieten der Mathematik, so zum Beispiel zu den Kettenbrüchen und zur Diffusionstheorie.

Zum Schluss seien noch einige Lehrbücher der Wahrscheinlichkeitsrechnung erwähnt, welche dieselbe mathematische Basis voraussetzen: auf Deutsch Bauer [2b], Rényi [11], auf Englisch das klassische Buch von Feller [3] und Grimmet und Stirzaker [4], auf Französisch Métivier [7] und auf Italienisch Letta [6].

Bei der Niederschrift des Manuskriptes haben uns die Herren A. Joffe (Montréal) und G. Letta (Pisa) stets ihre fachkundige Hilfe angedeihen lassen. Ihnen, sowie vielen anderen Kollegen, die uns durch ihre Bemerkungen behilflich waren, sei herzlich gedankt.

LITERATUR

[1] Bauer (Heinz). —   *Wahrscheinlichkeitstheorie und Grundzüge der Maßtheorie,* Band I. — Berlin, Walter De Gruyter & Co., Sammlung Göschen Band 1216/1216a, 1964. Englische Übersetzung : *Probability Theory and Elements of Measure Theory.* New York, Academic Press, 1971.

[2a] Bauer (Heinz). —   *Maß und Integrationstheorie,* 2. Auflage. —   Berlin, Walter De Gruyter & Co., 1992.

[2b] Bauer (Heinz). —   *Wahrscheinlichkeitstheorie,* 4. Auflage. —   Berlin, Walter De Gruyter & Co., 1991.

[3] Feller (William). —   *An Introduction to Probability and its Applications,* vol. 1, 3rd Edition. —   New York, John Wiley & Sons, 1968.

[4] Grimmett (G.R.) and Stirzaker (D.R.). —   *Probability and Random Processes,* 2 vol., (with problems and solutions). —   Oxford, Clarendon Press, 1992.

[5] Jean (R.). —   *Mesure et Intégration.* —   Montréal, Presses de l'Université du Québec, 1975.

[6] Letta (Giorgio). —   *Probabilità elementare.* —   Bologna, Zanichelli, 1993.

[7] Métivier (Michel). —   *Notions fondamentales de la théorie des probabilités.* —   Paris, Dunod, 1972.

[8] Munroe (M.E.). —   *Introduction to Measure and Integration.* —   Reading, Mass., Addison-Wesley, 2. Auflage, 1970.

[9] Neveu (Jacques). —   *Bases mathématiques du calcul des probabilités.* —   Paris, Masson, 1964; neue Auflage: 1970.

[10] Rényi (Alfred). —   *Wahrscheinlichkeitsrechnung (Mit einem Anhang über Informationstheorie).* —   Berlin, VEB Deutscher Verlag der Wissenschaften (Hochschulbücher für Mathematik, Band 54), 1966.

Strasbourg, den 24. August 1998

Dominique FOATA
Aimé FUCHS
Département de mathématique
Université Louis Pasteur
7, rue René-Descartes,
F-67084 Strasbourg

LISTE DER BENUTZTEN SYMBOLE

$(\Omega, \mathfrak{A}, \mathrm{P})$: das fundamentale Tripel, Kap. 1 § 2

$\mathfrak{P}(\Omega)$: die Potenzmenge von Ω, Kap. 1 § 2

$\emptyset$: das unmögliche Ereignis, Kap. 1 § 2

Ω : das sichere Ereignis, Kap. 1 § 2

$A \subset B$: A impliziert B, Kap. 1 § 2

$A \cap B$ oder $A\,B$: die Konjunktion von A und B, Kap. 1 § 2

$A \cup B$: die Vereinigung von A und B, Kap. 1 § 2

$A^c = \Omega \setminus A$: das entgegengesetzte Ereignis zu A, Kap. 1 § 2

$A + B := A \cup B$ (falls $A \cap B = \emptyset$) : Kap. 1 § 2

$A \setminus B$: die Differenz zwischen A und B, Kap. 1 § 2

$\bigcup_n A_n$: «mindestens eines der Ereignisse A_n tritt ein», Kap. 1 § 2

$\bigcap_n A_n$: «alle A_n treten ein», Kap. 1 § 2

$\liminf_n A_n$: «alle A_n von einer bestimmten Stelle an treten ein», Kap. 1 § 3

$\limsup_n A_n$: «unendlich viele der Ereignisse A_n treten ein», Kap. 1 § 3

I_A : die Indikatorfunktion von A, Kap. 1 § 3

$\mathcal{P}$: die Menge aller halboffenen Intervalle der reellen Geraden, Kap. 2 § 1

$\mathbb{R} =]-\infty, +\infty[$: die reelle Gerade, Kap. 2 § 1

$\sigma(\mathcal{C})$: die von $\mathcal{C}$ erzeugte σ-Algebra, Kap. 2, § 2

$\mathcal{B}^1$ oder $\mathcal{B}$: die Borel-σ-Algebra der reellen Geraden, Kap. 2, § 2

$\mathcal{B}^n$: die Borel-σ-Algebra des $\mathbb{R}^n$, Kap. 2, § 2

$(\Omega, \mathfrak{A})$: ein messbarer Raum, Kap. 2, § 2

$\mathfrak{D}(\mathcal{C})$: das von $\mathcal{C}$ erzeugte Dynkin-System, Kap. 2, § 3

$\mathfrak{M}(\mathcal{C})$: die von $\mathcal{C}$ erzeugte monotone Klasse, Kap. 2, § 4

$(\Omega, \mathfrak{A}, \mathrm{P})$: ein Wahrscheinlichkeitsraum, Kap. 3, § 1

$(a)_n$: die wachsende Faktorielle, Kap. 3, § 5

$_pF_q\left(\begin{matrix} a_1, \ldots, a_p \\ b_1, \ldots, b_q \end{matrix}; x\right)$: die hypergeometrische Funktion, Kap. 3, § 5

ε_{ω_0} : das singuläre Wahrscheinlichkeitsmass in ω_0, Kap. 4, § 1

$\operatorname{card} A$ oder $|A|$: die Kardinalzahl, Mächtigkeit von A, Kap. 4, § 3

$\mathbb{N} = \{0, 1, \ldots\}$: die Menge der natürlichen Zahlen, Kap. 4, § 3

$\mathbb{N}^* = \{1, 2, \dots\}$: die Menge der positiven natürlichen Zahlen, Kap. 4, § 3

$[\,n\,]$: die Menge $\{1, 2, \dots, n\}$, Kap. 4, § 3

$\binom{p}{n}$: der Binomialkoeffizient, Kap. 4, § 4

$\binom{p}{n_1, n_2, \dots, n_k}$: der Multinomialkoeffizient, Kap. 4, § 4

X^{-1} : die inverse Abbildung von X, Kap. 5, § 1

$\{X \in B\}$: das Ereignis $\{\omega \in \Omega : X(\omega) \in B\}$, Kap. 5, § 3

$\mathrm{P}(A_1, A_2)$: die Wahrscheinlichkeit dafür, dass A_1 und A_2 gleichzeitig eintreten, Kap. 5, § 3

P_X oder $\mathcal{L}(X)$: die Verteilung der Zufallsvariablen X, Kap. 5, § 4

$\mathrm{F}(x) = \mathrm{P}\{X \leq x\}$: die Verteilungsfunktion von X, Kap. 5, § 5

$\pi(x)$: die Punktgewichtung von X, Kap. 5, § 6

S_X : der Träger der reellen Zufallsvariablen X, Kap. 5, § 6

$\sigma(X)$: die von X erzeugte σ-Algebra, Kap. 5, § 6

$\mathrm{P}\{\cdot \,|\, A\}$: die bedingte Wahrscheinlichkeitsverteilung relativ zu A, Kap. 6, § 1

$B(n, p)$: die Binomialverteilung, Kap. 7, § 2

$H(n, N, M)$: die hypergeometrische Verteilung, Kap. 7, § 3

$G(p)$: die geometrische Verteilung, Kap. 7, § 4

$\overline{\mathbb{R}} = [-\infty, +\infty]$: die erweiterte reelle Gerade, Kap. 7, § 4

π_λ oder $\mathcal{P}(\lambda)$: die Poisson-Verteilung, Kap. 7, § 5

$\mathrm{P} * \mathrm{Q}$: das Faltungsprodukt von P mit Q, Kap. 8, § 3

$\mathbb{E}[X]$: der Erwartungswert von X, Kap. 8, § 4

$_a m_r$: das in a zentrierte Moment r-ter Ordnung von X Kap. 8, § 5

$\mathrm{Var}\, X$: die Varianz von X, Kap. 8, § 5

σ_X oder $\sigma(X)$: die Standardabweichung von X, Kap. 8, § 5 ($\sigma(X)$ bezeichnet ebenfalls die von X erzeugte σ-Algebra. Eine Verwechslung ist nicht möglich.)

e_r : die Abweichung r-ter Ordnung, Kap. 8, § 5

$\mathrm{Cov}(X, Y)$: die Kovarianz von X und Y, Kap. 8, § 6

$r(X, Y)$: der lineare Korrelationskoeffizient des Paares (X, Y), Kap. 8, § 7

$\mathcal{M}$: die Menge der Wahrscheinlichkeitsmasse mit Träger $\mathbb{N}$, Kap. 9, § 1

$\mathcal{M}'$: die Familie der Zufallsvariablen deren Verteilung zu $\mathcal{M}$ gehört, Kap. 9, § 1

$\mathcal{M}(s)$: die Menge der Potenzreihen die zu $\mathcal{M}$ in Bijektion stehen, Kap. 9, § 1

$G_\mathrm{P}(s)$: die erzeugende Funktion des Wahrscheinlichkeitsmasses P, Kap. 9, § 1

$G_X(s)$: die erzeugende Funktion der Zufallsvariablen X, Kap. 9, § 1

$(\Omega, \mathfrak{A}, \mu)$: ein Massraum, Kap. 10, § 1

$F\{\cdot\}$: das von F erzeugte Lebesgue-Stieltjes Mass, Kap. 10, § 2

λ^1 oder λ : das Lebesgue-Mass auf der reellen Geraden, Kap. 10, § 2

λ^n : das Lebesgue-Mass auf $\mathbb{R}^n$, Kap. 10, § 4

$\overline{\mathcal{B}}$: die vervollständigte Borelsche σ-Algebra, Kap. 10, § 5

$\int X\,d\mu$: das Integral von X bezüglich des Masses μ, Kap. 10, § 6

$\mathbb{E}[X]$: der Erwartungswert der Zufallsvariablen X, Kap. 11, § 1

$\int X\,d\lambda$ oder $\int X(x)\,dx$: das Lebesgue-Integral von X, Kap. 11, § 3

$\int X\,dF$: das Stieltjes-Lebesgue-Integral von X, Kap. 11, § 4

$f_{X,Y}(x,y)$: die gemeinsame Dichte von (X,Y), Kap. 12, § 2

$f_{Y\mid X}(\cdot\mid x)$: die durch $\{X = x\}$ bedingte Dichte von Y, Kap. 12, § 3

$\mathbb{E}[Y\mid X = x]$: der durch $\{X = x\}$ bedingte Erwartungswert von Y,
    Kap. 12, § 3

$\mathbb{E}[Y\mid X]$: der Erwartungswert von Y bezüglich X, Kap. 12, § 3

${}^{t}A$: die Transponierte der Matrix A, Kap. 12, § 5

$\mathcal{N}_2(0,\Gamma)$: die zweidimensoniale zentrierte Normalverteilung, Kap. 12, § 5

$\mathcal{N}_2(\mu,\Gamma)$: die zweidimensoniale Normalverteilung, Kap. 12, § 5

$g_X(u)$: die erzeugende Funktion der Momente von X, Kap. 13, § 1

$\varphi_X(t)$: die charakteristische Funktion von X, Kap. 13, § 4

$\psi_X(t)$: die zweite charakteristische Funktion von X, Kap. 13, § 5

κ_n : der n-te Kumulant von X, Kap. 13, § 5

$g(u,v)$: die erzeugende Funktion der Momente von (X,Y), Kap. 13, § 6

$\mathcal{N}(0,1)$: die zentrierte und reduzierte Normalverteilung, Kap. 14, § 3

$\mathcal{N}(\mu,\sigma)$: die Normalverteilung, Kap. 14, § 3

$\mathcal{E}(\lambda)$: die Exponentialverteilung, Kap. 14, § 5

$C(0,1)$: die Cauchy-Verteilung, Kap. 14, § 7

$\Gamma(p,\lambda)$: die Gamma-Verteilung, Kap. 14, § 8

$B(r,s)$: die Beta-Verteilung, Kap. 14, § 9

$X_n \xrightarrow{\mathcal{L}} X$: X_n konvergiert in der Verteilung gegen X, Kap. 16, § 1

$X_n \xrightarrow{p} X$: X_n konvergiert in der Wahrscheinlichkeit gegen X, Kap. 16, § 2

$X_n \xrightarrow{f.s.} X$: X_n konvergiert fast sicher gegen X, Kap. 16, § 4

KAPITEL 1

DIE SPRACHE DER WAHRSCHEINLICHKEITEN

Es ist die Aufgabe der ersten drei Kapitel, eine vollständige Beschreibung des grundlegenden Tripels $(\Omega, \mathfrak{A}, P)$ und seiner Eigenschaften zu geben, das heutzutage von allen Wahrscheinlichkeitstheoretikern als erste Annäherung an den Begriff der Wahrscheinlichkeit akzeptiert wird. Zunächst gilt es, die Ereignisse zu beschreiben, die mit Erscheinungen verknüpft werden, bei denen der Zufall eine Rolle spielt. Dies ist das Thema des ersten Kapitels. Diese Ereignisse begegnen uns als Teilmengen der ersten Komponente Ω dieses Tripels. Um eine praktische Handhabung der Ereignisse zu erreichen, werden wir im folgenden Kapitel eine ausgezeichnete Familie $\mathfrak{A}$ von Ereignissen einführen, die präzisen algebraischen Regeln genügt. Im dritten Kapitel schliesslich werden wir die dritte Komponente P (das *Wahrscheinlichkeitsmass*) studieren, das uns erlaubt, eine Gewichtung der zur Familie $\mathfrak{A}$ gehörigen Ereignisse vorzunehmen.

1. Ein Beispiel. — Wir stellen uns eine Erdölgesellschaft vor, die über eine gewisse Anzahl von Schiffen verfügt und die bestrebt ist, eine genaue Studie über die Ankunftszeiten ihrer Tanker an deren Bestimmungshäfen zu machen. Wegen der Zufälligkeiten der Seefahrt können die Ankunftszeiten dieser Tanker nicht auf die Stunde genau vorhergesagt werden. Um diese Ankunftszeiten untersuchen zu können, muss die Gesellschaft *a priori* eine Klasse von Ereignissen in Betracht ziehen, die diesen Ankunftszeiten zugeordnet ist, wie zum Beispiel: «keine Ankunft am Freitag zwischen 8 Uhr und 10 Uhr» oder «die Tanker n° 1 und n° 2 kommen am 8. Januar an» oder «Tanker n° 2 hat einen Schaden auf hoher See». Sie wird auch eine Familie von noch präziser beschriebenen Ereignissen — auch *Stichproben* genannt — betrachten müssen, wie etwa: «Tanker n° 2 kommt am Freitag, den 8. Januar, um 9 Uhr an». Bezeichnet ω diese Stichprobe, so tritt das Ereignis A: «keine Ankunft am Freitag zwischen 8 Uhr und 10 Uhr» bei der Stichprobe ω nicht ein, wogegen das Ereignis B: «mindestens einer der Tanker n° 1 und n° 2 kommt am 8. Januar an» bei ω eintritt.

Um dieses Phänomen der Ankunftszeiten studieren zu können, wird man also eine *Basismenge* Ω einführen und sie mit der Menge der Paare (n, t) identifizieren, wobei n die Nummer eines Tankers der Gesellschaft und t den

Ankunftszeitpunkt des Tankers im Hafen bezeichnet. Die obige Stichprobe ω ist also durch das Element $(2, (8, 9))$ gegeben, wobei $(8, 9)$ den 8. Januar, 9 Uhr bezeichnet. Das Ereignis B ist also mit der Menge aller Elemente (n, t) zu identifizieren, bei denen $n = 1$ oder 2 ist, sowie $(8, 0) \leq t \leq (8, 24)$. Man sieht an diesem Beispiel, dass die Zugehörigkeit «$\omega \in B$» äquivalent ist mit der Aussage «B tritt bei der Stichprobe ω ein». Die Sprache der *Zugehörigkeit* ist die Sprache der Mengenlehre, die Sprache des *Eintretens von Ereignissen* gehört zur Sprache der Wahrscheinlichkeitstheorie. Die hier eben beschriebene Äquivalenz erlaubt es, jederzeit zwischen beiden Ausdrucksformen zu wechseln. Dies wird in den folgenden Paragraphen noch näher ausgeführt werden.

2. Das fundamentale Tripel. — Im obigen Beispiel war es einfach, die Basismenge Ω explizit anzugeben. In den meisten Fällen wird man sich allerdings damit begnügen, die Existenz einer solchen Menge zu unterstellen. Diese ist Teil des Tripels $(\Omega, \mathfrak{A}, \mathrm{P})$, das die folgenden Eigenschaften hat:

a) Ω ist eine nichtleere Menge, genannt *Basismenge*; ihre Elemente ω werden als *Stichproben* bezeichnet. Die Menge Ω enthält alle möglichen Resultate eines Zufallsexperiments.

b) $\mathfrak{A}$ ist eine Familie von Teilmengen von Ω, genannt *Ereignisse*; ein Ereignis ist eine Aussage über ein Zufallsexperiment, die zutreffen kann oder auch nicht. Ist ω eine Stichprobe und A ein Ereignis, so sagt man genau dann, dass das *Ereignis A bei der Stichprobe ω eintritt*, wenn ω zu A gehört.

In den einfacheren Fällen kann man als Familie $\mathfrak{A}$ die Menge $\mathfrak{P}(\Omega)$ aller Teilmengen, die *Potenzmenge* von Ω, wählen (diese Notation wird im folgenden ständig benutzt werden). In dieser Situation kann also jede Teilmenge von Ω als Ereignis angesehen werden. Speziell ist also jede ein-elementige Menge, also jede Menge der Form $\{\omega\}$, wobei ω ein Element von Ω ist, ein Ereignis, genannt *Elementarereignis*. Beim weiteren Ausbau der Theorie wird man dafür sorgen, dass die Menge $\mathfrak{A}$ der Ereignisse geeignete algebraische Eigenschaften hat, genauer, dass sie eine *σ-Algebra* über Ω ist. Dann kann es vorkommen, dass *nicht für alle* Elemente $\omega \in \Omega$ die ein-elementige Menge $\{\omega\}$ zu $\mathfrak{A}$ gehört, also ein Ereignis ist. Der Begriff «Elementarereignis» sollte deshalb vermieden werden.

c) P ist eine *Gewichtsfunktion* auf der Familie $\mathfrak{A}$ der Ereignisse. In dem Rahmen, in dem wir uns bewegen, wird P ein *Wahrscheinlichkeitmass* auf $\mathfrak{A}$ sein. Der Wert $\mathrm{P}(A)$ heisst dann die *Wahrscheinlichkeit von A*.

Das eben vorgeschlagene Modell erlaubt es, die meisten Begriffe der (elementaren) Mengenlehre in wahrscheinlichkeitstheoretischer Sprache zu formulieren. Speziell erscheinen die *logischen* Operationen auf *Ereignissen* als *mengentheoretische* Operationen auf den *Teilmengen* einer Menge. Gelegentlich werden die Sprache der Mengenlehre und die der Wahrscheinlichkeiten nebeneinander benützt, wobei die folgenden Begriffe häufig verwendet werden:

1) Die leere Menge $\emptyset$ wird, als Ereignis betrachtet, als *unmögliches Ereignis* angesprochen; es tritt bei keiner Stichprobe ein.
2) Die volle Menge Ω ist ebenfalls ein Ereignis und wird als *sicheres Ereignis* bezeichnet; es tritt bei jeder Stichprobe ein.
3) Seien A und B zwei Ereignisse. Man sagt, dass das Ereignis A das Ereignis B *impliziert*, wenn B bei jeder Stichprobe eintritt, bei der auch A eintritt; anders gesagt, wenn $A \subset B$ ist.
4) Zwei Ereignisse A und B sind *äquivalent*, wenn B durch A impliziert wird und ebenso A durch B impliziert wird; anders gesagt, wenn $A = B$ gilt.
5) Die *Konjunktion* zweier Ereignisse A und B ist das Ereignis, das bei genau denjenigen Stichproben eintritt, bei denen sowohl A als auch B gleichzeitig eintreten; dies ist also der *Durchschnitt* $A \cap B$.
6) Die *Vereinigung* zweier Ereignisse A und B ist das Ereignis, das bei genau denjenigen Stichproben eintritt, bei denen mindestens eines der Ereignisse A, B eintritt; dies ist also $A \cup B$.
7) Das *entgegengesetzte* Ereignis zu einem Ereignis A ist dasjenige Ereignis, das bei genau denjenigen Stichproben eintritt, bei denen A nicht eintritt. Dies ist also das *Komplement* von A, bezeichnet durch A^c $(= \Omega \setminus A)$.
8) Zwei Ereignisse A und B sind *unverträglich* (oder *disjunkt*), wenn ihre Konjunktion das unmögliche Ereignis ist; anders gesagt, wenn $A \cap B = \emptyset$.

Bezeichnungen. — Wenn Ereignisse A und B unverträglich sind, so bezeichne $A + B$ (anstelle von $A \cup B$) ihre *Vereinigung*. Entsprechend schreibt man $\sum_i A_i$ für die Vereinigung von Ereignissen A_i, die paarweise unverträglich sind. Anstelle von $A \cap B$ wird oft auch die Schreibweise AB verwendet.

Die *Differenz* zwischen zwei Ereignissen A und B (in dieser Reihenfolge), geschrieben $A \setminus B$, ist das Ereignis $A \cap B^c$. Falls $A \supset B$, so spricht man auch von der *echten Differenz* $A \setminus B$. Eine Folge von Ereignissen A_n wird mit (A_n) $(n \geq 1)$ oder einfach mit (A_n) bezeichnet. Falls es sich um eine *endliche* Folge handelt, schreibt man beispielsweise auch (A_i) $(i = 1, 2, \ldots, n)$.

3. Unendliche Folgen von Ereignissen

3.1. *Grenzwerte von Ereignisfolgen.* — Es sei (A_n) eine Folge von Ereignissen. In der Mengenlehre ist die Vereinigung $\bigcup_n A_n$ (auch $\bigcup_{n=1}^{\infty} A_n$

geschrieben) der Folge (A_n) die Menge aller $\omega \in \Omega$, die die Eigenschaft haben «es gibt (mindestens) ein n mit $\omega \in A_n$». In der Sprache der Wahrscheinlichkeitstheorie wird, gemäss obiger Übersetzung, das Ereignis $\bigcup_n A_n$ beschrieben durch «mindestens eines der Ereignisse A_n tritt ein». Analog bezeichnet $\bigcap_n A_n$ das Ereignis «alle Ereignisse A_n treten ein».

Wenn die Folge (A_n) *aufsteigend* ist, d.h. wenn $A_n \subset A_{n+1}$ für alle n gilt, dann wird die Vereinigung $\bigcup_n A_n$ der Folge (A_n) auch als *Limes* der Folge bezeichnet. Man schreibt dann $\bigcup_n A_n = \lim_n A_n$, oder auch $A_n \uparrow \lim_n A_n$.

Wenn entsprechend die Folge (A_n) *absteigend* ist, wenn also $A_n \supset A_{n+1}$ für alle n gilt, dann wird der Durchschnitt $\bigcap_n A_n$ der Folge ebenfalls als *Limes* der Folge bezeichnet. Man schreibt $\bigcap_n A_n = \lim_n A_n$ und $A_n \downarrow \lim_n A_n$.

Wenn eine Folge (A_n) entweder aufsteigend oder absteigend ist, so wird sie auch als *monoton* bezeichnet.

3.2. *Limes inferior und Limes superior.* — Ist eine Folge (A_n) von Ereignissen gegeben, so kann man immer den Limes inferior und den Limes superior dieser Folge definieren. Der *Limes inferior* der Folge (A_n) wird notiert als $\liminf_n A_n$ und ist definiert als die Menge derjenigen Elemente ω von Ω, die zu *fast allen* A_n gehören, d.h. die bis auf *endlich viele* Indices n zu all diesen Mengen gehören.

Analog ist der *Limes superior*, notiert als $\limsup_n A_n$, die Menge derjenigen Elemente ω von Ω, die für *unendlich viele* Indices n zu A_n gehören.

Limes inferior und Limes superior lassen sich folgendermassen durch Vereinigung und Durchschnitt ausdrücken:

SATZ 3.2.1. — *Sei* (A_n) *eine Folge von Teilmengen einer Menge* Ω. *Dann gilt*

$$\liminf_n A_n = \bigcup_{n=1}^{\infty} \bigcap_{m=n}^{\infty} A_m \,; \quad \limsup_n A_n = \bigcap_{n=1}^{\infty} \bigcup_{m=n}^{\infty} A_m \,;$$
$$\liminf_n A_n \subset \limsup_n A_n.$$

Beweis. — Die Aussage, dass ein Element ω zu allen A_n, mit höchstens endlich vielen Ausnahmen, gehört, bedeutet nichts anderes, als dass es von einem bestimmten Index n an zum Durchschnitt $B_n = \bigcap_{m \geq n} A_m$ gehört. Es existiert also eine ganze Zahl n derart, dass $\omega \in B_n$ gilt, und damit ist die erste Gleichheit bewiesen.

Die Aussage, dass ein Element ω zu unendlich vielen der Mengen A_n gehört, bedeutet nichts anderes als dass dieses Element, wie weit man auch in der Folge der Indices geht, also bis zum Index n etwa, immer zur Vereinigung $C_n = \bigcup_{m \geq n} A_m$ gehört. Folglich gehört ω zum Durchschnitt der Folge (C_n), und damit ist auch die zweite Gleichheit gezeigt.

Die behauptete Inklusion ist banal, denn wenn ω zu $\liminf_n A_n$ gehört, so gehört es zu allen A_n von einem bestimmten Index n an, also zu unendlich vielen Ereignissen A_m mit $m \geq n$. $\quad\square$

Wir schreiben $A_* = \liminf_n A_n$ und $A^* = \limsup_n A_n$. Folgende Beziehungen sind ohne weiteres zu verifizieren:

$$(3.2.1) \qquad (A_*)^c = \limsup_n A_n{}^c \qquad \text{und} \qquad (A^*)^c = \liminf_n A_n{}^c.$$

Definition. — Falls $\liminf_n A_n = \limsup_n A_n$ gilt, so sagt man, dass die Folge (A_n) einen *Limes* besitzt und man schreibt

$$(3.2.2) \qquad \lim_n A_n = \liminf_n A_n = \limsup_n A_n.$$

Man sagt in dieser Situation auch, dass die Folge (A_n) gegen $A = \lim_n A_n$ *strebt* oder gegen A *konvergiert*.

SATZ 3.2.2. — *Falls die Folge (A_n) monoton ist, sind die Bedingungen (3.2.2) erfüllt.*

Beweis. — Ist (A_n) aufsteigend, gilt also $\bigcap_{m=n}^{\infty} A_m = A_n$, so ist $\liminf_n A_n = \bigcup_{n=1}^{\infty} A_n = \lim_n A_n$. Die Gleichheit $\bigcup_{m=n}^{\infty} A_m = \bigcup_{m=1}^{\infty} A_m$ gilt andererseits für jedes $n \geq 1$ und daher ist $\limsup_n A_n = \bigcap_{n=1}^{\infty} \bigcup_{m=1}^{\infty} A_m = \bigcup_{m=n}^{\infty} A_m = \lim_n A_n$.

Aus der Gültigkeit der Aussage für aufsteigende Folgen folgt mittels der Beziehungen (3.2.1) auch die Gültigkeit für absteigende Folgen. $\quad\square$

In der Sprache der Wahrscheinlichkeitsrechnung, wenn man also die Mengen der Folge A_n als Ereignisse anspricht, ist $\liminf_n A_n$ dasjenige Ereignis, bei dem «alle Ereignisse A_n von einer bestimmten Stelle n an» eintreten. Analog ist $\limsup_n A_n$ dasjenige Ereignis, bei dem «unendlich viele der Ereignisse A_n» eintreten. Besonders dieses letzte Ereignis wird in der Wahrscheinlichkeitsrechnung häufig betrachtet, speziell in der Theorie der sogenannten rekurrenten Ereignisse. In englischsprachigen Texten wird oft $\{A_n,\ \text{i.o.}\}$ geschrieben («i.o.» bedeutet «infinitely often», d.h. unendlich oft).

3.3. *Indikatorfunktion eines Ereignisses.* — Eine sehr häufig gebrauchte Funktion ist die *Indikatorfunktion* I_A eines Ereignisses A. Diese Abbildung von Ω in die zwei-elementige Menge $\{0, 1\}$ wird definiert durch

$$I_A(\omega) = \begin{cases} 1, & \text{falls } \omega \in A; \\ 0, & \text{falls } \omega \notin A. \end{cases}$$

ERGÄNZUNGEN UND ÜBUNGEN

1. — Es seien A, B, C drei Ereignisse. In Abhängigkeit von A, B, C sind die folgenden Ereignisse mittels mengentheoretischer Operationen auszudrücken:

a) Nur A tritt ein;

b) A und C treten ein, nicht aber B;

c) alle drei Ereignisse treten ein;

d) mindestens eines der Ereignisse tritt ein;

e) mindestens zwei der Ereignisse treten ein;

f) höchstens eines der Ereignisse tritt ein;

g) keines der Ereignisse tritt ein;

h) genau zwei der Ereignisse treten ein;

i) nicht mehr als zwei der Ereignisse treten ein.

2. — Es bezeichne Ω die Menge aller verheirateten Paare einer gewissen Stadt. Man betrachte folgende Ereignisse:

A: «der Mann ist älter als vierzig Jahre»;

B: «die Frau ist jünger als der Mann»;

C: «die Frau ist älter als vierzig Jahre».

a) Man interpretiere in Abhängigkeit von A, B, C das Ereignis «der Mann ist älter als vierzig Jahre, nicht aber seine Frau».

b) Man beschreibe umgangssprachlich die Ereignisse $A \cap B \cap C^c$, $A \backslash (A \cap B)$, $A \cap B^c \cap C$, $A \cup B$.

c) Man verifiziere $A \cap C^c \subset B$.

3. — Für eine Folge (A_i) $(i = 1, 2, \dots)$ von Ereignissen zeige man

$$\bigcup_{i=1}^{\infty} A_i = \sum_{n=1}^{\infty} \Big(A_n \backslash \bigcup_{i=0}^{n-1} A_i \Big),$$

wobei $A_0 = \emptyset$ gesetzt wird. Dies bedeutet, dass sich jede Vereinigung auch als Vereinigung *disjunkter* Mengen schreiben lässt.

4. — Es seien A und B zwei Ereignisse sowie (A_n) eine Folge von Ereignissen, wobei $A_n = A$ oder B, je nachdem, ob n gerade oder ungerade ist. Man zeige

$$\liminf_n A_n = A \cap B \qquad \text{und} \qquad \limsup_n A_n = A \cup B.$$

5. — Im Folgenden bezeichnen A, B (mit oder ohne Indices) jeweils Ereignisse. Man verifiziere folgende Aussagen über die Indikatorfunktionen:

a) $I_\Omega \equiv 1$; $I_\emptyset \equiv 0$;
b) $I_A(\omega) \leq I_B(\omega)$ für alle ω in Ω gilt genau dann, wenn $A \subset B$;
c) $I_{A \cap B} = I_A I_B$; $I_{A \cup B} = I_A + I_B - I_{A \cap B}$;
d) $I_{A^c} = 1 - I_A$; $I_{A \setminus B} = I_A(1 - I_B)$.
e) Es seien $A_* = \liminf_n A_n$ und $A^* = \limsup_n A_n$. Dann gilt

$$I_{A_*} = \liminf_n I_{A_n} \qquad \text{und} \qquad I_{A^*} = \limsup_n I_{A_n}.$$

6. — Es seien E, F, G drei Ereignisse, aus denen man zwei weitere Ereignisse A und B konstruiert mittels

$$A = (E \cup F) \cap G, \qquad B = E \cup (F \cap G).$$

a) Eines der beiden Ereignisse A, B, impliziert das andere; welches?
b) Man finde eine notwendige und hinreichende Bedingung für E und G derart, dass $A = B$ gilt.

7. — Sind zwei Ereignisse A, B gegeben, so bezeichne $A \triangle B$ dasjenige Ereignis, bei dem genau eines der Ereignisse A, B realisiert wird; dieses Ereignis wird als *symmetrische Differenz* der Ereignisse A und B bezeichnet. Gegeben seien drei Ereignisse A, B, C in Ω.
a) Man zeige: $(A \triangle B) \sqcup (A \triangle B^c) = \Omega$.
b) Man finde eine notwendige und hinreichende Bedingung dafür, dass

$$(A \triangle B) \cap (A \triangle C) = A \triangle (B \cup C).$$

gilt.

$$\text{KAPITEL } 2$$

EREIGNISSE

Bei der Konstruktion eines wahrscheinlichkeitstheoretischen Modells geht man von einer nichtleeren Menge Ω aus und versucht, die beiden folgenden Bedingungen gleichzeitig zu erfüllen:

1) jeder Teilmenge von Ω eine Wahrscheinlichkeit zuzuordnen;
2) einige einfache Rechenregeln zu respektieren, in erster Linie die *Additivität*.

Es zeigt sich, dass man aus mathematischen Gründen (die, kurz gesagt, damit zusammenhängen, dass eine unendliche Menge Ω ausserordentlich kompliziert gebaute Teilmengen haben kann) diesen beiden Anforderungen nicht gleichzeitig genügen kann, zumindest dann nicht, wenn Ω die Kardinalität des Kontinuums hat. Daher die Idee, nicht zu versuchen, jeder Teilmenge $A \in \mathfrak{P}(\Omega)$ eine Wahrscheinlichkeit zuzuordnen, sondern nur denjenigen Mengen, die einer geeigneten Familie $\mathfrak{A}$ angehören, die im allgemeinen echt in $\mathfrak{P}(\Omega)$ enthalten sein wird. Falls diese Familie einige naheliegende algebraische Eigenschaften hat, kann man auch die zweite Bedingung erfüllen. Es sind die Eigenschaften einer *Algebra* und σ-*Algebra*, die sich als die leistungsfähigsten herausgestellt haben. Deren Axiome und elementaren Eigenschaften werden in diesem Kapitel behandelt.

Die *Dynkin-Systeme* und die *monotonen Klassen*, die hier ebenfalls betrachtet werden, haben dagegen eher den Charakter technischer Hilfsmittel.

1. Algebren

Definition. — Es seien Ω eine Basismenge und $\mathfrak{A}$ eine Teilmenge von $\mathfrak{P}(\Omega)$. Man bezeichnet $\mathfrak{A}$ als (*Boolesche*) *Algebra*, wenn $\mathfrak{A}$ den folgenden Axiomen genügt:

    (A1) $\Omega \in \mathfrak{A}$;
    (A2) $A \in \mathfrak{A},\ B \in \mathfrak{A} \Rightarrow A \cup B \in \mathfrak{A}$;
    (A3) $A \in \mathfrak{A} \Rightarrow A^c \in \mathfrak{A}$.

Folgerungen
    (A4) $\emptyset \in \mathfrak{A}$;
    (A5) $A \in \mathfrak{A},\ B \in \mathfrak{A} \Rightarrow A \cap B \in \mathfrak{A}$;
    (A6) $A_1, A_2, \ldots, A_n \in \mathfrak{A} \Rightarrow \bigcup_{i=1}^{n} A_i \in \mathfrak{A}$ und $\bigcap_{i=1}^{n} A_i \in \mathfrak{A}$.

Diese drei Eigenschaften sind unmittelbare Folgerungen aus den drei Axiomen. Eigenschaft (A4) folgt aus (A1) und (A3), Eigenschaft (A5) aus der Identität $A \cap B = (A^c \cup B^c)^c$, aus (A2) und (A3). Eigenschaft (A6) schliesslich folgt aus (A2) mittels Induktion über n.

Äquivalent hierzu ist die bequemere Aussage, dass eine Familie $\mathfrak{A}$ von Teilmengen von Ω eine Algebra ist, wenn sie das Element Ω enthält und abgeschlossen (*stabil*) ist unter *endlichen Vereinigungen* und *Komplementierung*.

Ein Beispiel einer Algebra ist die Familie aller endlichen Vereinigungen von halboffenen Intervallen der reellen Geraden, wie im Folgenden beschrieben.

Beispiel. — Es bezeichne $\mathcal{P}$ die Menge aller halboffenen Intervalle der reellen Geraden von der Form

$$]-\infty, a'[\,; \qquad [a, b[\,; \qquad [a'', +\infty[\,;$$
$$-\infty < a' \le +\infty\,; \qquad -\infty < a \le b < +\infty\,; \qquad -\infty < a'' < +\infty.$$

SATZ 1.1. — *Die Familie $\mathfrak{A}$ aller Teilmengen von $\mathbb{R}$, die sich als endliche Vereinigungen von Intervallen aus $\mathcal{P}$ schreiben lassen, ist eine Algebra.*

Zum Beweis dieser Behauptung verifiziert man zunächst ohne weiteres folgende Punkte:

1) das Komplement eines Intervalles von $\mathcal{P}$ gehört zu $\mathfrak{A}$;
2) $\Omega = \mathbb{R} =]-\infty, +\infty[$ und $\emptyset = [a, a[$ gehören zu $\mathfrak{A}$;
3) die Vereinigung zweier Elemente von $\mathfrak{A}$ gehört zu $\mathfrak{A}$;
4) der Durchschnitt zweier Intervalle aus $\mathcal{P}$ gehört zu $\mathfrak{A}$.

Daraus folgt: sind $A = \bigcup_i I_i$ und $B = \bigcup_j J_j$ zwei Elemente von $\mathfrak{A}$, so ist auch ihr Durchschnitt $A \cap B = \bigcup_{i,j} I_i \cap J_j$ ein Element von $\mathfrak{A}$. Folglich gehört auch das Komplement $A^c = \bigcap_i I_i^c$ eines Elementes $A = \bigcup_i I_i$ von $\mathfrak{A}$ wieder zu $\mathfrak{A}$. []

Bemerkung. — Man beachte, dass sich jedes Element A der gerade behandelten Algebra immer auch als endliche Vereinigung *paarweise disjunkter* Intervalle von $\mathcal{P}$ darstellen lässt.

2. σ-Algebren. — Die folgende Definition einer *σ-Algebra* basiert auf den drei Axiomen einer Algebra, wobei lediglich das zweite Axiom modifiziert wird: über die endlichen Vereinigungen hinausgehend werden auch *abzählbare* Vereinigungen zugelassen.

Definition. — Es seien Ω eine Basismenge und $\mathfrak{A}$ eine Teilmenge von $\mathfrak{P}(\Omega)$. Man bezeichnet $\mathfrak{A}$ als *σ-Algebra*, (oder auch *σ-Körper* oder *Borel-Körper*), wenn $\mathfrak{A}$ den folgenden Axiomen genügt:

(T1) $\Omega \in \mathfrak{A}$;

(T2) ist (A_n) $(n = 1, 2, \ldots)$ eine Folge von Elementen aus $\mathfrak{A}$, so gehört auch die Vereinigung $\bigcup_{n=1}^{\infty} A_n$ zu $\mathfrak{A}$;

(T3) $A \in \mathfrak{A} \Rightarrow A^c \in \mathfrak{A}$.

Man kann also sagen, dass eine σ-Algebra eine Familie von Teilmengen von Ω ist, die Ω enthält und die unter *abzählbaren Vereinigungen* und *Komplementierung* abgeschlossen ist.

Die beiden folgenden Eigenschaften sind unmittelbare Folgerungen aus den drei Axiomen; zum Beweis vergleiche man den Nachweis der entsprechenden Eigenschaften für Algebren:

(T4) $\emptyset \in \mathfrak{A}$;

(T5) ist (A_n) $(n = 1, 2, \ldots)$ eine Folge von Elementen aus $\mathfrak{A}$, so gehört auch der Durchschnitt $\bigcap_{n=1}^{\infty} A_n$ zu $\mathfrak{A}$.

Bemerkung. — Jede σ-Algebra ist auch eine Algebra. In der Tat genügt es, von zwei Elementen A und B von $\mathfrak{A}$ ausgehend die Folge $A_1 = A$, $A_2 = B$ und $A_n = \emptyset$ für $n \geq 3$ zu betrachten. Aus Axiom (T2) folgt, dass die Vereinigung $A \cup B = \bigcup_{n=1}^{\infty} A_n$ zu $\mathfrak{A}$ gehört. Damit ist Axiom (A2) nachgewiesen.

Beispiele. — Für jede nichtleere Menge Ω sind sowohl die zweielementige Familie $\{\Omega, \emptyset\}$ als auch die Potenzmenge $\mathfrak{P}(\Omega)$ σ-Algebren. Letztere σ-Algebra wird man immer dann auf Ω zugrunde legen, wenn diese Menge endlich oder abzählbar ist.

Im Gegensatz zur Situation bei den Algebren (man vergleiche Satz 1.1) ist es bei nichttrivialen σ-Algebren schwieriger, eine explizite Beschreibung aller ihrer Elemente anzugeben.

SATZ 2.1 (von einem Mengensystem erzeugte σ-Algebra). — *Es sei $\mathcal{C}$ eine Familie von Teilmengen von Ω. Dann existiert genau eine σ-Algebra $\sigma(\mathcal{C})$ mit den folgenden Eigenschaften:*

(i) *$\sigma(\mathcal{C}) \supset \mathcal{C}$;*

(ii) *ist $\mathfrak{T}'$ irgendeine σ-Algebra, die $\mathcal{C}$ umfasst, so enthält sie auch $\sigma(\mathcal{C})$.*

Die σ-Algebra $\sigma(\mathcal{C})$ wird als die von $\mathcal{C}$ erzeugte σ-Algebra bezeichnet.

Beweis. — Wir zeigen zunächst, dass jeder Durchschnitt einer *nichtleeren* Familie von σ-Algebren wiederum eine σ-Algebra ist. In der Tat: ist $(\mathfrak{T}_i)$ eine nichtleere Familie von σ-Algebren von Ω, dann ist die Menge Ω in jeder dieser σ-Algebren enthalten und somit auch in deren Durchschnitt $\bigcap_i \mathfrak{T}_i$. Ebenso zeigt man, dass die Axiome (T2) und (T3), die ja für jede der σ-Algebren $\mathfrak{T}_i$ erfüllt sind, auch für deren Durchschnitt gelten.

Nun ist zu bemerken, dass die Familie der σ-Algebren, die $\mathcal{C}$ enthalten, nicht leer ist, da immerhin $\mathfrak{P}(\Omega)$ zu dieser Familie gehört. Daher kann man die Familie aller derjenigen σ-Algebren betrachten, die $\mathcal{C}$ enthalten; dies ist wiederum eine σ-Algebra gemäss dem ersten Teil dieses Beweises. Sie hat

die beiden Eigenschaften (i) und (ii) und ist gemäss Konstruktion eindeutig
bestimmt. $\square$

Beispiele.
1) Falls die Familie $\mathcal{C}$ selbst eine σ-Algebra ist, so stimmt sie mit der von ihr
   erzeugten σ-Algebra überein.
2) Ist A eine Teilmenge von Ω, so ist die von der aus dem einzigen Element A bestehenden Familie $\{A\}$ erzeugte σ-Algebra nichts anderes als
   $\{\emptyset, A, A^c, \Omega\}$.
3) Sind A und B zwei disjunkte Teilmengen von Ω, so besteht die von
   der zweielementigen Familie $\{A, B\}$ erzeugte σ-Algebra aus den acht
   (nicht notwendigerweise verschiedenen) Mengen $\emptyset$, A, B, $A + B$, A^c, B^c,
   $A^c \cap B^c$, Ω.

Definition. — Man bezeichnet als *Borel-σ-Algebra* der reellen Geraden
$\mathbb{R}$ die von der Familie der abgeschlossenen und beschränkten Intervalle
$\{[a, b] : a \leq b\}$ erzeugte σ-Algebra. Diese σ-Algebra wird mit $\mathcal{B}^1$ bezeichnet.
Ihre Elemente heissen *Borelmengen* der Geraden.

Man kann sich leicht davon überzeugen (siehe Aufgabe 6), dass die Borel-
σ-Algebra auch von vielen anderen Familien von Teilmengen der reellen
Geraden $\mathbb{R}$ erzeugt werden kann.

Definition. — Man bezeichnet als *Borel-σ-Algebra* des $\mathbb{R}^n$ die von den
abgeschlossenen Rechtecken

$$\{(x_1, x_2, \ldots, x_n) : a_i \leq x_i \leq b_i, \ i = 1, 2, \ldots, n\}$$

erzeugte σ-Algebra; sie wird mit $\mathcal{B}^n$ notiert.

Definition. — Als *messbaren Raum* bezeichnet man jedes Paar $(\Omega, \mathfrak{A})$,
bestehend aus einer nichtleeren Menge Ω und einer σ-Algebra $\mathfrak{A}$ von Teilmengen von Ω. In diesem Kontext werden die Elemente von $\mathfrak{A}$ als *Ereignisse*
bezeichnet.

Beispiele.
   1) Das Paar $(\Omega, \mathfrak{P}(\Omega))$ ist ein messbarer Raum. Dies ist der messbare
Raum, den man immer der Menge Ω zuordnet, wenn Ω höchstens abzählbare
Kardinalität hat.
   2) Das Paar $(\mathbb{R}^n, \mathcal{B}^n)$ ist ein messbarer Raum.

3. Dynkin-Systeme. — Die Dynkin-Systeme stellen ein Werkzeug
dar, mit dessen Hilfe man nachweisen kann, dass eine gegebene Familie
von Teilmengen eine σ-Algebra ist. Wie in Satz 3.1 ausgeführt werden
wird, genügt es, von einem Dynkin-System auszugehen und nachzuweisen,
dass dieses unter endlichen Durchschnitten abgeschlossen ist. Wir werden

Dynkin-Systeme im wesentlichen dann benutzen, wenn es darum geht, die Unabhängigkeit von Familien von Ereignissen zu untersuchen. Beim ersten Durchlesen sollte es genügen, die Definition und die beiden folgenden Sätze zur Kenntnis zu nehmen.

Definition. — Es sei Ω eine Basismenge und $\mathfrak{D}$ eine Familie von Teilmengen von Ω. Man bezeichnet $\mathfrak{D}$ als *Dynkin-System*, wenn es den folgenden Axiomen genügt:

(D1) $\Omega \in \mathfrak{D}$;

(D2) $A \in \mathfrak{D}$, $B \in \mathfrak{D}$, $A \supset B \Rightarrow A \setminus B \in \mathfrak{D}$;

(D3) ist (A_n) $(n = 1, 2, \dots)$ eine Folge von *paarweise disjunkten* Elementen von $\mathfrak{D}$, so gehört auch deren (disjunkte) Vereinigung $\sum\limits_{n=1}^{\infty} A_n$ zu $\mathfrak{D}$.

Anders gesagt, ein Dynkin-System von Ω ist eine Familie von Teilmengen, die Ω als Element enthält und die unter *echter Differenz* und *abzählbarer disjunkter Vereinigung* abgeschlossen ist.

Satz 3.1. — *Jede σ-Algebra ist ein Dynkin-System. Ein Dynkin-System $\mathfrak{D}$ ist genau dann eine σ-Algebra, wenn sie zusätzlich unter endlichen Durchschnitten abgeschlossen ist, wenn sie also auch noch folgendem Axiom genügt:*

(I_f) $A \in \mathfrak{D}$, $B \in \mathfrak{D} \Rightarrow A \cap B \in \mathfrak{D}$.

Beweis. — Der erste Teil der Behauptung ist offensichtlich wahr. Es bleibt zu zeigen, dass jedes Dynkin-System, das unter endlichen Durchschnitten abgeschlossen ist, auch eine σ-Algebra ist. Gehen wir also von einem solchen System $\mathfrak{D}$ aus. Zunächst einmal sind die Axiome (T1) und (T3) erfüllt, da ja speziell $A^c = \Omega \setminus A$ gilt. Andererseits ist $\mathfrak{D}$ unter endlichen Vereinigungen abgeschlossen, denn mit A und B aus $\mathfrak{D}$ gehören auch der Durchschnitt $A \cap B$ und die echte Differenz $A \setminus A \cap B$ zu $\mathfrak{D}$, und damit auch die disjunkte Vereinigung

$$A \cup B = \big(A \setminus (A \cap B)\big) + B.$$

Ist nun (A_n) eine Folge von Elementen aus $\mathfrak{D}$, so gehören auch alle endlichen Vereinigungen $B_n = A_1 \cup \cdots \cup A_n$ zu $\mathfrak{D}$. Man kann also schreiben

$$\bigcup_{n=1}^{\infty} A_n = \sum_{n=1}^{\infty} (A_n \setminus B_{n-1}),$$

(wobei $B_0 = \emptyset$ sein soll), was zeigt, dass auch diese (abzählbare) Vereinigung zu $\mathfrak{D}$ gehört. $\square$

Genauso wie bei σ-Algebren kann man sich davon überzeugen, dass es zu jeder Familie $\mathcal{C}$ von Mengen ein eindeutig bestimmtes Dynkin-System gibt, das $\mathcal{C}$ umfasst und das in jedem $\mathcal{C}$ umfassenden Dynkin-System enthalten ist.

Man bezeichnet dies als das *von C erzeugte Dynkin-System* und notiert es als $\mathfrak{D}(C)$.

SATZ 3.2. — *Es sei C eine Familie von Teilmengen von Ω, die unter endlichen Durchschnitten abgeschlossen ist. Dann gilt*

$$\mathfrak{D}(C) = \sigma(C).$$

Beweis. — Da jede σ-Algebra ein Dynkin-System ist, gilt sofort die Inklusion $\mathfrak{D}(C) \subset \sigma(C)$. Um die umgekehrte Inklusion nachzuweisen, genügt es zu zeigen, dass $\mathfrak{D}(C)$ auch eine σ-Algebra ist. Wegen des vorigen Satzes ist also nur noch nachzuweisen, dass $\mathfrak{D}(C)$ unter endlichen Durchschnitten abgeschlossen ist.

Sei also A irgendein Element von $\mathfrak{D}(C)$, mit dem wir die Familie $\mathfrak{J}(A)$ aller Teilmengen B von Ω definieren, für die $B \cap A \in \mathfrak{D}(C)$ gilt. Diese Familie $\mathfrak{J}(A)$ ist ein Dynkin-System, da sie Ω enthält und sowohl unter echter Differenzbildung, als auch unter abzählbarer disjunkter Vereinigung abgeschlossen ist. Wenn nun aber E zu C gehört, so gilt $F \cap E \in C$ für jedes $F \in C$; damit hat man aber auch $C \subset \mathfrak{J}(E)$ und $\mathfrak{D}(C) \subset \mathfrak{J}(E)$ für alle $E \in C$. Die letzte Inklusion kann man auch so lesen: für jedes $A \in \mathfrak{D}(C)$ und jedes $E \in C$ gilt $A \cap E \in \mathfrak{D}(C)$. Daraus folgt die Inklusion $C \subset \mathfrak{J}(A)$ und $\mathfrak{D}(C) \subset \mathfrak{J}(A)$ für jedes $A \in \mathfrak{D}(C)$. Das besagt aber insbesondere, dass $\mathfrak{D}(C)$ unter endlichen Durchschnitten abgeschlossen ist. $\square$

4. Monotone Klassen. — Auch diese sind, wie die Dynkin-Systeme, technische Hilfsmittel. Für deren Verständnis kann man sich, im Rahmen dieses Buches, darauf beschränken, die Definition und die beiden folgenden Sätze zur Kenntnis zu nehmen.

Definition. — Eine nichtleere Familie $\mathfrak{M}$ von Teilmengen einer Menge Ω heisst *monoton*, wenn für jede monotone Folge (A_n) von Elementen von $\mathfrak{M}$ (also für jede aufsteigende oder absteigende Folge von Elementen von $\mathfrak{M}$) gilt: $\lim_n A_n \in \mathfrak{M}$. Man sagt auch, dass $\mathfrak{M}$ unter monotonen Grenzübergängen abgeschlossen ist.

Ebenso wie bei σ-Algebren und Dynkin-Systemen verifiziert man, dass jeder Durchschnitt von monotonen Klassen wieder eine monotone Klasse ist und dass es zu jeder gegebenen Familie C von Teilmengen von Ω genau eine monotone Klasse gibt, die C enthält und die ihrerseits in jeder C umfassenden monotonen Klasse enthalten ist. Diese bezeichnet man als *die von C erzeugte monotone Klasse* und schreibt dafür $\mathfrak{M}(C)$.

SATZ 4.1. — *Jede σ-Algebra ist eine monotone Klasse. Jede monotone Algebra ist eine σ-Algebra.*

Beweis. — Der erste Teil der Behauptung ist offensichtlich. Zum Beweis des zweiten Teils betrachte man eine monotone Algebra $\mathfrak{A}$ und eine Folge (A_n) $(n = 1, 2, \dots)$ von Elementen von $\mathfrak{A}$. Dann gehört gemäss Axiom (A2) jede endliche Vereinigung $B_n = \bigcup_{i=1}^{n} A_i$ wiederum zu $\mathfrak{A}$. Wegen $B_n \uparrow \bigcup_{i=1}^{\infty} A_i$ hat man dann aber auch $\bigcup_{i=1}^{\infty} A_i \in \mathfrak{A}$, denn $\mathfrak{A}$ ist ja auch eine monotone Klasse. $\square$

Der folgende Satz spielt für monotone Klassen die gleiche Rolle, welche Satz 3.2 für die Dynkin-Systeme spielte.

SATZ 4.2. — *Falls $\mathfrak{A}$ eine Algebra ist, so gilt*

$$\sigma(\mathfrak{A}) = \mathfrak{M}(\mathfrak{A}).$$

Wenn also eine monotone Klasse eine Algebra $\mathfrak{A}$ enthält, so enthält sie auch die von $\mathfrak{A}$ erzeugte σ-Algebra $\sigma(\mathfrak{A})$.

Beweis. — Gemäss vorigem Satz genügt es zu zeigen, dass $\mathfrak{M} = \mathfrak{M}(\mathfrak{A})$ eine σ-Algebra ist. Betrachten wir also für jedes $A \in \mathfrak{M}$ mit $A^c \in \mathfrak{M}$ die Familie $K(A)$ aller Teilmengen B mit $B^c \in \mathfrak{M}$ und $A \cup B \in \mathfrak{M}$. Jede solche Familie ist nichtleer, denn A gehört sicher dazu. Wenn andererseits B und B^c zu $\mathfrak{M}$ gehören, so sind die Aussagen "$B \in K(A)$" und "$A \in K(B)$" äquivalent.

Wir zeigen nun, dass $K(A)$ eine monotone Klasse ist. Dazu nehmen wir eine monotone Folge (B_n) von Elementen aus $K(A)$. Dann gilt $(\lim_n B_n)^c = \lim_n B_n{}^c \in \mathfrak{M}$ und $A \cup \lim_n B_n = \lim_n A \cup B_n \in \mathfrak{M}$.

Da andererseits die Inklusion $\mathfrak{A} \subset \mathfrak{M}$ gilt und $\mathfrak{A}$ eine Algebra ist, gehört das Komplement A^c zu $\mathfrak{M}$, sobald A zu $\mathfrak{A}$ gehört. Somit umfasst die Familie $K(\mathfrak{A})$ die Algebra $\mathfrak{A}$, da ja B^c und $A \cup B$ zu $\mathfrak{A}$ gehören, also auch zu $\mathfrak{M}$. Da aber $\mathfrak{M}$ die von $\mathfrak{A}$ erzeugte monotone Klasse ist, besteht die Inklusion $\mathfrak{M} \subset K(\mathfrak{A})$.

Für jedes $B \in \mathfrak{M}$ gilt $B^c \in \mathfrak{M}$. Man kann also die monotone Klasse $K(B)$ betrachten. Für jedes $A \in \mathfrak{A}$ gilt $B \in K(A)$ und folglich $A \in K(B)$. Daher hat man $\mathfrak{A} \subset K(B)$ und $\mathfrak{M} \subset K(B)$. Da diese Inklusion für jedes $B \in \mathfrak{M}$ gilt, genügt $\mathfrak{M}$ den Axiomen (A2) und (A3). Es handelt sich also um eine monotone Algebra und somit auch um eine σ-Algebra. $\square$

ERGÄNZUNGEN UND ÜBUNGEN

1. — Wie würde man den Begriff der *von einer Mengenfamilie erzeugten Algebra* definieren?

2. — Man betrachte eine dreielementige Menge $\Omega = \{a, b, c\}$. Wie sieht die von der Teilmenge $\{a, b\}$ erzeugte σ-Algebra aus?

3. — Die Menge Ω bestehe aus den fünf Elementen a, b, c, d, e. Man betrachte die beiden Familien $\mathfrak{F}_1$, $\mathfrak{F}_2$ von Teilmengen von Ω:

$$\mathfrak{F}_1 = \{\emptyset, \{a\}, \{b, c, d, e\}, \Omega\};$$
$$\mathfrak{F}_2 = \{\emptyset, \{a\}, \{b\}, \{a, b\}, \{c, d, e\}, \{a, c, d, e\}, \{b, c, d, e\}, \Omega\}.$$

a) Man zeige, dass $\mathfrak{F}_1$ und $\mathfrak{F}_2$ σ-Algebren sind.

b) Man konstruiere die Boolesche Algebra $\mathfrak{F}_3$, die von der aus den beiden Teilmengen $\{a\}$ und $\{c, d\}$ bestehenden Familie erzeugt wird.

c) Man zeige, dass $\mathfrak{F}_3$ eine σ-Algebra ist.

d) Man konstruiere die von $\mathfrak{F}_2 \cup \mathfrak{F}_3$ erzeugte σ-Algebra $\mathfrak{F}_4$

4. — Es sei Ω eine Menge und $\Pi = (A_n)_{n \geq 1}$ eine (abzählbare) Partition von Ω, d.h. eine Familie von Teilmengen von Ω, für die gilt:
$$A_n \neq \emptyset \text{ für jedes } n, \quad \bigcup_{n \geq 1} A_n = \Omega, \quad A_i \cap A_j = \emptyset \text{ für alle } i \neq j.$$

Man sagt, eine σ-Algebra $\mathfrak{A}$ auf Ω sei durch die Partition Π erzeugt, wenn alle Elemente von Π auch Elemente von $\mathfrak{A}$ sind und wenn andererseits jedes Element von $\mathfrak{A}$ eine endliche oder abzählbare Vereinigung von Elementen aus Π ist, d.h. wenn gilt:

$$\mathfrak{A} = \left\{ \bigcup_{n \in T} A_n : T \in \mathfrak{P}(\mathbb{N}^*) \right\}.$$

a) Man zeige, dass jede σ-Algebra $\mathfrak{A}$ auf einer *abzählbaren* Menge Ω durch eine Partition, wie beschrieben, erzeugt wird.

b) Gibt es eine σ-Algebra mit abzählbar unendlich vielen Elementen?

5. — Es sei $A_1, \ldots, A_n$ eine Familie von n $(n \geq 1)$ Teilmengen einer nichtleeren Menge Ω. Man beschreibe die von $\{A_1, \ldots, A_n\}$ erzeugte *Algebra* $\mathfrak{A}$ und gebe eine Abschätzung (nach oben) für die Mächtigkeit von $\mathfrak{A}$.

6. — Man zeige, dass die Borel-σ-Algebra $\mathcal{B}^1$ von $\mathbb{R}$ durch jede der nachfolgend aufgeführten Familien erzeugt wird, wobei a und b reelle Zahlen mit $-\infty < a \leq b < \infty$ sind:

a) $C_1 = \{\,]a, b[\,\}$;   b) $C_2 = \{\,[a, b[\,\}$;   c) $C_3 = \{\,]a, b]\,\}$;
d) $C_4 = \{\,[a, +\infty[\,\}$;   e) $C_5 = \{\,]-\infty, a[\,\}$;   f) $C_6 = \{\,]a, +\infty[\,\}$;
g) $C_7 = \{\,]-\infty, a]\,\}$;   h) $C_8 = \{\,$endliche Vereinigungen von nach rechts halb-offenen Intervallen, d.h. zu $\mathcal{P}$ gehörend$\,\}$ (vgl. Satz 1.1);
i) $C_9 = \{\,$offene Teilmengen der Geraden$\,\}$;   j) $C_{10} = \{\,$abgeschlossene Teilmengen der Geraden$\,\}$; diese Aufzählung ist keineswegs erschöpfend!

7. — Es bezeichne $\mathcal{C}$ die Klasse aller ein-elementigen Teilmengen einer nichtleeren Menge Ω. Man zeige, dass die von $\mathcal{C}$ erzeugte σ-Algebra genau dann die Potenzmenge $\mathfrak{P}(\Omega)$ von Ω ist, wenn Ω höchstens abzählbar ist.

8. — Es wurde bereits festgestellt, dass der *Durchschnitt* von zwei σ-Algebren wieder eine σ-Algebra ist; im Gegensatz dazu ist die *Vereinigung* von zwei σ-Algebren nicht notwendig wieder eine σ-Algebra. Man gebe ein Beispiel dafür an, dass die Vereinigung zweier σ-Algebren keine σ-Algebra ist.

KAPITEL 3

WAHRSCHEINLICHKEITSRÄUME

Wir gehen nun von einem messbaren Raum $(\Omega, \mathfrak{A})$ aus und werden die Ereignisse, d.h. die Elemente der σ-Algebra $\mathfrak{A}$, mit Gewichten versehen, wobei wir die Eigenschaften einer σ-Algebra voll ausnützen. Auf diese Weise erhalten wir ein Tripel $(\Omega, \mathfrak{A}, \mathrm{P})$, genannt *Wahrscheinlichkeitsraum*. Die Idee, ein Zufallsexperiment mit Hilfe eines solchen Tripels zu beschreiben, das übrigens keineswegs eindeutig bestimmt sein muss, markiert eine entscheidende Wende in der Entwicklung der Wahrscheinlichkeitsrechnung. Sie geht im wesentlichen auf Kolmogorov[1] zurück.

1. Wahrscheinlichkeitsmasse

Definition. — Es sei $(\Omega, \mathfrak{A})$ ein messbarer Raum. Als *Wahrscheinlichkeitsmass* P auf $\mathfrak{A}$ bezeichnet man eine Abbildung, die jedem Ereignis A eine Zahl $\mathrm{P}(A)$, genannt *Wahrscheinlichkeit* von A, zuordnet, wobei die folgenden Axiome gelten sollen:

(P1) $0 \leq \mathrm{P}(A) \leq 1$ für alle $A \in \mathfrak{A}$;

(P2) $\mathrm{P}(\Omega) = 1$;

(P3) ist (A_n) eine Folge von Ereignissen aus $\mathfrak{A}$, die paarweise unverträglich sind (*i.e.*, $A_i \cap A_j = \emptyset$ für $i \neq j$), so ist

$$\mathrm{P}\left(\sum_{n=1}^{\infty} A_n\right) = \sum_{n=1}^{\infty} \mathrm{P}(A_n).$$

(P3) wird als Axiom der σ-*Additivität* für P bezeichnet.

Definition. — Als *Wahrscheinlichkeitsraum* bezeichnet man jedes Tripel $(\Omega, \mathfrak{A}, \mathrm{P})$, wo $(\Omega, \mathfrak{A})$ ein messbarer Raum und P ein Wahrscheinlichkeitsmass auf $\mathfrak{A}$ (genauer gesagt: auf $(\Omega, \mathfrak{A})$) ist.

Bemerkung. — Aus der Sicht der Analysis ist ein Wahrscheinlichkeitsmass nichts anderes als ein positives, beschränktes Mass, dessen Wert auf Ω mit 1 festgesetzt ist (siehe Kap. 10).

---

[1] Kolmogorov (A.N.). — *Grundbegriffe der Wahrscheinlichkeitsrechnung.* — Berlin, Springer, 1933.

Bemerkung. — Die Zahl $P(A)$, die Wahrscheinlichkeit des Ereignisses A, kommt in Aussagen wie $P(A) = p$ vor. Man sagt dafür: *die Wahrscheinlichkeit für das Eintreten des Ereignisses A ist p.*

2. Eigenschaften. — Es folgt nun eine Liste von elementaren Eigenschaften von Wahrscheinlichkeitsmassen. Diese sind sehr einfacher Natur, werden aber bei der konkreten Berechnung von Wahrscheinlichkeiten immer wieder gebraucht.

Es sei also ein Wahrscheinlichkeitsraum $(\Omega, \mathfrak{A}, P)$ gegeben. Die Buchstaben A, B, mit oder ohne Indices, bezeichnen Ereignisse, die zu $\mathfrak{A}$ gehören.

Satz 2.1
  1) $P(\emptyset) = 0$.
  2) *Ist* $n \geq 2$ *und* (A_i) $(i = 1, 2, \ldots, n)$ *eine Folge von n paarweise unverträglichen Ereignissen, so gilt*

$$P\left(\sum_{i=1}^{n} A_i\right) = \sum_{i=1}^{n} P(A_i).$$

  3) *Falls A und B unverträglich sind, so ist* $P(A + B) = P(A) + P(B)$.
  4) *Es gilt:* $P(A) + P(A^c) = 1$.
  5) *Es gilt* $P(A_1) + \cdots + P(A_n) = 1$ *für jede Partition* $(A_1, \ldots, A_n)$ *von Ω.*
  6) *Sind A und B zwei beliebige Ereignisse, so gilt*

$$P(A \cup B) = P(A) + P(B) - P(AB),$$

wobei AB den Durchschnitt $A \cap B$ bezeichnet.
  7) *Wenn das Ereignis A das Ereignis B impliziert, wenn also $A \subset B$ gilt, so ist*

$$P(A) \leq P(B) \qquad \text{und} \qquad P(B \setminus A) = P(B) - P(A).$$

Beweis. — Für 1) wählt man die Folge (A_n) mit $A_1 = \Omega$ und $A_n = \emptyset$ für $n \geq 2$ und verwendet die σ-Additivität von P. Für 2) wählt man $A_i = \emptyset$ für $i \geq n + 1$ und wendet die σ-Additivität und die gerade bewiesene Eigenschaft 1) an. Die Eigenschaft 3) ist ein Spezialfall von 2). Um 4) zu zeigen, genügt es, 3) in der Situation $A + A^c = \Omega$ zu benutzen und noch Axiom (P2) anzuwenden. Zum Beweis von 5) genügt es, 3) und das Axiom (P2) anzuwenden.

Für die Eigenschaft 6) betrachtet man die Zerlegungen $A \cup B = A + (B \setminus A)$ und $B = AB + (B \setminus A)$. Daraus ergibt sich $P(A \cup B) = P(A) + P(B \setminus A)$ und $P(B) = P(AB) + P(B \setminus A)$, und somit die behauptete Gleichheit. Für 7) schliesslich beachte man, dass $B = A + (B \setminus A)$ aus $A \subset B$ folgt, und daher $P(B) = P(A) + P(B \setminus A)$. Folglich ist $P(A) \leq P(B)$ und $P(B \setminus A) = P(B) - P(A)$. $\quad\square$

3. Die Formel von Poincaré und die Ungleichung von Boole.
Die Formel von Poincaré bezieht sich auf eine Folge (A_i) $(i = 1, 2, \ldots, n)$
von Ereignissen, für die man *a priori* die Wahrscheinlichkeiten der Konjunktionen von Ereignissen $P(A_{i_1} \cdots A_{i_k})$ kennt. Man kann dann die Wahrscheinlichkeiten des Ereignisses $\bigcup_{i=1}^{n} A_i$: «mindestens eines der Ereignisse A_i tritt ein» und des Ereignisses $\bigcap_{i=1}^{n} A_i{}^c$: «keines der Ereignisse A_i tritt ein» berechnen.

SATZ 3.1 (Formel von Poincaré). — *Es sei $n \geq 2$ und (A_i) $(i = 1, 2, \ldots, n)$ eine Folge von Ereignissen. Dann gilt*

$$P(A_1 \cup \cdots \cup A_n) = \sum_{i} P(A_i) - \sum_{i<j} P(A_i A_j) + \cdots + (-1)^{n-1} P(A_1 \cdots A_n),$$

oder kürzer geschrieben

$$P(A_1 \cup \cdots \cup A_n) = \sum_{k=1}^{n} (-1)^{k-1} \sum_{1 \leq i_1 < \cdots < i_k \leq n} P(A_{i_1} \cdots A_{i_k}),$$

wobei sich die letzte Summation über alle strikt wachsenden Folgen $(i_1, \ldots, i_k)$ von k ganzen Zahlen aus dem Intervall $[1, n]$ erstreckt.

Beweis. — Für $n = 2$ gilt diese Formel, dies ist gerade die Eigenschaft 6) aus Satz 2.1. Mittels Induktion über n erhält man

$$P(A_1 \cup \cdots \cup A_n) = P\big((A_1 \cup \cdots \cup A_{n-1}) \cup A_n\big)$$
$$= P(A_1 \cup \cdots \cup A_{n-1}) + P(A_n)$$
$$- P\big((A_1 \cap A_n) \cup \cdots \cup (A_{n-1} \cap A_n)\big)$$
$$= \sum_{k=1}^{n-1} (-1)^{k-1} {\sum_{n-1}}' P(A_{i_1} \cdots A_{i_k})$$
$$- \sum_{k=1}^{n-1} (-1)^{k-1} {\sum}'' P\big(A_{i_1} \cdots A_{i_k} A_n\big) + P(A_n),$$

wobei sich die Summationen $\sum'$ und $\sum''$ über alle strikt wachsenden Folgen $(i_1, \ldots, i_k)$ von k ganzen Zahlen aus dem Intervall $[1, n-1]$ erstrecken. Man erhält somit eine Summation über alle Folgen von k ganzen Zahlen aus dem Intervall $[1, n]$, weil sich die erste (bzw. die zweite) Summation über alle Folgen erstreckt, die das Element n nicht enthalten (bzw. enthalten — ausgenommen die Folge (n) der Länge 1, die dem noch fehlenden Term $P(A_n)$ entspricht). $\quad \Box$

Bemerkung. — Man verwendet oft die Formel von Poincaré in der Form

$$P(A_1{}^c \cap \cdots \cap A_n{}^c) = \sum_{k=0}^{n} (-1)^k \sum P(A_{i_1} \cdots A_{i_k}),$$

mit $1 \leq i_1 < \cdots < i_k \leq n$ und $0 \leq k \leq n$, wie zuvor, wobei man den Summationsterm für $k = 0$ in plausibler Weise mit 1 ansetzt.

SATZ 3.2 (Ungleichung von Boole). — *Für jede Folge (A_n) $(n = 1, 2, \ldots)$ von Ereignissen gilt:*

$$P\left(\bigcup_{n=1}^{\infty} A_n\right) \leq \sum_{n=1}^{\infty} P(A_n).$$

Beweis. — Man verwendet die Zerlegung

$$\bigcup_{n=1}^{\infty} A_n = \sum_{n=1}^{\infty}\left(A_n \setminus \bigcup_{i=0}^{n-1} A_i\right) \qquad (A_0 = \emptyset).$$

Auf der rechten Seite steht nun aber eine disjunkte Vereinigung und es ist $A_n \setminus \bigcup_{i=0}^{n-1} A_i \subset A_n$, daher

$$P\left(\bigcup_{n=1}^{\infty} A_n\right) = \sum_{n=1}^{\infty} P\left(A_n \setminus \bigcup_{i=0}^{n-1} A_i)\right) \leq \sum_{n=1}^{\infty} P(A_n). \quad \square$$

Es bleibt anzumerken, dass diese Ungleichung gelegentlich keinerlei Information liefert, vor allem dann, wenn die Summe auf der rechten Seite einen Wert grösser als 1 ergibt oder gar divergiert!

4. Weitere Eigenschaften. — Die σ-Additivität ist, genau besehen, eine Stetigkeitseigenschaft. Das erkennt man am besten, wenn man Folgen von Ereignissen und Folgen von reellen Zahlen in Beziehung setzt.

SATZ 4.1. — *Es sei (A_n) eine monotone Folge von Ereignissen. Dann gilt*

$$P(\lim_n A_n) = \lim_n P(A_n).$$

Beweis. — Zunächst mache man sich klar, dass die beiden Operatoren «lim» in verschiedener Bedeutung auftreten. Sei zunächst (A_n) eine monoton wachsende Folge. Mit der Bezeichnung $A_0 = \emptyset$ ergibt sich:

$$P(\lim_n A_n) = P\left(\bigcup_{n=1}^{\infty} A_n\right) = P\left(\sum_{n=1}^{\infty}(A_n \setminus A_{n-1})\right)$$

$$= \sum_{n=1}^{\infty} P(A_n \setminus A_{n-1}) = \lim_n \sum_{k=1}^{n} P(A_k \setminus A_{k-1}).$$

Es ist aber

$$\sum_{k=1}^{n} P(A_k \setminus A_{k-1}) = \sum_{k=1}^{n}(P(A_k) - P(A_{k-1})) = P(A_n)$$

und daher

$$P(\lim_n A_n) = \lim_n P(A_n).$$

Falls die Folge (A_n) monoton fallend ist, so ist $(A_1 \setminus A_n)$ $(n = 2, 3, \dots)$ monoton wachsend. Daher ist

$$\begin{aligned}
\mathrm{P}(A_1) - \mathrm{P}(\lim_n A_n) &= \mathrm{P}(A_1 \setminus \lim_n A_n) \\
&= \mathrm{P}\big(\lim_n (A_1 \setminus A_n)\big) = \lim_n \mathrm{P}(A_1 \setminus A_n) \\
&= \lim_n \big(\mathrm{P}(A_1) - \mathrm{P}(A_n)\big) = \mathrm{P}(A_1) - \lim_n \mathrm{P}(A_n)
\end{aligned}$$

und somit

$$\mathrm{P}(\lim_n A_n) = \lim_n \mathrm{P}(A_n). \quad \square$$

Der gerade bewiesene Satz besitzt eine Umkehrung im folgenden Sinne.

SATZ 4.2. — *Es sei* P *eine auf den Elementen einer σ-Algebra $\mathfrak{A}$ definierte Funktion mit Werten in dem abgeschlossenen Intervall $[0, 1]$. Weiter sei vorausgesetzt, dass sie die nachfolgend aufgeführten Eigenschaften* 1), 2) *und* 3) *oder* 1), 2) *und* 3') *habe:*
  1) $\mathrm{P}(\Omega) = 1$;
  2) *endliche Additivität, d.h.* $\mathrm{P}(A+B) = \mathrm{P}(A) + \mathrm{P}(B)$ *für jedes disjunkte Paar* A, B *von zu $\mathfrak{A}$ gehörenden Mengen;*
  3) *Stetigkeit, d.h.* $\lim_n \mathrm{P}(A_n) = 0$ *für jede monoton fallende Folge* (A_n) *von Elementen aus $\mathfrak{A}$, die gegen $\emptyset$ konvergiert;*
  3') *Stetigkeit', d.h.* $\lim_n \mathrm{P}(A_n) = \mathrm{P}(A)$ *für jedes $A \in \mathfrak{A}$ und jede gegen A konvergierende monoton wachsende Folge (A_n) von Elementen aus $\mathfrak{A}$.*
  Dann ist P ein Wahrscheinlichkeitsmass auf $\mathfrak{A}$.

Beweis. — Es sei (A_n) eine Folge von paarweise disjunkten Elementen aus $\mathfrak{A}$. Es genügt, die σ-Additivität nachzuweisen. Man setzt nun $A = \sum_{n=1}^{\infty} A_n$, $B_n = \sum_{k=1}^{n} A_k$ und $C_n = A \setminus B_n$. Die Folge (C_n) ist monoton fallend und konvergiert gegen die leere Menge $\emptyset$. Falls also P der Bedingung 3) genügt, so gilt $\lim_n \mathrm{P}(C_n) = 0$ und daher

$$\mathrm{P}(A) = \mathrm{P}(B_n) + \mathrm{P}(C_n) = \sum_{k=1}^{n} \mathrm{P}(A_k) + \mathrm{P}(C_n), \qquad \text{für jedes } n$$

und somit
$$\mathrm{P}(A) = \sum_{n=1}^{\infty} \mathrm{P}(A_n).$$

Ganz entsprechend ist (B_n) eine monoton wachsende Folge, die gegen A konvergiert. Falls also P der Bedingung 3') genügt, so gilt:

$$\mathrm{P}(A) = \mathrm{P}\left(\lim_n \sum_{k=1}^{n} A_k\right) = \lim_n \sum_{k=1}^{n} \mathrm{P}(A_k) = \sum_{k=1}^{\infty} \mathrm{P}(A_k). \quad \square$$

5. Binomialidentitäten. — Bei der Berechnung der Wahrscheinlichkeiten gewisser Ereignisse verwendet man zahlreiche Identitäten, in denen die Binomialkoeffizienten vorkommen. Diese Identitäten können ganz verschiedenes Aussehen haben, aber meist handelt es sich dabei um einfache Folgerungen aus zwei bekannten, klassischen Formeln, dem *binomischen Lehrsatz* und der *Identität von Chu-Vandermonde*. Diese Identitäten betrachtet man am bestem im Kontext der hypergeometrischen Funktionen. Wir werden hier einige elementare Tatsachen und Berechnungsverfahren für diese Funktionen behandeln.

5.1. *Die wachsenden Faktoriellen.* — Es sei a eine reelle oder komplexe Zahl und n eine nichtnegative ganze Zahl. Die *wachsende Faktorielle* $(a)_n$ wird definiert durch:

$$(a)_n = \begin{cases} 1, & \text{falls } n = 0; \\ a(a+1)\cdots(a+n-1), & \text{falls } n \geq 1. \end{cases}$$

Man kann diese Definition von $(a)_n$ mit Hilfe der Gammafunktion für beliebige $n \in \mathbb{Z}$ erweitern. Dazu erinnern wir kurz an die Definition der Gammafunktion. Für komplexes a mit $\mathfrak{Re}\, a > 0$ definiert man $\Gamma(a) = \int_0^{+\infty} e^{-t} t^{a-1}\, dt$; für komplexes a, das verschieden von Null und jeder negativen ganzen Zahl ist, definiert man $\Gamma(a)$ durch

$$\Gamma(a) = \frac{\Gamma(a+n)}{(a)_n},$$

wobei n eine ganze Zahl mit $n + \mathfrak{Re}\, a > 0$ ist. Das motiviert die folgende erweiterte Definition von $(a)_n$ für beliebige ganze $n \in \mathbb{Z}$ durch

$$(a)_n = \frac{\Gamma(a+n)}{\Gamma(a)}.$$

Die folgenden Eigenschaften sind offensichtlich, aber bei Berechnungen sehr nützlich:

$$(a)_{i+j} = (a)_i\, (a+i)_j\,; \qquad (a)_n = (-1)^n (1 - n - a)_n.$$

Weiter gilt $(-m)_n = 0$, falls m, n positive ganze Zahlen mit $n > m$ sind.

Der *Binomialkoeffizient* ist für beliebiges komplexes a und beliebiges ganzzahliges $n \geq 0$ definiert durch

$$\binom{a}{n} = \frac{a(a-1)\cdots(a-n+1)}{n!},$$

oder, in der Notation der wachsenden Faktoriellen,

$$\binom{a}{n} = (-1)^n \frac{(-a)_n}{n!}.$$

Man beachte, dass die Definition der Binomialkoeffizienten als Quotient von Fakultäten $a!/(n!\,(a-n)!)$ nur dann einen Sinn macht, wenn a selbst eine positive ganze Zahl ist.

5.2. *Hypergeometrische Funktionen.* — Es seien p, q nichtnegative ganze Zahlen, sowie $(a_1,\dots,a_p)$ und $(b_1,\dots,b_q)$ zwei Folgen reeller Zahlen. Sofern keine der Zahlen b_i negativ ganzzahlig oder Null ist, definiert man die *hypergeometrische Funktion* mit Parametern p und q als die folgende Reihe in der komplexen Variablen x:

$$ {}_pF_q\!\left(\begin{matrix} a_1,\dots,a_p \\ b_1,\dots,b_q \end{matrix};x\right) = \sum_{n\geq 0} \frac{(a_1)_n\cdots(a_p)_n}{(b_1)_n\cdots(b_q)_n}\,\frac{x^n}{n!}. $$

Diese Reihe konvergiert für alle komplexen x, falls $p \leq q$ ist, sowie für $|x| < 1$, falls $p = q + 1$. Ist $p = 0$ (bzw. $q = 0$), so kennzeichnet man mit einem horizontalen Strich die Abwesenheit von Parametern in dem Ausdruck, der F definiert.

Man beachte: falls einer der Parameter a_i des Zählers eine negative ganze Zahl $-m$ oder Null ist, so ist die hypergeometrische Reihe tatsächlich ein *Polynom* in x, und zwar höchstens vom Grad m, da ja alle Terme $(-m)_n$ für $n \geq m + 1$ zu Null werden.

Ein grosser Teil der elementaren Funktionen (*cf.* Aufgabe 13) lässt sich in der Tat durch hypergeometrische Funktionen ausdrücken. In ihren Reihenentwicklungen findet man nur rationale Koeffizienten und es ist dann einfach, die Parameter der entsprechenden Darstellung als hypergeometrische Reihe zu bestimmen. So hat man etwa für die Exponentialfunktion

$$ \exp x = {}_0F_0\!\left(\begin{matrix} - \\ - \end{matrix};x\right) = \sum_{n\geq 0} \frac{x^n}{n!}\,; $$

die Binomialformel andererseits besagt

$$ (5.2.1) \qquad (1-x)^{-a} = {}_1F_0\!\left(\begin{matrix} a \\ - \end{matrix};x\right) = \sum_{n\geq 0}(a)_n\frac{x^n}{n!} \qquad (|x| < 1). $$

Um letztere Formel zu beweisen, betrachtet man die Reihenentwicklung $f_a(x) = \sum_{n\geq 0}(a)_n(x^n/n!)$ und bestimmt Relationen zwischen $f_a(x)$ und seiner Ableitung $f_a'(x)$ einerseits, sowie zwischen $f_a(x)$ sowie $f_{a+1}(x)$ andererseits. Man erhält eine einfache Differentialgleichung, aus deren Integration sich $f_a(x) = (1-x)^{-a}$ ergibt (*cf.* Aufgabe 12).

5.3. *Die Identität von Chu-Vandermonde.* — Die Binomialformel ist nichts anderes als die Summation der Reihe ${}_1F_0$. Die Identität von Chu-Vandermonde erlaubt es, die Reihe ${}_2F_1$ im Argument $x = 1$ zu summieren, sofern mindestens einer der Nennerparameter eine negative ganze Zahl und die Reihe somit tatsächlich ein Polynom ist:

$$(5.2.2) \qquad {}_2F_1\left({-n,a \atop c};1\right) = \frac{(c-a)_n}{(c)_n}, \qquad c \notin -\mathbb{N}.$$

Es ist interessant festzustellen, dass sich eine eindrucksvolle Anzahl von Binomialidentitäten auf (5.2.2) zurückführen lässt.

Um nun (5.2.2) zu beweisen, beginnt man mit der simplen Gleichung $(1-x)^{-(a+b)} = (1-x)^{-a}(1-x)^{-b}$ und wendet die Reihenentwicklung gemäss der Binomialformel an. Betrachtet man dann den Koeffizienten von x^n auf beiden Seiten, so erhält man

$$\frac{(a+b)_n}{n!} = \sum_{0 \le k \le n} \frac{(a)_k(b)_{n-k}}{k!\,(n-k)!} \qquad (n \ge 0),$$

und folgert daraus

$$\frac{(a+b)_n}{(b)_n} = \sum_{0 \le k \le n} \frac{(a)_k(n-k+1)_k}{(b+n-k)_k k!} = \sum_{0 \le k \le n} \frac{(a)_k(-n)_k}{(1-b-n)_k k!}$$

$$= {}_2F_1\left({a,-n \atop 1-b-n};1\right),$$

oder anders geschrieben

$$\frac{(c-a)_n}{(c)_n} = {}_2F_1\left({-n,a \atop c};1\right), \qquad c \notin -\mathbb{N}.$$

5.4. *Eine Variation der Identität von Chu-Vandermonde.* — Unter den Verallgemeinerungen der Formel von Poincaré gibt es beispielsweise eine solche, mit der man die Wahrscheinlichkeit berechnet, dass mindestens r Ereignisse von n gegebenen Ereignissen eintreten. Diese kann man mit Hilfe folgender Identität herleiten:

$$\sum_{k=0}^{l-r} (-1)^k \binom{r+k-1}{r-1}\binom{l}{r+k} = 1 \qquad (r < l).$$

Um diese Identität zu beweisen, drückt man zunächst einmal die Binomialkoeffizienten durch wachsende Faktorielle aus; dann wird aus der linken Seite

$$\sum_{k=0}^{l-r} (-1)^k \frac{(r)_k}{k!}(-1)^{r+k}\frac{(-l)_{r+k}}{(r+k)!} = (-1)^r \frac{(-l)_r}{r!} \sum_{k=0}^{l-r} \frac{(r)_k}{k!}\frac{(-l+r)_k}{(1+r)_k}$$

$$= (-1)^r \frac{(-l)_r}{r!}\, {}_2F_1\left({-(l-r),r \atop r+1};1\right)$$

$$= \binom{l}{r}\frac{(1)_{l-r}}{(r+1)_{l-r}} = \frac{l!}{r!\,(l-r)!}\frac{(l-r)!}{(r+1)\cdots l} = 1. \qquad\qquad \square$$

ERGÄNZUNGEN UND ÜBUNGEN

1. — Man betrachte zwei aufeinanderfolgende Würfe einer *perfekten* Münze; folgendes Tripel $(\Omega, \mathfrak{A}, P)$ wird üblicherweise verwendet, um dieses Experiment zu beschreiben. Als Ω nimmt man die Menge bestehend aus allen vier möglichen Ausgängen des Experiments: (K, K), (K, Z), (Z, K), (Z, Z), wobei beispielsweise (K, Z) den Vorgang beschreibt, dass beim ersten Wurf «Kopf» und beim zweiten Wurf «Zahl» erzielt wird. Als $\mathfrak{A}$ nimmt man $\mathfrak{P}(\Omega)$ und als P die Gleichverteilung auf $(\Omega, \mathfrak{P}(\Omega))$, die durch $P(\{\omega\}) = 1/4$ für alle $\omega \in \Omega$ definiert ist. Man betrachte nun die beiden Ereignisse A : « "Kopf" im ersten Wurf» und B : « "Zahl" im zweiten Wurf». Man beschreibe A und B als Elemente von $\mathfrak{P}(\Omega)$ und berechne $P(A \cup B)$.

2. Der Unterschied zwischen «eine Münze n-mal nacheinander werfen» und «gleichzeitig n Münzen werfen». — Diese Aufgabe besteht darin, das Tripel $(\Omega, \mathfrak{A}, P)$ zu den beiden folgenden Zufallsexperimenten zu konstruieren:

a) Man wirft eine perfekte Münze n-mal hintereinander, d.h. $\Omega = \{K, Z\} \times \cdots \times \{K, Z\} = \{K, Z\}^n$, wobei $\{K, Z\}$ die aus den beiden Elementen K («Kopf») und Z («Zahl») bestehende Menge bezeichnet, mit $\mathfrak{A} = \mathfrak{P}(\Omega)$ und P als Gleichverteilung auf Ω. Es gilt $\operatorname{card}\Omega = 2^n$, $\operatorname{card}\mathfrak{A} = 2^{(2^n)}$ und $P(\{\omega\}) = 1/2^n$ für alle $\omega \in \Omega$.

b) Nun werden n *perfekte* und *ununterscheidbare* Münzen gleichzeitig geworfen. Man nimmt $\Omega = \{\omega_0, \omega_1, \ldots, \omega_n\}$, wobei ω_k $(k = 0, 1, \ldots, n)$ die Stichprobe bezeichnet, bei der k-mal «Kopf» unter den n geworfenen Münzen vorkommt; weiter nimmt man $\mathfrak{A} = \mathfrak{P}(\Omega)$. Dann ist $\operatorname{card}\Omega = n + 1$ und $\operatorname{card}\mathfrak{A} = 2^{n+1}$. Als Wahrscheinlichkeitsmass sollte man hier nicht die Gleichverteilung wählen. Eine plausible Überlegung führt dazu, P so festzulegen, dass man $P(\{\omega_k\}) = \binom{n}{k}/2^n$ für $k = 0, 1, \ldots, n$ hat. Das Experiment b) ist natürlich viel gröber als a). Man gebe auf a) bezogene Ereignisse an, welche bezogen auf b) keinen Sinn ergeben.

3. — Nun betrachte man zwei aufeinanderfolgende Würfe eines *perfekten* Würfels und konstruiere ein Tripel $(\Omega, \mathfrak{A}, P)$, mit dem man dieses Experiment beschreiben kann. Man betrachte sodann die beiden Ereignisse:
A : «die Summe der beiden erzielten Augenzahlen ist gerade»;
B : «mindestens ein Würfel zeigt die Augenzahl 1».
a) Wie sind die Ereignisse $A \cap B$, $A \cup B$, $A \cap B^c$ zu interpretieren?.
b) Man berechne deren Wahrscheinlichkeiten.

4. — Man zeige, dass die Formel von Poincaré (*cf.* Satz 3.1) auch dann wahr ist, wenn man die Zeichen «$\cup$» und «$\cap$» vertauscht; anders gesagt,

man zeige, dass gilt:

$$P(A_1 \cap \cdots \cap A_n) = \sum_{k=1}^{n} (-1)^{k-1} \sum_{1 \leq i_1 < \cdots < i_k \leq n} P(A_{i_1} \cup \cdots \cup A_{i_k}).$$

5. — Es sei $(\Omega, \mathfrak{A}, P)$ ein Wahrscheinlichkeitsraum. Die *symmetrische Differenz* von zwei Elementen $A, B \in \mathfrak{A}$ wird durch $A \triangle B = (A \cap B^c) \cup (A^c \cap B)$ definiert. Man zeige:
   a) die Funktion $d(A, B) = P(A \triangle B)$ ist eine Metrik auf $\mathfrak{A}$;
   b) $|P(A) - P(B)| \leq P(A \triangle B)$.

6. — Es sei (A_n) $(n \geq 1)$ eine Folge von Ereignissen in einem Wahrscheinlichkeitsraum $(\Omega, \mathfrak{A}, P)$. Dann gelten die folgenden Ungleichungen von Fatou:

(1) $\qquad\qquad\qquad P(\liminf_n A_n) \leq \liminf_n P(A_n)\,;$

(2) $\qquad\qquad\qquad \limsup_n P(A_n) \leq P(\limsup_n A_n)\,;$

Man schreibt $A_* = \liminf_n A_n$ und $A^* = \limsup_n A_n$. Falls $A_* = A^*$ gilt, so sagt man, dass die Folge (A_n) $(n \geq 1)$ *konvergiert*, und ihr Limes, geschrieben $\lim_n A_n$, ist der gemeinsame Wert von A_* und A^*. In dieser Situation zeigen die beiden Ungleichungen (1) und (2), dass die numerische Folge $(P(A_n))$ $(n \geq 1)$ einen Limes (im üblichen Sinn) hat und dass $P(\lim_n A_n) = \lim_n P(A_n)$ gilt. Man konstruiere ein Beispiel, bei dem jede der beiden Ungleichungen (1), (2) von Fatou *strikt* ist.

7. — Es sei Ω eine unendliche Menge (beispielsweise $\mathbb{N}$) und es sei $\mathfrak{A}$ die Familie aller Teilmengen von Ω, die endlich oder co-endlich sind (d.h. ein endliches Komplement haben).
   a) Man zeige, dass $\mathfrak{A}$ eine *Algebra* ist, aber keine σ-Algebra.
   b) Man zeige, dass $\mathfrak{A}$ als Algebra von der Familie $\mathcal{C}$ aller *einelementigen* Teilmengen von Ω erzeugt wird.
   c) Es bezeichne P die Abbildung von $\mathfrak{A}$ in $\mathbb{R}^+$, die definiert ist durch:

$$P(A) = \begin{cases} 0, & \text{falls } A \text{ endlich ist;} \\ 1, & \text{falls } A \text{ co-endlich ist.} \end{cases}$$

Man zeige, dass P *einfach* additiv, aber nicht σ-additiv auf $\mathfrak{A}$ ist, d.h. für jede Folge (A_n) von paarweise disjunkten Elementen aus $\mathfrak{A}$ gilt $\sum_{n \geq 1} A_n \in \mathfrak{A}$, aber nicht notwendigerweise $P(\sum_{n \geq 1} A_n) = \sum_{n \geq 1} P(A_n)$.

8. — Es sei Ω eine überabzählbare unendliche Menge (beispielsweise $\mathbb{R}$) und es bezeichne $\mathfrak{A}$ die Familie aller Teilmengen von Ω, die abzählbar oder

co-abzählbar sind (d.h. Komplemente von abzählbaren Teilmengen). Hierbei ist mit «abzählbar» gemeint: «endlich oder abzählbar unendlich».

a) Man zeige, dass $\mathfrak{A}$ eine σ-Algebra ist.

b) Man zeige, dass $\mathfrak{A}$ als σ-Algebra von der Familie $\mathcal{C}$ der einelementigen Teilmengen von Ω erzeugt wird.

c) Es bezeichne P die Abbildung von $\mathfrak{A}$ in $\mathbb{R}^+$, die definiert ist durch:

$$P(A) = \begin{cases} 0, & \text{falls } A \text{ abzählbar ist;} \\ 1, & \text{falls } A \text{ co-abzählbar ist.} \end{cases}$$

Man zeige, dass P ein Wahrscheinlichkeitsmass auf $\mathfrak{A}$ ist. [Falls «abzählbar» als «unendlich und abzählbar» zu lesen ist, so ist $\mathfrak{A}$ nicht einmal eine σ-Algebra!]

9. — Es sei $(A_1, \ldots, A_n)$ $(n \geq 0)$ eine Folge von Teilmengen von Ω und $\mathfrak{A}$ die von der Familie $\{A_1, \ldots, A_n\}$ erzeugte Algebra. Weiter sei $(c_1, \ldots, c_m)$ eine Folge von reellen Zahlen und $(B_1, \ldots, B_m)$ eine Folge von Elementen aus $\mathfrak{A}$ $(m \geq 0)$. Man betrachte die Ungleichung

$$(1) \qquad \sum_{k=1}^{m} c_k P(B_k) \geq 0,$$

wobei P ein Wahrscheinlichkeitsmass auf $\mathfrak{A}$ ist. Dann sind die beiden folgenden Eigenschaften äquivalent:

a) Die Ungleichung (1) gilt für alle Wahrscheinlichkeitsmasse P auf $\mathfrak{A}$.

b) Die Ungleichung (1) gilt für alle P mit $P(A_i) = 0$ oder 1, für alle $i = 1, 2, \ldots, n$.

10. — Es sei $S_0^n = 1$ und $S_k^n = \sum_{1 \leq i_1 < \ldots < i_k \leq n} P(A_{i_1} \cap \ldots \cap A_{i_k})$ für $1 \leq k \leq n$. Es bezeichne nun V_n^r (bzw. W_n^r, bzw. $\bar{U}_n$) die Wahrscheinlickeit dafür, dass genau r (bzw. mindestens r, bzw. eine ungerade Anzahl) der Ereignisse $A_1, \ldots, A_n$ eintreten $(0 \leq r \leq n)$.

Man leite mit Hilfe von Aufgabe 9 die Formel von Poincaré her und beweise dann folgende Formeln:

$$V_n^r = \sum_{k=0}^{n-r} (-1)^k \binom{r+k}{k} S_{r+k}^n \quad , \quad W_n^r = \sum_{k=0}^{n-r} (-1)^k \binom{r+k-1}{k} S_{r+k}^n,$$

$$U_n = \sum_{j=1}^{n} (-1)^{j-1} 2^{j-1} S_j^n.$$

11. — Es sei $(\Omega, \mathfrak{A})$ ein Wahrscheinlichkeitsraum. Man betrachte eine Abbildung P von $\mathfrak{A}$ in $\mathbb{R}^+$, für die folgendes gilt:

a) $0 \leq P(A) \leq 1$ für alle $A \in \mathfrak{A}$;

b) $P(\Omega) = 1$;

c) für jede ganze Zahl $n \geq 1$ und jedes n-Tupel $(A_1, \ldots, A_n)$ von Elementen aus $\mathfrak{A}$, die paarweise disjunkt sind, gilt

$$P(A_1 \cup \cdots \cup A_n) = P(A_1) + \cdots + P(A_n).$$

(Eigenschaft der einfachen Additivität.)

Man zeige, dass für eine Folge von paarweise disjunkten Elementen (A_n) $(n \geq 1)$ mit $A = \bigcup_{n \geq 1} A_n$ die Ungleichung $P(A) \geq \sum_{n \geq 1} P(A_n)$ gilt. (Das Axiom (P3) der σ-Additivität ersetzt in dieser Formel die Ungleichheit durch eine Gleichheit.)

12. — Man beweise die Binomialformel (5.2.1) gemäss der im Text gegebenen Hinweise.

13. — Ausgehend von den Taylor-Reihenentwicklungen in einer Umgebung von 0 für die Funktionen $\sin x$, $\cos x$, $\ln(1 + x)$, $\operatorname{arctg} x$, $\arcsin x$, drücke man diese Reihenentwicklungen mit Hilfe hypergeometrischer Funktionen aus.

KAPITEL 4

DISKRETE WAHRSCHEINLICHKEITEN. ABZÄHLUNGEN

In diesem Kapitel werden wir Wahrscheinlichkeitsverteilungen auf endlichen oder abzählbar unendlichen Mengen untersuchen. Falls eine solche Menge zusätzlich geometrische oder algebraische Eigenschaften hat, kann man diese häufig zur Berechnung der Wahrscheinlichkeiten von Ereignissen heranziehen, wobei sich Techniken der Kombinatorik als nützlich erweisen. Deshalb erscheint es uns nützlich, eine detaillierte Darstellung dieser klassischen Techniken zu geben.

1. Diskrete Wahrscheinlichkeiten. - Es sei $(\Omega, \mathfrak{A})$ ein messbarer Raum und ω_0 ein Element von Ω. Als *singuläres Wahrscheinlichkeitsmass* im Punkt ω_0, notiert mit ε_{ω_0}, bezeichnet man dasjenige Wahrscheinlichkeitsmass, das jedem Ereignis A den folgenden Wert zuordnet:

$$\varepsilon_{\omega_0}(A) = \begin{cases} 1, & \text{falls } \omega_0 \in A; \\ 0, & \text{falls } \omega_0 \notin A. \end{cases}$$

Man sagt dazu auch, die *Einheitsmasse sei in ω_0 konzentriert*. Das Mass ε_{ω_0} wird auch als *Dirac-Mass* in ω_0 bezeichnet.

Definition. — Es sei $((\alpha_n, \omega_n))$ $(n = 1, 2, \ldots)$ eine unendliche Folge von Elementen aus $\mathbb{R} \times \Omega$ mit den Eigenschaften

(i) $\alpha_n \geq 0$ für alle $n = 1, 2, \ldots$;

(ii) $\sum\limits_{n=1}^{\infty} \alpha_n = 1$.

Diejenige Abbildung, die jedem Ereignis A den Wert

$$P(A) = \sum_{n\,:\,\omega_n \in A} \alpha_n$$

zuordnet, heisst *diskretes Wahrscheinlichkeitsmass*, das auf den Elementen ω_n lebt, die ihrerseits mit den Werten α_n gewichtet sind.

Die vorangehende Summation erstreckt sich tatsächlich über eine höchstens abzählbar unendliche Menge und die Zahlen α_n sind nicht negativ. Daher ist diese Definition nicht mehrdeutig. Eine bequeme Bezeichnung für dieses diskrete Mass ist $P = \sum\limits_{n} \alpha_n \varepsilon_{\omega_n}$.

Bemerkung. — Jedes Wahrscheinlichkeitsmass auf einem endlichen oder abzählbar unendlichen Raum Ω ist diskret. Gleichwohl kann man einen Raum $(\Omega, \mathfrak{A})$, bei dem Ω die Kardinalität des Kontinuums besitzt, auch mit einem diskreten Wahrscheinlichkeitsmass ausstatten.

Ist beispielsweise λ eine strikt positive reelle Zahl, so kann man auf $(\Omega, \mathfrak{A}) = (\mathbb{R}, \mathcal{B}^1)$ ein diskretes Wahrscheinlichkeitsmass durch

$$\pi_\lambda = \sum_{n=0}^{\infty} \frac{e^{-\lambda}\lambda^n}{n!} \varepsilon_n$$

definieren, weil $e^{-\lambda}\lambda^n/n! \geq 0$ und $\sum_{n=0}^{\infty} e^{-\lambda}\lambda^n/n! = 1$ ist. Dieses Wahrscheinlichkeitsmass heisst *Poisson-Verteilung zum Parameter λ*. Hierbei tragen die nichtnegativen ganzen Zahlen die ganze Masse. Man sagt auch, $\mathbb{N}$ sei der *Träger* des Masses.

2. Gleichverteilung auf endlichen Räumen. — Es sei N eine positive ganze Zahl und $\Omega = \{\omega_1, \omega_2, \ldots, \omega_N\}$ eine endliche Menge. Die *Gleichverteilung auf Ω* ist die Wahrscheinlichkeitsverteilung

$$P = \sum_{n=1}^{N} \frac{1}{N}\varepsilon_{\omega_n} = \frac{1}{N}\sum_{n=1}^{N} \varepsilon_{\omega_n}.$$

Speziell gilt also $P(\{\omega_n\}) = 1/N$ für alle $n = 1, 2, \ldots, N$. Bezeichnet card A die Mächtigkeit einer Menge A, so gilt

$$P(A) = \frac{1}{N}\sum_{n=1}^{N} \varepsilon_{\omega_n}(A) = \frac{\sum_{\omega_n \in A} 1}{\sum_{\omega_n \in \Omega} 1},$$

und daher

$$P(A) = \frac{\operatorname{card} A}{\operatorname{card} \Omega}.$$

Auf diese Weise findet man die auf Laplace zurückgehende Definition der Wahrscheinlichkeit, dass nämlich die Wahrscheinlichkeit von A gleich der *Anzahl der «günstigen» Fälle* (für A) *dividiert durch die Anzahl der «möglichen» Fälle* sei. Man beachte, dass diese Definition nur bei *endlichen* Räumen einen Sinn macht, bei denen man zudem noch eine Gleichverteilung voraussetzt.

In dieser Situation läuft die Berechnung von Wahrscheinlichkeiten auf die Berechnung der Mächtigkeiten endlicher Mengen hinaus. Daher ist es wichtig, die wesentlichen Methoden der kombinatorischen Anzahlbestimmungen für solche Mengen zur Hand zu haben.

3. Endliche Mengen. — Um den Begriff der endlichen Menge zu definieren, kann man sich auf die Menge $\mathbb{N}^* = \mathbb{N} \setminus \{0\} = \{1, 2, \dots\}$ der natürlichen Zahlen beziehen. Spezielle Teilmengen von $\mathbb{N}^*$, mit denen man immer wieder umgehen muss, sind die Intervalle $\{1, 2, \dots, n\}$ und $\{m + 1, m + 2, \dots, n\}$, die mit $[n]$ beziehungsweise $[m + 1, n]$ bezeichnet werden. Als Konvention verwendet man noch $[n] = \emptyset$ falls $n = 0$. Zur Erinnerung seien einige Eigenschaften der Menge der natürlichen Zahlen zusammengestellt.

EIGENSCHAFTEN 3.1. — *Es seien n und p zwei positive ganze Zahlen.*

(i) *Es existiert eine Bijektion des Intervalles $[n]$ auf das Intervall $[p]$ genau dann, wenn $n = p$ gilt.*

(ii) *Zu jeder nichtleeren Teilmenge A von $[n]$, gibt es eine Bijektion von A auf ein Intervall $[p]$ mit $p \leq n$.*

(iii) *Es gibt eine Bijektion von $[p]$ auf das Intervall $[n + 1, n + p]$.*

Man sagt, eine nichtleere Menge A sei *endlich*, wenn es eine Bijektion eines Intervalles $[n]$ von $\mathbb{N}^*$ auf A gibt. Eine solche Bijektion wird auch als *Nummerierung* von A bezeichnet.

Ist A eine endliche Menge, so kann sie wegen Eigenschaft (i) nur auf ein einziges Intervall der Form $[n]$ bijektiv abgebildet werden. Diese eindeutig bestimmte Zahl nennt man auch die *Kardinalzahl* von A (oder auch *Mächtigkeit* von A). Sie wird mit $\operatorname{card} A$ oder $|A|$ bezeichnet (wenn keine Verwechslung zu befürchten ist). Man sagt auch, A *enthält n Elemente*, oder auch die *Anzahl der Elemente von A sei n*. Man zählt die leere Menge zu den endlichen Mengen und setzt $|\emptyset| = 0$. Die folgenden Aussagen ergeben sich unmittelbar aus der Definition der Kardinalzahl und den Eigenschaften 3.1.

SATZ 3.2

(i) *Jede Teilmenge einer endlichen Menge ist endlich.*

(ii) *Zwei endliche Mengen A und B haben die gleiche Mächtigkeit genau dann, wenn es eine Bijektion zwischen ihnen gibt.*

Wenn man weiss, dass eine Menge A endlich ist, bedeutet das noch nicht unbedingt, dass man auch eine Bijektion mit einer Menge $[n]$ explizit kennt. Die Konstruktion von solchen Bijektionen hängt oft an algebraischen oder geometrischen Eigenschaften dieser Mengen. Die nachfolgenden Formeln für die Summe und das Produkt sind von grundlegender Bedeutung. Dabei handelt es sich um wirkliche Abzählformeln.

SATZ 3.3 (Summenformel). — *Sind A und B zwei endliche, disjunkte Mengen, so ist auch ihre Vereinigung $A + B$ endlich und es gilt*

$$(3.1) \qquad |A + B| = |A| + |B|.$$

Beweis. — Nach Voraussetzung gibt es zwei Bijektionen $\varphi : [n] \to A$ und $\psi : [p] \to B$. Man definiert eine Bijektion $\theta : [n + p] \to A + B$

folgendermassen: die Restriktion von θ auf $[n]$ sei φ; die Restriktion von θ auf $[n+1, n+p]$ sei die Komposition einer Bijektion von $[n+1, n+p]$ auf $[p]$ (*cf.* Eigenschaft 3.1 (iii)) mit ψ. $\Box$

Mittels Induktion zeigt man: sind A_1, A_2, ..., A_k endliche und paarweise disjunkte Mengen, so gilt

$$(3.2) \qquad |A_1 + \cdots + A_k| = |A_1| + \cdots + |A_k| \qquad (k \geq 1).$$

Sind A und B endlich, aber nicht notwendigerweise disjunkt, so gilt die «Formel der vier Mächtigkeiten»:

$$(3.3) \qquad |A \cup B| + |A \cap B| = |A| + |B|.$$

Dies entspricht einer Formel für Wahrscheinlichkeiten, der wir bereits begegnet sind, und man beweist sie ganz analog.

Diejenige Formel für Mächtigkeiten, die der Formel von Poincaré für Wahrscheinlichkeiten entspricht, ist unter dem Namen *Prinzip von Inklusion-Exklusion* bekannt. Sie sieht genauso aus und wird natürlich ganz analog bewiesen. In der Tat, wenn P die Gleichverteilung auf einer endlichen Menge Ω bezeichnet und wenn die betrachteten Mengen Teilmengen von Ω sind, so gilt $|A| = \mathrm{P}(A)|\Omega|$. Es gibt also keinen Grund, diese Formel nochmals zu beweisen, aber wir werden sie zu Referenzzwecken notieren.

Es sei $n \geq 2$ und es seien A_1, A_2, ... , A_n beliebige endliche (eventuell auch leere) Mengen. Dann gilt

$$|A_1 \cup \cdots \cup A_n| = \sum_{i} |A_i| - \sum_{i<j} |A_i \cap A_j| + \cdots + (-1)^{n-1} |A_1 \cap \cdots \cap A_n|,$$

oder

$$(3.4) \qquad |A_1 \cup \cdots \cup A_n| = \sum_{k=1}^{n} (-1)^{k-1} \sum_{1 \leq i_1 < \cdots < i_k \leq n} |A_{i_1} \cap \cdots \cap A_{i_k}|.$$

Bemerkung. — Es seien A und B zwei endliche Mengen mit Mächtigkeiten n bzw. p. Die Summenformel kann auf intuitive Weise folgendermassen ausgedrückt werden als *Summenregel*: «wenn ein Objekt a auf n verschiedene Weisen ausgewählt werden kann und eine Objekt b auf p andere Weisen ausgewählt werden kann, dann gibt es $(n + p)$ Möglichkeiten, entweder a oder b auszuwählen».

Diese Aussage ist etwas mehrdeutig und es ist gerade die Sprache der Mengenlehre, die diese Mehrdeutigkeit zu beseitigen hilft. In der folgenden Formel taucht das cartesische Produkt $A \times B$ zweier Mengen auf, das aus allen Paaren (a, b) besteht, wobei a (bzw. b) zu A (bzw. zu B) gehört.

SATZ 3.4 (Produktformel). — *Sind A und B zwei endliche Mengen (die nicht notwendig disjunkt sein müssen), dann ist auch das cartesische Produkt $A \times B$ eine endliche Menge und es gilt*

$$(3.5) \qquad |A \times B| = |A| \cdot |B|.$$

Beweis. — Mit den gleichen Bezeichnungen wie in Satz 3.3 konstruiert man folgendermassen eine Bijektion θ von $[np] = \{1, 2, \ldots, np\}$ auf $A \times B$. Zunächst ist $[np] = \bigcup_{1 \leq k \leq p}[n(k-1)+1, nk]$. Daher gibt es eine Bijektion von $[n(k-1)+1, nk]$ auf $[n]$ und eine Bijektion von $[n]$ auf die Teilmenge $A_k = \{(\varphi(1), \psi(k)), (\varphi(2), \psi(k)), \ldots, (\varphi(n), \psi(k))\}$ von $A \times B$. Es bezeichne nun θ_k die Komposition dieser beiden Bijektionen $(1 \leq k \leq p)$. Da die Mengen A_k paarweise disjunkt sind und ihre Vereinigung $A \times B$ ist, kann man θ als diejenige Abbildung definieren, deren Restriktion auf $[n(k-1)+1, nk]$ gerade θ_k ist. Aus der Formel (3.2) folgt also

$$|A \times B| = |A_1| + \cdots + |A_p| = np = |A| \cdot |B|. \qquad \square$$

Bemerkung. — Die *Produktregel* lässt sich folgendermassen formulieren: «wenn ein Objekt a auf n verschiedene Weisen ausgewählt werden kann und anschliessend ein Objekt b auf p verschiedene Weisen ausgewählt werden kann, so gibt es np verschiedene Möglichkeiten, ein Paar (a, b) (in dieser Reihenfolge) auszuwählen».

Die Produktformel lässt sich auf die Situation von n ($n \geq 2$) endlichen Mengen verallgemeinern. Man erhält so für jede Folge $B_1, B_2, \ldots, B_n$ von endlichen Mengen die Formel

$$(3.7) \qquad |B_1 \times B_2 \times \cdots \times B_n| = |B_1| \times |B_2| \times \cdots \times |B_n|.$$

Anders formuliert: hat B_i die Mächtigkeit p_i für $i = 1, 2, \ldots, n$, so ist die Anzahl der geordneten Folgen $(b_1, b_2, \ldots, b_n)$, wobei b_i jeweils zu B_i gehört $(i = 1, 2, \ldots, n)$ gleich $p_1 p_2 \cdots p_n$.

Beispiel. — Wirft man eine Münze und einen Würfel, so ist die diesem Experiment zugeordnete Menge Ω (gemäss den Prinzipien von Kapitel 1) die Produktmenge $A \times B$, wobei $A = \{\text{Kopf}, \text{Zahl}\}$ und $B = \{1, 2, 3, 4, 5, 6\}$ ist. Diese Produktmenge $\Omega = A \times B$ hat die Mächtigkeit $2 \times 6 = 12$.

4. Klassische Abzählformeln. — Dieser Abschnitt enthält eine Auflistung von endlichen Mengen spezieller Bauart, deren Mächtigkeiten explizit bekannt sind.

4.1. *Folgen der Länge n.* — Wählt man in der Formel (3.7), alle Mengen B_i $(i = 1, 2, \ldots, n)$ gleich derselben Menge B, so erhält man

$$(4.1.1) \qquad |B^n| = |B|^n.$$

Somit hat die *Menge aller Folgen* $(b_1, b_2, \ldots, b_n)$ *der Länge n*, wobei jedes b_i zu B gehört, die Mächtigkeit $|B|^n$. (Wenn $|B| = p$ ist, so bezeichnet man dies in traditioneller Formulierung als «Anordnung mit Wiederholung von n

Objekten aus einer Menge von p Objekten», wobei Elemente b_i und b_j für $i \neq j$ gleich sein dürfen.) In funktionaler Ausdrucksweise kann man auch sagen, dass die *Menge B^A aller Abbildungen* einer Menge A mit Mächtigkeit n in eine Menge B mit Mächtigkeit p die Mächtigkeit p^n hat.

Beispiel. — Die Anzahl der (nicht notwendig sinnvollen) Wörter mit fünf Buchstaben ist $26^5 = 11.881.376$, und nicht etwa 5^{26}.

Beispiel. — Hat man r mit $1, 2, \ldots, r$ nummerierte Kugeln gegeben, die man in «zufälliger» Weise auf n Urnen verteilt, die ihrerseits mit $1, 2, \ldots, n$ nummeriert sind, so kann man sich für die verschiedenen *Verteilungen* dieser r Kugeln interessieren. Da die Urnen und die Kugeln unterscheidbar sind, kann man die Menge aller möglichen Verteilungen mit der Menge aller Folgen $(x_1, x_2, \ldots, x_r)$ identifizieren, wobei x_i die Nummer der Urne ist, in welche die Kugel mit der Nummer i $(1 \leq i \leq r)$ fällt. Es gibt also n^r verschiedene Verteilungen dieser Art.

4.2. *Die Menge der Teilmengen einer Menge.* — Wir nehmen an, dass die p Elemente einer Menge B der Mächtigkeit p mit b_1, b_2, $\ldots$, b_p durchnummeriert seien. Jede Teilmenge A von B wird vollständig durch eine Folge $(x_1, x_2, \ldots, x_p)$ beschrieben, wobei x_i $(1 \leq i \leq p)$ gleich 1 oder gleich 0 ist, je nachdem, ob b_i zu A gehört oder nicht.

Die Abbildung, die jeder Teilmenge A von B diese Folge $(x_1, x_2, \ldots, x_p)$ zuordnet, ist also bijektiv. Folglich hat die *Potenzmenge* $\mathfrak{P}(B)$ von B die gleiche Mächtigkeit wie die Menge $\{0, 1\}^p$ aller Folgen $(x_1, x_2, \ldots, x_p)$ der Länge p, wobei jedes x_i gleich 0 oder gleich 1 ist. Daraus folgt

$$(4.2.1) \qquad |\mathfrak{P}(B)| = |\{0, 1\}|^p = 2^p = 2^{|B|}.$$

Beispiel. — Es sei B eine Gruppe von sieben Individuen. Die Anzahl der Komitees, die man mit diesen sieben Personen bilden kann, wobei das leere Komitee und diejenigen Komitees mitgezählt werden sollen, die nur aus einer einzigen Person bestehen, ist gleich $2^7 = 128$.

4.3. *Folgen von verschiedenen Elementen.* — Sei wiederum B eine Menge der Mächtigkeit $p \geq 1$. Eine Folge $(c_1, c_2, \ldots, c_n)$ heisst (n, p)-*injektiv*, wenn sie die Länge n hat, wenn alle ihre Glieder c_i aus B (der Mächtigkeit p) gewählt sind und wenn alle c_i *verschieden* sind. (In traditioneller Terminologie nennt man eine solche Folge «Anordnung ohne Wiederholung von n Elementen aus p Elementen».) Es bezeichne $\mathfrak{I}(n, p)$ die Menge aller (n, p)-injektiven Folgen und $I(n, p)$ deren Mächtigkeit. Klarerweise ist $\mathfrak{I}(n, p)$ leer, falls $p < n$ gilt. Ist $n = p$, so sind die (p, p)-injektiven Folgen gerade die verschiedenen *Nummerierungen* der Menge B. Diese bezeichnet man auch als die *Permutationen* von B.

SATZ 4.3.1. — *Ist $0 \leq n \leq p$, so ist die Anzahl $I(n,p)$ der (n,p)-injektiven Folgen gegeben durch*

$$(4.3.1) \qquad I(n,p) = \frac{p!}{(p-n)!} = p(p-1)\cdots(p-n+1).$$

Speziell ist die Anzahl der Permutationen einer Menge der Mächtigkeit p gleich

$$(4.3.2) \qquad I(p,p) = p!$$

Beweis. — Es sei $c = (c_1, c_2, \ldots, c_p)$ eine Nummerierung von B. Das Anfangsstück $c' = (c_1, c_2, \ldots, c_n)$ dieser Folge c ist eine (n,p)-injektive Folge. Es bezeichne nun $\mathfrak{I}(c')$ die Menge der Nummerierungen $(d_1, d_2, \ldots, d_p)$ von B mit $(d_1, d_2, \ldots, d_n) = (c_1, c_2, \ldots, c_n) = c'$. Die Menge $\mathfrak{I}(p,p)$ ist die Vereinigung aller dieser Mengen $\mathfrak{I}(c')$, wobei c' über $\mathfrak{I}(n,p)$ variiert.

Es ist klar, dass die Mengen $\mathfrak{I}(c')$ paarweise disjunkt sind, also ist

$$(4.3.3) \qquad \mathfrak{I}(p,p) = \sum_{c'} \mathfrak{I}(c') \qquad (c' \in \mathfrak{I}(n,p)).$$

Um alle Elemente von $\mathfrak{I}(c')$ zu konstruieren, genügt es andererseits, dass man alle Folgen $c'' = (d_{n+1}, d_{n+2}, \ldots, d_p)$ der Länge $(p-n)$, bestehend aus verschiedenen Elementen aus $B' = B \setminus \{c_1, c_2, \ldots, c_n\}$ bereitstellt und sie an $(c_1, c_2, \ldots, c_n)$ anfügt. Nun hat B' die Mächtigkeit $(p-n)$. Folglich ist $|\mathfrak{I}(c')| = I(p-n, p-n)$. Die Mengen $\mathfrak{I}(c')$ haben also alle die gleiche Mächtigkeit. Aus der Formel (4.3.3) folgt nunmehr

$$I(p,p) = I(n,p)I(p-n,p-n).$$

Da $I(1,p) = p$ und $I(0,p) = 1$ ist, ist $I(p,p) = pI(p-1,p-1)$. Folglich ist $I(p,p) = p!$ und $I(n,p) = p!/(p-n)!$ $\quad\square$

Bemerkung. — In funktionaler Sprechweise ist $p(p-1)\cdots(p-n+1)$ die Mächtigkeit der Menge der *injektiven Abbildungen* einer n-elementigen Menge in eine p-elementige Menge.

Beispiel. — Fünfundzwanzig Pferde nehmen an einem Rennen teil. Eine Dreierwette ist eine $(n{=}3, p{=}25)$-injektive Folge. Es gibt bei diesem Rennen also $25 \times 24 \times 23 = 13.800$ verschiedene Dreierwetten

Beispiel. — Die Anagramme der Wortes KUPFER, dessen sechs Buchstaben verschieden sind, sind die Permutationen einer Menge von sechs Elementen. Die Anzahl dieser Anagramme ist also $6! = 120$.

Das Geburtstagsparadoxon. — Wenn n Personen in einem Raum zugegen sind, wie gross ist dann die Wahrscheinlichkeit, dass mindestens zwei von ihnen an demselben Tag Geburtstag haben? Um auf diese Frage zu antworten, sollte man der Einfachheit halber diejenigen Personen ausser acht lassen, die am 29. Februar Geburtstag haben. Ausserdem wird vorausgesetzt, dass die Wahrscheinlichkeit, dass eine zufällige gewählte Person an einem bestimmten Tag Geburtstag hat (vom 29. Februar abgesehen), gleich 1/365 ist. Um das Problem etwas formaler darzustellen, wählt man als Ω die Menge aller Folgen $(x_1, \ldots, x_n)$, wobei jedes x_i über die 365 Tage des Jahres variiert, dazu betrachtet man dann die Gleichverteilung auf Ω.

Die gesuchte Wahrscheinlichkeit ist gleich

$$P_n = 1 - \frac{I(n, 365)}{365^n} = 1 - \frac{365 \times 364 \times \cdots \times (365 - n + 1)}{365^n}.$$

Einige Werte von P_n sind in der folgenden Tabelle aufgeführt.

n	2	10	15	22	23	32	35	41	55
P_n	$0,003$	$0,12$	$0,25$	$0,48$	$0,51$	$0,75$	$0,81$	$0,90$	$0,99$

So kann beispielsweise bei einer normalen (!) Klasse von 35 Schülern jeder Lehrer mit Erfolgschancen von 81% die Wette annehmen, dass mindestens zwei Schüler an demselben Tag Geburtstag haben (*cf.* Fig. 1).

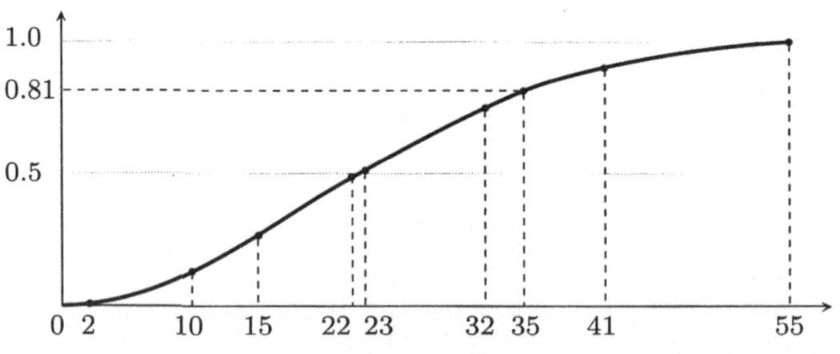

Fig. 1

4.4. *Teilmengen einer Menge.* — Für $n \geq 0$, $p \geq 0$ werden die *Binomialkoeffizienten* $\binom{p}{n}$ durch

$$(4.4.1) \qquad \binom{p}{n} = \binom{p-1}{n-1} + \binom{p-1}{n} \qquad (n, p \geq 1)$$

rekursiv definiert, wobei die Anfangsbedingungen: $\binom{p}{0} = 1$ für alle $p \geq 0$ und $\binom{0}{n} = 0$ für alle $n \geq 1$ gelten. Deren Darstellung in einer Tabelle mit

n	0	1	2	3	4	5	6
p							
0	1						
1	1	1					
2	1	2	1				
3	1	3	3	1			
4	1	4	6	4	1		
5	1	5	10	10	5	1	
6	1	6	15	20	15	6	1

p als Zeilenindex und n als Spaltenindex ist nichts anderes als das bekannte *Pascalsche Dreieck*.

Ausgehend von der obigen Rekursionsformel erhält man den wohlbekannten Ausdruck für den Wert

$$(4.4.2) \qquad \binom{p}{n} = \frac{p!}{n!\,(p-n)!} \qquad (0 \le n \le p)$$

und $\binom{p}{n} = 0$ falls n nicht zu dem Intervall $[0,p]$ gehört.

SATZ 4.4.1. — *Es sei $0 \le n \le p$; die Anzahl der Teilmengen der Mächtigkeit n einer Menge von p Elementen ist der Binomialkoeffizient $\binom{p}{n}$.*

Beweis. — Sei B eine Menge von p Elementen. Um eine (n,p)-injektive $(c_1,\ldots,c_n)$ Folge zu konstruieren, genügt es, erst eine Teilmenge $\{c_1,\ldots,c_n\}$ von B zu wählen und dann eine Permutation dieser n Elemente. Bezeichnet $b_{n,p}$ die Anzahl der n-elementigen Teilmengen von B, so erhält man $I(n,p) = b_{n,p}I(n,n)$, und somit $b_{n,p} = (p!/(p-n)!)/n! = \binom{p}{n}$. $\square$

Beispiel. — Auf wieviele Weisen kann man fünf Karten aus einem Spiel von zweiundfünfzig Karten (ohne Berücksichtigung der Reihenfolge) ziehen? Ist B die Menge aller Karten so ist eine Ziehung von fünf Karten nichts anderes als eine fünf-elementige Teilmenge von B. Die gesuchte Zahl ist also

$$\binom{52}{5} = \frac{52 \times 51 \times 50 \times 49 \times 48}{5 \times 4 \times 3 \times 2 \times 1} = 2.395.120.$$

Beispiel. — Wieviele Hände zu fünf Karten gibt es bei einem Bridge-Spiel, die aus genau zwei Assen, zwei Königen und einer Dame bestehen? Dazu seien A (bzw. B) die Menge aller (ungeordneten) Paare von zwei Assen (bzw. zwei Königen), sowie C die Menge der Damen. Jede Ziehung von fünf Karten mit der geforderten Verteilung ist eine *Folge* (a,b,c) mit $a \in A$, $b \in B$ und $c \in C$. Nach der Produktformel ist die gesuchte Anzahl also gleich $t = |A| \times |B| \times |C|$. Wegen $|A| = |B| = \binom{4}{2} = 6$ und $|C| = 4$, findet man $t = 6 \times 6 \times 4 = 144$.

Nehmen wir an, auf den p Elementen einer endlichen Menge B sei eine Ordnung $b_1 < b_2 < \cdots < b_p$ definiert. Wählt man eine Teilmenge A von

B mit der Mächtigkeit n aus, wobei $n \leq p$ sein soll, so entspricht dem eine streng monoton wachsende Folge $c_1 < c_2 < \cdots < c_n$ von n Elementen, und diese Zuordnung ist bijektiv. Daraus ergibt sich die Folgerung:

KOROLLAR. — *Die Anzahl der streng monoton wachsenden Folgen $c_1 < c_2 < \cdots < c_n$ der Länge n, wobei die Elemente c_i aus einer (geordneten) Menge von p Elementen gewählt sind, ist gleich $\binom{p}{n}$.*

4.5. *Monoton wachsende Folgen.* — Im folgenden Satz wird eine explizite Bijektion zwischen einer Menge von monoton wachsenden Folgen (im weiten Sinne) und einer Menge von streng monoton wachsenden Folgen konstruiert. Dann wird das vorhergehende Korollar angewendet.

SATZ 4.5.1. — *Es seien n und p nichtnegative ganze Zahlen und B eine total geordnete Menge der Mächtigkeit p. Die Anzahl der (im weiten Sinne) monoton wachsenden Folgen $c_1 \leq c_2 \leq \cdots \leq c_n$ der Länge n von Elementen c_i aus B ist gleich $\binom{p+n-1}{n}$.*

Beweis. — Ohne Beschränkung der Allgemeinheit kann man für B das Intervall $[p]$ wählen. Sei nun $c_1 \leq c_2 \leq \cdots \leq c_n$ eine solche wachsende Folge. Ihr ordnet man eine Folge $d = d_1 < d_2 < \cdots < d_n$ zu, die folgendermassen definiert wird:

$$d_1 = c_1 ; \quad d_2 = c_2 + 1 ; \quad d_3 = c_3 + 2 ; \quad \ldots ; \quad d_n = c_n + n - 1.$$

Diese Folge d ist offensichtlich streng monoton wachsend und es ist

$$1 \leq d_1 < d_2 < \cdots < d_n \leq p + n - 1.$$

Die Abbildung $c \mapsto d$ bildet die Menge der in der Aussage des Satzes genannten wachsenden Folgen bijektiv auf die Menge der streng monoton wachsenden Folgen der Länge n ab, deren Glieder aus dem Intervall $[p+n-1]$ stammen. Da die Mächtigkeit dieser letztgenannten Menge von Folgen gemäss dem vorangehenden Korollar gleich $\binom{p+n-1}{n}$ ist, ist dies auch die Anzahl der wachsenden Folgen der Länge n, deren Glieder aus dem Intervall von 1 bis p stammen. □

Man begegnet den Binomialkoeffizienten auch in der folgenden Abzählaufgabe, allerdings mit anderen Parametern.

SATZ 4.5.2. — *Die Anzahl der Folgen $(x_1, x_2, \ldots, x_n)$, die nichtnegative und ganzzahlige Lösungen der Gleichung*

$$(4.5.1) \qquad x_1 + x_2 + \cdots + x_n = p \qquad (n \text{ und } p \text{ fest})$$

sind, ist gleich dem Binomialkoeffizienten $\binom{p+n-1}{p}$.

Beweis. — Sei $x = (x_1, x_2, \ldots, x_n)$ eine derartige Lösung. Man kann ihr die wachsende Folge $y = (y_1, y_2, \ldots, y_n)$ zuordnen, die folgendermassen definiert ist:

$$y_1 = 1 + x_1 ; \quad y_2 = 1 + x_1 + x_2 ; \quad \ldots ; \quad y_{n-1} = 1 + x_1 + \cdots + x_{n-1} ;$$
$$y_n = 1 + x_1 + \cdots + x_{n-1} + x_n = 1 + p.$$

Dann gilt $1 \leq y_1 \leq y_2 \leq \cdots \leq y_{n-1} \leq 1 + p$. Ist umgekehrt y eine solche Folge, so definiert man $x = (x_1, x_2, \ldots, x_n)$ durch

$$x_n = 1 + p - y_{n-1} ; \quad x_{n-1} = y_{n-1} - y_{n-2} ; \quad \ldots ; \quad x_2 = y_2 - y_1 ; \quad x_1 = y_1 - 1.$$

Es existiert also eine Bijektion zwischen den Lösungen x der Gleichung (4.5.1) und den wachsenden Folgen (im weiten Sinne) der Länge $n - 1$, deren Glieder aus dem Intervall $[1 + p]$ gewählt sind. Die Anzahl der Lösungen x ist also gleich

$$\binom{(1 + p) + (n - 1) - 1}{n - 1} = \binom{p + n - 1}{n - 1} = \binom{p + n - 1}{p}. \quad \square$$

4.6. *Multinomialkoeffizienten.* — Es seien nun zwei ganze Zahlen p und k mit $1 \leq k \leq p$ gegeben, sowie eine Folge von ganzen Zahlen $(n_1, n_2, \ldots, n_k)$ mit

$$(4.6.1) \qquad n_1 \geq 0, n_2 \geq 0, \ldots, n_k > 0 \quad \text{und} \quad n_1 + n_2 + \cdots + n_k = p.$$

Ein *Multinomialkoeffizient* ist eine Zahl der Gestalt $\dfrac{p!}{n_1! \, n_2! \, \ldots \, n_k!}$. Man notiert diese mit $\binom{p}{n_1, n_2, \ldots, n_k}$. Im Falle $k = 2$ hat man $n_1 + n_2 = p$ und findet natürlich den Binomialkoeffizienten $\binom{p}{n_1} = \dfrac{p!}{n_1! \, (p - n_1)!}$ wieder.

Satz 4.6.1. — *Die Anzahl der Folgen der Länge p, in denen 1 genau n_1-mal, 2 genau n_2-mal, $\ldots$, k genau n_k-mal vorkommen, wobei die n_i den Bedingungen (4.6.1) genügen, ist der Multinomialkoeffizient $\binom{p}{n_1, n_2, \ldots, n_k}$.*

Beweis. — Es bezeichne $C(n_1, n_2, \ldots, n_k)$ die Menge der Folgen, die genau n_1-mal 1,$\ldots$, n_k-mal k enthalten, sodann betrachte man die Folge

$$a = (1_1, 1_2, \ldots, 1_{n_1}, 2_1, 2_2, \ldots, 2_{n_2}, \ldots, k_1, k_2, \ldots, k_{n_k})$$

der Länge $n_1 + n_2 + \cdots + n_k = p$, und es sei A die Menge aller $p!$ Umordnungen (Permutationen) von a.

Wir nehmen uns nun eine Umordnung b der Folge a vor und lesen die Glieder dieser Umordnung b von links nach rechts, wobei zunächst die

Indices i_k der Symbole 1_{i_k} notiert werden sollen. Man erhält auf diese Weise eine Permutation $\sigma_1 = (i_1, i_2, \ldots, i_{n_1})$ der Länge n_1. Ganz entsprechend liefert das Lesen von links nach rechts der Indices j_k der Symbole 2_{j_k} eine Permutation $\sigma_2 = (j_1, j_2, \ldots, j_{n_2})$ der Länge n_2, und ganz analog verfährt man weiter ... Nehmen wir nun diese k Permutationen σ_1, σ_2, $\ldots$, σ_k her und entfernen sämtliche Indices aus der Folge b, dann erhalten wir eine Folge c aus der Menge $C(n_1, \ldots, n_k)$. Offensichtlich ist diese Abbildung, die b auf $(c; \sigma_1, \sigma_2, \ldots, \sigma_k)$ abbildet, bijektiv. Tatsächlich ist $(c; \sigma_1, \sigma_2, \ldots, \sigma_k)$ eine einfache Codierung der Folge b. Die Anzahl der Folgen $(c; \sigma_1, \sigma_2, \ldots, \sigma_k)$ ist aber gleich $|C(n_1, \ldots, n_k)|\, n_1!\, n_2! \ldots n_k!$ Wegen $|A| = p!$ erhält man also genau die angekündigte Formel. $\square$

Beispiel. — Die Anzahl der Anagramme der Wortes VASSAL, in dem zweimal der Buchstabe A vorkommt, zweimal der Buchstabe S, je einmal die Buchstaben V und L, ist gleich $\binom{6}{2,2,1,1} = 6!/(2!\, 2!\, 1!\, 1!) = 180$. Die Anzahl der Anagramme des Wortes BERLIET ist $7!/2! = 2.520$. Darunter befindet sich das Wort LIBERTÉ.

Die Binomialformel hat eine Erweiterung auf den Fall der Multinomialkoeffizienten, die folgendermassen lautet.

SATZ 4.6.2. — *Es seien z_1, z_2, $\ldots$, z_k komplexe Zahlen (oder allgemeiner noch, Elemente eines kommutativen Ringes). Dann gilt die Multinomialformel*

$$(4.6.2) \qquad (z_1 + z_2 + \cdots + z_k)^p = \sum \binom{p}{n_1, n_2, \ldots, n_k} z_1^{n_1} z_2^{n_2} \ldots z_k^{n_k},$$

wobei sich die Summation über die Menge aller Folgen $(n_1, n_2, \ldots, n_k)$ von ganzen Zahlen mit

$$(4.6.3) \quad n_1 \geq 0,\ n_2 \geq 0,\ \ldots,\ n_k \geq 0 \qquad \text{und} \qquad n_1 + n_2 + \cdots + n_k = p$$

erstreckt.

Beweis. — Das Ausmultiplizieren von $(z_1 + z_2 + \cdots + z_k)^p$ liefert $\sum z_{i_1} z_{i_2} \ldots z_{i_p}$, wobei sich die Summation über alle Folgen $(i_1, i_2, \ldots, i_p)$ erstreckt, deren Glieder aus $[\,k\,]$ genommen werden. Es gibt genau k^p solche Folgen, also besteht diese Summe aus k^p Monomen. Wenn man die Buchstaben eines Monoms $z_{i_1} z_{i_2} \ldots z_{i_p}$ so umordnet, dass die Indices wachsend sind, erhält man ein Monom der Gestalt $z_1^{n_1} z_2^{n_2} \ldots z_k^{n_k}$, wobei die n_i den Bedingungen in (4.6.3) genügen. Nach Satz 4.6.1 ist die Anzahl dieser Monome $z_{i_1} z_{i_2} \ldots z_{i_p}$ in der ursprünglichen Summe, die gleich $z_1^{n_1} z_2^{n_2} \ldots z_k^{n_k}$ sind, genau gleich dem Multinomialkoeffizienten $\binom{p}{n_1, n_2, \ldots, n_k}$. $\square$

Bemerkung. — Die Anzahl der verschiedenen Terme in der Summation der Identität (4.6.2) ist gerade die Anzahl der Lösungen der Gleichung

$$n_1 + n_2 + \cdots + n_k = p,$$

und dies ist, gemäss Satz 4.5.2, gerade $\binom{p+k-1}{p}$.

Bemerkung. — Die Multinomialformel spielt bei zahlreichen expliziten Berechnungen eine Rolle. Schreibt man sie aus, so kann man mit ihr selbst bei kleinen Werten von k und p Bildschirme füllen! Die Anzahl $\binom{p+k-1}{p}$ der Terme wächst offensichtlich sehr schnell.

5. Das Spiegelungsprinzip. — In diesem Abschnitt werden wir im Zusammenhang mit dem Auszählungsproblem bei Wahlen, dem bekannten "scrutin"-Problem, zeigen, wie man eine geometrische Interpretation endlicher Folgen dazu verwenden kann, gewisse Mächtigkeiten und die damit zusammenhängenden Wahrscheinlichkeiten gewisser Ereignisse auf einfache Weise zu berechnen.

Es sei n eine ganze Zahl ($n \geq 1$) und $\omega = (x_1, x_2, \ldots, x_n)$ eine endliche Folge, bei der jedes x_i gleich 1 oder gleich -1 ist. Man notiert mit $p(\omega) = p$ (bzw. $q(\omega) = q$) die Anzahl der Glieder $+1$ (bzw. -1) in der Folge ω, sodass also $p + q = n$ gilt.

Als *Partialsummen* der Folge ω bezeichnet man die Summen $s_k = x_1 + x_2 + \cdots + x_k$ für $k = 1, 2, \ldots, n$. Zudem wird noch $s_0 = 0$ vereinbart. Offenbar ist

$$s_k - s_{k-1} = x_k = \pm 1 \quad (1 \leq k \leq n) \qquad \text{und} \qquad s_n = p - q.$$

Man kann also ω mit einem *Polygonzug* (oder *polygonalen Weg*) in der euklidischen Ebene identifizieren, die zwei zueinander rechtwinklige Koordinatenachsen habe, die horizontale t-Achse und die vertikale s-Achse. Dies geschieht folgendermassen: man verbindet mittels einer geraden Linie nacheinander die Punkte $(0,0)$, $(1, s_1)$, $(2, s_2)$, $\ldots$, (n, s_n) der Ebene. Dabei ist n die *Länge* des Weges. Es gibt offenbar 2^n Wege der Länge n, die den Ausgangspunkt $(0,0)$ mit einem Punkt verbinden, der die Koordinaten (n, s) mit $(-n \leq s \leq n)$ hat.

Die so konstruierten Wege bestehen aus kurzen Segmenten der Typen SW-NO und NW-SO. Es bezeichne nun $\mathcal{C}$ die Menge aller Wege, die nur aus solchen Segmenten zusammengesetzt sind. Für einen Weg ω aus $\mathcal{C}$, der von $(0,0)$ zu (n, s) führt, gelten folgende Gleichungen

(5.1) $$p(\omega) + q(\omega) = n\,; \qquad p(\omega) - q(\omega) = s\,;$$

oder äquivalent

(5.2) $$p(\omega) = \frac{n+s}{2} \quad \text{und} \quad q(\omega) = \frac{n-s}{2}.$$

Folglich ist die Anzahl der Wege von $(0,0)$ nach (n,s) gleich

$$(5.3) \qquad c_{n,s} = \binom{p+q}{q} = \binom{p+q}{p} \quad \text{mit } p = \frac{n+s}{2}.$$

Man setzt noch $c_{n,s} = 0$, falls $n+s$ und $n-s$ nicht beide gerade Zahlen sind.

Es seien nun A und B zwei Punkte der Ebene mit Koordinaten $A = (a, \alpha)$ und $B = (b, \beta)$. Dabei wird $0 \le a < b$, $\alpha \ge 1$ und $\beta \ge 1$ vorausgesetzt. Unter diesen Voraussetzungen gilt folgendes Lemma, das unter dem Namen *Spiegelungsprinzip* bekannt ist.

LEMMA 5.1. — *Die Anzahl der Wege aus $\mathcal{C}$, die von A nach B führen und welche die horizontale Achse berühren oder überschreiten, ist gleich der Anzahl der Wege aus $\mathcal{C}$, die den Punkt $A' = (a, -\alpha)$ mit B verbinden.*

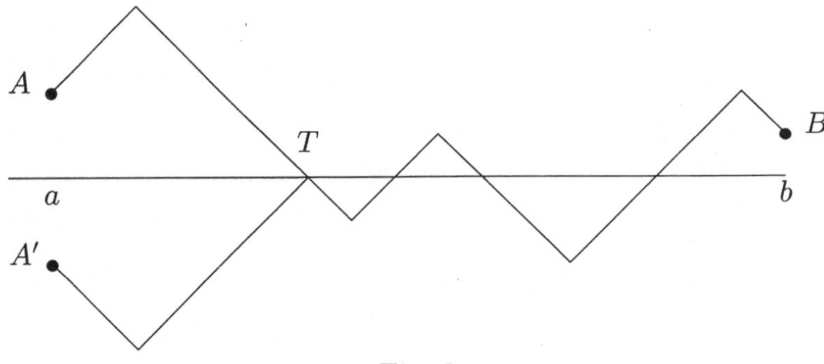

Fig. 2

Beweis. — Der Beweis ist rein geometrischer Natur (*cf.* Fig. 2). Es sei also ω ein Weg, der die horizontale Achse berührt oder überschreitet. Man bezeichnet mit T den am weitesten links liegenden Punkt, in dem ω die horizontale Achse berührt. Ferner sei ω_1 der Abschnitt des Weges ω, der von A nach T führt und es sei ω_2 der Abschnitt, der von T nach B führt. Man konstruiert nun einen Weg, der von A' nach B führt, indem man das Spiegelbild von ω_1 bezüglich der horizontalen Achse nimmt und dann ω_2 daran anhängt. Mit der Bezeichnung ω' für diesen neuen Weg ist klar, dass die Abbildung $\omega \mapsto \omega'$ eine Bijektion ist, welche die erstgenannte Familie von Wegen auf die zweite abbildet. $\square$

Der Punkt T kann beschrieben werden als Punkt mit der Abszisse t, die definiert ist durch

$$s_a > 0, \ s_{a+1} > 0, \ \ldots \ , \ s_{t-1} > 0, \ s_t = 0,$$

und der neue Weg ist definiert durch die Folge

$$-s_a, -s_{a+1}, \ldots, -s_{t-1}, s_t, s_{t+1}, \ldots, s_b.$$

Die bekannteste Anwendung des Spiegelungsprinzips findet man bei der Auszählung von Abstimmungen. Zuvor soll aber noch als Abzählaussage ein Lemma formuliert und bewiesen werden, bei dem die Notationen von (5.1), (5.2) und (5.3) weiter verwendet werden.

LEMMA 5.2. — *Es seien $n \geq 1$ und $s \geq 1$. Die Anzahl der Wege von $(0,0)$ nach (n,s), die stets strikt oberhalb der horizontalen Achse bleiben, ist gleich*

$$\frac{s}{n}c_{n,s} = \frac{p-q}{p+q}\binom{p+q}{p}.$$

Beweis. — Ist ω ein Weg, der in $(0,0)$ beginnt und der stets oberhalb der horizontalen Achse bleibt, so gilt notwendigerweise $s_1 = 1$. Die gesuchte Anzahl ist also auch gleich der Anzahl der Wege, die von $(1,1)$ nach (n,s) führen und niemals die horizontale Achse berühren oder überschreiten. Nach vorigem Lemma und der Formel (5.3) ist diese Anzahl aber gleich

$$
\begin{aligned}
c_{n-1,s-1} - c_{n-1,s+1} &= \binom{p+q-1}{p-1} - \binom{p+q-1}{p} \\
&= \left[\frac{p}{p+q} - \frac{q}{p+q}\right]\binom{p+q}{p} \\
&= \frac{p-q}{p+q}\binom{p+q}{p} = \frac{s}{n}c_{n,s}. \quad \square
\end{aligned}
$$

THEOREM 5.3 (Stimmauszählungsproblem, "scrutin"-Problem). — *Bei einer geheimen Abstimmung werden p Stimmen für den Kandidaten P und q Stimmen für den Kandidaten Q abgegeben. Dabei sei $p > q$. Dann ist die Wahrscheinlichkeit dafür, dass während der Auszählung Kandidat P stets in Führung liegt, gleich $(p-q)/(p+q)$.*

Beweis. — Das Problem besteht darin, die Menge aller Wege von $(0,0)$ nach $(p+q, p-q)$ wahrscheinlichkeitstheoretisch zu deuten. Jeder solche Weg repräsentiert in der Tat eine mögliche Auszählung ($+1$ wenn eine Stimme für P vorkommt, -1 bei einer Stimme für Q). Bezieht man sich auf die Gleichverteilung auf der Menge dieser Wege, so geht es also darum, die Anzahl der Wege zu bestimmen, die immer strikt oberhalb der horizontalen Achse bleiben. Genau dies wurde aber im vorangehenden Lemma geleistet. $\quad \square$

ERGÄNZUNGEN UND ÜBUNGEN

1. *Eine Anwendung der Formel von Poincaré.* — Es sei $n \geq 2$ und $n = p_1^{\alpha_1} \ldots p_r^{\alpha_r}$ die Zerlegung in Primfaktoren. Es sei nun $\Omega = \{1, 2, \ldots, n\}$ und A_k die Teilmenge von Ω, die aus allen Zahlen besteht, die durch die Primzahl p_k teilbar sind ($k = 1, \ldots, r$). Die Vereinigung $A_1 \cup \cdots \cup A_r$ ist diejenige Teilmenge von Ω, die aus allen denjenigen ganzen Zahlen besteht, die durch mindestens eine der Primzahlen p_1, ..., p_r teilbar sind. $(A_1 \cup \cdots \cup A_r)^c$ ist die Teilmenge derjenigen ganzen Zahlen in Ω, die durch keine der Primzahlen $p_1, \ldots, p_r$ teilbar sind. Die Mächtigkeit dieser Menge wird mit $\varphi(n)$ notiert. Diese Funktion heisst *Eulersche φ-Funktion*. Man kann die Formel von Poincaré dazu verwenden, die Formel

$$\frac{\varphi(n)}{n} = \prod_{p \,|\, n} \left(1 - \frac{1}{p} \right)$$

zu beweisen, wobei sich das Produkt auf der rechten Seite über alle Primteiler p von n erstreckt. In der Tat gilt nach der Formel von Poincaré

$$|A_1 \cup \cdots \cup A_r| = \sum_i |A_i| - \sum_{i<j} |A_i \cap A_j| + \cdots + (-1)^{r-1} |A_1 \cap \cdots \cap A_r|.$$

Es ist aber $|A_1 \cup \cdots \cup A_r| = n - \varphi(n)$ und andererseits gilt für jeden Teiler $d \,|\, n$, dass die Anzahl der durch d teilbaren Elemente von Ω gerade n/d ist. Damit hat man: $|A_i| = n/p_i$, $|A_i \cap A_j| = n/(p_i p_j)$, ..., $|A_i \cap \cdots \cap A_r| = n/(p_1 \ldots p_r)$ und die Formel von Poincaré liefert

$$n - \varphi(n) = \sum_i \frac{n}{p_i} - \sum_{i<j} \frac{n}{p_i p_j} + \cdots + (-1)^{r-1} \frac{n}{p_1 \ldots p_r} \,;$$

$$\frac{\varphi(n)}{n} = 1 - \sum_i \frac{1}{p_i} + \sum_{i<j} \frac{1}{p_i p_j} + \cdots + (-1)^r \frac{1}{p_1 \ldots p_r} = \prod_{p \,|\, n} \left(1 - \frac{1}{p} \right). \quad \Box$$

2. *Das Rencontre-Problem.* — Eine Urne enthalte n Kugeln, die von 1 bis n durchnummeriert seien. Man zieht diese nacheinander (ohne Zurücklegen) und beobachtet die Nummer der gezogenen Kugel. Dieses Experiment kann man mit dem Tripel $(\Omega, \mathfrak{A}, \mathrm{P})$ beschreiben, wobei Ω die Menge der Permutationen von $\{1, \ldots, n\}$ ist, $\mathfrak{A}$ gleich $\mathfrak{P}(\Omega)$ ist, sowie P die Gleichverteilung.

Man sagt, dass ein *Zusammentreffen (rencontre) bei der i-ten Ziehung* eintritt, wenn die gezogene Kugel gerade die Nummer i trägt. Mit E_i wird nun das Ereignis bezeichnet, dass ein «Zusammentreffen bei der i-ten Ziehung» eintritt. E_i ist die Teilmenge von Ω bestehend aus den Permutationen von $\{1, \ldots, n\}$, bei denen die i-te Position von der Zahl i eingenommen wird.

Ist allgemein $(i_1, \ldots, i_k)$ eine streng monoton wachsende Folge von ganzen Zahlen zwischen 1 und n, so besteht der Durchschnitt $E_{i_1} \cap \cdots \cap E_{i_k}$ aus all denjenigen Permutationen, bei denen die Positionen $i_1, \ldots, i_k$ von den Zahlen $i_1, \ldots, i_k$ besetzt sind. Mit Berücksichtigung der Gleichverteilung hat man also $\mathrm{P}(E_i) = (n-1)!/n!$ $(i = 1, \ldots, n)$; $\quad \mathrm{P}(E_{i_1} \cap E_{i_2}) = (n-2)!/n!$ $(1 \leq i_1 < i_2 \leq n)$; $\quad \mathrm{P}(E_1 \cap \cdots \cap E_n) = 1/n!$.

a) Es bezeichne A das Ereignis «es gibt mindestens ein Zusammentreffen», das heisst $A = E_1 \cup \cdots \cup E_n$. Die Formel von Poincaré ergibt

$$\mathrm{P}(A) = \sum_{k=1}^{n} (-1)^{k-1} \sum_{1 \leq i_1 < \cdots < i_k \leq n} \mathrm{P}(E_{i_1} \cap \cdots \cap E_{i_k})$$

$$= \sum_{k=1}^{n} (-1)^{k-1} \binom{n}{k} \frac{(n-k)!}{n!} = \sum_{k=1}^{n} \frac{(-1)^{k-1}}{k!}.$$

Für $n \to \infty$ konvergiert diese Grösse gegen $1 - e^{-1} \approx 0,63212$. Man kann sich schon für Werte n von bescheidener Grösse (ab $n = 7$ beispielsweise) davon überzeugen, dass der Wert $\mathrm{P}(A)$ nahe bei dem Grenzwert liegt.

b) Es sei nun B das Ereignis «es gibt kein Zusammentreffen». Dann ist $B = E_1^c \cap \cdots \cap E_n^c = (E_1 \cup \cdots \cup E_n)^c = A^c$ und daher

$$\mathrm{P}(B) = 1 - \mathrm{P}(A) = \sum_{k=0}^{n} \frac{(-1)^k}{k!}.$$

Für $n \to \infty$ konvergiert dies gegen $e^{-1} \approx 0,36788$.

c) Setzen wir nun $d_n = n! \, \mathrm{P}(B) = n! \sum_{k=0}^{n} (-1)^k/k!$, so ist dies offenbar eine ganze Zahl grösser oder gleich 1, und zwar ist es die Anzahl derjenigen Permutationen (von insgesamt $n!$), bei denen es keine Zusammentreffen gibt, d.h. bei denen keine Zahl in der ihr entsprechenden Position steht. Man nennt solche Permutationen auch *dérangements* und bezeichnet die Zahlen d_n als *dérangement-Zahlen* für n Objekte.

Beispiel 1. — Ein Briefträger hat n Briefe für n paarweise verschiedene Adressaten. Dann ist d_n die Anzahl der Möglichkeiten, diese Briefe zu verteilen, so dass kein einziger zu seinem eigentlichen Adressaten kommt.

Beispiel 2. — Wie gross ist die Anzahl der Möglichkeiten, acht Türme auf einem Schachbrett zu verteilen, und zwar derart, dass kein Turm einen anderen angreifen kann und dass auf der weissen Diagonalen kein Turm steht? Die Lösung ist $d_8 = 14.833$.

d) Es sei nun C das Ereignis «es gibt genau ein Zusammentreffen». Man zeige, dass

$$\mathrm{P}(C) = \sum_{k=0}^{n-1} \frac{(-1)^k}{k!}$$

gilt. Diese Grösse strebt für $n \to \infty$ ebenfalls gegen e^{-1}; andererseits gilt $P(B) - P(C) = (-1)^n/n! \to 0$ (für $n \to \infty$), so dass für grosses n die Wahrscheinlichkeit, dass *überhaupt kein* Zusammentreffen eintritt, praktisch gleich der Wahrscheinlichkeit ist, dass *genau ein* Zusammentreffen eintritt.

3. — Es sei nun $\Omega = \mathbb{N}^*$ und es bezeichne $\mathcal{D}$ die Familie der Teilmengen A von $\mathbb{N}^*$, für die folgender Grenzwert existiert:

$$d(A) = \lim_{n \to \infty} \frac{\mathrm{card}(A \cap \{1, \ldots, n\})}{n}.$$

Dieser Grenzwert heisst *arithmetische Dichte* von A. Man zeige, dass $\Omega \in \mathcal{D}$ gilt, dass $\mathcal{D}$ unter Komplementierung und unter *endlicher, disjunkter* Vereinigung abgeschlossen ist. Somit ist $\mathcal{D}$ ein *schwaches* Dynkin-System.

Bemerkung. — Die Familie $\mathcal{D}$ ist nicht unter Bildung von Durchschnitten abgeschlossen; sie ist also *keine* Algebra. Die Abbildung $d : \mathcal{D} \to \mathbb{R}^+$ ist einfach additiv, aber nicht σ-additiv auf $\mathcal{D}$.

4. — In einem Behälter befinden sich in völliger Unordnung zehn Paar Schuhe, darunter auch meine eigenen. Es werden nun vier Schuhe zufällig herausgezogen. Gesucht ist die Wahrscheinlichkeit, dass sich unter den vier Schuhen *mein Paar* befindet, sowie die Wahrscheinlichkeit, dass sich unter den vier Schuhen *mindestens ein* Paar befindet.

Die zehn *rechten* (bzw. *linken*) Schuhe seien mit $(1, r)$, $(2, r)$, $\ldots$, $(10, r)$ (bzw. $(1, l)$, $(2, l)$, $\ldots$, $(10, l)$) durchnummeriert. X bezeichne die Menge dieser zwanzig Zahlen.

a) Man konstruiere ein Tripel $(\Omega, \mathfrak{A}, P)$, um dieses Experiment zu beschreiben. Man wähle Ω so, dass es vernünftig ist, als P die Gleichverteilung auf Ω zu wählen.

b) Man bestimme diejenige Teilmenge A_i von Ω, die dem Ereignis «unter den vier gezogenen Schuhen befindet sich das i-te Paar» entspricht $(i = 1, \ldots, 10)$.

c) Man berechne $P(A_i)$ $(i = 1, \ldots, 10)$.

d) Es sei $(i_1, \ldots, i_k)$ eine streng monoton wachsende Folge von ganzen Zahlen zwischen 1 und 10. Man berechne $P(A_{i_1} \cap \cdots \cap A_{i_k})$ für $k = 2$ und für $k \geq 3$.

e) Man berechne daraus die Wahrscheinlichkeit, dass sich unter den vier gezogenen Schuhen *mindestens ein Paar* befindet.

5. — Man zieht "zufällig" vier Karten aus einem Spiel von zweiundfünfzig Karten. Wie gross ist die Wahrscheinlichkeit, dass sich unter diesen vier gezogenen Karten genau zwei Könige befinden? Die Hypothese "zufällig" bezieht sich auf eine geeignet zu wählende Grundmenge Ω. Welche?

6. *Das Spiel « Passe-Dix »*. — Man wirft drei perfekte Würfel. Zu zeigen ist, dass die Wahrscheinlichkeit, dass die Summe der Augenzahlen die Zahl zehn überschreitet, gleich der Wahrscheinlichkeit ist, dass diese Summe zehn nicht überschreitet.

7. *Das « Paradoxon » des Chevalier de Méré*. — Diese bemerkenswerte Persönlichkeit am Hofe Ludwigs XIV, « qui avait très bon esprit mais n'était pas géomètre » (vgl. Brief von Pascal an Fermat vom 29. Juli 1654), war ein unverbesserlicher Spieler, stets auf der Suche nach versteckten Regeln, die es ihm ermöglichen sollten, Vorteile gegenüber seinen Kontrahenten zu erzielen. Hier sind zwei seiner « Regeln ».

a) « Es ist von Vorteil, auf das Erscheinen mindestens einer « Sechs » zu wetten, wenn ein Würfel viermal hintereinander geworfen wird ». Diese Regel ist brauchbar, denn die Wahrscheinlichkeit dieses Ereignisses ist

$$1 - \left(\frac{5}{6}\right)^4 = 0,517747 > \frac{1}{2}.$$

Der Überschuss über $\frac{1}{2}$ ist gering, wird allerdings bei langer Spieldauer zu sicheren Gewinnen führen; der Chevalier sollte häufig danach spielen!

b) « Es ist von Vorteil, auf das Erscheinen mindestens einer « doppelten Sechs » zu wetten, wenn ein Paar von Würfeln vierundzwanzig Mal hintereinander geworfen wird ». Diese Regel ist unbrauchbar, denn die Wahrscheinlichkeit des beschriebenen Ereignisses ist

$$1 - \left(\frac{35}{36}\right)^{24} = 0,491404 < \frac{1}{2}.$$

Der Chevalier dürfte mit dieser Regel weniger glücklich geworden sein als mit der vorherigen. Tatsächlich hat er sich durch ein sogenanntes "Homothetie-Argument" täuschen lassen: wirft man einen Würfel, so gibt es sechs verschiedene Resultate, wirft man zwei Würfel, so gibt es deren $6^2 = 36$, also sechsmal so viele. Da es vorteilhaft ist, auf das Auftreten mindestens einer « Sechs » bei vier aufeinanderfolgenden Würfen eines Würfels zu wetten, sollte es auch vorteilhaft sein, auf das Auftreten mindesten einer « doppelten Sechs » zu wetten, wenn ein Paar von Würfeln $4 \times 6 = 24$ Mal hintereinander geworfen wird. Paradox! Man beachte: hätte der Chevalier auf das Auftreten mindestens einer « doppelten Sechs » gewettet, wenn ein Paar von Würfeln fünfundzwanzig Mal geworfen wird, wäre er wieder im Vorteil gewesen, denn die Wahrscheinlichkeit dieses Ereignisses ist grösser als 1/2.

In den nachfolgenden Aufgaben geht es um Modelle mit Urnen und Kugeln. Dabei werden r Kugeln auf n Urnen verteilt, wobei Gleichverteilung vorausgesetzt wird. Man hat es jedoch mit verschiedenen Situationen zu tun, je nachdem, ob man die Kugeln oder die Urnen als unterscheidbar oder ununterscheidbar annimmt. Alle diese Modelle spielen tatsächlich in der statistischen Mechanik eine Rolle.

8. *Kugeln und Urnen unterscheidbar (Maxwell-Boltzmann-Modell)*

a) Die Menge Ω aller Verteilungen ist die Menge Ω aller Folgen $(\omega_1, \ldots, \omega_r)$ der Länge r, wobei ω_j diejenige Urne bezeichnet, welche die j-te Kugel enthält $(j = 1, \ldots, r)$. Die Mächtigkeit von Ω ist also n^r. Als Wahrscheinlichkeitsverteilung auf Ω wählt man die Gleichverteilung.

b) Es bezeichne A_i das Ereignis « die i-te Urne ist leer » $(i = 1, \ldots, n)$. Dann gilt

$$P(A_i) = \left(1 - \frac{1}{n}\right)^r \quad \text{für alle} \quad i = 1, \ldots, n.$$

c) Sei nun B das Ereignis « jede Urne enthält mindestens eine Kugel ». Dann gilt

$$P(B) = \frac{n(n-1)\ldots(n-r+1)}{n^r}.$$

Diese Zahl ist gleich Null, wenn $r \geq n+1$ ist.

d) Nun sei C_{ik} das Ereignis « die i-te Urne enthält genau k Kugeln » $(1 \leq i \leq n\,;\ 0 \leq k \leq r)$. Die k Kugeln können auf $\binom{r}{k}$ verschiedene Weisen ausgewählt werden und die $(r-k)$ restlichen Kugeln können auf die $(n-1)$ verbleibenden Urnen auf $(n-1)^{r-k}$ verschiedene Weisen verteilt werden. Daher gilt

$$P(C_{ik}) = \frac{1}{n^r}\binom{r}{k}(n-1)^{r-k} = \binom{r}{k}\left(\frac{1}{n}\right)^k\left(1 - \frac{1}{n}\right)^{r-k}.$$

e) Es sei A das Ereignis « von m im voraus bestimmten Urnen bleibt keine leer » $(1 \leq m \leq n)$. Um die Wahrscheinlichkeit von $A = A_1^c \cap \cdots \cap A_m^c$ zu berechnen, kann man die Formel von Poincaré verwenden.

$$\begin{aligned}
P(A) &= \sum_{k=0}^{m}(-1)^k \sum_{1 \leq i_1 < \cdots < i_k \leq m} P(A_{i_1} \cap \cdots \cap A_{i_k}) \\
&= \sum_{k=0}^{m}(-1)^k \binom{m}{k}\left(1 - \frac{k}{n}\right)^r.
\end{aligned}$$

f) Sei jetzt $C = C_{1,k_1} \cap C_{2,k_2} \cap \cdots \cap C_{n,k_n}$. Es gilt: $P(C) = \dfrac{1}{n^r}\dfrac{r!}{k_1!\ldots k_n!}$, falls $k_1 + \cdots + k_n = r$ und $P(C) = 0$ sonst.

g) In Strasbourg geschehen *sechs* Unfälle pro *Woche*. Man berechne unter geeigneten Annahmen, dass es in einer Woche einen Tag gibt, an dem mindestens zwei Unfälle geschehen.

Lösung. — Es handelt sich um $r = 7$ Kugeln (Unfälle), die auf $n = 7$ Urnen (Wochentage) zu verteilen sind. Bezeichnet man mit A_i ($i = 1, \ldots, 7$) das Ereignis « der i-te Tag ist unfallfrei », so sucht man also die Wahrscheinlichkeit des Ereignisses $A = A_1 \cup \cdots \cup A_7$. Die Formel von Poincaré ergibt

$$
\mathrm{P}(A) = \sum_{k=1}^{7} (-1)^{k-1} \binom{7}{k} \mathrm{P}(A_1 \cap \cdots \cap A_k)
$$

$$
= \sum_{k=1}^{7} (-1)^{k-1} \binom{7}{k} \left(1 - \frac{k}{7}\right)^7 \approx 0,99387.
$$

Es gilt auch $\mathrm{P}(A) = 1 - (7!/7^7)$. Ein Unglück kommt selten allein!

9. *Ununterscheidbare Kugeln und unterscheidbare Urnen (Bose-Einstein).*

a) Hier geht es nur um die *Anzahl* von Kugeln in den Urnen. Man wählt als Ω die Menge aller Folgen $(x_1, \ldots, x_n)$ die Lösungen (in nichtnegativen ganzen Zahlen) der Gleichung $x_1 + \cdots + x_n = r$ sind (*cf.* Satz 4.5.2). Die Mächtigkeit von Ω ist also $\binom{n+r-1}{r}$. Als Mass auf Ω nimmt man wiederum die Gleichverteilung.

b) Es sei A_k das Ereignis « eine feste Urne enthält genau k Kugeln ». Es gilt $\mathrm{P}(A_k) = \binom{n+r-k-2}{r-k} / \binom{n+r-1}{r}$.

10. *Ununterscheidbare Kugeln, unterscheidbare Urnen, sowie das Verbot, zwei oder mehr Kugeln in dieselbe Urne zu legen (Fermi-Dirac).*

a) Die Menge Ω ist jetzt die Menge der r-elementigen Teilmengen (die r nichtleeren Urnen) aus einer n-elementigen Menge (die Gesamtheit der n Urnen). Die Mächtigkeit von Ω ist $\binom{n}{r}$ (*cf.* Satz 4.4.1). Man wählt die Gleichverteilung auf Ω.

b) Es sei A_1 das Ereignis « eine feste gewählte Urne enthält eine Kugel ». Es gilt: $\mathrm{P}(A_1) = \binom{n-1}{r-1} / \binom{n}{r} = r/n$.

KAPITEL 5

ZUFALLSVARIABLE

Das in den vorangegangenen Kapiteln beschriebene Modell reicht nicht mehr aus, wenn es darum geht, solche vom Zufall abhängige Grössen oder Zustände zufälliger Systeme zu beschreiben, die sich mit der Zeit ändern. Hierfür muss man auf dem Wahrscheinlichkeitsraum definierte Funktionen betrachten. In der traditionellen Terminologie, die wir auch hier verwenden werden, heissen solche Funktionen *Zufallsvariable*. Dabei handelt es sich um Funktionen im üblichen Sinne, die reelle Werte oder Werte in $\mathbb{R}^n$ annehmen. Dieses Kapitel ist der formalen Definition von Zufallsvariablen gewidmet, nachdem zuvor einige technische Details über inverse Abbildungen und Eigenschaften von messbaren Funktionen geklärt worden sind.

1. Inverse Abbildungen. — Die *inverse Abbildung* X^{-1} zu einer Abbildung $X : E \to F$ ist eine Abbildung von der *Potenzmenge* $\mathfrak{P}(F)$ in die Menge $\mathfrak{P}(E)$, die jeder Teilmenge B von F die mit $X^{-1}(B)$ bezeichnete Teilmenge von E zuordnet, die gerade aus denjenigen Elementen e von E besteht, für die $X(e)$ zu B gehört. Die Menge $X^{-1}(B) = \{e \in E : X(e) \in B\}$ heisst *inverses Bild* von B.

Grundlegend ist die (hier nicht nochmals bewiesene) Tatsache, dass die inverse Abbildung X^{-1} mit allen elementaren Mengenoperationen verträglich ist. Anders formuliert: falls B_n (mit oder ohne Index) eine Teilmenge von F bezeichnet, so gelten die folgenden Aussagen:

$$X^{-1}(\emptyset) = \emptyset, \qquad X^{-1}(F) = E, \qquad X^{-1}(B^c) = \left(X^{-1}(B)\right)^c,$$

$$X^{-1}\left(\bigcup_n B_n\right) = \bigcup_n X^{-1}(B_n), \qquad X^{-1}\left(\bigcap_n B_n\right) = \bigcap_n X^{-1}(B_n).$$

Speziell ist das inverse Bild einer Vereinigung von paarweise disjunkten Mengen wiederum eine Vereinigung von paarweise disjunkten Mengen. Mit der Notation $\sum$ für disjunkte Vereinigungen gilt also

$$X^{-1}\left(\sum_n B_n\right) = \sum_n X^{-1}(B_n).$$

Erwartungsgemäss sind inverse Abbildungen auch mit algebraischen Strukturen auf den zugrunde liegenden Mengen verträglich, so etwa speziell mit der Eigenschaft, eine σ-Algebra zu sein, was im folgenden Satz zum Ausdruck kommt.

SATZ 1.1. — *Es sei $(F, \mathfrak{F})$ ein messbarer Raum und $X : E \to F$ eine Abbildung. Dann bildet die Mengenfamilie $X^{-1}(\mathfrak{F}) = \{X^{-1}(B) : B \in \mathfrak{F}\}$ eine σ-Algebra auf E.*

Beweis. — In der Tat: da E gleich $X^{-1}(F)$ und da F zu $\mathfrak{F}$ gehört, hat man zunächst einmal $E \in X^{-1}(\mathfrak{F})$. Mit jeder Menge B aus $\mathfrak{F}$ gehört auch B^c zu $\mathfrak{F}$. Folglich gilt $\left(X^{-1}(B)\right)^c = X^{-1}(B^c) \in X^{-1}(\mathfrak{F})$. Ist schliesslich (B_n) eine Familie von Mengen, die alle zu $\mathfrak{F}$ gehören, so hat man $\bigcup_n X^{-1}(B_n) = X^{-1}(\bigcup_n B_n) \in X^{-1}(\mathfrak{F})$. $\square$

Der folgende Satz sagt aus, dass die inverse Abbildung auch mit der Erzeugung von σ-Algebren verträglich ist.

SATZ 1.2. — *Es sei $X : E \to F$ eine Abbildung und $\mathcal{C}$ eine Familie von Teilmengen von F. Dann gilt $\sigma(X^{-1}(\mathcal{C})) = X^{-1}(\sigma(\mathcal{C}))$, wobei $\sigma(\mathcal{C})$ die von $\mathcal{C}$ erzeugte σ-Algebra bezeichnet.*

Beweis. — Zunächst gilt $\mathcal{C} \subset \sigma(\mathcal{C})$, und daher auch $X^{-1}(\mathcal{C}) \subset X^{-1}(\sigma(\mathcal{C}))$. Die rechts stehende Mengenfamilie ist aber gemäss vorangehendem Satz eine σ-Algebra, deshalb gilt die Inklusion $\sigma(X^{-1}(\mathcal{C})) \subset X^{-1}(\sigma(\mathcal{C}))$.

Bezeichne nun $\mathfrak{F}$ die Familie derjenigen Teilmengen B von F, deren inverse Bilder $X^{-1}(B)$ zu $\sigma(X^{-1}(\mathcal{C}))$ gehören. Dann gilt $X^{-1}(\mathfrak{F}) \subset \sigma(X^{-1}(\mathcal{C}))$. Wir zeigen nun, dass $\mathfrak{F}$ tatsächlich eine σ-Algebra in F ist:

(i) Es ist $X^{-1}(F) = E \in \sigma(X^{-1}(\mathcal{C}))$, daher gilt $F \in \mathfrak{F}$.

(ii) Ist (B_n) eine Folge von Mengen aus $\mathfrak{F}$, so gilt
$$X^{-1}(\bigcup_n B_n) = \bigcup_n X^{-1}(B_n) \in \sigma(X^{-1}(\mathcal{C})), \text{ und daher } \bigcup_n B_n \in \mathfrak{F}.$$

(iii) Gehört B zu $\mathfrak{F}$, so gehört $X^{-1}(B^c) = \left(X^{-1}(B)\right)^c$ zu $\sigma(X^{-1}(\mathcal{C}))$ und daher gilt $B^c \in \mathfrak{F}$.

Nun ist noch festzustellen, dass $\mathfrak{F}$ insbesondere $\mathcal{C}$ umfasst, also auch $\sigma(\mathcal{C})$. Folglich ist

$$\sigma(X^{-1}(\mathcal{C})) \supset X^{-1}(\mathfrak{F}) \supset X^{-1}\sigma(\mathcal{C}).$$

Damit ist gezeigt, dass die beiden σ-Algebren $\sigma(X^{-1}(\mathcal{C}))$ und $X^{-1}(\sigma(\mathcal{C}))$ identisch sind. $\square$

2. Messbare Funktionen

Definition. — Es seien $(E, \mathfrak{E})$ und $(F, \mathfrak{F})$ zwei messbare Räume. Eine Abbildung $X : E \to F$ wird als *messbare Funktion von $(E, \mathfrak{E})$ in $(F, \mathfrak{F})$* bezeichnet, wenn $X^{-1}(\mathfrak{F})$ eine Unter-σ-Algebra von $\mathfrak{E}$ ist. Ist speziell $(F, \mathfrak{F}) = (\mathbb{R}, \mathcal{B}^1)$, so spricht man einfacher von einer *messbaren Funktion auf $(E, \mathfrak{E})$*.

Im folgenden Satz wird gezeigt, dass man zum Nachweis der Messbarkeit einer Funktion nicht alle Elemente der σ-Algebra $\mathfrak{F}$ überprüfen muss, sondern dass man sich dabei auf eine Familie beschränken kann, die $\mathfrak{F}$ erzeugt.

SATZ 2.1. — *Es seien $(E, \mathfrak{E})$ und $(F, \mathfrak{F})$ zwei messbare Räume. Eine Abbildung $X : E \to F$ ist bereits dann eine messbare Funktion von $(E, \mathfrak{E})$ in $(F, \mathfrak{F})$, wenn es eine Klasse $\mathcal{C}$ von Teilmengen von F gibt, die $\mathfrak{F}$ erzeugt und für die $X^{-1}(\mathcal{C}) \subset \mathfrak{E}$ gilt.*

Beweis. — In der Tat, wenn $X^{-1}(\mathcal{C})$ in der σ-Algebra $\mathfrak{E}$ enthalten ist, so ist auch die σ-Algebra $\sigma\big(X^{-1}(\mathcal{C})\big) = X^{-1}\big(\sigma(\mathcal{C})\big)$ (nach Satz 1.2) in $\mathfrak{F}$ enthalten. Damit gilt $X^{-1}(\mathfrak{F}) \subset \mathfrak{F}$ und X ist messbar. $\square$

Wie früher gezeigt, wird die Borel-σ-Algebra $\mathcal{B}^1$ von $\mathbb{R}$ von der Familie der offenen Intervalle (bzw. der Halbgeraden, etc.) erzeugt. Aus vorangehendem Satz folgt also: will man die Messbarkeit einer auf einem messbaren Raum $(E, \mathfrak{E})$ definierten reellwertigen Funktion nachweisen, so genügt es zu zeigen, dass für jedes Paar (a, b) reeller Zahlen mit $a < b$ die Menge $X^{-1}(\,]a, b[\,)$ zu $\mathfrak{E}$ gehört. Analog würde es auch genügen, für jede reelle Zahl a nachzuweisen, dass das inverse Bild $X^{-1}(\,]-\infty, a]\,)$ zu $\mathfrak{E}$ gehört, etc.

Die Aussagen des folgenden Satzes ergeben sich aus Satz 1.2. Auf einen Beweis wird hier verzichtet

SATZ 2.2. — *Ist $(E, \mathfrak{E})$ ein messbarer Raum und λ eine reelle Zahl, sind X, Y (mit oder ohne Index) messbare Funktionen auf $(E, \mathfrak{E})$, so sind auch $|X|$, $X + Y$, λX, $X \cdot Y$, $\limsup_n X_n$, $\liminf_n X_n$, $\sup_n X_n$, $\inf_n X_n$ messbare Funktionen (vorausgesetzt, diese Operationen liefern wieder Funktionen mit endlichen numerischen Werten).*

Ist ausserdem $X \neq 0$, so ist auch $1/X$ messbar. Ist schliesslich X_n eine Folge, die für jeden Punkt von E gegen einen endlichen Wert konvergiert, so ist auch $X = \lim_n X_n$ eine messbare Funktion.

Man kann diese Aussagen auch dahingehend zusammenfassen, dass man feststellt: *die Messbarkeit bleibt unter den üblichen Operationen der Analysis erhalten.* Konstante Funktionen sind offensichtlich messbar. In Bezug auf stetige Funktionen gilt die folgende Aussage.

SATZ 2.3. — *Es sei E ein topologischer Raum und $\mathfrak{E}$ die von den offenen Mengen von E erzeugte σ-Algebra. Dann ist jede stetige Funktion $X : (E, \mathfrak{E}) \to (\mathbb{R}, \mathcal{B}^1)$ auch messbar.*

Beweis. — Es bezeichne $\mathfrak{O}$ die Familie der offenen Mengen von $\mathbb{R}$. Dann gilt $X^{-1}(\mathfrak{O}) \subset \mathfrak{E}$ und somit $\sigma\big(X^{-1}(\mathfrak{O})\big) = X^{-1}\big(\sigma(\mathfrak{O})\big) \subset \mathfrak{E}$. Wegen $\sigma(\mathfrak{O}) = \mathcal{B}^1$ ist also $X^{-1}(\mathcal{B}^1)$ in $\mathfrak{E}$ enthalten, d.h. X ist messbar. $\square$

Im nächsten Satz werden wir die Messbarkeit einer Funktion mit Werten in $\mathbb{R}^n$ zur Messbarkeit ihrer Koordinatenfunktionen in Bezug setzen.

SATZ 2.4. — *Es seien $(E, \mathfrak{E})$ ein messbarer Raum und $X = (X_1, \ldots, X_n)$ eine Abbildung von E in $\mathbb{R}^n$. X ist eine messbare Funktion von $(E, \mathfrak{E})$ in $(\mathbb{R}^n, \mathcal{B}^n)$ genau dann, wenn für alle $i = 1, \ldots, n$ die Koordinatenfunktion $X_i : E \to \mathbb{R}$ eine messbare Funktion von $(E, \mathfrak{E})$ in $(\mathbb{R}, \mathcal{B})$ ist.*

Beweis. — Es sei $(B_1, \ldots, B_n)$ eine Folge von n Borel-Mengen der reellen Geraden. Dann ist deren cartesisches Produkt $B = \prod_i B_i$ eine Borel-Menge von $\mathbb{R}^n$. Ausserdem ist $X^{-1}(B) = \bigcap_i X_i^{-1}(B_i)$. Falls X messbar ist, so können wir irgendeine ganze Zahl i im Intervall $[1, n]$ auswählen und $B_i = [a_i, b_i[$ sowie $B_j = \mathbb{R}$ für alle $j \neq i$ setzen. Dann ist $X^{-1}(B) = X_i^{-1}([a_i, b_i[)$ und damit gehört $X_i^{-1}([a_i, b_i[)$ zu $\mathfrak{E}$. Folglich ist X_i (gemäss Satz 2.1) messbar.

Sind umgekehrt alle Koordinatenfunktionen X_i messbar, so kann man $B_i = [a_i, b_i[$ $(i = 1, \ldots, n)$ wählen. Die Menge B ist dann ein Rechteck in $\mathbb{R}^n$ und $X^{-1}(B)$ gehört zu $\mathfrak{E}$. Damit hat man $X^{-1}(\mathcal{B}^n) \subset \mathfrak{E}$. Somit ist die Funktion X, wiederum gemäss Satz 2.1, ebenfalls messbar. $\quad\Box$

Der folgende Satz wird ohne Beweis zitiert.

SATZ 2.5. — *Es seien $(E, \mathfrak{E})$ ein messbarer Raum, $X : (E, \mathfrak{E}) \to (\mathbb{R}^n, \mathcal{B}^n)$ und $f : (\mathbb{R}^n, \mathcal{B}^n) \to (\mathbb{R}, \mathcal{B}^1)$ zwei messbare Funktionen. Dann ist auch $f \circ X$ eine messbare Funktion.*

Der Begriff der Indikatorfunktion eines Ereignisses ist im Abschnitt 3.3 von Kapitel 1 eingeführt worden. Man achte darauf, die Indikatorfunktion I_A eines Ereignisses A, das zu einer σ-Algebra $\mathfrak{A}$ auf einer Menge Ω gehört, nicht mit dem *singulären Mass* ϵ_ω zu verwechseln, welches eine auf $\mathfrak{A}$ definierte Funktion von Mengen ist. Gleichwohl hat man folgende Beziehung

$$I_A(\omega) = \epsilon_\omega(A), \quad \text{für alle } \omega \in \Omega \text{ und } A \in \mathfrak{A}.$$

Die folgende Aussage ist offensichtlich und wird daher ohne Beweis angegeben.

SATZ 2.6. — *Es sei $(\Omega, \mathfrak{A})$ ein messbarer Raum. Die Indikatorfunktion I_A einer Teilmenge A von Ω ist genau dann messbar, wenn A zu $\mathfrak{A}$ gehört.*

3. Zufallsvariable

Definition. — Ist ein Wahrscheinlichkeitsraum $(\Omega, \mathfrak{A}, \mathrm{P})$ gegeben, so bezeichnet man jede messbare Funktion von $(\Omega, \mathfrak{A})$ in $(\mathbb{R}, \mathcal{B}^1)$ (bzw. in $(\mathbb{R}^n, \mathcal{B}^n)$) als *reelle Zufallsvariable* (bzw. als *Zufallsvariable mit Werten in $\mathbb{R}^n$ oder n-dimensionale Zufallsvariable*).

Aus dem eben Gesagten ergibt sich, dass eine reelle (bzw. n-dimensionale) Zufallsvariable eine Abbildung von Ω in $\mathbb{R}$ (bzw. in $\mathbb{R}^n$) ist, bei der für jedes reelle a (bzw. jede Folge $(a_1, \ldots, a_n)$ von reellen Zahlen) das inverse Bild $X^{-1}(] - \infty, a])$ (bzw. $X^{-1}(] - \infty, a_1] \times \cdots \times] - \infty, a_n])$) zu der σ-Algebra $\mathfrak{A}$ gehört.

Bemerkung. — Bei der Definition der Zufallsvariablen spielt die Wahrscheinlichkeitsverteilung P als Element des Tripels $(\Omega, \mathfrak{A}, P)$ eigentlich gar keine Rolle; nur die σ-Algebra $\mathfrak{A}$ tritt in Erscheinung. Somit ist die Terminologie *Zufalls*variable streng genommen nicht angebracht. Allerdings wird, wie gleich anschliessend beschrieben wird, die «Zufalls»variable X dazu verwendet, den Wertebereich $(\mathbb{R}, \mathcal{B}^1)$ mit einer Wahrscheinlichkeitsverteilung zu versehen.

Wahrscheinlichkeitstheoretische Terminologie. — Es sei $(\Omega, \mathfrak{A}, P)$ ein Wahrscheinlichkeitsraum und A ein zur σ-Algebra $\mathfrak{A}$ gehörendes Ereignis. Mit $P(A)$ bezeichnet man *die Wahrscheinlichkeit des Ereignisses A* oder auch *die Wahrscheinlichkeit dafür, dass das Ereigniss A eintritt.*

Ist X eine auf diesem Raum definierte Zufallsvariable und B eine Borel-Menge der Geraden, so gehört das Ereignis $X^{-1}(B) = \{\omega \in \Omega : X(\omega) \in B\}$ zu $\mathfrak{A}$. Man bezeichnet dieses Ereignis auch mit $\{X \in B\}$ und seine Wahrscheinlichkeit $P\{X \in B\}$ ist dementsprechend die *Wahrscheinlichkeit dafür, dass X in B liegt.*

Je nach Gestalt der Menge B sind verschiedene Schreibweisen gebräuchlich. So schreibt man $P\{X = b\}$ an Stelle von $P\{X \in \{b\}\}$, sowie $P\{X \leq b\}$ an Stelle von $P\{X \in]-\infty, b]\}$. Gelesen wird dies als *die Wahrscheinlichkeit dafür, dass X gleich b ist*, beziehungsweise *die Wahrscheinlichkeit dafür, dass X kleiner oder gleich b ist.*

Ist entsprechend (A_n) eine Folge von Ereignissen aus $\mathfrak{A}$, so schreibt man oft $P(A_1, A_2, \ldots, A_n)$ statt $P(A_1 \cap A_2 \cap \cdots \cap A_n)$ und liest dies als *die Wahrscheinlichkeit, dass die Ereignisse $A_1, A_2, \ldots, A_n$ gleichzeitig eintreten.*

Sind schliesslich X_1 und X_2 zwei auf demselben Wahrscheinlichkeitsraum $(\Omega, \mathfrak{A}, P)$ definierte Zufallsvariable, so schreibt man $P\{X_1 \leq b_1, X_2 \leq b_2\}$ an Stelle von $P(X_1^{-1}(]-\infty, b_1] \cap X_2^{-1}(]-\infty, b_2])$ und liest dies als *die Wahrscheinlichkeit dafür, dass X_1 kleiner oder gleich b_1 und X_2 kleiner oder gleich b_2 ist.*

4. Die Verteilung einer Zufallsvariablen.

— Der Begriff der Zufallsvariablen erlaubt es, den messbaren Raum $(\mathbb{R}^n, \mathcal{B}^n)$ mit einer Wahrscheinlichkeitsverteilung auszustatten, wie das im folgenden Satz zum Ausdruck kommt.

SATZ 4.1. — *Es sei $X : (\Omega, \mathfrak{A}, P) \to (\mathbb{R}^n, \mathcal{B}^n)$ eine n-dimensionale Zufallsvariable. Dann ist die Abbildung $P_X : \mathcal{B}^n \to [0,1]$, die jeder Borel-Menge B des $\mathcal{B}^n$ den Wert*

$$P_X(B) = P\big(X^{-1}(B)\big)$$

zuordnet, eine Wahrscheinlichkeitsverteilung auf $(\mathbb{R}^n, \mathcal{B}^n)$.

Die so definierte Wahrscheinlichkeitsverteilung P_X heisst *Verteilung der Zufallsvariablen* X. Sie wird gelegentlich auch als $\mathcal{L}(X)$, d.h. "lex" oder "loi" von X bezeichnet. Man sagt auch: *X hat die Verteilung* P_X.

Beweis. — Da für jede Borel-Menge B das inverse Bild $X^{-1}(B)$ zu $\mathfrak{A}$ gehört, ist die obige Definition von P_X sinnvoll. Ausserdem ist $P_X(\mathbb{R}^n) = P(X^{-1}(\mathbb{R}^n)) = P(\Omega) = 1$. Ist schliesslich (B_n) eine Folge von paarweise disjunkten Borel-Mengen, so gilt $P_X(\sum_n B_n) = P(X^{-1}(\sum_n B_n)) = P(\sum_n X^{-1}(B_n)) = \sum_n P(X^{-1}(B_n)) = \sum_n P_X(B_n)$. $\Box$

Mit den gleichen Bezeichnungen wie eben hat man also

$$P\{X \in B\} = P(X^{-1}(B)) = P_X(B).$$

Andererseits ist der Raum $(\mathbb{R}^n, \mathcal{B}^n, P_X)$ nun ein neuer Wahrscheinlichkeitsraum. Es ist daher angebracht, die zugrunde liegende Verteilung zu präzisieren, wenn man von der Wahrscheinlichkeit eines Ereignisses spricht.

Bemerkung 1. — Der Begriff der Verteilung ist aus folgendem Grund von fundamentaler Bedeutung: jeder Wahrscheinlichkeitsverteilung P' auf dem Raum $(\mathbb{R}^n, \mathcal{B}^n)$ kann man einen Wahrscheinlichkeitsraum $(\Omega, \mathfrak{A}, P)$ und eine Zufallsvariable $X : (\Omega, \mathfrak{A}, P) \to (\mathbb{R}^n, \mathcal{B}^n)$ derart zuordnen, dass die Verteilung P_X von X genau P' ist. In der Tat, man nehme $\Omega = \mathbb{R}^n$, $\mathfrak{A} = \mathcal{B}^n$, $P = P'$ und als X die identische Abbildung von Ω.

Man kann also davon sprechen, dass eine Zufallsvariable X eine Verteilung P_X hat, ohne den Wahrscheinlichkeitsraum $(\Omega, \mathfrak{A}, P)$ genau zu spezifizieren, auf dem X definiert ist. Das läuft darauf hinaus, den Wahrscheinlichkeitsraum $(\mathbb{R}^n, \mathcal{B}^n, P_X)$ quasi *autonom* zu untersuchen, wobei man von dem Mechanismus abstrahiert, der zu X geführt hat. Man befindet sich also in dem Bereich der Phänomenologie, da $\mathbb{R}^n$ der Bereich der *beobachteten Werte* von X ist, wobei sich die ganze Information über das Zufallsverhalten von X in der Verteilung P_X auf $(\mathbb{R}^n, \mathcal{B}^n)$ konzentriert.

Diese Sichtweise, bei der die Verteilungen im Vordergrund stehen, wird oft eingenommen, insbesondere in elementaren Darstellungen der Wahrscheinlichkeitstheorie. Das ist umso mehr gerechtfertigt, als es für die Berechnung der typischen Kennzahlen einer Zufallsvariablen (Erwartungswert, Varianz, Median,...) genügt, den Wahrscheinlichkeitsraum $(\mathbb{R}^n, \mathcal{B}^n, P_X)$ zu kennen.

Bemerkung 2. — Die Verteilung P_X ist *das Bild des Masses* P *unter der Abbildung* X. Man schreibt dies auch als $X(P)$, was folgenden Vorteil hat: wenn man die Verteilung von $f \circ X$ betrachtet, so kann man wegen der Transitivität der Bildmasse einfach $(f \circ X)(P) = f(X(P))$ schreiben.

5. Die Verteilungsfunktion einer reellen Zufallsvariablen. — Es sei $(\Omega, \mathfrak{A}, P)$ ein Wahrscheinlichkeitsraum und $X : (\Omega, \mathfrak{A}, P) \to (\mathbb{R}, \mathcal{B}^1)$ eine *reelle* Zufallsvariable. Als *Verteilungsfunktion von* X bezeichnet man diejenige Funktion, die jeder reellen Zahl x die folgendermassen definierte Zahl $F(x)$ zuordnet:

$$F(x) = P\{X \leq x\} = P_X(\,]-\infty, x]\,).$$

SATZ 5.1. — *Die Verteilungsfunktion* F *einer reellen Zufallsvariablen* X *hat folgende Eigenschaften:*
 (i) $0 \leq F(x) \leq 1$;
 (ii) F *ist eine (im schwachen Sinne) monoton wachsende Funktion, die in jedem Punkt* x *von* $\mathbb{R}$ *rechtsseitig stetig ist;*
(iii) $\lim\limits_{x \to -\infty} F(x) = 0$ *und* $\lim\limits_{x \to +\infty} F(x) = 1$.

Beweis. — Die Eigenschaft (i) ist offensichtlich. Seien nun x und x' zwei reelle Zahlen mit $x \leq x'$. Dann gilt $\,]-\infty, x] \subset\,]-\infty, x']$ und somit $P_X(\,]-\infty, x]\,) \leq P_X(\,]-\infty, x']\,)$, das heisst aber $F(x) \leq F(x')$.

Sei nun (ϵ_n) eine absteigende Folge von reellen Zahlen, die gegen 0 konvergiert. (Das wird abgekürzt mit: $\epsilon_n \downarrow 0$.) Für jedes reelle x gilt dann

$$P_X(\,]x, x + \epsilon_n]\,) = P_X(\,]-\infty, x + \epsilon_n]\,) - P_X(\,]-\infty, x]\,) = F(x + \epsilon_n) - F(x).$$

Wegen $]x, x + \epsilon_n] \downarrow \emptyset$ ist aber $\lim_n P_X(\,]x, x + \epsilon_n]\,) = 0$ und somit $F(x + 0) = F(x)$.

Entsprechend ist $]-\infty, -n] \downarrow \emptyset$ und folglich
$\lim_{x \to -\infty} F(x) = \lim_n P_X(\,]-\infty, -n]\,) = P_X(\lim_n(\,]-\infty, -n]\,)) = 0$.

Schliesslich gilt $]-\infty, n] \uparrow \mathbb{R}$ und somit
$\lim_{x \to +\infty} F(x) = \lim_n P_X(\,]-\infty, n]\,) = P_X(\lim_n(\,]-\infty, n]\,)) = P_X(\mathbb{R}) = 1$. $\square$

Bemerkung. — Es ist oft bequem, jede reelle Funktion F, welche die in (i), (ii) und (iii) von Satz 5.1 beschriebenen Eigenschaften hat, als *Verteilungsfunktion* (auf der reellen Geraden) zu bezeichnen.

Satz 5.1 hat eine Umkehrung, die in Kapitel 10 (Theorem 3.1) bewiesen wird und die wir hier in der folgenden Form festhalten.

SATZ 5.2. — *Zu jeder Verteilungsfunktion* F *gehört genau eine Wahrscheinlichkeitsverteilung auf* P *auf* $(\mathbb{R}, \mathcal{B}^1)$, *so dass* $P(\,]-\infty, x]\,) = F(x)$ *für alle reellen* x *gilt.*

Bemerkung. — Man kann auch jedem n-dimensionalen Vektor $X = (X_1, X_2, \ldots, X_n)$ von Zufallsvariablen eine Verteilungsfunktion F zuordnen. Man definiert

$$F(x_1, x_2, \ldots, x_n) = P\{X_1 \leq x_1, X_2 \leq x_2, \ldots, X_n \leq x_n\},$$

und erhält auf diese Weise eine von n Variablen abhängige reelle Funktion mit Werten in $[0, 1]$. Die Eigenschaften einer solchen (gemeinsamen) Verteilungsfunktion werden in Aufgabe 11 behandelt.

6. Die Punktgewichte und die Unstetigkeiten der Verteilungsfunktion. — Es sei $X : (\Omega, \mathfrak{A}, \mathrm{P}) \to (\mathbb{R}, \mathcal{B}^1)$ eine reelle Zufallsvariable und F deren Verteilungsfunktion. Da für jedes $x \in \mathbb{R}$ die Menge $\{x\}$ zu $\mathcal{B}^1$ gehört, ist $\mathrm{P}\{X = x\}$ für jedes x definiert.

Definition. — Als *Punktgewicht von X* bezeichnet man die durch $\pi(x) = \mathrm{P}\{X = x\}$ definierte Abbildung $\pi(.) : \mathbb{R} \to \mathbb{R}^+$

Satz 6.1. — *Das Punktgewicht $\pi(.)$ ist vollständig durch die Verteilung (und damit auch durch die Verteilungsfunktion F) bestimmt. Für jedes $x \in \mathbb{R}$ gilt $\pi(x) = \mathrm{F}(x) - \mathrm{F}(x - 0) = \mathrm{F}(x + 0) - \mathrm{F}(x - 0)$. Die Zahl $\pi(x)$ ist die Sprunghöhe von F in x.*

Beweis. — Es sei $x \in \mathbb{R}$ und $(x_n)_{n \geq 1}$ eine wachsende Folge von reellen Zahlen derart, dass $x_n < x$ $(n \geq 1)$ gilt, sowie $x_n \uparrow x$. Für alle $n \geq 1$ hat man dann die Beziehung

$$]{-\infty}, x] = \,]{-\infty}, x_n] \cup \,]x_n, x]\,,$$

aus der für die Wahrscheinlichkeiten P_X beider Seiten

$$\mathrm{F}(x) = \mathrm{F}(x_n) + \mathrm{P}_X(\,]x_n, x]\,)$$

folgt. Beim Grenzübergang $n \to \infty$ sieht man,

(i) dass die Folge $(\mathrm{F}(x_n))_{n \geq 1}$ monoton wachsend und beschränkt ist, also gegen einen Grenzwert konvergiert, der mit $\mathrm{F}(x - 0)$ bezeichnet wird;

(ii) dass die Folge der Mengen $(\,]x_n, x]\,)_{n \geq 1}$ monoton absteigend ist, mit Limes $\bigcap_{n \geq 1}]x_n, x] = \{x\}$; daher hat man $\lim_n \mathrm{P}_X(\,]x_n, x]\,) = \mathrm{P}_X(\{x\}) = \mathrm{P}_X\{X = x\} = \pi(x)$.

Zusammen genommen ergibt sich also $\mathrm{F}(x) = \mathrm{F}(x - 0) + \pi(x)$. $\quad\Box$

Satz 6.2. — *Es sei X eine Zufallsvariable und F ihre Verteilungsfunktion, sowie $\pi(.)$ das zugehörige Punktgewicht. Es sei*

$$D_X = \{x \in \mathbb{R} : \pi(x) > 0\}.$$

Dann gilt:

a) *Die Funktion F ist im Punkt $x \in \mathbb{R}$ genau dann stetig, wenn $\pi(x) = 0$ ist.*

b) *Die Funktion F ist stetig in ganz $\mathbb{R}$ genau dann, wenn $D_X = \emptyset$; man sagt dann auch, die Verteilung von X sei « diffus ».*

c) *Die Menge D_X ist endlich oder abzählbar; anders formuliert: die Menge der Unstetigkeitsstellen von F ist endlich oder abzählbar.*

Beweis. — Die Eigenschaften a) und b) sind klar; zum Beweis von c) setzen wir $A_n = \{x \in \mathbb{R} : \pi(x) \geq 1/n\}$. Da $\pi(x)$ die Sprunghöhe von F im Punkt x ist und da F wachsend ist, mit Totalvariation gleich 1, kann die

Menge A_n höchstens n Elemente enthalten. Nun ist aber $D_X = \bigcup_{n \geq 1} A_n$. Da endliche oder abzählbare Vereinigung von endlichen oder abzählbaren Mengen wiederum endlich oder abzählbar ist, ist auch diese Eigenschaft gezeigt. $\square$

Definition. — Es sei X eine reelle Zufallsvariable und $\pi(.)$ ihr Punktgewicht. Da D_X endlich oder abzählbar ist, ist es sinnvoll, die Summe $\sum_{x \in D_X} \pi(x)$ zu betrachten. Falls diese Summe gleich 1 ist, bezeichnet man X als *diskrete* Zufallsvariable und die Menge D_X als deren *Träger*, in der Folge mit S_X bezeichnet.

Bemerkung. — Der Träger einer diskreten Zufallsvariablen kann sogar *überall dicht* sein, zum Beispiel $S_X = \mathbb{Q}$. In diesem Fall kann die Verteilungsfunktion nicht mehr als eine einfache Treppenfunktion dargestellt werden (*cf.* Aufgabe 7).

SATZ 6.3. — *Es sei X eine Zufallsvariable und P_X deren Verteilung, F die Verteilungsfunktion und $\pi(.)$ das Punktgewicht. Dann gelten für $-\infty < a < b < +\infty$ folgende Beziehungen:*

$$\mathrm{P}_X(\,]-\infty, a]\,) = \mathrm{F}(a)\,;$$
$$\mathrm{P}_X(\,]-\infty, a[\,) = \mathrm{F}(a-0) = \mathrm{F}(a) - \pi(a)\,;$$
$$\mathrm{P}_X(\,]a, +\infty[\,) = 1 - \mathrm{F}(a)\,;$$
$$\mathrm{P}_X(\,[a, +\infty[\,) = 1 - \mathrm{F}(a-0) = 1 - \mathrm{F}(a) + \pi(a)\,;$$
$$\mathrm{P}_X(\,]a, b]\,) = \mathrm{F}(b) - \mathrm{F}(a)\,;$$
$$\mathrm{P}_X(\,[a, b]\,) = \mathrm{F}(b) - \mathrm{F}(a-0) = \mathrm{F}(b) - \mathrm{F}(a) + \pi(a)\,;$$
$$\mathrm{P}_X(\,]a, b[\,) = \mathrm{F}(b-0) - \mathrm{F}(a) = \mathrm{F}(b) - \mathrm{F}(a) - \pi(a)\,;$$
$$\mathrm{P}_X(\,[a, b[\,) = \mathrm{F}(b-0) - \mathrm{F}(a-0) = \big(\mathrm{F}(b) - \mathrm{F}(a)\big) - \big(\pi(b) - \pi(a)\big).$$

Es sollte keine Schwierigkeiten bereiten, dies nachzuvollziehen.

7. Von einer Zufallsvariablen erzeugte σ-Algebra. — Es sei X eine n-dimensionale Zufallsvariable, definiert auf einem Raum $(\Omega, \mathfrak{A}, \mathrm{P})$. Man bezeichnet dann als *die von X erzeugte σ-Algebra*, notiert mit $\sigma(X)$, die kleinste in $\mathfrak{A}$ enthaltene σ-Algebra, bezüglich der X noch messbar ist.

SATZ 7.1. — *Es ist $\sigma(X) = X^{-1}(\mathcal{B}^n)$.*

Beweis. — Aus der Definition der Messbarkeit alleine folgt schon, dass X bezüglich einer Unter-σ-Algebra $\mathfrak{T}$ von $\mathfrak{A}$ genau dann messbar ist, wenn $X^{-1}(\mathcal{B}^n) \subset \sigma$ gilt. Speziell ist $X^{-1}(\mathcal{B}^n) \subset \sigma(X)$, aber die umgekehrte Inklusion gilt auch, denn bezüglich $X^{-1}(\mathcal{B}^n)$ ist X offensichtlich messbar. $\square$

ERGÄNZUNGEN UND ÜBUNGEN

1. — Man drücke die Indikatorfunktionen von $A_1 \cup A_2$, $A_1 \cap A_2$, $A_1 \setminus A_2$, $A_1 \triangle A_2$ (symmetrische Differenz), $\limsup_n A_n$, $\liminf_n A_n$ mit Hilfe der Indikatorfunktionen von A_1, A_2, A_n, $(n \geq 1)$ aus.

2. — Man zeige, dass eine auf einem messbaren Raum $(\Omega, \mathfrak{A})$ definierte reellwertige Funktion X genau dann messbar ist, wenn für jedes rationale r die Menge $\{\omega \in \Omega : X(\omega) \leq r\}$ zu $\mathfrak{A}$ gehört.

3. — Es sei (X_n) eine Folge von messbaren Funktionen, definiert auf einem messbaren Raum $(\Omega, \mathfrak{A})$. Man zeige, dass die Menge der Elemente ω von Ω, für welche die Folge $(X_n(\omega))$ konvergiert, eine messbare Menge ist.

4. — Es sei H_a die Verteilungsfunktion einer in einem Punkt konzentrierten Wahrscheinlichkeitsverteilung ϵ_a auf der Geraden $\mathbb{R}$. Man beschreibe H_a explizit («H» wie *H*eaviside).

5. — Es seien a und b zwei reelle Zahlen. Man bestimme die Verteilungsfunktion von $Y = aX + b$.

6. — Es sei F eine stetige Verteilungsfunktion und h eine positive Zahl. Man zeige, dass dann auch

$$\Phi_h(x) = \frac{1}{h} \int_x^{x+h} F(t)\, dt$$

eine Verteilungsfunktion ist.

7. — Es sei $(a_n)_{n \geq 1}$ eine Abzählung der Menge $\mathbb{Q}$ der rationalen Zahlen. Man betrachte eine diskrete Zufallsvariable X, deren Träger S_X gerade $\mathbb{Q}$ ist und deren Punktgewicht gegeben ist durch: $\pi(x) = 0$, falls $x \in \mathbb{R} \setminus \mathbb{Q}$ und $\pi(a_n) = 1/2^n$ für $a_n \in \mathbb{Q}$ $(n \geq 1)$. Die Verteilungsfunktion F von X ist durch

$$F(x) = P\{X \leq x\} = \sum_{a_n \leq x} \frac{1}{2^n} = \sum_{n \geq 1} \frac{1}{2^n} H_{a_n}(x)$$

gegeben. Dann hat F alle geforderten Eigenschaften einer Verteilungsfunktion und ihre Unstetigkeitsstellen sind genau die rationalen Zahlen.

8. a) Es sei X eine Zufallsvariable mit einer stetigen und streng monoton wachsenden Verteilungsfunktion F. Man zeige, dass dann die Zufallsvariable $U = F \circ X$ als Verteilungsfunktion die Funktion G hat, die durch

$$(E) \qquad\qquad G(u) = \begin{cases} 0, & \text{falls } u < 0; \\ u, & \text{falls } 0 \leq u \leq 1; \\ 1, & \text{falls } 1 < u \end{cases}$$

gegeben ist.

b) Es bezeichne nun U eine Zufallsvariable, deren Verteilungsfunktion G durch (E) gegeben ist. Sei andererereits F eine Verteilungsfunktion, für die man mit F^{-1} die verallgemeinerte Inverse (im Sinne von Paul Lévy) bezeichnet:

$$F^{-1}(x) = \sup\{y : F(y) \le x\}.$$

Man zeige, dass die Zufallsvariable $X = F^{-1} \circ U$ gerade F als Verteilungsfunktion hat.

9. — Es sei X eine reelle Zufallsvariable derart, dass X und $2X$ die gleiche Verteilungsfunktion F haben. Man bestimme F; was kann man über X sagen?

10. — Es sei $X = (X_1, X_2)$ ein zweidimensionaler Zufallsvektor, dessen Werte sämtlich auf der ersten Winkelhalbierenden liegen. Man zeige, dass die gemeinsame Verteilungsfunktion $F(x_1, x_2)$ von folgender Gestalt ist:

$$F(x_1, x_2) = h[\min(x_1, x_2)],$$

wobei $h(.)$ eine reellwertige Funktion ist. Gilt auch eine Umkehrung dieser Aussage?

11. — Es sei $X = (X_1, \ldots, X_n)$ ein n-dimensionaler Zufallsvektor, der auf einem Wahrscheinlichkeitsraum $(\Omega, \mathfrak{A}, P)$ definiert ist. Man definiert dessen *Verteilungsfunktion* als diejenige Abbildung F, die jeder Folge reeller Zahlen $(x_1, \ldots, x_n)$ den Wert $P\{X_1 \le x_1, \ldots, X_n \le x_n\}$ zuordnet. Man beweise folgende Aussagen:

(i) F ist eine monoton wachsende und in jedem ihrer Argumente $x_1, \ldots, x_n$ rechtsseitig stetige Funktion.

(ii) Der Grenzwert $\lim F(x_1, \ldots, x_n)$ ist gleich 0, wenn mindestens eine der Variablen x_i gegen $-\infty$ strebt, und er ist gleich 1, wenn alle Variablen x_i gegen $+\infty$ streben.

(iii) Es sei $G(x_1, \ldots, x_n)$ eine reelle Funktion von n reellen Variablen. Für reelles h wird das Inkrement der Funktion G, das durch das Inkrement h der Variablen x_i verursacht wird, definiert durch:

$$\Delta_h^{(i)} G(x_1, \ldots, x_n) = G(x_1, \ldots, x_i + h, \ldots, x_n) - G(x_1, \ldots, x_i, \ldots, x_n).$$

Man zeige, dass für jede Folge $(h_1, \ldots, h_n)$ von reellen positiven Zahlen und für jede Folge $(x_1, \ldots, x_n)$ von reellen Zahlen folgende Ungleichung gilt

$$\Delta_{h_1}^{(1)} \cdots \Delta_{h_n}^{(n)} F(x_1, \ldots, x_n) \ge 0.$$

KAPITEL 6

BEDINGTE WAHRSCHEINLICHKEITEN. UNABHÄNGIGKEIT

In diesem Kapitel geht es zunächst um das Studium der bedingten Wahrscheinlichkeitsverteilungen, relativ zu einem Ereignis A. Diese elementare Situation wird in allen einführenden Werken zur Wahrscheinlichkeitsrechnung untersucht. Weiter wird in diesem Kapitel der Begriff der Unabhängigkeit behandelt, und zwar nicht nur für Ereignisse, sondern auch für Familien von Ereignissen. Dabei wird auch der wichtige Begriff einer Folge von paarweise unabhängigen Zufallsvariablen eingeführt.

1. Bedingte Wahrscheinlichkeiten. — Nehmen wir einmal an, die Seiten mit gerader Augenzahl eines sechsseitigen Würfels seien weiss gefärbt, die mit ungerader Augenzahl hingegen schwarz. Nun wird der Würfel geworfen; von weitem kann man erkennen, dass eine weisse Seite oben liegt; wie gross ist dann die Wahrscheinlichkeit, dass man eine «sechs» erzielt hat? Jeder wird auf diese Frage mit "1/3" und nicht mit "1/6" antworten. In der Tat wird durch die Beobachtung des Auftretens einer weissen Seite die Gewichtung der Ereignisse verändert. Man kann sich nicht mehr auf die Gleichverteilung P auf der Menge $\Omega = \{1, 2, \ldots, 6\}$ beziehen, sondern man wird jeder der Zahlen 2, 4, 6 das Gewicht 1/3 geben, dagegen jeder der Zahlen 1, 3, 5 das Gewicht 0. Um die neue Information A «es ist eine gerade Zahl aufgetreten», zu berücksichtigen, wird man also eine neue Gewichtung einführen, die mit $\mathrm{P}\{\,.\,|\,A\}$ bezeichnet wird. Sie wird definiert durch

$$\mathrm{P}\{\{i\} \mid A\} = \begin{cases} 1/3, & \text{falls } i = 2, 4, 6; \\ 0, & \text{sonst.} \end{cases}$$

Wegen $\mathrm{P}(A) = 1/2$ gilt also

$$\mathrm{P}\{\{i\} \mid A\} = \frac{\mathrm{P}(\{i\} \cap A)}{\mathrm{P}(A)},$$

für alle $i = 1, 2, \ldots, 6$. Dieses Spielbeispiel motiviert die nachfolgende Definition einer bedingten Wahrscheinlichkeit.

Für dieses ganze Kapitel sei nun ein Wahrscheinlichkeitsraum $(\Omega, \mathfrak{A}, \mathrm{P})$ vorgegeben, und die Buchstaben $A, B, C, \ldots$ (mit oder ohne Indices) bezeichnen Ereignisse (*d.h.* Elemente der σ-Algebra $\mathfrak{A}$).

THEOREM UND DEFINITION 1.1. — *Es sei A ein Ereignis mit der Wahrscheinlichkeit* $\mathrm{P}(A) > 0$. *Dann ist die durch*

$$(1.1) \qquad \mathrm{P}(B \mid A) = \frac{\mathrm{P}(B \cap A)}{\mathrm{P}(A)},$$

definierte Abbildung $\mathrm{P}(\,.\mid A)$, *die für alle B aus $\mathfrak{A}$ definiert ist, eine Wahrscheinlichkeitsverteilung auf* $(\Omega, \mathfrak{A})$.

Man bezeichnet sie als die *bedingte Wahrscheinlichkeitsverteilung relativ zu A*, oder kurz: die *A-bedingte Wahrscheinlichkeitsverteilung*.

Beweis. — Zunächst einmal gilt $\mathrm{P}(\Omega \mid A) = \dfrac{\mathrm{P}(\Omega \cap A)}{\mathrm{P}(A)} = 1$. Ist andererseits (B_n) eine Folge von paarweise disjunkten Ereignissen, so gilt dies auch für die Folge $(A \cap B_n)$. Daher hat man

$$\mathrm{P}(\sum_n B_n \mid A) = \frac{\mathrm{P}(A \cap \sum_n B_n)}{\mathrm{P}(A)} = \frac{\mathrm{P}(\sum_n A \cap B_n)}{\mathrm{P}(A)}$$

$$= \frac{\sum_n \mathrm{P}(A \cap B_n)}{\mathrm{P}(A)} = \sum_n \frac{\mathrm{P}(A \cap B_n)}{\mathrm{P}(A)} = \sum_n \mathrm{P}(B_n \mid A),$$

und somit ist $\mathrm{P}(\cdot \mid A)$ tatsächlich eine Wahrscheinlichkeitsverteilung. $\square$

Zu beachten ist, dass die bedingte Wahrscheinlichkeit relativ zu A *von A getragen wird*; anders gesagt, es gelten die Beziehungen

$$A \cap B = \emptyset \Rightarrow \mathrm{P}(B \mid A) = 0 \quad \text{und} \quad B \supset A \Rightarrow \mathrm{P}(B \mid A) = 1.$$

SATZ 1.2 (Formel für doppelte Bedingungen). — *Es seien A_1 und A_2 Ereignisse derart, dass die Wahrscheinlichkeit $\mathrm{P}(A_1 A_2)$ strikt positiv ist. Dann gilt für jedes Ereignis A_3*

$$\mathrm{P}(A_1 A_2 A_3) = \mathrm{P}(A_3 \mid A_1 A_2)\mathrm{P}(A_2 \mid A_1)\mathrm{P}(A_1).$$

Beweis. — Diese Identität folgt unmittelbar aus der Definition der bedingten Wahrscheinlichkeiten. Tatsächlich ist ja $\mathrm{P}(A_1) > 0$, da $A_1 A_2$ eine strikt positive Wahrscheinlichkeit hat. Daher kann man schreiben:

$$\mathrm{P}(A_1 A_2 A_3) = \mathrm{P}(A_3 \mid A_1 A_2)\mathrm{P}(A_1 A_2) = \mathrm{P}(A_3 \mid A_1 A_2)\mathrm{P}(A_2 \mid A_1)\mathrm{P}(A_1). \quad \square$$

Die obige Formel lässt sich unmittelbar auf den Fall von mehr als zwei Ereignissen übertragen. *Ist $n \geq 2$ und ist $A_1, A_2, \ldots, A_n$ eine Folge von n Ereignissen, wobei $\mathrm{P}(A_1 A_2 \ldots A_{n-1}) > 0$ ist, so gilt die Gleichung*

$$(1.2) \quad \mathrm{P}(A_1 A_2 \ldots A_n)$$

$$= \mathrm{P}(A_n \mid A_1 \ldots A_{n-1})\mathrm{P}(A_{n-1} \mid A_1 \ldots A_{n-2}) \cdots \mathrm{P}(A_2 \mid A_1)\mathrm{P}(A_1).$$

2. Vollständige Systeme von Ereignissen. — Man bezeichnet eine Folge (A_n) von Ereignissen als *vollständiges System*, wenn gilt:

(i) $i \neq j \Rightarrow A_i \cap A_j = \emptyset$ (die Ereignisse A_n sind paarweise unverträglich);

(ii) $P(\sum_n A_n) = \sum_n P(A_n) = 1$ (fast sicher tritt eines der Ereignisse A_n ein).

Speziell ist also jede aus Elementen von $\mathfrak{A}$ bestehende abzählbare Partition von Ω ein vollständiges System. In dieser Definition wird nur verlangt, dass die Wahrscheinlichkeit des komplementären Ereignisses zu $\sum_n A_n$ zu Null wird — es muss deswegen aber nicht unmöglich sein.

THEOREM 2.1 (Formel von Bayes). — *Es sei (A_n) ein vollständiges System von Ereignissen, die alle eine positive Wahrscheinlichkeit haben. Dann gilt für jedes Ereignis B*

$$P(B) = \sum_n P(B \mid A_n) P(A_n).$$

Gilt ausserdem noch $P(B) > 0$, so hat man für jedes k die Gleichheit

$$P(A_k \mid B) = \frac{P(B \mid A_k) P(A_k)}{\sum_n P(B \mid A_n) P(A_n)}.$$

Beweis. — Setzt man $\Omega' = \sum_n A_n$, so gelten für jedes Ereignis B die Beziehungen $B\Omega' = \sum_n BA_n$ und $P(B\Omega'^c) = 0$. Daher ist $P(B) = P(B\Omega') + P(B\Omega'^c) = P(\sum_n BA_n) = \sum_n P(BA_n) = \sum_n P(B \mid A_n) P(A_n)$. Schliesslich kann man

$$P(A_k \mid B) = \frac{P(BA_k)}{P(B)} = \frac{P(B \mid A_k) P(A_k)}{\sum_n P(B \mid A_n) P(A_n)}$$

schreiben, falls $P(B) > 0$ ist. $\quad\square$

Beispiel (das Problem der Falschspielers). — Ein Spieler spielt «Kopf oder Zahl», wettet auf «Zahl» und erhält «Zahl». Wie gross ist die Wahrscheinlichkeit, dass er ein Falschspieler ist? Kann man diese Frage überhaupt beantworten?

Es bezeichne Ω die Menge aller Stichproben und es seien z, k, e, f jeweils die Ereignisse «man erhält *Zahl*», «man erhält *Kopf*», «der Spieler ist ehrlich», «der Spieler spielt falsch». Um die Menge $\{z, k, e, f\}$ mit einer Wahrscheinlichkeit zu bewerten, kann man zunächst davon ausgehen, dass $P(z \mid e) = P(k \mid e) = 1/2$ gilt. Ebenso kann man vereinbaren, dass $P(z \mid f)$ gleich 1 ist (der Falschspieler kann «Zahl» erzielen, falls er will). Somit wäre also $P(k \mid f) = 0$. Schliesslich setzt man $P(f) = x$ ($0 \leq x \leq 1$) an. Aus der Formel von Bayes folgt dann

$$P(f \mid z) = \frac{P(z \mid f) P(f)}{P(z \mid f) P(f) + P(z \mid l) P(l)} = \frac{x}{x + (1/2)(1 - x)} = \frac{2x}{x + 1}.$$

Man kann also eine numerische Antwort auf die gestellte Frage nur dann geben, wenn man den Anteil x der Falschspieler in der Bevölkerung kennt. Man erhält also eine mehr oder weniger tröstliche Auskunft, je nachdem, wie man die Ehrlichkeit seiner Mitmenschen einschätzt!

Beispiel. — Ein Individuum wird zufällig aus einer Population von Menschen ausgewählt, von der man weiss, dass 10^{-4} der Personen an Aids leiden. Man führt einen Aids-Test aus. Wenn dieser Test ein positives Resultat zeigt, wie gross ist dann die Wahrscheinlichkeit, dass das Individuum tatsächlich an Aids erkrankt ist?

Wir betrachten die Ereignisse A_1 : «das Individuum ist an Aids erkrankt», und A_2 : «das Individuum ist nicht an Aids erkrankt», sowie B : «der Aids-Test liefert ein positives Resultat». Aus den Daten des Problems liefern uns $P(A_1) = 10^{-4}$, und somit $P(A_2) = 0,9999$. Nun muss man noch $P(B \mid A_1)$ und $P(B \mid A_2)$ kennen, d.h. die Wahrscheinlichkeit dafür, ein positives Testergebnis zu erhalten, je nachdem, ob das Individuum an Aids erkrankt ist oder nicht. Diese Wahrscheinlichkeiten kann man durch vorher durchgeführte Experimente bestimmen. Nehmen wir beispielsweise an, dass $P(B \mid A_1) = 0,99$ und $P(B \mid A_2) = 0,001$ (die Tests sind nicht fehlerfrei). Damit findet man also

$$P(A_1 \mid B) = \frac{10^{-4} \times 0,99}{10^{-4} \times 0,99 + 0,9999 \times 0,001} \approx 0,09.$$

Man wird überrascht sein, wie klein diese Wahrscheinlichkeit ist! Dies liegt an der grossen Zahl diagnostischer Fehler, die von dem *riesigen* Anteil nicht erkrankter Personen herrühren; es ist ja $P(A_2) >> P(A_1)$. Man sieht: das Aufdecken von Krankheiten ist teuer!

3. Systeme von bedingten Wahrscheinlichkeiten. — Es gibt viele Situationen, bei denen experimentelle Beobachtungen zu einem System von bedingten Wahrscheinlichkeiten führen, die auf (Mengen von) Folgen von Stichproben definiert sind. Man ist dann daran interessiert, daraus eine Wahrscheinlichkeitsverteilung auf dem Raum aller Folgen herzuleiten. Hier wird zunächst ein solches Resultat für endliche Folgen behandelt. In den Aufgaben 1–9 von Kapitel 10 wird dieses Resultat auf die Situation unendlicher Folgen erweitert.

Wir geben uns eine ganze Zahl $n \geq 2$ und eine endliche oder abzählbare Menge S vor. Wir betrachten nun als Basismenge $\Omega = S^n$ und für jedes $i = 1, 2, \ldots, n$ definieren wir die *Projektion* $X_i : \Omega \to S$ als diejenige Abbildung, die jedem Element $\omega = (x_1, x_2, \ldots, x_n)$ von Ω seine i-te Koordinate x_i zuordnet, also

$$X_i(\omega) = x_i.$$

In vielen Fällen wird $(x_1, x_2, \ldots, x_n)$ eine Folge von Werten sein, die ein zufallsgesteuertes System im Laufe der Zeit (hier diskret betrachtet) annimmt. Die Zufallsvariable X_i gibt dann Auskunft über den Zustand des Systems *zum Zeitpunkt i*.

Für das folgende Theorem denken wir uns eine Wahrscheinlichkeitsverteilung p_1 auf S gegeben, sowie eine Folge $q_2, \ldots, q_n$ von Funktionen mit nichtnegativen reellen Werten, die jeweils auf $S^2, \ldots, S^n$ definiert sind, wobei für jedes $i = 2, \ldots, n$ und jede Folge $(x_1, \ldots, x_{i-1})$ von S^{i-1} die Gleichheit

$$(3.1) \qquad \sum_{x \in S} q_i(x_1, \ldots, x_{i-1}, x) = 1.$$

gelten soll.

THEOREM 3.1. — *Sind eine Wahrscheinlichkeitsverteilung p_1 auf S und eine Familie von Funktionen (q_i) gegeben, die den Bedingungen (3.1) genügen, so gibt es genau ein Wahrscheinlichkeitsmass P auf $(\Omega, \mathfrak{P}(\Omega))$, das folgende Eigenschaften hat:*
  (i) $\mathrm{P}\{X_1 = x_1\} = p_1(x_1)$ *für alle $x_1 \in S$;*
  (ii) $\mathrm{P}\{X_{i+1} = x_{i+1} \mid X_1 = x_1, \ldots, X_i = x_i\} = q_{i+1}(x_1, \ldots, x_i, x_{i+1})$ *für alle $i = 1, \ldots, n - 1$ und jedes $(x_1, \ldots, x_i, x_{i+1}) \in S^{i+1}$, für das mit* $\mathrm{P}\{X_1 = x_1, \ldots, X_i = x_i\} > 0$ *gilt. Es gilt also für jedes $(x_1, \ldots, x_n) \in S^n$*

$$(3.2) \qquad \mathrm{P}\{X_1 = x_1, \ldots, X_n = x_n\} = q_n(x_1, \ldots, x_n) \cdots q_2(x_1, x_2) p_1(x_1).$$

Beweis. — Wir zeigen zunächst, dass eine solche Wahrscheinlichkeitsverteilung P, wenn sie denn existiert, den Bedingungen (3.2) genügen muss. Sei nämlich $\omega = (x_1, \ldots, x_n)$ ein Element von Ω. Falls $p_1(x_1) = 0$ ist, so gilt $\mathrm{P}\{X_1 = x_1\} = 0$, was $\mathrm{P}\{X_1 = x_1, \ldots, X_n = x_n\} = 0$ nach sich zieht und der Forderung (3.2) genügt. Ist allerdings $p_1(x_1) > 0$, so bezeichnen wir mit x_{n+1} ein festes Element von S und setzen, der Bequemlichkeit halber, $q_{n+1}(x_1, \ldots, x_n, x_{n+1}) = 0$. Nun kann man den kleinsten Index $i + 1$ mit $2 \le i + 1 \le n + 1$ und $q_{i+1}(x_1, \ldots, x_{i+1}) = 0$ definieren. Dann gilt nacheinander

$$\mathrm{P}\{X_1 = x_1, X_2 = x_2\} = \mathrm{P}\{X_2 = x_2 \mid X_1 = x_1\}\mathrm{P}\{X_1 = x_1\}$$

$$= q_2(x_1, x_2) p_1(x_1) > 0,$$

$$\cdots = \cdots$$

$$\mathrm{P}\{X_1 = x_1, \ldots, X_i = x_i\} = \mathrm{P}\{X_i = x_i \mid X_1 = x_1, \ldots, X_{i-1} = x_{i-1}\}$$

$$\times \mathrm{P}\{X_1 = x_1, \ldots, X_{i-1} = x_{i-1}\}$$

$$= q_i(x_1, \ldots, x_i)$$

$$\times \mathrm{P}\{X_1 = x_1, \ldots, X_{i-1} = x_{i-1}\} > 0.$$

Folglich ist

$$(3.3) \quad P\{X_1 = x_1, \ldots, X_i = x_i\} = q_i(x_1, \ldots, x_i) \cdots q_2(x_1, x_2) p_1(x_1).$$

Ist $i + 1 = n + 1$, so ist (3.2) gezeigt. Im Falle $i + 1 \leq n$ erhält man

$$P\{X_1 = x_1, \ldots, X_{i+1} = x_{i+1}\}$$
$$= P\{X_{i+1} = x_{i+1} \mid X_1 = x_1, \ldots, X_i = x_i\} P\{X_1 = x_1, \ldots, X_i = x_i\}$$
$$= q_{i+1}(x_1, \ldots, x_{i+1}) P\{X_1 = x_1, \ldots, X_i = x_i\} = 0$$

und somit

$$P\{X_1 = x_1, \ldots, X_n = x_n\} = 0.$$

Wiederum ist (3.2) nachgewiesen.

Nun werden wir noch zeigen, dass durch die Relation (3.2) tatsächlich eine Wahrscheinlichkeitsverteilung auf $(\Omega, \mathfrak{P}(\Omega))$ definiert wird und diese den Bedingungen (i) und (ii) genügt. Wir stellen erst einmal fest, dass das Ereignis $\{X_1 = x_1, \ldots, X_n = x_n\}$ nichts anderes ist, als die einelementige Teilmenge $\{(x_1, \ldots, x_n)\}$ von Ω, die mittels der Formel (3.2) ein Gewicht erhält. Sei nun i fest gewählt mit $1 \leq i \leq n$. Indem man nun die beiden Seiten der Formel (3.2) nacheinander bezüglich $x_n, \ldots, x_{i+1}$ summiert und die Eigenschaft (3.1) ausnützt, erhält man die Formel (3.3). Damit ist speziell die Eigenschaft (i) nachgewiesen. Im Falle $P\{X_1 = x_1, \ldots, X_i = x_i\} > 0$ impliziert die Formel (3.3) unmittelbar die Eigenschaft (ii) auf Grund der Definition der bedingten Wahrscheinlichkeit. $\quad\Box$

4. Unabhängige Ereignisse. — Es seien A und B zwei Ereignisse mit positiver Wahrscheinlichkeit. Im allgemeinen wird $P(A \mid B) = P(AB)/P(B)$ verschieden von $P(A)$ sein. Falls $P(A \mid B) = P(A)$ ist, so sagt man, A sei *unabhängig von B*.

Man stellt sofort fest, dass, wenn A unabhängig von B ist, umgekehrt auch B unabhängig von A ist. Man wird deshalb gerne eine Formulierung wählen, in der diese Symmetrie zum Ausdruck kommt, also etwa durch die Aussage "A und B *sind gegenseitig unabhängig*". Die allgemeine Definition lautet:

Definition. — Zwei Ereignisse A und B heissen *unabhängig* (bezüglich einer Wahrscheinlichkeitsverteilung P), wenn

$$P(AB) = P(A)\,P(B)$$

gilt.

SATZ 4.1. — *Es seien A, B, C (mit oder ohne Indices) Ereignisse.*

(i) *Wenn A und B unabhängig sind, so sind auch A und B^c unabhängig.*

(ii) *Wenn A und B sowie A und C unabhängig sind und ausserdem $C \supset B$ gilt, so sind auch A und $C \setminus B$ unabhängig.*

(iii) *Jedes Ereignis ist unabhängig von jedem Ereignis, das die Wahrscheinlichkeit 0 hat und ebenso unabhängig von jedem Ereignis, das die Wahrscheinlichkeit 1 hat.*

(iv) *Ist (A_n) eine Folge von paarweise disjunkten Ereignissen und ist A unabhängig von A_n für jedes n, so ist A auch unabhängig von der disjunkten Vereinigung $\sum_n A_n$.*

Beweis. — Zum Beweis von (i), schreibt man einfach $P(AB^c) = P(A \setminus AB) = P(A) - P(AB) = P(A) - P(A)P(B) = P(A)(1 - P(B)) = P(A)P(B^c)$. Eigenschaft (ii) ergibt sich aus $P(A(C \setminus B)) = P(AC \setminus AB) = P(AC) - P(AB) = P(A)P(C) - P(A)P(B) = P(A)(P(C) - P(B)) = P(A)P(C \setminus B)$.

Um schliesslich (iii) zu zeigen, seien B und C Ereignisse mit $P(B) = 0$ und $P(C) = 1$. Für jedes Ereignis A folgt aus der Inklusion $AB \subset B$ die Gleichung $0 \leq P(AB) \leq P(B) = 0$, und daher $0 = P(AB) = P(A)P(B)$. Um zu zeigen, dass A unabhängig von C ist, bemerkt man zunächst, dass A und C^c unabhängig sind, da C^c die Wahrscheinlichkeit 0 hat. Damit sind wegen Aussage (ii) aber auch A und C unabhängig. Der Nachweis der Eigenschaft (iv) macht nur Gebrauch von der σ-Additivität von Wahrscheinlichkeiten. Tatsächlich gilt $P(A \sum_n A_n) = P(\sum_n AA_n) = \sum_n P(AA_n) = \sum_n P(A)P(A_n) = P(A)P(\sum_n A_n)$. $\quad\square$

Bemerkung. — Es bezeichne jetzt $\mathcal{D}_A$ die Klasse aller derjenigen Ereignisse, die von einem vorgegebenen Ereignis A unabhängig sind. Die gerade nachgewiesenen Eigenschaften kann man also auch dadurch ausdrücken, dass man sagt: $\mathcal{D}_A$ ist eine Familie von Ereignissen, die Ω enthält und die unter *Komplementierung*, unter *echter Differenz* und unter *abzählbaren disjunkten Vereinigungen* abgeschlossen ist. Anders gesagt, $\mathcal{D}_A$ ist ein *Dynkin-System* (*cf.* Kap. 2, § 3). Im allgemeinen ist $\mathcal{D}_A$ allerdings nicht unter der Bildung von Durchschnitten abgeschlossen, ist also i.a. keine Algebra. (*cf.* nachfolgende Bemerkung 1.)

Weitere Bemerkungen

(i) In Satz 4.1 ist die erste Eigenschaft eine Folgerung aus der zweiten und dritten Eigenschaft (man wähle $C = \Omega$).

(ii) Zwei unverträgliche Ereignisse können nicht unabhängig sein, es sei denn, dass mindestens eines von ihnen die Wahrscheinlichkeit 0 hat.

(iii) Die einzigen Ereignisse, die von sich selbst unabhängig sind, sind die Ereignisse mit den Wahrscheinlichkeiten 0 und 1.

Man kann den Begriff der Unabhängigkeit zweier Ereignisse auch erweitern auf die Situation einer Folge von Ereignissen. Neben der paarweisen Unabhängigkeit definiert man auch den Begriff der gegenseitigen Unabhängigkeit.

Definition. — Ist (A_n) eine endliche oder unendliche Folge von Ereignissen, so sagt man, dass die Ereignisse A_1, A_2, ... *gegenseitig unabhängig* oder *als Gesamtheit unabhängig* sind, wenn folgende Bedingung

$$\mathrm{P}(A_{i_1} A_{i_2} \dots A_{i_k}) = \mathrm{P}(A_{i_1})\mathrm{P}(A_{i_2}) \cdots \mathrm{P}(A_{i_k})$$

für jede *endliche* Folge A_{i_1}, A_{i_2}, $\dots$, A_{i_k} von verschiedenen Ereignissen gilt.

Man beachte, wenn die Folge (A_n) endlich ist und aus m ($m \geq 2$) verschiedenen Ereignissen besteht, so ist die Zahl der Bedingungen gleich

$$\binom{m}{2} + \binom{m}{3} + \cdots + \binom{m}{m} = 2^m - m - 1.$$

Bemerkung 1. — Das folgende Beispiel zeigt, dass m Ereignisse *paarweise* unabhängig sein können, ohne *gegenseitig* unabhängig zu sein. Man wirft zwei Würfel und bezeichnet mit A das Ereignis «der erste Würfel zeigt eine gerade Zahl», mit B das Ereignis «der zweite Würfel zeigt eine ungerade Zahl», und mit C das Ereignis «beide Würfel zeigen Zahlen gleicher Parität».

Es ist $\mathrm{P}(A) = \mathrm{P}(B) = \mathrm{P}(C) = 1/2$, ferner $\mathrm{P}(AB) = \mathrm{P}(BC) = \mathrm{P}(CA) = 1/4$, aber $\mathrm{P}(ABC) = 0 \neq \mathrm{P}(A)\mathrm{P}(B)\mathrm{P}(C)$. Dieses Beispiel zeigt deutlich, dass ein Ereignis A jeweils von Ereignissen B und C unabhängig sein kann, ohne jedoch vom Durchschnitt $B \cap C$ unabhängig zu sein.

Bemerkung 2. — Wir betrachten nun ein Beispiel aus der Arithmetik, um den Unterschied zwischen gegenseitiger Unabhängigkeit und paarweiser Unabhängigkeit zu verdeutlichen. Eine Urne enthalte N Kugeln, die von 1 bis N durchnummeriert seien. Ein Experiment bestehe darin, eine Kugel zufällig zu ziehen und deren Nummer zu notieren. Als Wahrscheinlichkeitsraum haben wir das Tripel $(\Omega, \mathfrak{P}(\Omega), \mathrm{P})$, wobei $\Omega = \{1, \dots, N\}$ und P die Gleichverteilung auf Ω ist.

1) Für jeden Teiler a von N bezeichne E_a das Ereignis «die gezogene Kugel hat eine durch a teilbare Nummer»; klarerweise gilt $\mathrm{P}(E_a) = 1/a$.

2) Es seien nun a und b zwei Teiler von N; mit $[a, b]$ wird ihr kleinstes gemeinsames Vielfaches bezeichnet. Auch der ist ein Teiler von N und aus der Beziehung $E_a \cap E_b = E_{[a,b]}$ folgt $\mathrm{P}(E_a \cap E_b) = 1/[a, b]$.

Man folgert daraus, dass die beiden Eigenschaften

    a) $[a, b] = ab$, d.h. a und b sind relativ prim;

    b) $\mathrm{P}(E_a \cap E_b) = \mathrm{P}(E_a)\mathrm{P}(E_b)$, d.h. E_a und E_b sind unabhängig;

äquivalent sind.

3) Es sei nun n eine ganze Zahl ≥ 2 und $a_1, \dots, a_n$ seien die Teiler von N; mit $[a_1, \dots, a_n]$ wird deren kleinstes gemeinsames Vielfaches bezeichnet; auch dieses ist ein Teiler von N. Aus $E_{a_1} \cap \cdots \cap E_{a_n} = E_{[a_1, \dots, a_n]}$ folgt $\mathrm{P}(E_{a_1} \cap \cdots \cap E_{a_n}) = 1/[a_1, \dots, a_n]$ und man erhält daraus, dass die beiden folgenden Aussagen äquivalent sind:

a) $[a_1, \ldots, a_n] = a_1 \cdots a_n$;

b) $P(E_{a_1} \cap \cdots \cap E_{a_n}) = P(E_{a_1}) \ldots P(E_{a_n})$.

Nun weiss man aber, dass die Eigenschaft a) genau dann gilt, wenn die Zahlen paarweise teilerfremd zueinander sind. Für jede Teilmenge $J \subset \{1, \ldots, n\}$ ist deshalb $P(\bigcap_{j \in J} E_{a_j}) = \prod_{j \in J} P(a_j)$. Die Eigenschaft b) ist also in der Tat äquivalent zu der Unabhängigkeit der Ereignisse $E_{a_1}, \ldots, E_{a_n}$ als Gesamtheit.

4) Betrachten wir nun die Zahl $N = 12$, sowie mit $n = 3$ die Teiler $a_1 = 2$, $a_2 = 3$, $a_3 = 4$. Man sieht, dass E_2 und E_3 unabhängig sind, ebenso E_3 und E_4, hingegen sind E_2 und E_4 *nicht* unabhängig. Die Unabhängigkeit ist also als Relation *nicht* transitiv.

5. Unabhängigkeit von Familien von Ereignissen. Der Begriff der Unabhängigkeit lässt sich folgendermassen auf Familien von Ereignissen übertragen. Es sei eine endliche oder unendliche Folge $(\mathcal{C}_n)$ von Familien von Ereignissen gegeben.

Definition. — Man sagt, dass $\mathcal{C}_1$ und $\mathcal{C}_2$ *unabhängig sind*, wenn für beliebige $A_1 \in \mathcal{C}_1$ und $A_2 \in \mathcal{C}_2$, die Ereignisse A_1 und A_2 unabhängig sind.

Analog bezeichnet man die Folge $(\mathcal{C}_n)$ als eine Folge von Familien *gegenseitig unabhängiger* oder *als Gesamtheit unabhängiger* Ereignisse, wenn für jede Teilfolge $\mathcal{C}_{i_1}, \ldots, \mathcal{C}_{i_k}$ der Folge $(\mathcal{C}_n)$ und jede Folge $A_{i_1} \in \mathcal{C}_{i_1}, \ldots, A_{i_k} \in \mathcal{C}_{i_k}$ von Ereignissen gilt

$$P(A_{i_1} \ldots A_{i_k}) = P(A_{i_1}) \ldots P(A_{i_k}).$$

Der folgende Satz zeigt, dass es für den Nachweis der Unabhängigkeit zweier Familien genügt, die definierende Eigenschaft für hinreichend stabile Teilfamilien zu zeigen. Dabei spielt der Begriff eines Dynkin-Systems eine wesentliche Rolle.

SATZ 5.1. — *Es seien $\mathcal{C}_1$ und $\mathcal{C}_2$ zwei Familien von Ereignissen. Es wird vorausgesetzt, dass sie unabhängig sind, sowie abgeschlossen unter endlichen Durchschnitten. Dann sind auch die von $\mathcal{C}_1$ und $\mathcal{C}_2$ erzeugten σ-Algebren $\sigma(\mathcal{C}_1)$ und $\sigma(\mathcal{C}_2)$ unabhängig.*

Beweis. — Es bezeichne $\mathcal{E}_1$ die Familie aller Ereignisse, die von jedem Ereignis der Familie $\mathcal{C}_2$ unabhängig sind. Weiter oben wurde festgehalten, dass die Familie $\mathcal{D}_A$ aller Ereignisse, die von einem gegebenen Ereignis A unabhängig sind, ein Dynkin-System bildet. Nun ist $\mathcal{E}_1$ nichts anderes als der Durchschnitt $\bigcap \mathcal{D}_A \ (A \in \mathcal{C}_2)$, somit ist auch die Familie $\mathcal{E}_1$ ein Dynkin-System. Da dieses $\mathcal{C}_1$ enthält, enthält es auch das erzeugte Dynkin-System $\mathfrak{D}(\mathcal{C}_1)$. Somit sind $\mathfrak{D}(\mathcal{C}_1)$ und $\mathcal{C}_2$ zwei Familien von unabhängigen Ereignissen.

Ganz analog zeigt man, dass die Familie $\mathcal{E}_2$ aller derjenigen Ereignisse, die von $\mathfrak{D}(\mathcal{C}_1)$ unabhängig sind, wiederum ein Dynkin-System ist. Dieses enthält C_2 und somit auch $\mathfrak{D}(C_2)$. Folglich sind die Familien $\mathfrak{D}(C_1)$ und $\mathfrak{D}(C_2)$ unabhängig.

Schliesslich sind die Familien C_1 und C_2 abgeschlossen unter endlichen Durchschnitten, damit sind aber die erzeugten Dynkin-Systeme identisch mit den jeweils erzeugten σ-Algebren. Somit sind $\sigma(C_1) = \mathfrak{D}(C_1)$ und $\sigma(C_2) = \mathfrak{D}(C_2)$ unabhängig. $\square$

Da eine Algebra unter endlichen Durchschnitten abgeschlossen ist, kann man aus Satz 5.1 eine Folgerung ziehen, die wegen ihrer Bedeutung als eigener Satz formuliert werden soll.

SATZ 5.2. — *Sind $\mathfrak{A}_1$ und $\mathfrak{A}_2$ zwei unabhängige Algebren von Ereignissen, so sind auch die von ihnen erzeugten σ-Algebren $\sigma(\mathfrak{A}_1)$ und $\sigma(\mathfrak{A}_2)$ unabhängig.*

6. Unabhängige Zufallsvariable. — Wir sind dem Begriff der von einer Zufallsvariablen erzeugten σ-Algebra bereits begegnet. Ist X eine auf einem Wahrscheinlichkeitsraum $(\Omega, \mathfrak{A}, \mathrm{P})$ definierte n-dimensionale Zufallsvariable, so ist die von X erzeugte σ-Algebra $\sigma(X)$ nichts anderes als die σ-Algebra $X^{-1}(\mathcal{B}^n)$. Das Konzept der Unabhängigkeit lässt sich somit folgendermassen auf Zufallsvariable übertragen.

Definition. — Zwei (reelle oder n-dimensionale) Zufallsvariable X und Y, die auf demselben Wahrscheinlichkeitsraum $(\Omega, \mathfrak{A}, \mathrm{P})$ definiert sind, heissen *unabhängig*, wenn die von ihnen erzeugten σ-Algebren $\sigma(X)$ und $\sigma(Y)$ unabhängig sind.

Etwas genauer beschrieben: sind X und Y n- bzw. m-dimensionale Zufallsvariable, die beide auf dem Wahrscheinlichkeitsraum $(\Omega, \mathfrak{A}, \mathrm{P})$ definiert sind, so sind sie *unabhängig*, wenn für jedes $A \in \mathcal{B}^n$ und jedes $B \in \mathcal{B}^m$ die Gleichheit

$$\mathrm{P}\{X \in A, Y \in B\} = \mathrm{P}\{X \in A\}\mathrm{P}\{Y \in B\}$$

gilt.

Ein Begriff, dem man in der Wahrscheinlichkeitstheorie immer wieder begegnet, ist der einer Folge von gegenseitig oder als Gesamtheit unabhängigen Zufallsvariablen. Dessen formale Definition lautet folgendermassen:

Definition. — Ist (X_n) eine auf einem Wahrscheinlichkeitsraum $(\Omega, \mathfrak{A}, \mathrm{P})$ definierte Folge von Zufallsvariablen, so bezeichnet man sie als eine Folge von *unabhängigen Zufallsvariablen* (und spricht auch von *als Gesamtheit unabhängigen Zufallsvariablen*, um jede Zweideutigkeit zu vermeiden), wenn die Folge der erzeugten σ-Algebren $(\sigma(X_n))$ eine als Gesamtheit unabhängige Folge ist.

Eine praktisch brauchbare Version dieser Definition sieht so aus: (X_n) ist eine Folge von *unabhängigen Zufallsvariablen*, wenn für jede endliche Teilfolge $X_{i_1}, \ldots, X_{i_k}$ und jede endliche Folge $B_1, \ldots, B_k$ von Borel-Mengen die Gleichheit

$$P\{X_{i_1} \in B_1, \ldots, X_{i_k} \in B_k\} = P\{X_{i_1} \in B_1\} \ldots P\{X_{i_k} \in B_k\}$$

gilt.

Im folgenden Satz wird ausgesagt, dass man sich zum Nachweis der Unabhängigkeit von zwei reellen Zufallsvariablen X und Y auf die Untersuchung von Teilfamilien von Mengen, insbesondere auf Halbgeraden, beschränken kann. Die Wahrscheinlichkeiten $P\{X \in A\}$ für $A =]-\infty, x]$ sind dann gleich $P\{X \leq x\}$, d.h. gleich $F(x)$, wobei F die Verteilungsfunktion von X bezeichnet. Es genügt also, nachzuweisen, dass die gemeinsame Verteilungsfunktion des Paares gerade das Produkt der Verteilungsfunktionen von X und Y ist.

SATZ 6.1. — *Es sei $n \geq 2$ und $X_1, \ldots, X_n$ sei eine Folge von n reellen Zufallsvariablen, alle definiert auf dem Wahrscheinlichkeitsraum $(\Omega, \mathfrak{A}, P)$. Die Folge $X_1, \ldots, X_n$ ist genau dann (als Gesamtheit) unabhängig, wenn die Verteilungsfunktion des Vektors $X = (X_1, \ldots, X_n)$ gleich dem Produkt der Verteilungsfunktionen F_1 von $X_1, \ldots, F_n$ von X_n ist, d.h. wenn für jede Folge $(x_1, \ldots, x_n)$ aus $\mathbb{R}^n$ gilt:*

$$F(x_1, \ldots, x_n) = F_1(x_1) \ldots F_n(x_n).$$

Beweis. — Es sollte genügen, dies im Falle $n = 2$ zu beweisen. Sind also X_1 und X_2 unabhängig, so gilt

$$P\{X_1 \in B_1, X_2 \in B_2\} = P\{X_1 \in B_2\}P\{X_2 \in B_2\}$$

für jedes Paar B_1, B_2 von Borel-Mengen. Nimmt man $B_1 =]-\infty, x_1]$ und $B_2 =]-\infty, x_2]$, so erhält man gerade

$$(6.1) \qquad F(x_1, x_2) = F_1(x_1)F_2(x_2).$$

Bezeichnet umgekehrt $\mathcal{C}_i$ die Familie der Ereignisse $\{X_i \leq x_i\}$ $(i = 1, 2)$, so ist jede dieser Familien abgeschlossen unter endlichen Durchschnitten. Gleichung (6.1) zeigt, dass $\mathcal{C}_1$ und $\mathcal{C}_2$ unabhängig sind. Das gilt dann auch für die erzeugten σ-Algebren, die aber nichts anderes sind als die σ-Algebren $\sigma(X_1)$ und $\sigma(X_2)$. Also sind die Zufallsvariablen X_1 und X_2 unabhängig. $\square$

Der abschliessende Satz erweist sich besonders dann als nützlich, wenn man Transformationen von Zufallsvariablen betrachtet und sich davon überzeugen will, dass die transformierten Variablen immer noch unabhängig sind.

SATZ 6.2. — *Es sei $n \geq 2$ und $X_1, \ldots, X_n$ sei eine Folge von n (als Gesamtheit) unabhängigen Zufallsvariablen, die m-dimensional und alle auf dem gleichen Wahrscheinlichkeitsraum $(\Omega, \mathfrak{A}, \mathrm{P})$ definiert sind. Weiter seien messbare Funktionen $f_i : (\mathbb{R}^m, \mathcal{B}^m) \to (\mathbb{R}^p, \mathcal{B}^p)$ $(i = 1, \ldots, n)$ gegeben. Dann sind $f_1 \circ X_1, \ldots, f_n \circ X_n$ als Gesamtheit unabhängige p-dimensionale Zufallsvariable.*

Beweis. — Es ist nur nachzurechnen, dass

$$\mathrm{P}\{f_1 \circ X_1 \in B_1, \ldots, f_n \circ X_n \in B_n\}$$
$$= \mathrm{P}\{X_1 \in f_1^{-1}(B_1), \ldots, X_n \in f_n^{-1}(B_n)\}$$
$$= \mathrm{P}\{X_1 \in f_1^{-1}(B_1)\} \ldots \mathrm{P}\{X_n \in f_n^{-1}(B_n)\}$$
$$= \mathrm{P}\{f_1 \circ X_1 \in B_1\} \ldots \mathrm{P}\{f_n \circ X_n \in B_n\}. \quad \square$$

ERGÄNZUNGEN UND ÜBUNGEN

1. — Es seien A, B zwei Ereignisse. Man zeige, dass aus der Unabhängigkeit von A und B auch die Unabhängigkeit der erzeugten σ-Algebren $\mathfrak{T}(A)$ und $\mathfrak{T}(B)$ folgt.

2. a) Es seien $\mathcal{C}_1$ und $\mathcal{C}_2$ zwei unabhängige Familien von Ereignissen. Dann sind auch die von ihnen erzeugten monotonen Klassen $\mathfrak{M}(\mathcal{C}_1)$ und $\mathfrak{M}(\mathcal{C}_2)$ unabhängig.

   b) Es seien $\mathfrak{A}_1$ und $\mathfrak{A}_2$ zwei unabhängige Algebren von Ereignissen. Dann sind auch die von ihnen erzeugten σ-Algebren unabhängig.

3. — Beim Werfen eines perfekten Würfels betrachte man die beiden Ereignisse:

   A : «die erzielte Augenzahl ist durch 2 teilbar»;

   B : «die erzielte Augenzahl ist durch 3 teilbar».

Man zeige, dass die Ereignisse A und B unabhängig sind.

4. a) Es seien A und B zwei unabhängige Ereignisse und es gelte zudem noch, dass das Ereignis A das Ereignis B impliziert. Man zeige, dass dann $\mathrm{P}(B) = 1$ oder $\mathrm{P}(A) = 0$ gilt.

   b) Man zeige: ist A von sich selbst unabhängig, so gilt $\mathrm{P}(A) = 0$ oder 1.

   c) Man zeige, dass ein Ereignis A mit $\mathrm{P}(A) = 0$ oder 1 von jedem Ereignis unabhängig ist.

d) (J.-P. Dion) Die Unabhängigkeit, als Relation betrachtet, ist *nicht* transitiv: es genügt, zwei *unabhängige* Ereignisse A, B mit $0 < P(A) < 1$ zu betrachten. Dann ist A unabbhängig von B und B unabhängig von A, aber A ist nicht unabhängig von A selbst.

5. — Nehmen wir an, es sei A unabhängig von $B \cap C$ und von $B \cup C$, weiterhin B unabhängig von $C \cap A$ und schliesslich C unabhängig von $A \cap B$. Ausserdem seien die Wahrscheinlichkeiten $P(A)$, $P(B)$, $P(C)$ positiv. Dann sind A, B, C gegenseitig unabhängig.

6. — Man zeige, dass folgende Situation auftreten kann: A ist unabhängig von $B \cap C$ und von $B \cup C$, aber weder von B, noch von C.

7. — Es seien A, B, C derart, dass A und B unabhängig relativ zu C und C^c sind und A und C unabhängig voneinander sind. Man zeige, dass dann A und B unabhängig sind.

Man zeige in gleicher Weise: ist (X, Y, Z) ein Tripel von Zufallsvariablen, wobei X und Y unabhängig relativ zu Z sind und X und Z unabhängig sind, dann sind auch X und Y unabhängig.

8. — In den beiden folgenden Beispielen sollte man, bevor man sich an die Berechnung der gefragten bedingten Wahrscheinlichkeiten macht, ein Tripel konstruieren, welches das Experiment beschreibt.

a) Ein Familienvater behauptet, zwei Kinder zu haben. Man berechne die Wahrscheinlichkeit, dass es sich um zwei Jungen handelt, wenn man zudem weiss

α) mindestens eines der Kinder ist ein Junge;

β) das ältere der Kinder ist ein Junge.

b) Man wähle zufällig ein Kind aus einer Familie mit zwei Kindern. Aus der Kenntnis, dass das gewählte Kind ein Junge ist, ermittle man die Wahrscheinlichkeit, dass beide Kinder dieser Familie Jungen sind.

9. — Man finde eine notwendige und hinreichende Bedingung dafür, dass eine Zufallsvariable X von sich selbst unabhängig ist.

10. — Es seien X_1, X_2 zwei unabhängige Zufallsvariable mit der gemeinsamen Verteilung $\frac{1}{2}(\varepsilon_{-1} + \varepsilon_{+1})$. Sind die drei Zufallsvariablen X_1, X_2, $X_3 = X_1 X_2$ gegenseitig unabhängig? Sind sie paarweise unabhängig?

11. — Es sei $(X_1, \ldots, X_n)$ eine Familie von n gegenseitig unabhängigen Zufallsvariablen, mit den jeweiligen Verteilungsfunktionen $F_1, \ldots, F_n$. Man bestimme die Verteilungsfunktionen von $Y = \max(X_1, \ldots, X_n)$ und von $Z = \min(X_1, \ldots, X_n)$.

12. — Es bezeichne $P_r(k)$ $(r \geq 1)$ die Wahrscheinlichkeit, dass in eine Telefonzentrale k Anrufe innerhalb von r Minuten eintreffen. Man unterstelle, dass die Anzahlen der in zwei disjunkten Zeitintervallen eintreffenden Anrufe durch zwei voneinander unabhängige Zufallsvariable geregelt werden.

a) Man berechne in Abhängigkeit von $P_1(k)$ $(k \geq 0)$ die Wahrscheinlichkeit, dass in der Zentrale s Anrufe in zwei Minuten eintreffen.

b) Für $P_1(k) = e^{-a}\dfrac{a^k}{k!}$ $(a > 0;\ k \in \mathbb{N})$, berechne man $P_r(k)$ für alle $r \geq 1$.

13. *Ziehungen mit und ohne Zurücklegen.* — Eine Urne enthalte $r + s$ Kugeln, von denen r weiss und s schwarz $(r, s \geq 1)$ seien. Man führt hintereinander n Ziehungen aus $(n \geq 1)$, wobei nach jeder Ziehung die gezogene Kugel in die Urne zurückgelegt wird (bzw. nicht zurückgelegt wird). Man bezeichne mit A_k $(k = 1, \ldots, n)$ das Ereignis «man erhält bei der k-ten Ziehung eine weisse Kugel» und betrachte die Zufallsvariablen $X_k = I_{A_k}$ $(k = 1, \ldots, n)$ und $S_n = X_1 + \cdots + X_n$ (die Anzahl der im Verlauf von n Ziehungen erhaltenen weissen Kugeln).

Ziehung mit Zurücklegen; binomiales Modell. — Man wählt als Ω die Menge aller Elemente $\omega = A_1^{\varepsilon_1} \cap \cdots \cap A_n^{\varepsilon_n}$, wobei $A^\varepsilon = A$, falls $\varepsilon = 1$ und $A^\varepsilon = A^c$, falls $\varepsilon = 0$, und die Wahrscheinlichkeitsverteilung P auf Ω sei durch

$$P(\{\omega\}) = P(A_1^{\varepsilon_1}) \ldots P(A_n^{\varepsilon_n}), \qquad \text{wobei } P(A_1) = \cdots = P(A_n) = p$$

gegeben.

Dann gilt:

a) Die Zufallsvariablen $X_1, \ldots, X_n$ sind gegenseitig unabhängig, sie haben identische Verteilungen, und die Verteilung von X_k ist gegeben durch

$$P\{X_k = 1\} = p, \quad P\{X_k = 0\} = 1 - p, \qquad k = 1, \ldots, n.$$

b) Die Verteilung von S_n ist gegeben durch

$$P\{S_n = i\} = \binom{n}{i} p^i (1 - p)^{n-i} \qquad 0 \leq i \leq n.$$

Die Variable S_n genügt also einer *Binomialverteilung*, daher der Name des Modells.

Ziehung ohne Zurücklegen; hypergeometrisches Modell. — In diesem Fall erschöpft sich das Verfahren, denn die Urne ist nach $r + s$ Ziehungen leer. Es genügt also, die Situation für $1 \leq n \leq r + s$ zu betrachten. Betrachten wir das $(r + s)$-Tupel $(X_1, \ldots, X_{r+s})$. Dazu nehmen wir als Grundmenge Ω die Menge aller Elemente $\omega = A_1^{\varepsilon_1} \cap \cdots \cap A_{r+s}^{\varepsilon_{r+s}}$, wobei $(\varepsilon_1, \ldots, \varepsilon_{r+s})$ eine Folge ist, die genau r-mal das Symbol 1 und s-mal das Symbol 0 enthält. Da die weissen Kugeln untereinander ununterscheidbar sind (ebenso die schwarzen), gilt $\operatorname{card}\Omega = \binom{r+s}{r}$. Also nehmen wir für P die Gleichverteilung auf Ω. Dann gelten die folgenden Aussagen.

a) Die Zufallsvariablen $X_1, \ldots, X_{r+s}$ sind *nicht* gegenseitig unabhängig (so gilt beispielsweise $X_1 + \cdots + X_{r+s} = r$), aber sie sind identisch verteilt, wobei die Verteilung von X_k durch

$$P\{X_k = 1\} = \frac{r}{r+s} = p, \quad P\{X_k = 0\} = 1 - p, \qquad k = 1, \ldots, r+s$$

gegeben ist.

b) Es sei $1 \le n \le r + s$. Die Verteilung von $S_n = X_1 + \cdots + X_n$ ist gegeben durch

$$P\{S_n = i\} = \begin{cases} \dfrac{\binom{r}{i}\binom{s}{n-i}}{\binom{r+s}{n}} & \text{falls} \quad \max(0, n - s) \le i \le \min(n, r); \\ 0, & \text{sonst.} \end{cases}$$

Die Zufallsvariable S_n genügt also der *hypergeometrischen* Verteilung, daher auch der Name des Modells.

14. — Nochmals zu Aufgabe 13, mit den dort verwendeten Bezeichnungen. Man berechne $P\{X_k = 1 \mid S_n = i\}$, zunächst für den Fall der Ziehungen mit Zurücklegen, dann für Ziehungen ohne Zurücklegen.

15. *Verallgemeinerung der Aufgabe 13 (multinomiales Modell).* — Eine Urne enthalte nun r_1 Kugeln der Farbe C_1, $\ldots$, r_k Kugeln der Farbe C_k, wobei die Farben C_1, $\ldots$, C_k verschieden seien. Man macht das gleiche Experiment wie in Aufgabe 13 (n Ziehungen, jeweils mit Zurücklegen). Es sei $r_1 + \cdots + r_k = m$ und $p_i = r_i/m$ $(1 \le i \le k)$. Mit A_{ij} wird das Ereignis «bei der j-ten Ziehung wird eine Kugel der Farbe C_i gezogen» $(1 \le i \le k, 1 \le j \le n)$ bezeichnet. Schliesslich betrachte man die Zufallsvariablen

$$X_{ij} = I_{A_{ij}} \quad (1 \le i \le k, 1 \le j \le n); \qquad X_i = \sum_{j=1}^{n} X_{ij} \quad (1 \le i \le k).$$

Die Zufallsvariable X_i gibt die Anzahl der Kugel von der Farbe C_i an, die im Verlauf der n Ziehungen gezogen werden Man zeige, dass man also ein Tripel $(\Omega, \mathfrak{P}(\Omega), P)$ mit folgenden Eigenschaften konstruieren kann:

a) Die Zufallsvariablen $X_{i_1,1}, \ldots, X_{i_n,n}$ sind gegenseitig unabhängig für jede Folge $(i_1, \ldots, i_n) \in \{1, \ldots, k\}^n$. Ausserdem gilt

$$P\{X_{ij} = 1\} = p_i \qquad (1 \le i \le k, 1 \le j \le n).$$

b) Die Verteilung des k-dimensionalen Zufallsvektors $X = (X_1, \ldots, X_k)$ ist durch

$$\mathrm{P}\{X_1 = n_1, \ldots, X_k = n_k\} = \binom{n}{n_1, \ldots, n_k} p_1^{n_1} \cdots p_k^{n_k}$$

gegeben. Das ist der Fall einer *Multinomialverteilung*.

16. — Drei Personen A, B, C werden «zufällig» auf einer Geraden aufgestellt. Man betrachte die beiden Ereignisse:

$\quad E :$ «B befindet sich rechts von A»;

$\quad F :$ «C befindet sich rechts von A».

Sind diese beiden Ereignisse E und F unabhängig, wenn man auf der Grundmenge die Gleichverteilung annimmt?

17. — Es sei Ω die Menge der acht verschiedenen möglichen Beobachtungen, die man machen kann, wenn eine Münze dreimal hintereinander geworfen wird. Man betrachte die beiden Ereignisse:

$\quad A :$ «beim ersten Wurf tritt "Zahl" auf»;

$\quad B :$ « "Zahl" tritt mindestens zweimal auf».

a) Sind die Ereignisse A und B unabhängig, falls man auf Ω die Gleichverteilung annimmt?

b) Gibt es eine Wahrscheinlichkeitsverteilung P auf Ω derart, dass A und B unabhängig bezüglich P sind?

18. (E. Kosmanek). — Es sei $(\Omega, \mathfrak{A}, \mathrm{P})$ ein Wahrscheinlichkeitsraum, A, B seien zwei Ereignisse aus $\mathfrak{A}$. Dann gilt $|\mathrm{P}(A \cap B) - \mathrm{P}(A)\mathrm{P}(B)| \leq \frac{1}{4}$.

Man kann diese Ungleichung auf verschiedene Arten beweisen, die sich auf die Schwarzsche Ungleichung zurückführen lassen. Einen direkten Beweis kann man geben, indem man die «Atome» $A \cap B$, $A \cap B^c$, $A^c \cap B$ und $A^c \cap B^c$ betrachtet. Bezeichnen α, β, γ und δ ihre jeweiligen Wahrscheinlichkeiten, so gilt $\alpha + \beta + \gamma + \delta = 1$. Für $e(A, B) = \mathrm{P}(A \cap B) - \mathrm{P}(A)\mathrm{P}(B)$ gilt dann $e(A, B) = \alpha - (\alpha + \beta)(\alpha + \gamma) = \alpha(1 - \alpha - \beta - \gamma) - \beta\gamma = \alpha\delta - \beta\gamma$, und somit $e(A, B) \leq \alpha\delta \leq \frac{1}{4}$ (weil $\alpha, \delta \geq 0$, $\alpha + \delta \leq 1$) sowie $e(A, B) \geq -\beta\gamma \geq -\frac{1}{4}$ (weil $\beta, \gamma \geq 0$, $\beta + \gamma \leq 1$).

Man beobachtet, dass die Gleichheit $\alpha\delta - \beta\gamma = 0$ eine notwendige und hinreichende Bedingung dafür ist, dass die Ereignisse A und B unabhängig sind.

19. — Man verfügt über einen perfekten Würfel. Man denke sich ein Experiment aus, das aus zwölf disjunkten und gleichwahrscheinlichen Ereignissen besteht.

KAPITEL 7

DISKRETE ZUFALLSVARIABLE.
GEBRÄUCHLICHE VERTEILUNGEN

In diesem Kapitel werden wir die wichtigsten diskreten Wahrscheinlichkeitsverteilungen vorstellen, also die Binomialverteilung, die hypergeometrische Verteilung, die Poisson-Verteilung, und wir werden dabei zeigen, bei welchen Anwendungen diese Verteilungen in Erscheinung treten. Einige populäre Probleme, die in diesem Zusammenhang oft genannt werden, etwa «Banachs Streichholzschachtelproblem», das «Poissonifizierungsproblem», sowie das «Inspektionsparadoxon», werden in den Übungen (Aufgaben 3, 8 und 9) behandelt.

1. Diskrete Zufallsvariable. — Der Begriff der diskreten Wahrscheinlichkeitsverteilung wurde bereits in Kapitel 4, §1 eingeführt. Im übrigen wurde in Kapitel 5, §4, Bemerkung 1 festgestellt, dass man zu jeder Wahrscheinlichkeitsverteilung P auf dem Raum $(\mathbb{R}^n, \mathcal{B}^n)$, also auch zu jeder diskreten Verteilung, immer eine Zufallsvariable finden oder konstruieren kann, die P als Verteilung besitzt. Damit wird die folgende Definition plausibel.

Definition. — Eine Zufallsvariable X mit Werten in $\mathbb{R}^n$ heisst *diskret*, wenn ihre Verteilung P_X eine diskrete Wahrscheinlichkeitsverteilung auf $(\mathbb{R}^n, \mathcal{B}^n)$ ist.

Sei $P_X = \sum_k \alpha_k \varepsilon_{x_k}$ die Verteilung einer solchen Variablen. Da die Borel-σ-Algebra $\mathcal{B}^n$ alle einelementigen Mengen $\{x\}$ ($x \in \mathbb{R}^n$) enthält, hat man

$$(1.1) \qquad P_X\big\{\{x\}\big\} = \begin{cases} \alpha_k, & \text{falls } x = x_k; \\ 0, & \text{falls } x \notin \{x_1, x_2, \dots\}. \end{cases}$$

Ist eine solche Zufallsvariable X auf einem Wahrscheinlichkeitsraum $(\Omega, \mathfrak{A}, P)$ definiert, so kann man für jedes $x \in \mathbb{R}^n$

$$P_X\big\{\{x\}\big\} = P\{X \in \{x\}\} = P\{X = x\}$$

schreiben, was sich als «die Wahrscheinlichkeit, dass X gleich x ist» liest. Damit wird aus den Bezeichnungen (1.1)

$$P\{X = x_k\} = \alpha_k \qquad \text{und} \qquad P\{X = x\} = 0, \text{ falls } x \notin \{x_1, x_2, \dots\}.$$

Entsprechend ist $\mathrm{P}\{X \in B\} = \sum \mathrm{P}\{X = x_k\}$ für jedes $B \in \mathcal{B}^n$, wobei sich die Summation über alle x_k mit $x_k \in B$ erstreckt.

Ist x_0 ein Element von $\mathbb{R}^n$ und ist die Verteilung der Zufallsvariablen X *singulär*, und zwar gleich ε_{x_0}, so gilt

$$\mathrm{P}\{X = x_0\} = 1 \quad \text{und} \quad \mathrm{P}\{X = x\} = 0, \text{ falls } x \neq x_0.$$

Man sagt dann, dass X P-*fast sicher konstant* (gleich x_0) sei. Umgekehrt ist natürlich die Verteilung einer konstanten Funktion singulär.

Ist nun $X : (\Omega, \mathfrak{A}, \mathrm{P}) \to (\mathbb{R}^p, \mathcal{B}^p)$ eine Zufallsvariable mit *höchstens abzählbarer* Bildmenge $X(\Omega)$, so ist X eine diskrete Zufallsvariable. Speziell im Fall $p = 1$ und für endliches $X(\Omega)$ kann man dann

$$X = \sum_{k=1}^{n} x_k I_{A_k}$$

schreiben, wobei $X(\Omega) = \{x_1, x_2, \ldots, x_n\}$ und $A_k = X^{-1}(\{x_k\}) = \{X = x_k\}$ ist $(1 \leq k \leq n)$. Die Mengen A_k gehören zu $\mathfrak{A}$ und sind paarweise disjunkt. Eine solche Zufallsvariable bezeichnet man als *einfach* oder *gestuft*. Ihre Verteilung P_X ist durch

$$\mathrm{P}_X = \sum_{k=1}^{n} \mathrm{P}(A_k)\varepsilon_{x_k}$$

gegeben. Eine einfache Zufallsvariable kann also nur *endlich* viele Werte annehmen, eben die x_k. Andererseits kann jeder dieser Werte an überabzählbar unendlich vielen Punkten $\omega \in \Omega$ angenommen werden. In der Tat können die Mengen A_k die Mächtigkeit des Kontinuums haben.

In den folgenden Abschnitten werden wir einige diskrete Wahrscheinlichkeitsverteilungen vorstellen, die man in Anwendungen besonders häufig antrifft. Aus Bequemlichkeit werden sie auf dem Raum $(\mathbb{R}, \mathcal{B}^1)$ definiert.

2. Die Binomialverteilung. — Es sei p eine reelle Zahl mit $0 \leq p \leq 1$, es sei $q = 1 - p$, ferner sei n eine positive ganze Zahl. Die auf $(\mathbb{R}, \mathcal{B}^1)$ durch

$$B(n, p) = \sum_{k=0}^{n} \binom{n}{k} p^k q^{n-k} \varepsilon_k$$

definierte Wahrscheinlichkeitsverteilung $B(n, p)$ heisst *Binomialverteilung* mit den Parametern (n, p). Die Verteilung $B(1, p) = q\varepsilon_0 + p\varepsilon_1$ heisst *Bernoulli-Verteilung* mit Parameter p.

Definition. — Eine Zufallsvariable X, deren Verteilung $B(n, p)$ ist, heisst *binomial-verteilt* mit den Parametern (n, p).

Ist beispielsweise bei einer *Ziehung mit Zurücklegen* der Anteil der weissen Kugeln in der Urne gleich p und die Anzahl der Ziehungen gleich n, so ist die Zufallsvariable X «Anzahl der gezogenen weissen Kugeln» binomial-verteilt mit den Parametern (n, p). Ganz entsprechend gilt: ist A ein Ereignis in einem Wahrscheinlichkeitsraum $(\Omega, \mathfrak{A}, \mathrm{P})$, so ist die Zufallsvariable I_A Bernoulli-verteilt mit dem Parameter $p = \mathrm{P}(A)$.

3. Die hypergeometrische Verteilung. — Es seien nun n, N, M drei positive ganze Zahlen mit $n \leq N$, $M < N$. Die durch

$$H(n, N, M) = \sum_k \frac{\binom{M}{k}\binom{N-M}{n-k}}{\binom{N}{n}} \varepsilon_k$$

definierte Wahrscheinlichkeitsverteilung $H(n, N, M)$ wird als *hypergeometrische Verteilung* bezeichnet. Dabei erstreckt sich die Summation über die ganzzahligen Werte k mit $\max\{0, n - (N - M)\} \leq k \leq \min\{n, M\}$. Die Tatsache, dass

$$\sum_k \frac{\binom{M}{k}\binom{N-M}{n-k}}{\binom{N}{n}} = 1$$

ist, folgt unmittelbar aus der Identität

$$(1 + z)^M (1 + z)^{N-M} = (1 + z)^N,$$

indem man die Koeffizienten von z^n auf beiden Seiten vergleicht. Eine *hypergeometrisch verteilte Zufallsvariable* ist eine Zufallsvariable, deren Verteilung hypergeometrisch ist.

3.1. *Beispiel (Ziehung ohne Zurücklegen).* — Eine Urne enthalte M weisse und $N - M$ schwarze Kugeln, wobei $M < N$ sei. Man zieht nun ohne Zurücklegen nacheinander n Kugeln $(n \leq N)$. Die Anzahl X der weissen Kugeln unter diesen n Kugeln ist hypergeometrisch verteilt mit Parametern (n, N, M). Für $\max\{0, n - (N - M)\} \leq k \leq \min\{n, M\}$ erhält man die Wahrscheinlichkeit

$$\mathrm{P}\{X = k\} = \frac{\binom{M}{k}\binom{N-M}{n-k}}{\binom{N}{n}}.$$

Man beachte, dass der Ausdruck auf der rechten Seite symmetrisch in M und n ist, was aus der Problemstellung nicht offensichtlich ist.

Bemerkung. — Falls man bei fest gewählten n und k $(0 \leq k \leq n)$ die Werte M und $N - M$ so gegen unendlich streben lässt, dass dabei $M/N \to p \in {]}0, 1{[}$ gilt, so zeigt eine elementare Rechnung

$$\frac{\binom{M}{k}\binom{N-M}{n-k}}{\binom{N}{n}} \to \binom{n}{k} p^k (1 - p)^{n-k}.$$

Man sieht, dass unter den angegebenen Bedingungen die hypergeometrische Verteilung $H(n, N, M)$ gegen die Binomialverteilung $B(n, p)$ konvergiert (*cf.* Kap. 16, § 6).

3.2. Anwendung: wie man die Fische in einem Teich zählt. — Ein Teich enthalte eine *unbekannte* Anzahl $N \geq 1$ von Fischen. Um N zu bestimmen, macht man einen ersten Fischzug, bei dem man $r \geq 1$ Fische fängt, sie markiert und anschliessend wieder in den Teich entlässt. Anschliessend macht man einen zweiten Fischzug, bei dem $n \geq 1$ Fische gefangen werden, unter denen man $k \geq 0$ markierte Fische wiederfindet. Die Aufgabe besteht nun darin, ausgehend von k die Anzahl N zu schätzen.

a) Die Wahrscheinlichkeit, dass der Teich N Fische enthält, falls man beim zweiten Fischzug $k \geq 0$ markierte Fische fängt, ist

$$(3.2.1) \qquad p(k, N) = \frac{\binom{r}{k}\binom{N-r}{n-k}}{\binom{N}{n}}.$$

(N ist unbekannt; r, n, k sind bekannt aufgrund der Beobachtungen.)

b) Insgesamt werden bei diesem Vorgehen $r + (n - k)$ verschiedene Fische gefangen. Folglich muss $N \geq r + (n - k)$ sein. Das ist aber auch alles, was man mit Sicherheit sagen kann! Es ist durchaus möglich, dass der Teich lediglich $r + (n - k)$ Fische enthält, aber dieses Ereignis ist hochgradig unwahrscheinlich.

c) Um N zu schätzen, wendet man das sogenannte *maximum likelihood*-Prinzip an, d.h. man versucht, unter Beibehaltung der Werte für r, n, k, eine Zahl N zu bestimmen, die den Ausdruck (3.2.1) maximiert. Dieser Wert $\widehat{N}$ (wenn er denn er existiert) heisst *Schätzung* von N nach dem *maximum likelihood*-Prinzip.

d) Wir zeigen, dass *im Fall* $k \geq 1$ tatsächlich ein (und nur ein) $\widehat{N}$ existiert, das (3.2.1) maximiert, und zwar ist dies die zu nr/k nächstgelegene ganze Zahl. Betrachtet man nämlich den Quotienten

$$\frac{p(k, N)}{p(k, N-1)} = \frac{\binom{N-r}{n-k}}{\binom{N-r-1}{n-k}} \frac{\binom{N-1}{n}}{\binom{N}{n}} = \frac{(N-r)(N-n)}{(N-r-n+k)N},$$

so ist dieser grösser oder kleiner als 1, je nachdem, ob $Nk < nr$ oder $Nk > nr$ ist. Das zeigt, dass für wachsendes N die Glieder der Folge $p(k, N)$ zunächst wachsen, danach wieder fallen, wobei sie ein Maximum annehmen, wenn N die zu nr/k nächstgelegene ganze Zahl ist.

Nehmen wir nun den Fall $r = n = k$; dann ist $\widehat{N} = r$. Anders ausgedrückt: falls der zweite Fischzug exakt soviele Fische erbringt wie der erste und wenn alle diese Fische markiert sind, dann stimmt die Schätzung für die Anzahl

der Fische im Teich nach dem maximum likelihood-Prinzip mit der minimal
möglichen Anzahl von Fischen überein. $\square$

Numerisches Beispiel. — Wir nehmen $r = n = 1000$, $k = 100$. Die
minimale Anzahl von Fischen im Teich ist dann $r + (n - k) = 1.900$.
Die Schätzung von N nach dem maximum likelihood-Prinzip ergibt hier

$$\widehat{N} = \frac{1000 \times 1000}{100} = 10.000.$$

e) *Der Fall $k = 0$*: Wir haben gesehen, dass die Schätzung von N
nach dem maximum likelihood-Prinzip möglich ist, falls $k \geq 1$ ist. Im Fall
$k = 0$, wenn sich also bei dem zweiten Fischzug unter den n gefangenen
Fischen überhaupt kein markierter Fisch befindet, kann man folgern, dass
die Gesamtzahl N sehr gross ist. Diese Intuition wird durch eine Rechnung
bestätigt. Es ist

$$\frac{p(0, N)}{p(0, N - 1)} = \frac{(N - r)(N - n)}{(N - r - n)N} > 1.$$

Die Folge mit den Gliedern $p(0, N)$ ist *streng monoton wachsend*; für keinen
Wert von N wird ein Maximum angenommen und $p(0, N)$ wird umso grösser,
je grösser N ist.

3.3. *Die hypergeometrische Verteilung und juristische Entscheidungen.*
Nehmen wir an, dass von den 500 Richtern am Berufungsgericht $r = 200$
erklärtermassen den Parteien der politischen Linken zuneigen (wir nennen
sie «linke» Richter), während $s = 300$ politisch eher dem rechten Spektrum
zuzuordnen sind (wir nennen sie «rechte» Richter). Nun werden durch
«Zufall» $n = 2p + 1$ Richter ausgewählt, um ein Tribunal zu bilden.
Wie gross ist dann die Wahrscheinlichkeit, dass es in diesem Tribunal eine
rechte Mehrheit gibt? Zunächst stellen wir fest, dass der Anteil der rechten
Richter an der Gesamtheit der Richter $300/500 = 60\,\%$ beträgt. Nun muss
$1 \leq 2p + 1 \leq 500$ sein, also $0 \leq p \leq 249$. Bezeichne nun S_{2p+1} die Anzahl
der linken Richter in dem Tribunal. Die gesuchte Wahrscheinlichkeit ist dann
$P_{2p+1} = \mathrm{P}\{S_{2p+1} \leq p\}$, also

$$P_{2p+1} = \sum_{k=0}^{p} \mathrm{P}\{S_{2p+1} = k\} = \sum_{k=0}^{p} \frac{\binom{200}{k}\binom{300}{2p+1-k}}{\binom{500}{2p+1}}.$$

(Dabei ist, wie üblich, $\binom{n}{k} = 0$ zu setzen, falls für n, k die Bedingung
$0 \leq k \leq n$ nicht erfüllt ist.)

Die dargestellten Werte von P_{2p+1} zeigen, dass die Funktion $p \mapsto P_{2p+1}$
(*cf.* Fig. 1) sehr schnell gegen 1 wächst. Anders gesagt, je grösser ein Tribunal
ist, mit desto grösserer Wahrscheinlichkeit hat es eine rechte Mehrheit. Die
Zusammensetzung von Tribunalen kann also die politischen Verhältnisse in
der gesamten Richterschaft nicht widerspiegeln.

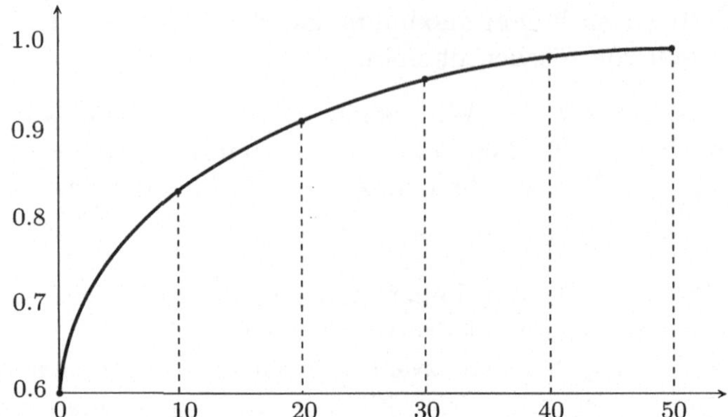

Funktionale Abhängigkeit der Wahrscheinlichkeit P_{2p+1} von p.

p	0	1	2	3	4	5	8	12	28	249
P_{2p+1}	$0,6$	$0,648$	$0,683$	$0,711$	$0,735$	$0,756$	$0,805$	$0,852$	$0,948$	1

Fig. 1

4. Die geometrische Verteilung. — Es sei p eine reelle Zahl zwischen 0 und 1, sowie $q = 1 - p$. Die auf $(\mathbb{R}, \mathcal{B}^1)$ durch

$$P = \sum_{k=1}^{\infty} pq^{k-1}\varepsilon_k$$

definierte Wahrscheinlichkeitsverteilung heisst *geometrische Verteilung mit dem Parameter p*, sie wird mit $G(p)$ bezeichnet. Dass es sich dabei tatsächlich um eine Wahrscheinlichkeitsverteilung handelt, sieht man an

$$\sum_{k=1}^{\infty} pq^{k-1} = (p/(1-q)) = 1.$$

Man betrachtet hierbei oft die *Überlebensfunktion*

$$r(n) = P\{X > n\} = \sum_{k \geq n+1} pq^{k-1} = q^n.$$

Gelegentlich wird als geometrische Verteilung mit Parameter p auch die Verteilung

$$P = \sum_{k=0}^{\infty} pq^{k}\varepsilon_k$$

bezeichnet. Man muss sich also jeweils aus dem Zusammenhang klar machen, von welcher geometrischen Verteilung die Rede ist.

Beispiel. — Ein Spieler spielt eine Folge von voneinander unabhängigen Partien des Münzwurfs «Zahl oder Kopf» und ist entschlossen, das Spiel zu beenden, sobald *zum ersten Mal* das Ereignis «Zahl» eintritt. Von Interesse ist nun die Anzahl X der Spiele, die er benötigt, um sein Ziel zu erreichen. Um X zu definieren, führt man zuerst einmal die Grundmenge Ω aller *unendlichen* Folgen ein, die mögliche Spielverläufe beschreiben. Ein Element $\omega \in \Omega$ ist eine Folge $(\delta_1, \delta_2, \dots)$ von Nullen und Einsen, wobei vereinbart wird, dass das allgemeine Glied δ_k gleich 0 oder gleich 1 sein soll, je nachdem ob in der k-ten Partie «Kopf» oder «Zahl» erscheint.

Wenn man X als Zufallsvariable auf Ω definieren will, muss das Ereignis «der Spieler beendet das Spiel nach der k-ten Partie» für alle endlichen Werte k messbar sein, ebenso wie das Ereignis $\{X = \infty\}$, welches «der Spieler spielt unendlich lange» besagt. Für jedes $k = 1, 2, \dots$ bezeichne A_k die Menge der Folgen $\omega = (\delta_1, \delta_2, \dots)$ mit $\delta_k = 1$. Gemäss unserer Vereinbarung stellt A_k das Ereignis «Zahl tritt in der k-ten Partie auf» dar. Folglich gilt für jedes endliche k die Darstellung $\{X = k\} = A_1^c \dots A_{k-1}^c A_k$; ausserdem ist $\{X = \infty\} = \lim_k A_1^c \dots A_k^c$. Damit ist X eine auf $(\Omega, \mathfrak{A})$ definierte Zufallsvariable, wenn man noch als $\mathfrak{A}$ die von den Mengen A_k erzeugte σ-Algebra nimmt.

Um schliesslich die Unabhängigkeit der einzelnen Partien des Spiels darzustellen und um auch noch die quantitative Information darzustellen, dass bei einer Partie mit Wahrscheinlichkeit p (mit $0 \leq p \leq 1$) das Ergebnis «Zahl» erzielt wird, muss man nachweisen, dass es eine Wahrscheinlichkeitsverteilung P auf $(\Omega, \mathfrak{A})$ gibt, so dass für jede endliche Folge $(i_1, i_2, \dots, i_k)$ von *verschiedenen* ganzen Zahlen $\mathrm{P}(A_{i_1} A_{i_2} \dots A_{i_k}) = p^k$ gilt. Dies wird im Zuge der Aufgaben 1–7 von Kapitel 10 geleistet.

Ist der Wahrscheinlichkeitsraum $(\Omega, \mathfrak{A}, \mathrm{P})$ konstruiert, so sieht man, dass X auf diesem Raum definiert ist und seine Werte in $(\overline{\mathbb{R}}, \overline{\mathcal{B}}^1)$ annimmt, wobei mit $\overline{\mathbb{R}}$ die *erweiterte* reelle Gerade und mit $\overline{\mathcal{B}}^1$ die von $\mathcal{B}^1 \cup \{+\infty\} \cup \{-\infty\}$ erzeugte σ-Algebra bezeichnet wird. Man kann dann die Verteilung von X berechnen, wobei wieder die Abkürzung $q = 1 - p$ verwendet wird.

$$\mathrm{P}\{X = 1\} = \mathrm{P}(A_1) = p\,;$$

$$\mathrm{P}\{X = k\} = \mathrm{P}(A_1^c \dots A_{k-1}^c A_k) = q^{k-1}p, \qquad \text{für } k \geq 2\,;$$

$$\mathrm{P}\{X = \infty\} = \mathrm{P}(\lim_k A_1^c \dots A_k^c) = \lim_k \mathrm{P}(A_1^c \dots A_k^c) = \lim_k q^k = 0.$$

Man sieht, dass die Zufallsvariable X geometrisch mit Parameter p verteilt ist, wenn man nur den Wert $+\infty$ vernachlässigt.

5. Die Poisson-Verteilung. — Es sei λ eine positive reelle Zahl. Die auf $(\mathbb{R}, \mathcal{B}^1)$ durch

$$(5.1) \qquad \pi_\lambda = \sum_{k=0}^{\infty} e^{-\lambda} \frac{\lambda^k}{k!} \varepsilon_k$$

definierte Wahrscheinlichkeitsverteilung π_λ wird als *Poisson-Verteilung mit Parameter* λ bezeichnet. (Eine gebräuchliche Bezeichnungsweise ist auch $\mathcal{P}(\lambda)$.) Eine gemäss π_λ verteilte Zufallsvariable wird *Poisson-verteilte Zufallsvariable mit Parameter* λ genannt.

LEMMA 5.1. — *Für jede feste ganze Zahl* $k \geq 1$ *gilt*

$$\lim_n \binom{n}{k} \left(\frac{\lambda}{n}\right)^k \left(1 - \frac{\lambda}{n}\right)^{n-k} = e^{-\lambda}\frac{\lambda^k}{k!}.$$

Die Berechnung des Grenzwertes ist eine Routineangelegenheit, die hier nicht wiederholt werden soll. Die Aussage des Lemmas besteht im wesentlichen darin, dass für eine Binomialverteilung $B(n,p)$, deren Parameter n und p durch die Beziehung $np = \lambda > 0$ miteinander verknüpft sind, für grosses n die Wahrscheinlichkeit $\binom{n}{k}p^k q^{n-k}$ (dafür nämlich, dass eine mit Parametern (n,p) binomial-verteilte Zufallsvariable den Wert k annimmt) annähernd gleich $e^{-\lambda}\lambda^k/k!$ ist, und das ist die Wahrscheinlichkeit dafür, dass eine mit Parameter λ Poisson-verteilte Zufallsvariable den Wert k annimmt. Man formuliert das anschaulich so, dass man sagt, die Poisson-Verteilung sei die Verteilung der «seltenen» Ereignisse.

Bemerkung. — Aus *praktischer* Sicht wird man in folgenden Situationen dazu neigen, eine Poisson-Verteilung anzunehmen. Nehmen wir an, man macht eine Probenentnahme von n Einheiten aus einer Population, die aus nur zwei Sorten A und B von Individuen mit relativen Anteilen p und q $(p + q = 1)$ besteht. Falls n gross und p nahe 0 ist, und zwar derart, dass sich np beispielsweise zwischen 1 und 10 bewegt, so kann man unterstellen, dass sich die Anzahl der Individuen vom Typ A in einer Probe annähernd wie eine Poisson-verteilte Zufallsvariable zum Parameter $\lambda = np$ verhält.

Bezeichnet X die Anzahl der Individuen vom Typ A in einer Probe, so ist X *theoretisch* binomial-verteilt mit Parametern (n,p). Gemäss der Annäherung an die Poisson-Verteilung ist die Wahrscheinlichkeit dafür, dass X den Wert k annimmt, nicht gleich Null, und zwar nicht einmal im Fall $k > n$. Aber diese Grösse ist sehr klein, falls die oben ausgesprochenen Bedingungen erfüllt sind.

Bemerkung. — Man kann den Fehler bei der Approximation der Binomial-Verteilung durch die Poisson-Verteilung in Form einer Abschätzung nach oben und nach unten für den Ausdruck

$$\binom{n}{k} (\lambda/n)^k (1 - (\lambda/n))^{n-k} \Big/ \left(e^{-\lambda}(\lambda^k/k!)\right)$$

angeben.

Beispiel. - Eine Flüssigkeit enthalte ungelöste Partikel, beispielsweise Bakterien A_1 und andere Partikel A_2, wobei die Anzahl der Bakterien gemessen an der Gesamtzahl der Partikel klein sein soll. Andererseits ist selbst in einem kleinen Volumenanteil der Flüssigkeit die Anzahl der Partikel sehr gross. Um die Verteilung der Zufallsvariablen X « Anzahl der Bakterien in einem festen Elementarvolumen» zu bestimmen, muss man, selbst wenn man sich auf eine Poisson-Verteilung bezieht, den relativen Anteil p der Bakterien in der Flüssigkeit kennen. Um diesen nach den Regeln der Statistik zu *schätzen*, entnimmt man einen Tropfen der Flüssigkeit und gibt ihn in ein Schätzinstrument. Diese Prozedur führt man sehr oft aus, etwa in der Grössenordnung von 400 Mal. Falls die Flüssigkeit homogen ist, sollte die Anzahl X_i der Bakterien in der i-ten Probe ($i = 1, 2, \ldots, 400$) Poisson-verteilt mit einem Parameter λ sein. Bei einer solche Stichprobe ω, bei einem solchen Experiment also, erhält man 400 unabhängige (wegen der Homogenität der Flüssigkeit) Beobachtungen $X_1(\omega)$, $X_2(\omega)$, $\ldots$, $X_{400}(\omega)$. Dann ist $\sum_{i=1}^{400} X_i(\omega)/400$ eine Schätzung für den Parameter p.

Tafeln. — Früher wurden umfangreiche numerische Tafeln für die Binomialverteilungen und die Poissonverteilungen berechnet. Im Zeitalter der Computer haben diese Tafeln eine viel geringere Bedeutung. Für die Binomialverteilung musste man Tabellen mit den drei Argumenten (n, p, r) vorsehen, in welche die Werte

$$\mathrm{P}\{X > r\} = \sum_{k-r+1}^{n} \binom{n}{k} p^k (1-p)^{n-k}$$

eingetragen wurden.

Für die Poisson-Verteilung hatten diese Tabellen die beiden Argumente (λ, c), für welche die Werte $\mathrm{P}\{Y > c\} = \sum_{k=c+1}^{\infty} e^{-\lambda} \lambda^k / k!$ verzeichnet wurden.

Man kann auch numerische Tafeln der Eulerschen Funktionen Γ (Gamma) und der B (Beta) heranziehen, wenn man die Beziehungen

$$\sum_{k=r+1}^{n} \binom{n}{k} p^k (1-p)^{n-k} = \frac{B(r+1, n-r, p)}{B(r+1, n-r)},$$

$$\sum_{k=r+1}^{\infty} e^{-\lambda} \frac{\lambda^k}{k!} = \frac{\Gamma(r+1, \lambda)}{\Gamma(r+1)}$$

benützt. Hierbei ist für $\alpha > 0$, $\beta > 0$ und $0 \le x \le 1$,

$$B(\alpha, \beta, x) = \int_0^x t^{\alpha-1}(1-t)^{\beta-1}\, dt, \quad B(\alpha, \beta, 1) = B(\alpha, \beta) = \frac{\Gamma(\alpha)\Gamma(\beta)}{\Gamma(\alpha+\beta)},$$

sowie für $x > 0$ und $z > 0$,

$$\Gamma(z, x) = \int_0^x t^{z-1} e^{-t}\, dt, \quad \Gamma(z) = \Gamma(z, +\infty) = \int_0^{+\infty} t^{z-1} e^{-t}\, dt.$$

Die genannten Beziehungen ergeben sich ganz einfach mittels partieller Integration.

ERGÄNZUNGEN UND ÜBUNGEN

1. *Die negative Binomialverteilung (Pascal-Verteilung).* — Wir betrachten eine Folge von unabhängigen Wiederholungen eines Experiments, das alternativ zwei mögliche Ausgänge A und B hat: A mit Wahrscheinlichkeit p und B mit Wahrscheinlichkeit $q = 1 - p$. Mit A_k wird das Ereignis «die k-te Ausführung liefert A» bezeichnet und dazu werden die Zufallsvariablen

$$X_k = I_{A_k} \quad (k \geq 1); \qquad S_n = X_1 + \cdots + X_n \quad (n \geq 1)$$

betrachtet. Als Ω nimmt man die Menge aller Folgen ω, deren Glieder zu $\{A, B\}$ gehören, sowie als P die (eindeutig bestimmte) Wahrscheinlichkeitsverteilung auf Ω, für die

$$P\{X_k = 1\} = p \qquad (k \geq 1)$$

gilt und bezüglich der die X_1, X_2, ... unabhängig sind.

Man interessiert sich nun für die minimale Anzahl T_r von Wiederholungen des Experiments, die man benötigt, um r-mal A $(r \geq 1)$ zu erhalten, also für

$$T_r = \inf\{n : S_n = r\}.$$

Der Träger von T_r ist offensichtlich $\{r, r + 1, \dots\}$. Gesucht ist nun die zugehörige Wahrscheinlichkeitsverteilung. Für jedes $n \geq r$ gilt $\{T_r = n\} = \{S_{n-1} = r - 1, X_n = 1\}$, und daraus erhält man wegen der Unabhängigkeit von S_{n-1} und X_n

$$P\{T_r = n\} = P\{S_{n-1} = r - 1\}P\{X_n = 1\} = \binom{n-1}{r-1} p^{r-1} q^{n-r} p.$$

Mit der Variablentransformation $n = r + k$ $(k \geq 0)$, ergibt sich

$$P\{T_r = r + k\} = \binom{r+k-1}{r-1} p^r q^k \qquad (k \geq 0).$$

Bemerkung 1. — Wegen $\binom{r+k-1}{r-1} = (r)_k/k!$ erhält man mittels der Binomialidentität die Relation

$$\sum_{k\geq 0} \mathrm{P}\{T_r = r + k\} = \sum_{k\geq 0} \frac{(r)_k}{k!} p^r q^k = p^r (1-q)^{-r} = 1,$$

und somit $\mathrm{P}\{T_r < +\infty\} = 1$. Eine andere Schreibweise ist

$$\mathrm{P}\{T_r = r + k\} = \binom{-r}{k} p^r (-q)^k.$$

Wegen dieser Darstellung der Wahrscheinlichkeiten wurde der Name *negative Binomialverteilung* für die Verteilung von T_r geprägt.

Bemerkung 2. — Der Fall $r = 1$ führt zurück auf die geometrische Verteilung $\sum_{k\geq 1} pq^{k-1}\varepsilon_k$.

Bemerkung 3. — Die oben definierte Zufallsvariable T_r $(r \geq 1)$ hat als Träger $\{r, r+1, \ldots\}$, somit hat die verschobene Zufallsvariable $X_r = T_r - r$ als Träger $\{0, 1, \ldots\}$; man kann sie lesen als die Anzahl von vergeblichen Versuchen, die man *vor* dem r-ten Auftreten von A machen muss; die Verteilung ist durch $\mathrm{P}\{X_r = k\} = \mathrm{P}\{T_r = r + k\}$ $(k \geq 0)$ gegeben. Für $r = 1$ kommt man wieder auf die geometrische Verteilung $\sum_{k\geq 0} pq^k \varepsilon_k$ zurück.

2. — Eine Werkzeugmaschine produziert am Band Werkstücke, und es sei bekannt, dass bei normalem Betrieb die Wahrscheinlichkeit, dass ein solches Objekt defekt (bzw. nicht defekt) ist, gleich p (bzw. gleich $q = 1-p$) ist. Der Zustand dieser Maschine soll verifiziert werden. Zu diesem Zweck benötigt man die Zufallsvariable T_r «minimale Anzahl von sukzessiven Proben, die man nehmen muss, um r defekte Objekte zu erhalten». Man berechne die Verteilung von T_r.

3. *Das Problem der Streichholzschachteln von Banach.* — Ein Raucher hat in der linken wie in der rechten Tasche je eine Schachtel mit N Streichhölzern. Sobald er ein Streichholz benötigt, greift er zufällig (mit Wahrscheinlichkeit $\frac{1}{2}$ für jede Möglichkeit) in eine der beiden Taschen und entnimmt ein Streichholz. Man interessiert sich nun für den *frühesten* Zeitpunkt, zu dem der Raucher *bemerkt*, dass eine der Schachteln leer ist. Zu diesem Zeitpunkt kann die andere Schachtel noch eine beliebige Anzahl von Streichhölzern enthalten. Es bezeichne u_r die Wahrscheinlichkeit, dass sie noch r Stück enthält.

a) Man berechne u_r $(r = 0, 1, \ldots, N)$.

b) Man berechne die Wahrscheinlichkeit v_r dafür, dass zu dem Zeitpunkt, wo das letzte Streichholz aus der einen Schachtel entnommen wird, aber die Schachtel noch nicht als leer *erkannt* wird, die andere Schachtel noch genau r Streichhölzer enthält.

c) Wie gross ist die Wahrscheinlichkeit v dafür, dass die zuerst geleerte Schachtel nicht diejenige ist, die zuerst als leer *erkannt* wird.

d) Man beweise für jedes $m \geq 0$ und jede reelle Zahl a die Identität

$$\sum_{k=0}^{n} \binom{a-k}{N-1} = \binom{a+1}{N} - \binom{a-n}{N}.$$

e) Mit Hilfe von c) und d) zeige man $v = \binom{2N}{N} 2^{-(2N+1)}$.

4. — Es sei $b(k; n, p) = \binom{n}{k} p^k q^{n-k}$ $(0 \leq k \leq n,\ 0 < p < 1,\ q = 1 - p)$. Man zeige, dass die Werte der Funktion $k \mapsto b(k; n, p)$ zunächst ansteigen und dann fallen, wobei das Maximum für $k = m$ angenommen wird. Hierbei ist m die eindeutig bestimmte ganze Zahl mit $(n + 1)p - 1 < m \leq (n + 1)p$. Falls $m = (n + 1)p$ ist, wird das Maximum für $k = m$ und für $k = m - 1$ angenommen.

5. — Man bestimme das Maximum der Folge $p(k, \lambda) = e^{-\lambda} \dfrac{\lambda^k}{k!}$ für $k \geq 0$ und $\lambda > 0$.

6. — Man wählt 500 Personen «zufällig» aus. Wie gross ist dann die Wahrscheinlichkeit für das Ereignis «genau drei der 500 Personen haben am 1. März Geburtstag»?

7. *Charakterisierung der Poisson-Verteilung.* — Es sei X eine Zufallsvariable mit Werten in $\mathbb{N}$, wobei für alle $n \in \mathbb{N}$ die Wahrscheinlichkeit $p_n = \mathrm{P}\{X = n\} > 0$ ist. Man zeige, dass für jedes $\lambda > 0$, die beiden folgenden Eigenschaften äquivalent sind:

a) X ist Poisson-verteilt mit Parameter λ;

b) Für jedes $n \geq 1$ gilt $\dfrac{p_n}{p_{n-1}} = \dfrac{\lambda}{n}$.

8. — Es sei X eine geometrisch verteilte Zufallsvariable, d.h. $\sum_{k \geq 1} pq^{k-1} \varepsilon_k$ mit $0 < p < 1$. Man zeige, dass $\mathbb{E}[1/X] < \infty$ ist und berechne diesen Wert. (Es ist andererseits klar, dass für eine Zufallsvariable X mit geometrischer Verteilung $\sum_{k \geq 0} pq^k \varepsilon_k$ und $(0 < p < 1)$ der Wert $\mathbb{E}[1/X] = \infty$ ist. Diese Eigenschaft haben auch exponential-verteilte Zufallsvariablen. Tatsächlich ist dieses X das diskrete Analogon einer Exponentialvariablen.)

9. *"Poissonifizierung".* — (Die vorgeschlagene Lösung erfordert die Anwendung von erzeugenden Funktionen. Diese Technik wird in Kapitel 9 behandelt.) Man betrachte eine Folge von unabhängigen Münzwürfen. Dabei soll bei jedem Wurf «Zahl» mit Wahrscheinlichkeit p auftreten. Ferner sei

$q = 1 - p$. Es bezeichne (I_k) $(k \geq 1)$ die zugehörige Folge der Indikatorvariablen für « Zahl ».

1) Es sei n eine ganze Zahl, $n \geq 1$. Man setzt $N_1 = \sum_{k=1}^{n} I_k$ und $N_2 = \sum_{k=1}^{n} (1 - I_k)$. Offenbar gilt $N_1 + N_2 = n$, N_1 und N_2 sind *nicht* unabhängig und es ist $\mathcal{L}(N_1) = B(n, p)$, $\mathcal{L}(N_2) = B(n, q)$.

2) Es sei nun N eine Zufallsvariable mit Werten in $\{0, 1, \dots\}$, *unabhängig von der Folge* (I_k) $(k \geq 1)$. Man setzt $N_1 = \sum_{k=1}^{N} I_k$ und $N_2 = \sum_{k=1}^{N} (1 - I_k)$. Dann gilt natürlich $N_1 + N_2 = N$. Zu zeigen ist:

a) falls N Poisson-verteilt ist mit Parameter $\lambda > 0$, also die Verteilung $\mathcal{P}(\lambda)$ hat, so sind die Zufallsvariablen N_1 und N_2 *unabhängig* und es gilt $\mathcal{L}(N_1) = \mathcal{P}(\lambda p)$, $\mathcal{L}(N_2) = \mathcal{P}(\lambda q)$;

b) sind N_1 und N_2 unabhängig, so ist N Poisson-verteilt.

10. (Das Inspektionsparadoxon[1]). — Man betrachte eine Folge von unabhängigen Münzwürfen (« Zahl oder Kopf »), wobei die Wahrscheinlichkeit für « Zahl » in jedem Wurf gleich p $(0 < p < 1)$ ist; weiter sei $q = 1 - p$. Dieses Experiment wird mit Hilfe eines Wahrscheinlichkeitsraumes $(\Omega, \mathfrak{A}, P)$ modelliert, wobei Ω die Menge der Folgen $\omega = (\varepsilon_1, \varepsilon_2, \dots)$ mit $\varepsilon_i \in \{0, 1\}$ ist; $\mathfrak{A}$ ist die von den Teilmengen

$$A_{i_1,\dots,i_n}(a_1, \dots, a_n) = \{\omega : \varepsilon_{i_1}(\omega) = a_1, \dots, \varepsilon_{i_n}(\omega) = a_n\}$$

mit $a_1, \dots a_n \in \{0, 1\}, 1 \leq i_1 < \cdots < i_n, n \geq 1$, erzeugte σ-Algebra und P ist diejenige Wahrscheinlichkeitsverteilung auf $(\Omega, \mathfrak{A})$, für die

$$P\big(A_{i_1,\dots,i_n}(a_1, \dots, a_n)\big) = p^{a_1 + \cdots + a_n} \, q^{n - (a_1 + \cdots + a_n)}$$

gilt. Für den Moment akzeptieren wir einfach die Tatsache, dass ein solcher Wahrscheinlichkeitsraum tatsächlich existiert. Man kann dieses Experiment als eine Art Zählprozess interpretieren, bei dem das Erscheinen von « Zahl » das Eintreten eines « Ereignisses » beschreibt (Panne einer Maschine, Vorbeifahrt eines Autobusses,...). In diesem Sinn kann man auch die nachfolgend eingeführten Begriffe interpretieren.

Folgende Begriffe spielen eine Rolle:

$N_n = \sum_{k=1}^{n} \varepsilon_k$: die Anzahl des Auftretens von « Zahl » bis zum Zeitpunkt n $(n = 1, 2, \dots)$. (Man setzt $N_0 = 0$.)

---

[1] Wir verdanken Anatole Joffe die Idee, dieses im Rahmen der Poisson-Prozesse bekannte Paradoxon auf die diskrete Situation umzuschreiben.

T_i $(i \geq 1)$: der Zeitpunkt des Erscheinens der i-ten « Zahl ». (Man setzt $T_0 = 0$.)

Man beachte

$$\{T_1 = n\} = \{\varepsilon_1 = \cdots = \varepsilon_{n-1} = 0 \, ; \, \varepsilon_n = 1\}$$
$$= \{N_1 = \cdots = N_{n-1} = 0 \, ; \, N_n = 1\};$$
$$\{T_i = n\} = \{N_{n-1} = i - 1 \, ; \, N_n = i\} \quad (i \geq 2).$$

1) Man bestimme die Verteilung von T_1.

2) Man setze $\tau_1 = T_1$, $\tau_2 = T_2 - T_1$, $\ldots$, $\tau_n = T_n - T_{n-1}$ und zeige, dass die Zufallsvariablen $\tau_1, \ldots, \tau_n$ unabhängig sind und die gleiche Verteilung wie T_1 haben.

3) Man zeige, dass die gemeinsame Verteilung von $(T_1, \ldots, T_n)$ durch

$$P\{T_1 = t_1, \ldots, T_n = t_n\} = \begin{cases} \left(\dfrac{p}{q}\right)^n q^{t_n}, & \text{falls } 0 < t_1 < \cdots < t_n; \\ 0, & \text{sonst,} \end{cases}$$

gegeben ist.

4) Unter der Annahme, dass bis zum Zeitpunkt m die « Zahl » n-mal aufgetreten ist, berechne man die bedingte Verteilung der Positionen der n Zeitpunkte des Auftretens von « Zahl ». Genauer: man setze

$$A = \{N_m = n\} \quad (0 \leq n \leq m) \, ;$$
$$B = \{T_1 = t_1, \ldots, T_n = t_n\} \quad (1 \leq t_1 < \cdots < t_n \leq m)$$

und berechne $P(B \mid A)$. Zu beachten ist, dass das Ergebnis nicht von p abhängt und sich als Zufallsauswahl von n Punkten unter m Punkten interpretieren lässt.

5) Man betrachte den Zeitpunkt $n \geq 1$. Dann ist

T_{N_n} der Zeitpunkt des *letzten* (vorhergehenden) Auftretens von « Zahl » (wobei $T_0 = 0$);

T_{N_n+1} der Zeitpunkt des *nächsten* Autretens von « Zahl »;

$\tau_{N_n+1} = T_{N_n+1} - T_{N_n}$ die Dauer desjenigen Intervalles zwischen zwei Auftreten von « Zahl », das den Zeitpunkt n enthält.

Sei nun $U_n = n - T_{N_n}$, $V_n = T_{N_n+1} - n$. Man beachte, dass die möglichen Werte von U_n die Zahlen $0, 1, \ldots, n$ sind, wogegen V_n die Werte $1, 2, \ldots$ annehmen kann.

a) Man zeige, dass U_n und V_n unabhängige Zufallsvariable sind und man berechne deren Verteilung.

b) Man berechne $\lim_{n \to \infty} P\{U_n = i\}$ $(i = 0, 1, \ldots)$.

Bemerkung. — Da $\tau_{N_n+1} = U_n + V_n$ ist, sowie $\mathcal{L}(V_n) = \mathcal{L}(\tau_1)$, folgt aus 5) a), dass die Länge τ_{N_n+1} des Intervalls zwischen zwei Auftreten von

«Zahl», welches den Zeitpunkt n enthält, in der Regel grösser als τ_1 sein wird; dies bezeichnet man als das «Inspektionsparadoxon»: ein Inspektor, der zum Zeitpunkt n eintrifft und die Absicht hat, den Abstand zwischen zwei aufeinanderfolgenden Auftreten von «Zahl» zu bestimmen, wird im allgemeinen einen zu grossen Wert feststellen. Für grosse Werte von n hat diese Distanz die Verteilung von $\tau_1 + \tau_1' - 1$, wobei τ_1, τ_1' zwei unabhängige Zufallsvariable mit der gleichen Verteilung wie τ_1 sind.

11. — Aufgabe 3 mit dem *Problem der Streichholzschachteln von Banach* liefert einen wahrscheinlichkeitstheoretischen Beweis der Identität $\sum_{r=0}^{N} \binom{2N-r}{N}(1/2)^{2N-r} = 1$. Diese kann man auch mit Hilfe der *Identität von Gauss* (*cf.* Bailey,[2] p. 11) beweisen, die eine Auswertung der hypergeometrischen Funktion für $x = \frac{1}{2}$ ergibt:

$$
{}_2F_1\left(\begin{matrix} a, b \\ \tfrac{1}{2}(a + b + 1) \end{matrix}; \frac{1}{2}\right) = \frac{\Gamma\left(\tfrac{1}{2}\right)\Gamma\left(\tfrac{1}{2} + \tfrac{1}{2}a + \tfrac{1}{2}b\right)}{\Gamma\left(\tfrac{1}{2} + \tfrac{1}{2}a\right)\Gamma\left(\tfrac{1}{2} + \tfrac{1}{2}b\right)}.
$$

---

[2] Bailey (W.N.). — *Generalized Hypergeometric Series.* — Cambridge, Cambridge University Press, 1935.

KAPITEL 8

ERWARTUNGSWERT, CHARAKTERISTISCHE WERTE

In diesem Kapitel werden wir den Begriff des Erwartungswertes für *diskrete* reelle Zufallsvariable einführen. Ein eigenes Kapitel hierfür wäre kaum gerechtfertigt, wenn man zunächst die Integrationstheorie für beliebige Zufallsvariable behandeln würde, die auf einem abstrakten Wahrscheinlichkeitsraum $(\Omega, \mathfrak{A}, P)$ definiert sind. Im Gegensatz dazu kann man zum Studium des Erwartungswertes von reellen, diskreten Zufallsvariablen direkt von dem wahrscheinlichkeitstheoretischen (Bild-)Raum $(\mathbb{R}, \mathcal{B}^1, P_X)$ ausgehen. Der Zusammenhang zwischen diesen beiden Ansätzen wird durch den sogenannten Transportsatz zum Ausdruck gebracht. Eine diskrete Version dieser Aussage wird in diesem Kapitel formuliert.

1. Transformation von Zufallsvariablen

SATZ 1.1. — *Es sei X eine n-dimensionale diskrete Zufallsvariable mit der Verteilung*

$$P_X = \sum_k \alpha_k \varepsilon_{x_k}$$

und g eine auf $(\mathbb{R}^n, \mathcal{B}^n)$ definierte messbare Funktion mit Werten in $\mathbb{R}^p$. Dann ist die Komposition $g \circ X$ eine p-dimensionale diskrete Zufallsvariable mit der Verteilung

$$P_{g \circ X} = \sum_k \alpha_k \varepsilon_{g(x_k)}.$$

In der Schreibweise der Komposition $(\Omega, \mathfrak{A}, P) \xrightarrow{X} (\mathbb{R}^n, \mathcal{B}^n, P_X) \xrightarrow{g} (\mathbb{R}^p, \mathcal{B}^p)$ gilt dann für jedes $z \in \mathbb{R}^p$

$$(1.1) \qquad P_{g \circ X}\{z\} = P_X\{g = z\} = P\{g \circ X = z\}.$$

Beweis. — Offensichtlich nimmt die Zufallsvariable $g \circ X$ Werte in $\mathbb{R}^p$ an. Andererseits gilt $g(X(\omega)) = z$ genau dann, wenn $X(\omega) \in g^{-1}(z)$ ist. Folglich hat man $P_{g \circ X}\{z\} = P\{g \circ X = z\} = P\{X \in g^{-1}(z)\} = P_X(g^{-1}(z)) = P_X\{g = z\} = P_X\{x : g(x) = z\} = \sum_k\{\alpha_k : g(x_k) = z\}.$ $\square$

KOROLLAR 1.2. —   *Ist $T = (X, Y)$ eine zweidimensionale diskrete Zufallsvariable mit der Verteilung*

$$P_T = \sum_{i,j} p(x_i, y_j)\varepsilon_{(x_i, y_j)},$$

wobei $\{(x_i, y_j) : (i,j) \in I \times J\}$ eine endliche oder abzählbare Folge von Elementen aus $\mathbb{R}^2$ ist, so sind X und Y diskrete Zufallsvariable mit den Verteilungen

$$P_X = \sum_{i \in I}\Big(\sum_{j \in J} p(x_i, y_j)\Big)\varepsilon_{x_i} \quad und \quad P_Y = \sum_{j \in J}\Big(\sum_{i \in I} p(x_i, y_j)\Big)\varepsilon_{y_j}.$$

Die Verteilungen P_X und P_Y heissen Randverteilungen (in X, Y) zu der (gemeinsamen) Verteilung P_T.

Beweis. —   Es genügt die Feststellung, dass die beiden Projektionen $\pi_1 : (x,y) \mapsto x$ und $\pi_2 : (x,y) \mapsto y$ messbare Abbildungen von $\mathbb{R}^2$ in $\mathbb{R}$ sind und dass sowohl $X = \pi_1 \circ T$ als auch $Y = \pi_2 \circ T$ gilt.   □

KOROLLAR 1.3. —   *Mit den gleichen Bezeichnungen wie eben ist die Verteilung von $X + Y$ durch*

$$P_{X+Y} = \sum_{i,j} p(x_i, y_j)\varepsilon_{(x_i + y_j)}$$

gegeben.

Beweis. —   Es gilt $X + Y = g \circ T$ mit $g(x,y) = x + y$.   □

Korollar 1.2 besagt, dass die Verteilung von T die Verteilungen von X und Y vollständig bestimmt. Die Umkehrung dieser Aussage gilt nicht: sind nämlich X und Y reelle Zufallsvariable, die auf demselben Wahrscheinlichkeitsraum $(\Omega, \mathfrak{A}, P)$ definiert sind, und welche die Verteilungen

$$(1.2) \qquad P_X = \sum_{i \in I} P\{X = x_i\}\varepsilon_{x_i} \quad und \quad P_Y = \sum_{j \in J} P\{Y = y_j\}\varepsilon_{y_j}$$

haben, so ist es im allgemeinen nicht möglich, aus dieser Information alleine die Verteilung von $T = (X, Y)$ zu rekonstruieren, denn dazu müsste man die Daten $p(x_i, y_j) = P\{X = x_i, Y = y_j\}$ für alle $(i,j) \in I \times J$ kennen.

2. Unabhängigkeit. — Es seien nun X und Y reellwertige Zufallsvariable, die auf demselben Wahrscheinlichkeitsraum $(\Omega, \mathfrak{A}, P)$ definiert sind und deren Verteilungen P_X und P_Y durch die Formeln (1.2) gegeben sind. Dann kann man die Verteilung des Paares (X, Y) bestimmen, wie es im Korollar zum folgenden Satz beschrieben wird.

SATZ 2.1. — *Die reellen Zufallsvariablen X und Y sind genau dann unabhängig, wenn*

$$(2.1) \qquad P\{X = x_i, Y = y_i\} = P\{X = x_i\} P\{Y = y_j\}$$

für alle $i \in I$ und $j \in J$ gilt.

Beweis. — Tatsächlich sind X und Y genau dann unabhängig, wenn $P\{X \in A, Y \in B\} = P\{X \in A\}P\{Y \in B\}$ für jedes Paar A, B von Borel-Mengen gilt. Speziell für $A = \{x_i\}$ und $B = \{y_j\}$ reduziert sich das auf (2.1).

Ist umgekehrt (2.1) für alle $i \in I$ und $j \in J$ erfüllt, und sind A, B zwei Borel-Mengen, so gilt

$$\begin{aligned}
P\{X \in A, Y \in B\} &= \sum \{P\{X = x_i, Y = y_j\} : x_i \in A,\, y_j \in B\} \\
&= \sum \{P\{X = x_i\}P\{Y = y_j\} : x_i \in A,\, y_j \in B\} \\
&= \sum \{P\{X = x_i\} : x_i \in A\} \sum \{P\{Y = y_j\} : y_j \in B\} \\
&= P\{X \in A\} P\{Y \in B\}.
\end{aligned}$$

Dies bedeutet aber gerade die Unabhängigkeit von X und Y. ☐

KOROLLAR 2.2. — *Sind X und Y unabhängige Zufallsvariable, so ist die Verteilung von $T = (X, Y)$ vollständig durch die Verteilungen von X und Y bestimmt.*

Das Korollar folgt unmittelbar aus Gleichung (2.1).

3. Faltung von diskreten Verteilungen

Definition. — Es seien $P = \sum_{i \in I} \alpha_i \varepsilon_{x_i}$ und $Q = \sum_{j \in J} \beta_j \varepsilon_{y_j}$ zwei diskrete Wahrscheinlichkeitsverteilungen. Als *Faltungsprodukt* von P mit Q, notiert als $P * Q$, bezeichnet man die durch

$$(3.1) \qquad P * Q = \sum_{(i,j) \in I \times J} \alpha_i \beta_j\, \varepsilon_{(x_i + y_j)}$$

definierte Wahrscheinlichkeitsverteilung.

Dass $P * Q$ tatsächlich eine Wahrscheinlichkeitsverteilung ist, folgt aus elementaren Eigenschaften absolut konvergenter Reihen. Weiter ergibt sich daraus auch sofort, dass das Faltungsprodukt *kommutativ* und *assoziativ* ist.

Die Binomialverteilungen und die Poissonverteilungen sind verträglich mit dem Faltungsprodukt. Dies besagt der folgende Satz.

SATZ 3.1. — *Bezeichnet $B(n,p)$ die Binomialverteilung mit Parametern (n,p) $(0 \leq p \leq 1,\ n \geq 0)$, sowie π_λ die Poisson-Verteilung mit Parameter λ $(\lambda > 0)$, so gilt*

$$B(n,p) * B(m,p) = B(n+m,p) \qquad (n,\, m \in \mathbb{N})\,;$$

$$\pi_\lambda * \pi_\nu = \pi_{\lambda+\nu} \qquad (\lambda > 0,\, \nu > 0).$$

Beweis. — Man hat

$$B(n,p) * B(m,p) = \sum_{i=0}^{n}\sum_{j=0}^{m} p^{i+j} q^{n+m-i-j}\, \varepsilon_{i+j} = \sum_{k=0}^{n+m} \gamma_k p^k q^{n+m-k}\, \varepsilon_k,$$

wobei für $k = 0, 1, \ldots, n+m$ der Koeffizient γ_k durch

$$\gamma_k = \sum_{i=0}^{k} \binom{n}{i}\binom{m}{k-i}$$

gegeben ist. Diese Summe ist aber wegen der Binomialformel gleich $\binom{n+m}{k}$; dies beweist die erste Behauptung.

Um die zweite Behauptung zu verifizieren, schreibt man

$$\pi_\lambda * \pi_\nu = \sum_{i=0}^{\infty}\sum_{j=0}^{\infty} e^{-(\lambda+\mu)} \frac{\lambda^i}{i!}\frac{\mu^j}{j!}\, \varepsilon_{i+j} = e^{-(\lambda+\mu)} \sum_{k=0}^{\infty} \gamma_k \varepsilon_k,$$

wobei man für $k = 0, 1, \ldots$

$$\gamma_k = \sum_{i=0}^{k} \frac{\lambda^i}{i!}\frac{\mu^{k-i}}{(k-i)!}$$

gesetzt hat. Diese Summe ist aber nichts anderes als $(\lambda+\mu)^k/k!$ ▯

SATZ 3.2. — *Sind X und Y auf demselben Wahrscheinlichkeitsraum definierte unabhängige, reelle, diskrete Zufallsvariable mit den Verteilungen P_X und P_Y, so ist die Verteilung der Zufallsvariablen $X+Y$ das Faltungsprodukt von P_X mit P_Y, also*

$$P_{X+Y} = P_X * P_Y.$$

Diese Aussage ist eine unmittelbare Folgerung aus Korollar 1.3 und Satz 2.1.

4. Erwartungswert. — Genau so, wie man in der Mechanik den Begriff des *Schwerpunktes* von Massepunkten einführt, spricht man in der Wahrscheinlichkeitsrechnung von dem Mittelwert oder dem *Erwartungswert* einer reellen Zufallsvariablen X. Jeder von X angenommene Wert wird mit einer Masse belegt, die gleich der Wahrscheinlichkeit ist, dass X diesen Wert annimmt. Der Erwartungswert von X, notiert mit $\mathbb{E}[X]$, ist dann der Schwerpunkt dieses Systems von Massepunkten. Diese Beschreibung ist ausreichend, um den Fall diskreter Zufallsvariablen zu behandeln.

Definition. — Der *Erwartungswert* einer reellen, diskreten Zufallsvariablen X mit Verteilung $P_X = \sum_i \alpha_i \varepsilon_{x_i}$ wird durch

$$\mathbb{E}[X] = \sum_i \alpha_i x_i$$

definiert, wobei vorausgesetzt wird, dass die Reihe auf der rechten Seite *absolut konvergiert*. In diesem Fall sagt man, dass X einen *endlichen* Erwartungswert hat. Falls die Reihe $\sum_i \alpha_i |x_i|$ divergiert, so sagt man, dass X keinen endlichen Erwartungswert hat.

Es sei $\sum_j \beta_j \varepsilon_{y_j}$ ein Ausdruck für die Wahrscheinlichkeitsverteilung P_X, wobei alle y_j als *verschieden* angenommen werden. Für jedes j ist also die Zahl β_j die Summe aller α_i mit $x_i = y_j$. Falls die Reihe $\sum \alpha_i x_i$ absolut konvergiert, ist auch die Reihe $\sum_j y_j \beta_j$ selbst absolut konvergent und ihr Wert hängt nicht von der Nummerierung der Paare (β_j, y_j) ab. Ausserdem gilt

$$\sum_i x_i \alpha_i = \sum_j y_j \sum_{i\,;\,x_i=y_j} \alpha_i = \sum_j y_j \beta_j$$

aus Gründen der verallgemeinerten Assoziativität. Folglich hängt der Erwartungswert von X weder von dem konkreten Ausdruck für P_X, noch von der Nummerierung der Paare (α_i, x_i) in der Summation $\sum_i x_i \alpha_i$ ab. Diese Eigenschaft der *vollständigen Kommutativität* rechtfertigt die Interpretation des Erwartungswertes als *Schwerpunkt*.

Der Transportsatz, den wir nun formulieren werden, zeigt die Flexibilität des Begriffes des Erwartungswertes. Dazu betrachten wir einen Wahrscheinlichkeitsraum $(\Omega, \mathfrak{A}, P)$, wobei Ω höchstens abzählbar sei, sowie eine auf diesem Raum definierte reelle Zufallsvariable X. Das Bild von Ω unter X ist selbst *höchstens abzählbar*, etwa $X(\Omega) = \{x_n : n \in \mathbb{N}\}$. Ausserdem bezeichne P_X die Verteilung von X.

THEOREM 4.1 (Transportsatz). — *Es gilt*

$$\sum_{\omega \in \Omega} X(\omega) P(\{\omega\}) = \sum_n x_n P_X(\{x_n\})$$

unter der Voraussetzung, dass eine der beiden in dieser Identität vorkommenden Reihen absolut konvergiert (die andere tut dies dann auch). Falls dies zutrifft, nennt man den gemeinsamen Wert auf beiden Seiten den Erwartungswert von X.

Beweis. — Es sei $A_n = X^{-1}(\{x_n\})$; die Familie $\{A_n\}$ bildet dann eine Partition von Ω und es gilt (zumindest formal)

$$\sum_{\omega \in \Omega} X(\omega)\mathrm{P}(\{\omega\}) = \sum_n \sum_{\omega \in A_n} X(\omega)\mathrm{P}(\{\omega\}).$$

Weil $X(\omega) = x_n$ für jedes $\omega \in A_n$ gilt, ist

$$\sum_{\omega \in \Omega} X(\omega)\mathrm{P}(\{\omega\}) = \sum_n x_n \sum_{\omega \in A_n} \mathrm{P}(\{\omega\})$$

$$= \sum_n x_n \mathrm{P}(A_n) = \sum_n x_n \mathrm{P}_X(\{x_n\}).$$

Diese formalen Rechnungen sind (im analytischen Sinne) gültig, sobald mindestens eine der beteiligten Reihen absolut konvergiert. $\square$

Bevor wir nun die grundlegenden Eigenschaften des Erwartungswertes behandeln, wollen wir den Begriff einführen, dass eine *Eigenschaft fast sicher gilt.*

Definition. — Es sei $(\Omega, \mathfrak{A}, \mathrm{P})$ ein Wahrscheinlichkeitsraum und $\mathcal{P}$ eine Eigenschaft, die auf jedes $\omega \in \Omega$ zutreffen kann oder nicht. Man sagt, dass $\mathcal{P}$ *fast sicher* (f.s.) gilt, wenn es ein $A \in \mathfrak{A}$ mit $\mathrm{P}(A) = 0$ gibt derart, dass $\mathcal{P}$ für alle $\omega \in A^c$ zutrifft.

In dieser Definition wird nicht unterstellt, dass die Menge A' derjenigen $\omega \in \Omega$, auf die die Eigenschaft $\mathcal{P}$ *nicht* zutrifft, die Wahrscheinlichkeit Null hat, denn A' muss nicht notwendig zu $\mathfrak{A}$ gehören. Tatsächlich gilt $A' \subset A$, $A \in \mathfrak{A}$, $\mathrm{P}(A) = 0$ und $\mathcal{P}$ ist wahr in A^c (aber $\mathcal{P}$ ist auch wahr in $A \setminus A'$).

THEOREM 4.2. — *Es seien X und Y zwei auf einem Wahrscheinlichkeitsraum $(\Omega, \mathfrak{A}, \mathrm{P})$ definierte diskrete Zufallsvariable. Dann gilt*
(D1) $\mathbb{E}[X]$ *ist endlich genau dann, wenn* $\mathbb{E}[\,|X|\,]$ *endlich ist;*
(D2) *ist* $|X| \le Y$ *und* $\mathbb{E}[Y]$ *endlich, so ist auch* $\mathbb{E}[X]$ *endlich;*
(D3) $-\infty < a \le X \le b < +\infty \implies a \le \mathbb{E}[X] \le b$*;*
(D4) $X = a$ *f.s.* $\implies \mathbb{E}[X] = a$*;*
(D5) $\mathbb{E}[X]$ *endlich* $\implies |\mathbb{E}[X]| \le \mathbb{E}[\,|X|\,]$*.*

Beweis. — Die Eigenschaft (D1) ist eine unmittelbare Folge aus der Definition des Erwartungswertes.

Um (D2) zu zeigen, greifen wir auf die Bezeichnungen von Korollar 1.2 zurück. In der Komposition $\Omega \overset{T}{\to} T(\Omega) \overset{\pi_2}{\to} Y(\Omega)$ ist die Menge $T(\Omega)$

höchstens abzählbar. Andererseits gilt für jedes y_j, gemäss Formel (1.1), $P_Y\{y_j\} = P_{\pi_2 \circ T}\{y_j\} = P_T\{\pi_2 = y_j\}$. Setzen wir $Q = P_T$, so ist Q ein Wahrscheinlichkeitsmass auf der Menge $T(\Omega)$, das von den Paaren (x_i, y_j) getragen wird. Bezeichnet nun Q_{π_2} die Verteilung der Zufallsvariablen π_2, die auf dem Wahrscheinlichkeitsraum $(T(\Omega), \mathfrak{P}(T(\Omega)), Q)$ definiert ist, so erhält man $P_Y\{y_j\} = Q\{\pi_2 = y_j\} = Q_{\pi_2}\{y_j\}$. Die Anwendung des Transportsatzes auf diesen Raum und die Zufallsvariable π_2 liefert dann

$$\mathbb{E}[Y] = \sum_j y_j P_Y\{y_j\} = \sum_j y_j Q_{\pi_2}\{y_j\}$$

$$= \sum_{(x_i, y_j) \in T(\Omega)} \pi_2(x_i, y_j) Q\{(x_i, y_j)\}$$

$$= \sum_{(x_i, y_j) \in T(\Omega)} y_j Q\{(x_i, y_j)\}.$$

Nun hat $|X| \leq Y$ aber $(x_i, y_j) \in T(\Omega) \Rightarrow |x_i| \leq y_j$ zur Folge, also gilt

$$\mathbb{E}[Y] \geq \sum_{(x_i, y_j) \in T(\Omega)} |x_i| Q\{(x_i, y_j)\}$$

$$\geq \left| \sum_{(x_i, y_j) \in T(\Omega)} x_i Q\{(x_i, y_j)\} \right|$$

$$\geq |\mathbb{E}[X]|,$$

wobei man dieses Mal den Transportsatz auf die Zufallsvariable $X = \pi_1 \circ T$ anwendet.

Um die Eigenschaft (D3) zu beweisen, schreibt man

$$P\{X = x_k\}a \leq P\{X = x_k\}x_k \leq P\{X = x_k\}b,$$

woraus sich

$$a = \sum_k P\{X = x_k\}a \leq \sum_k P\{X = x_k\}x_k \leq \sum_k P\{X = x_k\}b = b$$

ergibt.

Für den Nachweis von (D4) genügt es, sich klarzumachen, dass aus $X = a$ fast sicher folgt, dass X die Verteilung ε_a hat und somit $\mathbb{E}[X] = a$ gilt.

Eigenschaft (D5) folgt schliesslich ganz einfach aus

$$|\mathbb{E}[X]| = \left| \sum_k P\{X = x_k\}x_k \right| \leq \sum_k P\{X = x_k\}|x_k| = \mathbb{E}[|X|]. \qquad \square$$

Die wichtigsten Eigenschaften des Erwartungswertes sind im folgenden Theorem zusammengestellt.

THEOREM 4.3. — *Es seien X und Y zwei auf dem Wahrscheinlichkeitsraum $(\Omega, \mathfrak{A}, \mathrm{P})$ definierte diskrete Zufallsvariable. Falls $\mathbb{E}[\,|X|\,] < \infty$ und $\mathbb{E}[\,|Y|\,] < \infty$ gelten, so hat man die folgenden Eigenschaften:*

A. *Linearität*
(A1) $\mathbb{E}[X + Y] = \mathbb{E}[X] + \mathbb{E}[Y]$;
(A2) $\mathbb{E}[\lambda X] = \lambda\,\mathbb{E}[X]$ $(\lambda \in \mathbb{R})$.

B. *Monotonie*
(B1) $X \geq 0 \Longrightarrow \mathbb{E}[X] \geq 0$;
(B2) $X \geq Y \Longrightarrow \mathbb{E}[X] \geq \mathbb{E}[Y]$;
(B3) $X = Y$ f.s. $\Longrightarrow \mathbb{E}[X] = \mathbb{E}[Y]$.

C. *Unabhängigkeit.* — *Sind X und Y unabhängig, so ist $\mathbb{E}[XY]$ endlich und es gilt $\mathbb{E}[XY] = \mathbb{E}[X]\,\mathbb{E}[Y]$.*

Beweis. — Mit $\sum_i \mathrm{P}\{X = x_i\}\,\varepsilon_{x_i}$ und $\sum_j \mathrm{P}\{Y = y_j\}\,\varepsilon_{y_j}$ sollen die jeweiligen Verteilungen von X und von Y bezeichnet werden.

Um (A1) zu beweisen, wird auf die gemeinsame Verteilung von X und Y Bezug genommen. Es gilt

$$\sum_j \mathrm{P}\{X = x_i,\, Y = y_j\}\,|x_i| = \mathrm{P}\{X = x_i\}\,|x_i|$$

und daher

$$\sum_i \Big(\sum_j \mathrm{P}\{X = x_i,\, Y = y_j\}\Big)\,|x_i| = \sum_i \mathrm{P}\{X = x_i\}\,|x_i| = \mathbb{E}[\,|X|\,] < +\infty.$$

Analog zeigt man

$$\sum_j \Big(\sum_i \mathrm{P}\{X = x_i,\, Y = y_j\}\Big)\,|y_j| = \mathbb{E}[\,|Y|\,] < +\infty.$$

Damit erweist sich die Doppelreihe $\sum_{i,j} \mathrm{P}\{X = x_i,\, Y = y_j\}(x_i + y_j)$ als absolut konvergent, und man kann schliessen, dass

$$\sum_{i,j} \mathrm{P}\{X = x_i,\, Y = y_j\}(x_i + y_j)$$
$$= \sum_i \Big(\sum_j \mathrm{P}\{X = x_i,\, Y = y_j\}\Big)x_i + \sum_j \Big(\sum_i \mathrm{P}\{X = x_i,\, Y = y_j\}\Big)y_j$$

gilt; das besagt aber gerade

$$\mathbb{E}[X + Y] = \mathbb{E}[X] + \mathbb{E}[Y].$$

Die Eigenschaft (A2) ist einfach nachzuvollziehen. Für (B1) beachte man, dass im Falle $X \geq 0$ jedes der x_i nicht negativ und daher auch $\mathbb{E}[X] = \sum_i \mathrm{P}\{X = x_i\}x_i \geq 0$ ist. Sei nun $\sum_k \mathrm{P}\{Z = z_k\}\,\varepsilon_{z_k}$ die Verteilung von $Z = X - Y$. Wenn $Z \geq 0$ ist, so gilt $\mathbb{E}[Z] = \mathbb{E}[X] - \mathbb{E}[Y] \geq 0$, daher gilt (B2). Für (B3) schliesslich beachte man, dass aus $Z = 0$ f.s.

$P\{Z = 0\} = 1$ folgt. Somit ist $P\{Z = z\} = 0$ für alle $z \neq 0$ und daher $\mathbb{E}[Z] = \sum_k P\{Z = z_k\} z_k = 0$.

Um (C) zu zeigen, setzt man $XY = g \circ T$ mit $T = (X, Y)$ und $g(x, y) = xy$. Ausgangspunkt ist die Verteilung des Paares T. Nach Satz 1.1 kann man die Verteilung des Produktes XY mit Hilfe der Verteilung von T in der Form

$$P_{XY} = \sum_{i,j} P\{X = x_i,\, Y = y_j\} \varepsilon_{x_i y_j} = \sum_{i,j} P\{X = x_i\} P\{Y = y_j\} \varepsilon_{x_i y_j}$$

schreiben, weil X und Y unabhängig sind. Folglich ist

$$\mathbb{E}[XY] = \sum_{i,j} P\{X = x_i\} P\{Y = y_j\} x_i y_j$$

$$= \left(\sum_i P\{X = x_i\} x_i \right) \left(\sum_j P\{Y = y_j\} y_j \right) = \mathbb{E}[X]\,\mathbb{E}[Y]. \quad \square$$

5. Momente. — Der Erwartungswert einer Zufallsvariablen X hängt nur von der Verteilung von X ab und gibt den *mittleren* Wert an, um den sich die Werte der Variablen X verteilen. Man führt nun noch andere charakteristische Werte der Verteilung von X ein, in denen die *Streuung* dieser Verteilung zum Ausdruck kommt, so beispielsweise die *Momente*. Wir beginnen mit einem Lemma, das es erlaubt, Momente verschiedener Ordnung miteinander zu vergleichen.

LEMMA 5.1. — *Es seien r und s zwei reelle Zahlen mit $0 < s < r$ und X eine reelle Zufallsvariable. Wenn $\mathbb{E}[\,|X|^r\,]$ endlich ist, so ist auch $\mathbb{E}[\,|X|^s\,]$ endlich.*

Beweis. — In der Tat, für jedes $a > 0$ gilt die Ungleichung $a^s \leq 1 + a^r$, denn für $a \geq 1$ kann man $a^r = a^s a^{r-s} \geq a^s$ schreiben und für $a < 1$ gilt natürlich $a^s < 1$.

Wenden wir diese Ungleichung auf $|X(\omega)|$ an. Es ergibt sich $|X(\omega)|^s \leq 1 + |X(\omega)|^r$ für alle $\omega \in \Omega$. Aber $\mathbb{E}[1 + |X|^r] = 1 + \mathbb{E}[\,|X|^r\,]$ existiert und ist nach Voraussetzung endlich. Aus der obigen Eigenschaft (D2) folgt also, dass auch $\mathbb{E}[\,|X|^s\,]$ endlich ist. $\quad \square$

Definition. — Es sei X eine reelle, diskrete Zufallsvariable mit der Verteilung $P_X = \sum_{i \in I} \alpha_i \, \varepsilon_{x_i}$. Es seien a und r reelle Zahlen. Falls $\mathbb{E}[\,|X - a|^r\,]$ endlich ist, so definiert man das *in a zentrierte Moment r-ter Ordnung von X* durch

$$_a m_r = \mathbb{E}[(X - a)^r] = \sum_{i \in I} \alpha_i (x_i - a)^r.$$

Das *Moment r-ter Ordnung* (zentriert in 0) wird durch

$$m_r = \mathbb{E}[X^r]$$

definiert. Falls $\mathbb{E}[X]$ und $\mathbb{E}[\,|X - \mathbb{E}[X]|^r\,]$ endlich sind, wird entsprechend das (*im Mittel*) *zentrierte Moment r-ter Ordnung* durch

$$\mu_r = \mathbb{E}[(X - \mathbb{E}[X])^r\,]$$

definiert. Für $r = 1$ hat man $m_1 = \mathbb{E}[X]$ und $\mu_1 = 0$. Für $r = 2$ wird das *zentrierte Moment zweiter Ordnung* μ_2 auch als *Varianz* von X bezeichnet und

$$\mathrm{Var}\,X = \mathbb{E}[(X - \mathbb{E}[X])^2]$$

geschrieben. Die Quadratwurzel von $\mathrm{Var}\,X$ wird mit $\sigma(X)$ bezeichnet und *Standardabweichung* von X genannt. Die Zufallsvariablen $(X - \mathbb{E}[X])$ bzw. $(X - \mathbb{E}[X])/\sigma(X)$ heissen *Zentrierte* bzw. *reduzierte Zentrierte* von X (wobei man im letzten Fall $\sigma(X) > 0$ annimmt).

Aus dem obigen Lemma folgt insbesondere, dass jede Zufallsvariable, die ein endliches Moment zweiter Ordnung hat, auch einen endlichen Erwartungswert hat.

SATZ 5.2. — *Eine reelle Zufallsvariable X hat ein endliches Moment zweiter Ordnung $\mathbb{E}[X^2]$ genau dann, wenn ihr Erwartungswert $\mathbb{E}[X]$ und ihre Varianz $\mathrm{Var}\,X$ existieren und endlich sind. Es gilt dann*

$$(5.1) \qquad\qquad \mathrm{Var}\,X = \mathbb{E}[X^2] - (\mathbb{E}[X])^2.$$

Beweis. — Wenn X ein endliches Moment zweiter Ordnung hat, so ist auch der Erwartungswert von X endlich und es ist

$$(X - \mathbb{E}[X])^2 = X^2 - 2X\,\mathbb{E}[X] + (\mathbb{E}[X])^2.$$

Der Erwartungswert dieser Grösse ist nichts anderes als $\mathrm{Var}\,X$ und wegen der Linearitätseigenschaften (A1) und (A2) ist er durch $\mathbb{E}[X^2] - (\mathbb{E}[X])^2$ gegeben.

Umgekehrt nimmt man an, dass $\mathbb{E}[\,|X|\,]$ und $\mathrm{Var}\,X$ endlich sind. Schreibt man dann

$$X^2 = (X - \mathbb{E}[X] + \mathbb{E}[X])^2 = (X - \mathbb{E}[X])^2 + (\mathbb{E}[X])^2 + 2\,\mathbb{E}[X]\,(X - \mathbb{E}[X]),$$

so sieht man, dass alle Glieder auf der rechten Seite einen endlichen Erwartungswert haben. Aus den Linearitätseigenschaften des Erwartungswertes folgt wiederum, dass $\mathbb{E}[X^2]$ endlich ist. Da zusätzlich

$$\mathbb{E}[\,\mathbb{E}[X]\,(X - \mathbb{E}[X])] = \mathbb{E}[X]\,\mathbb{E}[X - \mathbb{E}[X]] = 0$$

gilt, erhält man noch einmal die Formel (5.1). $\square$

SATZ 5.3. — *Es sei X eine Zufallsvariable mit $\mathbb{E}[X^2] < \infty$. Dann gilt für jede reelle Zahl a die Ungleichung*

$$\mathbb{E}[(X-a)^2] \geq \mathbb{E}\big[(X-\mathbb{E}[X])^2\big] = \sigma^2.$$

Man sieht also, dass das Moment zweiter Ordnung relativ zum Erwartungswert minimal wird und dieser minimale Wert gerade die Varianz ist. Nimmt man den Erwartungswert als charakteristische Grösse für die Position, so ist es naheliegend, die Varianz als charakteristischen Wert für die Streuung anzusehen.

Beweis. — Sei $g(a) = \mathbb{E}[(X-a)^2]$ und $\mu = \mathbb{E}[X]$. Dann gilt

$$\begin{aligned}
g(a) &= \mathbb{E}\big[\big((X-\mu)+(\mu-a)\big)^2\big] \\
&= \mathbb{E}\big[(X-\mu)^2\big] + 2(\mu-a)\,\mathbb{E}[X-\mu] + (\mu-a)^2 \\
&= \sigma^2 + (\mu-a)^2. \quad \square
\end{aligned}$$

Definition. — Es sei r eine ganze Zahl ≥ 1 und X eine Zufallsvariable. Falls $\mathbb{E}[\,|X|^r\,]$ endlich ist, definiert man das *faktorielle Moment r-ter Ordnung* durch

$$\mathbb{E}[X(X-1)\dots(X-r+1)].$$

Diese Momente spielen vor allem für solche Zufallsvariable eine Rolle, deren Werte in $\mathbb{N}$ liegen.

Definition. — Es sei r eine reelle Zahl und X eine Zufallsvariable. Ist $\mathbb{E}[\,|X|^r\,] < +\infty$, so definiert man das (in 0 zentrierte) *absolute Moment r-ter Ordnung* durch $\mathbb{E}[\,|X|^r\,]$. Im Fall $r \neq 0$ definiert man weiter die *Abweichung r-ter Ordnung* (relativ zu 0) als

$$e_r = \big[\mathbb{E}[\,|X|^r\,]\big]^{1/r}.$$

Wie man sieht, ist für zentriertes X das Moment e_2 die Standardabweichung.

6. Kovarianz. — Es sei $T = (X, Y)$ ein Paar von reellen Zufallsvariablen mit der Verteilung

$$P_T = \sum_{i,j} P\{X = x_i,\, Y = y_j\}\, \varepsilon_{(x_i, y_j)}.$$

Die Zufallsvariable XY hat den Erwartungswert

$$\mathbb{E}[XY] = \sum_{i,j} P\{X = x_i,\, Y = y_j\}\, x_i y_j$$

unter der Voraussetzung, dass die Reihe auf der rechten Seite absolut konvergiert. Wegen $|x_i y_j| \leq (x_i^2 + y_j^2)/2$ stellt man fest, dass $\mathbb{E}[XY]$ existiert, sofern X und Y endliche Momente zweiter Ordnung haben. In diesem Fall existieren auch die Erwartungswerte und sind endlich. Folglich hat auch $(X - \mathbb{E}[X])(Y - \mathbb{E}[Y])$ einen endlichen Erwartungswert und die folgende Definition ist daher sinnvoll.

Definition. — Es sei (X, Y) eine Paar von Zufallsvariablen mit gegebener gemeinsamer Verteilung. Falls X und Y endliche Momente zweiter Ordnung haben, definiert man die *Kovarianz* von X und Y durch

$$\mathrm{Cov}(X, Y) = \mathbb{E}[(X - \mathbb{E}[X])(Y - \mathbb{E}[Y])] = \mathbb{E}[XY] - \mathbb{E}[X]\,\mathbb{E}[Y].$$

Falls $\mathrm{Cov}(X, Y) = 0$ ist, bezeichnet man X und Y als *unkorreliert.*

Aus dieser Definition und der Eigenschaft C (Unabhängigkeit, Theorem 4.3) folgt unmittelbar, dass für *unabhängige* X und Y die Kovarianz $\mathrm{Cov}(X, Y)$ verschwindet. Die Umkehrung trifft nicht zu, denn zwei Zufallsvariable können unkorreliert sein, ohne unabhängig zu sein.

Beispiel. — Es sei X eine Zufallsvariable mit $\mathrm{P}_X = \frac{1}{3}(\varepsilon_{-1} + \varepsilon_0 + \varepsilon_1)$ als Verteilung. Setzt man $Y = X^2$, so ist die Verteilung des Paares $T = (X, Y)$ durch

$$\mathrm{P}_T = \frac{1}{3}\big(\varepsilon_{(-1,1)} + \varepsilon_{(0,0)} + \varepsilon_{(1,1)}\big)$$

gegeben. Es gilt $\mathbb{E}[X] = 0$ und $\mathbb{E}[XY] = 0$, und daher $\mathrm{Cov}(X, Y) = 0$. Aber gleichwohl hat man $Y = X^2$.

SATZ 6.1. — *Es sei $(X_1, X_2, \ldots, X_n)$ eine Familie von n Zufallsvariablen, die alle endliche Momente zweiter Ordnung haben. Dann gilt*

$$(6.1) \qquad \mathrm{Var} \sum_{i=1}^{n} X_k = \sum_{i=1}^{n} \mathrm{Var}\, X_k + 2 \sum_{1 \leq j < k \leq n} \mathrm{Cov}(X_j, X_k).$$

Falls die Zufallsvariablen paarweise unabhängig (oder auch nur paarweise unkorreliert) sind, so gilt

$$\mathrm{Var} \sum_{i=1}^{n} X_k = \sum_{i=1}^{n} \mathrm{Var}\, X_k.$$

Beweis. — Man kann ohne Einschränkung der Allgemeinheit annehmen, dass die Zufallsvariablen $X_1, X_2, \ldots, X_n$ alle zentriert sind. Man kann

$$\Big(\sum_k X_k\Big)^2 = \sum_k X_k^2 + 2 \sum_{1 \leq j < k \leq n} X_j X_k$$

schreiben. Indem man nun den Erwartungswert auf beiden Seiten bildet, erhält man (6.1). Sind nun X_1, ..., X_n paarweise nicht korreliert, so verschwinden die Kovarianzen $\mathrm{Cov}(X_j, X_k)$ für $1 \leq j < k \leq n$ und man erhält die zweite Aussage. $\quad\square$

Man verifiziert ohne weiteres, dass $\mathrm{Cov}(aX + b, cY + d) = ac\,\mathrm{Cov}(X,Y)$ gilt, d.h. dass die Kovarianz invariant gegenüber Verschiebung des Ursprungs auf den Achsen $0x$ und $0y$ ist, *nicht aber unter Änderung des Massstabs*. Das kann sich bei statistischen Anwendungen als unangenehm herausstellen. Wie man dies korrigiert, wird im nächsten Paragraphen behandelt.

7. Der lineare Korrelationskoeffizient

Definition. — Es sei (X, Y) ein Paar von reellen Zufallsvariablen mit $\mathbb{E}[X^2] < \infty$ und $\mathbb{E}[Y^2] < \infty$. Weiter wird angenommen, dass $\sigma(X)\sigma(Y) > 0$ sei. Man bezeichnet dann die Zahl

$$r(X, Y) = \frac{\mathrm{Cov}(X, Y)}{\sigma(X)\sigma(Y)} = \mathbb{E}\left[\left[\frac{X - \mathbb{E}[X]}{\sigma(X)}\right]\left[\frac{Y - \mathbb{E}[Y]}{\sigma(Y)}\right]\right]$$

als den (linearen) *Korrelationskoeffizienten* des Paares (X, Y).

Man verifiziert sofort, dass $r(aX + b, cY + d) = \mathrm{sg}(ac)\,r(X, Y)$ gilt, falls $ac \neq 0$ ist. Im Fall $a > 0$, $c > 0$ sieht man, dass *der lineare Korrelationskoeffizient sowohl gegenüber Verschiebungen des Ursprungs, als auch gegen Änderungen des Massstabs entlang der Achsen $0x$ und $0y$ invariant ist.* Das ist von Vorteil, denn so man kann bei Berechnungen, in denen $r(X, Y)$ eine Rolle spielt, annehmen, dass die Randverteilungen X und Y *zentriert und reduziert* sind.

EIGENSCHAFT 7.1. — $\quad |r(X, Y)| \leq 1$.

Beweis. — Man nimmt X und Y als zentriert und reduziert an. Dann gilt für jedes λ

$$0 \leq \mathbb{E}[(X + \lambda Y)^2] = \mathbb{E}[X^2] + 2\lambda\,\mathbb{E}[XY] + \lambda^2\mathbb{E}[Y^2] = 1 + 2\lambda r + \lambda^2.$$

Das ist ein Trinom zweiten Grades in λ und es ist nicht negativ; die Diskriminante muss daher negativ oder Null sein. Somit ist $r^2 \leq 1$. $\quad\square$

EIGENSCHAFT 7.2. — *Ist $r(X, Y) = \pm 1$, so sind X und Y über eine lineare (besser gesagt: affine) funktionale Beziehung miteinander verbunden. (Daher der Name "linearer Korrelationskoeffizient" für r.)*

Beweis. — Wir behandeln den Fall $r = 1$. X und Y werden als zentriert und reduziert angenommen. Dann gilt für alle λ

$$0 \leq \mathbb{E}[(X + \lambda Y)^2] = 1 + 2\lambda + \lambda^2 = (\lambda + 1)^2.$$

Für $\lambda = -1$ ist dann $\mathbb{E}[(X - Y)^2] = 0$, d.h. $Y = X$ fast sicher. Im Falle $r = -1$ findet man $Y = -X$ fast sicher. $\square$

Sind X, Y *nicht* zentriert und reduziert, so hängen sie über die lineare Beziehung

$$\frac{Y - \mathbb{E}[Y]}{\sigma(Y)} = \pm \frac{X - \mathbb{E}[X]}{\sigma(X)} \quad \text{f.s.}$$

zusammen.

8. Die Ungleichung von Tchebychev. — Es handelt sich hierbei um eine ausserordentlich nützliche Ungleichung, die bei vielen Abschätzungen von Wahrscheinlichkeiten verwendet wird, speziell bei Untersuchungen zur stochastischen Konvergenz.

SATZ 8.1. — *Es sei $r > 0$ ein reelle Zahl und X eine auf dem Wahrscheinlichkeitsraum $(\Omega, \mathfrak{A}, \mathrm{P})$ definierte reelle Zufallsvariable. Ist $\mathbb{E}[\,|X|^r\,]$ endlich, so gilt für alle reellen $t > 0$ die Ungleichung*

$$\mathrm{P}\{\,|X| \geq t\} \leq \frac{\mathbb{E}[\,|X|^r\,]}{t^r}\,;$$

äquivalent dazu ist die Ungleichung

$$\mathrm{P}\{\,|X| \geq te_r\} \leq \frac{1}{t^r}$$

für jedes reelle $t > 0$, wobei e_r die Abweichung r-ter Ordnung bezeichnet.
Beweis. — Tatsächlich gilt

$$\{\,|X| \geq t\} \Leftrightarrow \{\,|X|^r \geq t^r\}$$

für $t, r > 0$, und daher

$$t^r\, I_{\{\,|X| \geq t\}} = t^r\, I_{\{\,|X|^r \geq t^r\}} \leq |X|^r.$$

Man erhält die Behauptung, indem man von beiden Seiten den Erwartungswert nimmt. $\square$

Für $r = 1, 2$ erhält man die *Ungleichung von Markov*, beziehungsweise die von *Tchebychev* oder *Bienaymé*). Die am meisten verwendete Form der Ungleichung von Tchebychev bezieht sich auf eine zentrierte Zufallsvariable $(X - \mathbb{E}[X])$.

KOROLLAR 8.2. — *Ist* $\mathbb{E}[X^2] < +\infty$, *so gilt für jedes* $t > 0$ *die Ungleichung*

$$P\{|X - \mathbb{E}[X]| \geq t\} \leq \frac{\operatorname{Var} X}{t^2}.$$

Bemerkung 1. — Setzt man $\mu = \mathbb{E}[X]$, $\sigma^2 = \operatorname{Var} X$, so gilt für jedes $t > 0$ die Ungleichung

$$P\{|X - \mu| \geq t\} \leq \frac{\sigma^2}{t^2}, \quad \text{oder äquivalent} \quad P\{|X - \mu| \geq t\sigma\} \leq \frac{1}{t^2};$$

d.h. es ist

$$P\{|X - \mu| < t\sigma\} \geq 1 - \frac{1}{t^2} \quad \text{und} \quad P\{X \in]\mu - t\sigma, \mu + t\sigma[\} \geq 1 - \frac{1}{t^2}.$$

Speziell für $t = 2$ und $t = 3$ erhält man

$$(*) \qquad P\{X \in]\mu - 2\sigma, \mu + 2\sigma[\} \geq 1 - \frac{1}{4} = 0,75;$$

$$(**) \qquad P\{X \in]\mu - 3\sigma, \mu + 3\sigma[\} \geq 1 - \frac{1}{9} \approx 0,88.$$

Dies zeigt deutlich die Rolle der Standardabweichung.

Bemerkung 2. — Die Ungleichung von Tchebychev ist *universell*, d.h. sie gilt für *jede* Zufallsvariable, deren zweites Moment existiert. Andererseits ist sie aber auch recht *grob*. Davon kann man sich beispielsweise im Falle einer normalverteilten Zufallsvariablen X überzeugen. Für die Verteilung $\mathcal{N}(\mu, \sigma)$ (siehe Kap. 14, § 3), gilt

$$P\{X \in]\mu - 2\sigma, \mu + 2\sigma[\} \approx 0,95; \qquad [\text{« } 2\,\sigma \text{ »-Regel}]$$
$$P\{X \in]\mu - 3\sigma, \mu + 3\sigma[\} \approx 0,997.$$

Die Abschätzungen $(*)$ und $(**)$ sind also recht schwach.

9. Ungleichungen für Momente im endlichen Fall. — Es sei X eine endliche, diskrete Zufallsvariable mit *positiven Werten*. Um konkret zu sein, nehmen wir an, dass ihre Verteilung P_X durch

$$P_X = \sum_{k=1}^{l} \alpha_k \varepsilon_{x_k}$$

mit $\alpha_1, \ldots, \alpha_l \geq 0$, $\sum_{k=1}^{l} \alpha_k = 1$ und $0 < x_1 < \cdots < x_l < +\infty$ gegeben sei. Dann

a) existiert für jede reelle Zahl r das (absolute) Moment r-ter Ordnung und ist gleich

$$m_r = \mathbb{E}[X^r] = \sum_{k=1}^{l} \alpha_k x_k^r;$$

b) existiert für jede reelle Zahl $r \neq 0$ die Abweichung r-ter Ordnung und ist gleich

$$e_r = \left(m_r\right)^{1/r}.$$

SATZ UND DEFINITION 9.1. — *Wenn r gegen 0 konvergiert, so strebt die Abweichung r-ter Ordnung e_r gegen einen endlichen Grenzwert, der mit e_0 bezeichnet wird. Es gilt*

$$e_0 = \prod_{k=1}^{l} x_k^{\alpha_k}.$$

Die Zahl e_0 heisst *das geometrische Mittel* von X.

Beweis. — Die Umformung

$$\operatorname{Log} e_r = \frac{1}{r} \operatorname{Log}\left(\sum_{k=1}^{l} \alpha_k x_k^r\right) = \frac{1}{r} \operatorname{Log}\left(\sum_{k=1}^{l} \alpha_k \exp(r \operatorname{Log} x_k)\right)$$

$$= \frac{1}{r} \operatorname{Log}\left(\sum_{k=1}^{l} \alpha_k \left(1 + r \operatorname{Log} x_k + o(r)\right)\right)$$

$$= \frac{1}{r} \operatorname{Log}\left(1 + r \sum_{k=1}^{l} \alpha_k \operatorname{Log} x_k + o(r)\right)$$

zeigt, dass $\operatorname{Log} e_r$ gegen $\displaystyle\sum_{k=1}^{l} \alpha_k \operatorname{Log} x_k$ konvergiert, wenn r gegen 0 strebt. $\Box$

THEOREM 9.2. — *Die durch*

$$e_r = \begin{cases} \left(m_r\right)^{1/r} \ (\textit{Abweichung } r\textit{-ter Ordnung}), & \textit{falls } r \neq 0 \ ; \\[2mm] \displaystyle\prod_{k=1}^{l} x_k^{\alpha_k} \ (\textit{geometrisches Mittel}), & \textit{falls } r = 0. \end{cases}$$

definierte Abbildung $r \mapsto e_r$ von $\mathbb{R}$ in $\mathbb{R}^+$ ist monoton wachsend.

Beweis.

a) Die Funktion $r \mapsto \operatorname{Log} m_r$ $(r \in \mathbb{R})$ ist *konvex*. In der Tat gilt für $r, s \in \mathbb{R}$ nach der Ungleichung von Schwarz

$$\sum_{k=1}^{l} \alpha_k x_k^{(r+s)/2} \leq \left(\sum_{k=1}^{l} \alpha_k x_k^r\right)^{1/2} \left(\sum_{k=1}^{l} \alpha_k x_k^s\right)^{1/2};$$

$$m_{(r+s)/2} \leq \left(m_r \, m_s\right)^{1/2};$$

$$\operatorname{Log} m_{(r+s)/2} \leq \frac{1}{2}\left(\operatorname{Log} m_r + \operatorname{Log} m_s\right).$$

Daraus folgt die Behauptung, da die Funktion $r \mapsto \operatorname{Log} m_r$ *stetig* ist.

b)   Die Funktion $r \mapsto e_r$ $(r \in \mathbb{R} \setminus \{0\})$ ist monoton wachsend in $]-\infty, 0[$ und in $]0, +\infty[$. Denn wegen a) ist der Graph der Funktion $r \mapsto \operatorname{Log} m_r$ $(r \in \mathbb{R})$ konvex und *geht durch den Nullpunkt* (wegen $m_0 = 1$). Für $r \neq 0$ ist $\operatorname{Log} e_r = \frac{1}{r} \operatorname{Log} m_r = \frac{1}{r}(\operatorname{Log} m_r - \operatorname{Log} m_0)$ die Steigung der Geraden, die den Nullpunkt mit dem Punkt $(r, \operatorname{Log} m_r)$ verbindet. Aus a) folgt, dass die Funktion $r \mapsto \operatorname{Log} e_r$ monoton wachsend sowohl auf $]-\infty, 0[$ als auch auf $]0, +\infty[$ ist. Dies gilt dann auch für die Funktion $r \mapsto e_r$.

c)   Mit $e_0 = \prod_{k=1}^{l} x_k^{\alpha_k}$ wird die Funktion $r \mapsto e_r$ $(r \in \mathbb{R} \setminus \{0\})$ stetig in den Nullpunkt $r = 0$ fortgesetzt. Damit ist alles bewiesen. $\square$

Bemerkung. — Die gerade beschriebene Abbildung von $\mathbb{R}$ in $\mathbb{R}^+$ kann zu einer Abbildung von $\overline{\mathbb{R}}$ in $\mathbb{R}^+$ fortgesetzt werden; tatsächlich gilt

$$\lim_{r \to -\infty} e_r = \min_{k=1}^{l} x_k = x_1 \quad (= e_{-\infty});$$

$$\lim_{r \to +\infty} e_r = \max_{k=1}^{l} x_k = x_l \quad (= e_{+\infty}).$$

Spezialfall 1. — Für $r = n \in \mathbb{N}^*$ ergibt Theorem 9.2 die Ungleichung $e_n \leq e_{n+1}$; dies ist die *Ungleichung von Liapunov*. Speziell für $n = 1$ besagt dies $e_1 \leq e_2$, d.h. $\mathbb{E}[|X|] \leq \sqrt{\mathbb{E}[X^2]}$. Nimmt man nun für X eine zentrierte Zufallsvariable $(X - \mu)$ $(\mu = \mathbb{E}[X])$, so ist $\mathbb{E}[|X - \mu|] \leq \sqrt{\mathbb{E}[(X - \mu)^2]}$, und das heisst, dass die absolute Abweichung, bezogen auf μ, durch die Standardabweichung majorisiert wird.

Spezialfall 2. — Aus Theorem 9.2 folgt $e_{-1} \leq e_0 \leq e_1$, wobei

$$e_{-1} = \left(\mathbb{E}[X^{-1}]\right)^{-1} = \left(\sum_{k=1}^{l} \frac{\alpha_k}{x_k}\right)^{-1} \text{ das «harmonische Mittel» ist;}$$

$$e_0 = \prod_{k=1}^{l} x_k^{\alpha_k} \text{ das «geometrische Mittel» ist;}$$

$$e_1 = \mathbb{E}[X] = \sum_{k=1}^{l} \alpha_k x_k \text{ das «arithmetische Mittel» ist.}$$

Auf diese Weise erhält man die klassischen Ungleichungen zwischen diesen Mittelwerten.

Spezialfall 3. — Wie in Theorem 9.2 festgestellt, gilt für jedes Paar (r, s) von reellen Zahlen $m_{(r+s)/2} \leq (m_r m_s)^{1/2}$. Speziell für $r = 2n$, $s = 2n + 2$ $(n \in \mathbb{N})$ erhält man mit $m_{2n+1} \leq (m_{2n} m_{2n+2})^{1/2}$ eine Ungleichung, die es einem erlaubt, jedes Moment *ungerader* Ordnung durch Momente *gerader* Ordnung zu majorisieren.

10. Median. Minimale mittlere Abweichung. — Wir führen hier eine neue, *Median* genannte, charakteristische Grösse ein, die gegenüber dem Erwartungswert den Vorteil hat, für jede Zufallsvariable zu existieren.

Definition. — Es sei X eine reelle Zufallsvariable. Als *Median* von X bezeichnet man jede Zahl M mit

$$P\{X \leq M\} \geq \frac{1}{2}, \qquad P\{X \geq M\} \geq \frac{1}{2}.$$

Bemerkung 1. — Aus der Definition folgt unmittelbar, dass die Ungleichungen

$$P\{X \leq M\} \geq \frac{1}{2} \geq P\{X > M\} \quad \text{und} \quad P\{X \geq M\} \geq \frac{1}{2} \geq P\{X < M\}$$

für jeden Median M von X gelten.

Bemerkung 2. — Jede Zufallsvariable X besitzt mindestens einen Median, es kann aber mehrere geben, die alle die gleiche Rolle spielen. Falls die Verteilungsfunktion F von X *stetig* und *streng monoton wachsend* ist, so ist der Median M von X *eindeutig* bestimmt und es gilt $F(M) = \frac{1}{2}$.

THEOREM 10.1. — *Es sei X eine Zufallsvariable mit $\mathbb{E}[\,|X|\,] < +\infty$. Ist M ein Median von X, so gilt für jede reelle Zahl a die Ungleichung*

$$\mathbb{E}[\,|X - a|\,] \geq \mathbb{E}[\,|X - M|\,].$$

Beweis. — Wir geben den Beweis im Fall einer diskreten Zufallsvariablen X mit Verteilung $P_X = \sum_k \alpha_k \varepsilon_{x_k}$. Wenn der Erwartungswert erst einmal für beliebige Zufallsvariable definiert sein wird (*cf.* Kap. 11), wird sich zeigen, dass in dem allgemeinen Fall der Beweis ganz analog verläuft. Betrachten wir nun den Fall, dass $M < a$ ist. Man kann dann $\mathbb{R}$ in die drei disjunkten Intervalle $]-\infty, M]$, $]M, a]$, $]a, +\infty[$ aufteilen und schreiben:

$$\mathbb{E}[\,|X - a|\,] - \mathbb{E}[\,|X - M|\,] = \sum_k \big(|x_k - a| - |x_k - M|\big)\alpha_k$$

$$= \sum_{x_k \in]-\infty, M]} (a - M)\alpha_k + \sum_{x_k \in]M, a]} (a + M - 2x_k)\alpha_k + \sum_{x_k \in]a, +\infty[} (M - a)\alpha_k.$$

Bezeichnen A, B und C die drei Summationen in der vorigen Zeile, so gilt

$$A = (a - M)\,P\{X \leq M\}\,;$$

$$B \geq \sum_{x_k \in]M, a]} (M - a)x_k = (M - a)\,P\{M < X \leq a\}\,;$$

$$C = (M - a)\,P\{X > a\},$$

und somit schliesslich

$$\mathbb{E}[\,|X - a|\,] - \mathbb{E}[\,|X - M|\,] \geq (a - M)\big(\mathrm{P}\{X \leq M\} - \mathrm{P}\{X > M\}\big).$$

Da aber M ein Median ist, ist der Ausdruck auf der rechten Seite nicht negativ. Der Beweis verläuft im Fall $M > a$ ganz analog. □

Bemerkung. — Es sei X eine Zufallsvariable mit $\mathbb{E}[\,|X|\,] < +\infty$. Dann hat der Ausdruck $\mathbb{E}[\,|X - M|\,]$ den gleichen Wert *für jeden* Median M von X. Sind nämlich M_1, M_2 zwei Mediane von X mit $M_1 \neq M_2$ und wählt man einerseits $a = M_1$, $M = M_2$, andererseits $a = M_2$, $M = M_1$, so ergibt die Ungleichung von Theorem 10.1, dass $\mathbb{E}[\,|X - M_1|\,] = \mathbb{E}[\,|X - M_2|\,]$ ist. Diese Beobachtung rechtfertigt die folgende Definition.

Definition. — Es sei X eine reelle Zufallsvariable mit $\mathbb{E}[\,|X|\,] < +\infty$. Dann nimmt $\mathbb{E}[\,|X - M|\,]$ sein Minimum für *jeden* Median M von X an; dieser gemeinsame Wert heisst *minimale mittlere Abweichung* oder *Median-Abweichung* von X.

Theorem 10.1 spielt eine zu Theorem 5.3 analoge Rolle. Wählt man einen Median als charakteristischen Wert für die Position, so sollte man ihm die minimale mittlere Abweichung als charakteristischen Wert für die Streuung zuordnen.

SATZ 10.2. — *Die Median-Abweichung wird von der Standardabweichung majorisiert.*

Beweis. — Aus Theorem 9.2 folgt $\mathbb{E}[\,|X - \mu|\,] \leq \sigma$. Da aber M ein Median ist, folgt aus Theorem 10.1, angewendet für $a = \mu$, die Ungleichung $\mathbb{E}[\,|X - M|\,] \leq \mathbb{E}[\,|X - \mu|\,]$. Daraus ergibt sich die Behauptung. □

ERGÄNZUNGEN UND ÜBUNGEN

1. — Man berechne den Erwartungswert und die Varianz einer binomialverteilten bzw. Poisson-verteilten Zufallsvariablen.

2. — Ein Hausmeister hat n Schlüssel, von denen ein einziger eine bestimmte Tür schliesst. Er versucht sie nacheinander, wobei er nach jedem Fehlversuch den nicht passenden Schlüssel eliminiert. Wieviele Versuche benötigt er im Mittel, um den richtigen Schlüssel zu finden?

3. — Ein Bernoulli-Prozess mit Parameter p ist eine Folge (X_n) $(n = 1, 2, \dots)$ von unabhängigen Zufallsvariablen, von denen jede nur zwei Werte

(etwa 1 und 0) annimmt, wobei p und $q = 1 - p$ die entsprechenden Wahrscheinlichkeiten sind. Man kann X_n als das Resultat (Erfolg oder Misserfolg) im n-ten Versuch eines wiederholt ausgeführten Experiments ansehen, wobei die Bedingungen immer gleich sind und die Resultate der verschiedenen Versuche sich nicht gegenseitig beeinflussen.

a) Man zeige, dass die Verteilung der Zufallsvariablen $S_n = X_1 + \cdots + X_n$ (Anzahl der Erfolge in den n ersten Versuchen) nichts anderes ist als die Binomialverteilung $B(n, p)$. Man ermittle (ohne zu rechnen!) nochmals Erwartungswert und Varianz einer solchen Verteilung.

b) Es bezeichne L die grösste ganze Zahl mit $X_1 = X_2 = \cdots = X_L$ und M die grösste ganze Zahl mit $X_{L+1} = X_{L+2} = \cdots = X_{L+M}$. Man bestimme die Verteilungen der Zufallsvariablen L und M, deren Erwartungswerte und Varianzen. Man zeige, dass die Verteilungen von L und M genau dann übereinstimmen, falls $p = 1/2$ ist.

c) (E. Kosmanek) Man beweise die Aussagen $\mathbb{E}[L] \geq \mathbb{E}[M] = 2$, $\operatorname{Var} L \geq \operatorname{Var} M \geq 2$, $\quad \operatorname{Cov}(L, M) = -(p - q)^2/(pq)$ und $-\frac{1}{2} \leq r(L, M) \leq 0$.

d) (E. Kosmanek) Man zeige, dass für jedes $n \geq 1$ gilt

$$\lim_{l \to \infty} \mathrm{P}\{M = n \mid L = l\} = \begin{cases} p^{n-1}q, & \text{falls } p < 1/2; \\ q^{n-1}p, & \text{falls } p > 1/2; \\ 1/2^n, & \text{falls } p = 1/2. \end{cases}$$

e) Es sei T die Anzahl der Misserfolge, die dem ersten Erfolg vorausgehen, d.h. die kleinste Zahl T mit $X_{T+1} = 1$. Man zeige, dass $\mathrm{P}_T = \sum_{k \geq 0} pq^k \varepsilon_k$ (modifizierte geometrische Verteilung) ist und berechne $\mathbb{E}[T]$.

f) Allgemeiner sei nun $r \geq 1$ eine ganze Zahl und es bezeichne T_r die Anzahl der Misserfolge, die dem r-ten Erfolg vorausgehen. Man zeige

$$\mathrm{P}\{T_r = k\} = \binom{r + k - 1}{k} p^r q^k = \binom{-r}{k} p^r (-q)^k$$

(negative Binomialverteilung) und $\mathbb{E}[T_r] = rq/p$.

4. — Wir kommen zu Aufgabe 2 zurück und nehmen nun an, dass der Hausmeister nach jedem vergeblichen Versuch den jeweiligen Schlüssel in seine Schlüsselsammlung zurücklegt. Dann liegt ein Bernoulli-Prozess mit $p = 1/n$ vor. Man berechne in dieser Situation den Erwartungswert für die Anzahl der Versuche, die benötigt werden, um den passenden Schlüssel zu finden.

5. — Es sei X eine Zufallsvariable, die Werte x_k annimmt, sowie A ein Ereignis mit positiver Wahrscheinlichkeit. Man setzt

$$\mathbb{E}[X \mid A] = \sum_k x_k \mathrm{P}\{X = x_k \mid A\}.$$

Ist nun (B_n) $(n = 1, 2, \ldots)$ ein vollständiges System von Ereignissen, so zeige man

$$\mathbb{E}[X] = \sum_n \mathrm{P}(B_n)\mathbb{E}[X \mid B_n].$$

6. — Es sei (X_n) $(n = 1, 2, \ldots)$ eine Folge von gleichverteilten Zufallsvariablen und N eine Zufallsvariable mit ganzzahligen Werten, wobei die Glieder der Folge $N, X_1, X_2, \ldots$ unabhängig sein sollen. Man setzt nun $S_N = X_1 + \cdots + X_N$. Mittels der vorhergehenden Aufgabe und Satz 6.2 aus Kapitel 6 beweise man die Formel von Wald: $\mathbb{E}[S_N] = \mathbb{E}[N]\,\mathbb{E}[X_1]$.

7. — Es sei (Z_n) $(n = 1, 2, \ldots)$ eine Folge von Zufallsvariablen, die jeweils nur zwei Werte, etwa 0 und 1, annehmen. Man zeige, dass die Zufallsvariablen Z_n unabhängig sind, falls die Ereignisse $\{Z_n = 0\}$ $(n = 1, 2, \ldots)$ als Gesamtheit unabhängig sind.

8. — Ein Spieler hat a unterscheidbare Münzen und spielt eine Reihe von Partien, wobei jede Partie darin besteht, alle Münzen zu werfen. Es soll nun die mittlere Anzahl von Münzen berechnet werden, die im Verlauf der n ersten Partien mindestens einmal «Zahl» zeigen. Ebenso soll die mittlere Anzahl von Partien bestimmt werden, die gespielt werden müssen, bis jede Münze mindestens einmal «Zahl» ergeben hat.

Wir betrachten für $n = 1, 2, \ldots$ die Zufallsvariablen ξ_i^n mit dem Wert 1 oder 0, je nachdem, ob in der n-ten Partie die i-te Münze «Zahl» oder «Kopf» zeigt. Unterstellt wird, dass die Zufallsvariablen ξ_i^n $(i = 1, 2, \ldots, a;\ n = 1, 2, \ldots)$ unabhängig sind und dieselbe Verteilung $\frac{1}{2}(\varepsilon_0 + \varepsilon_1)$ haben.

Es bezeichne Y_n die Anzahl der Münzen, die in der n-ten Partie erstmals «Zahl» zeigen, sowie X_n die Anzahl der Münzen, die mindestens einmal im Verlauf der ersten n Partien «Zahl» zeigen. Dann gilt $X_n = Y_1 + \cdots + Y_n$ und $Y_n = \sum_{i \in A_n} \xi_i^n$, wobei A_n die Menge der i mit $\xi_i^1 = \cdots = \xi_i^{n-1} = 0$ bezeichnet.

a) Man zeige $\operatorname{card} A_n = a - X_{n-1}$. Daraus folgere man mit Hilfe von Aufgabe 6 die Beziehung $\mathbb{E}[X_n] = \frac{1}{2}\mathbb{E}[X_{n-1}] + (a/2)$. Man berechne $\mathbb{E}[X_n]$.

b) Für festes n und $1 \leq i \leq a$ bezeichne Z_i die Variable mit Werten 1 und 0, je nachdem, ob im Verlauf der n ersten Partien die i-te Münze mindestens einmal «Zahl» gezeigt hat oder nicht. Es ist also $Z_i = \sup_{1 \leq k \leq n} \xi_i^k$, sowie $X_n = Z_1 + \cdots + Z_a$.

Man zeige, dass die Z_i (für festes n) unabhängig sind. Man bestimme deren Verteilung und folgere $\mathrm{P}\{X_n = k\} = \binom{a}{k}\left(1 - \dfrac{1}{2^n}\right)^k \left(\dfrac{1}{2^n}\right)^{a-k}$. Man bestimme nochmals $\mathbb{E}[X_n]$ und berechne $\operatorname{Var} X_n$.

9. — An der Garderobe eines Restaurants geben n Personen ihre Hüte ab. Nach dem Essen finden sie ihre Hüte völlig durcheinander vor und jeder

nimmt sich zufällig einen Hut. Es bezeichne nun X_k ($k = 1, 2, \ldots, n$) die Zufallsvariable, die den Wert 1 annimmt, falls die k-te Person ihren eigenen Hut wiedererhält, andernfalls sei der Wert von X_k gleich 0. Dann gibt $S_n = X_1 + \cdots + X_n$ die Anzahl der Personen an, die ihren Hut zurück erhalten.

a) Man konstruiere einen Wahrscheinlichkeitsraum, der dieses Experiment beschreibt.

b) Man berechne $\mathbb{E}[S_n]$ und $\operatorname{Var} S_n$.

c) Man zeige, dass die Wahrscheinlichkeit dafür, dass S_n mindestens gleich 11 ist, höchstens gleich $0,01$ ist, und dies für beliebige $n \geq 11$.

10. — Es sei (X, Y, Z) ein Tripel von Zufallsvariablen mit $X + Y + Z = 1$. Es wird angenommen, dass $\operatorname{Var} X \leq \operatorname{Var} Y \leq \operatorname{Var} Z < +\infty$ gilt. Man zeige,

a) dass die Variable Z negative Korrelation sowohl mit X als auch mit Y hat;

b)   dass $\operatorname{Cov}(X, Y) \geq 0$ genau dann gilt, wenn $\operatorname{Var} X + \operatorname{Var} Y \leq \operatorname{Var} Z$;

c)   dass $|\operatorname{Cov}(X, Z)| \leq |\operatorname{Cov}(Y, Z)|$ gilt.

11. —   Eine Zufallsvariable X mit unbekannter Verteilung habe einen Erwartungswert $\mu = 10$ und eine Varianz $\sigma = 5$. Man zeige, dass für jedes $n \geq 50$ die Wahrscheinlichkeit des Ereignisses $\{10 - n < X < 10 + n\}$ mindestens gleich $0,99$ ist.

12. — Es sei X eine Zufallsvariable. Man zeige, dass aus $\mathbb{E}[\,|X|\,] = 0$ die Aussage $X = 0$ fast sicher folgt. Die gleiche Folgerung gilt für $\mathbb{E}[X^2] = 0$.

13. — Es seien a, b zwei positive reelle Zahlen. Man setzt

$$A = \frac{a + b}{2}, \quad G = \sqrt{ab}, \quad H = \left[\frac{1}{2}\left(\frac{1}{a} + \frac{1}{b}\right)\right]^{-1}.$$

Zu zeigen ist $H \leq G \leq A$ und $G = \sqrt{AH}$. (G ist das geometrische Mittel von A und von H.)

14. —   Es sei X eine Zufallsvariable mit nichtnegativen Werten, wobei $\mathbb{E}[X] < +\infty$, $\mathbb{E}[1/X] < +\infty$ gelte. Man zeige, dass dann $\mathbb{E}[X]\,\mathbb{E}[1/X] \geq 1$ ist.

15. —   Es sei X eine Zufallsvariable und r eine positive reelle Zahl mit $\mathbb{E}[\,|X|^r\,] < +\infty$. Man zeige, dass dann $\mathrm{P}\{\,|X| \geq n\} = o(1/n^r)$ gilt, falls n gegen $+\infty$ strebt.

16. —   Es sei (X_1, X_2, Y_1, Y_2) ein System von vier Zufallsvariablen, die Momente zweiter Ordnung besitzen. Man zeige: falls das Paar (X_1, X_2)

von dem Paar (Y_1, Y_2) unabhängig ist, so gilt $\mathrm{Cov}(X_1 + Y_1, X_2 + Y_2) = \mathrm{Cov}(X_1, X_2) + \mathrm{Cov}(Y_1, Y_2)$.

17. — Es sei (X, Y) ein Paar von Indikatorvariablen auf einem Wahrscheinlichkeitsraum $(\Omega, \mathfrak{A}, \mathrm{P})$, d.h. $X = I_A$, $Y = I_B$ für $A, B \in \mathfrak{A}$. Man zeige, dass X und Y genau dann unabhängig sind, wenn sie unkorreliert sind.

18. — Es sei (X, Y) ein Paar von Zufallsvariablen mit $\mathrm{Var}\, X = \mathrm{Var}\, Y < +\infty$. Man zeige, dass die Zufallsvariablen $X + Y$ und $X - Y$ unkorreliert sind.

19. (Der Erwartungswert als Approximation eines Parameters). — Eine Urne enthalte Kugeln, die von 1 bis N durchnummeriert sind. Man führt n Ziehungen (mit Zurücklegen) aus und bezeichnet mit X die *grösste gezogene Zahl*. Man kann X als Zufallsvariable mit Werten in $\{1, \ldots, N\}$ ansehen, deren Verteilungsfunktion und Erwartungswert durch

$$\mathrm{P}\{X \leq k\} = \mathrm{P}\{\text{die } n \text{ gezogenen Zahlen sind } \leq k\} = \left(\frac{k}{N}\right)^n \quad (k \in \{1, \ldots, N\}),$$

$$\mathbb{E}[X] = \sum_{k=0}^{N-1} \mathrm{P}\{X > k\} = \sum_{k=0}^{N-1} (1 - \mathrm{P}\{X \leq k\}) = N - \frac{1}{N^n} \sum_{k=0}^{N-1} k^n,$$

gegeben sind. Nun ist aber $\sum_{k=0}^{N-1} k^n \sim N^{n+1}/(n+1)$ und daher $\mathbb{E}[X] \sim (n/(n+1))N$. Man erkennt, dass für grosse Werte von n der Erwartungswert $\mathbb{E}[X]$ eine gute Approximation für die Anzahl der Kugeln in der Urne darstellt. (In der Praxis würde man, um N zu schätzen, anstelle von $\mathbb{E}[X]$ eher X, die grösste gezogene Zahl, nehmen.)

20. — Es sei $(\Omega, \mathfrak{A}, \mathrm{P})$ ein Wahrscheinlichkeitsraum und es seien A, B zwei Elemente von $\mathfrak{A}$ mit Indikatorfunktionen I_A, I_B.

a) Es gilt $\mathrm{Cov}(I_A, I_B) = \mathrm{P}(A \cap B) - \mathrm{P}(A)\mathrm{P}(B)$.

α) $\mathrm{Cov}(I_A, I_B) = 0$ gilt genau dann, wenn A und B unabhängig sind.

β) $\mathrm{Cov}(I_{A^c}, I_B) = -\mathrm{Cov}(I_A, I_B)$ (man beachte $I_{A^c} = 1 - I_A$).

b) Es gilt $\sigma^2(I_A) = \mathrm{Var}(I_A) = \mathrm{P}(A)(1 - \mathrm{P}(A))$ und daher $\mathrm{Var}(I_{A^c}) = \mathrm{Var}(I_A)$.

c) Falls $0 < \mathrm{P}(A), \mathrm{P}(B) < 1$ ist, kann man den linearen Korrelationskoeffizienten des Paares (I_A, I_B) definieren (vgl. § 7). Dann gilt

α) $r(I_{A^c}, I_B) = -r(I_A, I_B)$;

β) $r(I_A, I_B) = 1$ genau dann, wenn $B = A$ und $r(I_A, I_B) = -1$ genau dann, wenn $B = A^c$.

Da diese Übung nur einfaches Nachvollziehen erfordert, wird kein Beweis angegeben.

21. — Es sei X eine Bernoulli-verteilte Zufallsvariable mit Verteilung $q\varepsilon_0 + p\varepsilon_1$, wobei $p, q \geq 0$ und $p + q = 1$.

a) Falls $p \neq q$ ist, hat X genau einen Median M, und zwar gleich 0, falls $p < q$ ist und gleich 1, falls $p > q$ ist.

b) Ist $p = q = \frac{1}{2}$, so ist jede Zahl aus dem Intervall $[0, 1]$ ein Median von X.

KAPITEL 9

ERZEUGENDE FUNKTIONEN

In diesem Kapitel werden ganz speziell diejenigen diskreten Wahrscheinlichkeitsverteilungen behandelt, deren *Träger* die *natürlichen Zahlen* sind. Dabei
geht es auch um die Zufallsvariablen, die solche Verteilungen haben. Es wird
gezeigt, wie man derartige Verteilungen mit Potenzreihen so in Verbindung
bringen kann, dass man die charakteristischen Grössen dieser Verteilungen,
wie Erwartungswert und Momente, mit Mitteln der klassischen Analysis von
Reihen berechnen kann.

1. Definitionen. — Es bezeichne $\mathfrak{M}$ die Menge der Wahrscheinlichkeitsverteilungen der Form

$$P = \sum_{i=0}^{\infty} \alpha_i \, \varepsilon_i$$

und $\mathfrak{M}'$ die Menge der reellen, diskreten Zufallsvariablen, die auf einem
Wahrscheinlichkeitsraum $(\Omega, \mathfrak{A}, P)$ definiert sind und deren Verteilung zu
$\mathfrak{M}$ gehört. Gemäss der im vorhergehenden Kapitel gegebenen Definition
ist das *Faltungsprodukt* von P mit einer Wahrscheinlichkeitsverteilung $Q = \sum_{j=0}^{\infty} \beta_j \, \varepsilon_j$ gleich der Wahrscheinlichkeitsverteilung

$$(1.1) \qquad P * Q = \sum_{i=0}^{\infty} \sum_{j=0}^{\infty} \alpha_i \, \beta_j \, \varepsilon_{(i+j)}.$$

Dafür schreibt man auch

$$P * Q = \sum_{k=0}^{\infty} \gamma_k \, \varepsilon_k, \qquad \text{wobei} \qquad \gamma_k = \sum_{i=0}^{k} \alpha_i \, \beta_{k-i} \quad (k \geq 0).$$

SATZ 1.1. — *Es seien* P, Q, R, ... *Wahrscheinlichkeitsverteilungen der
Familie* $\mathfrak{M}$; *dann gelten folgende Eigenschaften:*

(i) $\qquad\qquad\qquad P * Q \in \mathfrak{M}\,;$

(ii) $\qquad\qquad\qquad P * Q = Q * P\,;$

(iii) $\qquad\qquad P * (Q * R) = (P * Q) * R\,;$

(iv) $\qquad\qquad\quad P * \varepsilon_0 = \varepsilon_0 * P = P\,;$

(v) $\qquad\quad \varepsilon_n * \varepsilon_m = \varepsilon_{(n+m)} \quad \text{für } n \geq 0 \quad \text{und } m \geq 0.$

Alle diese Eigenschaften sind unmittelbare Folgerungen aus der Definition des Faltungsproduktes, welches die Form (1.1) für die Wahrscheinlichkeitsverteilungen aus $\mathfrak{M}$ hat.

Wegen (iii) kann man für jedes $P \in \mathfrak{M}$ dessen Potenzen

$$P^{1*} = P \qquad \text{und} \qquad P^{n*} = P * P^{(n-1)*} \quad (n \geq 2)$$

definieren. Speziell ist

$$\varepsilon_1^{n*} = \varepsilon_n \qquad \text{für alle } n \geq 1.$$

Der folgende Satz ist somit eine Konsequenz dieser letztgenannten Eigenschaft und des Satzes 3.2 aus Kapitel 8.

SATZ 1.2. — *Es sei* P *eine zu* $\mathfrak{M}$ *gehörende Wahrscheinlichkeitsverteilung. Die Summe* S_n *von* n *($n \geq 1$) reellen, diskreten und unabhängigen Zufallsvariablen, die alle die gleiche Verteilung* P *haben, hat ihrerseits* P^{n*} *als Verteilung.*

Es bezeichne nun $\mathfrak{M}(s)$ die Menge der Potenzreihen in einer Variablen s, deren Koeffizienten nichtnegative reelle Zahlen sind und deren Summe gleich 1 ist, also

$$\mathfrak{M}(s) = \Big\{ \sum_{i=0}^{\infty} \alpha_i s^i : \alpha_i \geq 0, \ \sum_{i=0}^{\infty} \alpha_i = 1 \Big\}.$$

Der folgende Satz ist wiederum eine unmittelbare Folgerung aus der Definition des Faltungsproduktes für $\mathfrak{M}$, wobei man sich nur daran erinnern muss, dass in $\mathfrak{M}(s)$ das Produkt von zwei Potenzreihen den üblichen Rechenregeln der Distributivität gehorcht und auf der Rechenregel $s^i s^j = s^{i+j}$ für Potenzen aufbaut.

SATZ 1.3. — *Die Abbildung* $P \mapsto G_P(s)$, *die jeder Wahrscheinlichkeitsverteilung* $P = \sum_{i=0}^{\infty} \alpha_i \varepsilon_i$ *aus* $\mathfrak{M}$ *die Potenzreihe*

$$(1.2) \qquad G_P(s) = \sum_{i=0}^{\infty} \alpha_i s^i$$

zuordnet, ist eine Bijektion von $\mathfrak{M}$ *auf* $\mathfrak{M}(s)$ *mit der Eigenschaft*

$$(1.3) \qquad G_{P*Q}(s) = G_P(s)\, G_Q(s),$$

für alle P, Q *aus* $\mathfrak{M}$.

Die Potenzreihe $G_P(s)$ aus (1.2) heisst die *erzeugende Funktion* der Wahrscheinlichkeitsverteilung P. Falls X eine Zufallsvariable ist, deren Verteilung P zu $\mathfrak{M}$ gehört, bezeichnet man die erzeugende Funktion der Verteilung P auch mit $G_X(s)$ und spricht (etwas ungenau) von der *erzeugenden Funktion der Zufallsvariablen* X.

Bemerkung. — Die erzeugende Funktion $G_P(s) = \sum_{i=0}^{\infty} \alpha_i s^i$ konvergiert absolut und ihre Summe $G_P(s)$ ist eine stetige Funktion von s im Intervall $[-1, +1]$ für reelles s (bzw. auf der Kreisscheibe $|s| \leq 1$ für komplexes s). Sie besitzt Ableitungen beliebiger Ordnung, die man im Innern der Kreisscheibe, also für $|s| < 1$, durch gliedweises Differenzieren erhält. Daher kann man die üblichen Techniken der Ableitung und Integration von Potenzreihen heranziehen, um Eigenschaften der charakteristischen Grössen wie Erwartungswert und Momente zu untersuchen.

THEOREM 1.4 (Eindeutigkeitssatz). — *Die erzeugende Funktion einer Zufallsvariablen mit nichtnegativen ganzzahligen Werten bestimmt die Verteilung dieser Zufallsvariablen vollständig. Anders gesagt: haben zwei Zufallsvariable (mit nichtnegativen, ganzzahligen Werten) die gleiche erzeugende Funktion, so haben sie auch die gleiche Verteilung.*

Beweis. — Es sei X eine Zufallsvariable mit Werten in $\mathbb{N}$. Wir setzen $p_k = P\{X = k\}$ $(k \geq 0)$ und bezeichnen mit $G(s)$ die erzeugende Funktion von X, also

$$(1.4) \qquad G(s) = \sum_{k \geq 0} p_k s^k.$$

Wir werden uns davon überzeugen, dass man die Folge (p_k) $(k \geq 0)$ ausgehend von der Funktion G bestimmen kann. Verwendet man die Tatsache, dass man (1.4) innerhalb des Intervalles $]-1, +1[$ gliedweise differenzieren kann, so erhält man

$$G(0) = p_0\,;$$
$$G'(u) = \sum_{k \geq 0} k p_k u^{k-1} = \sum_{k \geq 1} k p_k u^{k-1}, \qquad G'(0) = p_1\,;$$
$$G''(u) = \sum_{k \geq 0} k(k-1) p_k u^{k-2} = \sum_{k \geq 2} k(k-1) p_k u^{k-2}, \quad G''(0) = 2p_2\,;$$
$$\cdots \quad \cdots$$
$$G^{(n)}(u) = \sum_{k \geq 0} k(k-1)\ldots(k-n+1) p_k u^{k-n}$$
$$= \sum_{k \geq n} k(k-1)\ldots(k-n+1) p_k u^{k-n}, \quad G^{(n)}(0) = n!\, p_n \quad (n \geq 0).$$

Es gilt also für jedes $n \geq 0$ die Gleichheit $G^{(n)}(0) = n!\, p_n$; somit bestimmt die Kenntnis von G vollständig die Verteilung (p_k) $(k \geq 0)$ von X. $\quad\square$

2. Eigenschaften. — Wir werden als erstes zeigen, dass sich der Erwartungswert einer Zufallsvariablen aus der Familie $\mathfrak{M}'$ mit Hilfe der Reihe mit dem allgemeinen Glied $\mathrm{P}\{X > i\}$, $(i \geq 0)$, berechnen lässt.

SATZ 2.1. — *Es sei X eine Zufallsvariable aus der Klasse $\mathfrak{M}'$. Dann gilt*

$$(2.1) \qquad \sum_{i=1}^{\infty} i\,\mathrm{P}\{X = i\} = \sum_{i=0}^{\infty} \mathrm{P}\{X > i\}$$

im Sinne einer Gleichheit von Elementen von $[0, +\infty]$. Konvergiert eine der beteiligten Reihen, so tut dies auch die andere und der gemeinsame Wert dieser Reihen ist der Erwartungswert $\mathbb{E}[X]$.

Beweis. — Für jedes $i \geq 0$ sei $\alpha_i = \mathrm{P}\{X = i\}$. Dann gilt in $[0, +\infty]$

$$(2.2) \qquad \sum_{i \geq 0} \mathrm{P}\{X > i\} = \sum_{i \geq 1} \mathrm{P}\{X \geq i\} = \sum_{i \geq 1}\Big(\sum_{j \geq i} \alpha_j\Big).$$

Die rechte Seite ist eine *iterierte* Summe mit nichtnegativen Gliedern. Fubinis Theorem erlaubt es, die Reihenfolge der Summationen zu vertauschen und man erhält, immer noch im Sinne von Werten in $[0, +\infty]$,

$$\sum_{i \geq 1}\Big(\sum_{j \geq i} \alpha_j\Big) = \sum_{j \geq 1}\Big(\sum_{1 \leq i \leq j} \alpha_j\Big) = \sum_{j \geq 1} j\,\alpha_j. \quad \square$$

Bemerkung. — Man kann Satz 2.1 auch anders beweisen. Wenn man alle Gleichheiten auf $[0, +\infty]$ bezieht, so gilt $X = \sum_{i=0}^{\infty} I_{\{X > i\}}$. Nimmt man davon den Erwartungswert und vertauscht die Operatoren E und $\sum$ (was erlaubt ist, da alle Summanden nichtnegativ sind), so erhält man

$$\mathbb{E}[X] = \sum_{i=0}^{\infty} \mathbb{E}[I_{\{X > i\}}] = \sum_{i=0}^{\infty} \mathrm{P}\{X > i\}.$$

Der gerade bewiesene Satz legt es nahe, eine zweite erzeugende Funktion zu X zu betrachten, die durch

$$(2.3) \qquad H_X(s) = \sum_{i=0}^{\infty} \mathrm{P}\{X > i\}\, s^i$$

definiert ist. Betrachtet man s als reelle Variable, so konvergiert diese Reihe im offenen Intervall $]-1, +1[$, und zwischen $G_X(s)$ und $H_X(s)$ besteht die folgende funktionale Beziehung.

SATZ 2.2. — *Für $|s| < 1$ gilt*

$$H_X(s) = \frac{1 - G_X(s)}{1 - s}.$$

Beweis. — Wir greifen auf die Bezeichnungen aus dem Beweis von Satz 2.1 zurück. Für $i \geq 1$ ist der Koeffizient von s^i in dem Produkt $(1 - s)H_X(s)$ gleich $\beta_i - \beta_{i-1}$, d.h. gleich $-\alpha_i$, und der Koeffizient von s^0 ist $\beta_0 = 1 - \alpha_0$. Das besagt aber gerade $(1 - s)H_X(s) = 1 - G_X(s)$. $\square$

Kennt man $G_X(s)$ oder $H_X(s)$ explizit, so kann man den Erwartungswert von X und dessen Momente — zumindest unter gewissen Bedingungen — berechnen. Dies wird nun ausgeführt.

SATZ 2.3. — *Die erzeugende Funktion $G_X(s)$ hat eine linksseitige Ableitung $G'_X(1)$ im Punkt $s = 1$ genau dann, wenn $\mathbb{E}[X]$ existiert und endlich ist. Dann gilt*

$$(2.4) \qquad \mathbb{E}[X] = G'_X(1).$$

Weiter hat die Funktion $H_X(s)$ genau dann einen linksseitigen Grenzwert $H_X(1)$ im Punkt $s = 1$, wenn $\mathbb{E}[X]$ existiert und endlich ist. Zudem gilt dann

$$(2.5) \qquad \mathbb{E}[X] = H_X(1).$$

Zum Beweis dieses Satzes ist es bequem, sich auf das bekannte Lemma von Abel zu berufen, das man folgendermassen formulieren kann.

LEMMA (Abel).

1) *Wenn die Reihe $\sum_i \alpha_i$ $(i \geq 0)$ konvergiert und den Wert α hat, so ist*

$$\lim_{s \to 1-0} \sum_{i=0}^{\infty} \alpha_i\, s^i = \sum_{i=0}^{\infty} \alpha_i = \alpha.$$

2) *Falls alle $\alpha_i \geq 0$ sind und $\lim_{s \to 1-0} \sum_{i=0}^{\infty} \alpha_i s^i = \alpha \leq +\infty$ gilt, so ist*

$$\sum_{i=0}^{\infty} \alpha_i = \alpha.$$

Beweis.

1) Man zeigt $\lim_{s \to 1-0} \left| \sum_{i=0}^{\infty} \alpha_i(s^i - 1) \right| = 0$. Da die Reihe mit dem allgemeinen Glied α_i konvergiert, gibt es zu jedem $\varepsilon > 0$ ein $N(\varepsilon)$ derart, dass für

alle $N' \geq N$ die Abschätzung $\left| \sum_{N \leq i \leq N'} \alpha_i \right| \leq \varepsilon/4$ gilt. Bei einer solchen Wahl von N erhält man

$$\left| \sum_{i=0}^{\infty} \alpha_i(s^i - 1) \right| \leq \left| \sum_{i=0}^{N} \alpha_i(s^i - 1) \right| + \left| \sum_{i=N+1}^{\infty} \alpha_i(s^i - 1) \right|.$$

Für jedes $s \in [0, 1[$ gilt aber

$$\left| \sum_{i=0}^{N} \alpha_i(s^i - 1) \right| \leq MN \left| s^N - 1 \right|, \text{ wobei } M = \max_{0 \leq i \leq N} |\alpha_i| < +\infty,$$

sodass man $\left| \sum_{i=0}^{N} \alpha_i(s^i - 1) \right| < \dfrac{\varepsilon}{2}$ für s nahe bei 1 hat.

Um den zweiten Term auf der rechten Seite zu majorisieren, verwendet man partielle Summation (die Technik, die in dieser Situation auf Abel zurückgeht). Setzt man $A_i = \sum_{k \geq i} \alpha_k$, so erhält man

$$\left| \sum_{i=N+1}^{\infty} \alpha_i(s^i - 1) \right| = \left| \sum_{i=N+1}^{\infty} (A_i - A_{i+1})(s^i - 1) \right|$$

$$= \left| A_{N+1}(s^{N+1} - 1) + \sum_{i=N+2}^{\infty} A_i(s^i - s^{i-1}) \right|$$

$$\leq \frac{\varepsilon}{4} \left| s^{N+1} - 1 \right| + \frac{\varepsilon}{4} s^{N+1} < \frac{\varepsilon}{2}.$$

Schliesslich ergibt sich also $\left| \sum_{i=0}^{\infty} \alpha_i(s^i - 1) \right| < \varepsilon$ unter der Voraussetzung, dass s genügend nahe bei 1 ist.

2) Wegen $\sum_i \alpha_i s^i \leq \sum_i \alpha_i$ für $0 < s < 1$ ist der Fall $\alpha = +\infty$ klar. Sei also α endlich. Nach Voraussetzung gilt $\sum_i \alpha_i s^i < \alpha < +\infty$ für $0 < s < 1$; somit hat man für jedes $n \geq 1$ die Ungleichung $\sum_{i=0}^{n} \alpha_i \leq \alpha$. Da $\sum_{i=0}^{n} \alpha_i$ eine monoton wachsende und beschränkte Funktion von n ist, muss sie gegen einen Grenzwert α' konvergieren. Man kann nun den ersten Teil des Lemmas anwenden und erhält $\alpha' = \alpha$. $\square$

Der Beweis von Satz 2.3 kann nun geführt werden. Falls $\mathbb{E}[X]$ endlich ist, hat $\sum_i i\alpha_i$ eine endliche Summe. Für $|s| < 1$ kann man die Reihe $\sum_i \alpha_i s^i$ gliedweise differenzieren und erhält $G_X'(s) = \sum_i i\alpha_i s^{i-1}$. Aus dem ersten Teil des Lemmas von Abel folgt nun $\lim_{s \to 1-0} G_X'(s) = \sum_i i\alpha_i = \mathbb{E}[X]$. Falls $\lim_{s \to 1-0} \sum_i i\alpha_i s^{i-1} = \lim_{s \to 1-0} G_X'(s) = \alpha$ gilt, zeigt der zweite Teil des Lemmas von Abel, dass die Summe $\sum_i \alpha_i$ gleich α ist, wobei dieser Wert endlich oder unendlich sein kann. Damit ist die Beziehung (2.4) bewiesen.

Für $|s| < 1$ hat man

$$H_X(s) = \frac{1 - G_X(s)}{1 - s} = \frac{G_X(1) - G_X(s)}{1 - s} = G'_X(\sigma),$$

für $s \leq \sigma \leq 1$. Da $H_X(s)$ und $G'_X(s)$ monoton sind, haben sie (endliche oder unendliche) Grenzwerte im Punkt 1. $\square$

Die nachfolgenden Aussagen kann man ganz analog beweisen, deshalb wird auf die Darstellung des Beweises verzichtet.

SATZ 2.4. — *Die Funktion $G_X(s)$ besitzt eine r-te linksseitige Ableitung $G_X^{(r)}(1)$ (r positiv, ganzzahlig) im Punkt $s = 1$ genau dann, wenn das r-te faktorielle Moment $\mathbb{E}[X(X-1)\ldots(X-r+1)]$ existiert und endlich ist. Es gilt dann*

$$(2.6) \qquad \mathbb{E}[X(X-1)\ldots(X-r+1)] = G_X^{(r)}(1)\,;$$

speziell im Fall $r = 2$ hat man

$$(2.7) \qquad \mathbb{E}[X(X-1)] = G''_X(1) = 2\,H'_X(1)$$

und folglich

$$(2.8) \qquad \operatorname{Var} X = G''_X(1) + G'_X(1) - \left(G'_X(1)\right)^2$$
$$= 2\,H'_X(1) + H_X(1) - \left(H_X(1)\right)^2.$$

SATZ 2.5. — *Angenommen, die Funktion $G_X(s)$ besitze eine Taylorentwicklung in der Umgebung von $s = 1$, oder (was auf dasselbe hinausläuft) die Funktion $G_X(1 + u)$ besitze eine solche Entwicklung in der Umgebung von $u = 0$. Dann ist das faktorielle Moment r-ter Ordnung ($r \geq 1$) der Koeffizient von $u^r/r!$ in dieser Entwicklung, d.h.*

$$G_X(1 + u) = 1 + \sum_{r \geq 1} \mathbb{E}[X(X-1)\ldots(X-r+1)]\frac{u^r}{r!}.$$

3. Summen von Zufallsvariablen. — Wir betrachten zunächst den Fall einer festen Anzahl von Summanden, später dann auch die Situation, in der die Anzahl der Summanden zufällig ist.

SATZ 3.1. — *Sind X und Y unabhängige Zufallsvariable, so gilt*

$$(3.1) \qquad G_{X+Y}(s) = G_X(s)\,G_Y(s).$$

Beweis. — In der Tat, sind P und Q die Verteilungen von X und Y, so ist die Verteilung von $X + Y$ die Faltung $P * Q$. Die Behauptung folgt also aus Satz 1.3. □

KOROLLAR. — *Sind X_1, X_2, ..., X_n unabhängige Zufallsvariable mit der gleichen Verteilung, deren erzeugende Funktion $G(s)$ ist, so ist die erzeugende Funktion von $S_n = X_1 + X_2 + \cdots + X_n$ gegeben durch*

$$(3.2) \qquad\qquad G_{S_n}(s) = \big(G(s)\big)^n.$$

Wir behandeln nun den Fall einer Summe von Zufallsvariablen mit einer *zufälligen* Anzahl von Summanden. Sei also (X_n) eine Folge von unabhängigen Zufallsvariablen, die auf demselben Wahrscheinlichkeitsraum $(\Omega, \mathfrak{A}, P)$ definiert sind und die alle die gleiche Verteilung $P_X \in \mathfrak{M}$ haben; dabei sei $G_X(s)$ die erzeugende Funktion. Weiter sei N eine auf demselben Raum definierte Zufallsvariable, die von den X_n unabhängig ist, mit der Verteilung $P_N \in \mathfrak{M}$ und der erzeugenden Funktion $G_N(s)$. Man setzt $S_0 = 0$, $S_n = X_1 + \ldots + X_n$, $n \geq 1$, und betrachtet nun die Zufallsvariable

$$S_N : \omega \longrightarrow S_{N(\omega)}(\omega) = X_1(\omega) + \cdots + X_{N(\omega)}(\omega).$$

Um S_N einwandfrei zu definieren, benötigt man das Produkt von unendlich vielen Wahrscheinlichkeitsräumen; hier soll es uns aber nur auf die Berechnung der erzeugenden Funktion von S_N ankommen.

Für jedes $j \geq 0$ kann man

$$\{S_N = j\} = \sum_{n=0}^{\infty} \{S_N = j,\, N = n\} = \sum_{n=0}^{\infty} \{X_1 + \cdots + X_n = j,\, N = n\}$$

schreiben. Dies zeigt speziell, dass S_N eine Zufallsvariable ist, denn der zweite Ausdruck ist eine abzählbare Vereinigung von Ereignissen. Da die Variablen X_n von N unabhängig sind, ist auch jede der Variablen S_n von N unabhängig. Damit ergibt sich

$$\begin{aligned} P\{S_N = j\} &= \sum_{n=0}^{\infty} P\{S_N = j,\, N = n\} \\ &= \sum_{n=0}^{\infty} P\{S_n = j,\, N = n\} = \sum_{n=0}^{\infty} P\{S_n = j\}\, P\{N = n\} \end{aligned}$$

und daher

$$G_{S_N}(s) = \sum_{j=0}^{\infty} P\{S_N = j\} s^j = \sum_{j=0}^{\infty} \Big(\sum_{n=0}^{\infty} P\{S_n = j\}\, P\{N = n\} \Big) s^j.$$

Vertauscht man nun noch die Summationsreihenfolge, so erhält man

$$G_{S_N}(s) = \sum_{n=0}^{\infty} \mathrm{P}\{N = n\}\Big(\sum_{j=0}^{\infty} \mathrm{P}\{S_n = j\}\, s^j\Big)$$

$$= \sum_{n=0}^{\infty} \mathrm{P}\{N = n\}\big(G_X(s)\big)^n \quad \text{[gemäss vorherigem Korollar]}$$

$$= G_N\big(G_X(s)\big).$$

Damit ist der folgende Satz bewiesen.

SATZ 3.2. — *Die zufällige Summe* $S_N = X_1 + \cdots + X_N$, *wobei* N *eine Zufallsvariable mit nichtnegativen, ganzzahligen Werten ist, die unabhängig von der Folge* (X_n) $(n \geq 1)$ *ist, hat als erzeugende Funktion die Komposition*

$$(3.3) \qquad G_{S_N}(s) = G_N\big(G_X(s)\big) = G_N \circ G_X(s).$$

4. Der Stetigkeitssatz

THEOREM 4.1. — *Es sei eine Folge* $(p_{n,k},\ k \geq 0)$ $(n \geq 0)$ *von Wahrscheinlichkeitsverteilungen auf* $\mathbb{N}$ *und eine Folge* $(\alpha_k,\ k \geq 0)$ *von nichtnegativen Zahlen mit* $\sum_{k \geq 0} \alpha_k \leq 1$ *gegeben. Ferner sei*

$$G_n(u) = \sum_{k \geq 0} p_{n,k} u^k \quad (n \geq 0) \qquad und \qquad G(u) = \sum_{k \geq 0} \alpha_k u^k.$$

Dann sind die beiden folgenden Eigenschaften äquivalent:

a) *Für alle* $k \geq 0$ *gilt* $\lim_{n \to \infty} p_{n,k} = \alpha_k$;

b) *Für alle* $u \in\,]0, 1[$ *gilt* $\lim_{n \to \infty} G_n(u) = G(u)$.

Beweis.

a) $\Rightarrow$ b) Es sei $u \in\,]0, 1[$ gewählt; dann existiert für jedes $\varepsilon > 0$ eine Zahl $N(\varepsilon)$ mit $\sum_{k > N} u^k < \varepsilon$. Daraus folgt

$$|G_n(u) - G(u)| \leq \sum_{k \geq 0} |p_{n,k} - \alpha_k|\, |u|^k \leq \sum_{k=0}^{N} |p_{n,k} - \alpha_k| + \sum_{k > N} u^k.$$

Also ist $|G_n(u) - G(u)| < \sum_{k=0}^{N} |p_{n,k} - \alpha_k| + \varepsilon$. Lässt man nun (bei festem N) n gegen unendlich streben, so erhält man die gewünschte Aussage, da $\varepsilon > 0$ beliebig ist.

b) $\Rightarrow$ a) Das klassische Diagonalverfahren zeigt, dass man aus jeder Folge $(P_n) = ((p_{n,k},\ k \geq 1))$ $(n \geq 1)$ von Wahrscheinlichkeitsverteilungen auf $\mathbb{N}$ eine konvergente Teilfolge $(P_{n'})$ herausziehen kann, d.h., dass für jedes $k \geq 0$ der Limes $\lim_{n' \to \infty} p_{n',k}$ existiert.

Hat (P_n) zwei konvergente Teilfolgen $(P_{n'})$ und $(P_{n''})$, so gilt wegen der Implikation a) $\Rightarrow$ b) des Theorems

$$\lim_{n'\to\infty} G_{n'}(u) = G(u), \qquad \lim_{n''\to\infty} G_{n''}(u) = G(u).$$

Somit haben die Grenzwerte zweier konvergenter Teilfolgen die gleiche erzeugende Funktion; da aber die erzeugende Funktion einer Folge diese Folge eindeutig bestimmt, müssen alle konvergenten Teilfolgen gegen den gleichen Grenzwert konvergieren. Für jedes $k \geq 0$ existiert also der Grenzwert $\lim_{n\to\infty} p_{n,k}$, den wir α_k nennen. Die Folge $(\alpha_k, k \geq 0)$ hat dann $G(u)$ als erzeugende Funktion. $\Box$

In einer Situation, in der $(\alpha_k, k \geq 0)$ selbst *eine Wahrscheinlichkeitsverteilung auf* $\mathbb{N}$ ist, kann man dann das folgende Resultat formulieren.

THEOREM 4.2. — *Es sei (X_n) $(n \geq 1)$ eine Folge von Zufallsvariablen mit Werten in* $\mathbb{N}$ *und ebenso X eine Zufallsvariable mit Werten in* $\mathbb{N}$. *Es sei weiter $(p_{n,k}, k \geq 0)$ die Verteilung von X_n und $G_n(u) = \mathbb{E}[u^{X_n}]$ deren erzeugende Funktion, schliesslich $(\alpha_k, k \geq 0)$ die Verteilung von X und $G(u) = \mathbb{E}[u^X]$ die entsprechende erzeugende Funktion. Dann sind die beiden folgenden Aussagen äquivalent:*

a) *Für jedes $k \geq 0$ gilt $\lim_{n\to\infty} p_{n,k} = \alpha_k$ (d.h. X_n konvergiert gegen X in der Verteilung)[1];*

b) *Für alle $u \in]0, 1[$ gilt $\lim_{n\to\infty} G_n(u) = G(u)$.*

ERGÄNZUNGEN UND ÜBUNGEN

1. — Man bestimme explizit die erzeugenden Funktionen für die Binomialverteilung $B(n,p)$, für die Poisson-Verteilung π_λ und für die geometrische Verteilung $\sum_{k\geq 1} pq^{k-1}\varepsilon_k$.

2. — Es sei X eine Zufallsvariable mit der geometrischen Verteilung $\sum_{k\geq 1} q^{k-1}p\,\varepsilon_k$ $(0 < p < 1, q = 1 - p)$. Man zeige, dass die faktoriellen Momente von X existieren und berechne diese; speziell betrachte man den Fall $p = \frac{1}{2}$.

3. — Man beweise mit Hilfe der Technik der erzeugenden Funktionen nochmals die Faltungsidentitäten

$$B(n,p) * B(m,p) = B(n+m,p)\,; \quad \pi_\lambda * \pi_\mu = \pi_{\lambda+\mu}.$$

---

[1] *cf.* Theorem 6.1 von Kapitel 16.

4. — Ebenfalls mit Hilfe der Technik der erzeugenden Funktionen berechne man $\mathbb{E}[X]$ und $\operatorname{Var} X$ für den Fall, dass X die Verteilung $B(n,p)$ bzw. die Verteilung π_λ hat.

5. — Man definiert $F(a,b,c;s) = {}_2F_1\left({a,b \atop c};s\right) = \sum_{n\geq 0} \frac{(a)_n(b)_n}{(c)_n}\frac{s^n}{n!}$.

a) Man zeige, dass $F'(a,b,c;s) = \dfrac{ab}{c}F(a+1,b+1,c+1;s)$ gilt.

b) Die hypergeometrische Verteilung ist durch

$$H(n,N,M) = \sum_k \frac{\binom{M}{k}\binom{N-M}{n-k}}{\binom{N}{n}}\varepsilon_k$$

gegeben, wobei k in dem Intervall $[\max\{0, n-(N-M)\}, \min\{n, M\}]$ variiert. Man zeige, dass die erzeugende Funktion $G_H(s)$ gegeben ist durch:

$$G_H(s) = \begin{cases} \dfrac{(-N+M)_n}{(-N)_n}\,{}_2F_1\left({-M,-n \atop N-M-n+1};s\right), & \text{falls } n \leq N-M\,; \\[2ex] \dfrac{(n-N+M+1)_{N-n}}{(n+1)_{N-n}}\,s^{n-N+M}\,{}_2F_1\left({-N+n,-N+M \atop n-N+M+1};s\right), \\ \qquad\qquad\qquad\qquad \text{falls } n \geq N-M+1. \end{cases}$$

Der Name *hypergeometrische* Verteilung geht auf diese Eigenschaft zurück. Man beachte, dass $G_H(s)$ in n und M symmetrisch ist.

c) Man zeige unter Verwendung der Identität von Chu-Vandermonde, dass eine hypergeometrisch verteilte Zufallsvariable den Erwartungswert nM/N hat. (Man beachte, dass dieser Erwartungswert gleich $G_H'(1)$ ist.)

d) Man zeige, dass die zweite Ableitung von $G_H(s)$ im Punkt $s=1$ gleich

$$\frac{M(M-1)n(n-1)}{N(N-1)}$$

ist. Daraus ist weiter zu folgern, dass die Varianz einer hypergeometrisch verteilten Zufallsvariablen durch

$$\operatorname{Var} X = \frac{nM(N-M)}{N^2}\left[1 - \frac{n-1}{N-1}\right]$$

gegeben ist.

6. — Es sei $G(s)$ die erzeugende Funktion einer Zufallsvariablen aus $X \in \mathfrak{M}'$. Man bestimme die erzeugenden Funktionen der Zufallsvariablen $X+b$ und aX für positive, ganzzahlige a, b.

7. — Es bezeichne $G(s)$ die erzeugende Funktion einer Zufallsvariablen X aus der Klasse $\mathfrak{M}'$. Man gebe einen expliziten Ausdruck für $J(s) = \sum_{n \geq 0} u_n s^n$ als Funktion von $G(s)$ an, wenn u_n eine der folgenden Bedeutungen hat:

a) $P\{X \leq n\}$;   b) $P\{X < n\}$;   c) $P\{X \geq n\}$;   d) $P\{X > n + 1\}$;
e) $P\{X = 2n\}$ für alle $n \geq 0$.

8. — Ein Sack enthalte eine weisse und zwei rote Kugeln. Man wiederholt unendlich oft die Operation, die darin besteht, eine Kugel zu ziehen, diese in den Sack zurückzulegen, falls sie weiss ist, und sie zu eliminieren, falls sie rot ist. Es bezeichne X_n die Zufallsvariable, die die Werte 0 oder 1 annimmt, je nachdem, ob bei der n-ten Operation eine rote oder weisse Kugel gezogen wird. Man setzt $R_n = \{X_n = 0\}$ und $B_n = \{X_n = 1\}$.

a) Es sei T_1 der Zeitpunkt, zu dem man erstmals eine rote Kugel zieht (d.h. T_1 ist die kleinste ganze Zahl $m \geq 1$, für die $X_m = 0$ ist). Man berechne $P\{T_1 = m\}$ ($m \geq 1$) und die erzeugende Funktion von T_1. Man folgere daraus $\sum_{m \geq 1} P\{T_1 = m\} = 1$ und man berechne den Erwartungswert und die Varianz von T_1.

b) Es sei T_2 der Zeitpunkt, zu dem die zweite rote Kugel gezogen wird. Man berechne $P\{T_1 = m, T_2 = n\}$ für $1 \leq m < n$.

c) Man berechne daraus $P\{T_2 = n\}$ und ermittle die erzeugende Funktion von T_2. Man zeige, dass T_2 fast sicher endlich ist. Man berechne $\mathbb{E}[T_2]$ und $\mathrm{Var}\, T_2$.

d) Mit Hilfe der vorangehenden Resultate berechne man $P\{X_n = 0\}$ und daraus die Verteilung von X_n.

9. — Mit den Bezeichnungen und unter den Voraussetzungen von Satz 3.2 zeige man, dass S_N einen endlichen Erwartungswert und eine endliche Varianz hat, falls dies für X_1 und N gilt. Man beweise, dass dann

$$\mathbb{E}[S_N] = \mathbb{E}[N]\,\mathbb{E}[X_1] \quad \text{und} \quad \mathrm{Var}\, S_N = \mathbb{E}[N]\,\mathrm{Var}\, X_1 + \mathrm{Var}\, N \big(\mathbb{E}[X_1]\big)^2$$

gilt.

10. — Bei einer Kernreaktion erzeugt ein Elementarteilchen eine Anzahl X_1 von Teilchen gleicher Art, genannt erste Generation. Das i-te Teilchen ($i = 1, 2, \ldots, X_1$) der ersten Generation erzeugt, unabhängig von den anderen, ξ_i^1 weitere Teilchen; die Anzahl der Teilchen der zweiten Generation ist also $X_2 = \xi_1^1 + \cdots + \xi_{X_1}^1$. Die Zufallsvariablen X_n und ξ_i^n werden dann rekursiv ganz entsprechend definiert: X_n bezeichnet die Grösse der n-ten Generation und ξ_i^n die Anzahl der Nachkommen des i-ten Teilchens der n-ten Generation.

Für $n \geq 1$ gilt also die Beziehung $X_{n+1} = \xi_1^n + \cdots + \xi_{X_n}^n$. Man setzt nun voraus, dass für jedes $n \geq 1$ die Zufallsvariablen $X_n, \xi_1^n, \ldots, \xi_{X_n}^n$ unabhängig sind und dass sämtliche ξ_i^n die gleiche Verteilung wie X_1 haben. Mit $G(s)$ wird die erzeugende Funktion von X_1 bezeichnet.

a) Es bezeichne $G_n(s)$ die erzeugende Funktion von X_n. Man zeige

$$G_{n+1}(s) = G_n\big(G(s)\big) = G\big(G_n(s)\big), \qquad \text{für } n \geq 1.$$

b) Man zeige, dass die Funktion $G(s)$ monoton wachsend und konvex im Intervall $[0,1]$ ist.

c) Es sei $x_n = \mathrm{P}\{X_n = 0\} = G_n(0)$; man zeige, dass die Folge (x_n) $(n \geq 1)$ monoton wächst und ihr Grenzwert x die kleinste zwischen 0 und 1 gelegene Lösung der Gleichung

$$(*) \qquad\qquad G(\xi) = \xi$$

ist.

d) Es sei $\mu = \mathbb{E}[X_1]$ die mittlere Anzahl der Nachkommen eines Teilchens. Vorausgesetzt wird nun $G(s) \neq s$; mit Hilfe von b) ist zu zeigen:

(i) für $\mu \leq 1$ ist $\xi = 1$ die einzige zwischen 0 und 1 gelegene Lösung von $(*)$; also ist $x = 1$;

(ii) für $\mu > 1$ hat $(*)$ genau eine Lösung ξ mit $0 \leq \xi < 1$; also ist $x = \xi$.

e) Man interpretiere x und das vorangehende Resultat.

f) Es sei $\sigma^2 = \operatorname{Var} X_1$. Mit Hilfe von Rekursionsformeln berechne man $\mathbb{E}[X_n]$ und $\operatorname{Var} X_n$ als Funktion von μ und σ^2.

g) Man berechne $G_n(s)$ im Falle $\mathrm{P}_{X_1} = q\varepsilon_0 + p\varepsilon_1$ $(p + q = 1)$.

11. — Hier wird auf die Bezeichnungen von Aufgabe 8 des vorigen Kapitels zurückgegriffen. Es bezeichne T die kleinste ganze Zahl mit $X_T = a$. Man berechne $t_n = \mathrm{P}\{T > n\}$ $(n \geq 0)$ und bestimme einen Ausdruck für die erzeugende Funktion $H(s) = \sum_{n \geq 0} t_n s^n$. Daraus leite man $\mathbb{E}[T]$ ab.

12. — Häufig ist es möglich, die Glieder einer Folge (u_n) $(n \geq 0)$ explizit zu berechnen, wenn deren erzeugende Funktion $U(s) = \sum_{n \geq 0} u_n s^n$ eine spezielle analytische Form hat, beispielsweise, wenn es sich um eine rationale Funktion handelt. Sei also $U(s) = P(s)/Q(s)$ eine rationale Funktion (in ausgekürzter Darstellung) mit $Q(0) \neq 0$. Mit $s_1, \ldots, s_m$ sollen die (reellen oder komplexen) Wurzeln von $Q(s)$ bezeichnet werden, mit $r_1, \ldots, r_m$ deren Vielfachheit. Zunächst soll angenommen werden, dass der Grad von $P(s)$ echt kleiner als der von $Q(s)$ ist. Die Partialbruchzerlegung von $U(s)$ sieht dann folgendermassen aus:

$$U(s) = \sum_{1 \leq i \leq m} \sum_{1 \leq j \leq r_i} \frac{a_{ij}}{(s - s_i)^j}.$$

a) Man zeige $a_{ir_i} = r_i!\, P(s_i)/Q^{(r_i)}(s_i)$.

b) Man zeige, dass sich für $|s| < \inf\limits_{1 \le i \le m} |s_i|$ die Funktion $U(s)$ in eine Potenzreihe entwickeln lässt, d.h.

$$U(s) = \sum_{n \ge 0} u_n s^n, \quad \text{wobei} \quad u_n = \sum_{1 \le i \le m} \sum_{1 \le j \le r_i} a_{ij}(-1)^j \frac{(j)_n}{n!} s_i^{-n-j}.$$

Hierbei ist $(j)_n = j(j+1)\ldots(j+n-1)$. Damit hat man eine *exakte* Formel für die u_n.

c) Wir nehmen nun an, dass es *genau eine* Wurzel gibt, etwa s_1, die dem Betrage nach echt kleiner ist als alle übrigen Wurzeln, d.h. $|s_1| < |s_i|$ für $i = 2, \ldots, m$. Man zeige, dass dann

$$u_n \sim a_{1r_1}(-1)^{r_1} \frac{(r_1)_n}{n!} s_1^{-n-r_1}$$

gilt, wenn n gegen unendlich strebt.

d) Man zeige, dass die Aussage von c) auch dann noch gilt, wenn der Grad von $P(s)$ grösser oder gleich dem Grad von $Q(s)$ ist.

13. — Es wird eine Folge von Münzwürfen durchgeführt. Mit u_n ($n \ge 1$) wird die Wahrscheinlichkeit bezeichnet, dass während der ersten n Würfe «Kopf» nicht dreimal hintereinander auftritt.

a) Offenbar gilt $u_1 = u_2 = 1$ und man setzt auch noch $u_0 = 1$. Man beweise für $n \ge 3$ die Rekursion

$$u_n = \frac{1}{2} u_{n-1} + \frac{1}{4} u_{n-2} + \frac{1}{8} u_{n-3}.$$

b) Es sei nun $U(s) = \sum\limits_{n \ge 0} u_n s^n$. Man leite die explizite Form

$$U(s) = \frac{2s^2 + 4s + 8}{8 - 4s - 2s^2 - s^3}$$

her.

c) Man zeige, dass der Nenner $Q(s) = 8 - 4s - 2s^2 - s^3$ eine strikt positive Wurzel $s_1 = 1,087\ldots$ und zwei weitere komplexe Nullstellen hat, die dem Betrag nach echt grösser als s_1 sind. (In der Tat, für $|s| < s_1$ gilt $|4s + 2s^2 + s^3| < 4s_1 + 2s_1^2 + s_1^3 = 8$ und dieselbe Ungleichung gilt für $|s| = s_1$, $s \ne s_1$.)

d) Mit Hilfe der Aussagen aus der vorhergehenden Aufgabe berechne man u_n.

14. — Zu dieser kommentierten Aufgabe, bei der nur die Techniken dieses Kapitels verwendet werden, wird keine Lösung angegeben. Sie behandelt einen sehr speziellen Fall des sogenannten Erneuerungstheorems (*cf.* Feller (*op. cit.*), Kap. 13).

Wir betrachten eine Glühbirne, deren Funktionsdauer T als eine Zufallsvariable mit ganzzahligen Werten angesehen wird. Die Wahrscheinlichkeiten für die Funktionsdauer $f_k = \mathrm{P}\{T = k\}$ $(k = 1, 2, \dots)$ sind gegeben und sollen $\sum_{k \geq 1} f_k = 1$ erfüllen. Zum Zeitpunkt $t = 0$ ist die Glühbirne neu. Sobald sie ausfällt, ersetzt man sie durch eine neue Birne gleichen Typs, usf. ... Nun definiert man folgendermassen eine Folge (X_n) $(n = 1, 2, \dots)$ von Zufallsvariablen. Es ist $X_n = 1$ oder 0, je nachdem, ob zum Zeitpunkt n eine Ersetzung stattfindet oder nicht. Nach Voraussetzung gilt also $\mathrm{P}\{X_1 = 1\} = f_1$ und $\mathrm{P}\{X_1 = \cdots = X_{n-1} = 0, X_n = 1\} = f_n$ für $n \geq 2$, sowie $\mathrm{P}\{X_{k+1} = \cdots = X_{n-1} = 0, X_n = 1 \mid X_k = 1\} = f_{n-k}$ für $1 \leq k \leq n-1$.

a) Setzt man $u_n = \mathrm{P}\{X_n = 1\}$ für $n \geq 1$ und zudem noch $u_0 = 1$, $f_0 = 0$, so gilt für $n \geq 1$ die *Faltungsidentität*

$$u_n = \sum_{0 \leq k \leq n} f_k u_{n-k}.$$

Falls das Ereignis $\{X_n = 1\}$ eintritt, so hat man nämlich entweder vor dem Zeitpunkt n die Glühbirne ersetzen müssen, dies entspricht dem Ereignis $\{X_1 = \cdots = X_{n-1} = 0, X_n = 1\}$, oder für ein gewisses k mit $1 \leq k \leq n-1$ ist das Ereignis $\{X_k = 1, X_{k+1} = \cdots = X_{n-1} = 0, X_n = 1\}$ eingetreten. Die Wahrscheinlichkeit dieses letzteren Ereignisses ist

$$\mathrm{P}\{X_{k+1} = \cdots = X_{n-1} = 0, X_n = 1 \mid X_k = 1\}\mathrm{P}\{X_k = 1\} = f_{n-k}u_k.$$

Daher ist $u_n = \mathrm{P}\{X_n = 1\} = f_n + \sum_{1 \leq k \leq n-1} f_{n-k}u_k = \sum_{0 \leq k \leq n} f_k u_{n-k}.$

b) Für $|s| < 1$ setzt man nun $F(s) = \sum_{k \geq 0} f_k s^k$ und $U(s) = \sum_{n \geq 0} u_n s^n$. Die vorige Faltungsidentität impliziert offensichtlich die Funktionalgleichung $U(s)\big(1 - F(s)\big) = 1$ für die erzeugenden Funktionen. Nehmen wir nun noch an, dass f_k für alle hinreichend grossen k verschwindet, dass also $F(s)$ ein Polynom ist und somit $Q(s) = 1 - F(s)$ keine Nullstelle hat, deren Betrag echt kleiner als 1 ist. Nehmen wir überdies an, dass 1 die einzige Nullstelle vom Betrag 1 von $Q(s)$ ist. Da das Polynom $F(s)$ nur nichtnegative Koeffizienten hat und deren Summe gleich 1 ist, ist 1 eine *einfache* Nullstelle von $Q(s)$. Mit den Techniken der Aufgabe 12 kann man dann herleiten, dass $\lim_n u_n = 1/\mu$ gilt, wobei $\mu = \sum_{k \geq 1} k f_k$ die mittlere Lebensdauer einer Glühbirne bezeichnet.

15. — Kann man zwei sechsseitige Würfel so zinken, dass die Summe der geworfenen Augen über das Intervall $\{2, \dots, 12\}$ gleichverteilt ist?

16. — Ein perfekter Würfel wird n-mal hintereinander geworfen. Man zeige, dass die Wahrscheinlichkeit dafür, dass die erzielte Gesamtzahl der Augen k ist, gleich $\alpha_k/6^n$ ist, wobei α_k den Koeffizienten von s^k im Polynom $(s + s^2 + \cdots + s^6)^n$ bezeichnet. Man berechne diese Wahrscheinlichkeit.

17. — Man berechne die faktoriellen Momente r-ter Ordnung für eine Poisson-verteilte Zufallsvariable mit Parameter λ ($\lambda > 0$).

18. — Es sei $(X_1, X_2, \ldots, X_r)$ ($r \geq 1$) ein System von r unabhängigen, identisch verteilten Zufallsvariablen, deren Verteilung die geometrische Verteilung mit Parameter p ist ($0 \leq p \leq 1$). Man setzt nun $S_r = X_1 + \cdots + X_r$ und bezeichnet mit $\Pi(r, p)$ die Verteilung dieser Zufallsvariablen (das ist die Pascal-Verteilung, auch negative Binomialverteilung genannt).

a) Man berechne die erzeugende Funktion von S_r.

b) Man bestimme daraus die Verteilung $\Pi(r, p)$ von S_r.

c) Man zeige, dass für jedes Paar $r_1, r_2 \geq 1$ von reellen Zahlen und jedes p ($0 \leq p \leq 1$)

$$\Pi(r_1, p) * \Pi(r_2, p) = \Pi(r_1 + r_2, p)$$

gilt.

19. — Es sei X eine Zufallsvariable mit Verteilung $k \sum_{n \geq 1} \dfrac{\theta^n}{n} \varepsilon_n$, wobei θ ein Parameter aus $]0, 1[$ ist und k ein geeigneter positiver Parameter.

a) Man bestimme den Wert des Parameters k als Funktion von θ.

b) Man berechne die erzeugende Funktion $G(u) = \mathbb{E}[u^X]$ und gebe deren Definitionsbereich genau an.

c) Man berechne mit Hilfe von b) $\mathbb{E}[X]$ und $\operatorname{Var} X$.

20. (Der Pilzsammler)[2]. — Es bezeichne N die Anzahl der Pilze, die ein Sammler während eines festen Zeitraumes sammelt. N wird als Zufallsvariable mit Werten in $\{1, 2, \ldots\}$ angesehen; G sei deren erzeugende Funktion. Ferner bezeichne p die Wahrscheinlichkeit, dass ein gesammelter Pilz essbar ist. Man zeige, dass unter plausiblen Annahmen über Unabhängigkeiten die Wahrscheinlichkeit dafür, dass *alle* gesammelten Pilze essbar sind, gerade gleich $G(p)$ ist.

---

[2] Diese Aufgabe, die wir Anatole Joffe verdanken, gehört zur « Folklore » der Wahrscheinlichkeitstheoretiker, die sich mit erzeugenden Funktionen beschäftigen.

KAPITEL 10

STIELTJES-LEBESGUE-MASSE.
INTEGRATION VON REELLEN ZUFALLSVARIABLEN

Wie wir bereits bei der Diskussion der geometrischen Verteilung in Kapitel 7, § 4, bemerkt haben, führt die wahrscheinlichkeitstheoretische Untersuchung des ersten Auftretens von «Zahl» beim Münzwurf zwangsläufig dazu, dass man die Menge aller *unendlichen* Folgen von möglichen Ausgängen des Experiments in Betracht ziehen muss. Identifiziert man die Menge der möglichen Resultate eines einzelnen Münzwurfs mit der zweielementigen Menge $\{1, 0\}$, so wird man also die Menge der *unendlichen* Folgen $\omega = (\delta_1, \delta_2, \ldots)$ betrachten, wobei das allgemeine Glied δ_k gleich 1 oder gleich 0 ist. Diese Menge hat aber die Mächtigkeit des Kontinuums, da sie bijektiv auf die Menge der reellen Zahlen abgebildet werden kann. In den Aufgaben 1–7 des vorliegenden Kapitels wird gezeigt, wie man eine solche Menge mit einer Wahrscheinlichkeitsverteilung ausstatten kann — genauer gesagt, wie man auf ihr eine σ-Algebra und dann auf diesem messbaren Raum eine Wahrscheinlichkeitsverteilung definieren kann, die unserer Vorstellung von der Gewichtung von Ereignissen wie «bei den ersten fünfzehn Würfen tritt "Zahl" genau viermal auf» entsprechen. Es ist bemerkenswert, dass man bei der theoretischen Untersuchung eines so einfachen Glücksspiels auf tiefgehende Ergebnisse der Masstheorie wie den Fortsetzungssatz von Carathéodory (siehe Theorem 1.3 weiter unten) zurückgreifen muss.

Im übrigen ist es unvermeidlich, dass man bei der Untersuchung von nichtdiskreten Verteilungen auf dem messbaren Raum $(\mathbb{R}, \mathcal{B}^1)$ auf das *Lebesgue-Mass* zu sprechen kommt. Aufgrund dieser Überlegungen haben wir uns dafür entschieden, in den Kapiteln 10 und 11 die Grundlagen der Masstheorie soweit darzustellen, dass wir den Anschluss an das bisher Behandelte herstellen können. Wir werden also zunächst einige Begriffe der *Masstheorie* behandeln, und dies wird sich in mehreren Aspekten als eine Wiederholung dessen darstellen, was bereits über Wahrscheinlichkeitsverteilungen gesagt wurde. Dann werden wir die Integration von Zufallsvariablen bezüglich eines Masses behandeln, wobei die Diskussion der relevanten Eigenschaften der Integration bezüglich einer Wahrscheinlichkeitsverteilung erst im folgenden Kapitel stattfinden wird, wobei dann der Begriff des Erwartungswertes in diesem allgemeinen Kontext definiert werden wird.

1. Masse. — Es sei $(\Omega, \mathfrak{A})$ das Paar bestehend aus einer nichtleeren Menge Ω und einer σ-Algebra $\mathfrak{A}$ auf dieser Menge. Ein solches Paar haben wir als *messbaren Raum* bezeichnet. Unter einem Mass auf $\mathfrak{A}$ versteht man nun eine auf $\mathfrak{A}$ definierte Funktion μ mit Werten in $[0, +\infty]$, die den folgenden Axiomen genügt:

(1) $\mu(\emptyset) = 0$;

(2) (Axiom der σ-Additivität) für jede Folge (A_n) von paarweise disjunkten Elementen aus der σ-Algebra $\mathfrak{A}$ gilt

$$(1.1) \qquad \mu\Big(\sum_{n=1}^{\infty} A_n\Big) = \sum_{n=1}^{\infty} \mu(A_n).$$

Falls A zu $\mathfrak{A}$ gehört, heisst die (endliche oder unendliche) Zahl $\mu(A)$ das *Mass* von A. Das Tripel $(\Omega, \mathfrak{A}, \mu)$ heisst *Massraum*. Das Mass μ heisst *endlich* (oder *beschränkt*), falls $\mu(\Omega)$ endlich ist. Somit ist ein Wahrscheinlichkeitsmass nichts anderes als ein *endliches Mass* mit $\mu(\Omega) = 1$. Wir werden gewissen Massen begegnen, darunter insbesondere dem Lebesgue-Mass auf der reellen Geraden $\mathbb{R}$, die nicht endlich sind, für die es aber eine Folge von Mengen mit *endlichem* Mass gibt, deren Vereinigung ganz $\Omega = \mathbb{R}$ ist.

Definition. — Ein Mass μ heisst σ-*endlich*, wenn es eine Folge (A_n) von messbaren Mengen gibt (d.h. Mengen, die zu $\mathfrak{A}$ gehören), für die $\bigcup_{n=1}^{\infty} A_n = \Omega$ ist, wobei $\mu(A_n)$ für jedes n endlich ist. Ein Mass μ heisst *vollständig,*, wenn jede Teilmenge einer Menge A von $\mathfrak{A}$ vom Mass Null (d.h. $\mu(A) = 0$) ebenfalls zu $\mathfrak{A}$ gehört.

Die folgenden Aussagen wurden in Kapitel 3 im Falle von Wahrscheinlichkeitsmassen gezeigt. Die Beweise für Masse im allgemeinen Sinn sind praktisch identisch.

SATZ 1.1. — *Es sei (A_n) eine monotone Folge von Mengen aus $\mathfrak{A}$ und μ sei ein Mass auf $(\Omega, \mathfrak{A})$. Falls eine der beiden folgenden Bedingungen erfüllt ist, gilt $\mu(\lim_n A_n) = \lim_n \mu(A_n)$:*

(i) *die Folge (A_n) ist wachsend;*

(ii) *die Folge (A_n) ist fallend und es gibt eine ganze Zahl m derart, dass $\mu(A_m)$ endlich ist.*

SATZ 1.2. — *Es sei $(\Omega, \mathfrak{A})$ ein messbarer Raum und μ eine auf $\mathfrak{A}$ definierte Funktion mit Werten in $[0, +\infty]$, die den beiden folgenden Bedingungen genügt:*

(i) $\mu(\emptyset) = 0$;

(ii) *(endliche Additivität) für disjunkte Mengen A, B gilt*
$\mu(A + B) = \mu(A) + \mu(B)$.

Wenn zusätzlich eine der beiden folgenden Bedingungen

(iii) *für jede monoton wachsende Folge (A_n) von messbaren Mengen gilt* $\lim_n \mu(A_n) = \mu(\lim_n A_n)$;

(iii′) *μ ist endlich und* $\lim_n \mu(A_n) = 0$ *gilt für jede monoton fallende Folge von messbaren Mengen, die gegen $\emptyset$ konvergiert;*

erfüllt ist, dann ist μ ein Mass auf $(\Omega, \mathfrak{A})$.

Man definiert zusätzlich den Begriff eines *Masses auf einer Algebra*, wobei man das Axiom (1) übernimmt und bei Axiom (2) die Aussage (1.1) nur dann fordert, falls die Vereinigung $\sum\limits_{n=1}^{\infty} A_n$ wieder zur Algebra $\mathfrak{A}$ gehört.

In vielen Situationen gelingt es, ein Mass auf einer Algebra tatsächlich zu konstruieren. Das Problem besteht dann darin, zu wissen, wie man dieses Mass auf alle Mengen erweitern kann, die zur σ-Algebra gehören, welche von der Algebra erzeugt wird. Der folgende Fortsetzungssatz, der in seiner Beweismethode auf Carathéodory zurückgeht, kommt den Wahrscheinlichkeitstheoretikern zu Hilfe.

THEOREM 1.3 (Fortsetzungssatz). — *Es sei $\mathfrak{A}$ eine Algebra von Mengen auf einer nichtleeren Menge Ω. Jedes σ-endliche Mass μ auf $\mathfrak{A}$ kann auf genau eine Weise zu einem σ-endlichen Mass $\overline{\mu}$ auf die von $\mathfrak{A}$ erzeugte σ-Algebra $\sigma(\mathfrak{A})$ fortgesetzt werden.*

Wir werden hier nur die Beweisidee skizzieren, die auf Carathéodory[1] zurückgeht. Zunächst ordnet man *jeder* Teilmenge A von Ω ein *äusseres Mass* zu, das mit $\mu^*(A)$ bezeichnet und das folgendermassen definiert wird.

Für jedes $A \subset \Omega$ bezeichne $H(A)$ die Menge aller Folgen (A_n) von Elementen aus der Algebra $\mathfrak{A}$, für die A in der Vereinigung $\bigcup_n A_n$ aller dieser A_n enthalten ist. Die Menge $H(A)$ ist nicht leer, denn es ist ja $\Omega \in \mathfrak{A}$. Man setzt nun

$$\mu^*(A) = \inf\{\sum_{n=1}^{\infty} \mu(A_n)\,;\,(A_n) \in H(A)\}.$$

Von dieser Funktion μ^* kann man folgende Eigenschaften nachweisen:

a) $\mu^*(A) \geq 0$, $\mu^*(\emptyset) = 0$;

b) (Monotonie) $A \subset B \Rightarrow \mu^*(A) \leq \mu^*(B)$;

c) (Subadditivität) für jede Folge (A_n) von Teilmengen von Ω gilt $\mu^*(\bigcup_n A_n) \leq \sum_n \mu^*(A_n)$;

d) $A \in \mathfrak{A} \Rightarrow \mu^*(A) = \mu(A)$.

Eine Teilmenge $A \subset \Omega$ heisst μ^*-*messbar*, wenn für jedes $B \subset \Omega$ die Beziehung

$$(1.2) \qquad\qquad \mu^*(B) = \mu^*(AB) + \mu^*(A^c B)$$

---

[1] Carathéodory (C.). — *Vorlesungen über reelle Funktionen*, 2. Auflage. — Leipzig, Teubner, 1927.

gilt. Dann bezeichne $\mathfrak{A}^*$ die Familie der μ^*-messbaren Teilmengen von Ω. Man kann nun zeigen, dass

e) $\mathfrak{A}^*$ eine σ-Algebra ist; dabei ist die Restriktion μ' von μ^* auf die σ-Algebra $\mathfrak{A}^*$ ein Mass und dieses ist zudem σ-additiv.

f) $\mathfrak{A}$ und somit auch $\sigma(\mathfrak{A})$ in $\mathfrak{A}^*$ enthalten ist.

Aus den Eigenschaften e) und f) folgt nun, dass die Einschränkung $\overline{\mu}$ von μ' auf $\sigma(\mathfrak{A})$ der Existenzaussage des Fortsetzungssatzes genügt. Die *Eindeutigkeit* dieser Fortsetzung kann man auch beweisen. In der folgenden Tabelle ist diese Konstruktion schematisch dargestellt. Der nach oben gerichtete Pfeil symbolisiert die erste Fortsetzung, die beiden nach unten gerichteten Pfeile die darauf folgenden Restriktionen. Es sei daran erinnert, dass $\mathfrak{A} \subset \sigma(\mathfrak{A}) \subset \mathfrak{A}^* \subset \mathfrak{P}(\Omega)$ gilt.

Mengenfunktion	definiert auf
äusseres Mass $\quad\mu^*$	$\mathfrak{P}(\Omega)$
Mass $\quad\mu'$	$\mathfrak{A}^*$: σ-Algebra der μ^*-messbaren Mengen
Mass $\quad\overline{\mu}$	$\sigma(\mathfrak{A})$: von $\mathfrak{A}$ erzeugte σ-Algebra
Mass $\quad\mu$	$\mathfrak{A}$ Algebra

Wir formulieren nun noch die Aussage des Fortsetzungssatzes in der Situation eines Wahrscheinlichkeitsmasses μ auf $\mathfrak{A}$. Wegen $\Omega \in \mathfrak{A}$ und $\mu(\Omega) = 1$ hat man natürlich $\overline{\mu}(\Omega) = \mu(\Omega) = 1$ und somit ist $\overline{\mu}$ ein Wahrscheinlichkeitsmass auf $\sigma(\mathfrak{A})$.

THEOREM 1.4. — *Es sei* P *ein Wahrscheinlichkeitsmass auf einer Algebra* $\mathfrak{A}$ *von Teilmengen einer nichtleeren Menge* Ω. *Dann lässt sich* P *auf genau eine Weise zu einem Wahrscheinlichkeitsmass* $\overline{P}$ *auf die von* $\mathfrak{A}$ *erzeugte* σ*-Algebra* $\sigma(\mathfrak{A})$ *fortsetzen.*

Ist μ ein Mass auf einem messbaren Raum $(\Omega, \mathfrak{T})$ und N eine Teilmenge von Ω, so bezeichnet man N als *μ-vernachlässigbar* oder *μ-Nullmenge*, falls N eine Teilmenge einer zu $\mathfrak{T}$ gehörigen Menge vom Mass Null ist. Für jedes $A \in \mathfrak{T}$ und jede μ-vernachlässigbare Menge N sei nun

$$\widetilde{\mu}(A \cup N) = \mu(A).$$

Man kann ohne weiteres verifizieren, dass die Familie aller Mengen der Form $A \cup N$ eine σ-Algebra $\mathfrak{T}^\mu$ ist, die $\mathfrak{T}$ umfasst, wobei $\widetilde{\mu}$ ein Mass auf $\mathfrak{T}^\mu$ ist, welches das Mass μ fortsetzt. Die σ-Algebra $\mathfrak{T}^\mu$ heisst *Vervollständigung von* $\mathfrak{T}$ *bezüglich* μ und $\widetilde{\mu}$ die *Vervollständigung von* μ.

Man kann zeigen, dass im Fortsetzungssatz 1.3 die Vervollständigung $\mathfrak{T}^\mu$ der σ-Algebra $\sigma(\mathfrak{A})$ bezüglich $\overline{\mu}$ in $\mathfrak{A}^*$ enthalten ist, d.h. es gilt $\mathfrak{T}^\mu \subset \mathfrak{A}^*$. Somit führt der Fortsetzungssatz notwendigerweise zu einem vollständigen Mass.

2. Lebesgue-Stieltjes-Masse auf der reellen Geraden. — Um den Fortsetzungssatz anwenden zu können, muss man bereits über ein Mass auf einer Algebra $\mathfrak{A}$ verfügen. Das Ziel des folgenden Theorems ist es, eine wichtige Familie von solchen Massen auf einer Algebra zu konstruieren, welche die Borel-σ-Algebra auf der reellen Geraden erzeugt.

Es sei eine auf $\mathbb{R}$ definierte reellwertige Funktion F mit folgenden Eigenschaften gegeben: F *ist eine (im weiten Sinne) monoton wachsende Funktion, die in jedem Punkt x von $\mathbb{R}$ rechtsseitig stetig ist.* Man schreibt nun $\lim\limits_{x\to-\infty} \mathrm{F}(x) = \mathrm{F}(-\infty)$ und $\lim\limits_{x\to+\infty} \mathrm{F}(x) = \mathrm{F}(+\infty)$ für diese Grenzwerte, wobei diese Werte endlich oder unendlich sein können. Im speziellen Fall, wo sowohl $\mathrm{F}(-\infty) = 0$ als auch $\mathrm{F}(+\infty) = 1$ gilt, sind dies gerade die Eigenschaften einer Verteilungsfunktion.

Der reellen Funktion F wird nun eine mit $\mathrm{F}\{\cdot\}$ bezeichnete Funktion zugeordnet, die auf der Menge $\mathcal{P}_0$ der halboffenen Intervalle der Form $]a, b]$ ($-\infty < a \leq b < +\infty$) definiert ist, und zwar durch:

$$(1.3) \qquad \mathrm{F}\{\,]a, b]\,\} = F(b) - F(a).$$

Die folgenden Eigenschaften ergeben sich unmittelbar.

EIGENSCHAFT 2.1
 (i) $\mathrm{F}\{\emptyset\} = 0$, $\mathrm{F}\{\,]a, b]\,\} \geq 0$;
 (ii) $\mathrm{F}\{\,]a, b]\,\} \downarrow 0$, *falls $b \downarrow a$;*
 (iii) $\mathrm{F}\{\cdot\}$ *ist additiv auf* $\mathcal{P}_0$, *d.h. für $a \leq b \leq c$ gilt*
   $\mathrm{F}\{\,]a, c]\,\} = \mathrm{F}\{\,]a, b]\,\} + \mathrm{F}\{\,]b, c]\,\}$;
 (iv) $\mathrm{F}\{\cdot\}$ *ist monoton.*

Wir werden zunächst nachweisen, dass $\mathrm{F}\{\cdot\}$ σ-additiv auf $\mathcal{P}_0$ ist (nächster Satz); anschliessend wird gezeigt, dass sich $\mathrm{F}\{\cdot\}$ in eindeutiger Weise zu einem Mass auf der von $\mathcal{P}_0$ erzeugten Algebra $\mathfrak{A}$ fortsetzen lässt (folgender Satz), die nichts anderes ist als die Familie aller endlichen Vereinigungen von disjunkten Intervallen der Form $]-\infty, a']$, $]a, b]$, $]a'', +\infty[$. Mit Hilfe des Fortsetzungssatzes erhält man dann schliesslich ein Mass auf $(\mathbb{R}, \mathcal{B}^1)$.

SATZ 2.2. — *Die Mengenfunktion $\mathrm{F}\{\cdot\}$ ist σ-additiv auf $\mathcal{P}_0$.*

Beweis. — Es sei also $(U_i = \,]a_i, b_i])$ eine Folge von paarweise disjunkten Intervallen aus $\mathcal{P}_0$, wobei auch die Vereinigung $U = \sum_i U_i$ wiederum ein Element $]a, b]$ von $\mathcal{P}_0$ sei. Für $n \geq 1$ kann man, falls nötig, die Intervalle der Teilfolge $(U_1, \ldots, U_n)$ so umnummerieren, dass $a \leq a_1 \leq b_1 \leq \cdots \leq a_n \leq b_n \leq b$ gilt. Dann hat man

$$\sum_{k=1}^{n} \mathrm{F}\{\,]a_k, b_k]\,\} \leq \sum_{k=1}^{n} \mathrm{F}\{\,]a_k, b_k]\,\} + \sum_{k=1}^{n-1} \mathrm{F}\{\,]b_k, a_{k+1}]\,\} = \mathrm{F}\{\,]a_1, b_n]\,\}$$
$$\leq \mathrm{F}\{\,]a, b]\,\} = \mathrm{F}\{U\},$$

und somit

$$\sum_{k=1}^{\infty} \mathrm{F}\{U_k\} \leq \mathrm{F}\{U\}.$$

Um die Ungleichung in der umgekehrten Richtung zu zeigen, setzen wir $a < b$ voraus, da im Fall $a = b$ nichts zu zeigen ist. Wir wählen $\varepsilon > 0$ so, dass $\varepsilon < b - a$ ist und setzen $V = [a + \varepsilon, b]$. Da F rechtsseitig stetig ist, gibt es für jedes n eine Zahl ε_n mit $\mathrm{F}(b_n + \varepsilon_n) - \mathrm{F}(b_n) < \varepsilon/2^n$, also $\mathrm{F}\{\,]b_n, b_n + \varepsilon_n]\,\} < \varepsilon/2^n$.

Wir setzen nun $V_n =\,]a_n, b_n + \varepsilon_n[$. Es gilt jeweils $V_n \supset U_n$, und daher ist $\bigcup_n V_n \supset \bigcup_n U_n = U =\,]a, b] \supset [a + \varepsilon, b] = V$. Aus dem Satz von Borel-Lebesgue (Kompaktheitssatz) folgt nun, dass es eine ganze Zahl n_0 gibt, so dass $\bigcup_{n=1}^{n_0} V_n \supset V$ gilt. Indem man die Intervalle umnummeriert und eventuell auch einige auslässt, kann man auf die Existenz einer Zahl m schliessen, für die $\bigcup_{n=1}^{m} V_n \supset V$ gilt, wobei sich nun die Endpunkte der offenen Intervalle $V_n =\,]a_n, b_n + \varepsilon_n[$ gemäss

$$a_1 < a + \varepsilon, \ a_2 < b_1 + \varepsilon_1, \ a_3 < b_2 + \varepsilon_2, \ \ldots, \ a_{k+1} < b_k + \varepsilon_k,$$
$$\ldots, \ a_m < b_{m-1} + \varepsilon_{m-1}, \ b < b_m + \varepsilon_m$$

ordnen lassen. Daraus folgt nun

$$\begin{aligned}
\mathrm{F}\{\,]a + \varepsilon, b]\,\} &\leq \mathrm{F}\{\,]a_1, b_m + \varepsilon_m]\,\} \\
&\leq \mathrm{F}\{\,]a_1, b_1 + \varepsilon_1]\,\} + \mathrm{F}\{\,]a_2, b_2 + \varepsilon_2]\,\} + \cdots + \mathrm{F}\{\,]a_m, b_m + \varepsilon_m]\,\} \\
&\leq \mathrm{F}\{\,]a_1, b_1]\,\} + \mathrm{F}\{\,]a_2, b_2]\,\} + \cdots + \mathrm{F}\{\,]a_m, b_m]\,\} \\
&\quad + \mathrm{F}\{\,]b_1, b_1 + \varepsilon_1]\,\} + \mathrm{F}\{\,]b_2, b_2 + \varepsilon_2]\,\} + \cdots + \mathrm{F}\{\,]b_m, b_m + \varepsilon_m]\,\} \\
&\leq \sum_{k=1}^{m} \mathrm{F}\{\,]a_k, b_k]\,\} + \sum_{k=1}^{m} \frac{\varepsilon}{2^k} \leq \sum_{k=1}^{\infty} \mathrm{F}\{\,]a_k, b_k]\,\} + \varepsilon,
\end{aligned}$$

und das heisst

$$\mathrm{F}(b) - \mathrm{F}(a + \varepsilon) \leq \sum_{k=1}^{\infty} \mathrm{F}\{\,]a_k, b_k]\,\} + \varepsilon.$$

Da F rechtsseitig stetig ist, folgt

$$\mathrm{F}(b) - \mathrm{F}(a) = \mathrm{F}\{\,]a, b]\,\} \leq \sum_{k=1}^{\infty} \mathrm{F}\{\,]a_k, b_k]\,\}$$

beim Grenzübergang von ε gegen 0. $\quad\square$

SATZ 2.3. — *Es existiert ein eindeutig bestimmtes Mass* $\overline{\mathrm{F}}\{\cdot\}$ *auf* $\mathfrak{A}$, *das* $\mathrm{F}\{U\}$ *fortsetzt, d.h. es gilt* $\overline{\mathrm{F}}\{U\} = \mathrm{F}\{U\}$ *für alle* $U \in \mathcal{P}_0$.

Beweis. — Wir halten zunächst fest, dass sich jedes Intervall der Form $]-\infty, a']$ oder $]a'', \infty[$ als abzählbare disjunkte Vereinigung von Intervallen aus $\mathcal{P}_0$ schreiben lässt. Um nun $\mathrm{F}\{\cdot\}$ auf die Algebra $\mathfrak{A}$ fortzusetzen, genügt es zu zeigen, dass für die Vereinigung A einer abzählbaren, disjunkten Folge von Intervallen (U_i) aus $\mathcal{P}_0$ der Wert $\mathrm{F}\{A\}$ durch

$$\mathrm{F}\{A\} = \sum_i \mathrm{F}\{U_i\}$$

in eindeutiger Weise festgelegt ist. Gilt nämlich auch $A = \sum_j V_j$, wobei die V_j zu $\mathcal{P}_0$ gehören und paarweise disjunkt sind, so kann man sowohl $U_i = AU_i = \sum_j V_j U_i$, als auch $V_j = AV_j = \sum_i U_i V_j$ schreiben. Nun gehört aber jedes $U_i V_j$ zu $\mathcal{P}_0$, da $\mathcal{P}_0$ unter endlichen Durchschnitten abgeschlossen ist. Zudem ist $\mathrm{F}\{\cdot\}$ σ-additiv auf $\mathcal{P}_0$, und daher gilt $\sum_i \mathrm{F}\{U_i\} = \sum_i \sum_j \mathrm{F}\{V_j U_i\} = \sum_j \sum_i \mathrm{F}\{U_i V_j\} = \sum_j \mathrm{F}\{V_j\}$. $\square$

Durch Anwendung des Fortsetzungssatzes erhält man nun die folgende Aussage.

THEOREM 2.4. — *Es sei F eine auf $\mathbb{R}$ definierte reelle Funktion, die (schwach) monoton wachsend und rechsseitig stetig ist. Dann existiert ein eindeutig bestimmtes Mass $\mathrm{F}\{\cdot\}$, das auf der Borel-σ-Algebra $\mathcal{B}^1$ von $\mathbb{R}$ definiert ist, so dass für jedes beschränkte, halb-offene Intervall $]a, b]$*

$$\mathrm{F}\{\,]a, b]\,\} = F(b) - F(a)$$

gilt. Die Vervollständigung $\widetilde{\mathrm{F}}\{\cdot\}$ des Masses $\mathrm{F}\{\cdot\}$, die auf der vervollständigten σ-Algebra $\mathcal{B}^F$ bezüglich F definiert ist, wird als das von F induzierte Lebesgue-Stieltjes-Mass bezeichnet.

Im speziellen Fall $F(x) = x$ wird diese Vervollständigung mit λ^1 bezeichnet und heisst *Lebesgue-Mass* auf der reellen Geraden. Es ordnet jedem beschränkten Intervall gerade seine Länge zu. Die vervollständigte σ-Algebra heisst *σ-Algebra der messbaren Mengen.* Natürlich ist λ^1 kein endliches Mass, denn es ist $\lambda^1\{\mathbb{R}\} = \lim_n \lambda^1\{\,]-n+n]\,\} = \lim_n 2n = +\infty$. Andererseits ist λ^1 σ-endlich. Es handelt sich klarerweise nicht um ein Wahrscheinlichkeitsmass auf der Geraden.

Kehren wir noch einmal zum allgemeinen Fall eines von einer Funktion F induzierten Stieltjes-Lebesgue-Masses $\mathrm{F}\{\cdot\}$ zurück. Dann gelten offenbar folgende Beziehungen:

(i) $\mathrm{F}\{\{a\}\} = \mathrm{F}(a) - \mathrm{F}(a - 0)$;

(ii) $\mathrm{F}\{\,]a, b]\,\} = \mathrm{F}(b) - \mathrm{F}(a)$, $\quad \mathrm{F}\{\,]a, b[\,\} = \mathrm{F}(b - 0) - \mathrm{F}(a)$;

(iii) $\mathrm{F}\{\,[a, b]\,\} = \mathrm{F}(b) - \mathrm{F}(a - 0)$, $\quad \mathrm{F}\{\,[a, b[\,\} = \mathrm{F}(b - 0) - \mathrm{F}(a - 0)$.

3. Das durch eine Verteilungsfunktion induzierte Wahrscheinlichkeitsmass. — Zur Erinnerung: eine Verteilungsfunktion auf der reellen Geraden ist eine reelle Funktion F, die (schwach) monoton wachsend und rechtsseitig stetig ist, wobei noch $F(-\infty) = 0$ und $F(+\infty) = 1$ gilt (siehe Kap. 5, § 5). Aus dem vorigen Theorem ergibt sich die folgende Aussage.

THEOREM 3.1. — *Zu jeder Verteilungsfunktion F auf der reellen Geraden existiert genau ein (mit* $F\{\cdot\}$ *bezeichnetes) Wahrscheinlichkeitsmass auf der reellen Geraden, das auf der Borel σ-Algebra $\mathcal{B}^1$ so definiert ist, dass* $F\{\,]a,b]\,\} = F(b) - F(a)$ *für jedes beschränkte, halboffene Intervall gilt.*

Beweis. — Die einzige Eigenschaft, die noch nachzuweisen ist, ist die, dass $F\{\cdot\}$ tatsächlich ein Wahrscheinlichkeitsmass ist. Tatsächlich hat man den Grenzübergang $\,]-n,+n]\uparrow\mathbb{R}$ und somit
$$\lim_n F\{\,]-n,+n]\,\} = \lim_n(F(n) - F(-n)) = 1. \quad \square$$

Da man jedem Wahrscheinlichkeitsmass P auf $(\mathbb{R},\mathcal{B}^1)$ eine reelle Zufallsvariable zuordnen kann, die gerade F als Verteilung hat, erhält man als unmittelbare Folgerung

KOROLLAR. — *Jede Verteilungsfunktion auf der reellen Geraden ist die Verteilungsfunktion einer reellen Zufallsvariablen.*

4. Lebesgue-Stieltjes-Masse auf $\mathbb{R}^n$. — Eine ganz entsprechende Konstruktion wie eben kann man auch im mehrdimensionalen Fall durchführen. Man startet mit einer numerischen Funktion $F(x_1, x_2, \ldots, x_n)$ von n reellen Variablen $x_1, x_2, \ldots, x_n$ mit den folgenden Eigenschaften:

(1) $F(x_1, x_2, \ldots, x_n)$ ist in jeder Variablen (schwach) monoton wachsend und rechtsseitig stetig;

(2) Für jedes $h_k \geq 0$ und jedes reelle x_k $(k = 1, 2, \ldots, n)$ gilt
$$\Delta_{h_1}^{(1)}\Delta_{h_2}^{(2)}\ldots\Delta_{h_n}^{(n)}F(x_1, x_2, \ldots, x_n) \geq 0,$$

wobei natürlich $\Delta_{h_k}^{(k)}F$ das Inkrement von F bezeichnet, wenn man die k-te Variable um den Wert h_k erhöht.

Es sei nun I ein halb-offenes Rechteck im $\mathbb{R}^n$. Das Rechteck I besteht aus allen Punkten $(x_1, x_2, \ldots, x_n)$ von $\mathbb{R}^n$, die den Ungleichungen $a_k < x_k \leq b_k$ $(1 \leq k \leq n)$ genügen. Mit der Bezeichnung $h_k = b_k - a_k$ $(1 \leq k \leq n)$ gibt man dem Rechteck das Mass

$$(4.1)\qquad F\{I\} = \Delta_{h_1}^{(1)}\Delta_{h_2}^{(2)}\ldots\Delta_{h_n}^{(n)}F(a_1, a_2, \ldots, a_n) \geq 0.$$

Ganz analog wie im Falle einer Dimension kann man nun zeigen, dass sich $F\{\cdot\}$ in eindeutiger Weise zu einem Mass auf der Borel-σ-Algebra von $\mathbb{R}^n$ so fortsetzen lässt, dass (4.1) für alle halboffenen Rechtecke gilt. Im Spezialfall $F(x_1, x_2, \ldots, x_n) = x_1 x_2 \ldots x_n$ erhält man bei dieser Fortsetzung das *Lebesgue-Mass* λ^n auf $(\mathbb{R}^n, \mathcal{B}^n)$.

5. Reelle Zufallsvariable. — Es erweist sich als zweckmässig, den Begriff der reellen Zufallsvariablen so zu erweitern, dass alle Werte der *erweiterten reellen Geraden* angenommen werden können.

5.1. *Die erweiterte reelle Gerade.* — Als *endliche* Zahl wird fortan jede reelle Zahl $x \in \mathbb{R}$ bezeichnet. *Unendliche* Zahlen sind die Symbole $-\infty$ und $+\infty$, wobei die folgenden Beziehungen gelten sollen:

a) $-\infty < +\infty$;

b) für jedes $x \in \mathbb{R}$, $\begin{cases} -\infty < x < +\infty\,; \\ \pm\infty = (\pm\infty) + x = x + (\pm\infty)\,; \\ \dfrac{x}{+\infty} = 0\,; \end{cases}$

c) $x(\pm\infty) = (\pm\infty)x = \begin{cases} \pm\infty, & \text{falls } 0 < x \le +\infty; \\ 0, & \text{falls } x = 0; \\ \mp\infty, & \text{falls } -\infty \le x < 0. \end{cases}$

Die Differenz $+\infty - \infty$ macht keinen Sinn und sollte daher vermieden werden.

Die *erweiterte reelle Gerade* $\overline{\mathbb{R}}$ ist die Menge bestehend aus allen endlichen und unendlichen Zahlen. Man schreibt: $\mathbb{R} =]-\infty, +\infty[$, $\overline{\mathbb{R}} = [-\infty, +\infty]$.

5.2. *Die erweiterte Borel-σ-Algebra.* — Dabei handelt es sich um die σ-Algebra $\overline{\mathcal{B}}$, die von $\mathcal{B} \cup \{-\infty, +\infty\}$ erzeugt wird, wobei $\mathcal{B}$ wie bisher die Borel-σ-Algebra auf $\mathbb{R}$ bezeichnet. Eine Menge $A \subset \overline{\mathbb{R}}$ gehört genau dann zu $\overline{\mathcal{B}}$, falls $A \cap \mathbb{R} \in \mathcal{B}$ gilt.

5.3. *Reelle Zufallsvariable.* — Eine auf einem messbaren Raum $(\Omega, \mathfrak{A})$ definierte *reelle Zufallsvariable* ist nun eine *messbare* Abbildung X von $(\Omega, \mathfrak{A})$ in $(\overline{\mathbb{R}}, \overline{\mathcal{B}})$; für jedes $B \in \overline{\mathcal{B}}$ gilt also $X^{-1}(B) \in \mathfrak{A}$.

Ist $X(\Omega) \subset \mathbb{R}$, so heisst X *endlich*.

Ist $X(\Omega) \subset [0, +\infty]$, so heisst X *positiv*.

Notation. — Ist X eine reelle Zufallsvariable, so sei $X^+ = X \vee 0 = \sup(X, 0)$ und $X^- = -X \wedge 0 = -\inf(X, 0)$, sodass man die beiden Zerlegungen $X = X^+ - X^-$ und $|X| = X^+ + X^-$ hat.

SATZ 5.3.1. — *Es seien X, Y zwei auf demselben messbaren Raum $(\Omega, \mathfrak{A})$ definierte reelle Zufallsvariable. Dann sind auch die Abbildungen $|X|$, $|Y|$, $X \pm Y$ (falls dies überall auf Ω definiert ist), XY, $X \vee Y = \sup(X, Y)$, $X \wedge Y = \inf(X, Y)$ reelle Zufallsvariable.*

Entsprechend gilt: ist (X_n) $(n \ge 1)$ eine Folge von reellen Zufallsvariablen auf $(\Omega, \mathfrak{A})$, so sind auch die Abbildungen $\sup_n X_n$, $\inf_n X_n$, $\limsup_n X_n$, $\liminf_n X_n$ reelle Zufallsvariablen.

Dies ist ein spezieller Fall von Satz 2.2 aus Kapitel 5.

SATZ 5.3.2. — *Es sei X eine Abbildung von Ω in $\mathbb{R}$ und $\mathfrak{A}$ eine σ-Algebra auf Ω. Dann sind die beiden folgenden Aussagen äquivalent:*
  a) *X ist eine reelle Zufallsvariable;*
  b) *X^+ und X^- sind reelle Zufallsvariable.*

Beweis. — Die Implikation a) $\Rightarrow$ b) folgt aus Satz 5.3.1, da 0 eine reelle Zufallsvariable ist. Die Implikation b) $\Rightarrow$ a) folgt aus dem gleichen Satz wegen $X = X^+ - X^-$. $\Box$

5.4. *Einfache Zufallsvariable.* — Es sei $(A_1, \ldots, A_n)$ eine endliche *Partition* von Ω in Elemente von $\mathfrak{A}$. Aus Satz 5.3.1 folgt, dass für jedes n-Tupel $(x_1, \ldots, x_n)$ von reellen Zahlen die Abbildung $X = \sum_{k=1}^n x_k I_{A_k}$ von Ω in $\mathbb{R}$ eine Zufallsvariable (mit endlichen Werten) ist; dies führt zu der folgenden Definition.

Definition. — Es sei $(A_1, \ldots, A_n)$ eine Partition von Ω in Elemente von $\mathfrak{A}$ und es sei $(x_1, \ldots, x_n)$ ein n-Tupel reeller Zahlen. Die Abbildung

$$X = \sum_{k=1}^n x_k I_{A_k}$$

von $(\Omega, \mathfrak{A})$ in $(\mathbb{R}, \mathcal{B})$ heisst *einfache* oder auch *gestufte* Zufallsvariable.

Die Bedeutung der einfachen Zufallsvariablen tritt in den folgenden Lemmata klar zutage.

LEMMA 5.4.1 (Approximationslemma). — *Es sei X eine Abbildung von $(\Omega, \mathfrak{A})$ in $\overline{\mathbb{R}}^+$. Notwendig und hinreichend dafür, dass X eine (positive) Zufallsvariable ist, ist es, dass sich X als Grenzwert (im Sinne der einfachen, d.h. punktweisen Konvergenz) einer monoton wachsenden Folge (X_n) $(n \geq 1)$ von einfachen, positiven Zufallsvariablen auf $(\Omega, \mathfrak{A})$ darstellen lässt.*

Beweis. — Gilt $X = \lim_n X_n$, wobei X_n $(n \geq 1)$ eine *monoton wachsende* Folge von einfachen, positiven Zufallsvariablen ist, so sagt bereits Satz 5.3.1, dass die Funktion X eine (positive) Zufallsvariable ist.

Sei umgekehrt X eine *positive* reelle Zufallsvariable; für jedes $n \geq 1$ und jedes $\omega \in \Omega$ definiert man

$$X_n(\omega) = \begin{cases} \dfrac{k-1}{2^n}, & \text{falls } \dfrac{k-1}{2^n} \leq X(\omega) < \dfrac{k}{2^n} \quad (k = 1, \ldots, n2^n); \\ n, & \text{falls } X(\omega) \geq n. \end{cases}$$

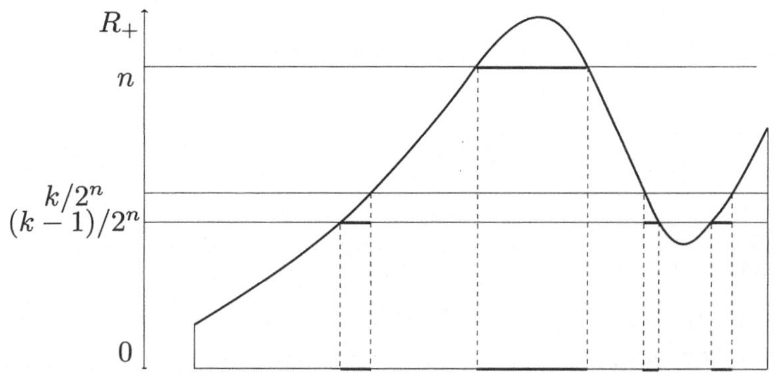

Man kann X_n in der Form

$$(5.4.1) \qquad X_n = \sum_{k=1}^{n2^n} \frac{k-1}{2^n} I_{\left\{ \frac{k-1}{2^n} \le X < \frac{k}{2^n} \right\}} + n\, I_{\{X \ge n\}}$$

schreiben. Für jedes $n \ge 1$ sind die Mengen $\left\{ \frac{k-1}{2^n} \le X < \frac{k}{2^n} \right\}$ mit $(k = 1, \dots, n2^n)$ und $\{X \ge n\}$ paarweise disjunkt und sie gehören zu $\mathfrak{A}$. Also ist für jedes $n \ge 1$ die Funktion X_n eine *positive, einfache* Zufallsvariable und offensichtlich ist die Folge (X_n) $(n \ge 1)$ *monoton wachsend.* Schliesslich gilt $X = \lim_n X_n = \sup_n X_n$, denn für jedes $\omega \in \Omega$ gilt entweder $X(\omega) = +\infty$ und somit $X_n(\omega) = n$ für alle $n \ge 1$, oder es ist $X(\omega) < \infty$ und $0 \le X(\omega) - X_n(\omega) \le 1/2^n$ für $n > X(\omega)$. $\square$

6. Integration von reellen Zufallsvariablen bezgl. eines Masses. Wir betrachten Zufallsvariable, die auf einem *Massraum* $(\Omega, \mathfrak{A}, \mu)$ definiert sind. Im folgenden Kapitel werden wir dann sehen, welche Konsequenzen sich ergeben, falls μ durch ein Wahrscheinlichkeitsmass P ersetzt wird.

Definition. — Es sei $X = \sum_{k=1}^n x_k I_{A_k}$ eine *einfache*, positive Zufallsvariable (d.h. die x_k sind nichtnegative reelle Zahlen und $(A_1, \dots, A_n)$ ist eine Partition von Ω in Elemente von $\mathfrak{A}$). Als *Integral von X bezüglich des Masses μ*, was mit $\int X \, d\mu$ oder $\int_\Omega X \, d\mu$ bezeichnet wird, definiert man die positive Zahl

$$(6.1) \qquad \int X \, d\mu = \int_\Omega X \, d\mu = \sum_{k=1}^n x_k \, \mu(A_k).$$

Bemerkung. — Man kann leicht verifizieren, dass der Wert des Ausdrucks nicht von der speziellen Linearkombination von Indikatorfunktionen abhängt, mit der man X darstellt. Diese Zahl hängt nur von X ab.

Die folgende Aussage ist einfach nachzuweisen.

SATZ 6.1 (Monotonie). — *Es seien X, Y zwei einfache, positive Zufallsvariable; dann gilt*

$$X \leq Y \implies \int X \, d\mu \leq \int Y \, d\mu.$$

Etwas schwieriger ist der Beweis der folgenden Aussage.

SATZ 6.2. — *Es seien (X_n), (Y_n) $(n \geq 1)$ zwei monoton wachsende Folgen von einfachen, positiven Zufallsvariablen; dann gilt*

$$\sup_n X_n = \sup_n Y_n \implies \sup_n \int X_n \, d\mu = \sup_n \int Y_n \, d\mu.$$

Definition. — Es sei X eine *positive* reelle Zufallsvariable. Gemäss Lemma 5.4.1 existiert dann eine *monoton wachsende* Folge (X_n) $(n \geq 1)$ von *einfachen, positiven* Zufallsvariablen, für die im Sinne der punktweisen Konvergenz $X_n \uparrow X$ $(n \to \infty)$ gilt. Als *Integral von X bezüglich des Masses μ* definiert man die (endliche oder unendliche) Zahl

$$\int X \, d\mu = \lim_{n \to \infty} \int X_n \, d\mu.$$

Bemerkung 1. — Der Limes auf der rechten Seite existiert gemäss Satz 6.1 als Element von $[0, +\infty]$. Andererseits hängt der Wert nicht von der speziellen Folge (X_n) $(n \geq 1)$ ab, als deren Limes man X darstellt. *Diese Zahl hängt nur von X ab.*
Hat man nämlich zwei *monoton wachsende* Folgen (X_n), (Y_n) $(n \geq 1)$ von *einfachen, positiven* Zufallsvariablen mit $X = \lim_n X_n = \sup_n X_n$, $X = \lim_n Y_n = \sup_n Y_n$, so ergibt sich aus Satz 6.2 dass $\int X \, d\mu = \lim_n \int X_n \, d\mu = \sup_n \int X_n \, d\mu = \sup_n \int Y_n \, d\mu = \lim_n \int Y_n \, d\mu$ ist. Man könnte also ebensogut $\int X \, d\mu$ als $\int X \, d\mu = \sup \int S \, d\mu$ definieren, wobei «sup» sich über alle *einfachen*, positiven Zufallsvariablen mit $0 \leq S \leq X$ erstreckt.

Bemerkung 2. — Gelegentlich bezeichnet man X als *μ-integrierbar*, falls $\int X \, d\mu < +\infty$ gilt; man ist übereingekommen auch dann zu sagen, dass das Integral $\int X \, d\mu$ existiert, wenn $\int X \, d\mu = +\infty$ ist.

Definition. — Es sei nun X eine Zufallsvariable (mit Werten in $\overline{\mathbb{R}}$); nach Satz 5.3.2 sind die Funktionen X^+ und X^- Zufallsvariable mit Werten in $[0, +\infty]$, deren Integrale $\int X^+ \, d\mu$ und $\int X^- \, d\mu$ somit als Elemente von

$[0, +\infty]$ existieren. Man bezeichnet X als μ-*integrierbar*, falls $\int X^+ \, d\mu$ und $\int X^- \, d\mu$ *endlich* sind. Die reelle Zahl

$$\int X \, d\mu = \int X^+ \, d\mu - \int X^- \, d\mu$$

heisst dann das *Integral von X bezüglich des Masses μ.*

Bemerkung 3. — Wegen $|X| = X^+ + X^-$ und der Linearität des Integrals (dies wird im Paragraphen 8 dieses Kapitels gezeigt) hat man die Gleichheit $\int |X| \, d\mu = \int X^+ \, d\mu + \int X^- \, d\mu$ in $[0, +\infty]$. Daraus folgt, dass X genau dann μ-integrierbar ist, falls $\int |X| \, d\mu < \infty$ gilt.

Bemerkung 4. — Die Differenz $\int X^+ \, d\mu - \int X^- \, d\mu$ hat auch dann noch einen wohlbestimmten Wert, wenn mindestens einer der Terme $\int X^+ \, d\mu$, $\int X^- \, d\mu$ endlich ist. Man könnte auch dann noch von dem Integral von X bezüglich μ sprechen, das durch $\int X \, d\mu = \int X^+ \, d\mu - \int X^- \, d\mu$ definiert wird.

7. Beispiele

BEISPIEL 7.1. — *Es sei $(\Omega, \mathfrak{A}, P)$ ein Wahrscheinlichkeitsraum mit $P = \varepsilon_{\omega_0}$, wobei ε_{ω_0} das (Dirac-)Mass mit der Einheitsmasse im Punkt $\omega_0 \in \Omega$ bezeichnet. Sei andererseits X eine auf diesem Raum definierte Zufallsvariable. Wenn $X(\omega_0) \geq 0$ oder $|X(\omega_0)| < +\infty$ gilt, so ist $\int_\Omega X \, d\varepsilon_{\omega_0} = X(\omega_0)$.*

Beweis. — Es sei $X = \sum_{k=1}^n x_k I_{A_k}$ eine *positive* und *einfache* Zufallsvariable. Da die Mengen $(A_1, \ldots, A_n)$ eine Partition von Ω bilden, gibt es genau einen Index k_0 mit $\omega_0 \in A_{k_0}$; deshalb ist

$$\int X \, dP = \sum_{k=1}^n x_k P(A_k) = x_{k_0} P(A_{k_0}) = x_{k_0} = X(\omega_0).$$

Ist nun X eine *positive* Zufallsvariable und (X_n) $(n \geq 1)$ eine *monoton wachsende* Folge von *einfachen*, positiven Zufallsvariablen mit $X = \lim_n X_n$, so folgt $\int X \, dP = \lim_n \int X_n \, dP = \lim_n X_n(\omega_0) = X(\omega_0)$.

Ist schliesslich X eine reelle Zufallsvariable und gilt $|X(\omega_0)| < +\infty$, so hat man $\int X^+ \, dP = X^+(\omega_0) < +\infty$ und $\int X^- \, dP = X^-(\omega_0) < +\infty$, und daher $\int X \, dP = \int X^+ \, dP - \int X^- \, dP = X^+(\omega_0) - X^-(\omega_0) = X(\omega_0)$. $\quad\square$

BEISPIEL 7.2. — *Es sei $(\Omega, \mathfrak{A}, P)$ ein Wahrscheinlichkeitsraum, wobei $P = \sum_i \alpha_i \varepsilon_{\omega_i}$ $(\alpha_i > 0, \sum_i \alpha_i = 1)$ ein diskretes Wahrscheinlichkeitsmass auf $(\Omega, \mathfrak{A})$ ist. Nun sei noch X eine reelle Zufallsvariable auf diesem Raum. Wenn $X \geq 0$ ist oder wenn $\sum_i \alpha_i |X(\omega_i)| < \infty$ ist, so gilt $\int X \, dP = \sum_i \alpha_i X(\omega_i)$.*

Beweis. — Wiederum sei zunächst $X = \sum_{k=1}^{n} x_k I_{A_k}$ eine *einfache, positive* Zufallsvariable. Dann ist

$$\int X \, d\mathrm{P} = \sum_{k=1}^{n} x_k \mathrm{P}(A_k) = \sum_{k=1}^{n} x_k \Big(\sum_i \alpha_i \varepsilon_{\omega_i}(A_k) \Big)$$

$$= \sum_i \alpha_i \Big(\sum_{k=1}^{n} x_k \varepsilon_{\omega_i}(A_k) \Big) = \sum_i \alpha_i X(\omega_i).$$

Sei nun X eine *positive* Zufallsvariable und (X_n) $(n \geq 1)$ eine *monoton wachsende* Folge von einfachen, positiven Zufallsvariablen mit $X = \lim_n X_n$. Dann folgt $\int X \, d\mathrm{P} = \lim_n \int X_n \, d\mathrm{P} = \lim_n \big(\sum_i \alpha_i X_n(\omega_i) \big) = \sum_i \alpha_i X(\omega_i)$.

Schliesslich sei $\sum_i \alpha_i \, |X(\omega_i)| < \infty$. Dann hat man sowohl $\int X^+ \, d\mathrm{P} = \sum_i \alpha_i X^+(\omega_i) < \infty$, als auch $\int X^- \, d\mathrm{P} = \sum_i \alpha_i X^-(\omega_i) < \infty$, und daher

$$\int X \, d\mathrm{P} = \int X^+ \, d\mathrm{P} - \int X^- \, d\mathrm{P} = \sum_i (X^+(\omega_i) - X^-(\omega_i)) = \sum_i \alpha_i X(\omega_i). \quad \square$$

8. Eigenschaften des Integrals

Definition. — Es sei $(\Omega, \mathfrak{A}, \mu)$ ein Massraum und $\mathcal{P}$ eine Eigenschaft, deren Wahrheitswert von $\omega \in \Omega$ abhängt. Man sagt, dass $\mathcal{P}$ *μ-fast überall* gilt, wenn es ein $A \in \mathfrak{A}$ mit $\mu(A) = 0$ gibt, sodass die Eigenschaft $\mathcal{P}$ für alle $\omega \in A^c$ zutrifft.

Bemerkung. — In dieser Definition wird nicht angenommen, dass die Menge A' aller $\omega \in \Omega$, für die die Eigenschaft $\mathcal{P}$ *nicht* zutrifft, das Mass Null hat, denn diese Menge A' muss nicht notwendigerweise selbst zu $\mathfrak{A}$ gehören. Man hat also $A' \subset A$, $A \in \mathfrak{A}$, $\mu(A) = 0$ und $\mathcal{P}$ ist wahr in A^c (aber $\mathcal{P}$ ist auch wahr für die Elemente von $A \setminus A'$). (Man kann diesen Sachverhalt dadurch beschreiben, das man sagt, dass die Menge A' derjenigen ω, für die $\mathcal{P}$ nicht gilt, « vernachlässigbar » sei.)

In diesem Paragraphen sind alle vorkommenden Zufallsvariablen X, Y auf ein und demselben Massraum $(\Omega, \mathfrak{A}, \mu)$ definiert. Gemäss unserer Vereinbarung werden wir sagen, dass $\int X \, d\mu$ *existiert*, falls $X \geq 0$ oder falls X μ-integrabel ist. Wenn $\int X \, d\mu$ existiert und $A \in \mathfrak{A}$ ist, so setzt man $\int_A X \, d\mu = \int_\Omega X I_A \, d\mu$.

SATZ 8.1. — *Falls $\int X \, d\mu$ und $\int Y \, d\mu$ existieren, so gelten folgende Aussagen:*

A. *Linearität*
(A1) $\int (X + Y)\, d\mu = \int X\, d\mu + \int Y\, d\mu;$
(A2) *für jedes reelle* λ *gilt:* $\int \lambda X\, d\mu = \lambda \int X\, d\mu;$
(A3) *für disjunkte* $A, B \in \mathfrak{A}$ *gilt:* $\int_{A+B} X\, d\mu = \int_A X\, d\mu + \int_B X\, d\mu.$

B. *Monotonie*
(B1) $X \geq 0 \Longrightarrow \int X\, d\mu \geq 0;$
(B2) $X \geq Y \Longrightarrow \int X\, d\mu \geq \int Y\, d\mu;$
(B3) $X = Y$ *μ-fast überall* $\Longrightarrow \int X\, d\mu = \int Y\, d\mu.$

C. *Integrierbarkeit*
(C1) X *μ-integrierbar* $\Longleftrightarrow |X|$ *μ-integrierbar;*
(C2) X *μ-integrierbar* $\Longrightarrow X$ *ist fast überall endlich*
(C3) $|X| \leq Y$ *und* Y *μ-integrierbar* $\Longrightarrow X$ *μ-integrierbar;*
(C4) X *und* Y *μ-integrierbar* $\Longrightarrow X + Y$ *μ-integrierbar.*

D. *Majorisierung des Integrals*
(D1) *Es seien* a *und* b *zwei reelle Zahlen derart, dass* $a \leq X(\omega) \leq b$ *für alle* ω *aus einer Menge* $A \in \mathfrak{A}$ *gilt; zudem sei* $\mu(A) < \infty$. *Dann gilt* $a\,\mu(A) \leq \int_A X\, d\mu \leq b\,\mu(A).$
(D2) *Ist* X *μ-integrierbar, so ist* $\left| \int X\, d\mu \right| \leq \int |X|\, d\mu.$

9. Konvergenzsätze. — Die folgenden drei Konvergenzsätze, die wir ohne Beweis (*cf.* Bauer [1], §§ 10 u. 14) zitieren, sind von grundlegender Bedeutung. Alle hierbei vorkommenden reellen Zufallsvariablen seien auf demselben Massraum $(\Omega, \mathfrak{A}, \mu)$ definiert.

THEOREM 9.1 (Satz von der monotonen Konvergenz von Beppo Levi). *Es sei* (X_n) $(n \geq 1)$ *eine monoton wachsende Folge von positiven Zufallsvariablen, die im Sinne der punktweisen Konvergenz gegen einen messbaren Limes strebt. Dann gilt in* $[0, +\infty]$ *die Gleichheit*

$$\int \lim_{n \to \infty} X_n\, d\mu = \lim_{n \to \infty} \int X_n\, d\mu.$$

Man kann dieses Theorem auch folgendermassen formulieren.

Ist (Y_n) $(n \geq 1)$ *eine Folge von positiven reellen Zufallsvariablen, so gilt in* $[0, +\infty]$ *die Gleichheit*

$$\int \sum_{n \geq 1} Y_n\, d\mu = \sum_{n \geq 1} \int Y_n\, d\mu.$$

THEOREM 9.2 (Lemma von Fatou). — *Es sei* (X_n) $(n \geq 1)$ *eine Folge von positiven reellen Zufallsvariablen. Dann ist*

$$\int \liminf_{n \to \infty} X_n\, d\mu \leq \liminf_{n \to \infty} \int X_n\, d\mu,$$

wobei diese Gleichheit in $[0, +\infty]$ *gilt.*

KOROLLAR. — *Nimmt man zudem an, dass*

a) $X_n \to X$ *(fast überall)*;

b) *es existiert $M \in [0, +\infty[$ derart, dass $\int X_n \, d\mu \leq M$ für $n \geq 1$; dann ist $\int X \, d\mu \leq M$.*

THEOREM 9.3 (Satz von der *dominierten* Konvergenz von Lebesgue). *Es sei (X_n) $(n \geq 1)$ eine Folge von μ-integrierbaren Zufallsvariablen, für die vorausgesetzt wird, dass*

a) $X_n \to X$ *fast überall gilt;*

b) *es eine positive Zufallsvariable Y mit $\int Y \, d\mu < \infty$ gibt, so dass $|X_n| \leq Y$ für alle $n \geq 1$ gilt.*

Dann ist X μ-integrierbar und

$$\int \lim_{n \to \infty} X_n \, d\mu = \lim_{n \to \infty} \int X_n \, d\mu.$$

ERGÄNZUNGEN UND ÜBUNGEN

Es sei $S = \{1, 2, \dots, r\}$ $(r \geq 2)$ eine endliche Menge und es bezeichne Ω die Menge $S^{\mathbb{N}^*}$ aller unendlichen Folgen $\omega = (x_1, x_2, \dots)$, deren Komponenten x_i $(i = 1, 2, \dots)$ zu S gehören. Es ist das Ziel der Aufgaben 1–9, zu zeigen, wie man Ω mit einer σ-Algebra $\mathfrak{T}$ von Ereignissen ausstatten kann, die verschieden ist von $\mathfrak{P}(\Omega)$, die aber alle sogenannten *beobachtbaren* Ereignisse enthält — oder auch diejenigen, bei denen nur eine *endliche* Menge von Zeitpunkten eine Rolle spielt. Dieser Begriff wird weiter unten präzisiert. Weiter wird man dann versuchen, ausgehend von einer Familie von Wahrscheinlichkeitsmassen (p_n), $(n \geq 1)$, wobei p_n auf S^n definiert ist und diese p_n gewissen *Verträglichkeitsbedingungen* genügen, den Raum $(\Omega, \mathfrak{T})$ mit einem Wahrscheinlichkeitsmass P zu versehen. Im Fall $r = 2$ führt diese Konstruktion gerade zu einem Wahrscheinlichkeitsmass auf dem Raum aller unendlichen Folgen von Münzwürfen (siehe Aufgabe 7.)

1. (Die Algebra der beobachtbaren Ereignisse). — Für $n \geq 1$ bezeichne $\pi_n : \Omega \to S^n$ die *Projektion*, die jede unendliche Folge $\omega = (x_1, x_2, \dots)$ aus Ω auf die endliche Folge $\pi_n(\omega) = (x_1, x_2, \dots, x_n)$ abbildet. Ausserdem bezeichne $X_n : \Omega \to S$ die n-te *Koordinatenabbildung*, die durch $X_n(\omega) = x_n$ definiert ist. Schliesslich bezeichnen wir als *n-Zylinder* jede Teilmenge C von Ω von der Gestalt $C = \{\pi_n \in A\} = \pi_n^{-1}(A)$, wobei A eine Teilmenge von S^n $(n \geq 1)$ ist; mit $\mathfrak{A}_n$ wird die Menge der n-Zylinder notiert.

a) Für jedes $n \geq 1$ ist die Familie $\mathfrak{A}_n$ der n-Zylinder eine σ-Algebra.

b) Die Folge $(\mathfrak{A}_n)$ $(n \geq 1)$ ist monoton wachsend, d.h. es gilt
$$\mathfrak{A}_1 \subset \mathfrak{A}_2 \subset \cdots \subset \mathfrak{A}_n \subset \mathfrak{A}_{n+1} \subset \cdots$$

c) Die Familie $\mathfrak{A} = \lim_n \mathfrak{A}_n = \bigcup_n \mathfrak{A}_n$ ist eine Algebra, aber keine σ-Algebra.

2. (Die σ-Algebra der beobachtbaren Ereignisse). — Es sei nun $\mathfrak{T} = \mathfrak{T}(\mathfrak{A})$ die von $\mathfrak{A}$ erzeugte σ-Algebra, genannt *σ-Algebra der beobachtbaren Ereignisse*. Dies ist die kleinste σ-Algebra bezüglich derer alle π_n (bzw. X_n) $(n \geq 1)$ messbar sind.

3. — Man betrachte nun, für $n \geq 1$, reelle Funktionen p_n, wobei p_n auf S^n definiert ist und die folgenden Eigenschaften hat:

(i) $p_n \geq 0$;

(ii) $\displaystyle\sum_{x \in S} p_1(x) = 1$;

(iii) $\displaystyle\sum_{x \in S} p_{n+1}(x_1, \ldots, x_n, x) = p_n(x_1, \ldots, x_n)$ für jede Folge

$(x_1, \ldots, x_n)$ aus S^n.

Ist $C = \{\pi_n \in A\}$ ein Zylinder, so setzt man $P(C) = P\{\pi_n \in A\} = \sum p_n(x_1, \ldots, x_n)$, wobei sich die Summation über alle Folgen $(x_1, \ldots, x_n)$ aus A erstreckt. Man zeige, dass dieser Wert nur von C abhängt (aber weder von n, noch von A).

4. — Es sei nun (C_m) $(m \geq 1)$ eine monoton absteigende Folge von nichtleeren Zylindermengen. Dann ist deren Durchschnitt nicht leer.

5. — Die Abbildung $P : \mathfrak{A} \to \mathbb{R}$, die jeder Zylindermenge $C = \{\pi_n \in A\}$ $(A \subset S^n)$ die Zahl $P(C) = \sum_A p_n(x_1, x_2, \ldots, x_n)$ zuordnet, ist ein Wahrscheinlichkeitsmass auf der Algebra $\mathfrak{A}$.

6. — Es sei S eine endliche Menge und für jedes n sei eine $p_n : S^n \to \mathbb{R}$ gegeben, die den drei Bedingungen (i), (ii) und (iii) aus Aufgabe 3 genügt. Dann existiert auf $(\Omega, \mathfrak{T})$ genau ein Wahrscheinlichkeitsmass P, so dass $P\{X_1 = x_1, \ldots, X_n = x_n\} = p_n(x_1, \ldots, x_n)$ für alle $n \geq 1$ und jedes $(x_1, \ldots, x_n) \in S^n$ gilt.

7. (Produkt von Wahrscheinlichkeitsräumen). — Die endliche Menge S sei mit einem Wahrscheinlichkeitsmass p ausgestattet. Dann gibt es auf dem Raum $(\Omega, \mathfrak{T})$ genau ein Wahrscheinlichkeitsmass P mit den Eigenschaften:

(i) die Projektionen X_n sind unabhängig;

(ii) für jede Teilmenge U von S und jedes n gilt $P\{X_n \in U\} = p(U)$.

8. (Verträglichkeit bedingter Wahrscheinlichkeitsmasse). — Es sei p_1 ein Wahrscheinlichkeitsmass auf S und für $n \geq 2$ sei $q_n : S^n \to \mathbb{R}_+$

eine Funktion, bei der für alle $(x_1, \ldots, x_{n-1}) \in S^{n-1}$ die Gleichheit $\sum_{x \in S} q_n(x_1, \ldots, x_{n-1}, x) = 1$ gilt. Dann existiert genau ein Wahrscheinlichkeitsmass P auf $(\Omega, \mathfrak{T})$, so dass $P\{X_1 = x_1\} = p_1(x_1)$ gilt und für jedes $n \geq 1$ und jede Folge $(x_1, \ldots, x_n) \in S^n$ die Gleichheit

$$P\{X_n = x_n \mid X_{n-1} = x_{n-1}, \ldots, X_1 = x_1\} = q_n(x_1, \ldots, x_n)$$

erfüllt ist.

9. (Homogene Markov-Ketten). — Es sei $(\Omega, \mathfrak{A}, P)$ ein Wahrscheinlichkeitsraum und es sei (X_n) eine Folge von Zufallsvariablen, die auf diesem Raum definiert sind und welche Werte in der gleichen *endlichen* Menge S annehmen. Man sagt, dass die Folge (X_n) eine *homogene Markov-Kette* ist, wenn die beiden folgenden Bedingungen erfüllt sind:

(i) für jedes $n \geq 2$ und jedes $(x_1, \ldots, x_n) \in S^n$ gilt
$P\{X_n = x_n \mid X_{n-1} = x_{n-1}, \ldots, X_1 = x_1\} = P\{X_n = x_n \mid X_{n-1} = x_{n-1}\}$;

(ii) für jedes Paar $(x, y) \in S^2$ hängt die gerade beschriebene Wahrscheinlichkeit $P\{X_n = y \mid X_{n-1} = x\}$ nicht von n ab. Diese Wahrscheinlichkeit wird mit $p_{x,y}$ bezeichnet.

Eine stochastische Matrix ist eine Matrix $\mathcal{P} = (p_{x,y})$ $((x,y) \in S^2)$, deren Koeffizienten $p_{x,y} \geq 0$ sind, wobei zudem $\sum_{y \in S} p_{x,y} = 1$ für jedes $x \in S$ ist. Hat man eine solche Matrix und ein Wahrscheinlichkeitsmass (p_x) $(x \in S)$ auf S, so existiert genau ein Wahrscheinlichkeitsmass P auf $(\Omega, \mathfrak{T})$, dessen Projektionen $X_n : \Omega \to S$ eine homogene Markov-Kette bilden, wobei noch $P\{X_1 = x\} = p_x$ und $P\{X_n = x_n \mid X_{n-1} = x_{n-1}\} = p_{x_{n-1}, x_n}$ gelten.

KAPITEL 11

ERWARTUNGSWERT.
ABSOLUT STETIGE VERTEILUNGEN

In diesem Kapitel werden wir den Begriff des Erwartungswertes einer reellen Zufallsvariablen bezüglich eines beliebigen Wahrscheinlichkeitsmasses definieren und dabei den Zusammenhang mit dem früher definierten Erwartungwert für diskrete Zufallsvariablen herstellen. Die im vorigen Kapitel behandelte Integrationstheorie stellt uns die dafür notwendigen Hilfsmittel zur Verfügung. Wie wir sehen werden, gibt es im wesentlichen zwei Familien von Zufallsvariablen, nämlich solche mit diskreter Verteilung und solche mit *absolut stetiger* Verteilung. In diesem Kapitel werden wir die Techniken zur Berechnung des Erwartungswertes von Zufallsvariablen für diese zweite Familie behandeln.

1. Erwartungswert einer Zufallsvariablen. — Es seien $(\Omega, \mathfrak{A}, \mathrm{P})$ ein Wahrscheinlichkeitsraum und X eine darauf definierte reelle Zufallsvariable. Entsprechend der im vorhergehenden Kapitel entwickelten Theorie kann man das Integral von X bezüglich des *Wahrscheinlichkeitsmasses* P betrachten.

Definition. — Ist X nicht negativ oder P-integrierbar, so bezeichne

$$(1.1) \qquad \mathbb{E}[X] = \int X \, d\mathrm{P}$$

den *Erwartungswert von* X. Gilt dabei $\mathbb{E}[X] \in \mathbb{R}$, so sagt man, dass X einen *endlichen* Erwartungswert habe.

Alle im vorigen Kapitel behandelten Eigenschaften der Integrale, wie Linearität, Monotonie, Integrierbarkeit, Majorisierung, sowie die Konvergenzsätze, bleiben gültig. Dabei ist zu beachten, dass die ersten vier Gruppen von Eigenschaften praktisch wörtliche Wiederholungen dessen sind, was in Kapitel 8 über diskrete Zufallsvariable ausgeführt wurde.

Falls das Mass, mit dem man es zu tun hat, ein Wahrscheinlichkeitsmass ist, spricht man vorzugsweise von Eigenschaften, die P-*fast sicher* (statt P-*fast überall*) gelten. In den folgenden Kapiteln wird insbesondere die *fast sichere* Konvergenz von Folgen reeller Zufallsvariablen Gegenstand detaillierter Untersuchungen sein.

Ebenso wie für diskrete Zufallsvariable kann man nun die Begriffe der Momente, der Varianz, usw. definieren. Ist $\mathbb{E}[X] = 0$, so bezeichnet man X als *zentriert*. Ist $\mathbb{E}[X]$ endlich, so kann man die Zufallsvariable X *zentrieren*, indem man zu $X - \mathbb{E}[X]$ übergeht. Das *Moment k-ter Ordnung* $(k > 0)$ ist die Zahl $\mathbb{E}[X^k]$, falls diese existiert. Wenn $\mathbb{E}[X^2]$ endlich ist, wird die *Varianz* von X durch $\mathbb{E}[(X - \mathbb{E}[X])^2]$ definiert. Schliesslich bezeichnet man als *absolutes Moment k-ter Ordnung* die Zahl $\mathbb{E}[|X|^k]$.

Eine der grundlegenden Aussagen über die Integration von reellen Zufallsvariablen und vor allem auch über deren effektive Berechnung ist der Transportsatz, dessen diskreter Version wir schon in Kapitel 8, Theorem 4.1, begegnet sind.

THEOREM 1.1 (Transportsatz). — *Es seien $(\Omega, \mathfrak{A}, \mathrm{P})$ ein Wahrscheinlichkeitsraum und X eine auf diesem Raum definierte reellwertige Zufallsvariable mit der Verteilung P_X. Ferner sei g eine messbare reelle Funktion. Schematisch dargestellt:*

$$(\Omega, \mathfrak{A}, \mathrm{P}) \xrightarrow{\quad X \quad} (\mathbb{R}, \mathcal{B}^1, \mathrm{P}_X)$$
$$g \circ X \searrow \qquad \downarrow g$$
$$(\mathbb{R}, \mathcal{B}^1)$$

Falls einer der Ausdrücke $\int_\Omega (g \circ X)\, d\mathrm{P}$, $\int_\mathbb{R} g\, d\mathrm{P}_X$ existiert, so gilt dies auch für den anderen und es ist

$$(1.2) \qquad \int_\Omega (g \circ X)\, d\mathrm{P} = \int_\mathbb{R} g\, d\mathrm{P}_X \left(= \int_\mathbb{R} g(x)\, d\mathrm{P}_X(x) \right).$$

Die zwei Seiten der Gleichung sind zwei Darstellungen für $\mathbb{E}[g \circ X]$.

Auf der linken Seite dieser Gleichung steht das Integral der Zufallsvariablen $g \circ X : (\Omega, \mathfrak{A}, \mathrm{P}) \to (\mathbb{R}, \mathcal{B}^1)$ bezüglich des Masses P; die rechte Seite stellt das Integral der Zufallsvariablen $g : (\mathbb{R}, \mathcal{B}^1, \mathrm{P}_X) \to (\mathbb{R}, \mathcal{B}^1)$ bezüglich des Stieltjes-Lebesgue-Masses P_X auf der reellen Geraden dar. Der Transportsatz gestattet es also, die Aufgabe der Berechnung eines Integrales auf einem beliebigen Wahrscheinlichkeitsraum $(\Omega, \mathfrak{A}, \mathrm{P})$ in die Aufgabe der Berechnung eines Integrals auf $(\mathbb{R}, \mathcal{B}^1, \mathrm{P}_X)$ zu transformieren.

Beweis. — Der Beweis des Transportsatzes geschieht schrittweise, indem man die Aussage zunächst für einfache, positive Zufallsvariable verifiziert und sie dann auf positive und schliesslich auf beliebige Zufallsvariable überträgt. Es sei also $g = \sum_i x_i I_{A_i}$ eine einfache, positive Zufallsvariable. Dann gilt für jedes $\omega \in \Omega$

$$(g \circ X)(\omega) = g(X(\omega)) = \sum_i x_i\, I_{A_i}(X(\omega)) = \sum_i x_i\, I_{X^{-1}(A_i)}(\omega),$$

und daher

$$\int (g \circ X)\,d\mathrm{P} = \sum_i x_i\,\mathrm{P}(X^{-1}(A_i)) = \sum_i x_i\,\mathrm{P}_X(A_i) = \int g\,d\mathrm{P}_X.$$

Ist nun (g_n) eine monoton wachsende Folge von einfachen, positiven Zufallsvariablen mit $g = \sup_n g_n$, so gilt auch $g \circ X = \sup_n g_n \circ X$. Dabei ist jedes $g_n \circ X$ eine einfache, positive Zufallsvariable, da dies ja schon für die g_n selbst gilt. Daher ist

$$\int (g \circ X)\,d\mathrm{P} = \sup_n \int (g_n \circ X)\,d\mathrm{P} = \sup_n \int g_n\,d\mathrm{P}_X = \int g\,d\mathrm{P}_X.$$

Ist schliesslich g eine beliebige Zufallsvariable, so gilt $g^+ \circ X = (g \circ X)^+$ und $g^- \circ X = (g \circ X)^-$. Ist dabei $\int (g \circ X)\,d\mathrm{P}$ endlich, so sind auch die beiden Integrale $\int (g \circ X)^+\,d\mathrm{P}$ und $\int (g \circ X)^-\,d\mathrm{P}$ endlich. Ausserdem gilt $\int (g \circ X)\,d\mathrm{P} = \int (g^+ \circ X)\,d\mathrm{P} - \int (g^- \circ X)\,d\mathrm{P} = \int g^+\,d\mathrm{P}_X - \int g^-\,d\mathrm{P}_X = \int g\,d\mathrm{P}_X$. Somit ist $\int g\,d\mathrm{P}_X$ endlich und gleich $\int (g \circ X)\,d\mathrm{P}_X$.

Ist umgekehrt $\int g\,d\mathrm{P}_X$ endlich, so zeigt eine analoge Argumentation, dass $\int (g \circ X)\,d\mathrm{P}$ endlich ist und gleich dem ersten Integral ist. $\quad\square$

Beispiel 1. — Wir betrachten $g = \mathrm{Id}_{\mathbb{R}}$, also $g(x) = x$. Wenn also eines der Integrale $\int X\,d\mathrm{P}$, $\int \mathrm{Id}_{\mathbb{R}}\,d\mathrm{P}_X = \left(\int x\,d\mathrm{P}_X(x) \right)$ existiert, so existiert auch das andere und man hat:

$$(1.3) \qquad\qquad \mathbb{E}[X] = \int X\,d\mathrm{P} = \int x\,d\mathrm{P}_X(x).$$

Beispiel 2. — Es sei nun $X : (\Omega, \mathfrak{A}, \mathrm{P}) \to (\mathbb{R}, \mathcal{B})$ eine *diskrete Zufallsvariable* mit Verteilung $\mathrm{P}_X = \sum_i \alpha_i \varepsilon_{x_i}$ $(\alpha_i > 0, \sum_i \alpha_i = 1)$. Falls $X \geq 0$ oder falls $\sum_i \alpha_i |x_i| < \infty$ ist, gilt stets die Beziehung (1.3). Die rechte Seite von (1.3) ist aber das Integral der identischen Abbildung von $(\mathbb{R}, \mathcal{B}^1, \mathrm{P}_X)$ in $(\mathbb{R}, \mathcal{B}^1)$. Gemäss Beispiel 2 aus Paragraph 7 von Kapitel 10 ist dies aber $\sum_i \alpha_i x_i$. Damit hat man die elementare Definition des Erwartungswertes

$$\mathbb{E}[X] = \sum_i \alpha_i x_i$$

einer diskreten Zufallsvariablen X wiedergefunden.

2. Produkte von Wahrscheinlichkeitsmassen und der Satz von Fubini. — In diesem Abschnitt stellen wir ohne Beweis einige Ergebnisse über Produkte von Wahrscheinlichkeitsverteilungen vor.

THEOREM 2.1. — *Es seien* P_1 *und* P_2 *zwei auf* $(\mathbb{R}, \mathcal{B}^1)$ *definierte Wahrscheinlichkeitsmasse. Dann existiert genau ein Wahrscheinlichkeitsmass auf* $(\mathbb{R}^2, \mathcal{B}^2)$, *das mit* $\mathrm{P} = \mathrm{P}_1 \otimes \mathrm{P}_2$ *bezeichnet wird, so dass die Gleichheit*

$$\mathrm{P}(B_1 \times B_2) = \mathrm{P}_1(B_1)\mathrm{P}_2(B_2).$$

für alle $B_1, B_2 \in \mathcal{B}^1$ *gilt.*

Das Mass P heisst das *Produkt* der Masse P_1 und P_2; die Masse P_1 und P_2 werden als *Randverteilungen* (oder auch als *marginale Verteilungen*) des Masses P bezeichnet. Das Produktmass spielt eine hervorragende Rolle beim Studium von unabhängigen reellen Zufallsvariablen, was im folgenden Theorem zum Ausdruck gebracht wird.

THEOREM 2.2. — *Es seien X_1, X_2 zwei auf demselben Wahrscheinlichkeitsraum definierte reelle Zufallsvariable mit Verteilungen P_1, P_2. Dann sind die beiden folgenden Aussagen äquivalent:*
    a) *die Verteilung des Paares (X_1, X_2) ist das Produktmass $P = P_1 \otimes P_2$;*
    b) *die Zufallsvariablen X_1, X_2 sind unabhängig.*

THEOREM 2.3 (Satz von Fubini, *cf.* Bauer [1], § 19). — *Es seien P_1, P_2 zwei Wahrscheinlichkeitsmasse auf $(\mathbb{R}, \mathcal{B}^1)$, $P = P_1 \otimes P_2$ sei das Produkt der beiden Masse und g eine messbare Funktion $g : (\mathbb{R}^2, \mathcal{B}^2) \to (\mathbb{R}, \mathcal{B}^1)$ derart, dass $\int g\,dP$ existiert (d.h. entweder ist $g \geq 0$ oder $\int |g|\,dP < \infty$). Dann existiert $h(x_2) = \int_{\mathbb{R}} g(x_1, x_2)\,dP_1(x_1)$ für P_2-fast alle x_2; ausserdem existiert $\int_{\mathbb{R}} h(x_2)\,dP_2(x_2)$ und ist gleich $\int_{\mathbb{R}} g\,dP$; es ist also*

$$(2.1) \qquad \int_{\mathbb{R}^2} g(x_1, x_2)\,dP(x_1, x_2) = \int_{\mathbb{R}} dP_2(x_2)\left(\int_{\mathbb{R}} g(x_1, x_2)\,dP_1(x_1) \right).$$

Die entsprechenden Aussagen gelten natürlich auch, wenn man die Rollen der Indices 1 und 2 vertauscht.

In der Gleichheit (2.1) ist die linke Seite als ein Stieltjes-Lebesgue-Integral der Funktion g in zwei Variablen bezüglich des Masses $P = P_1 \otimes P_2$ auf $(\mathbb{R}^2, \mathcal{B}^2)$ zu lesen (*cf.* Kap. 10, § 4).

SPEZIALFALL. — *Ist g eine nichtnegative Funktion, so gilt die Gleichheit (2.1) stets (in $[0, +\infty]$).*

ANWENDUNG. — *Es seien X_1, X_2 zwei unabhängige, reelle Zufallsvariable, deren Erwartungswerte existieren. Dann existiert auch der Erwartungswert des Produktes $X_1 X_2$ und es gilt*

$$\mathbb{E}[X_1 X_2] = \mathbb{E}[X_1]\,\mathbb{E}[X_2].$$

Beweis. — Man hat dafür nur den Satz von Fubini auf die Verteilungen P_1, P_2 von X_1, X_2 und die Verteilung $P = P_1 \otimes P_2$ des Paares (X_1, X_2) anzuwenden. $\square$

Gewisse Stieltjes-Lebesgue-Integrale lassen sich genauso berechnen, wie man es von der gewöhnlichen Integration her kennt. Im weiteren Verlauf dieses Kapitel werden wir noch einige Ausführungen dazu machen.

3. Das Lebesgue-Integral. — Als *Lebesgue-Mass* auf der reellen Geraden (*cf.* Kap. 10, § 2), das mit λ^1 oder mit λ notiert wird, bezeichnet man das eindeutig bestimmte Mass auf $(\mathbb{R}, \mathcal{B}^1)$, das jedem halb-offenen Intervall $]a, b]$ den Wert

$$(3.1) \qquad \lambda\{\,]a, b]\,\} = b - a$$

zuordnet. Da die identische Abbildung, die das Lebesgue-Mass auf der reellen Geraden induziert, stetig ist, gilt natürlich auch

$$\lambda\{\,[a, b]\,\} = \lambda\{\,[a, b[\,\} = \lambda\{\,]a, b[\,\} = b - a.$$

Genau genommen ist das Lebesgue-Mass die Vervollständigung von λ. Für die folgenden Ausführungen genügt allerdings die gerade gegebene Definition.

Es sei nun X eine auf $(\mathbb{R}, \mathcal{B}^1)$ definierte reelle Zufallsvariable. Man definiert das *Lebesgue-Integral* von X als das Integral von X bezüglich des Masses λ. Es wird mit

$$(3.2) \qquad \int X \, d\lambda \quad \text{oder} \quad \int X(x) \, dx$$

notiert. Das *Integral von X auf einer Borel-Menge A* der reellen Geraden wird als Integral von $I_A.X$ definiert und als

$$\int_A X \, d\lambda - \int I_A.X \, d\lambda = \int_A X(x) \, dx = \int I_A(x) \, X(x) \, dx$$

geschrieben. Ist speziell A ein beschränktes Intervall vom Typ $[a, b], [a, b[,$ $]a, b]$ oder $]a, b[$, so notiert man das Integral von X auf A als

$$(3.3) \qquad \int_a^b X \, d\lambda = \int_a^b X(x) \, dx,$$

da ja die Integrale von X auf jedem dieser Intervalle gleich sind (wenn sie existieren).

Man erkennt in (3.3) die übliche formale Schreibweise für das Riemann-Integral der Funktion X auf dem Intervall $[a, b]$. In den beiden folgenden Sätzen halten wir fest, unter welchen Bedingungen das Lebesgue-Integral und das Riemann-Integral miteinander in Beziehung stehen.

SATZ 3.1. — *Es sei X eine reelle, messbare und beschränkte Funktion, die auf dem beschränkten Intervall $[a, b]$ definiert sei. Falls X Riemann-integrierbar ist, so ist X auf $[a, b]$ auch Lebesgue-integrierbar und das Riemann-Integral von X sowie das Lebesgue-Integral von X auf $[a, b]$ haben* *denselben Wert. (Für beide Integrale hat man die geläufige Schreibweise gemäss (3.3).)*

Wir erinnern daran, dass man für eine reelle Funktion X, die auf der ganzen reellen Geraden definiert ist und die Riemann-integrierbar ist, auf jedem beschränkten Intervall $[a, b]$ das *uneigentliche* Riemann-Integral von X auf $\mathbb{R}$ durch

$$(3.4) \qquad \int_{-\infty}^{+\infty} X(x)\,dx = \lim_{\substack{a \to -\infty \\ b \to +\infty}} \int_a^b X(x)\,dx$$

definiert, sofern der Grenzwert existiert und endlich ist.

SATZ 3.2. — *Es sei X eine reelle, messbare Funktion, die auf der reellen Geraden definiert ist. Falls das uneigentliche Riemann-Integral von $|X|$ existiert und endlich ist, so ist X Lebesgue-integrierbar und das Lebesgue-Integral von X auf $\mathbb{R}$ ist gleich dem uneigentlichen Riemann-Integral von X:*

$$\int_{\mathbb{R}} X(x)\,dx = \int_{-\infty}^{+\infty} X(x)\,dx.$$

4. Absolut stetige Verteilungen. — Man kann mittels derjenigen reellwertigen Funktionen f, die nichtnegativ und Lebesgue-integrierbar sind, und deren Integral gleich 1 ist, eine wichtige Klasse von Wahrscheinlichkeitsmassen auf der reellen Geraden definieren. Dies zeigt der folgende Satz.

SATZ 4.1. — *Ist f eine nichtnegative, Lebesgue-integrierbare reelle Funktion einer reellen Variablen mit*

$$\int_{\mathbb{R}} f\,d\lambda = \int_{-\infty}^{+\infty} f(x)\,dx = 1,$$

so definiert die Funktion $\mathrm{P} : B \mapsto \int_B f\,d\lambda$ *ein Wahrscheinlichkeitsmass auf* $(\mathbb{R}, \mathcal{B}^1)$.

Beweis. — Zunächst gilt $\mathrm{P} \geq 0$ und $\mathrm{P}(\mathbb{R}) = \int_{\mathbb{R}} f\,d\lambda = 1$. Weiter ist $\mathrm{P}(B) = \int_B f\,d\lambda \leq \int_{\mathbb{R}} f\,d\lambda = 1$.

Ist andererseits (B_n) eine Folge von paarweise disjunkten Borel-Mengen der reellen Geraden mit Vereinigung B, so gilt $f.I_B = \sum_n f.I_{B_n}$ und somit $\mathrm{P}(B) = \int f.I_B\,d\lambda = \int \sum_n f.I_{B_n}\,d\lambda = \sum_n \int f.I_{B_n}\,d\lambda = \sum_n \mathrm{P}(B_n)$ gemäss dem Satz von der monotonen Konvergenz von Beppo-Levi. Insgesamt erweist sich P also als ein Wahrscheinlichkeitsmass. ☐

Die Wahrscheinlicheitsmasse, denen man eine Funktion f im Sinne des vorigen Satzes zuordnen kann, sind genau die absolut stetigen Verteilungen, denen wir uns nun zuwenden wollen.

Man weiss, dass es zu jeder Verteilungsfunktion F auf der reellen Geraden genau ein, mit F{.} bezeichnetes, Wahrscheinlichkeitsmass auf $(\mathbb{R}, \mathcal{B}^1)$ gibt, so dass $F\{\,]a, b]\,\} = F(b) - F(a)$ für jedes beschränkte Intervall $]a, b]$ gilt. Die Vervollständigung dieses Masses $F\{\cdot\}$ wird als das von F induzierte *Stieltjes-Lebesgue-Mass* bezeichnet. Ist P ein Wahrscheinlichkeitsmass auf $(\mathbb{R}, \mathcal{B}^1)$, so ist die Vervollständigung von P identisch mit dem Stieltjes-Lebesgue-Mass, das durch die Funktion $F : x \mapsto P\{\,]-\infty, x]\,\}$ induziert wird. Das Integral einer reellen Zufallsvariablen g wird gleichwertig mit

$$\int g\, d\mathrm{P} \quad \text{oder} \quad \int g\, d\mathrm{F} \quad \text{oder auch} \quad \int g(x)\, d\mathrm{F}(x)$$

notiert und heisst *Stieltjes-Lebesgue-Integral* von g bezüglich F.

Definition. — Eine Verteilungsfunktion F heisst *absolut stetig*, wenn es eine reelle Funktion f gibt mit

  (i) $f \geq 0$;

  (ii) f ist Lebesgue-integrierbar auf $\mathbb{R}$ und es ist $\int f(x)\, dx = 1$;

  (iii) $F\{B\}\big(= \int_B d\mathrm{F}(x)\big) = \int_B f(x)\, dx\big(= \int_B f\, d\lambda\big)$ für alle $B \in \mathcal{B}^1$.

Eine solche Funktion f wird als *Dichte* der Verteilungsfunktion F bezeichnet.

SATZ 4.2. — *Es sei F eine absolut stetige Verteilungsfunktion mit Dichte f. Dann gilt für jede Zufallsvariable $g : (\mathbb{R}, \mathcal{B}^1) \to (\mathbb{R}, \mathcal{B}^1)$ die Gleichheit*

$$(4.1) \qquad \int g(x)\, d\mathrm{F}(x)\Big(= \int g\, d\mathrm{F}\Big) = \int g(x)\, f(x)\, dx\Big(= \int g f\, d\lambda\Big),$$

und zwar in dem Sinne, dass genau dann, wenn eines der Integrale existiert, auch das andere existiert und beide den gleichen Wert haben.

Beweis. — Zunächst werden wir (4.1) für einfache, positive Zufallsvariable nachweisen. Sei also $g = \sum_k x_k I_{A_k}$ eine solche Funktion. Dann gilt: $\int g\, d\mathrm{F} = \sum_k x_k\, \mathrm{F}\{A_k\} = \sum_k x_k \int_{A_k} f\, d\lambda = \sum_k x_k \int I_{A_k} f\, d\lambda = \int \big(\sum_k x_k I_{A_k}\big) f\, d\lambda = \int g f\, d\lambda$.

Es sei nun (g_n) eine monoton wachsende Folge von einfachen positiven Zufallsvariablen, die gegen g konvergiert. Dann ist $(g_n f)$ eine monoton wachsende Folge von positiven Zufallsvariablen, die gegen $g f$ konvergiert. Wegen des Satzes von Beppo-Levi folgt $\int g\, d\mathrm{F} = \lim_n \int g_n\, d\mathrm{F} = \lim_n \int g_n f\, d\lambda = \int g f\, d\lambda$.

Ist schliesslich g beliebig, so hat man: $\int g^+\, d\mathrm{F} = \int g^+ f\, d\lambda$ und $\int g^-\, d\mathrm{F} = \int g^- f\, d\lambda$. Die Gleichheit (4.1) gilt also gemäss der Definition des Integrals. $\square$

Bemerkung. — Ist F eine absolut stetige Verteilungsfunktion mit Dichte f und ist F die Verteilungsfunktion einer reellen Zufallsvariablen X, so spricht man auch von f als der *(Wahrscheinlichkeits-) Dichte* von X. Man verwendet auch die Bezeichnungen F_X, f_X entsprechend der Bezeichnung P_X für die Wahrscheinlichkeitsverteilung von X.

Ist in Gleichung (4.1) F die Verteilungsfunktion F_X einer Zufallsvariablen X mit Dichte f_X, so kann man entsprechend den üblichen Schreibgewohnheiten «dF_X» durch «dP_X» ersetzen, so dass sich (4.1) auch folgendermassen ausdrücken lässt:

$$\int g(x)\,dP_X(x) = \int g(x)\,f_X(x)\,dx.$$

Speziell im Falle $g(x) = x$ für alle x erhält man die wichtige Formel:

$$(4.2) \qquad \mathbb{E}[X] = \int x\,dP_X(x) = \int x\,f_X(x)\,dx,$$

zur Berechnung des Erwartungswertes von solchen reellen Zufallsvariablen, die eine Dichte haben.

SATZ 4.3. — *Ist F absolut stetig, so ist F auf der ganzen reellen Geraden stetig und es gilt $F\{\{x\}\} = 0$ für alle x. Ist dabei F die Verteilungsfunktion einer auf einem Wahrscheinlichkeitsraum $(\Omega, \mathfrak{A}, P)$ definierten Zufallsvariablen X, so gilt $P\{X = x\} = 0$ für jedes x. [Die Zufallsvariable X wird dann auch als "diffus" bezeichnet.]*

Beweis. — Es sei f die Dichte von F. Es gilt $F\{\{x\}\} = F(x) - F(x - 0)$ für alle x. Aber es ist $F\{\{x\}\} = \int_x^x f(u)\,du = 0$, daher ist $F(x - 0) = F(x)$ und F ist somit stetig. Unter den formulierten Hypothesen gilt dann auch $P\{X = x\} = P_X\{x\} = F\{\{x\}\} = 0$. $\square$

Die Menge $D_X = \{x : P\{X = x\} > 0\}$ ist bereits in Kapitel 5, § 6, eingeführt worden. Der vorige Satz besagt gerade, dass D_X für eine absolut stetige Zufallsvariable X leer ist (man vergleiche auch Kap. 5, Satz 6.2). Man definiert als *Träger* S_X einer reellen Zufallsvariablen X die Menge D_X selbst, wenn X diskret ist, und als die Menge $S_X = \{x : f(x) > 0\}$, falls X absolut stetig mit Dichte f ist.

SATZ 4.4. — *Ist F absolut stetig und hat f als Dichte, so gilt $F'(x) = f(x)$ in jedem Punkt x, in dem f stetig ist.*

Beweis. — Die Stetigkeit von f im Punkt x drückt sich dadurch aus, dass für jedes $\varepsilon > 0$ die Ungleichung $f(x) - \varepsilon < f(t) < f(x) + \varepsilon$ in einem geeigneten Intervall $|t - x| < \eta$ gilt. Es gilt aber $(F(x + h) - F(h))/h = \int_x^{x+h} (f(t)/h)\,dt$, daher hat man für $|h| < \eta$ die Abschätzung $f(x) - \varepsilon < (F(x + h) - F(x))/h < f(x) + \varepsilon$, was aber gerade zum Ausdruck bringt, dass die Ableitung $F'(x)$ von $F(x)$ gleich $f(x)$ ist. $\square$

In der speziellen Situation, wenn x nichtnegative Werte hat, kann man den Erwartungswert mit Hilfe der Überlebensfunktion $r(x)$ (*cf.* Kap. 14, §5. Exponentialverteilung) ausdrücken.

THEOREM 4.5. — *Es sei X eine absolut stetige Zufallsvariable mit Werten in $[0, +\infty[$, mit der Dichte f und mit der Überlebensfunktion $r(x) = P\{X > x\}$. Dann gilt in der erweiterten reellen Geraden $[0, +\infty]$*

$$\int_0^{+\infty} r(x)\, dx = \int_0^{+\infty} x f(x)\, dx.$$

Beweis. — Tatsächlich gilt

$$\int_0^{+\infty} r(x)\, dx = \int_0^{+\infty} \left(\int_x^{+\infty} f(t)\, dt \right) dx = \int_0^{+\infty} \left(\int_0^{+\infty} f(t) I_{\{t>x\}}(t,x)\, dt \right) dx$$

und gemäss dem Satz von Fubini ergibt sich

$$\int_0^{+\infty} r(x)\, dx = \int_0^{+\infty} \left(\int_0^{+\infty} I_{\{t>x\}}(t,x)\, dx \right) f(t)\, dt = \int_0^{+\infty} t f(t)\, dt. \quad \square$$

Dieser Beweis benützt den Satz von Fubini für zweifache Integrale, wobei hier keine Schwierigkeiten auftreten können, da die zu integrierende Funktion nichtnegativ ist.

Bemerkung. — Ist $X \geq 0$ und $\mathbb{E}[X]$ endlich, so kann man $\mathbb{E}[X]$ in der Form

$$(4.3) \qquad \mathbb{E}[X] = \int_0^{+\infty} r(x)\, dx$$

schreiben.

5. Die drei Typen von Verteilungsfunktionen. — Es sei X eine reelle Zufallsvariable mit Verteilungsfunktion F. Man unterscheidet zunächst zwei Fälle:

a) F ist die Verteilungsfunktion einer *diskreten* Zufallsvariablen; sie hat endlich oder abzählbar unendlich viele Unstetigkeitsstellen.

b) F ist stetig; in diesem Fall ist die Zufallsvariable X *diffus.*

Unter den diffusen Zufallsvariablen sind uns hier die *absolut stetigen* begegnet. Allerdings schöpfen diese die Menge der diffusen Zufallsvariablen noch nicht aus, denn es gibt diffuse Zufallsvariable, die nicht absolut stetig sind. Solche Zufallsvariablen heissen *singulär*. Ein typisches Beispiel wäre etwa eine Zufallsvariable, deren Verteilungsfunktion die der triadischen Cantor-Menge auf $[0, 1]$ ist. Wir werden diesen Fall hier nicht weiter untersuchen und beschränken uns darauf, den folgenden Satz von Lebesgue zu zitieren.

THEOREM 5.1 (*cf.* Munroe [8], Kap. 6). — *Zu jeder Verteilungsfunktion* F *gibt es drei Verteilungsfunktionen* F_1, F_2, F_3, *wobei* F_1 *diskret,* F_2 *absolut stetig und* F_3 *singulär ist und schliesslich drei (eindeutig bestimmte) reelle Zahlen* α_1, α_2, α_3 *mit* $\alpha_1, \alpha_2, \alpha_3 \geq 0$, $\alpha_1 + \alpha_2 + \alpha_3 = 1$, *so dass sich* F *in der Form*

$$F = \alpha_1 F_1 + \alpha_2 F_2 + \alpha_3 F_3$$

darstellen lässt.

Anders gesagt: jede Verteilungsfunktion lässt sich als konvexe Kombination der drei fundamentalen Typen von Verteilungsfunktionen schreiben.

6. Faltung. — Das Faltungsprodukt von diskreten Verteilungen wurde bereits in Kapitel 8, § 3 untersucht. Wir behandeln hier nun die Faltung beliebiger Wahrscheinlichkeitsmasse auf der Geraden.

Definition. — Es seien P und Q zwei Wahrscheinlichkeitsmasse auf der Geraden, deren jeweilige Verteilungsfunktionen mit F und G bezeichnet werden. Das *Faltungsprodukt von* P *und* Q (oder von F und G) ist das mit $P * Q$ notierte Mass, dessen Verteilungsfunktion, geschrieben $F * G$, durch

$$(6.1) \qquad H(z) = (F * G)(z) = \int F(z - y)\, dG(y) = \int G(z - x)\, dF(x)$$

gegeben ist. Es ist leicht zu verifizieren, dass H in der Tat eine Verteilungsfunktion ist. Dass die beiden auf der rechten Seite von (6.1) stehenden Terme gleich sind, ist eine Folgerung aus dem folgenden Satz.

SATZ 6.1. — *Es seien* X *und* Y *zwei reelle Zufallsvariable mit Verteilungen* P_X *bzw.* P_Y *und Verteilungsfunktionen* F *bzw.* G. *Falls* X *und* Y *unabhängig sind, ist die Verteilung der Summe* $X + Y$ *gleich dem Faltungsprodukt von* P_X *und* P_Y; *das heisst, dass die Verteilung* P_{X+Y} *von* $X + Y$ *durch*

$$(6.2) \qquad\qquad\qquad P_{X+Y} = P_X * P_Y;$$

gegeben ist, oder gleichwertig: die Verteilungsfunktion H *von* $X + Y$ *ist*

$$(6.3) \quad H(z) = (F * G)(z) = \int F(z - y)\, dG(y) = \int G(z - x)\, dF(x).$$

Beweis. — Nach Satz 2.2 ist die Verteilung des Paares (X, Y) das Produktmass $P_X \otimes P_Y$. Wir nehmen an, dass X und Y auf demselben Wahrscheinlichkeitsraum $(\Omega, \mathfrak{A}, P)$ definiert sind (streng genommen müsste man beweisen, dass das immer möglich ist; wir werden dies hier als Tatsache akzeptieren) und bezeichnen mit g die Funktion $g(x, y) = x + y$ von zwei reellen Variablen. Bezeichnet nun noch P_T die Verteilung des Paares $T = (X, Y)$, so gilt $X + Y = g \circ T$, also

$$H(z) = P\{X + Y \leq z\} = P\{g \circ T \leq z\} = P_T\{g \leq z\}.$$

Daher ist

$$H(z) = \int_{\mathbb{R}^2} I_{\{g \le z\}}(x, y) \, d\mathrm{P}_T(x, y),$$

oder, nach dem Satz von Fubini 2.3, auch

$$H(z) = \int_{\mathbb{R}} d\mathrm{P}_Y(y) \int_{\mathbb{R}} I_{\{g \le z\}}(x, y) \, d\mathrm{P}_X(x).$$

Nun ist aber $I_{\{g \le z\}}(x, y) = 1$ für $x + y \le z$ und $= 0$ sonst. Damit hat man

$$I_{\{g \le z\}}(x, y) = I_{\{\,]-\infty, z-y]\,\}}(x)$$

und schliesslich

$$H(z) = \int_{\mathbb{R}} d\mathrm{P}_Y(y) \int_{\mathbb{R}} I_{\{\,]-\infty, z-y]\,\}}(x) \, d\mathrm{P}_X(x)$$

$$= \int_{\mathbb{R}} \mathrm{F}(z - y) \, d\mathrm{P}_Y(y) = \int_{\mathbb{R}} \mathrm{F}(z - y) \, d\mathrm{G}(y).$$

Die Gleichheit mit der ganz rechten Seite von (6.3) erhält man, indem man zunächst nach y integriert. $\square$

Dieser Satz und insbesondere die Formel (6.2) sagen aus, dass das Faltungsprodukt *kommutativ* und *assoziativ* ist:

$$P * Q = Q * P, \qquad P * (Q * R) = (P * Q) * R.$$

Für absolut stetige Verteilungen kann man ausserdem noch die folgende Version formulieren:

SATZ 6.2. — *Haben die Verteilungsfunktionen* F *und* G *die Dichten* f *und* g, *so hat* H = F * G *die Dichte* h, *die durch*

$$(6.4) \qquad h(z) = \int_{\mathbb{R}} f(z - y) \, g(y) \, dy = \int_{\mathbb{R}} g(z - x) \, f(x) \, dx$$

gegeben ist. Die Dichte h *heisst Faltungsprodukt der Dichten* f, g *und wird mit* $f * g$ *notiert.*

Beweis. — Gemäss der Definition der Dichten gilt

$$H(z) = \int_{\mathbb{R}} F(z - y) \, d\mathrm{G}(y) = \int_{-\infty}^{+\infty} \left(\int_{-\infty}^{z-y} f(x) \, dx \right) g(y) \, dy$$

$$= \int_{-\infty}^{+\infty} \left(\int_{-\infty}^{z} f(x - y) \, dx \right) g(y) \, dy$$

$$= \int_{-\infty}^{z} \left(\int_{-\infty}^{+\infty} f(x - y) g(y) \, dy \right) dx,$$

wobei man sich auf den Satz von Fubini für zweifache Integrale auf $\mathbb{R}^2$ beruft. Daher ist $h(z) = \int f(x - y) g(y) \, dy$ eine Dichte für $H(z)$. $\square$

ERGÄNZUNGEN UND ÜBUNGEN

1. — Als Anwendung von Theorem 2.3 wurde gezeigt, dass für zwei unabhängige Zufallsvariable X_1 und X_2 der Erwartungswert ihres Produktes gleich dem Produkt ihrer Erwartungswerte ist. Der dort gegebene Beweis hat die Tatsache ausgenutzt, dass man diese Erwartungswerte in Bezug auf den Wahrscheinlichkeitsraum $(\mathbb{R}^2, \mathcal{B}^2, P_1 \otimes P_2)$ definieren kann. Man kann diesen Beweis aber auch bezüglich eines abstrakten Wahrscheinlichkeitsraumes $(\Omega, \mathfrak{A}, P)$ führen, auf dem die beiden Zufallsvariablen definiert sind. Man muss dann auf die Techniken der Konstruktion von Integralen aus Kapitel 10 zurückgreifen.

Zunächst gilt $\mathbb{E}[X_1 X_2] = \mathbb{E}[X_1]\,\mathbb{E}[X_2]$, wenn X_1 und X_2 einfache, positive Zufallsvariable sind, da dies ja bereits in Kapitel 8, Theorem 4.2 (C), für diskrete Zufallsvariable gezeigt wurde.

a) Man benütze die Zerlegung (5.4.1) aus Kapitel 10, angewandt auf zwei positive Zufallsvariable, um zu zeigen, dass die genannte Relation auch im Falle von positiven Zufallsvariablen gilt.

b) Man folgere unter Verwendung der üblichen Zerlegungen $X_i = X_i^+ - X_i^-$ $(i = 1, 2)$, dass diese Relation auch für beliebige Zufallsvariable gilt (wobei allerdings die Erwartungswerte als endlich vorausgesetzt werden!).

2. — Es sei X eine absolut stetige Zufallsvariable, f_X bezeichne ihre Dichte und S_X ihren Träger (*cf.* Kommentar nach Satz 4.3). Weiter sei $h = \mathbb{R} \to \mathbb{R}$ eine messbare Funktion, für die $h(S_X)$ *endlich oder abzählbar* ist. Man zeige, dass die Zufallsvariable $Y = h \circ X$ diskret ist und
   a) den Träger $S_Y \subset h(S_X)$ hat;
   b) die Punktgewichtung

$$\pi_Y(y) = \int_{h^{-1}(\{y\})} f_X(x)\,dx \quad (y \in S_Y) \quad \text{hat.}$$

3. — Es sei nun X eine absolut stetige Zufallsvariable mit stetiger Dichte f_X und Träger S_X. Andererseits sei $h : \mathbb{R} \to \mathbb{R}$ eine stetig differenzierbare und *streng monotone* Funktion. Man zeige, dass die Zufallsvariable $Y = \varphi \circ X$ dann absolut stetig ist und
   a) den Träger $S_Y = f(S_X)$ hat;
   b) die folgende Dichte hat:

$$f_Y(y) = \begin{cases} f_X\big(h^{-1}(y)\big)\,\big|(h^{-1}(y))'\big|, & \text{falls } y \in S_Y; \\ 0, & \text{sonst.} \end{cases}$$

4. (Ph. Artzner). — Es sei X eine *positive* Zufallsvariable mit stetig differenzierbarer und streng monoton fallender Dichte. M bezeichne einen

Median (siehe Kap. 8, § 10) von X und $\mathbb{E}[X]$ den Erwartungswert (der auch gleich $+\infty$ sein kann). Dann gilt $M \leq \mathbb{E}[X]$.

5. — Es seien X_1, X_2, X_3 drei unabhängige Zufallsvariable, die alle auf $[0,1]$ gleichverteilt sind. Man berechne die Dichten der Verteilungen von $X_1 + X_2$, von $X_1 + X_2 + X_3$ und von $X_1 - X_2$.

6. — Es sei X eine Zufallsvariable mit der Dichte $f(x) = I_{[0,1]}(x)$. Dann hat die zentrierte Variable $Y = X - \frac{1}{2}$ die Dichte $g(x) = f(y + \frac{1}{2}) = I_{[-1/2,1/2]}(y)$; ihre Verteilung ist die Gleichverteilung auf $[-1/2, 1/2]$. Seien nun wieder X_1, X_2, X_3 drei unabhängige, jeweils auf $[0,1]$ gleichverteilte Zufallsvariable. Dann sind $Y_1 = X_1 - \frac{1}{2}$, $Y_2 = X_2 - \frac{1}{2}$, $Y_3 = X_3 - \frac{1}{2}$ drei unabhängige Zufallsvariable, die auf $[-1/2, 1/2]$ gleichverteilt sind. Man berechne die Verteilungen von $Y_1 + Y_2$, von $Y_1 + Y_2 + Y_3$ und von $Y_1 - Y_2$.

7. — Für $n \geq 2$ sei $X_1, X_2, \ldots, X_n$ eine Folge von n unabhängigen Zufallsvariablen, die jeweils auf $[0,1]$ gleichverteilt sind. Es bezeichne f_n die Dichte der Summe $X_1 + X_2 + \cdots + X_n$. Für jedes reelle x sei $(x)^+ = \max(0, x)$. Dann ist die Dichte f_n gegeben durch

$$
f_n(x) = \begin{cases} \displaystyle\sum_{k=0}^{n-1} (-1)^k \binom{n}{k} \frac{\left((x-k)^+\right)^{n-1}}{(n-1)!} & \text{falls } 0 \leq x \leq n; \\ 0 & \text{sonst.} \end{cases}
$$

Man beachte, dass die direkte Berechnung von f_2 und f_3 Gegenstand der Aufgabe 5 ist.

KAPITEL 12

ZUFALLSVEKTOREN. BEDINGTE ERWARTUNGSWERTE. NORMALVERTEILUNG

In diesem Kapitel werden zunächst die Begriffe eingeführt, mit denen man zweidimensionale Zufallsvektoren und deren Verteilungen beschreibt. Für die Teilfamilien der Zufallsvektoren mit diskreter und die mit absolut stetiger Verteilung werden dann der bedingte Erwartungswert und die zugehörigen Rechenregeln behandelt. Das Kapitel schliesst mit einer Untersuchung der zweidimensionalen Normalverteilungen.

1. Definitionen und erste Eigenschaften. — Wie bereits in Kapitel 5, § 3, definiert, ist eine *zweidimensionale Zufallsvariable* (man sagt auch *zweidimensionaler Zufallsvektor*) eine messbare Abbildung $X : (\Omega, \mathfrak{A}, P) \to (\mathbb{R}^2, \mathcal{B}^2)$. Die beiden kanonischen Projektionen von $\mathbb{R}^2$ in $\mathbb{R}$ werden mit $\pi_i : (x_1, x_2) \mapsto x_i$ $(i = 1, 2)$ bezeichnet. Die Koordinatenabbildungen von $(\Omega, \mathfrak{A}, P)$ in $(\mathbb{R}, \mathcal{B}^1)$ sind durch $X_i = \pi_i \circ X$ $(i = 1, 2)$ definiert; sie sind beide messbar. Es handelt sich also um zwei Zufallsvariable, die auch als *marginale Zufallsvariable* bezeichnet werden. Man schreibt oft $X = (X_1, X_2)$ oder $X = \begin{pmatrix} X_1 \\ X_2 \end{pmatrix}$ und man spricht von X auch als einem *Paar* von Zufallsvariablen.

Es sei nun $X : (\Omega, \mathfrak{A}, P) \to (\mathbb{R}^2, \mathcal{B}^2)$ ein zweidimensionaler Zufallsvektor. In Kapitel 5, § 4, wurde als *Wahrscheinlichkeitsverteilung des Vektors* X die mit P_X notierte Abbildung bezeichnet, die jedem $B \in \mathcal{B}^2$ die Zahl $P_X(B) = P(X^{-1}(B))$ zuordnet. Entsprechend Satz 4.1 von Kapitel 5 ist die Abbildung P_X ein Wahrscheinlichkeitsmass auf $(\mathbb{R}^2, \mathcal{B}^2)$, genannt *Wahrscheinlichkeitsverteilung von* X. Man spricht auch von der *gemeinsamen Verteilung des Paares* $X = (X_1, X_2)$.

Wie schon für diskrete Zufallsvariable ausgeführt (siehe Korollar 1.2 von Kap. 8), *bestimmt* $X = (X_1, X_2)$ die Verteilungen der marginalen Zufallsvariablen X_1, X_2. Dies formulieren wir noch einmal im nächsten Satz.

SATZ 1.1. — *Die gemeinsame Verteilung* P_X *von* $X = (X_1, X_2)$ *bestimmt die Verteilungen (genannt "Randverteilungen" oder "marginale Verteilungen")* P_{X_1}, P_{X_2} *der marginalen Zufallsvariablen* X_1, X_2 *auf folgende*

Weise. Für alle $B \in \mathcal{B}^1$ gilt

$$\mathrm{P}_{X_i}(B) = \mathrm{P}_X\left(\pi_i^{-1}(B)\right) \qquad (i = 1, 2),$$

d.h. P_{X_i} ist das Bild von P_X unter der Abbildung π_i.

Beweis. — Es gilt $X_i = \pi_i \circ X$. Damit folgt $\mathrm{P}_{X_i}(B) = \mathrm{P}\left(X_i^{-1}(B)\right) = \mathrm{P}\left(X^{-1} \circ \pi_i^{-1}(B)\right) = \mathrm{P}_X\left(\pi_i^{-1}(B)\right)$ für jedes $B \in \mathcal{B}^1$. $\square$

Definition. — Als (*gemeinsame*) *Verteilungsfunktion* (der Verteilung) von $X = (X_1, X_2)$ bezeichnet man die durch

$$\mathrm{F}(x_1, x_2) = \mathrm{P}\{X_1 \leq x_1, X_2 \leq x_2\}$$

definierte Funktion von zwei reellen Variablen. Sie lässt sich mittels der gemeinsamen Verteilung von X ausdrücken:

$$\mathrm{F}(x_1, x_2) = \mathrm{P}_X\left(\,]-\infty, x_1] \times]-\infty, x_2]\,\right).$$

Die gemeinsamen Verteilungsfunktionen von Paaren von Zufallsvariablen sind nicht sehr gebräuchlich, und sei es nur deshalb, weil es keine natürliche Ordnungsrelation auf dem $\mathbb{R}^2$ gibt. Wir werden ihre Eigenschaften daher nicht im Detail behandeln (siehe jedoch Aufgabe 11 von Kap. 5). Gleichwohl sollen die drei folgenden Aussagen festgehalten werden.

SATZ 1.2. — *Die Kenntnis der gemeinsamen Verteilungsfunktion eines Paares $X = (X_1, X_2)$ von Zufallsvariablen ist der Kenntnis der Verteilung von X gleichwertig.*

SATZ 1.3. — *Die gemeinsame Verteilungsfunktion F eines Paares $X = (X_1, X_2)$ von Zufallsvariablen erlaubt es, die Verteilungsfunktionen F_1, F_2 der marginalen Zufallsvariablen X_1, X_2 (d.h. der marginalen Verteilungsfunktionen) wie folgt zu berechnen:*

$$\mathrm{F}_1(x_1) = \mathrm{P}\{X_1 \leq x_1\} = \lim_{x_2 \to +\infty} \mathrm{F}(x_1, x_2) = \mathrm{F}(x_1, +\infty)\,;$$
$$\mathrm{F}_2(x_2) = \mathrm{P}\{X_2 \leq x_2\} = \lim_{x_1 \to +\infty} \mathrm{F}(x_1, x_2) = \mathrm{F}(+\infty, x_2).$$

SATZ 1.4. — *Die marginalen Zufallsvariablen X_1, X_2 sind genau dann unabhängig, wenn die gemeinsame Verteilungsfunktion des Paares (X_1, X_2) gleich dem Produkt der marginalen Verteilungsfunktionen ist.*

Der Transportsatz wurde in Kapitel 11, Satz 1.1, für den Fall von reellen Zufallsvariablen formuliert. Wir begnügen uns hier damit, die entsprechende

Aussage für zweidimensionale Zufallsvariable festzuhalten. Der Beweis verläuft völlig analog.

THEOREM 1.5 (Transportsatz). — *Es sei* $X : (\Omega, \mathfrak{A}, \mathrm{P}) \to (\mathbb{R}^2, \mathcal{B}^2)$ *ein Zufallsvektor und* P_X *sei seine Verteilung. Ferner sei* $g : (\mathbb{R}^2, \mathcal{B}^2) \to (\mathbb{R}, \mathcal{B}^1)$ *eine messbare Funktion. Dann ist* $g \circ X$ *eine Zufallsvariable und es gilt die Gleichheit*

$$\int_\Omega (g \circ X)\, d\mathrm{P} = \int_{\mathbb{R}^2} g\, d\mathrm{P}_X \left(= \int_{\mathbb{R}^2} g(x_1, x_2)\, d\mathrm{P}_X(x_1, x_2) \right),$$

und zwar unter der Voraussetzung, dass eine der Seiten als abstraktes Integral existiert, d.h. absolut konvergiert. Ist dies der Fall, dann bezeichnet man den gemeinsamen Wert beider Seiten als $\mathbb{E}[g \circ X]$ *oder als* $\mathbb{E}[g(X_1, X_2)]$.

Zu bemerken bleibt, dass der Ausdruck auf der rechten Seite ein Integral auf $(\mathbb{R}^2, \mathcal{B}^2, \mathrm{P}_X)$ ist und deshalb *ausgehend von der Verteilung* P_X *von* X berechnet werden kann.

2. Absolut stetige Wahrscheinlichkeitsverteilungen und Dichten.
Ebenso wie im Falle von Wahrscheinlichkeitsmassen auf der reellen Geraden gibt es eine wichtige Klasse von Wahrscheinlichkeitsmassen auf $(\mathbb{R}^2, \mathcal{B}^2)$, die man mittels nichtnegativer Funktionen von zwei reellen Variablen definieren kann, die bezüglich des Lebesgue-Masses auf $(\mathbb{R}^2, \mathcal{B}^2)$ integrierbar sind (*cf.* Kap. 10, § 5). Es handelt sich um die *absolut stetigen* Wahrscheinlichkeitsmasse. Ihre Definition wird anschliessend in der Terminologie der Paare von Zufallsvariablen gegeben. Der Bequemlichkeit halber werden wir von nun an ein Paar von Zufallsvariablen mittels (X, Y) statt (wie oben) mittels (X_1, X_2) bezeichnen.

Definition. — Es sei (X, Y) ein Paar von Zufallsvariablen und $\mathrm{P}_{X,Y}$ dessen gemeinsame Verteilung. Man bezeichnet die Verteilung $\mathrm{P}_{X,Y}$ als *absolut stetig* (bezüglich des Lebesgue-Masses auf $(\mathbb{R}^2, \mathcal{B}^2)$), wenn es eine messbare Funktion $f : (\mathbb{R}^2, \mathcal{B}^2) \to (\mathbb{R}^+, \mathcal{B}^1)$ mit nichtnegativen Werten gibt derart, dass für jedes $B \in \mathcal{B}^2$

$$(2.1) \qquad \mathrm{P}_{X,Y}(B) = \int_B f(x, y)\, dx\, dy = \int_{\mathbb{R}^2} f(x, y)\, I_B(x, y)\, dx\, dy$$

gilt. Die Funktion f heisst *gemeinsame (Wahrscheinlichkeits-)Dichte* (der Verteilung) von (X, Y). Man schreibt auch $f_{X,Y}(x, y)$.

SATZ 2.1. — *Für jede gemeinsame Wahrscheinlichkeitsdichte* f *gilt:*
a) $f \geq 0$;
b) $\int_{\mathbb{R}^2} f(x, y)\, dx\, dy = 1$;
c) *die gemeinsame Verteilungsfunktion* $\mathrm{F} = \mathrm{F}_{X,Y}$ *kann durch*
   $\mathrm{F}(x, y) = \int_{]-\infty, x] \times]-\infty, y]} f(u, v)\, du\, dv$ *dargestellt werden;*
d) *falls* f *im Punkt* (x_0, y_0) *stetig ist, gilt* $f(x_0, y_0) = \dfrac{\partial^2}{\partial x \partial y} F(x, y)$ *im Punkt* $(x, y) = (x_0, y_0)$.

SATZ 2.2. — *Falls das Paar (X,Y) absolut stetig ist, so sind auch seine marginalen Zufallsvariablen absolut stetig, und die gemeinsame Dichte $f(x,y) = f_{X,Y}(x,y)$ bestimmt die marginalen Dichten $f_X(x)$, $f_Y(y)$ mittels der Formeln*

$$f_X(x) = \int_{\mathbb{R}} f_{X,Y}(x,y)\, dy, \qquad f_Y(y) = \int_{\mathbb{R}} f_{X,Y}(x,y)\, dx.$$

SATZ 2.3. — *Es sei (X,Y) ein Paar von Zufallsvariablen, $f(x,y)$ sei die gemeinsame Dichte und $f_X(x)$ bzw. $f_Y(y)$ seien die marginalen Dichten von X bzw. Y. Dann sind die beiden folgenden Aussagen gleichwertig:*
  a) *X und Y sind unabhängig;*
  b) *für (Lebesgue-)fast alle $(x,y) \in \mathbb{R}^2$ gilt*

$$f_{X,Y}(x,y) = f_X(x)f_Y(y).$$

Beweis.
  a) $\Rightarrow$ b). Wir nehmen zunächst (X,Y) als unabhängig an. $F = F_{X,Y}$ bezeichne die gemeinsame Verteilungsfunktion und F_X, F_Y die jeweiligen marginalen Verteilungsfunktionen. Dann gilt für alle $(x,y) \in \mathbb{R}^2$

$$F(x,y) = F_X(x)F_Y(y).$$

Nimmt man die gemischte Ableitung $(\partial^2/\partial x\, \partial y)F$ von beiden Seiten (sie existiert Lebesgue-fast sicher), so erhält man b).
  b) $\Rightarrow$ a). Sei nun b) gegeben; dann hat man für jedes $(x,y) \in \mathbb{R}^2$

$$\begin{aligned}
F(x,y) &= \int_{]-\infty,x] \times]-\infty,y]} f_X(u)\, f_Y(v)\, du\, dv \\
&= \int_{]-\infty,x]} f_X(u)\, du \int_{]-\infty,y]} f_Y(v)\, dv = F_X(x)F_Y(y).
\end{aligned}$$

Dann aber sind X und Y unabhängig. $\square$

SATZ 2.4. — *Es sei (X,Y) ein Paar von absolut stetigen Zufallsvariablen mit gemeinsamer Dichte f. Ferner sei $g : (\mathbb{R}^2, \mathcal{B}^2) \to (\mathbb{R}, \mathcal{B}^1)$ eine messbare Funktion. Dann ist $g \circ (X,Y)$ eine Zufallsvariable mit Erwartungswert*

$$\mathbb{E}[g \circ (X,Y)] = \int_{\mathbb{R}^2} g(x,y)f(x,y)\, dx\, dy,$$

vorausgesetzt, dass das Integral auf der rechten Seite absolut konvergiert.

3. Bedingte Verteilung, bedingter Erwartungswert, Regression.
Wie immer man das Problem anpackt, das Konzept des bedingten Erwartungswertes zu definieren, so bleibt es doch ein schwieriges Unterfangen, dies mit aller gebotenen Genauigkeit zu tun. Wir werden nacheinander die beiden gebräuchlichsten Situationen behandeln, nämlich wenn (X, Y) diskret bzw. oder wenn es *absolut stetig* ist. Natürlich kann man einen Formalismus einführen, der beide Fälle umfasst — das schlagen wir in Aufgabe 1 vor. In jedem Fall muss man aber einen expliziten Ausdruck für die bedingte Wahrscheinlichkeitsverteilung oder den bedingten Erwartungswert finden.

(A) *Der Fall eines diskreten Paares.* — Wir nehmen an, dass (X, Y) ein Paar von diskreten Zufallsvariablen mit Werten (x_i, y_j) sei, wobei die Indices i (bzw. j) eine endliche oder abzählbare Menge I (bzw. J) durchlaufen. Wir setzen $\mathrm{P}\{X = x_i, Y = y_j\} = p_{ij}$, $\mathrm{P}\{X = x_i\} = p_{i.}$. $\mathrm{P}\{Y = y_j\} = p_{.j}$. Vorausgesetzt wird, dass die x_i (bzw. y_j) paarweise verschieden sind und die Wahrscheinlichkeiten $p_{i.}$ (resp. $p_{.j}$) alle positiv sind. Für festes $i \in I$ und alle $j \in J$ sei

$$(3.1) \qquad b_i(j) = \mathrm{P}\{Y = y_j \mid X = x_i\} = \frac{\mathrm{P}\{X = x_i, Y = y_j\}}{\mathrm{P}\{X = x_i\}} = \frac{p_{ij}}{p_{i.}}.$$

Das diskrete Mass $\sum_{j \in J} b_i(j)\, \varepsilon_{y_j}$, das von den y_j $(j \in J)$ getragen wird, ist eine Wahrscheinlichkeitsverteilung. Man bezeichnet sie in naheliegender Weise als die *durch $\{X = x_i\}$ bedingte Verteilung von Y*.

Wir setzen nun voraus, dass der Erwartungswert von Y endlich ist, dass also die Reihe mit dem allgemeinen Glied $p_{.j} y_j$ $(j \in J)$ absolut konvergiert. Dann ist für festes i die Reihe mit dem allgemeinen Glied $b_i(j) y_j$ $(j \in J)$ ebenfalls absolut konvergent. Es ist naheliegend, die Summe dieser Reihe als den *durch $\{X = x_i\}$ bedingten Erwartungswert von Y* zu bezeichnen und mit $\mathbb{E}[Y \mid X = x_i]$ zu notieren. Man setzt also

$$\mathbb{E}[Y \mid X = x_i] = \sum_{j \in J} b_i(j)\, y_j.$$

Ordnet man jedem Wert $\mathbb{E}[Y \mid X = x_i]$ die Wahrscheinlichkeit $p_{i.}$ $(i \in I)$ zu, so definiert man damit die Verteilung einer gewissen Zufallsvariablen, die mit $\mathbb{E}[Y \mid X]$ notiert wird. Sie heisst *die durch X bedingte Erwartung von Y*. Man mache sich klar, dass es sich bei $\mathbb{E}[Y \mid X]$ um eine Zufallsvariable handelt. Deren Erwartungswert kann man berechnen:

$$\mathbb{E}[\mathbb{E}[Y \mid X]] = \sum_{i \in I} p_{i.} \mathbb{E}[Y \mid X = x_i] = \sum_{i \in I} p_{i.} \sum_{j \in J} b_i(j)\, y_j$$

$$= \sum_{i \in I} p_{i.} \sum_{j \in J} \frac{p_{ij}}{p_{i.}} y_j = \sum_{j \in J} p_{.j} y_j = \mathbb{E}[Y].$$

Diese Formel wird uns in Theorem 3.3 wieder begegnen. Ganz analog kann man, indem man $a_j(i) = \mathrm{P}\{X = x_i \mid Y = y_j\} = p_{ij}/p_{\cdot j}$ setzt, die *durch* $\{Y = y_j\}$ *bedingte Verteilung von* X mittels $\sum_{i \in I} a_j(i)\varepsilon_{x_i}$ definieren, und weiter, wenn X einen endlichen Erwartungswert hat, den *durch* $\{Y = y_j\}$ *bedingten Erwartungswert von* X als $\mathbb{E}[X \mid Y = y_j] = \sum_{i \in I} a_j(i)x_i$, und schliesslich $\mathbb{E}[X \mid Y]$ als Zufallsvariable, die in jedem $j \in J$ mit Wahrscheinlichkeit $p_{\cdot j}$ den Wert $\mathbb{E}[X \mid Y = y_j]$ annimmt.

(B) *Der Fall eines absolut stetigen Paares.* — Es geht nun darum, ein Analogon der Formel (3.1) zu finden. Die Schwierigkeit rührt daher, dass $\mathrm{P}\{X = x\} = 0$ für jedes reelle x gilt. Bezeichne nun $f(x,y) = f_{X,Y}(x,y)$ die gemeinsame Dichte und seien $f_X(x)$, $f_Y(y)$ die marginalen Dichten. Wir werden sehen, dass man eine bedingte Wahrscheinlichkeitsverteilung und einen bedingten Erwartungswert in befriedigender Weise definieren kann, wenn man die Grössen $\mathrm{P}\{X = x, Y = y\}$ bzw. $\mathrm{P}\{X = x\}$ durch $f_{X,Y}(x,y)$ bzw. durch $f_X(x)$ ersetzt.

Definition. — Es sei (X,Y) ein Paar von absolut stetigen Wahrscheinlichkeitsverteilungen, es sei $f_{X,Y}(x,y)$ die gemeinsame Dichte, sowie $f_X(x)$, $f_Y(y)$ die marginalen Dichten. Weiter seien $g_0(y)$ und $h_0(x)$ zwei *beliebige* Wahrscheinlichkeitsdichten auf $(\mathbb{R}, \mathcal{B}^1)$.

Als die *durch* $\{X = x\}$ *bedingte Dichte von* Y bezeichnet man die durch

$$f_{Y \mid X}(y \mid x) = \begin{cases} \dfrac{f_{X,Y}(x,y)}{f_X(x)}, & \text{falls } f_X(x) > 0 \text{ gilt;} \\ g_0(y), & \text{sonst,} \end{cases}$$

definierte Funktion $f_{Y \mid X}(\cdot \mid x)$ von y. Analog bezeichnet man als die *durch* $\{Y = y\}$ *bedingte Dichte von* X die Funktion $f_{X \mid Y}(\cdot \mid y)$ von x mit

$$f_{X \mid Y}(x \mid y) = \begin{cases} \dfrac{f_{X,Y}(x,y)}{f_Y(y)}, & \text{falls } f_Y(y) > 0 \text{ gilt;} \\ h_0(x), & \text{sonst.} \end{cases}$$

Bemerkung 1. — Es folgt sofort, dass für fast alle x die Gleichheit

$$(3.2) \qquad f_{X,Y}(x,y) = f_X(x)f_{Y \mid X}(y \mid x)$$

für fast alle y gilt. Denn diese Gleichheit gilt per Definition, falls $f_X(x) > 0$ ist. Ist $f_X(x_0) = 0$, d.h. $\int_{\mathbb{R}} f_{X,Y}(x_0,y)\,dy = 0$, also ist $f_{X,Y}(x_0,y) = 0$ für fast alle y, und deshalb ist $f_{X,Y}(x_0,y) = f_X(x_0)f_{Y \mid X}(y \mid x_0)$ für fast alle y. Entsprechend sieht man, dass für fast alle y die Gleichheit

$$(3.3) \qquad f_{X,Y}(x,y) = f_Y(y)f_{X \mid Y}(x \mid y)$$

für fast alle x gilt.

Bemerkung 2. — Es folgt

$$f_X(x) = \int f_{X\,|\,Y}(x\,|\,y)\, f_Y(y)\, dy, \qquad f_Y(y) = \int f_{Y\,|\,X}(y\,|\,x)\, f_X(x)\, dx,$$

d.h. jede marginale Dichte ist konvexe Kombination der bedingten Dichten.

SATZ 3.1. — *Für jedes x hat die Funktion $f_{Y\,|\,X}(\cdot\,|\,x)$ alle Eigenschaften einer Wahrscheinlichkeitsdichte. Ebenso hat die Funktion $f_{X\,|\,Y}(\cdot\,|\,y)$ für jedes y alle Eigenschaften einer Wahrscheinlichkeitsdichte.*

Die Beweise sind offensichtlich.

SATZ 3.2. — *Es sei (X,Y) ein Paar von absolut stetigen Zufallsvariablen. Mit $f_X(x)$, $f_Y(y)$, $f_{Y\,|\,X}(\cdot\,|\,x)$, $f_{X\,|\,Y}(\cdot\,|\,y)$ werden die marginalen Dichten und bedingten Dichten bezeichnet. Falls das Paar (X,Y) unabhängig ist, gilt:*
  1) *Für jedes x mit $f_X(x) > 0$ ist $f_{Y\,|\,X}(y\,|\,x) = f_Y(y)$.*
  2) *Für jedes y mit $f_Y(y) > 0$ ist $f_{X\,|\,Y}(x\,|\,y) = f_X(x)$.*

Die Beweise sind wieder offensichtlich.

Definition (Bedingter Erwartungswert). — Es sei (X,Y) ein absolut stetiges Paar von Zufallsvariablen. Alle obigen Notationen über marginale Dichten und bedingte Dichten werden weiterhin verwendet. Speziell bezeichne $f_{Y\,|\,X}(\cdot\,|\,x)$ die durch $\{X = x\}$ bedingte Dichte von Y. Für jedes reelle x kann man das Integral $\int_{\mathbb{R}} y\, f_{Y\,|\,X}(y\,|\,x)\, dy$, wenn es denn absolut konvergiert, als den Erwartungswert von Y bezüglich der Wahrscheinlichkeitsdichte $f_{Y\,|\,X}(\cdot\,|\,x)$ interpretieren. Falls also das Integral absolut konvergiert, setzt man

$$(3.4) \qquad \mathbb{E}[Y\,|\,X = x] = \int_{\mathbb{R}} y\, f_{Y\,|\,X}(y\,|\,x)\, dy$$

und nennt dies den *durch $\{X = x\}$ bedingten Erwartungswert von Y*.

Die Abbildung $e : x \mapsto e(x) = \mathbb{E}[Y\,|\,X = x]$ ist nun eine reelle Funktion einer reellen Variablen. Die Komposition $e \circ X$ ist eine auf $(\Omega, \mathfrak{A}, \mathrm{P})$ definierte reelle Zufallsvariable. Sie wird mit $\mathbb{E}[Y\,|\,X]$ notiert und man bezeichnet sie als den *durch X bedingten Erwartungswert von Y*. Ganz entsprechend definiert man den durch Y bedingten Erwartungswert von X.

Im nächsten Theorem werden wir den Erwartungswert der reellen Zufallsvariablen $\mathbb{E}[Y\,|\,X]$ betrachten. Man beachte, dass dieser Erwartungswert nicht etwa auf dem Raum $(\Omega, \mathfrak{A}, \mathrm{P})$, sondern vielmehr auf dem Raum $(\mathbb{R}, \mathcal{B}^1, \mathrm{P}_X)$ berechnet wird, und zwar in Bezug auf die Verteilung P_X von X. Gleichwohl soll angemerkt werden, dass in weiterführenden Darstellungen der Theorie der Begriff des bedingten Erwartungswertes in natürlicher Weise auf dem Raum $(\Omega, \mathfrak{A}, \mathrm{P})$ definiert wird.

THEOREM 3.3 (Satz über den bedingten Erwartungswert). — *Es sei (X, Y) ein absolut stetiges Paar von Zufallsvariablen mit $\mathbb{E}[\,|Y|\,] < +\infty$. Dann ist*

$$\mathbb{E}[Y] = \mathbb{E}[\,\mathbb{E}[\,Y \mid X\,]\,].$$

Beweis. — Formal geschrieben gilt

$$\mathbb{E}[Y] = \int_{\mathbb{R}^2} y\, f_{X,Y}(x, y)\, dx\, dy = \int_{\mathbb{R}^2} y\, f_X(x)\, f_{Y \mid X}(y \mid x)\, dx\, dy$$

$$= \int_{\mathbb{R}} \Big[\int_{\mathbb{R}} y\, f_{Y \mid X}(y \mid x)\, dy \Big] f_X(x)\, dx = \int_{\mathbb{R}} \mathbb{E}[Y \mid X = x]\, f_X(x)\, dx$$

$$= \mathbb{E}[\,\mathbb{E}[\,Y \mid X\,]\,].$$

Unter der Annahme $\mathbb{E}[\,|Y|\,] < +\infty$ ist diese formale Rechnung korrekt. □

Definition (Regressionskurve). — Es sei (X, Y) ein Paar von Zufallsvariablen mit $\mathbb{E}[\,|X|\,] < +\infty$ und $\mathbb{E}[\,|Y|\,] < +\infty$. Der Graph der Abbildung $x \mapsto \mathbb{E}[Y \mid X = x]$ heisst *Regressionskurve von Y in X*. Der Graph der Abbildung $y \mapsto \mathbb{E}[X \mid Y = y]$ heisst entsprechend *Regressionkurve von X in Y*.

Bemerkung. — Diese beiden Kurven sind im allgemeinen verschieden. Sind beispielsweise X und Y unabhängig, so ist der Graph von $x \mapsto \mathbb{E}[Y \mid X = x]$ eine zu $0x$ parallele Gerade und der Graph von $y \mapsto \mathbb{E}[X \mid Y = y]$ eine zu $0y$ parallele Gerade.

Die Regressionskurven haben, wie das nächste Theorem zeigt, eine Minimaleigenschaft, die insbesondere in der Statistik eine Rolle spielt.

THEOREM 3.4. — *Es sei (X, Y) ein Paar von Zufallsvariablen mit $\mathbb{E}[Y^2] < \infty$. Die Regressionskurve von Y in X hat die folgende Minimaleigenschaft: Es sei u eine messbare reelle Funktion derart, dass der Ausdruck*

$$(3.5) \qquad\qquad \mathbb{E}[\,[Y - u(X)]^2\,]$$

endlich ist. Variiert man die messbare Funktion u, so variiert auch der Ausdruck (3.5), und zwar nimmt er für die Funktion $u(x) = \mathbb{E}[Y \mid X = x]$ einen minimalen Wert an. Der Wert dieses Minimums ist $\mathbb{E}[\,[Y - \mathbb{E}[Y \mid X]]^2\,]$.

Beweis. — Wir nehmen hier an, dass das Paar (X, Y) absolut stetig ist und wir verwenden die entsprechenden, oben eingeführten Notationen. Es ist

$$\mathbb{E}[\,[Y - u(X)]^2\,] = \int_{\mathbb{R}^2} [y - u(x)]^2 f_{X,Y}(x, y)\, dx\, dy$$

$$= \int_{\mathbb{R}} f_X(x) \Big[\int_{\mathbb{R}} [y - u(x)]^2 f_{Y \mid X}(y \mid x)\, dy \Big] dx.$$

Für jedes fest gewählte reelle x nimmt das Integral in den eckigen Klammern seinen minimalen Wert für $u(x) = \int_{\mathbb{R}} y\, f_{Y \mid X}(y \mid x)\, dy = \mathbb{E}[Y \mid X = x]$ an. Dies besagt Satz 5.3 von Kapitel 8 im Falle von diskreten Zufallsvariablen, aber tatsächlich gilt dies für beliebige Zufallsvariable. □

4. Rechenregeln für bedingte Erwartungen. — In diesem Abschnitt stellen wir einige Rechenregeln für bedingte Erwartungen zusammen. Dabei werden die obigen Bezeichnungen für Erwartungswerte (ob bedingt oder nicht) von X und von Y beibehalten. Wir werden $\mathbb{E}[Y \mid X]$ als auch $\mathbb{E}_X[Y]$ schreiben. Mit g, h (mit oder ohne Indices) werden messbare reelle Funktionen bezeichnet, deren Argumente sich aus dem jeweiligen Zusammenhang ergeben. Schliesslich wollen wir voraussetzen, dass alle vorkommenden Erwartungswerte tatsächlich existieren.

Zunächst sei h eine messbare reellwertige Funktion von zwei reellen Variablen. Die Komposition $h \circ (X, Y)$ ist dann eine reelle Zufallsvariable. Man definiert deren *durch* $\{X = x\}$ *bedingten Erwartungswert* als

$$(4.1) \qquad \mathbb{E}[h \circ (X, Y) \mid X = x] = \int_{\mathbb{R}} h(x, y) \, f_{Y \mid X}(y \mid x) \, dy.$$

Speziell für $h(x, y) = y$ ist das die Definition (3.4).

THEOREM 4.1

1) *Es gelten die Gleichheiten:*

$$\mathbb{E}[\, \mathbb{E}[h \circ (X, Y) \mid X]\,] = \int \mathbb{E}[h \circ (X, Y) \mid X = x] \, f_X(x) \, dx = \mathbb{E}[h \circ (X, Y)].$$

Wählt man speziell $h(x, y) = g(y)$, *so erhält man die Formel für den bedingten Erwartungswert aus Theorem* 3.3, *nun für die Zufallsvariable* $g \circ Y$

$$\mathbb{E}[\, \mathbb{E}[g \circ Y \mid X]\,] = \int \mathbb{E}[g \circ Y \mid X = x] \, f_X(x) \, dx = \mathbb{E}[g \circ Y].$$

2) *Sind* X, Y *unabhängig, so gilt* $\mathbb{E}[g \circ Y \mid X] = \mathbb{E}[g \circ Y]$.
3) *Es gilt stets* $\mathbb{E}[g \circ X \mid X] = g \circ X$.
4) *Für beliebige* X *und* Y *hat man*

$$\mathbb{E}_X[\, \mathbb{E}_X[Y]\,] = \mathbb{E}_X[Y];$$
$$\mathbb{E}[(g_1 \circ X)(g_2 \circ Y) \mid X] = (g_1 \circ X)\, \mathbb{E}[g_2 \circ Y \mid X].$$

Anders gesagt, bei der Berechnung des bedingten Erwartungswertes bezüglich X *verhält sich die Funktion* $g_1 \circ X$ *wie eine Konstante.*

Beweis. — Der Beweis von 1) verläuft ganz anolog zum Beweis von Theorem 3.3, wobei jetzt (4.1) verwendet wird. Setzt man $e(x) = \mathbb{E}[h \circ (X, Y) \mid X = x]$, so ist der durch X bedingte Erwartungswert von $h \circ (X, Y)$, geschrieben $\mathbb{E}[h \circ (X, Y) \mid X]$, die Komposition $e \circ \pi_1 \circ (X, Y) = e \circ X$. Dies ist eine auf $(\Omega, \mathfrak{A}, \mathrm{P})$ definierte Zufallsvariable. Die erste Gleichheit von 1) zeigt, dass der Erwartungswert dieser Zufallsvariablen auch über dem Raum $(\mathbb{R}, \mathcal{B}^1, \mathrm{P}_X)$ berechnet werden kann:

$$\mathbb{E}[\,\mathbb{E}[h \circ (X, Y) \,|\, X]\,] = \mathbb{E}[e \circ X] = \int_{\mathbb{R}} e(x)\, f_X(x)\, dx$$

$$= \int_{\mathbb{R}} \mathbb{E}[h \circ (X, Y) \,|\, X = x]\, f_X(x)\, dx.$$

$$= \int_{\mathbb{R}} \Big[\int_{\mathbb{R}} h(x, y)\, f_{Y\,|\,X}(y \,|\, x)\, dy \Big] f_X(x)\, dx$$

$$= \int_{\mathbb{R}^2} h(x, y)\, f_{X,Y}(x, y)\, dx\, dy = \mathbb{E}[h \circ (X, Y)].$$

2) Sind X und Y unabhängig, so gilt

$$\mathbb{E}[g \circ Y \,|\, X = x] = \int_{\mathbb{R}} g(y)\, f_{Y\,|\,X}(y \,|\, x)\, dy = \int_{\mathbb{R}} g(y)\, f_Y(y)\, dy = \mathbb{E}[g \circ Y],$$

gemäss Satz 3.2 und der Tatsache, dass man $\mathbb{E}[g \circ Y]$ über dem Wahrscheinlichkeitsraum $(\mathbb{R}, \mathcal{B}^1, \mathrm{P}_Y)$ berechnen kann. Die Grösse $e(x) = \mathbb{E}[g \circ Y \,|\, X = x]$ ist also *konstant* gleich $\mathbb{E}[g \circ Y]$. Ebenso ist $\mathbb{E}[g \circ Y \,|\, X]$ gleich $e \circ Y$. Damit ist Formel 2) bewiesen.

3) Für jedes x gilt hier

$$\mathbb{E}[g \circ X \,|\, X = x] = \int_{\mathbb{R}} g(x)\, f_Y(y)\, dy = g(x) \int_{\mathbb{R}} f_Y(y)\, dy = g(x),$$

was auch gleich $e(x)$ in der obigen Notation ist. Deshalb ist $g = e$ und $\mathbb{E}[g \circ X \,|\, X] = e \circ X = g \circ X$.

4) Die erste Gleichheit folgt aus 3) mit $g \circ X = \mathbb{E}[Y \,|\, X]$. Um die zweite Gleichheit zu beweisen, setzt man der Bequemlichkeit halber $e_2(x) = \mathbb{E}[g_2 \circ Y \,|\, X = x]$, so dass $\mathbb{E}[g_2 \circ Y \,|\, X] = e_2 \circ X$ und $e(x) = \mathbb{E}[(g_1 \circ X)(g_2 \circ Y) \,|\, X = x]$, und somit auch $\mathbb{E}[(g_1 \circ X)(g_2 \circ Y) \,|\, X] = e \circ X$ ist. Damit hat man

$$e(x) = \int_{\mathbb{R}} g_1(x)\, g_2(y)\, f_{Y\,|\,X}(y \,|\, x)\, dy = g_1(x) \int_{\mathbb{R}} g_2(y)\, f_{Y\,|\,X}(y \,|\, x)(y)\, dy$$

$$= g_1(x)\, \mathbb{E}[g_2 \circ Y \,|\, X = x] = g_1(x) e_2(x),$$

und es ergibt sich $e \circ X = (g_1 \circ X)(e_2 \circ X).$ $\square$

Es sei nun A ein Ereignis, dessen Indikatorfunktion I_A sich als messbare Funktion $h \circ (X, Y)$ des Paares (X, Y) schreiben lässt. Beispielsweise ist $A = \{X < Y\}$ ein solches Ereignis, denn man kann schreiben: $I_{\{X<Y\}} = h \circ (X, Y)$, wobei $h(x, y) = I_{\{x<y\}}(x, y)$ ist. Somit kann man die vorangehenden Formeln

speziell für solche Indikatorfunktionen verwenden. Wenn man sich noch vergegenwärtigt, dass $P(A) = \mathbb{E}[I_A]$ gilt, so findet man also

$$P(A) = \mathbb{E}[I_A] = \mathbb{E}[\,\mathbb{E}[I_A \mid X]\,].$$

Definiert man nun noch

$$(4.2) \qquad P\{A \mid X = x\} = \mathbb{E}[I_A \mid X = x],$$

$$(4.3) \qquad P\{A \mid X\} = \mathbb{E}[I_A \mid X],$$

so ergibt sich die Gleichheit

$$(4.4) \qquad P(A) = \int_{\mathbb{R}} P\{A \mid X = x\}\, f_X(x)\, dx.$$

Die Funktion $P\{A \mid X = x\}$ ist *die durch* $\{X = x\}$ *bedingte Wahrscheinlichkeit*. Die Formel (4.4) wird häufig bei der Berechnung von speziellen Wahrscheinlichkeiten verwendet, wenn man Kenntnis von $P\{A \mid X = x\}$ hat.

Beispiel 1. — Es sei (X, Y) ein absolut stetiges Paar von Zufallsvariablen. Wir berechnen zunächst $P\{X < Y \mid X = x\}$, wobei die Funktionen $h(x, y) = I_{\{x<y\}}(x, y)$ und $g(y) = I_{\{x<y\}}(y)$ zum Einsatz kommen. Es ist

$$P\{X < Y \mid X = x\} = \mathbb{E}[I_{\{X<Y\}} \mid X = x] = \mathbb{E}[h \circ (X, Y) \mid X = x]$$

$$= \int_{\mathbb{R}} h(x, y)\, f_{Y \mid X}(y \mid x)\, dy = \int_{\mathbb{R}} I_{\{x<y\}}(x, y)\, f_{Y \mid X}(y \mid x)\, dy$$

$$= \int_{\mathbb{R}} I_{\{x<y\}}(y)\, f_{Y \mid X}(y \mid x)\, dy = \int_{\mathbb{R}} g(y)\, f_{Y \mid X}(y \mid x)\, dy$$

$$= \mathbb{E}[g \circ Y \mid X = x] = \mathbb{E}[I_{\{x<Y\}} \mid X = x] = P\{x < Y \mid X = x\}.$$

Sind die Zufallsvariablen X und Y unabhängig, so gilt $f_{Y \mid X}(y \mid x)(y) = f_Y(y)$ und somit

$$P\{X < Y \mid X = x\} = P\{x < Y \mid X = x\} = \int_{\mathbb{R}} I_{\{x<y\}}(y)\, f_{Y \mid X}(y \mid x)\, dy$$

$$= \int_{\mathbb{R}} I_{\{x<y\}}(y)\, f_Y(y)\, dy = P\{x < Y\}.$$

Beispiel 2. — Es seien nun X und Y zwei unabhängige reelle Zufallsvariable, jeweils exponential-verteilt mit Parametern λ und μ. Dann gilt $P\{X < Y\} = \lambda/(\lambda + \mu)$.

Die Dichte von X ist $f_X(x) = \lambda e^{-\lambda x} I_{\{x \geq 0\}}$. und gemäss (4.3) und Beispiel 1 erhält man

$$P\{X < Y\} = \int_0^\infty P\{X < Y \mid X = x\}\, f_X(x)\, dx$$

$$= \int_0^\infty P\{Y > x \mid X = x\}\, f_X(x)\, dx = \int_0^\infty P\{Y > x\}\, f_X(x)\, dx$$

$$= \int_0^\infty e^{-\mu x}\, \lambda e^{-\lambda x}\, dx = \lambda \int_0^\infty e^{-(\lambda+\mu)x}\, dx = \frac{\lambda}{\lambda + \mu}.$$

5. Die zweidimensionale Normalverteilung. — Die Normalverteilung $\mathcal{N}(0,1)$ wird in Kapitel 14, § 3, untersucht. Für das Folgende benötigen wir lediglich die Tatsache, dass diese Verteilung die Dichte $(1/\sqrt{2\pi})e^{-x^2/2}$ auf der ganzen reellen Geraden hat. Ist also $M' = \begin{pmatrix} X_1' \\ X_2' \end{pmatrix}$ ein Paar von *unabhängigen*, $\mathcal{N}(0,1)$-verteilten Zufallsvariablen, so ist es gemäss Satz 2.4 absolut stetig und die zugehörige Dichte ist das Produkt der Dichten von X_1' und von X_2'. In Kapitel 13, § 6, werden wir übrigens die erzeugende Funktion eines Paares von Zufallsvariablen studieren. Dabei handelt es sich um die Funktion $\mathbb{E}[e^{u_1'X_1'+u_2'X_2'}]$ mit zwei reellen Argumenten u_1' und u_2'. Setzt man $u' = \begin{pmatrix} u_1' \\ u_2' \end{pmatrix}$ und $x' = \begin{pmatrix} x_1' \\ x_2' \end{pmatrix}$, so sieht man sofort, dass M' eine erzeugende Funktion und eine Dichte hat, die durch

$$(5.1) \qquad g_{M'}(u') = \mathbb{E}[e^{\,^t u'\, M'}] = \exp\left(\frac{1}{2}\left(u_1'^2 + u_2'^2\right)\right) = \exp\left(\frac{1}{2}\,^t u'\, u'\right);$$

$$(5.2) \qquad f_{M'}(x') = \frac{1}{2\pi}\exp\left(-\frac{1}{2}\left(x_1'^2 + x_2'^2\right)\right) = \frac{1}{2\pi}\exp\left(-\frac{1}{2}\,^t x'\, x'\right)$$

gegeben sind.

Es sei nun A eine reelle 2×2-Matrix und wir ordnen dem Vektor M' das Paar $M = \begin{pmatrix} X_1 \\ X_2 \end{pmatrix}$ mittels der Transformation $M = AM'$ zu. Unter Verwendung der Matrix-Notation, die in diesem Kontext ganz natürlich ist, kann man dann verifizieren:

a) M ist zentriert: $\mathbb{E}[M] = A\,\mathbb{E}[M'] = A\begin{pmatrix} 0 \\ 0 \end{pmatrix} = \begin{pmatrix} 0 \\ 0 \end{pmatrix}$;

b) die *Kovarianzmatrix* $\mathbb{E}[(M - \mathbb{E}[M])\,^t(M - \mathbb{E}[M])]$ von M ist gleich: $\mathbb{E}[M\,^t M] = A\,\mathbb{E}[M'\,^t M']\,^t A = A\,I\,^t A = A\,^t A$.

SATZ 5.1. — *Das Paar M hat die erzeugende Funktion*

$$(5.3) \qquad g_M(u) = \mathbb{E}[e^{\,^t u\, M}] = \exp\left(\frac{1}{2}\,^t u (A\,^t A) u\right), \qquad u = \begin{pmatrix} u_1 \\ u_2 \end{pmatrix}.$$

Ist A zudem nicht singulär, so hat M eine gemeinsame Dichte

$$(5.4) \qquad f_M(x) = \frac{1}{2\pi}\exp\left(-\frac{1}{2}\,^t x (A\,^t A)^{-1} x\right)|\det A^{-1}|, \qquad x = \begin{pmatrix} x_1 \\ x_2 \end{pmatrix}.$$

Beweis. — Um $g_M(u)$ zu berechnen, führt man simultan die Transformationen $M = AM'$ und $^t u' = {}^t u A$ aus. Man sieht, dass $^t u\, M = {}^t u'\, M'$, und daher $g_M(u) = \mathbb{E}[e^{\,^t u\, M}] = \mathbb{E}[e^{\,^t u'\, M'}] = \exp\left(\frac{1}{2}\,^t u'\, u'\right) = \exp\left(\frac{1}{2}\,^t u (A\,^t A) u\right)$ gilt. Im Fall von $\det A \neq 0$ kann man sich auf die Formel zur Variablentransformation aus Theorem 2.1 von Kapitel 15, angewendet auf (5.2), berufen. Man verwendet die Transformation $G : x' \mapsto x = Ax'$ mit ihrer inversen Transformation $H : x \mapsto x' = A^{-1}x$, deren Jacobi-Determinante gerade $\det A^{-1}$ ist. Auf diese Weise erhält man

$$f_M(x) = \frac{1}{2\pi} \exp\left(-\frac{1}{2}{}^t x\,{}^t(A^{-1})\,A^{-1}x\right)|\det A^{-1}|,$$

und folglich die Formel (5.4), wobei man noch ${}^t(A^{-1}) = ({}^tA)^{-1}$ und $({}^tA)^{-1}A^{-1} = (A\,{}^tA)^{-1}$ zu beachten hat. $\square$

Die Matrix $A\,{}^tA$, die in (5.3) und (5.4) auftritt, ist die Kovarianzmatrix des Zufallsvektors $M = AM'$. Wir werden sehen, dass sich tatsächlich *jede* Kovarianzmatrix Γ in der Form $A\,{}^tA$ schreiben lässt, d.h. dass sie als Kovarianzmatrix eines Zufallsvektors der Form $M = AM'$ auftritt.

LEMMA 5.2. — *Es sei Γ eine 2×2-Kovarianzmatrix. Dann existiert eine reelle 2×2-Matrix A mit $\Gamma = A\,{}^tA$.*

Beweis. — Gemäss Definition ist Γ eine reelle, symmetrische und positiv-definite Matrix (denn es ist ${}^tu\Gamma u = \mathbb{E}[\,\||{}^tuM\|^2\,] \geq 0$); sie hat also zwei *nichtnegative* Eigenwerte λ_1, λ_2. Daher existiert eine reelle, *orthogonale* 2×2-Matrix S derart, dass

$$S^{-1}\Gamma S = \begin{pmatrix} \lambda_1 & 0 \\ 0 & \lambda_2 \end{pmatrix} = \begin{pmatrix} \sqrt{\lambda_1} & 0 \\ 0 & \sqrt{\lambda_2} \end{pmatrix}\begin{pmatrix} \sqrt{\lambda_1} & 0 \\ 0 & \sqrt{\lambda_2} \end{pmatrix},$$

gilt. Daraus folgt

$$\Gamma = S\begin{pmatrix} \sqrt{\lambda_1} & 0 \\ 0 & \sqrt{\lambda_2} \end{pmatrix}\begin{pmatrix} \sqrt{\lambda_1} & 0 \\ 0 & \sqrt{\lambda_2} \end{pmatrix}S^{-1},$$

und somit $\Gamma = A\,{}^tA$, wobei $A = S\begin{pmatrix} \sqrt{\lambda_1} & 0 \\ 0 & \sqrt{\lambda_2} \end{pmatrix}$ gesetzt wurde. [Man beachte $S^{-1} = {}^tS$, denn S ist orthogonal.] $\square$

Wählt man A gemäss Lemma 5.2, so hat das durch $M = A M'$ definierte Paar M eine erzeugende Funktion und eine gemeinsame Dichte, die jeweils durch (5.3) bzw. (5.4) gegeben sind. Offenbar *hängt diese Verteilung nur von Γ ab*; sie wird mit $\mathcal{N}_2(0, \Gamma)$ bezeichnet — daher folgende Definition.

Definition. — Gegeben sei eine Kovarianzmatrix $\Gamma = \begin{pmatrix} \sigma_1^2 & \rho\sigma_1\sigma_2 \\ \rho\sigma_1\sigma_2 & \sigma_2^2 \end{pmatrix}$, $(\sigma_1 > 0,\ \sigma_2 > 0,\ |\rho| \leq 1)$. Ein Paar von Zufallsvariablen $M = \begin{pmatrix} X_1 \\ X_2 \end{pmatrix}$ *hat eine zentrierte Normalverteilung* $\mathcal{N}_2(0, \Gamma)$, wenn sie die erzeugende Funktion

$$(5.5) \qquad g_M(u) = \exp\left(\frac{1}{2}{}^tu\Gamma u\right) = \exp\left(\frac{1}{2}\left(\sigma_1^2 u_1^2 + 2\rho\sigma_1\sigma_2 u_1 u_2 + \sigma_2^2 u_2^2\right)\right)$$

hat. Wenn ausserdem $\det \Gamma \neq 0$ (d.h. $|\rho| < 1$) ist, so hat sie eine gemeinsame Dichte, die durch

$$f_M(x) = \frac{\sqrt{\det \Gamma^{-1}}}{2\pi} \exp\left(-\frac{1}{2}{}^t x \, \Gamma^{-1} x\right)$$

$$(5.6) \qquad = \frac{1}{2\pi \, \sigma_1 \sigma_2 \, \sqrt{1 - \rho^2}} \exp\left(-\frac{1}{2(1 - \rho^2)}\left(\frac{x_1^2}{\sigma_1^2} - 2\rho \frac{x_1}{\sigma_1}\frac{x_2}{\sigma_2} + \frac{x_2^2}{\sigma_2^2}\right)\right)$$

gegeben ist. Die Verteilung $\mathcal{N}_2(0, \Gamma)$ heisst *ausgeartet* oder *nicht ausgeartet*, je nachdem, ob $\det \Gamma = 0$ oder $\neq 0$ ist. Lediglich die nicht ausgearteten Verteilungen haben eine gemeinsame Dichte. Die folgende Aussage ist nur eine Wiederholung.

EIGENSCHAFT 5.3. — *Das Paar* $M = \begin{pmatrix} X_1 \\ X_2 \end{pmatrix}$ *ist zentriert und seine Kovarianzmatrix ist* Γ; *anders gesagt, die marginalen Zufallsvariablen* X_1 *und* X_2 *sind zentriert und ihr linearer Korrelationskoeffizient ist* ρ.

Die beiden folgenden Eigenschaften lassen sich unmittelbar aus der Gestalt von $g_M(u)$ ablesen.

EIGENSCHAFT 5.4. — *Die marginalen Zufallsvariablen* X_1, X_2 *sind normalverteilt, zentriert und haben die Varianzen* σ_1^2 *bzw.* σ_2^2.

EIGENSCHAFT 5.5. — *Die marginalen Zufallsvariablen* X_1, X_2 *sind genau dann unabhängig, wenn sie nicht korreliert sind, d.h. wenn* $\rho = 0$ *ist. Im speziellen Fall der zweidimensionalen Normalverteilung sind also die Eigenschaften der Unabhängigkeit und der Nicht-Korreliertheit von* X_1, X_2 *äquivalent.*

THEOREM 5.6. — *Es sei* $M = \begin{pmatrix} X_1 \\ X_2 \end{pmatrix}$ *ein Paar mit der Verteilung* $\mathcal{N}_2(0, \Gamma)$ *und* A *eine reelle* 2×2-*Matrix. Dann ist* $M' = AM$ *ein Paar mit der Verteilung* $\mathcal{N}_2(0, \Gamma')$, *wobei* $\Gamma' = A\,\Gamma\,{}^tA$ *ist.*

Beweis. — Setzt man gleichzeitig $M' = AM$ und ${}^t u = {}^t u' A$, so gilt ${}^t u \, M = {}^t u' \, M'$ und daher $g_{M'}(u') = \mathbb{E}[e^{{}^t u' \, M'}] = \mathbb{E}[e^{{}^t u \, M}] = \exp\left(\frac{1}{2}\,{}^t u \, \Gamma \, u\right) = \exp\left(\frac{1}{2}\,{}^t u'(A\,\Gamma\,{}^tA)u'\right)$. $\square$

KOROLLAR 1. — *Geht man von* $\Gamma = I$ *aus, so ist* M *ein Paar von unabhängigen,* $\mathcal{N}(0, 1)$-*verteilten Zufallsvariablen. Dies gilt genau dann auch für* $M' = AM$, *wenn* $A\,{}^tA = I$ *gilt, d.h. wenn* A *eine orthogonale Matrix ist.*

KOROLLAR 2. — *Falls das Paar* (X_1, X_2) $\mathcal{N}_2(0, \Gamma)$-*normalverteilt ist, so ist* $\left(\dfrac{X_1}{\sigma_1}, \dfrac{X_2}{\sigma_2} - \rho\dfrac{X_1}{\sigma_1}\right)$ *ein Paar von unabhängigen, zentrierten, normalverteilten Zufallsvariablen mit Varianzen 1, bzw.* $1 - \rho^2$.

Beweis. — Definiert man $M' = A\,M$ durch

$$\begin{cases} X_1' = \dfrac{X_1}{\sigma_1}\,; \\[2mm] X_2' = \dfrac{X_2}{\sigma_2} - \rho\dfrac{X_1}{\sigma_1}\,; \end{cases} \quad \text{also } A = \begin{pmatrix} \dfrac{1}{\sigma_1} & 0 \\[2mm] -\dfrac{\rho}{\sigma_1} & \dfrac{1}{\sigma_2} \end{pmatrix},$$

so gilt $\Gamma' = A\,\Gamma\,{}^{t}A = \begin{pmatrix} 1 & 0 \\ 0 & 1-\rho^2 \end{pmatrix}$. $\quad\square$

Bemerkung über die ausgearteten Verteilungen. — Wir betrachten jetzt die Verteilung $\mathcal{N}_2(0,\Gamma)$ mit $\det\Gamma = 0$, d.h. es ist $\rho = \pm 1$. Hier gibt es keine gemeinsame Dichte, aber die erzeugende Funktion existiert und man erhält sie, indem man in (5.5) $\rho = \pm 1$ setzt. Dann ist

$$(5.7) \qquad g_M(u) = \exp\!\left(\frac{1}{2}(\sigma_1 u_1 \pm \sigma_2 u_2)^2\right).$$

Das ist also die erzeugende Funktion eines Paares (X_1, X_2), wobei $X_1 = \sigma_1 U$ und $X_2 = \pm\sigma_2 U$ mit einer $\mathcal{N}(0,1)$-verteilten Zufallsvariablen U ist. Eine ausgeartete $\mathcal{N}_2(0,\Gamma)$-verteilte Zufallsvariable hat also als Träger eine Gerade mit der Steigung $\pm\sigma_2/\sigma_1$, die durch den Ursprung geht.

Bemerkung über nicht-zentrierte Verteilungen. — Es sei $\mu = \begin{pmatrix} \mu_1 \\ \mu_2 \end{pmatrix}$ $(\mu_1, \mu_2 \in \mathbb{R})$ ein Punkt der Ebene und M' sei ein Paar mit der Verteilung $\mathcal{N}_2(0,\Gamma)$. Man bezeichnet die Verteilung von $M = M' + \mu$ mit $\mathcal{N}_2(\mu,\Gamma)$ und nennt sie *zweidimensionale Normalverteilung mit Mittelpunkt μ und Kovarianzmatrix* Γ. Ihre erzeugende Funktion ist

$$(5.8) \quad g(u) = \exp\!\left({}^{t}u\mu + \frac{1}{2}{}^{t}u\Gamma u\right)$$

$$= \exp\!\left(u_1\mu_1 + u_2\mu_2 + \frac{1}{2}\left(\sigma_1^2 u_1^2 + 2\rho\sigma_1\sigma_2 u_1 u_2 + \sigma_2^2 u_2^2\right)\right).$$

Falls $|\rho| < 1$ ist, hat diese Verteilung eine gemeinsame Dichte, die durch

$$(5.9) \quad f_M(x) = \frac{\sqrt{\det\Gamma^{-1}}}{2\pi}\exp\!\left(-\frac{1}{2}{}^{t}(x-\mu)\,\Gamma^{-1}(x-\mu)\right)$$

$$= \frac{1}{2\pi\,\sigma_1\sigma_2\,\sqrt{1-\rho^2}}\exp\!\left(-\frac{1}{2(1-\rho^2)}\left(\left(\frac{x_1-\mu_1}{\sigma_1}\right)^2\right.\right.$$

$$\left.\left. -\,2\rho\left(\frac{x_1-\mu_1}{\sigma_1}\right)\left(\frac{x_2-\mu_2}{\sigma_2}\right) + \left(\frac{x_2-\mu_2}{\sigma_2}\right)^2\right)\right)$$

gegeben ist. Ist also $M = \begin{pmatrix} X_1 \\ X_2 \end{pmatrix}$ gemäss $\mathcal{N}_2(\mu,\Gamma)$ verteilt, so ist das Paar $\begin{pmatrix} U \\ V \end{pmatrix}$, mit $U = (X_1 - \mu_1)/\sigma_1$, $V = (X_2 - \mu_2)/\sigma_2$, gemäss $\mathcal{N}_2(0,\gamma)$ verteilt mit $\gamma = \begin{pmatrix} 1 & \rho \\ \rho & 1 \end{pmatrix}$.

Das folgende Theorem ist in zweifacher Hinsicht interessant: zum einen beschreibt es eine alternative Methode, um die zweidimensionale Normalverteilung einzuführen, andererseits motiviert es, wie man eine « Normalverteilung » auf allgemeineren Räumen, wie z.B. Banachräumen, definiert.

THEOREM 5.7. — *Es sei* $M = \begin{pmatrix} X_1 \\ X_2 \end{pmatrix}$ *ein zentrierter Zufallsvektor. Dann sind die beiden folgenden Aussagen äquivalent:*

a) *M hat eine zweidimensionale Normalverteilung.*

b) *Jede Linearkombination von X_1 und X_2 hat eine zentrierte eindimensionale Normalverteilung.*

Beweis. — Es sei $L_u = {}^t u\, M$, $u = \begin{pmatrix} u_1 \\ u_2 \end{pmatrix}$, eine Linearkombination von X_1, X_2 mit reellen Koeffizienten.

a) $\Rightarrow$ b). Wir nehmen $\mathcal{L}(M) = \mathcal{N}_2(0, \Gamma)$ an. Dann ist die erzeugende Funktion von L_u für $v \in \mathbb{R}$ durch $g(v) = \mathbb{E}[e^{vL_u}] = \mathbb{E}[e^{{}^t(vu)M}] = \exp\big(\frac{1}{2}({}^t u\Gamma u)v^2\big)$ gegeben. Dies zeigt im Vorgriff auf Kapitel 14, § 3.2 c), dass L_u eine zentrierte, normalverteilte Zufallsvariable mit Varianz ${}^t u\Gamma u$ ist.

b) $\Rightarrow$ a). Nach Voraussetzung ist die Zufallsvariable L_u für jede Wahl von u in $\mathbb{R}^2$ zentriert und eindimensional normalverteilt. Sie hat also eine erzeugende Funktion, die für reelles v durch $g(v) = \mathbb{E}[e^{vL_u}] = e^{Q(u)(v^2/2)}$ gegeben ist, wobei $Q(u) = \mathrm{Var}\, L_u = \mathrm{Var}({}^t u\, M) = \mathbb{E}[({}^t uM)^2] = \mathbb{E}[({}^t u\, M)({}^t u\, M)]$ gilt. Wegen ${}^t u\, M = {}^t M\, u$ folgt $Q(u) = {}^t u\, \mathbb{E}[M\, {}^t M]\, u = {}^t u\, \Gamma\, u$, wobei Γ die Kovarianzmatrix von M ist.

Wählt man $v = 1$, so erhält man $g(1) = \mathbb{E}[e^{L_u}] = \mathbb{E}[e^{{}^t u\, M}] = e^{(1/2)\,{}^t u\Gamma u}$ als Ausdruck für die erzeugende Funktion von M. Somit erweist sich M als $\mathcal{N}_2(0, \Gamma)$-normalverteilt. $\square$

Da die verwendete Notation auf der Matrix-Schreibweise beruht, bedarf es nur geringer Modifikationen, um ebenso n-dimensionale normalverteilte Zufallsvektoren M für $n \geq 2$ zu behandeln. Speziell gilt, dass die Dichte von M durch die Formel (5.9) gegeben ist, falls Kovarianzmatrix Γ regulär ist. Man hat nur noch 2π durch $(2\pi)^{n/2}$ im Nenner des Bruches zu ersetzen.

ERGÄNZUNGEN UND ÜBUNGEN

1. Alternative Behandlung von bedingten Verteilungen (X. Fernique). Diese Methode erlaubt es, *gleichzeitig* den Fall der diskreten Zufallsvariablen und den der absolut stetigen Zufallsvariablen zu behandeln. Betrachten wir also ein Paar (X, Y) von reellen Zufallsvariablen, die auf einem Raum $(\Omega, \mathfrak{A}, \mathrm{P})$ definiert sind. Mit μ bzw. P_X bzw. P_Y seien die Verteilung des Paares bzw. die von X bzw. die von Y bezeichnet.

Es sei nun $(Q_y(A))$ $(y \in \mathbb{R}, A \in \mathcal{B}^1)$ eine mit Paaren $(y, A) \in \mathbb{R} \times \mathcal{B}^1$ indizierte Familie von reellen Zahlen. Man sagt, dass diese Familie eine *bedingte Verteilung von X relativ zu Y* ist, falls die folgenden Eigenschaften gelten:

(1) für jede reelle Zahl y ist die Abbildung $Q_y : A \mapsto Q_y(A)$ eine *Wahrscheinlichkeitsverteilung auf* $\mathbb{R}$, also speziell eine Abbildung von $\mathcal{B}^1$ in $[0, 1]$;

(2) für jede Borel-Menge $A \in \mathcal{B}^1$ ist die Abbildung $Q_{(\cdot)}(A) : y \mapsto Q_y(A)$ *messbar*, also speziell eine Abbildung von $(\mathbb{R}, \mathcal{B}^1)$ in $(\mathbb{R}, \mathcal{B}^1)$;

(3) für jedes Paar A, B von Borel-Mengen gilt die Gleichheit

$$\mathrm{P}\{X \in A, Y \in B\} = \mathbb{E}[Q_{(\cdot)}(A) \cdot I_{\{Y \in B\}}].$$

Man beachte, dass $Q_{(\cdot)}(A)$ eine auf $(\mathbb{R}, \mathcal{B}^1)$ definierte reelle Zufallsvariable ist, die wegen $0 \leq Q_y(A) \leq 1$ (für alle y) beschränkt ist. Das Produkt $Q_{(\cdot)}(A) \cdot I_{\{Y \in B\}}$ ist also integrierbar. Der Erwartungswert «$\mathbb{E}$» in der obigen Identität ist bezüglich der Verteilung P_Y von Y zu nehmen.

a) Man zeige, dass man die Identität (3) auch folgendermassen schreiben kann:

$$\int_{x \in A, \, y \in B} d\mu(x, y) = \int_{y \in B} \left(\int_{x \in A} dQ_y(x) \right) d\mathrm{P}_Y(y).$$

b) Es sei nun Y eine diskrete Zufallsvariable mit der Verteilung $\mathrm{P}_Y = \sum_{j \in J} \mathrm{P}\{Y = y_j\}\, \varepsilon_{y_j}$, wobei J endlich oder abzählbar ist. Dabei sollen die y_j paarweise verschieden und die Wahrscheinlichkeiten $\mathrm{P}\{Y = y_j\}$ alle *positiv* sein. Ist dann Q_0 irgendeine Wahrscheinlichkeitsverteilung auf $(\mathbb{R}, \mathcal{B}^1)$, so definieren wir

$$Q_y(\cdot) = \begin{cases} Q_0, & \text{falls } y \neq y_j \text{ für alle } j; \\ \mathrm{P}\{X \in \cdot \mid Y = y_j\}, & \text{falls } y = y_j. \end{cases}$$

Speziell für $y = y_j$ und jede Borel-Menge A setzt man also

$$Q_y(A) = \mathrm{P}\{X \in A \mid Y = y_j\}.$$

Man zeige, dass die Funktion $Q_{(\cdot)}$ den Bedingungen (1), (2) und (3) genügt.

c) Sei nun (X, Y) ein absolut stetiges Paar. Wir verwenden die Bezeichnungen aus den Abschnitten 3 und 4. Für jedes reelle y sei Q_y die Wahrscheinlichkeitsverteilung mit der Dichte $f_{X\,|\,Y}(x\,|\,y)$ auf $\mathbb{R}$. Man verifiziere auch hier die drei Bedingungen (1), (2) und (3).

2. — Es sei (X, Y) ein Paar von Zufallsvariablen mit gemeinsamer Dichte

$$f(x, y) = \begin{cases} e^{-(x+y)}, & \text{falls } x,\, y \geq 0; \\ 0, & \text{sonst.} \end{cases}$$

 a) Man berechne die marginalen Dichten X, Y.

 b) Sind die Variablen X und Y unabhängig?

3. — Die gleichen Fragen wie in 2), aber nun für ein Paar (X, Y) mit gemeinsamer Dichte

$$f(x, y) = \begin{cases} 2\,e^{-(x+y)}, & \text{falls } 0 \leq x \leq y; \\ 0, & \text{sonst.} \end{cases}$$

4. — Es sei (X, Y) eine Paar von Zufallsvariablen mit gemeinsamer Dichte $f(x, y)$. Man zeige, dass X und Y genau dann unabhängig sind, falls sich f in ein Produkt $f(x, y) = g(x)\,h(y)$ faktorisieren lässt, wobei die eine Funktion nur von x und die andere Funktion nur von y abhängt.

5. – Es sei $D = \{(x, y) \in \mathbb{R}^2 : x^2 + y^2 \leq r^2\}$ die Kreisscheibe mit Zentrum 0 und Radius $r > 0$. Mit (X, Y) wird ein zufälliger Punkt von D bezeichnet, wobei die gemeinsame Verteilung die Gleichverteilung auf D sein soll, d.h. die Dichte ist durch

$$f(x, y) = \begin{cases} \dfrac{1}{\pi r^2}, & \text{falls } (x, y) \in D; \\ 0, & \text{sonst,} \end{cases}$$

gegeben.

 a) Man berechne die marginalen Dichten von X und Y. Man berechne $\mathbb{E}[X]$ und $\mathbb{E}[Y]$.

 b) Sind die Variablen X und Y unabhängig?

 c) Man berechne $\operatorname{Cov}(X, Y)$. Was kann man aus b) und c) folgern?

 d) Man berechne die Verteilungsfunktion $G(u)$ und dann auch die Dichte $g(u)$ der Zufallsvariablen $U = X^2 + Y^2$.

 e) Man berechne $\mathbb{E}[U]$ und ermittle daraus $\mathbb{E}[X^2]$ und $\mathbb{E}[Y^2]$, sowie $\operatorname{Var} X$ und $\operatorname{Var} Y$.

 f) Man berechne die durch $\{X = x\}$ bedingte Dichte $f_{Y\,|\,X}(\cdot\,|\,x)$ von Y. Man berechne $\mathbb{E}[Y^2 \mid X = x]$, dann auch $\mathbb{E}[X^2 + Y^2 \mid X = x]$ und $\mathbb{E}[X^2 + Y^2 \mid X]$.

g) Ein Schütze zielt auf eine Zielscheibe, die, wie D, kreisrund ist. Die Verteilung des Einschlagspunktes (X, Y) auf der Scheibe sei die Gleichverteilung auf D. Dem Punkt (X, Y) wird die Zufallsvariable $L = \sqrt{X^2 + Y^2}$ zugeordnet, die gerade die Distanz von (X, Y) zum Zentrum der Scheibe angibt. Wird nun n-mal unabhängig geschossen, so entspricht dem eine Menge von n unabhängig und zufällig gewählten Punkten, damit aber auch ein System von n Zufallsvariablen $(L_1, \ldots, L_n)$, die die Abstände dieser Punkte vom Zentrum darstellen. Dabei handelt es sich um unabhängige und identisch verteilte Zufallsvariable. Man berechne $\mathrm{P}\{\min(L_1, \ldots, L_n) < a\}$ für reelles a mit $0 < a < r$. Wie ist diese Wahrscheinlichkeit zu interpretieren?

6. — Es sei $M = \begin{pmatrix} X_1 \\ X_2 \end{pmatrix}$ ein Zufallsvektor mit der Verteilung $\mathcal{N}_2(0, \Gamma)$, wobei $\Gamma = \begin{pmatrix} 1 & \rho \\ \rho & 1 \end{pmatrix}$ und $|\rho| < 1$ ist. Man zeige:

a) Die durch $\{X_1 = x_1\}$ bedingte Verteilung von X_2 ist $\mathcal{N}(\rho x_1, \sqrt{1 - \rho^2})$. Daraus folgt:

α) $\mathbb{E}[X_2 \,|\, X_1 = x_1] = \rho x_1$, d.h. der bedingte Erwartungswert ist linear in x_1; anders formuliert, die Regressionskurve von X_2 in X_1 ist eine *Gerade* durch den Ursprung mit Steigung ρ.

β) $\mathrm{Var}(X_2 \,|\, X_1 = x_1) = 1 - \rho^2$; dies ist unabhängig von x_1.

b) $(X_1, X_2 - \mathbb{E}[X_2 \,|\, X_1])$ ist ein Paar von *unabhängigen,* zentrierten und normalverteilten Zufallsvariablen mit Varianzen 1 bzw. $1 - \rho^2$.

7. — Es sei (X_1, X_2) ein Paar von Zufallsvariablen, deren marginale Verteilungen die Normalverteilungen $\mathcal{N}(0, 1)$ sind. Dann muss (X_1, X_2) nicht notwendig normalverteilt sein. Man überlege sich ein Beispiel.

8. — Es sei $M = (X, Y)$ ein absolut stetiger Zufallsvektor mit dem Träger $\mathbb{R}^2$, wobei die Komponenten X und Y unabhängig sein sollen. Man zeige, dass die beiden folgenden Aussagen äquivalent sind:

a) X und Y haben beide eine zentrierte Verteilung;

b) die Verteilung von M ist isotrop, d.h. sie ist invariant unter jeder Drehung um den Ursprung.

9. — Es wird zunächst ein perfekter Würfel geworfen. Anschliessend wird eine perfekte Münze so oft geworfen, wie die Augenzahl des Würfels ergeben hat. Es bezeichne X die Augenzahl des Würfels und Y die Anzahl der Vorkommen von "Zahl" beim Münzwurf.

a) Man berechne die gemeinsame Verteilung von (X, Y).

b) Man berechne $\mathbb{E}[Y]$.

10. (Berechnung des Erwartungswertes einer geometrischen Zufallsvariablen). — Eine Urne enthalte r weisse und s schwarze Kugeln, $(r, s \geq 1)$; es sei $p = r/(r+s)$. Man führt eine Folge von Ziehungen *mit Zurücklegen* durch und bezeichnet mit N die Anzahl der Ziehungen, die notwendig sind, um erstmals eine weisse Kugel zu ziehen (N ist also eine geometrisch verteilte Zufallsvariable).

Nun sei X diejenige Zufallsvariable, die den Wert 1 oder 0 annimmt, je nachdem ob die *erste* gezogene Kugel weiss ist oder nicht. Man berechne den Erwartungswert von N mittels der Formeln für den bedingten Erwartungswert, wenn man die Variable N als durch X bedingte Variable betrachtet.

11. (Fortsetzung von Aufgabe 10). — Wiederum sei eine Urne mit r weissen und s schwarzen Kugeln gegeben $(r, s \geq 1)$. Nun wird eine Folge von Ziehungen *ohne Zurücklegen* durchgeführt und es bezeichne $N_{r,s}$ die Anzahl der Ziehungen, die notwendig sind, um erstmals eine weisse Kugel zu ziehen. Um $\mathbb{E}[N_{r,s}]$ zu berechnen, kann man folgendermassen vorgehen. Es sei X die Zufallsvariable, die den Wert 1 oder 0 annimmt, je nachdem, ob die *erste* gezogene Kugel weiss ist oder nicht. Man berechne $\mathbb{E}[N_{r,s}]$ mittels der Formel $\mathbb{E}[N_{r,s}] = \mathbb{E}[\mathbb{E}[N_{r,s} \mid X]]$.

a) Man zeige, dass die Zahlen $a_{r,s} = \mathbb{E}[N_{r,s}]$ einer Rekursion genügen: $a_{r,s} = 1 + (s/(r+s))a_{r,s-1}$ für $r, s \geq 1$ und $a_{r,0} = 1$ für alle $r \geq 1$.

b) Man zeige, dass dieses System genau eine Lösung hat, die durch $a_{r,s} = \mathbb{E}[N_{r,s}] = (r+s+1)/(r+1)$ gegeben ist.

12. — Es sei (X, Y) ein Paar von Zufallsvariablen mit Werten in $\mathbb{N}$, wobei stets $0 \leq Y \leq X$ gilt und $\mathbb{E}[X] < +\infty$ ist. Man nimmt an, dass die durch X bedingte Verteilung von Y die Gleichverteilung auf $\{0, 1, \ldots, X\}$ ist.

1) Man berechne $\mathbb{E}[X]$ als Funktion von $\mathbb{E}[Y]$.

2) Man zeige, dass die beiden folgenden Aussagen äquivalent sind:

a) das Paar $(X - Y, Y)$ ist unabhängig;

b) die Zufallsvariable Y ist geometrisch verteilt, d.h. $\mathrm{P}\{Y = n\} = q^n p$ $(n \geq 0)$.

13. (Stefanie und die Arbeitslosenversicherung). — Es sei X die Zeit, die verstreicht, bis ein Individuum einer Population arbeitslos wird. Dabei wird angenommen, dass X exponential-verteilt mit Parameter λ ist (*cf.* Kap. 14, §5). Die Versicherungsgesellschaft, die diese Population gegen Arbeitslosigkeit versichert, möchte die mittlere Arbeitszeit für die Unter-Population berechnen, die aus denjenigen Individuen besteht, die zwischen Zeitpunkt a und Zeitpunkt b arbeitslos sind $(0 < a < b < +\infty)$.

a) Es sei $g(a, b)$ diese mittlere Zeit. Wie muss man $g(a, b)$ berechnen?

b) Man berechne den Limes von $g(a, b)$, wenn b gegen Unendlich strebt. Hätte man sich dieses Resultat auch ohne Rechnen überlegen können?

c) Man berechne den Limes von $g(a, a + \varepsilon)$, falls ε von rechts gegen 0 strebt.

KAPITEL 13

ERZEUGENDE FUNKTION DER MOMENTE. CHARAKTERISTISCHE FUNKTION

In Kapitel 9 haben wir den Begriff der erzeugenden Funktion einer diskreten Zufallsvariablen *mit Werten in* $\mathbb{N}$ untersucht. Im Falle allgemeiner Zufallsvariabler erweist es sich als zweckmässig, diese Definition leicht zu modifizieren. Wir werden dazu eine reelle Funktion einführen, die, wenn sie in einer Umgebung des Ursprungs definiert ist, die vollständige Information über die Momente einer Zufallsvariablen enthält. Die sogenannte *charakteristische Funktion* ist die komplexe Version dieser erzeugenden Funktion der Momente.

1. Einführung. — Es sei X eine reelle Zufallsvariable; ihr ordnet man die Funktion $g_X(u) = \mathbb{E}[e^{uX}]$ *der reellen Variablen* u zu, die für die Menge derjenigen $u \in \mathbb{R}$ definiert ist, für die $\mathbb{E}[e^{uX}] < +\infty$ gilt. Die folgenden Eigenschaften ergeben sich unmittelbar:

1) Die Funktion g_X ist stets für $u = 0$ definiert und es ist $g_X(0) = 1$. Es gibt aber Zufallsvariable, bei denen die Funktion g_X auch nur für $u = 0$ definiert ist (beispielsweise die Zufallsvariable von Cauchy).

2) Ist X *beschränkt*, so ist g_X definiert und stetig auf ganz $\mathbb{R}$.

3) Hat X *positive Werte*, so ist g_X auf $]-\infty, 0]$ stetig und beschränkt. In diesem Fall führt man in der Regel die Variablentransformation $u = -v$ durch und hat es dann mit der *Laplace-Transformierten* (der Verteilung) von X zu tun:

$$L_X(v) = g_X(-v) = \mathbb{E}[e^{-vX}].$$

Die so definierte Funktion L_X ist auf $[0, +\infty[$ stetig und beschränkt .

Definition. — Es sei X eine reelle Zufallsvariable, für welche die Funktion

$$g_X(u) = \mathbb{E}[e^{uX}]$$

der reellen Variablen u in einer *offenen Umgebung des Ursprungs* definiert ist. Dann heisst diese Funktion die *erzeugende Funktion der Momente* (der Verteilung) von X.

Die Terminologie *erzeugende Funktion der Momente* ist angebracht. Tatsächlich werden wir zeigen (Theorem 3.1), dass für eine reelle Zufallsvariable X, die eine erzeugende Funktion der Momente g_X besitzt, folgendes gilt:

   a) die Momente aller positiven, ganzzahligen Ordnungen existieren;

   b) die Funktion g_X lässt sich in einer Umgebung des Ursprungs in eine Potenzreihe entwickeln, wobei das Moment n-ter Ordnung von X als Koeffizient von $u^n/n!$ in dieser Entwicklung auftritt.

2. Elementare Eigenschaften

SATZ 2.1. — *Es sei g_X die erzeugende Funktion der Momente einer Zufallsvariablen X.*

(1) *Für reelle a, b gilt $g_{aX+b}(u) = e^{bu}g_X(au)$.*

(2) *Die Funktion $g_X(-u)$ ist ebenfalls eine erzeugende Funktion der Momente.*

(3) *Falls die Verteilung von X symmetrisch ist, falls also $\mathcal{L}(X) = \mathcal{L}(-X)$ gilt, so ist g_X eine gerade Funktion.*

(4) *Die Funktion g_X ist konvex.*

Beweis. — Die Eigenschaft (1) ist klar. Zum Beweis von Eigenschaft (2) genügt es zu bemerken, dass $g_X(-u)$ die erzeugende Funktion der Momente der Zufallsvariablen $-X$ ist. Eigenschaft (3) folgt aus

$$g_X(u) = \mathbb{E}[e^{uX}] = \mathbb{E}[e^{u(-X)}] = \mathbb{E}[e^{(-u)X}] = g_X(-u).$$

Schliesslich ist (4) eine Konsequenz davon, dass die erzeugende Funktion eine konvexe Kombination von Exponentialfunktionen ist.   □

THEOREM 2.2 (Eindeutigkeitssatz). — *Die erzeugende Funktion der Momente einer Zufallsvariablen bestimmt die Verteilung dieser Variablen. Anders formuliert, falls zwei Zufallsvariable die gleiche erzeugende Funktion der Momente haben, so haben sie auch die gleiche Verteilung.*

Beweis. — Dies lässt sich nur dann mit einfachen Mittel beweisen, wenn die Zufallsvariable X ihre Werte in $\mathbb{N}$ annimmt. In dieser Situation ist es üblich, an Stelle der erzeugenden Funktion *der Momente* $g(u) = \mathbb{E}[e^{uX}]$ die erzeugende Funktion $G(s) = \mathbb{E}[s^X]$ zu betrachten, die im wesentlichen die gleiche Rolle spielt. Wir haben aber bereits mit elementaren Mitteln gezeigt (*cf.* Theorem 1.4 von Kap. 9), dass die Funktion G die Verteilung von X bestimmt.

In der allgemeinen Situation ist der Beweis des Eindeutigkeitssatzes deutlich schwieriger (*cf.* Billingsley.[1])   □

---

[1] Billingsley (P.). — *Probability and Measure*, 3. Auflage . — New York, Wiley, 1995, p. 390.

THEOREM 2.3. — *Es sei (X, Y) ein Paar von reellen unabhängigen Zufallsvariablen, von denen jede eine erzeugende Funktion der Momente besitzt. Dann gilt dies auch für die Summe $X + Y$ und es gilt*

$$(2.2) \qquad g_{X+Y} = g_X\, g_Y.$$

Beweis. — Es ist: $g_{X+Y}(u) = \mathbb{E}[e^{u(X+Y)}] = \mathbb{E}[e^{uX} e^{uY}]$; die Unabhängigkeit von X und Y überträgt sich auf e^{uX} und e^{uY}. Mittels einer Anwendung von Theorem 2.2 aus Kapitel 11 folgt daraus $g_{X+Y}(u) = \mathbb{E}[e^{uX}]\,\mathbb{E}[e^{uY}] = g_X(u)\, g_Y(u)$. $\quad\square$

Bemerkung. — Die Eigenschaft (2.2) charakterisiert die Unabhängigkeit *nicht*, denn man kann Paare (X, Y) von Zufallsvariablen konstruieren, welche zwar *erzeugende Funktionen der Momente besitzen* und die *nicht unabhängig sind*, für die aber dennoch (2.2) gilt. Hierzu folgt ein Beispiel.

Es sei (X, Y) ein Paar von Zufallsvariablen, deren gemeinsame Verteilung die Dichte

$$f(x, y) = \begin{cases} 2, & \text{falls } (x, y) \in E; \\ 0, & \text{sonst;} \end{cases}$$

hat, wobei E die schraffierte Teilmenge von $[0, 1] \times [0, 1]$ bezeichnet, wie sie in Figur 1 dargestellt ist.

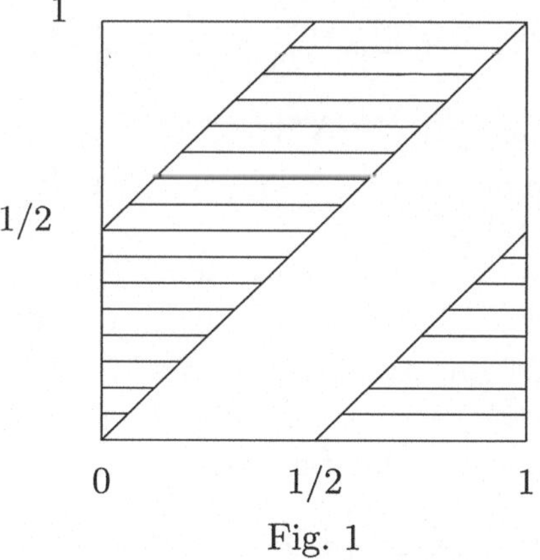

Fig. 1

Die Zufallsvariablen X und Y sind *nicht unabhängig*, denn beispielsweise gilt $\mathrm{P}\{X \leq 1/4,\ Y \geq 3/4\} = 0$, aber $\mathrm{P}\{X \leq 1/4\} = \mathrm{P}\{Y \geq 3/4\} = 1/4$. Nehmen wir übrigens als (X^*, Y^*) ein Paar von *unabhängigen* Zufallsvariablen, die beide in $[0, 1]$ gleichverteilt sind, so gilt $\mathcal{L}(X) = \mathcal{L}(X^*)$, $\mathcal{L}(Y) = \mathcal{L}(Y^*)$, $\mathcal{L}(X + Y) = \mathcal{L}(X^* + Y^*)$ (*cf.* Aufgabe 1). Da die Zufallsvariablen X, Y, $X + Y$, X^*, Y^*, $X^* + Y^*$ alle *beschränkt* sind, besitzen sie jeweils eine erzeugende Funktion der Momente und für jede reelle Zahl u gilt $g_{X+Y}(u) = g_{X^*+Y^*}(u) = g_{X^*}(u)\, g_{Y^*}(u) = g_X(u)\, g_Y(u)$. Für das nicht unabhängige Paar (X, Y) von Zufallsvariablen gilt also ebenfalls $g_{X+Y} = g_X\, g_Y$. $\quad\square$

Theorem 2.3 hat die folgenden Korollare.

KOROLLAR 1. — *Das Produkt von zwei erzeugenden Funktionen der Momente ist wieder eine erzeugende Funktion für Momente.*

KOROLLAR 2. — *Ist g eine erzeugende Funktion der Momente, so gilt dies auch für die Funktion $h(u) = g(u)g(-u)$. Genauer gesagt, ist X eine Zufallsvariable, die $g(u)$ als erzeugende Funktion der Momente hat und ist X' eine von X unabhängige Zufallsvariable mit gleicher Verteilung wie X, so besitzt auch die Zufallsvariable $Y = X - X'$ eine erzeugende Funktion der Momente, und dies ist gerade $h(u) = g(u)g(-u)$. Die Zufallsvariable Y wird als die "Symmetrisierte" von X bezeichnet.*

3. Momente. — Das folgende Theorem rechtfertigt die eingeführte Bezeichnung einer *erzeugenden Funktion der Momente*.

THEOREM 3.1. — *Es sei X eine Zufallsvariable, die eine erzeugende Funktion der Momente g besitzt. Dabei sei $g(u)$ für alle u in einem offenen Intervall $]u_1, u_2[$ mit $u_1 < 0 < u_2$ definiert. Dann gilt:*
   1) *für alle $k \geq 1$ ist $\mathbb{E}[\,|X|^k\,] < +\infty$;*
   2) *für alle $t \in\,] -s, +s[$ mit $0 < s < u_0 = \min(-u_1, u_2)$ ist*

$$g(t) = 1 + \mathbb{E}[X]\,\frac{t}{1!} + \mathbb{E}[X^2]\,\frac{t^2}{2!} + \cdots + \mathbb{E}[X^n]\,\frac{t^n}{n!} + \cdots$$

   3) *für alle $k \geq 1$ ist $g^{(k)}(0) = \mathbb{E}[X^k]$.*

Beweis. — Wir führen den Beweis lediglich in dem Fall, wo die Verteilung von X eine Dichte f besitzt.

   1) Es geht darum, zu zeigen, dass für alle $k \geq 1$ tatsächlich $\mathbb{E}[\,|X|^k\,] = \int_{\mathbb{R}} |x|^k f(x)\,dx < +\infty$ gilt. Sei dazu ein s mit $0 < s < u_0 = \min(-u_1, u_2)$ fest gewählt. Aus der Reihenentwicklung von $e^{s|x|}$ für reelles x kann man die Ungleichung $s^k |x|^k / k! \leq e^{s|x|}$ für alle $k \geq 1$ folgern. Daher gilt $|x|^k \leq k!\, e^{s|x|}/s^k$. Daraus ergibt sich für jedes $k \geq 1$ die Abschätzung

$$\mathbb{E}[\,|X|^k\,] \leq \frac{k!}{s^k} \int_{-\infty}^{+\infty} e^{s|x|} f(x)\,dx = \frac{k!}{s^k}\left(\int_0^{+\infty} e^{sx} f(x)\,dx + \int_{-\infty}^0 e^{-sx} f(x)\,dx\right)$$

$$\leq \frac{k!}{s^k}\left(\int_{-\infty}^{+\infty} e^{sx} f(x)\,dx + \int_{-\infty}^{+\infty} e^{-sx} f(x)\,dx\right) = \frac{k!}{s^k}[g_X(s) + g_X(-s)].$$

Der letzte Ausdruck ist aber endlich, denn nach Annahme sind $g_X(s)$ und $g_X(-s)$ endlich.

   2) Es geht im wesentlichen darum zu zeigen, dass man in

$$g(t) = \int_{-\infty}^{+\infty} e^{tx} f(x)\,dx = \int_{-\infty}^{+\infty} \left(\sum_{k \geq 0} \frac{(tx)^k}{k!}\right) f(x)\,dx$$

die Operatoren der Summation und der Integration vertauschen kann. Dazu definiert man

$$h(x) = f(x)\, e^{tx} \qquad \text{und} \qquad h_n(x) = f(x) \sum_{k=0}^{n} \frac{(tx)^k}{k!} \quad (n = 1, 2, \dots).$$

Für jede reelle Zahl x gilt natürlich $\lim_n h_n(x) = h(x)$. Ausserdem hat man für alle $n = 1, 2, \dots$ die Abschätzung

$$|h_n(x)| \le f(x) \sum_{k=0}^{n} \frac{|tx|^k}{k!} \le f(x) \sum_{k \ge 0} \frac{|tx|^k}{k!} = f(x)\, e^{|tx|} \le f(x)\, e^{s|x|}.$$

Andererseits liefert eine zu 1) analoge Überlegung

$$\int_{-\infty}^{+\infty} e^{s|x|} f(x)\, dx \le g(s) + g(-s) < +\infty.$$

Damit sind die Voraussetzungen für die Anwendung des Satzes von der dominierten Konvergenz erfüllt und man erhält

$$g(t) = \int_{-\infty}^{+\infty} h(x)\, dx = \lim_n \int_{-\infty}^{+\infty} h_n(x)\, dx = \lim_n \sum_{k=0}^{n} \frac{t^k}{k!} \int_{-\infty}^{+\infty} x^k\, f(x)\, dx$$

$$= \sum_{k \ge 0} \frac{t^k}{k!} \mathbb{E}[X^k].$$

3) Bekanntlich kann eine Potenzreihe innerhalb ihres Konvergenzkreises gliedweise differenziert werden. Aus Teil 2) folgt also, dass für jedes t aus dem Intervall $]-s, s[$ und jedes $k = 1, 2, \dots$

$$g^{(k)}(t) = \sum_{n \ge k} n(n-1)\dots(n-k+1)\, \mathbb{E}[X^n] \frac{t^{n-k}}{n!}$$

gilt, und daher ist speziell $g^{(k)}(0) = \mathbb{E}[X^k]$. $\quad \Box$

Bemerkungen. — Wir haben gesehen, dass eine Zufallsvariable mit erzeugender Funktion der Momente auch Momente jeder positiven ganzen Ordnung besitzt. Die Umkehrung dieser Aussage ist allerdings falsch, denn eine Zufallsvariable kann Momente jeder beliebigen positiven ganzen Ordnung haben, ohne dass sie eine erzeugende Funktion der Momente (im Sinne der Definition von Abschnitt 1) besitzt. Dies zeigt das folgende Beispiel.

Es sei $X = e^Y$, wobei Y eine $\mathcal{N}(0, 1)$-verteilte Zufallsvariable ist (siehe Kap. 14, §3 und 4). Die Verteilung von X heisst *log-normal* $(0, 1)$.

a) Zunächst stellt man fest, dass X Momente jeder Ordnung hat, denn

$$\mathbb{E}[X^n] = \int_{-\infty}^{+\infty} e^{ny}\frac{1}{\sqrt{2\pi}}e^{-y^2/2}\,dy = e^{n^2/2} < +\infty.$$

b) Andererseits ist $g(u) = \mathbb{E}[e^{uX}] = \int_{-\infty}^{+\infty} e^{ue^y}\frac{1}{\sqrt{2\pi}}e^{-y^2/2}\,dy.$

Dieses Integral konvergiert genau dann, wenn $u \in]-\infty, 0]$. (Man beachte, dass für $u > 0$ und hinreichend grosses y stets $ue^y > y^2/2$ gilt.) Aber $]-\infty, 0]$ ist *keine* offene Umgebung von $u = 0$ und somit ist g *keine* erzeugende Funktion der Momente.

Somit besitzt X Momente jeder Ordnung, aber *keine* erzeugende Funktion der Momente. Das hat zur Konsequenz, dass die Folge der Momente *nicht* die Wahrscheinlichkeitsverteilung bestimmt, denn es gibt andere, von der lognormalen Verteilung verschiedene Verteilungen, welche die gleiche Folge von Momenten haben.

Spezialfall. — Es sei X eine Zufallsvariable mit Werten in $\mathbb{N}$; üblicherweise betrachtet man hierzu die *erzeugende Funktion der faktoriellen Momente*

$$G(u) = \mathbb{E}\big[u^X\big],$$

die mit der erzeugenden Funktion der Momente

$$g(u) = \mathbb{E}\big[e^{uX}\big]$$

gemäss $g(u) = G\big(e^u\big)$ zusammenhängt. (Diese Funktionen wurden in Kapitel 9 untersucht.) Das folgende Theorem ist eine Konsequenz von Theorem 3.1.

THEOREM 3.1$'$. — *Es sei X eine Zufallsvariable mit Werten in $\mathbb{N}$ und G ihre erzeugende Funktion der faktoriellen Momente. Dabei sei G in einer offenen Umgebung von $u = 1$ definiert. Dann*

a) *existieren alle Momente $\mathbb{E}[X^n]$ positiver ganzer Ordnung und sind endlich; daraus folgt, dass auch alle faktoriellen Momente positiver ganzer Ordnung existieren und endlich sind;*

b) *gilt $g^{(n)}(0) = \mathbb{E}[X^n]$ für jedes $n \geq 1$*

Beweis.

a) Wir nehmen an, dass $G(u)$ in einer offenen Umgebung von 1 definiert sei, also etwa in einem Intervall $U =]u_1, u_2[$ $(0 < u_1 < 1 < u_2)$. Für jedes $u \in U$ sei $u = e^t$, also $t = \mathrm{Log}\,u$. Dann ist $g(t) = G(e^t)$ in dem offenen Intervall $]t_1, t_2[$ definiert, wobei nun $t_1 < 0 < t_2$, $t_1 = \mathrm{Log}\,u_1$, $t_2 = \mathrm{Log}\,u_2$ ist. Aus Theorem 3.1 1) folgt nun, dass sämtliche Momente positiver ganzer Ordnung von X existieren und endlich sind; das gilt dann auch für die faktoriellen Momente.

b) folgt aus Theorem 3.1 3). $\Box$

4. Charakteristische Funktionen. — Beim weiteren Ausbau der Theorie zieht man es vor, statt mit der erzeugenden Funktion der Momente einer Zufallsvariablen X mit deren *charakteristischen Funktion* zu arbeiten. Diese wird für reelles t durch $\varphi(t) = \mathbb{E}[e^{itX}]$ definiert und sie hat den erheblichen Vorteil, für *jede reelle Zahl t und jede Zufallsvariable X* zu existieren. Ausserdem ist der Zusammenhang zwischen Verteilung einer Zufallsvariablen und charakteristischer Funktion *bijektiv*. Andererseits ist die Handhabung der charakteristischen Funktionen etwas subtiler, da man als Werkzeug Funktionen einer komplexen Variablen heranziehen muss.

Definition. — Es sei X eine *reelle* Zufallsvariable. Als *charakteristische Funktion* von X (oder der Verteilung von X) bezeichnet man die durch

$$\varphi_X(t) = \mathbb{E}[e^{itX}]$$

definierte Funktion einer reellen Variablen t. Wichtige Spezialfälle:

a) Ist X diskret mit Verteilung $\sum_k p_k\, \varepsilon_{x_k}$, so ist $\varphi(t) = \sum_k p_k e^{itx_k}$.

b) Ist X absolut stetig mit Dichte f, so ist $\varphi(t) = \int_\mathbb{R} e^{itx}\, f(x)\, dx$.

THEOREM 4.1 (Elementare Eigenschaften). — *Es bezeichne φ die charakteristische Funktion einer reellen Zufallsvariablen X. Dann gilt:*

1) *φ ist für jedes reelle t definiert und stetig;*
2) *φ ist beschränkt, wobei für jedes reelle t $|\varphi(t)| \leq \varphi(0) = 1$ ist;*
3) *φ ist eine hermitesche Funktion, d.h. für jedes reelle t ist $\varphi(-t) = \overline{\varphi(t)}$ (eine reellwertige charakteristische Funktion ist gerade);*
4) *für alle reellen a, b, t gilt die Gleichheit $\varphi_{aX+b}(t) = e^{ibt}\varphi_X(at)$;*
5) *ist die Verteilung von X symmetrisch, ist also $\mathcal{L}(-X) = \mathcal{L}(X)$, so ist φ_X eine reelle, und damit eine gerade Funktion;*
6) *jede konvexe Kombination von charakteristischen Funktionen ist wieder eine charakteristische Funktion.*

Beweis. — Ein Hinweis für Eigenschaft 5) sollte genügen. Man muss nur $\varphi_X(t) = \varphi_{-X}(t) = \varphi_X(-t) = \overline{\varphi_X(t)}$ schreiben. Daher ist φ_X reell und somit gerade. $\square$

In der Tabelle auf der folgenden Seite sind die charakteristischen Funktionen für die gebräuchlichsten Verteilungen eingetragen. In den ersten drei Fällen handelt es sich um diskrete Verteilungen der Form $\sum_k p_k\, \varepsilon_k$. In jedem Fall wird präzisiert, welche Werte die *ganze* Zahl k annimmt. Die restlichen Verteilungen sind absolut stetig mit Dichte f. Eine vollständige Beschreibung dieser vier Verteilungen wird im folgenden Kapitel gegeben, und zwar in den Abschnitten § 5, 6, 3 und 7.

Die Berechnung ist in den ersten drei Fällen sehr einfach; das gilt allerdings nicht für die restlichen Fälle. Immerhin kann man im Falle der charakteristischen Funktion der Normalverteilung $\mathcal{N}(0,1)$ einen Rückgriff auf die

Verteilung	analytischer Ausdruck	charakteristische Funktion
Binomialverteilung	$p_k = \binom{n}{k} p^k q^{n-k}\ (0 \leq k \leq n)$	$(q + pe^{it})^n$
Poisson-Verteilung	$p_k = e^{-\lambda} \dfrac{\lambda^k}{k!}\quad (k \geq 0,\ \lambda > 0)$	$e^{\lambda(e^{it}-1)}$
Geometrische Verteilung	$p_k = q^{k-1}p\quad (k \geq 1)$	$\dfrac{pe^{it}}{1 - qe^{it}}$
Exponentialverteilung $\mathcal{E}(\lambda)$	$f(x) = \lambda e^{-\lambda x} I_{[0,\infty[}(x)\ (\lambda > 0)$	$\dfrac{\lambda}{\lambda - it}$
Laplace-Verteilung	$f(x) = \dfrac{1}{2} e^{-|x|}\quad (x \in \mathbb{R})$	$\dfrac{1}{1 + t^2}$
Normalverteilung $\mathcal{N}(0,1)$	$f(x) = \dfrac{1}{\sqrt{2\pi}} e^{-x^2/2}\quad (x \in \mathbb{R})$	$e^{-t^2/2}$
Cauchy-Verteilung $C(0,1)$	$f(x) = \dfrac{1}{\pi} \dfrac{1}{1 + x^2}\quad (x \in \mathbb{R})$	$e^{-|t|}$

Theorie der Funktionen einer komplexen Variablen umgehen, wenn man folgendermassen vorgeht.

Die Normalverteilung $\mathcal{N}(0,1)$ ist offensichtlich symmetrisch. Ihre charakteristische Funktion ist also gleich

$$\varphi(t) = \mathbb{E}[e^{itX}] = \mathbb{E}[\cos tX] = \frac{1}{\sqrt{2\pi}} \int_{\mathbb{R}} \cos(tx)\, e^{-x^2/2}\, dx.$$

Damit hat man es mit der Standardsituation der Berechnung eines Integrals zu tun, das von einem Parameter abhängt. Durch Ableitung unter dem Integral, was leicht zu rechtfertigen ist, erhält man

$$\varphi'(t) = \frac{1}{\sqrt{2\pi}} \int_{\mathbb{R}} (-x \sin(tx))\, e^{-x^2/2}\, dx\,;$$

und dann mittels partieller Integration

$$\varphi'(t) = -t\, \varphi(t)\,.$$

Wegen $\varphi(0) = 1$ liefert die Integration dann

$$\varphi(t) = e^{-t^2/2}.$$

Bemerkung. — Formal erhält man die charakteristische Funktion $\varphi(t)$ aus der erzeugenden Funktion der Momente $g(u)$, indem man u durch it ersetzt. In vielen Fällen, so beispielsweise bei den ersten sechs Verteilungen der obigen Tabelle, hat der Ausdruck $g(it)$, den man durch Substitution erhält, als Funktion mit komplexen Werten einen guten Sinn und ist sogar gleich der charakteristischen Funktion, wie man sie direkt per Summation oder Integration in der komplexen Ebene erhält. Gleichwohl kann man diese Substitution nicht in den Rang einer allgemeinen Regel erheben, denn einerseits kann es sein, dass $g(u)$ ausser am Ursprung nirgends definiert ist (wie etwa im Fall der Cauchy-Verteilung), andererseits kann selbst dann, wenn $g(u)$ als Funktion der *reellen* Variablen u wohldefiniert ist, die komplexe Funktion $g(it)$ mehrere Bedeutungen in der komplexen Ebene haben. Dieser letztere Fall tritt beispielsweise dann ein, wenn der algebraische Ausdruck für g nichtganzzahlige Potenzen der (komplexen) Variablen enthält. Es ist also sinnvoll, in jedem Fall eine direkte Berechnung von $\varphi(t)$ anzugehen.

THEOREM 4.2 (Eindeutigkeitssatz). — *Die charakteristische Funktion einer Zufallsvariablen bestimmt die Verteilung dieser Variablen. Anders formuliert, haben zwei Zufallsvariable die gleiche charakteristische Funktion, so haben sie auch die gleiche Verteilung.*

Wegen dieses Theorems, das am Ende dieses Kapitels bewiesen wird, ist es gerechtfertigt, von der *charakteristischen* Funktion zu sprechen: die charakteristische Funktion *charakterisiert* die Verteilung.

THEOREM 4.3. — *Ist* (X, Y) *ein Paar von unabhängigen Zufallsvariablen, so gilt für jedes reelle t die Gleichheit*

$$(4.1) \qquad \varphi_{X+Y}(t) = \varphi_X(t)\varphi_Y(t).$$

Beweis. — Tatsächlich ist $\varphi_{X+Y}(t) = \mathbb{E}[e^{it(X+Y)}] = \mathbb{E}[e^{itX}e^{itY}]$, und da mit X und Y auch e^{itX} und e^{itY} unabhängig sind, folgt

$$\varphi_{X+Y}(t) = \mathbb{E}[e^{itX}]\,\mathbb{E}[e^{itY}] = \varphi_X(t)\varphi_Y(t). \quad \square$$

Bemerkung. — Die Eigenschaft (4.1) ist *nicht* charakteristisch für die Unabhängigkeit, denn es gibt Paare von *nicht unabhängigen* Zufallsvariablen, für die dennoch (4.1) gilt. Man kann hierfür ein besonders schlagendes Beispiel angeben (das übrigens *nicht* für die Situation der erzeugenden Funktionen von Momenten einschlägig ist).

Es sei X eine Zufallsvariable mit Cauchy-Verteilung $C(0, 1)$; ihre charakteristische Funktion ist $\varphi_X(t) = e^{-|t|}$. Das Paar (X, Y), wobei nun $Y = X$ ist, führt zu dem angekündigten Effekt:

$$\varphi_{X+Y}(t) = \varphi_{2X}(t) = e^{-2|t|} = \left(e^{-|t|}\right)^2 = \varphi_X(t)\varphi_Y(t). \quad \square$$

KOROLLAR. — *Das Produkt von zwei charakteristischen Funktionen ist wieder eine charakteristische Funktion.*

THEOREM 4.4. — *Ist φ eine charakteristische Funktion, so gilt dies auch für $\overline{\varphi}$, $|\varphi|^2$, $\Re\,\varphi$. Ist zudem φ die charakteristische Funktion einer absolut stetigen Zufallsvariablen, so gilt dies auch für $\overline{\varphi}$ und $|\varphi|^2$.*

Beweis. — Es sei X eine Zufallsvariable mit φ als charakteristischer Funktion. Die Zufallsvariable $-X$ hat dann $\overline{\varphi}$ als charakteristische Funktion. Ist dabei X absolut stetig, so gilt dies auch für $-X$.

Sei nun X' eine von X unabhängige Zufallsvariable mit gleicher Verteilung wie X. Die Zufallsvariable $Y = X - X'$ hat dann die charakteristische Funktion $\varphi_{X-X'}(t) = \varphi_X(t)\varphi_{-X'}(t) = \varphi_X(t)\overline{\varphi_X(t)} = |\varphi_X(t)|^2$. Ist dabei X absolut stetig, so gilt dies auch für Y. Die Zufallsvariable Y wird als die *Symmetrisierte* von X bezeichnet.

Schliesslich gilt $\Re\,\varphi = (\varphi + \overline{\varphi})/2$, wobei φ und $\overline{\varphi}$ charakteristische Funktionen sind. Der Schwerpunkt (mit positiven Koeffizienten) von charakteristischen Funktionen ist aber wiederum eine charakteristische Funktion. □

Wir betrachten nun den Zusammenhang zwischen der charakteristischen Funktion und den Momenten einer Zufallsvariablen.

THEOREM 4.5. — *Es sei X eine Zufallsvariable mit φ als charakteristischer Funktion. Falls $\mathbb{E}[\,|X|\,] < +\infty$ ist, so ist φ stetig differenzierbar und es gilt $\varphi'(0) = i\,\mathbb{E}[X]$.*

Beweis. — Wir geben den Beweis in dem Fall, dass X eine Dichte f besitzt. Dann gilt also

$$\varphi(t) = \mathbb{E}[e^{itX}] = \int_{\mathbb{R}} e^{itx} f(x)\,dx.$$

Für jede reelle Zahl t hat man

$$\left| \int_{\mathbb{R}} ix\,e^{itx} f(x)\,dx \right| \le \int_{\mathbb{R}} |x|\,f(x)\,dx = \mathbb{E}[\,|X|\,] < +\infty.$$

Man kann also unter dem Integral differenzieren und erhält für reelles t die Darstellung $\varphi'(t) = \int_{\mathbb{R}} ix\,e^{itx} f(x)\,dx$ und somit $\varphi'(0) = i\,\mathbb{E}[X]$. □

Analog kann man vorgehen, um die folgenden Aussagen für die höheren Momente zu beweisen.

THEOREM 4.6. — *Es sei X eine Zufallsvariable und φ ihre charakteristische Funktion. Für die ganze Zahl $n \ge 1$ gelte $\mathbb{E}[\,|X|^n\,] < +\infty$. Dann gilt:*
  1) *φ ist stetig differenzierbar bis zur Ordnung n einschliesslich;*
  2) *$\varphi^{(k)}(0) = i^k \mathbb{E}[X^k]$ für alle $k = 0, 1, \ldots, n$;*
  3) *φ kann dargestellt werden mittels der Taylorformel:*

$$\varphi(t) = \sum_{k=0}^{n} \frac{(it)^k}{k!} \mathbb{E}[X^k] + o(|t|^n), \quad \text{für} \quad t \to 0.$$

Das folgende Theorem wird in Kapitel 18, § 4, als technisches Hilfsmittel beim Beweis des «zentralen Grenzwertsatzes» benötigt.

THEOREM 4.7. — *Es sei X eine zentrierte Zufallsvariable der Klasse $\mathcal{L}^2$. Wir setzen* $\operatorname{Var} X = \sigma^2$ *und bezeichnen mit φ ihre charakteristische Funktion. Dann gilt:*

a) *für jedes reelle t hat die Funktion $\varphi(t)$ die Darstellung*

$$\varphi(t) = 1 - \frac{t^2\sigma^2}{2} - t^2 \int_0^1 (1-u)\mathbb{E}\big[X^2\big(e^{ituX}-1\big)\big]\,du;$$

b) *für jedes reelle t mit $3t^2\sigma^2 \leq 1$ hat die Funktion $\operatorname{Log}\varphi(t)$ die Darstellung*

$$\operatorname{Log}\varphi(t) = -\frac{t^2}{2}\sigma^2 - t^2 \int_0^1 (1-u)\mathbb{E}\big[X^2\big(e^{ituX}-1\big)\big]\,du + 3\theta t^4\sigma^4,$$

wobei θ eine komplexe Zahl mit $|\theta| \leq 1$ ist.

Beweis. — Für jedes t und alle reellen x gilt die Gleichheit

$$e^{itx} = 1 + itx - \frac{t^2 x^2}{2} - t^2 x^2 \int_0^1 (1-u)\big(e^{itux}-1\big)\,du.$$

a) Integriert man diese Gleichheit bezüglich μ, wobei μ die Verteilung von X ist, so erhält man die erste Darstellung.

b) Die Funktion $\varphi(t)$ lässt sich als $1 - r$ schreiben, wobei

$$r = \frac{t^2}{2}\sigma^2 + t^2 \int_0^1 (1-u)\mathbb{E}\big[X^2\big(e^{ituX}-1\big)\big]\,du$$

ist. Wegen $|r| \leq \frac{3}{2}t^2\sigma^2$ ist $|r| \leq \frac{1}{2}$ für $3t^2\sigma^2 \leq 1$. Andererseits gilt für jede komplexe Zahl r mit $|r| \leq \frac{1}{2}$

$$\operatorname{Log}(1-r) = -r \int_0^1 \frac{dx}{1-rx}, \quad \text{also} \quad \operatorname{Log}(1-r) + r = -r^2 \int_0^1 \frac{x}{1-rx}\,dx.$$

Das Integral in der rechten Gleichung kann aber dem Betrag nach durch 1 majorisiert werden, denn für jedes x mit $0 \leq x \leq 1$ gilt $|1-rx| \geq 1-|rx| \geq 1-|x| \geq \frac{1}{2}$. Daher hat man

$$\big|\operatorname{Log}(1-r) + r\big| \leq |r|^2 \leq \Big(\frac{3}{2}t^2\sigma^2\Big)^2 \leq 3t^4\sigma^4,$$

und somit

$$\operatorname{Log}(1-r) = -r + 3\theta t^4\sigma^4,$$

wobei θ eine komplexe Zahl mit $|\theta| \leq 1$ ist. Damit ist b) gezeigt. $\quad\square$

5. Die zweite charakteristische Funktion

Definition. — Es sei X eine reelle Zufallsvariable und $\varphi(t)$ ihre charakteristische Funktion. Als *zweite charakteristische Funktion* (der Verteilung) von X bezeichnet man die Funktion $\psi(t) = \operatorname{Log} \varphi(t)$ $(t \in \mathbb{R})$.

Da die charakteristische Funktion $\varphi(t)$ eine Funktion mit komplexen Werten ist, muss man festlegen, in welchem Sinne der Logarithmus zu verstehen ist: wegen $\varphi(0) = 1$ nimmt man ψ als stetig mit $\psi(0) = 0$.

THEOREM 5.1. — *Es sei (X, Y) ein Paar von unabhängigen Zufallsvariablen. Dann gilt für jedes reelle t die Gleichheit*

$$\psi_{X+Y}(t) = \psi_X(t) + \psi_Y(t).$$

Der Beweis folgt unmittelbar aus Theorem 4.3.

Definition. — Es sei X eine reelle Zufallsvariable, deren zweite charakteristische Funktion ψ eine Taylorentwicklung

$$\psi(t) = \sum_{n \geq 1} \kappa_n \frac{(it)^n}{n!}$$

in einer Umgebung des Ursprungs hat. Der Koeffizient κ_n von $(it)^n/n!$ in dieser Entwicklung heisst n-ter *Kumulant (der Verteilung) von X*.

THEOREM 5.2. — *Es sei (X, Y) ein Paar von Zufallsvariablen, die beide die Voraussetzungen der vorigen Definition erfüllen. Der Kumulant n-ter Ordnung von $X + Y$ ist dann die Summe der Kumulanten n-ter Ordnung von X und von Y (daher die Bezeichnung «Kumulant»).*

Der Beweis ist eine direkte Folge von Theorem 5.1 und der vorangehenden Definition.

SATZ 5.3. — *Es bezeichnen nun m_1, m_2, m_3 die Momente der Ordnungen 1, 2, 3 von X und $\mu_1 = 0$, μ_2, μ_3 deren zentrierte Momente der Ordnungen 1, 2, 3. Dann gilt:*

$$\varphi(t) = 1 + itm_1 + \frac{(it)^2}{2!}m_2 + \frac{(it)^3}{3!}m_3 + o(|t|^3) = 1 + \lambda(t)$$

$$\psi(t) = \operatorname{Log}\bigl(1 + \lambda(t)\bigr) = itm_1 + \frac{(it)^2}{2!}\mu_2 + \frac{(it)^3}{3!}\mu_3 + o(|t|^3).$$

Der Beweis beruht auf einer einfachen Rechnung. Wir beobachten, dass die Kumulanten der Ordnungen 1, 2 und 3 folgende Werte haben:

der Erwartungswert $m_1 = \mathbb{E}[X]$;

das zentrierte Moment zweiter Ordnung, d.h. die Varianz

$$\mu_2 = \mathbb{E}[(X - m_1)^2]\,;$$

das zentrierte Moment dritter Ordnung $\mu_3 = \mathbb{E}[(X - m_1)^3]$.

Die Additivität der Koeffizienten κ überträgt sich auf *die zentrierten Momente der Ordnungen* 2 und 3, aber nicht weiter. Der vierte Kumulant beispielsweise ist $\kappa_4 = \mu_4 - 3\mu_2^2$.

Beispiele.

1) Es sei X eine $\mathcal{N}(\mu, \sigma)$-verteilte Zufallsvariable. Dann gilt $\varphi(t) = \exp(it\mu - \frac{1}{2}t^2\sigma^2)$, und daher $\psi(t) = it\mu - \frac{1}{2}t^2\sigma^2$. Folglich ist $\kappa_1 = \mu$, $\kappa_2 = \sigma^2$ und $\kappa_n = 0$ für alle $n \geq 3$.

2) Es sei X eine $\mathcal{P}(\lambda)$-verteilte Zufallsvariable. Dann gilt $\varphi(t) = \exp(\lambda(e^{it} - 1))$, und daher $\psi(t) = t(e^{it} - 1) = \lambda\sum_{n\geq 1}(it)^n/n!$. Folglich ist $\kappa_n = \lambda$ für alle $n \geq 1$.

3) Die Cauchy-Verteilung hat *keine* Kumulanten.

6. Erzeugende Funktion und charakteristische Funktion eines Zufallsvektors.

— Wir beschränken uns hier auf einige leicht nachzuvollziehende Angaben über die erzeugenden Funktionen und die charakteristischen Funktionen von zweidimensionalen Zufallsvektoren.

Definition. — Es sei (X, Y) ein Zufallsvektor, für den die Funktion

$$g(u, v) = \mathbb{E}\big[e^{uX+vY}\big]$$

von zwei reellen Variablen u, v *in einer offenen Umgebung von* $(0, 0)$ definiert ist. Diese Funktion heisst dann *erzeugende Funktion der Momente* (*der Verteilung*) von (X, Y).

Die beiden folgenden Theoreme sind die Analoga der Theoreme 3.1 und 3.2 im Falle von zwei Variablen. Entsprechend übertragen sich die Beweise.

THEOREM 6.1 (Eindeutigkeitssatz). — *Die erzeugende Funktion der Momente eines Zufallsvektors bestimmt die Verteilung dieses Vektors.*

THEOREM 6.2. — *Es sei (X, Y) ein Zufallsvektor mit $g(u, v)$ als erzeugender Funktion der Momente* (*die also in einer offenen Umgebung von* $(0, 0)$ *definiert ist*). *Dann gilt*

1) $\mathbb{E}[\,|X|^k\,|Y|^l\,] < +\infty$ *für alle* k, $l \geq 1$;

2) $\mathbb{E}[X^k Y^l] = \dfrac{\partial^{k+l}}{\partial^k u\,\partial^l v}g(u, v)\,\Big|_{(u, v)\,=\,(0, 0)}$

THEOREM 6.3. — *Es sei (X, Y) ein Zufallsvektor, der eine erzeugende Funktion der Momente $g(u, v)$ besitzt. Dann hat auch jede der marginalen Zufallsvariablen X bzw. Y eine erzeugende Funktion der Momente $g_1(u)$ bzw. $g_2(v)$ und es gilt $g_1(u) = g(u, 0)$, sowie $g_2(v) = g(0, v)$.*

Der Beweis ist klar.

Das folgende Theorem charakterisiert die Unabhängigkeit der marginalen Zufallsvariablen X, Y mit Hilfe der erzeugenden Funktion der Momente.

THEOREM 6.4. — *Es sei (X, Y) ein Zufallsvektor und $g(u, v)$ (definiert in einer offenen Umgebung V von $(0, 0)$) seine erzeugende Funktion der Momente. Dann sind die beiden folgenden Aussagen äquivalent:*
  1) X und Y sind unabhängig;
  2) Für alle $(u, v) \in V$ gilt $g(u, v) = g(u, 0)g(0, v)$.

Beweis.

    1) $\Rightarrow$ 2) Seien also X und Y unabhängig; dann sind auch die Zufallsvariablen e^{uX} und e^{vY} unabhängig und für alle $(u, v) \in V$ gilt $g(u, v) = \mathbb{E}\left[e^{uX+vY}\right] = \mathbb{E}\left[e^{uX}\right]\mathbb{E}\left[e^{vY}\right] = g(u, 0)g(0, v)$.

    2) $\Rightarrow$ 1) Es gelte nun 2). Es bezeichne $\mathrm{F}(x, y)$ die gemeinsame Verteilungsfunktion von (X, Y), sowie $\mathrm{F}_X(x)$ und $\mathrm{F}_Y(y)$ die Verteilungsfunktionen der jeweiligen marginalen Zufallsvariablen. Dann ist

$$(6.1) \qquad g(u, v) = \int_{\mathbb{R}^2} e^{ux+vy} d\mathrm{F}(x, y)$$

$$g(u, 0)g(0, v) = \left(\int_{\mathbb{R}} e^{ux} d\mathrm{F}_X(x)\right)\left(\int_{\mathbb{R}} e^{vy} d\mathrm{F}_Y(y)\right)$$

$$(6.2) \qquad = \int_{\mathbb{R}^2} e^{ux+vy} d\mathrm{F}_X(x) d\mathrm{F}_Y(y).$$

Da (6.1) = (6.2) für alle $(u, v) \in V$ gilt, folgt aus Theorem 2.2 (Eindeutigkeitssatz), dass $\mathrm{F}(x, y) = \mathrm{F}_X(x)\mathrm{F}_Y(y)$ für alle (x, y) gilt; das besagt aber, dass X und Y unabhängig sind. $\square$

Man kann nun auch ganz entsprechend die charakteristische Funktion eines (beliebigen) Paares (X, Y) von Zufallsvariablen durch

$$\varphi(u, v) = \mathbb{E}[e^{i(uX+vY)}] \quad ((u, v) \in \mathbb{R}^2)$$

definieren. Die den Theoremen 6.1, 6.2, 6.3, 6.4 entsprechenden Aussagen lassen sich ohne weiteres beweisen. Wir beschränken uns darauf, die folgende Aussage festzuhalten.

THEOREM 6.4'. — *Es sei (X, Y) ein Paar von reellen Zufallsvariablen mit $\varphi(u, v)$ als charakteristischer Funktion. Dann sind die beiden folgenden Aussagen äquivalent:*
  a) X und Y sind unabhängig.
  b) Für jedes $(u, v) \in \mathbb{R}^2$ gilt: $\varphi(u, v) = \varphi(u, 0)\varphi(0, v)$.

7. Die fundamentale Eigenschaft. — Ziel dieses Abschnitts ist der Beweis der Aussage, dass die auf der Menge der Wahrscheinlichkeitsmasse von $(\mathbb{R}, \mathcal{B}^1)$ definierte Abbildung $\mu \mapsto \hat{\mu}(t) = \int_{\mathbb{R}} e^{itx} d\mu(x)$, die jeder Verteilung ihre "charakteristische Funktion" zuordnet, injektiv ist; dies rechtfertigt die Bezeichnung.

Zuvor noch eine Bemerkung: bei der charakteristischen Funktion eines Masses handelt es sich im wesentlichen um die Fourier-Transformierte dieses Masses, sodass die Eindeutigkeitsaussage aus allgemeinen Eigenschaften der Fourier-Transformation (über geeigneten Räumen von Funktionen) folgt, die wir hier aber nicht voraussetzen wollen. Eine technische Komplikation ergibt sich daraus, dass wir das folgende Theorem nicht nur für absolutstetige Verteilungen, sondern für beliebige Wahrscheinlichkeitsverteilungen auf $(\mathbb{R}, \mathcal{B}^1)$ beweisen wollen. Wir geben hier nur den Gang des Beweises wieder, ohne alle Schritte im Detail zu begründen.

THEOREM 7.1. — *Die charakteristische Funktion $\hat{\mu}$ eines Wahrscheinlichkeitsmasses μ bestimmt dieses Mass eindeutig.*

Wir beginnen mit einer Vorüberlegung zur Darstellung eines Masses μ. Sind μ, ν Wahrscheinlichkeitsmasse auf $(\mathbb{R}, \mathcal{B}^1)$, wobei ν die Verteilungsfunktion G hat, so hat deren Faltung $\mu * \nu$ die Verteilungsfunktion H mit

$$H(z) = \int_{\mathbb{R}} G(z - x)\, d\mu(x)\,.$$

Es sei nun (ν_n) eine Folge von Wahrscheinlichkeitsverteilungen auf $(\mathbb{R}, \mathcal{B}^1)$, deren Verteilungsfunktionen (G_n) punktweise gegen die Verteilungsfunktion des Dirac-Masses ε_0 konvergieren, und zwar in jedem Punkt, wo die letztgenannte Funktion stetig ist, d.h. es gilt

$$G_n(x) \to \begin{cases} 0, & \text{falls } x < 0; \\ 1, & \text{falls } x > 0. \end{cases} \quad (n \to \infty)$$

(Dies ist der Begriff der "Konvergenz in der Verteilung", geschrieben $(\nu_n) \overset{\mathcal{L}}{\longrightarrow} \varepsilon_0$, der in Kapitel 16 genauer behandelt wird.) Wegen

$$G_n(z - x) \to \begin{cases} 0, & \text{falls } x > z; \\ 1, & \text{falls } x < z; \end{cases} \quad (n \to \infty)$$

gilt dann für alle $x \neq z$ die punktweise Konvergenz

$$G_n(z - x) \to I_{]-\infty, z[}(x) \quad (n \to \infty)\,.$$

Daraus folgt sofort

$$H_n(z) = \int_{\mathbb{R}} G_n(z - x)\, d\mu(x) \to \mu(]-\infty, z[) \qquad (n \to \infty)$$

für jedes $z \in \mathbb{R}$ mit $\mu(\{z\}) = 0$. Da die Menge der Punkte z mit dieser Eigenschaft in $\mathbb{R}$ überall dicht ist, erkennt man, dass das Mass μ durch die Werte $H_n(z)$ $(z \in \mathbb{R}, n \in \mathbb{N})$ bestimmt ist.

Das Ziel besteht nun darin, eine Folge (ν_n) von Wahrscheinlichkeitsverteilungen mit $(\nu_n) \xrightarrow{\mathcal{L}} \varepsilon_0$ ausfindig zu machen, für die gezeigt werden kann, dass die Verteilungsfunktionen $H_n(z)$ der Faltungen $\mu * \nu_n$, soweit es um die Abhängigkeit von μ geht, nur Eigenschaften der charakteristischen Funktion $\hat{\mu}$ benutzen.

Einen natürlichen Kandidaten für die Folge (ν_n) mit $(\nu_n) \xrightarrow{\mathcal{L}} \varepsilon_0$ liefert die zentrierte Normalverteilung, denn es gilt offensichtlich

$$\mathcal{N}(0, a) \xrightarrow{\mathcal{L}} \varepsilon_0 \quad (a \downarrow 0)\,.$$

Man kann also, soweit es um die Konvergenz geht, einfach $\nu_n = \mathcal{N}(0, 1/n)$ wählen. Dass diese Wahl im Sinn eines Beweises von Theorem 7.1 brauchbar ist, ergibt sich aus dem folgenden Lemma, da sich die charakteristische Funktion der zentrierten Normalverteilung $\mathcal{N}(0, a)$ bis auf einen konstanten Faktor als die Dichte der Normalverteilung $\mathcal{N}(0, 1/a)$ erweist. Dies folgt aus

$$\frac{1}{a\sqrt{2\pi}} \int_{-\infty}^{\infty} e^{itx}\, e^{-(x/a)^2/2}\, dx = e^{-(at)^2/2} \qquad (a > 0)\,.$$

LEMMA 7.2

a) *Sind μ, ν Wahrscheinlichkeitsmasse auf $(\mathbb{R}, \mathcal{B}^1)$ und ist ν absolut-stetig bezüglich des Lebesgue-Masses λ, so ist die Faltung $\mu * \nu$ ebenfalls absolut-stetig.*

b) *Ist die Dichte g von ν (bis auf einen konstanten Faktor) selbst die charakteristische Funktion einer absolut-stetigen Wahrscheinlichkeitsverteilung, so hängt die Dichte h von $\mu * \nu$, soweit der Beitrag von μ betroffen ist, nur von der charakteristischen Funktion $\hat{\mu}$ ab.*

Beweis. — a) Bezeichnen F, G, H die jeweiligen Verteilungsfunktionen von $\mu, \nu, \mu * \nu$, sowie g die Dichte von ν, d.h. $\nu = g\,\lambda$, so zeigt

$$H(u) = \int_{\mathbb{R}} G(u - v)\, dF(v) = \int_{\mathbb{R}} \Big[\int_{-\infty}^{u-v} g(t)\, dt\Big]\, d\mu(v)$$

$$= \int_{-\infty}^{u} \Big[\int_{\mathbb{R}} g(t - v)\, d\mu(v)\Big]\, dt\,,$$

dass $\mu * \nu$ die Dichte $h(t) = \int_{\mathbb{R}} g(t - v)\, d\mu(v)$ hat.

b) Wenn sich zudem noch g in der Form

$$g(t) = c \cdot \int_{-\infty}^{\infty} e^{itx} f(x)\, dx$$

schreiben lässt, wobei f eine Wahrscheinlichkeitsdichte ist, so ergibt sich

$$h(t) = \int_{\mathbb{R}} \left[c \int_{-\infty}^{\infty} e^{i(t-v)x} f(x)\, dx \right] d\mu(v) = c \int_{-\infty}^{\infty} e^{itx}\, f(x)\, \hat{\mu}(-x)\, dx \,,$$

und aus dieser Darstellung wird deutlich, dass die Abhängigkeit der Dichte h von $\mu * \nu$, was den Beitrag des Masses μ angeht, nur dessen charakteristische Funktion $\hat{\mu}$ benutzt. $\quad\square$

Mit dem Beweis des Lemmas ist auch der Beweis von Theorem 7.1 abgeschlossen.

ERGÄNZUNGEN UND ÜBUNGEN

1. — Es sei (X, Y) ein Paar von reellen Zufallsvariablen, dessen gemeinsame Verteilung in der auf Theorem 2.3 dieses Kapitels folgenden Bemerkung beschrieben ist. Ausserdem sei (X^*, Y^*) eine Paar von unabhängigen und auf $[0, 1]$ gleichverteilten Zufallsvariablen. Für eine reelle Zufallsvariable Z bezeichne F_Z deren Verteilungsfunktion. Folgende Aussagen lassen sich geometrisch beweisen:

a) Es ist $\mathrm{F}_{X^*} = \mathrm{F}_X$ und $\mathrm{F}_{Y^*} = \mathrm{F}_Y$.

b) Für $1 \leq z \leq 2$ gilt $\mathrm{F}_{X^*+Y^*}(z) = 1 - \mathrm{F}_{X^*+Y^*}(2 - z)$ und $\mathrm{F}_{X+Y}(z) = 1 - \mathrm{F}_{X+Y}(2 - z)$.

c) Für $0 \leq z \leq 1$ gilt $\mathrm{F}_{X+Y}(z) = \mathrm{F}_{X^*+Y^*}(z)$. [Man unterscheide die beiden Fälle: $0 \leq z \leq 1/2$ und $1/2 \leq z \leq 1$.]

d) Aus a), b) und c) ergibt sich $\mathrm{F}_{X+Y}(z) = \mathrm{F}_{X^*+Y^*}(z)$ für alle z. Schliesslich ist,

$$\mathrm{F}_{X^*+Y^*}(z) = \begin{cases} 0, & \text{falls } z < 0; \\ z^2/2, & \text{falls } 0 \leq z < 1; \\ 1 - (2 - z)^2/2, & \text{falls } 1 \leq z < 2; \\ 1, & \text{falls } z \geq 2. \end{cases}$$

2. — Es sei X eine Zufallsvariable mit der Verteilung $p\varepsilon_1 + q\varepsilon_0$ mit $0 \leq p \leq 1$, $p + q = 1$. Man berechne die erzeugende Funktion der Momente der zentrierten Variablen $X - p$, sowie deren Momente der Ordnung $k \geq 1$.

3. (A. Joffe). — Es sei (X, Y) ein Paar von *unabhängigen* Zufallsvariablen mit *nichtnegativen* Werten, wobei $P\{X = 0\} = P\{Y = 0\} = 0$ ist. Mit $g_1(u)$ bzw. $g_2(v)$ seien die Laplace-Transformierten von X bzw. Y benannt, die für $u \geq 0$ durch

$$g_1(u) = \mathbb{E}[e^{-uX}], \qquad g_2(u) = \mathbb{E}[e^{-uY}] \quad (u \geq 0)$$

definiert sind. Dann gelten folgende Aussagen:

a) $\mathbb{E}\left[\dfrac{X}{X + Y}\right] = -\displaystyle\int_0^\infty g_1'(u)g_2(u)\, du.$

b) Bezeichnet $g(u)$ die Laplace-Transformierte einer Zufallsvariablen X mit nichtnegativen Werten, wobei $P\{X = 0\} = 0$ gilt, so ist $\displaystyle\lim_{u \to +\infty} g(u) = 0$.

4. (A. Joffe). — Es sei X eine Zufallsvariable mit *positiven* Werten und $g(u) = \mathbb{E}[e^{-uX}]$ bezeichne ihre Laplace-Transformierte, die für $u \geq 0$ definiert sei. Dann gilt für alle $p > 0$ in $[0, +\infty]$ die folgende Identität:

$$\mathbb{E}\left[\frac{1}{X^p}\right] = \frac{1}{\Gamma(p)} \int_0^\infty g(u)u^{p-1}\, du.$$

Speziell für $p = 1$ und $p = \frac{1}{2}$ ist

$$\mathbb{E}\left[\frac{1}{X}\right] = \int_0^\infty g(u)\, du \quad \text{und} \quad \mathbb{E}\left[\frac{1}{\sqrt{X}}\right] = \frac{1}{\sqrt{\pi}} \int_0^\infty g(u)u^{-1/2}\, du.$$

5. — Es sei X eine Zufallsvariable, die eine erzeugende Funktion der Momente $g(u)$ besitzt. Wir betrachten $h(u) = \operatorname{Log} g(u)$. Man zeige $h'(0) = \mathbb{E}[X]$, $h''(0) = \operatorname{Var} X$, $h'''(0) = \mathbb{E}[(X - \mathbb{E}[X])^3]$. Zu beachten ist, dass für $n > 3$ die Grösse $h^{(n)}(0)$ nicht mehr notwendigerweise gleich dem zentrierten Moment n-ter Ordnung von X ist.

6. — Man bezeichnet eine reelle Zufallsvariable X mit Werten in $[1, +\infty[$ als Pareto-verteilt mit Verteilung $\mathcal{P}(a, 1)$, wobei $a > 0$ ist, wenn sie folgende Dichte hat:

$$f(x) = \frac{a}{x^{a+1}} I_{[1, +\infty[}(x).$$

a) Existieren die Momente $\mathbb{E}[X^n]$ für alle $n \geq 1$?

b) Für welche Werte von u ist die Funktion $g(u) = \mathbb{E}[e^{uX}]$ definiert? Hat die Zufallsvariable X eine erzeugende Funktion der Momente? Hat sie eine charakteristische Funktion?

7. — Man berechne die erzeugende Funktion der Momente für die Zufallsvariable $|X|$, wenn X normal $\mathcal{N}(0, 1)$ verteilt ist.

8. — Es sei (X, Y) ein Paar von unabhängigen Zufallsvariablen, wobei jede von ihnen $\mathcal{N}(0,1)$-verteilt ist. Man zeige, dass das Produkt XY eine erzeugende Funktion der Momente besitzt, die durch $g(u) = \dfrac{1}{\sqrt{1 - u^2}}$ ($|u| < 1$) gegeben ist.

Indem man formal u durch it (t reell) ersetzt, erhält man die charakteristische Funktion von XY, nämlich $\varphi(t) = 1/\sqrt{1 + t^2}$. Deren Dichte ist durch die Fourier-Inversionsformel

$$f(x) = \frac{1}{2\pi} \int_{\mathbb{R}} e^{-itx}\, \varphi(t)\, dt = \frac{1}{\pi} \int_0^\infty \frac{\cos tx}{\sqrt{1 + t^2}}\, dt. = \frac{1}{\pi} K_0(x)$$

gegeben, wobei $K_0(x)$ die modifizierte Bessel-Funktion zweiter Ordnung ist (*cf.* Abramowitz & Stegun[3]).

9. — Es sei (X_1, X_2, X_3, X_4) ein System von vier unabhängigen Zufallsvariablen, die allesamt $\mathcal{N}(0,1)$-verteilt sind. Man zeige, dass die Determinante $\Delta = \begin{vmatrix} X_1 & X_2 \\ X_3 & X_4 \end{vmatrix}$ eine erzeugende Funktion hat, die durch $g(u) = \dfrac{1}{1 - u^2}$ ($|u| < 1$) gegeben ist. Dies ist die erzeugende Funktion der ersten Laplace-Verteilung.

10. — Es sei (φ_k) ($k \geq 0$) eine Folge von charakteristischen Funktionen und (α_k) ($k \geq 0$) sei eine Folge von positiven Zahlen mit Summe 1. Dann ist auch $\sum_{k \geq 0} \alpha_k \varphi_k$ eine charakteristische Funktion. Wählt man speziell $\psi_k = (\psi)^k$, wobei φ eine feste charakteristische Funktion ist, so sieht man, dass auch $\sum_{k \geq 0} \alpha_k (\varphi)^k$ eine charakteristische Funktion ist.

a) Wir wählen hier speziell $\alpha_k = e^{-\lambda} \lambda^k / k!$ ($\lambda > 0$, $k \in \mathbb{N}$). Ist nun φ eine charakteristische Funktion, so ist für jedes $\lambda > 0$ auch $\varphi_\lambda = e^{\lambda(\varphi - 1)}$ eine charakteristische Funktion (Satz von de Finetti). Nimmt man $\lambda = 1$ und $\varphi(t) = 1/(1 + t^2)$, so erkennt man, dass auch $\exp(-t^2/(1 + t^2))$ eine charakteristische Funktion ist. Im Falle $\varphi(t) = e^{it}$ bestimme man die Verteilung, die φ_λ als charakteristische Funktion hat.

b) Wählen wir jetzt speziell $\alpha_k = pq^k$ ($0 < p < 1$, $p + q = 1$, $k \in \mathbb{N}$). Man zeige, dass für jede charakteristische Funktion φ und jedes $\lambda > 1$ auch $\varphi_\lambda = (\lambda - 1)/(\lambda - \varphi)$ eine charakteristische Funktion ist. Im Spezialfall $\varphi(t) = e^{it}$ ermittle man die Verteilung, die φ_λ als charakteristische Funktion hat.

11. — Es sei (φ_λ) ($\lambda \in I$) eine Familie von charakteristischen Funktionen, die durch die λ aus einem nichtleeren Intervall indiziert ist. f sei eine

---

[3] Abramowitz (Milton) & Stegun (Irene). — *Handbook of mathematical functions with formulas, graphs, and mathematical tables.* — New York, Dover, 1968, section 9.6.21.

Wahrscheinlichkeitsdichte auf I. Dann ist auch $\varphi(t) = \int_I \varphi_\lambda(t)\, f(\lambda)\, d\lambda$ eine charakteristische Funktion.

a) Man zeige, dass für jede charakteristische Funktion φ auch $\Phi(t) = (1/t) \int_0^t \varphi(u)\, du$ eine charakteristische Funktion ist (Khintchin).

b) Man zeige, dass für jedes $\gamma > 0$ die Funktion $\varphi_\gamma(t) = 1/(1 + t^2)^\gamma$ eine charakteristische Funktion ist. Für $\gamma = 1$ ist dies die charakteristische Funktion der ersten Laplace-Verteilung; für $\gamma = \frac{1}{2}$ handelt es sich um die charakteristische Funktion von XY, wobei (X, Y) ein Paar von unabhängigen Zufallsvariablen ist, die beide $\mathcal{N}(0, 1)$-verteilt sind.

c) In der Analysis begegnet man der Formel

$$e^{-|t|} = \frac{1}{\sqrt{2\pi}} \int_{\mathbb{R}} \exp\left(-\frac{1}{2}\left(\frac{t^2}{x^2} + x^2\right)\right) dx.$$

Dies zeigt, dass $e^{-|t|}$ eine charakteristische Funktion ist, denn für jedes $x \neq 0$ ist die Funktion $\exp\left(-\frac{1}{2}\frac{t^2}{x^2}\right)$ eine charakteristische Funktion und $\frac{1}{\sqrt{2\pi}} \exp\left(-\frac{x^2}{2}\right)$ $(x \in \mathbb{R})$ ist eine Dichte.

12. — Es sei (X, Y) ein Paar von Zufallsvariablen und $Z = X + Y$. Man zeige, dass, wenn X von Z unabhängig ist und zudem auch Y von Z unabhängig ist, die Zufallsvariable Z fast-sicher eine Konstante ist.

13. — Ist ein System von drei unabhängigen Zufallsvariablen (X, X_1, X_2) gegeben, so kann man ihm das Paar (Y_1, Y_2) mit $Y_1 = X + X_1$ und $Y_2 = X + X_2$ zuordnen. Man zeige, dass die Zufallsvariablen Y_1 und Y_2 genau dann unabhängig sind, wenn X fast-sicher konstant ist.

14. — Es sei X eine Zufallsvariable, die eine erzeugende Funktion $g(u)$ der Momente besitzt. Man beweise die *Ungleichung von Chernoff*

$$\forall x > 0 \quad \mathrm{P}\{X \geq x\} \leq \inf_{u \geq 0} e^{-ux} g(u).$$

15. — Für die charakteristische Funktion φ einer exponential-verteilten Zufallsvariablen X mit Parameter $\lambda > 0$ gilt

$$(1) \qquad\qquad |\varphi(t)|^2 = \Re\, \varphi(t).$$

Falls $\varphi(t)$ der Gleichung (1) genügt, so gilt dies auch für $\varphi(-t)$, die charakteristische Funktion der Zufallsvariablen $-X$. Andererseits ist $\varphi(t) = 1$, die charakteristische Funktion der Konstanten 0, die einzige *reelle* Funktion, die (1) erfüllt. Gibt es andere Wahrscheinlichkeitsverteilungen, deren charakteristische Funktion die Eigenschaft (1) hat? [Dieses Problem ist noch offen.]

KAPITEL 14

DIE WICHTIGSTEN WAHRSCHEINLICHKEITSVERTEILUNGEN (ABSOLUT STETIGE VERTEILUNGEN)

In diesem Kapitel beschreiben wir die wichtigsten Wahrscheinlichkeitsverteilungen, die eine Dichte besitzen. Für jede von ihnen geben wir die wesentlichen Eigenschaften an und skizzieren ihren Anwendungsbereich.

1. Die Gleichverteilung auf $[0,1]$

Definition. — Eine Zufallsvariable U mit Werten in $[0,1]$ heisst *gleichverteilt* auf $[0,1]$, wenn sie absolut stetig ist und

$$f(x) = I_{[0,1]}(x)$$

als Dichte hat. Die Verteilung mit der Dichte f heisst *Gleichverteilung auf* $[0,1]$.

Die folgenden Eigenschaften sind leicht zu zeigen:

$$\mathbb{E}[U] = \frac{1}{2}\,; \qquad \operatorname{Var} U = \frac{1}{12}\,;$$

$$g(u) = \mathbb{E}[e^{uU}] = \frac{e^u - 1}{u}\ (u \neq 0), \quad g(0) = 1\,; \quad \mathcal{L}(U) = \mathcal{L}(1 - U).$$

Die Gleichverteilung spielt eine grosse Rolle bei der Simulation von beliebigen Wahrscheinlichkeitsverteilungen, was im folgenden Satz von P. Lévy zum Ausdruck kommt.

THEOREM 1.1. — *Es sei $F : \mathbb{R} \to [0,1]$ eine monoton wachsende und rechtsseitig-stetige Funktion mit $F(-\infty) = 0$ und $F(+\infty) = 1$. Mit $h :]0,1[\to \mathbb{R}$ bezeichnet man ihre verallgemeinerte Inverse, die mittels*

$$h(\omega) = \inf\{x : F(x) \geq \omega\} \qquad (\omega \in]0,1[)$$

definiert ist. Sei nun U eine auf $[0,1]$ gleichverteilte Zufallsvariable. Dann hat die Zufallsvariable $X = h \circ U$ gerade F als Verteilungsfunktion.

Beweis. — Aus der Definition von h ergibt sich unmittelbar die Äquivalenz $\omega \leq F(x) \Leftrightarrow h(\omega) \leq x$. Damit gilt aber für jedes reelle x

$$\mathrm{P}\{X \leq x\} = \mathrm{P}\{h \circ U \leq x\} = \mathrm{P}\{U \leq F(x)\} = F(x).$$

Dies zeigt aber gerade, dass X die Funktion F als Verteilungsfunktion hat.   □

2. Die Gleichverteilung auf $[a, b]$

Definition. —   Eine Zufallsvariable X mit Werten im Intervall $[a, b]$ ($-\infty < a < b < +\infty$) heisst *gleichverteilt* auf $[a, b]$, wenn sie absolut stetig ist und die Dichte

$$f(x) = \frac{1}{b - a} I_{[a,b]}(x)$$

hat. Die Verteilung mit der Dichte f heisst *Gleichverteilung* auf $[a, b]$.

Die folgenden Eigenschaften lassen sich ebenfalls leicht nachweisen:

$$\mathbb{E}[X] = \frac{a + b}{2}\,; \qquad \mathrm{Var}\, X = \frac{(a - b)^2}{12}\,;$$

$$g(u) = \mathbb{E}[e^{uX}] = \frac{1}{b - a}\frac{e^{bu} - e^{au}}{u}\ (u \neq 0), \qquad g(0) = 1.$$

Für $a = -1$, $b = +1$ hat man $g(u) = \dfrac{\mathrm{sh}\, u}{u}\ \ (u \neq 0), \qquad g(0) = 1,$

und allgemein ist für $a = -l$, $b = +l$ und $l > 0$

$$g(u) = \frac{\mathrm{sh}\, lu}{lu}\ \ (u \neq 0), \qquad g(0) = 1.$$

3. Die Normalverteilung oder Gauss-(Laplace)-Verteilung

3.1. *Die reduzierte Normalverteilung*

Definition. —   Eine Zufallsvariable X mit Werten in $\mathbb{R}$ heisst *reduziert normalverteilt*, wenn sie absolut stetig ist und als Dichte die Funktion

$$f(x) = \frac{1}{\sqrt{2\pi}} \exp\left(-\frac{x^2}{2}\right) \qquad (x \in \mathbb{R})$$

hat. Die Verteilung mit der Dichte f heisst *reduzierte Normalverteilung* und wird mit $\mathcal{N}(0, 1)$ notiert.

Es folgt nun eine Liste der wichtigsten Eigenschaften dieser klassischen Verteilung:

a) Der Graph (*cf.* Fig. 1) der Dichte f hat die Form einer ziemlich abgeflachten Glockenkurve. Um das zu sehen, genügt es festzustellen, dass

f gerade ist, ein Maximum (vom Wert $f(0) = 1/\sqrt{2\pi} \approx 0{,}399$) bei $x = 0$ annimmt und dass $f''(x) = 0$ genau für $x = \pm 1$ gilt.

b) Es bezeichne Φ die Verteilungsfunktion von X, also

$$\Phi(x) = \frac{1}{\sqrt{2\pi}} \int_{-\infty}^{x} \exp\!\left(-\frac{t^2}{2}\right) dt \quad (x \in \mathbb{R}).$$

Deren Graph ist eine ziemlich gestreckte Kurve, die symmetrisch zum Punkt $(0, 1/2)$ ist und deren Steigung in diesem Punkt gleich $1/\sqrt{2\pi}$ ist.

c) Es gilt $\mathbb{E}[X] = 0$ und $\operatorname{Var} X = 1$. Aus diesem Grund wird die Verteilung als *zentriert* und *reduziert* bezeichnet und mit $\mathcal{N}(0, 1)$ notiert.

d) Es gilt $g(u) = \mathbb{E}[e^{uX}] = e^{u^2/2} \quad (u \in \mathbb{R})$.

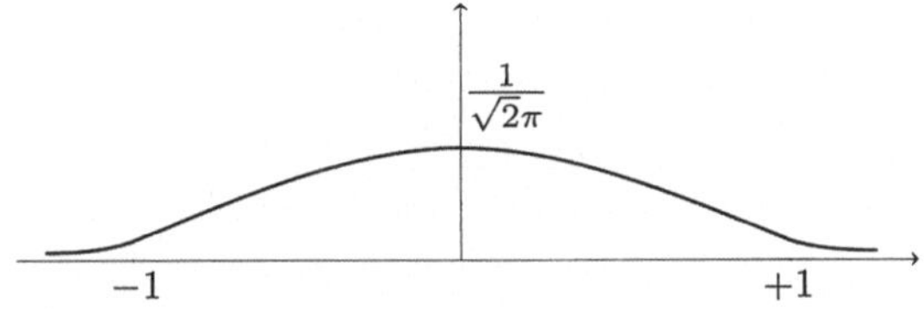

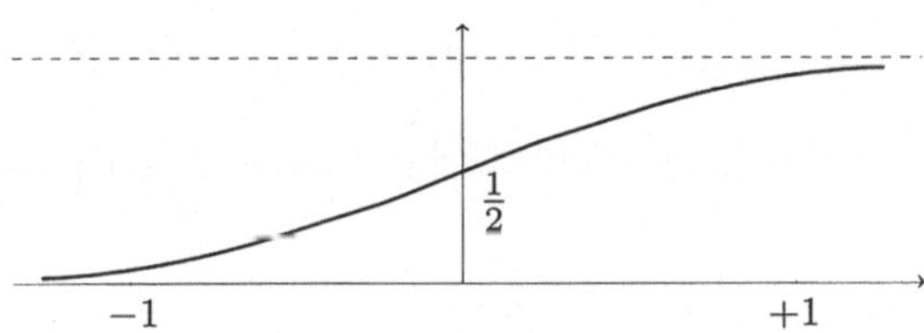

Fig. 1

Beweis. — Gemäss Definition ist

$$g(u) = \frac{1}{\sqrt{2\pi}} \int_{\mathbb{R}} e^{ux} e^{-x^2/2} \, dx.$$

Wegen

$$ux - x^2/2 = -(x - u)^2/2 + u^2/2$$

kann man

$$g(u) = e^{u^2/2} \frac{1}{\sqrt{2\pi}} \int_{\mathbb{R}} e^{-(x-u)^2/2} \, dx$$

schreiben und erhält mittels der Variablentransformation $x - u = t$ schliesslich

$$g(u) = e^{u^2/2} \frac{1}{\sqrt{2\pi}} \int_{\mathbb{R}} e^{-t^2/2} \, dt = e^{u^2/2}. \quad \square$$

e) Die Funktion $g(u) = e^{u^2/2}$ ist für alle reellen u definiert und lässt sich auf der ganzen reellen Achse in eine Potenzreihe entwickeln. X besitzt alle Momente beliebiger Ordnung. Das Moment n-ter Ordnung $(n \geq 0)$ tritt als Koeffizient von $u^n/n!$ in der Entwicklung von g um den Ursprung in Erscheinung. Aus

$$g(u) = e^{u^2/2} = \sum_{n \geq 0} \frac{1}{n!}\Big(\frac{u^2}{2}\Big)^n = \sum_{n \geq 0} \frac{1}{n!}\frac{1}{2^n}u^{2n} = \sum_{n \geq 0} \frac{(2n)!}{n!}\frac{1}{2^n}\frac{u^{2n}}{(2n)!}$$

erhält man somit als Werte für die Momente:

$$\mathbb{E}[X^{2n}] = \frac{1}{2^n}\frac{(2n)!}{n!} = 1 \times 3 \times \cdots \times (2n-3) \times (2n-1) \qquad (n \geq 1);$$
$$\mathbb{E}[X^{2n+1}] = 0 \qquad (n \geq 0).$$

f) Für jedes $r > -1$ ist $\mathbb{E}[\,|X|^r\,] = \dfrac{2^{r/2}}{\sqrt{\pi}}\Gamma\Big(\dfrac{r+1}{2}\Big).$

Beweis. — Es ist ja

$$\mathbb{E}[\,|X|^r\,] = \frac{1}{\sqrt{2\pi}}\int_{\mathbb{R}} |x|^r\, e^{-x^2/2}\, dx = \frac{2}{\sqrt{2\pi}}\int_0^{\infty} x^r e^{-x^2/2}\, dx\,;$$

daraus erhält man durch die Variablentransformation $x^2/2 = u$

$$\mathbb{E}[\,|X|^r\,] = \frac{2^{r/2}}{\sqrt{\pi}}\int_0^{\infty} u^{(r-1)/2}e^{-u}\, du = \frac{2^{r/2}}{\sqrt{\pi}}\Gamma\Big(\frac{r+1}{2}\Big).$$

3.2. *Die allgemeine Normalverteilung*

Definition. — Wir betrachten eine $\mathcal{N}(0,1)$-verteilte Zufallsvariable Y und zwei reelle Zahlen μ und $\sigma > 0$. Die Zufallsvariable $X = \mu + \sigma Y$ heisst $\mathcal{N}(\mu, \sigma)$-*normalverteilt* (oder $\mathcal{N}_1(\mu, \sigma^2)$-*normalverteilt* in der Notation von Kap. 12, § 5).

Die Verteilung von X *hängt von zwei Parametern ab*, nämlich von μ und σ, deren Interpretation offensichtlich ist: $\mathbb{E}[X] = \mu$ und $\mathrm{Var}\,X = \sigma^2$. Also $\sigma(X) = \sigma$.

Die wichtigsten Eigenschaften der allgemeinen Normalverteilung werden nun beschrieben.

a) Die Dichte von X ist durch

$$f(x) = \frac{1}{\sigma\sqrt{2\pi}}\exp\Big(-\frac{1}{2}\Big(\frac{x-\mu}{\sigma}\Big)^2\Big) \qquad (x \in \mathbb{R})$$

gegeben. Will man den Graphen zeichnen, so ist zu beachten, dass f symmetrisch zu $x = \mu$ ist, in $x = \mu$ sein Maximum (vom Wert $f(\mu) = 1/(\sigma\sqrt{2\pi})$)

annimmt, sowie dass $f''(x) = 0$ genau für $x = \mu \pm \sigma$ gilt. Es handelt sich
also um eine Glockenkurve, die symmetrisch zur Achse $x = \mu$ ist, mit aus-
geprägter Spitze für kleines σ und abgeflacht für grosses σ.

b) Die Verteilungsfunktion von X ist durch

$$\mathrm{F}(x) = \mathrm{P}\{X \leq x\} = \mathrm{P}\left\{Y \leq \frac{x - \mu}{\sigma}\right\} = \Phi\left(\frac{x - \mu}{\sigma}\right) \qquad (x \in \mathbb{R})$$

gegeben. Deren Graph ist symmetrisch bezüglich des Punktes $(\mu, 1/2)$ und
die Steigung in diesem Punkt ist $1/(\sigma\sqrt{2\pi})$. Daraus ergibt sich, dass der
Graph die Form eine S-Kurve hat, die für kleine σ sehr steil und für grosses
σ sehr gedehnt ist.

c) Die erzeugende Funktion der Momente ist durch

$$g(u) = \mathbb{E}[e^{uX}] = \exp\left(\mu u + \frac{\sigma^2 u^2}{2}\right) \qquad (u \in \mathbb{R})$$

gegeben.

d) Aus der Form der erzeugenden Funktion ergibt sich sofort, dass
für ein Paar (X_1, X_2) von unabhängigen Zufallsvariablen mit Verteilungen
$\mathcal{N}(\mu_1, \sigma_1)$, $\mathcal{N}(\mu_2, \sigma_2)$, wobei μ_1, μ_2 reell und $\sigma_1 > 0$, $\sigma_2 > 0$ sind, die Summe
$X = X_1 + X_2$ die Verteilung $\mathcal{N}(\mu, \sigma)$ mit $\mu = \mu_1 + \mu_2$ und $\sigma^2 = \sigma_1^2 + \sigma_2^2$ hat.

Auftreten der Normalverteilung. — Die Erfahrung hat gezeigt, dass viele
physikalische, biometrische, u. dgl. (Mess-)Grössen normalverteilt sind. Eine
Erklärung für dieses Phänomen liefert der «zentrale Grenzwertsatz», der
in Kapitel 18 behandelt wird. Es gibt allerdings auch Situationen, wo
die Anwendung der Normalverteilung zur Beschreibung eines Phänomens
geradezu kontra-indiziert ist. Beispielsweise kann man verifizieren, dass für
eine normalverteilte Zufallsvariable X die Variable $Y = 1/X$ *nicht einmal
einen Erwartungswert besitzt* (d.h. $\mathbb{E}[1/|X|] = +\infty$). Betrachten wir etwa
das Ohmsche Gesetz $I = V/R$ und nehmen an, die Spannung V habe eine
feste und bekannte Grösse, der Widerstand R dagegen sei normalverteilt
(was auf den ersten Blick vernünftig erscheint). Das hätte zur Folge, dass die
Stromstärke eine Zufallsgrösse wäre, die *keinen Erwartungswert besitzt* (was
für einen Ingenieur schwer zu akzeptieren wäre). Daher ist die Hypothese,
dass R normalverteilt sei, unrealistisch.

4. Die Log-normale Verteilung

Definition. — Eine Zufallsvariable X mit Werten in $]0, +\infty[$ heisst *Log-
normal*-verteilt mit Parametern (μ, σ) (μ reell, $\sigma > 0$), wenn $Y = \mathrm{Log}\, X$
$\mathcal{N}(\mu, \sigma)$-verteilt ist.

EIGENSCHAFTEN.

a) Die Verteilungsfunktion von X ist

$$F(x) = \begin{cases} \Phi\left(\dfrac{\operatorname{Log} x - \mu}{\sigma}\right), & \text{falls } x > 0; \\ 0, & \text{sonst.} \end{cases}$$

b) Die Dichte von X ist

$$f(x) = \frac{1}{\sigma\sqrt{2\pi}} \frac{1}{x} \exp\left(-\frac{1}{2}\left(\frac{\operatorname{Log} x - \mu}{\sigma}\right)^2\right) I_{]0,+\infty[}(x).$$

c) Es gilt $\mathbb{E}[X] = e^{\mu+\sigma^2/2}$ und $\operatorname{Var} X = e^{2\mu+\sigma^2}(e^{\sigma^2} - 1)$.

d) Ist X Log-normal-verteilt mit Parametern (μ,σ), so ist X^r $(r > 0)$ Log-normal-verteilt mit Parametern $(r\mu, r\sigma)$.

Bemerkung. — Aus c) und d) folgt, dass für alle $r > 0$ das Moment $\mathbb{E}[X^r]$ endlich ist, wobei genau $\mathbb{E}[X^r] = e^{r\mu+(r^2\sigma^2)/2}$.

e) Die Funktion $g(u) = \mathbb{E}[e^{uX}]$ ist für kein $u > 0$ definiert. Anders formuliert, die Log-normale Verteilung hat keine erzeugende Funktion, die in einem offenen Intervall um den Punkt $u = 0$ definiert ist. Gleichwohl hat X Momente jeder positiven ganzzahligen Ordnung.

Beweis.

a) Für jedes $x > 0$ gilt

$$F(x) = P\{X \le x\} = P\{Y \le \operatorname{Log} x\}$$
$$= P\left\{\frac{Y - \mu}{\sigma} \le \frac{\operatorname{Log} x - \mu}{\sigma}\right\} = \Phi\left(\frac{\operatorname{Log} x - \mu}{\sigma}\right).$$

b) Die Dichte erhält man durch Ableiten von $F(x)$.

c) Es sei $X = e^{\sigma Y + \mu}$ mit $\mathcal{L}(Y) = \mathcal{N}(0,1)$. Aus dem Transportsatz erhält man

$$\mathbb{E}[X] = \frac{1}{\sqrt{2\pi}} \int_{\mathbb{R}} e^{\sigma x + \mu} e^{-x^2/2}\, dx = \frac{1}{\sqrt{2\pi}} \int_{\mathbb{R}} e^{-(x-\sigma)^2/2 + \sigma^2/2 + \mu}\, dx$$
$$= e^{\mu+\sigma^2/2} \frac{1}{\sqrt{2\pi}} \int_{\mathbb{R}} e^{-(x-\sigma)^2/2}\, dx,$$

woraus sich mittels der Variablentransformation $x - \sigma = t$

$$\mathbb{E}[X] = e^{\mu+\sigma^2/2} \frac{1}{\sqrt{2\pi}} \int_{\mathbb{R}} e^{-t^2/2}\, dt = e^{\mu+\sigma^2/2}$$

ergibt. Eine entsprechende Rechnung liefert den Ausdruck für die Varianz.

d) Es ist $\operatorname{Log} X^r = r \operatorname{Log} X$. Wenn $\operatorname{Log} X$ gemäss $\mathcal{N}(\mu,\sigma)$ verteilt ist, ist also $r \operatorname{Log} X$ gemäss $\mathcal{N}(r\mu, r\sigma)$ verteilt.

e) Das ist offensichtlich. $\quad\square$

Auftreten der Log-normalen Verteilung. — Der Log-normalen Verteilung begegnet man in einem überraschenden Zusammenhang, nämlich in der Linguistik: die Anzahl der Wörter pro Satz (d.h. die Länge eines Satzes wird durch die Anzahl der Wörter gemessen) ist in etwa Log-normal-verteilt.[1]

5. Die Exponentialverteilung

Definition. — Es sei λ eine positive Zahl; eine Zufallsvariable X mit Werten in $]0,+\infty[$ heisst *exponential-verteilt* mit Parameter λ, wenn sie absolut stetig ist und die Dichte

$$f(x) = \lambda e^{-\lambda x}\, I_{]0,+\infty[}(x)$$

hat. Die Verteilung mit der Dichte f heisst *Exponentialverteilung mit Parameter* λ $(\lambda > 0)$ und wird mit $\mathcal{E}(\lambda)$ notiert.

Es folgen einige Eigenschaften der Exponentialverteilung.
  a) Die Verteilungsfunktion von X ist

$$\mathrm{F}(x) = \begin{cases} 1 - e^{-\lambda x}, & \text{falls } x > 0; \\ 0, & \text{sonst.} \end{cases}$$

Es ist oft zweckmässig, mit der *Überlebensfunktion* (oder *Zuverlässigkeitsfunktion*) zu arbeiten, die durch $r(x) = 1 - \mathrm{F}(x) = \mathrm{P}\{X > x\}$ definiert ist und explizit dargestellt wird durch

$$r(x) = \begin{cases} e^{-\lambda x}, & \text{für } x > 0; \\ 1, & \text{sonst.} \end{cases}$$

  b) Es gilt $\mathbb{E}[X] = 1/\lambda,\quad \mathrm{Var}\,X = 1/\lambda^2$, sowie $\mathcal{L}(\lambda X) = \mathcal{E}(1)$.
  c) Die erzeugende Funktion der Momente ist

$$g(u) = \mathbb{E}[e^{uX}] = \frac{\lambda}{\lambda - u} = \frac{1}{1 - \dfrac{u}{\lambda}} \qquad (u \in]-\infty, \lambda[).$$

Beweis. — Es ist

$$g(u) = \lambda \int_0^\infty e^{-x(\lambda - u)}\, dx.$$

Das Integral auf der rechten Seite konvergiert genau dann, wenn $\lambda - u > 0$ ist. In diesem Fall führt die Variablentransformation $x(\lambda - u) = t$ auf

$$g(u) = \lambda \int_0^\infty e^{-t} \frac{1}{\lambda - u}\, dt = \frac{\lambda}{\lambda - u}. \qquad \square$$

---

[1] Williams (C.B.). — Studies in the history of probability and statistics: a note on a early statistical study of literary style, *Biometrika*, t. **43**, 1956, p. 248–356.

d) Die Funktion $g(u) = 1/(1 - (u/\lambda))$ ist im Intervall $]-\infty, \lambda[$ definiert, das wegen $\lambda > 0$ eine offene Umgebung des Ursprungs ist. Es handelt sich also um die erzeugende Funktion der Momente von X, die für alle u aus dem Intervall $]-\lambda, +\lambda[$ in eine Potenzreihe entwickelt werden kann. Die Zufallsvariable X hat Momente beliebiger Ordnung und das Moment n-ter Ordnung ($n \geq 0$) ist der Koeffizient von $u^n/n!$ in der Reihenentwicklung von g um den Ursprung. Es ist aber

$$g(u) = \frac{1}{1 - \dfrac{u}{\lambda}} = \sum_{n \geq 0} \left(\frac{u}{\lambda}\right)^n = \sum_{n \geq 0} \frac{n!}{\lambda^n} \frac{u^n}{n!}, \qquad (u \in]-\lambda, +\lambda[)$$

so dass man

$$\mathbb{E}[X^n] = \frac{n!}{\lambda^n} \qquad (n \geq 0)$$

als Werte für die Momente erhält.

e) Für jedes $r > -1$ gilt $\mathbb{E}[X^r] = \dfrac{\Gamma(r+1)}{\lambda^r}$.

Beweis. — Es gilt

$$\mathbb{E}[X^r] = \lambda \int_0^\infty x^r e^{-\lambda x}\, dx$$

und die Variablentransformation $\lambda x = u$ liefert

$$\mathbb{E}[X^r] = \frac{1}{\lambda^r} \int_0^\infty u^r e^{-u}\, du = \frac{\Gamma(r+1)}{\lambda^r}.$$

Dieser Ausdruck ist genau dann endlich, wenn $r + 1 > 0$ ist. $\quad\square$

f) Ist X $\mathcal{E}(\lambda)$-verteilt, so hat der ganzzahlige Anteil $Y = [X]$ die Verteilung: $P\{Y = n\} = pq^n$ ($n \geq 0$), wobei $q = e^{-\lambda}$, $p = 1 - q$ ist. Mit anderen Worten, $Y = [X]$ ist geometrisch verteilt. In diesem Sinne ist die geometrische Verteilung $\sum_{n \geq 0} pq^n\, \epsilon_n$ die diskrete Version der Exponentialverteilung.

Beweis. — Ist X gemäss $\mathcal{E}(\lambda)$ verteilt ($\lambda > 0$) und setzt man $q = e^{-\lambda}$, so gilt für jede ganze Zahl $n \geq 0$

$$P\{[X] > n\} = P\{X \geq n + 1\} = e^{-\lambda(n+1)} = \left(e^{-\lambda}\right)^{n+1} = q^{n+1}. \quad\square$$

g) Ist X gemäss $\mathcal{E}(\lambda)$ verteilt, so ist $U = e^{-\lambda X}$ auf $]0, 1[$ gleichverteilt.

Beweis. — Für u aus dem Intervall $]0, 1[$ gilt

$$P\{U \leq u\} = P\{-\lambda X \leq \mathrm{Log}\, u\} = P\left\{X > -\frac{\mathrm{Log}\, u}{\lambda}\right\}$$

$$= \exp\left(-\lambda\left(-\frac{\mathrm{Log}\, u}{\lambda}\right)\right) = \exp \mathrm{Log}\, u = u. \quad\square$$

Bemerkung. — Aus g) folgt umgekehrt, dass für eine auf $]0,1[$ gleichverteilte Zufallsvariable U die Variable $X = -(1/\lambda) \operatorname{Log} U$, $\lambda > 0$, $\mathcal{E}(\lambda)$-verteilt ist. Diese Eigenschaft kann man dazu verwenden, die Verteilung $\mathcal{E}(\lambda)$ zu simulieren.

h) *Die Gedächtnisfreiheit*

Definition. — Eine Zufallsvariable X mit positiven Werten und mit

$$r(x) = \mathrm{P}\{X > x\} > 0$$

für alle $x \geq 0$ heisst *gedächtnisfrei*, wenn die Gleichheit

(5.1) $$\mathrm{P}\{X > x + y \mid X > y\} = \mathrm{P}\{X > x\}$$

für alle $x, y \geq 0$ gilt.

Betrachten wir als Zufallsvariable X die Lebensdauer eines Individuums A. Dann drückt die Eigenschaft aus, dass A *nicht altert*. Wenn nämlich A mindestens y Zeiteinheiten gelebt hat, so wird es noch weitere x Zeiteinheiten mit der gleichen Wahrscheinlichkeit leben, die ein neugeborenes Individuum vom gleichen Typ wie A für diese Zeitspanne hat. Die Eigenschaft (5.1) drückt also ein *Nicht-Altern* oder das *Fehlen eines Gedächtnisses* aus (das Individuum A erinnert sich nicht daran, gealtert zu sein). Es ist bemerkenswert, dass die Eigenschaft einer Zufallsvariablen, gedächtnisfrei zu sein, äquivalent dazu ist, exponential-verteilt zu sein.

THEOREM 5.1. — *Es sei X eine absolut stetige Zufallsvariable mit positiven Werten und mit*

$$r(x) = \mathrm{P}\{X > x\} > 0 \quad (x > 0).$$

Dann sind die beiden folgenden Aussagen äquivalent:
  (a) *X ist exponential-verteilt.*
  (b) *X ist « gedächtnisfrei ».*

Beweis. — Wir stellen zunächst fest, dass die Aussage (b) zu der Aussage

(b$'$) $$\forall\, x, y \geq 0 \qquad r(x + y) = r(x)r(y)$$

äquivalent ist. Es genügt also, die Äquivalenz (a) $\Leftrightarrow$ (b$'$) zu beweisen.

(a) $\Rightarrow$ (b$'$). Ist X gemäss $\mathcal{E}(\lambda)$ ($\lambda > 0$) verteilt, so gilt $r(x) = e^{-\lambda x}$ für jedes $x > 0$ und daraus folgt (b$'$) unmittelbar.

(b$'$) $\Rightarrow$ (a). Die Gleichung (b$'$) ist die Funktionalgleichung der Exponentialfunktion. Da die Funktion $r(x)$ *rechtsseitig stetig* ist, muss sie von der Form $r(x) = e^{\alpha x}$ ($\alpha \geq 0$, $x > 0$) sein (*cf.* Aufgabe 1). Da $r(x)$ monoton fallend sein muss, folgt $\alpha = -\lambda$ ($\lambda \geq 0$). Da der Fall $\lambda = 0$ nicht dem einer Zufallsvariablen entspricht, bleibt $\lambda > 0$ übrig. $\quad\square$

Auftreten der Exponentialverteilung

1) Man nimmt mit guten Gründen an, dass die *Lebensdauer* X eines Gerätes (eines Organismus, einer Glühbirne, eines radioaktiven Atomkerns, usw.) exponential-verteilt ist. Betrachten wir den Augenblick, zu dem ein solches Gerät in Betrieb genommen wird. Dann ist $r(x) = \mathrm{P}\{X > x\}$ ($x > 0$) als die Wahrscheinlichkeit zu interpretieren, dass dieses Gerät zum Zeitpunkt x noch funktioniert (*Überlebensfunktion*). Man kann auch von der Wahrscheinlichkeit sprechen, dass man sich bis zu diesem Zeitpunkt auf das Gerät verlassen kann (*Zuverlässigkeitsfunktion*). Man sollte aber im Blick behalten, dass die Annahme, X sei exponential-verteilt, mit der Eigenschaft des *Nicht-Alterns* oder der *Gedächtnisfreiheit* äquivalent ist. Eine Verteilung, die die Realität solcher Beispiele etwas besser wiedergibt, ist die Gamma-Verteilung mit Parametern (p, λ), wobei $p > 1$ und $\lambda > 0$ ist (*cf.* Aufgabe 7).

2) Es sei (X_1, X_2) ein Paar von *unabhängigen* Zufallsvariablen, von denen jede einzelne $\mathcal{N}(0, 1)$-verteilt ist. Dann ist die Zufallsvariable $Y = X_1^2 + X_2^2$ («χ-Quadrat» mit *zwei* Freiheitsgraden) $\mathcal{E}(1/2)$-verteilt.

6. Die (erste) Laplace-Verteilung

Definition. — Eine Zufallsvariable X mit reellen Werten folgt der *ersten* Laplace Verteilung, wenn sie absolut stetig ist mit der Dichte

$$f(x) = \frac{1}{2} e^{-|x|} \qquad (x \in \mathbb{R}).$$

Diese Verteilung hat folgende Eigenschaften.

a) Es gilt $g(u) = \mathbb{E}[e^{uX}] = \dfrac{1}{1 - u^2} \qquad (-1 < u < +1)$.

Beweis. — In der Tat, für $-1 < u < +1$, ist

$$g(u) = \frac{1}{2} \int_{\mathbb{R}} e^{ux - |x|}\, dx = \frac{1}{2}\left[\int_0^\infty e^{-(1-u)x}\, dx + \int_{-\infty}^0 e^{(1+u)x}\, dx\right]$$

$$= \frac{1}{2}\left[\int_0^\infty e^{-(1-u)x}\, dx + \int_0^\infty e^{-(1+u)x}\, dx\right]$$

$$= \frac{1}{2}\left[\frac{1}{1-u} + \frac{1}{1+u}\right] = \frac{1}{1 - u^2}. \quad \square$$

b) Die Zufallsvariable X hat Momente jeder positiven ganzzahligen Ordnung; das Moment n-ter Ordnung ($n \geq 0$) ist der Koeffizient von $u^n/n!$ in der Reihenentwicklung von g um den Ursprung. Aus

$$g(u) = \frac{1}{1 - u^2} = \sum_{n \geq 0} (2n)! \frac{u^{2n}}{(2n)!} \qquad (-1 < u < +1)$$

folgt

$$\mathbb{E}[X^{2n}] = (2n)!, \qquad \mathbb{E}[X^{2n+1}] = 0 \qquad (n \geq 0).$$

c) Wegen $g(u) = \dfrac{1}{1-u^2} = \dfrac{1}{1-u}\dfrac{1}{1+u}$ für $-1 < u < +1$ und der Tatsache, dass $1/(1-u)$ die erzeugende Funktion der Momente einer $\mathcal{E}(1)$-verteilten Zufallsvariablen Y ist, sieht man, dass die *Symmetrisierte* von Y Laplace-verteilt ist.

Auftreten der ersten Laplace-Verteilung. — Diese Verteilung, die anfänglich von Laplace[2] vorgeschlagen worden war, um Fehler bei Experimenten zu beurteilen, wurde dann in der Folge von der Normalverteilung (auch *zweite Laplace-Verteilung* genannt) abgelöst. Von daher ist es interessant, die Dichten beider Verteilungen miteinander zu vergleichen.

SATZ 6.1. — *Es sei*

$$f(x) = \frac{1}{\sqrt{2\pi}}e^{-x^2/2}, \qquad g(x) = \frac{1}{2}e^{-|x|} \qquad (x \in \mathbb{R}).$$

Dann gilt für jedes reelle x

$$f(x) \le c\,g(x) \quad mit \ c = \sqrt{\frac{2e}{\pi}}.$$

Beweis. — Wegen

$$\frac{1}{2}(|x| - 1)^2 = \frac{x^2}{2} + \frac{1}{2} - |x| \ \text{ist} \ -\frac{x^2}{2} \le \frac{1}{2} - |x|$$

und daher

$$f(x) = \frac{1}{\sqrt{2\pi}}e^{-x^2/2} \le \frac{1}{\sqrt{2\pi}}e^{((1/2)-|x|)} = \sqrt{\frac{2e}{\pi}}\frac{1}{2}e^{-|x|} = c\,g(x). \quad \square$$

7. Die Cauchy-Verteilung

Definition. — Eine Zufallsvariable X mit reellen Werten bezeichnet man als $C(0,1)$-*Cauchy*-verteilt, wenn sie absolut stetig ist, mit der Dichte

$$f(x) = \frac{1}{\pi}\frac{1}{1+x^2} \qquad (x \in \mathbb{R}).$$

Es folgen einige Eigenschaften der Cauchy-Verteilung.

a) Der Graph von f ähnelt dem der Dichte der Normalverteilung, aber nähert sich der x-Achse so langsam an, dass der Erwartungswert von X *nicht existiert*.

b) *Bedeutung der Notation $C(0,1)$.* — Die Zahlen 0 und 1 beziehen sich hier nicht auf den Erwartungswert und die Standardabweichung (die beide nicht existieren), sondern lassen sich wie folgt deuten:

---

[2] Laplace (Pierre-Simon, marquis de). — *Théorie analytique des Probabilités.* — Paris, 1814.

$M = 0$ ist ein *Median* von X; in der Tat ist $\mathrm{P}\{X \le 0\} = \mathrm{P}\{X \ge 0\} = 1/2$.
$Q_1 = -1$ bzw. $Q_3 = +1$ sind das *erste* bzw. das *dritte Quartil* von X; es
gilt nämlich $\mathrm{P}\{X \le -1\} = \mathrm{P}\{X \ge +1\} = 1/4$. Hier ist der *Quartilabstand*
$Q_3 - Q_1 = 2$ ein Mass für die Dispersion.

c) Die Variable X hat keine erzeugende Funktion der Momente; der
Ausdruck

$$g(u) = \frac{1}{\pi} \int_{\mathbb{R}} \frac{e^{ux}}{1 + x^2}\, dx$$

nimmt nämlich für kein reelles $u \ne 0$ einen endlichen Wert an. Hier greift
man also zur charakteristischen Funktion, die durch $\varphi(t) = e^{-|t|}$ ($t \in \mathbb{R}$)
gegeben ist. Man stellt fest, dass sie im Punkt $t = 0$ *nicht differenzierbar* ist,
was den «pathologischen» Charakter der Verteilung $C(0, 1)$ unterstreicht.

d) Es sei Y eine $C(0, 1)$-verteilte Zufallsvariable und es seien α, β reelle
Zahlen mit $\beta > 0$. Man bezeichnet dann die Variable $X = \alpha + \beta Y$ als *Cauchy-*
verteilt mit der Verteilung $C(\alpha, \beta)$. Deren Dichte ist durch

$$f(x) = \frac{1}{\pi\beta}\, \frac{1}{1 + \left(\dfrac{x - \alpha}{\beta}\right)^2} \qquad (x \in \mathbb{R})$$

gegeben. Die Parameter α und β lassen sich folgendermassen interpretieren:
$M = \alpha$ ist ein Median von X; ausserdem sind $Q_1 = \alpha - \beta$ bzw. $Q_3 = \alpha + \beta$ das
erste *erste* bzw. *dritte Quartil* von X; $Q_3 - Q_1 = 2\beta$ ist der Quartilabstand
von X.

e) Die charakteristische Funktion der Verteilung $C(\alpha, \beta)$ ist

$$\varphi(t) = e^{it\alpha - \beta|t|} \qquad (t \in \mathbb{R}).$$

Aus der Form der charakteristischen Funktion folgt sofort, dass für ein Paar
(X_1, X_2) von unabhängigen Zufallsvariablen mit Verteilungen $C(\alpha_1, \beta_1)$,
$C(\alpha_2, \beta_2)$ ($\alpha_1, \alpha_2, \beta_1, \beta_2$ reell und $\beta_1 > 0$, $\beta_2 > 0$) ihre Summe $X = X_1 + X_2$
$C(\alpha, \beta)$-verteilt ist mit Parametern $\alpha = \alpha_1 + \alpha_2$, $\beta = \beta_1 + \beta_2$.

Diese Eigenschaft hat eine überraschende Konsequenz. Ist X eine $C(\alpha, \beta)$-
verteilte Zufallsvariable und ist $(X_1, \ldots, X_n)$ ein System von n unabhängigen
Zufallsvariablen, die alle die gleiche Verteilung wie X haben, so hat die
Summe $X_1 + \cdots + X_n$ die gleiche Verteilung wie $n\,X$, d.h. das arithmetische
Mittel $\overline{X} = (X_1 + \cdots + X_n)/n$ hat die gleiche Verteilung wie X.

Auftreten der Cauchy-Verteilung

SATZ 7.1. — *Es sei V eine auf dem Intervall $]-\pi/2, +\pi/2[$ gleichverteilte
Zufallsvariable. Dann ist $X = \operatorname{tg} V$ gemäss $C(0, 1)$ verteilt.*

Beweis. — Für jedes reelle x gilt

$$P\{X \leq x\} = P\{V \leq \operatorname{Arctg} x\} = \frac{1}{\pi}\left(\frac{\pi}{2} + \operatorname{Arctg} x\right) = \frac{1}{2} + \frac{1}{\pi}\operatorname{Arctg} x,$$

und daraus folgt durch Ableiten $f(x) = \dfrac{1}{\pi}\dfrac{1}{1+x^2}$. □

Bemerkung. — Man zeigt problemlos, dass $1/\operatorname{tg} V$ die gleiche Verteilungsfunktion wie $\operatorname{tg} V$ hat. Daraus ergibt sich, dass *für eine $C(0,1)$-verteilte Zufallsvariable X auch die reziproke Zufallsvariable $1/X$ gemäss $C(0,1)$ verteilt ist.*

Bemerkung. — Ist Y gemäss $C(0,1)$ verteilt, so bezeichnet man die Verteilung von $X = |Y|$ in der physikalischen Literatur als *Lorentz-Verteilung.*

8. Die Gamma-Verteilung. — Wir erinnern zunächst an Eulers Definition der *Gamma-Funktion.* Für reelles $p > 0$ sei

$$\Gamma(p) = \int_0^\infty e^{-x} x^{p-1}\, dx\ .$$

Diese Funktion hat die elementaren Eigenschaften: $\Gamma(p+1) = p\,\Gamma(p)$ $(p > 0)$; $\Gamma(n) = (n-1)!$ (n ganz ≥ 1); $\Gamma(1) = 1$; $\Gamma(1/2) = \sqrt{\pi}$.

Mit Hilfe der Gamma-Funktion kann man eine Familie von Wahrscheinlichkeitsverteilungen definieren, die von zwei positiven Parametern abhängen und deren Anwendungsbereich ausserordentlich umfangreich ist.

Definition. — Eine Zufallsvariable X mit Werten in $[0, +\infty[$ ist $\Gamma(p,\lambda)$-verteilt (*Gamma-verteilt mit Parametern $p > 0$, $\lambda > 0$*), wenn sie absolut stetig ist und als Dichte

$$f(x) = \begin{cases} \dfrac{\lambda}{\Gamma(p)} e^{-\lambda x}(\lambda x)^{p-1}, & \text{falls } x \geq 0; \\ 0, & \text{sonst} \end{cases}$$

hat. Für $p = 1$ erkennt man in $\Gamma(1,\lambda)$ die Verteilung $\mathcal{E}(\lambda)$ wieder.

Die Gamma-Verteilung hat folgende Eigenschaften:

a) $\mathbb{E}[X] = \dfrac{p}{\lambda}$, Var $X = \dfrac{p}{\lambda^2}$.

b) $g(u) = \mathbb{E}[e^{uX}] = \left(\dfrac{\lambda}{\lambda - u}\right)^p$ $(u \in]-\infty, \lambda[)$.

Beweis. — In der Gleichung

$$g(u) = \frac{\lambda}{\Gamma(p)} \int_0^\infty e^{-x(\lambda - u)}(\lambda x)^{p-1}\, dx$$

ist das Integral genau für $\lambda - u > 0$ konvergent. In diesem Fall führt man die Variablentransformation $x(\lambda - u) = t$ durch und erhält

$$g(u) = \frac{\lambda}{\Gamma(p)} \int_0^\infty e^{-t} \left(\frac{\lambda t}{\lambda - u} \right)^{p-1} \frac{dt}{\lambda - u} = \left(\frac{\lambda}{\lambda - u} \right)^p \frac{1}{\Gamma(p)} \int_0^\infty e^{-t} t^{p-1} \, dt$$

$$= \left(\frac{\lambda}{\lambda - u} \right)^p. \quad \square$$

c)   Aus der Form der erzeugenden Funktion der Momente ergibt sich die folgende Aussage: *Ist (X_1, X_2) ein Paar von unabhängigen Zufallsvariablen mit den Verteilungen $\Gamma(p_1, \lambda)$ und $\Gamma(p_2, \lambda)$ (p_1, p_2, $\lambda > 0$, mit gleichem λ), so ist die Summe $X_1 + X_2$ gemäss $\Gamma(p_1 + p_2, \lambda)$ verteilt.*

Betrachten wir nun einige Fälle der Gamma-Verteilung für spezielle Wahl der Parameter p und λ.

1) Die Verteilung $\Gamma(1, \lambda)$ ($\lambda > 0$) stimmt mit der Verteilung $\mathcal{E}(\lambda)$ überein.

2) Die Verteilung $\Gamma(n, \lambda)$ (n ganz > 0, $\lambda > 0$) stimmt mit der Verteilung einer Summe von n unabhängigen Zufallsvariablen überein, die alle $\mathcal{E}(\lambda)$-verteilt sind.

3) Ist Y eine $\mathcal{N}(0, 1)$-verteilte Zufallsvariable, so ist ihr Quadrat $X = Y^2$ gemäss $\Gamma(1/2, 1/2)$ verteilt.

Beweis. — Die erzeugende Funktion der Momente von X ist

$$g(u) = \mathbb{E}[e^{uX}] = \frac{1}{\sqrt{2\pi}} \int_{-\infty}^{+\infty} e^{uy^2 - y^2/2} \, dy = \frac{2}{\sqrt{2\pi}} \int_0^\infty e^{-(y^2/2)(1-2u)} \, dy.$$

Das Integral auf der rechten Seite konvergiert genau dann, wenn $1 - 2u > 0$ ist. In diesem Fall ergibt sich aus der Variablentransformation $y\sqrt{1 - 2u} = t$

$$g(u) = \frac{1}{\sqrt{1 - 2u}} \frac{2}{\sqrt{2\pi}} \int_0^\infty e^{-t^2/2} \, dt = \frac{1}{\sqrt{1 - 2u}} \qquad (u \in]-\infty, 1/2[),$$

und dies ist gerade die erzeugende Funktion der Momente der $\Gamma(1/2, 1/2)$-Verteilung. $\square$

4) Es sei $(Y_1, \ldots, Y_n)$ ein System von n unabhängigen und $\mathcal{N}(0, 1)$-verteilten Zufallsvariablen. Dann ist $X = Y_1^2 + \cdots + Y_n^2$ gemäss $\Gamma(n/2, 1/2)$ verteilt. Diese Verteilung wird als *χ-Quadrat-Verteilung mit n Freiheitsgraden* bezeichnet und mit χ_n^2 notiert. Im Fall $n = 2$ handelt es sich um die $\Gamma(1, 1/2)$-Verteilung, die ja mit der $\mathcal{E}(1/2)$-Verteilung übereinstimmt. Man erkennt auch: ist (X_1, X_2) ein Paar von unabhängigen Zufallsvariablen, die $\chi_{n_1}^2$- bzw. $\chi_{n_2}^2$-verteilt sind, wobei n_1, n_2 positive ganze Zahlen sind, so ist

die Summe $X_1 + X_2$ gemäss $\chi^2_{n_1 + n_2}$ verteilt (Additionssatz für χ-Quadrat-Verteilungen).

Auftreten der Gamma-Verteilung. — Wir haben gesehen, dass es gute Gründe dafür gibt, anzunehmen, dass die Lebensdauer eines Organismus (eines Gerätes, eines radioaktiven Atomkerns, usw.) exponential-verteilt ist. Unrealistisch an dieser Hypothese ist, dass damit implizit die Abwesenheit eines Alterungsprozesses des Organismus (des Gerätes, des radioaktiven Atomkerns, usw.) angenommen wird. Eine realistischere Hypothese besteht darin, dass man annimmt, die Lebensdauer sei $\Gamma(p, \lambda)$-verteilt, wobei p etwas grösser als 1 ist und $\lambda > 0$ (*cf.* Aufgabe 7).

9. Die Beta-Verteilung. — Die Eulersche Beta-Funktion $B(r, s)$ wird für Paare (r, s) positiver reeller Zahlen durch das Integral

$$B(r, s) = \int_0^1 x^{r-1}(1 - x)^{s-1}\, dx$$

definiert. Sie hängt mit der Gamma-Funktion folgendermassen zusammen:

$$B(r, s) = \frac{\Gamma(r)\Gamma(s)}{\Gamma(r + s)}.$$

Insbesondere erkennt man $B(r, s) = B(s, r)$.

Definition. — Eine Zufallsvariable X mit Werten in $[0, 1]$ heisst $B(r, s)$-verteilt (*Beta-verteilt mit Parametern $r > 0$, $s > 0$*), wenn sie absolut stetig ist mit der Dichte

$$f(x) = \frac{1}{B(r, s)} x^{r-1}(1 - x)^{s-1} I_{[0,1]}(x).$$

Für $r = s = 1$ stimmt die Verteilung $B(1, 1)$ mit der Gleichverteilung auf $[0, 1]$ überein.

Der Erwartungswert und die Varianz sind durch

$$\mathbb{E}[X] = \frac{r}{r + s}, \qquad \operatorname{Var} X = \frac{rs}{(r + s)^2(r + s + 1)}$$

gegeben. Man bemerkt, dass $\operatorname{Var} X < \mathbb{E}[X][1 - \mathbb{E}[X]]$ gilt.

Auftreten der Beta-Verteilung. — Ist $(X_1, \ldots, X_n)$ ein System von n unabhängigen Zufallsvariablen, die alle auf dem Intervall $[0, 1]$ gleichverteilt sind, dann sind die Zufallsvariablen

$$Y = \min(X_1, \ldots, X_n), \qquad Z = \max(X_1, \ldots, X_n)$$

$B(1, n)$- bzw. $B(n, 1)$-verteilt (*cf.* Aufgabe 5). Die zu diesem System gehörigen Ordnungsstatistiken sind ebenfalls Beta-verteilt.

10. — Es sei $g(x) = \exp\left(-\left(\dfrac{1}{x} + \dfrac{1}{1-x}\right)\right) I_{]0,1[}(x)$,

$$f(x) = \frac{g(x)}{\int_{\mathbb{R}} g(t)\,dt}.$$

Dann ist f die Dichte einer Zufallsvariablen mit Werten in $]0,1[$, die zur Klasse C^{∞} in ganz $\mathbb{R}$ gehört.

11. Die Arcussinus-Verteilungen

a) Die Verteilung $B(1/2, 1/2)$ mit der Dichte $f(x) = \dfrac{1}{\pi} \dfrac{1}{\sqrt{x(1-x)}}$ ($0 < x < 1$) heisst «Arcussinus-Verteilung», was sich durch die Tatsache erklärt, dass ihre Verteilungsfunktion durch $F(x) = (2/\pi)\operatorname{Arc\,sin}(\sqrt{x})$ $(0 < x < 1)$ gegeben ist. Sie ist von grosser Bedeutung in der Fluktuationstheorie.

b) Es gibt noch andere Verteilungen, die mit dem Arcussinus zusammenhängen, die wir im Folgenden mit (A_1), (A_2) bezeichnen werden. Dies kommt in der folgenden Definition zum Ausdruck.

Definition. — Eine Zufallsvariable X mit Werten in $]-1, +1[$ heisst (A_1)-verteilt, wenn sie absolut stetig ist und als Dichte die Funktion

$$f_X(x) = \frac{1}{\pi} \frac{1}{\sqrt{1-x^2}} \qquad (-1 < x < +1) \qquad\qquad (A_1)$$

hat. Die Zufallsvariable $|X|$ hat dann Werte in $]0,1[$ und sie hat die Dichte

$$f_{|X|}(x) = \frac{2}{\pi} \frac{1}{\sqrt{1-x^2}} \qquad (0 < x < +1). \qquad\qquad (A_2)$$

Dies nennt man die Dichte der (A_2)-Verteilung.

Auftreten der Verteilungen (A_1) und (A_2). — Die folgenden Zufallsvariablen sind (A_1)-verteilt:

$\sin U$, wenn U in $]-\pi/2, +\pi/2[$ gleichverteilt ist;

$\cos U$, wenn U in $]0, \pi[$ gleichverteilt ist;

$\sin U$, $\cos U$, wenn U in $]0, 2\pi[$ gleichverteilt ist.

Da die Verteilung (A_1) symmetrisch ist, hat jede dieser Zufallsvariablen die gleiche Verteilung wie die entgegengesetzte Variable.

Die folgenden Zufallsvariablen sind (A_2)-verteilt:

$\sin U$, wenn U in $]0, \pi[$ gleichverteilt ist;

$\cos U$, wenn U in $]-\pi/2, +\pi/2[$ gleichverteilt ist.

Diese Beispiele zeigen, wenn es denn überhaupt noch erforderlich sein sollte, dass verschiedene Zufallsvariable die gleiche Verteilung haben können.

Ist U eine in $]0, 2\pi[$ gleichverteilte Zufallsvariable, dann sind sowohl $X = \cos U$ als auch $Y = \sin U$ gemäss (A_1) verteilt. Wegen $X^2 - Y^2 =$

$\cos^2 U - \sin^2 U = \cos(2U)$ und $2XY = 2\sin U \cos U = \sin(2U)$ sind auch diese Variablen (A_1)-verteilt. Wegen $X^2 + Y^2 = 1$ ist die Zufallsvariable

$$Z = X^2 - Y^2 = \frac{X^2 - Y^2}{X^2 + Y^2} = \frac{1 - \left(\dfrac{Y}{X}\right)^2}{1 + \left(\dfrac{Y}{X}\right)^2} = \frac{1 - \mathrm{tg}^2\, U}{1 + \mathrm{tg}^2\, U}$$

(A_1)-verteilt. Da U in $]0, 2\pi[$ gleichverteilt ist, ist die Zufallsvariable $T = \mathrm{tg}\, U$ Cauchy-verteilt mittels $\mathcal{C}(0, 1)$. Damit wurde gezeigt:

SATZ 11.1. — *Ist T eine $\mathcal{C}(0,1)$-verteilte Zufallsvariable, so ist die Zufallsvariable $Z = \dfrac{1 - T^2}{1 + T^2}$ gemäss (A_1) verteilt.*

ERGÄNZUNGEN UND ÜBUNGEN

1. — Die einzigen Lösungen $r(\cdot)$ der Funktionalgleichung

$$r(x + y) = r(x)r(y) \qquad (x, y \geq 0),$$

die rechtsseitig stetig und nicht identisch gleich Null sind, haben die Form $r(x) = e^{\alpha x}$ $(\alpha \in \mathbb{R})$.

2. *Die Pareto-Verteilung.* — Ist Y eine mit $\mathcal{E}(\lambda)$ $(\lambda > 0)$ exponentialverteilte Zufallsvariable, so heisst die Zufallsvariable $X = e^Y$ *Pareto-Variable* mit der Pareto-Verteilung $\mathcal{P}(\lambda, 1)$.

a) Die Überlebensfunktion von X ist durch $r(x) = \begin{cases} x^{-\lambda}, & \text{falls } x \geq 1; \\ 1, & \text{falls } x < 1 \end{cases}$ gegeben und die Dichte ist

$$f(x) = \begin{cases} \lambda/x^{\lambda+1}, & \text{falls } x \geq 1; \\ 0, & \text{sonst.} \end{cases}$$

b) Es gilt $\mathbb{E}[X] = \dfrac{\lambda}{\lambda - 1}$, falls $\lambda > 1$ ist, sowie $\mathbb{E}[X] = +\infty$, falls $\lambda \leq 1$.

c) Für jedes ganze $k \geq 1$ berechne man $\mathbb{E}[X^k]$ mittels der Überlebensfunktion von X^k. Man folgere daraus, dass eine Pareto-verteilte Zufallsvariable keine erzeugende Funktion der Momente hat.

3. *Die Weibull-Verteilung.* — Eine reellwertige Zufallsvariable X heisst *Weibull-verteilt mit Parametern (α, λ) $(\alpha > 0, \lambda > 0)$, wenn die Variable*

X^α mit Parameter $\lambda > 0$ exponential-verteilt ist. Ihre Überlebensfunktion ist durch $r(x) = e^{-\lambda x^\alpha}$ für $x \geq 0$ und 1 für $x < 0$ gegeben; ihre Dichte ist $f(x) = \alpha\lambda e^{-\lambda x^\alpha} x^{\alpha-1}$ für $x \geq 0$ und 0 für $x < 0$; der Erwartungswert ist schliesslich $\mathbb{E}[X] = (1/\lambda^{1/\alpha})\Gamma(1 + (1/\alpha))$.

4. *Die logistische Standard-Verteilung.* — Eine reellwertige Zufallsvariable X hat die *logistische Standard-Verteilung*, wenn sie von der Form $X = -\mathrm{Log}(e^Y - 1)$ ist, wobei Y eine exponential-verteilte Zufallsvariable mit Parameter 1 ist. Für jedes reelle x ist $F(x) = 1/(1 + e^{-x})$ ihre Verteilungsfunktion, $r(x) = e^{-x}/(1 + e^{-x})$ ihre Überlebensfunktion und $f(x) = F(x)r(x) = \frac{1}{2}(1 + \cosh x)$ ihre Dichte; $f(x)$ ist gerade. Man zeige, dass $\mathrm{Log}\, f(x)$ konkav ist.

5. — Es sei $(X_1, \ldots, X_n)$ ein System von n unabhängigen und im Intervall $[0, 1]$ gleichverteilten Zufallsvariablen. Dann sind die Zufallsvariablen $Y = \min(X_1, \ldots, X_n)$ bzw. $Z = \max(X_1, \ldots, X_n)$ gemäss $B(1, n)$ bzw. $B(n, 1)$ verteilt.

6. *Das geometrische Mittel.* — Es sei X eine Zufallsvariable mit $\mathbb{E}[\,|X|^r\,] < +\infty$ für alle r im Intervall $[0, r_0[$ $(r_0 > 0)$. Für jedes r im offenen Intervall $]0, r_0[$ kann man die Abweichung $e_r = (\mathbb{E}[\,|X|^r\,])^{1/r}$ betrachten. Aus den Ungleichungen über die verschiedenen Mittelwerte folgt, dass die Funktion $r \to e_r$ monoton wachsend ist. Dann existiert also ihr Limes $\lim_{r\downarrow 0} e_r$ und ist endlich; er wird mit e_0 bezeichnet und *geometrisches Mittel* von X genannt.

a) Man berechne das geometrische Mittel für eine $\mathcal{N}(0, 1)$-verteilte Zufallsvariable X.

b) Man berechne das geometrische Mittel für eine $\mathcal{E}(\lambda)$-verteilte Zufallsvariable X.

c) Man zeige, dass eine $\mathcal{C}(0, 1)$ Cauchy-verteilte Zufallsvariable X ein geometrisches Mittel besitzt.

d) Man konstruiere die Verteilung einer Zufallsvariablen, die *kein* geometrisches Mittel besitzt.

7. — Es sei X eine absolut-stetige Zufallsvariable mit Werten in $[0, +\infty[$ und Dichte f, für welches die Überlebensfunktion $r(x) = P\{X > x\}$ für alle $x > 0$ positiv ist. Als *Nichterfüllungsrate* ("failure rate") von X bezeichnet man die Funktion $\rho(x) = f(x)/r(x)$. Es sei nun X eine $\Gamma(p, \lambda)$-verteilte Zufallsvariable $(p, \lambda > 0)$. Man zeige, dass ihre Nichterfüllungsrate streng monoton wachsend bzw. konstant bzw. streng monoton fallend ist, je nachdem ob $p > 1$ bzw. $p = 1$ bzw. $0 < p < 1$ ist. Man beachte, dass der Fall $p = 1$ der Verteilung $\mathcal{E}(\lambda)$ entspricht.

8. — Es sei X eine $\Gamma(p, \lambda)$-verteilte Zufallsvariable $(p, \lambda > 0)$. Man zeige, dass für jedes r mit $p + r > 0$ gilt:

$$\mathbb{E}[X^r] = \frac{1}{\lambda^r} \frac{\Gamma(p + r)}{\Gamma(p)}.$$

9. a) Es sei X eine Zufallsvariable mit der ersten Laplace-Verteilung, d.h. mit der Dichte $f(x) = (1/2) \exp(-|x|)$ $(x \in \mathbb{R})$. Man berechne die erzeugende Funktion von $|X|$ und leite daraus ihre Verteilung ab.

   b) Es sei (X_1, X_2) ein Paar von unabhängigen und $\mathcal{E}(1)$-verteilten Zufallsvariablen. Man berechne die erzeugenden Funktionen der Zufallsvariablen $X_1 + X_2$, $X_1 - X_2$, $|X_1 - X_2|$ und bestimme auf diesem Weg die Verteilungen.

   c) Die erste Laplace-Verteilung $\mathcal{L}$ hat als erzeugende Funktion $g(u) = 1/(1 - u^2)$ $(|u| < 1)$. Diese Funktion kann man auf zwei verschiedene Arten faktorisieren:

$$\alpha) \quad \frac{1}{1 - u^2} = \frac{1}{1 - u} \frac{1}{1 + u} \,; \qquad \beta) \quad \frac{1}{1 - u^2} = \Big(\frac{1}{\sqrt{1 - u^2}} \Big)^2.$$

   α) Man zeige, dass $\mathcal{L}$ die Symmetrisierte einer Zufallsvariablen mit Verteilung $\mathcal{E}(1)$ ist.

   β) Man zeige, dass $\mathcal{L}$ die Verteilung von $X_1 X_2 + X_3 X_4$ (oder von $\begin{vmatrix} X_1 & X_2 \\ X_3 & X_4 \end{vmatrix}$) ist, wobei (X_1, X_2, X_3, X_4) ein System von vier unabhängigen und $\mathcal{N}(0, 1)$-verteilten Zufallsvariablen ist (*cf.* Aufgabe 9 von Kap. 13).

   Man stösst hier auf ein Phänomen, das bei der Normalverteilung nicht auftritt: eine Normalverteilung hat keine «Faktoren», die nicht selber Normalverteilungen sind. Dies ist ein zusätzliches Argument dafür, in der Fehlertheorie anstelle der «ersten» Laplace-Verteilung die «zweite» Laplace-Verteilung, i.e. die Normalverteilung, zu verwenden.

10. a) Es sei (X, Y) ein Paar von *unabhängigen* Zufallsvariablen mit *positiven* Werten, wobei Y gemäss $\mathcal{E}(\lambda)$ exponential-verteilt ist $(\lambda > 0)$. Es bezeichne $L(u)$ die Laplace-Transformierte von X, d.h. $L(u) = \mathbb{E}[e^{-uX}]$ $(u \geq 0)$. Man zeige, dass $\mathrm{P}\{Y > X\} = L(\lambda)$ gilt.

   b) Es sei nun $(X_1, \ldots, X_n, Y)$ ein System von $(n + 1)$ *unabhängigen* Zufallsvariablen mit *positiven* Werten wobei Y gemäss $\mathcal{E}(\lambda)$ $(\lambda > 0)$ verteilt ist. Man zeige

$$\mathrm{P}\{Y > X_1 + \cdots + X_n\} = \mathrm{P}\{Y > X_1\} \ldots \mathrm{P}\{Y > X_n\}.$$

Spezialfall. — Für $n = 2$ hat man

(1) $$\mathrm{P}\{Y > X_1 + X_2\} = \mathrm{P}\{Y > X_1\} \mathrm{P}\{Y > X_2\}.$$

Wegen $P\{Y > X\} = L(\lambda) > 0$ ist Aussage (1) äquivalent zu

$$(2) \qquad P\{Y > X_1 + X_2 \mid Y > X_2\} = P\{Y > X_1\}.$$

Ist also (X_1, X_2, Y) ein System von *unabhängigen* Zufallsvariablen mit *positiven* Werten, wobei Y exponential-verteilt ist, so bringt (2) die Eigenschaft der Gedächtnisfreiheit in verallgemeinerter Form zum Ausdruck.

c) Es sei $(X_1, \ldots, X_n)$ ein System von *unabhängigen* Zufallsvariablen, die alle $\mathcal{E}(\lambda)$-verteilt sind ($\lambda > 0$). Es sei $M = \max_{1 \leq k \leq n} X_k$. Man berechne $P\{M > \sum_{k=1}^{n} X_k - M\}$.

11. — Es sei X eine in $[0,1]$ gleichverteilte Zufallsvariable. Man berechne ihre Abweichung r-ter Ordnung e_r bezogen auf den Ursprung. Daraus leite man ihr geometrisches Mittel e_0 ab.

12. — Es sei $(Y_1, \ldots, Y_n)$ ein System von n unabhängigen Zufallsvariablen, die alle $\mathcal{N}(0,1)$-verteilt sind. Die Zufallsvariable $X^2 = Y_1^2 + \cdots + Y_n^2$ ist χ_n^2-verteilt, d.h. sie hat die Verteilung $\Gamma(n/2, 1/2)$, deren Dichte hier mit g bezeichnet sei. Die Zufallsvariable $X = \sqrt{Y_1^2 + \cdots + Y_n^2}$ hat dann die Dichte

$$f(x) = 2xg(x^2) = \frac{1}{2^{(n/2)-1}} \frac{1}{\Gamma(n/2)} x^{n-1} e^{-x^2/2} \qquad (x \geq 0).$$

a) Für $n = 2$ hat $X = \sqrt{Y_1^2 + Y_2^2}$ die Dichte $f(x) = xe^{-x^2/2}$ ($x \geq 0$) (Rayleigh-Verteilung). Sie stimmt mit der Weibull-Verteilung mit Parametern $\alpha = 2$, $\lambda = 1/2$ überein.

b) Für $n = 3$ hat $X = \sqrt{Y_1^2 + Y_2^2 + Y_3^2}$ die Dichte $f(x) = \sqrt{\frac{2}{\pi}} x^2 e^{-x^2/2}$ ($x \geq 0$) (Maxwell-Verteilung).

c) Die gemeinsame Dichte von $(Y_1, \ldots, Y_n)$ ist

$$h(y_1, \ldots, y_n) = \frac{1}{(\sqrt{2\pi})^n} \exp\left(-\frac{y_1^2 + \cdots + y_n^2}{2}\right) = \frac{1}{(\sqrt{2\pi})^n} e^{-x^2/2},$$

wobei $x^2 = y_1^2 + \cdots + y_n^2$ gesetzt wurde. Man erkennt, dass $h(y_1, \ldots, y_n)$ nur von $x \geq 0$ abhängt; man kann also $h(x)$ schreiben. Bezeichne nun $A_n(x)$ die Oberfläche $S_n(0, x)$ einer n-dimensionalen Kugel mit Radius x ($x > 0$). Dann ist $f(x) = A_n(x)h(x)$, d.h.

$$\frac{1}{2^{(n/2)-1}} \frac{1}{\Gamma(n/2)} x^{n-1} e^{-x^2/2} = A_n(x) \frac{1}{2^{n/2} \pi^{n/2}} e^{-x^2/2},$$

und daher

$$A_n(x) = 2\frac{\pi^{n/2}}{\Gamma(n/2)}x^{n-1}.$$

Das Volumen $V_n(x)$ der Kugel $B_n(0,x)$ $(x > 0)$ erhält man also unmittelbar:

$$V_n(x) = \int_0^x A_n(t)\,dt = \frac{\pi^{n/2}}{\Gamma(1+n/2)}x^n.$$

13.   a) Es sei (X_1, X_2) ein Paar von unabhängigen und auf $[0,1]$ gleichverteilten Zufallsvariablen. Man berechne die Dichte und die charakteristische Funktion von $X = X_1 - X_2$ und von $2X$.

b) Es sei (Y_1, Y_2) ein Paar von unabhängigen und auf $[-1, +1]$ gleichverteilten Zufallsvariablen. Für $Y = Y_1 + Y_2$ zeige man $\mathcal{L}(Y) = \mathcal{L}(2X)$.

KAPITEL 15

VERTEILUNGEN VON FUNKTIONEN
EINER ZUFALLSVARIABLEN

In diesem Kapitel geht es darum, die Verteilungen für gewisse *Funktionen von Zufallsvariablen* zu bestimmen. Wir werden uns auf den Fall absolut stetiger Zufallsvariablen beschränken.

1. Eindimensionaler Fall

THEOREM 1.1. — *Es seien S und T zwei offene, endliche oder unendliche Intervalle von $\mathbb{R}$ und X eine reelle, absolut stetige Zufallsvariable mit Werten in S und Dichte f; weiter sei u eine stetig-differenzierbare Bijektion von S auf T und $h = u^{-1}$ bezeichne die inverse Bijektion von T auf S. Dann ist $Y = u \circ X$ eine reelle, absolut stetige Zufallsvariable mit Werten in T, deren Dichte g durch*

$$g(y) = f\big(h(y)\big)\, |h'(y)|\, I_T(y)$$

gegeben ist.

Beweis. — Für jedes $A \in T \cap \mathcal{B}^1$ gilt

$$P\{Y \in A\} = P\{X \in h(A)\} = \int_{\mathbb{R}} f(x)\, I_{h(A)}(x)\, dx,$$

woraus sich mittels der Variablentransformation $x = h(y)$

$$P\{Y \in A\} = \int_{\mathbb{R}} f\big(h(y)\big)\, |h'(y)|\, I_A(y)\, dy$$

ergibt. □

Wir behandeln zunächst einige einfache Anwendungen von Theorem 1.1.

Beispiel 1. — Ist X eine reelle Zufallsvariable mit Dichte f, so ist $Y = e^X$ eine reelle Zufallsvariable mit positiven Werten, deren Dichte g durch

$$g(y) = \frac{1}{y} f\big(\mathrm{Log}\, y\big)\, I_{]0,+\infty[}(y)$$

gegeben ist.

Spezialfall. — Für $\mathcal{L}(X) = \mathcal{N}(\mu, \sigma)$ $(\mu \in \mathbb{R}, \sigma > 0)$ hat $Y = e^X$ die Dichte

$$g(y) = \frac{1}{\sigma\sqrt{2\pi}} \frac{1}{y} \exp\left(-\frac{1}{2}\left(\frac{\mathrm{Log}\, y - \mu}{\sigma}\right)^2\right) I_{]0,+\infty[}(y).$$

Die Zufallsvariable Y heisst *Log-normale Zufallsvariable mit Parametern* μ, σ.

Beispiel 2. — Ist X eine reelle Zufallsvariable mit Dichte f, so ist $Y = \dfrac{1}{X}$ eine reelle Zufallsvariable mit Dichte

$$g(y) = \frac{1}{y^2} f\left(\frac{1}{y}\right) \quad (y \neq 0).$$

(Streng genommen kann man Theorem 1.1 hier nur für $\mathbb{R} \setminus \{0\}$ verwenden. Aber da die Zufallsvariable X absolut stetig ist, gilt $\mathrm{P}\{X = 0\} = 0$ und man kann den Nullpunkt vernachlässigen.)

Spezialfall 1. — Ist $\mathcal{L}(X) = \mathcal{N}(0,1)$, so hat $Y = \dfrac{1}{X}$ die Dichte

$$g(y) = \frac{1}{\sqrt{2\pi}} \frac{1}{y^2} \exp\left(-\frac{1}{2y^2}\right) \quad (y \neq 0).$$

Offenbar gilt $\mathbb{E}[\,|Y|\,] = \displaystyle\int_{\mathbb{R}} |y|\, g(y)\, dy = \frac{1}{\sqrt{2\pi}} \int_{\mathbb{R}} \frac{1}{|y|} \exp\left(-\frac{1}{2y^2}\right) dy = +\infty.$
Die *Inverse einer reduzierten, normalverteilten Zufallsvariablen hat also keinen Erwartungswert.*

Spezialfall 2. — Sei nun $\mathcal{L}(X)$ die Cauchy-Verteilung $\mathcal{C}(0,1)$. Dann hat $Y = \dfrac{1}{X}$ die Dichte

$$g(y) = \frac{1}{y^2} \frac{1}{\pi} \frac{1}{1 + \dfrac{1}{y^2}} = \frac{1}{\pi} \frac{1}{1 + y^2}.$$

Damit stellt man fest, dass auch Y gemäss $\mathcal{C}(0,1)$ Cauchy-verteilt ist.

Bemerkung. — Ist die Abbildung u *nicht* bijektiv, so gibt es keine allgemeine Methode, um die Dichte von $u \circ X$ zu bestimmen. In den am häufigsten vorkommenden Situationen kann man aber trotzdem ein entsprechendes Vorgehen formulieren.

Beispiel 1. — Es sei X eine absolut stetige reelle Zufallsvariable mit Dichte f. Hier geht es darum, die Dichte g von $Y = |X|$ zu bestimmen. Zwar ist $u(x) = |x|$ keine Bijektion von $\mathbb{R}$ auf $\mathbb{R}^+$, aber man kann sich folgendermassen behelfen. Man berechnet zunächst die Verteilungsfunktion

F_Y von Y, dies ist

$$F_Y(y) = \begin{cases} 0, & \text{für } y \le 0; \\ \mathrm{P}\{Y \le y\} = \mathrm{P}\{-y \le X \le +y\}, & \text{für } y > 0. \end{cases}$$

Da die Verteilung von X diffus ist, kann man

$$F_Y(y) = \begin{cases} 0, & \text{für } y \le 0; \\ F_X(y) - F_X(-y), & \text{für } y > 0, \end{cases}$$

schreiben. Daraus erhält man die Dichte f_Y von Y durch Differenzieren:

$$f_Y(y) = \begin{cases} 0, & \text{für } y \le 0; \\ f(y) + f(-y), & \text{für } y > 0. \end{cases}$$

Ist die Zufallsvariable X gerade, so gilt also

$$f_Y(y) = \begin{cases} 0, & \text{für } y \le 0; \\ 2\,f(y), & \text{für } y > 0. \end{cases}$$

So hat etwa für $\mathcal{L}(X) = \mathcal{N}(0,1)$ die Zufallsvariable $Y = |X|$ die Dichte

$$f_Y(y) = \begin{cases} 0, & \text{für } y \le 0; \\ \dfrac{2}{\sqrt{2\pi}} e^{-y^2/2}, & \text{für } y > 0. \end{cases}$$

Beispiel 2. — Es sei wiederum X eine reelle, absolut stetige Zufallsvariable mit Dichte f. Hier ist nun die Dichte von $Y = X^2$ zu berechnen. Auch $u(x) = x^2$ ist keine Bijektion von $\mathbb{R}$ auf $\mathbb{R}^+$.

Man berechnet zunächst wieder die Verteilungsfunktion F_Y von Y:

$$F_Y(y) = \begin{cases} 0, & \text{für } y \le 0; \\ \mathrm{P}\{Y \le y\} = \mathrm{P}\{-\sqrt{y} \le X \le +\sqrt{y}\}, & \text{für } y > 0. \end{cases}$$

Da auch hier die Verteilung von X diffus ist, hat man

$$F_Y(y) = \begin{cases} 0, & \text{für } y \le 0; \\ F_X(\sqrt{y}) - F_X(-\sqrt{y}), & \text{für } y > 0. \end{cases}$$

Mittels Ableiten ergibt sich

$$f_Y(y) = \begin{cases} 0, & \text{für } y \le 0; \\ \dfrac{1}{2\sqrt{y}} \left(f(\sqrt{y}) + f(-\sqrt{y}) \right), & \text{für } y > 0. \end{cases}$$

Falls die Zufallsvariable X gerade ist, gilt also

$$f_Y(y) = \begin{cases} 0, & \text{für } y \le 0; \\ \dfrac{1}{\sqrt{y}} f(\sqrt{y}), & \text{für } y > 0. \end{cases}$$

Ist beispielsweise $\mathcal{L}(X) = \mathcal{N}(0,1)$, so hat die Variable $Y = X^2$ die Dichte

$$f_Y(y) = \begin{cases} 0, & \text{für } y \le 0; \\ \dfrac{1}{\sqrt{2\pi}} \dfrac{1}{\sqrt{y}} e^{-y/2}, & \text{für } y > 0. \end{cases}$$

Dies ist die χ-Quadrat-Verteilung mit einem Freiheitsgrad.

2. Zweidimensionaler Fall

THEOREM 2.1. — *Es seien S und T zwei offene Mengen von $\mathbb{R}^2$ und es sei (X, Y) ein absolut stetiges Paar von Zufallsvariablen mit Werten in S und gemeinsamer Dichte f. Ist*

$$G : (x, y) \mapsto (u, v) = (u(x, y), v(x, y))$$

eine stetig differenzierbare Bijektion von S auf T, so bezeichne

$$H = G^{-1} : (u, v) \mapsto (x, y) = (h_1(u, v), h_2(u, v))$$

die inverse Bijektion von T auf S. (Die partiellen Ableitungen $D_u h_1$, $D_v h_1$, $D_u h_2$, $D_v h_2$ sind also stetig.) Mit

$$J = \frac{D(h_1, h_2)}{D(u, v)} = \frac{D(x, y)}{D(u, v)} = \begin{vmatrix} D_u h_1 & D_v h_1 \\ D_u h_2 & D_v h_2 \end{vmatrix}$$

wird die Jacobi-Determinante der inversen Bijektion H bezeichnet.

Dann ist $(U, V) = G \circ (X, Y) = (u \circ (X, Y), v \circ (X, Y))$ ein absolut stetiges Paar von reellen Zufallsvariablen mit Werten in T, dessen gemeinsame Dichte g durch

$$g(u, v) = f\big(h_1(u, v), h_2(u, v)\big) \, |J| \, I_T(u, v)$$

gegeben ist.

Beweis. — Für jedes $A \in T \cap \mathcal{B}^2$ gilt

$$P\{(U, V) \in A\} = P\{(X, Y) \in H(A)\} = \iint_{\mathbb{R}^2} f(x, y) \, I_{H(A)}(x, y) \, dx \, dy,$$

und die Variablentransformation $x = h_1(u, v)$, $y = h_2(u, v)$ macht daraus

$$P\{(U, V) \in A\} = \iint_{\mathbb{R}^2} f\big(h_1(u, v), h_2(u, v)\big) \, |J| \, I_A(u, v) \, du \, dv. \quad \square$$

Bemerkung. — Für dieses Vorgehen benötigt man die bekannte Formel für das Verhalten von Doppelintegralen unter Variablentransformation, für deren Einsatz man allerdings voraussetzen muss, dass die Jacobi-Determinante J nirgendwo auf A verschwindet. Es genügt natürlich, vorauszusetzen, dass $J \neq 0$ ausserhalb einer vernachlässigbaren Menge I gilt, wenn auch $H(I)$ vernachlässigbar ist. Dies erweitert die Möglichkeiten der Anwendung.

Beispiel 1. — Es sei (X, Y) ein Paar von unabhängigen Zufallsvariablen, die beide $\mathcal{N}(0, 1)$-verteilt sind. Die Verteilung des Paares hat dann als Dichte

$$f(x, y) = \frac{1}{2\pi} \exp\left(-\frac{x^2 + y^2}{2}\right).$$

Nun betrachten wir das Paar (R, Θ) mit

$$R = (X^2 + Y^2)^{1/2}, \quad \Theta = \operatorname{Arc tg} \frac{Y}{X}.$$

(1) *Gemeinsame Verteilung von (R, Θ).* — Zunächst ist

$$(x, y) \mapsto (r, \theta) = \left((x^2 + y^2)^{1/2}, \operatorname{Arc tg}\frac{y}{x}\right)$$

eine stetig differenzierbare Bijektion von $S = \mathbb{R}^2 \setminus \{0\}$ auf $T =]0, +\infty[\times [0, 2\pi[$. Die inverse Bijektion ist

$$(r, \theta) \mapsto (x, y) = (r\cos\theta, r\sin\theta),$$

und daraus erhält man

$$J = \begin{vmatrix} x'_r & x'_\theta \\ y'_r & y'_\theta \end{vmatrix} = \begin{vmatrix} \cos\theta & -r\sin\theta \\ \sin\theta & r\cos\theta \end{vmatrix} = r.$$

Die gemeinsame Dichte von (R, Θ) ist also

$$g(r, \theta) = f(r\cos\theta, r\sin\theta)\,|J|$$

$$= \frac{1}{2\pi} e^{-r^2/2} r \qquad \bigl((r, \theta) \in]0, +\infty[\times [0, 2\pi[\,\bigr).$$

(2) *Randverteilungen.* — Die marginalen Dichten von R und von Θ ergeben sich daraus unmittelbar als

$$g(r, \cdot) = \int_0^{2\pi} g(r, \theta)\, d\theta = e^{-r^2/2} r \qquad (r \in]0, +\infty[\,),$$

$$g(\cdot, \theta) = \int_0^{\infty} g(r, \theta)\, dr = \frac{1}{2\pi} \qquad (\theta \in [0, 2\pi[\,).$$

Bemerkung. — Die Verteilung von R mit der Dichte $g(r, \cdot) = e^{-r^2/2} r$ für $r \in]0, +\infty[$ wird als *Rayleigh-Verteilung* bezeichnet. Die Überlebensfunktion von R ist

$$\mathrm{P}\{R > r\} = \int_r^{\infty} e^{-t^2/2} t\, dt = e^{-r^2/2} \qquad (r > 0),$$

ihr Erwartungswert ist

$$\mathbb{E}[R] = \int_0^{\infty} \mathrm{P}\{R > r\}\, dr = \int_0^{\infty} e^{-r^2/2}\, dr = \sqrt{\frac{\pi}{2}}.$$

(3) *Die Zufallsvariablen R und Θ sind unabhängig.* — Aus (1) und (2) folgt $g(r, \theta) = g(r, \cdot)g(\cdot, \theta)$, $(r, \theta) \in]0, +\infty[\times [0, 2\pi[\,)$, was die Unabhängigkeit von R und Θ ausdrückt; damit sind auch R und Y/X unabhängig.

Beispiel 2. — Ist (X, Y) ein Paar von unabhängigen, $\mathcal{N}(0, 1)$-verteilten Zufallsvariablen, so ist auch das Paar (U, V) mit $U = (X + Y)/\sqrt{2}$ und $V = (X - Y)/\sqrt{2}$ ein Paar von *unabhängigen* und $\mathcal{N}(0, 1)$-verteilten Zufallsvariablen.

Beweis. — Die gemeinsame Dichte von (X, Y) ist

$$f(x, y) = \frac{1}{2\pi} \exp\left(-\frac{1}{2}(x^2 + y^2)\right).$$

Die Variablentransformation $u = (x + y)/\sqrt{2}$, $v = (x - y)/\sqrt{2}$ liefert eine Bijektion von $\mathbb{R}^2$ auf $\mathbb{R}^2$. Man rechnet nach, dass $x = (u + v)/\sqrt{2}$ und $y = (u - v)/\sqrt{2}$, sowie $D(x, y)/D(u, v) = -1$ ist, daher ist die gemeinsame Dichte $g(u, v)$ von (U, V) gegeben durch:

$$g(u, v) = f\left(\frac{u + v}{\sqrt{2}}, \frac{u - v}{\sqrt{2}}\right).1 = \frac{1}{2\pi} \exp\left(-\frac{1}{2}\left(\left(\frac{u + v}{\sqrt{2}}\right)^2 + \left(\frac{u - v}{\sqrt{2}}\right)^2\right)\right)$$

$$= \left(\frac{1}{\sqrt{2\pi}} e^{-u^2/2}\right).\left(\frac{1}{\sqrt{2\pi}} e^{-v^2/2}\right). \quad \square$$

3. Verteilung einer Funktion von zwei Zufallsvariablen. —   Es sei (X, Y) ein Paar von reellen, *absolut stetigen* Zufallsvariablen mit gemeinsamer Dichte f. Weiter sei $u : \mathbb{R}^2 \to \mathbb{R}$ eine messbare Funktion. Es geht nun darum, die Verteilung der Zufallsvariablen $U = u \circ (X, Y)$ unter geeigneten Regularitätsannahmen über die Funktion zu berechnen. Zu diesem Zweck *betrachten wir U als die erste marginale Variable des Paares (U, V)*, wobei $U = u \circ (X, Y)$ und $V = Y$ ist.

(a) *Verteilung des Paares (U, V).* — Man setzt voraus, dass die Abbildung $(x, y) \mapsto (u, v) = (u(x, y), y)$ eine stetig differenzierbare Bijektion von $\mathbb{R}^2$ auf $\mathbb{R}^2$ ist und bezeichnet mit $(u, v) \mapsto (x, y) = (h(u, v), v)$ die inverse Bijektion. Dann gilt $J = \dfrac{D(x, y)}{D(u, v)} = \begin{vmatrix} h'_u & h'_v \\ 0 & 1 \end{vmatrix} = h'_u$. Gemäss Theorem 2.1 ist das Paar (U, V) absolut stetig und die gemeinsame Dichte g ist

$$g(u, v) = f\big(h(u, v), v\big)\, |h'_u(u, v)| \qquad ((u, v) \in \mathbb{R}^2).$$

(b) *Verteilung von U.* — Die Dichte dieser Verteilung ist

$$g(u) = g(u, \cdot) = \int_{\mathbb{R}} f\big(h(u, v), v\big)\, |h'_u(u, v)|\, dv \quad (u \in \mathbb{R}).$$

Beispiel 1 (*Verteilung der Summe*). — Es sei $u = x + y$ und $v = y$, also $U = X + Y$ und $x = u - v$, $y = v$, somit $J = \begin{vmatrix} 1 & -1 \\ 0 & 1 \end{vmatrix} = 1$ und

$$g(u) = \int_{\mathbb{R}} f(u - v, v)\, dv \qquad (u \in \mathbb{R}).$$

Spezialfall (Faltungsprodukt). — In einer Situation, in der das Paar (X, Y) auch noch *unabhängig ist*, faktorisiert die gemeinsame Dichte, d.h. $f(x, y) = f_1(x) f_2(y)$, wobei f_1 bzw. f_2 die Dichten von X bzw. Y sind, und man erhält

$$g(u) = \int_{\mathbb{R}} f_1(u - v)\, f_2(v)\, dv \qquad (u \in \mathbb{R}).$$

Man bezeichnet $g = f_1 * f_2$ als das *Faltungsprodukt* von f_1 und f_2.

Anwendung. Betrachten wir den Fall $\mathcal{L}(X) = \mathcal{N}(\mu_1, \sigma_1)$, $\mathcal{L}(Y) = \mathcal{N}(\mu_2, \sigma_2)$ für $\mu_1, \mu_2 \in \mathbb{R}$, $\sigma_1, \sigma_2 > 0$. Man kann nachrechnen, dass dann $\mathcal{L}(X+Y) = \mathcal{N}(\mu_1+\mu_2, \sqrt{\sigma_1^2 + \sigma_2^2})$ gilt, aber die Berechnung auf dem direkten Weg ist langwierig. Es ist der elegantere Weg, die Techniken der erzeugenden Funktionen oder der charakteristischen Funktionen zu verwenden.

Beispiel 2 (Verteilung des Produkts). — Hier ist $u = xy$ und $v = y$, also $U = XY$ und $x = u/v$, $y = v$, somit also $J = \begin{vmatrix} 1/v & -u/v^2 \\ 0 & 1 \end{vmatrix} = 1/v$ und

$$g(u) = \int_{\mathbb{R}} f\left(\frac{u}{v}, v\right) \frac{1}{|v|}\, dv \qquad (u \in \mathbb{R}).$$

Für ein unabhängiges Paar (X, Y) ist $f(x, y) = f_1(x) f_2(y)$ und

$$g(u) = \int_{\mathbb{R}} f_1(u/v) f_2(v) \frac{1}{|v|}\, dv \qquad (u \in \mathbb{R}).$$

Anwendung. — Sei wieder $\mathcal{L}(X) = \mathcal{N}(0, 1)$, $\mathcal{L}(Y) = \mathcal{N}(0, 1)$. Die Dichte $g(u)$ von $U = XY$ ist dann

$$g(u) = \frac{1}{2\pi} \int_{\mathbb{R}} \exp\left(-\frac{1}{2}\left(\frac{u^2}{v^2} + v^2\right)\right) \frac{1}{|v|}\, dv$$
$$= \frac{1}{\pi} \int_0^\infty \exp\left(-\frac{1}{2}\left(\frac{u^2}{v^2} + v^2\right)\right) \frac{1}{v}\, dv.$$

Diese Funktion hat für jedes $u \neq 0$ einen endlichen Wert, denn für ein solches u kann man die Variablentransformation $v^2 = |u|t$ durchführen und erhält

$$g(u) = \frac{1}{2\pi} \int_0^\infty \exp\left(-\frac{|u|}{2}\left(t + \frac{1}{t}\right)\right) \frac{dt}{t}.$$

Dieses Integral kann man nicht mehr nur mit Hilfe von elementaren Funktionen ausdrücken; es lässt sich aber mittels Bessel-Funktionen darstellen (*cf.* Aufgabe 8, Kap. 13).

Beispiel 3 (*Verteilung des Quotienten*). — Sei nun $u = \dfrac{x}{y}$, also $U = \dfrac{X}{Y}$.

Dann ist $u = \dfrac{x}{y}$, $v = y$, und daher $x = uv$, $y = v$, $J = \begin{vmatrix} v & u \\ 0 & 1 \end{vmatrix} = v$ und

$$g(u) = \int_{\mathbb{R}} f(uv, v)\, |v|\, dv \qquad (u \in \mathbb{R}).$$

Ist speziell noch (X, Y) unabhängig, so hat man $f(x, y) = f_1(x) f_2(y)$ und

$$g(u) = \int_{\mathbb{R}} f_1(uv) f_2(v)\, |v|\, dv \qquad (u \in \mathbb{R}).$$

Anwendung. — Sei wieder $\mathcal{L}(X) = \mathcal{N}(0, 1)$, $\mathcal{L}(Y) = \mathcal{N}(0, 1)$. Die Dichte $g(u)$ von $U = X/Y$ ist

$$g(u) = \frac{1}{2\pi} \int_{\mathbb{R}} \exp\Big(-\frac{v^2}{2}(1 + u^2)\Big)\, |v|\, dv = \frac{1}{\pi} \int_0^\infty \exp\Big(-\frac{v^2}{2}(1 + u^2)\Big)\, v\, dv$$

und daraus erhält man mittels der Variablentransformation $v^2(1 + u^2)/2 = t$

$$g(u) = \frac{1}{\pi}\frac{1}{1 + u^2} \int_0^\infty e^{-t}\, dt = \frac{1}{\pi}\frac{1}{1 + u^2} \qquad (u \in \mathbb{R}).$$

Man stellt also fest, dass *der Quotient von zwei unabhängigen, reduziert-normalverteilten Zufallsvariablen die Cauchy-Verteilung* $\mathcal{C}(0, 1)$ *hat.*

Diese Eigenschaft hat interessante Konsequenzen:

1) Die Zufallsvariablen X/Y und Y/X haben offenbar die gleiche Verteilung. Also ist die Inverse einer mit $\mathcal{C}(0, 1)$ Cauchy-verteilten Zufalls-variablen ebenfalls eine mit $\mathcal{C}(0, 1)$ Cauchy-verteilte Zufallsvariable.

2) Es sei Z eine mit $\mathcal{C}(0, 1)$ Cauchy-verteilte Zufallsvariable. Sie hat die gleiche Verteilung wie X/Y, wobei X, Y unabhängige und reduziert-normalverteilte Zufallsvariablen bezeichnen. Daher hat $\dfrac{1 + Z}{1 - Z}$ die gleiche

Verteilung wie $\dfrac{1 + \dfrac{Y}{X}}{1 - \dfrac{Y}{X}} = \dfrac{X + Y}{X - Y} = \dfrac{\dfrac{X + Y}{\sqrt{2}}}{\dfrac{X - Y}{\sqrt{2}}}$. Aber auch $\Big(\dfrac{X + Y}{\sqrt{2}}, \dfrac{X - Y}{\sqrt{2}}\Big)$ ist

ein Paar von unabhängigen und reduziert-normalverteilten Zufallsvariablen. Deshalb ist auch $\dfrac{1 + Z}{1 - Z}$ gemäss $\mathcal{C}(0, 1)$ verteilt.

3) Die Zufallsvariable $1 + Z = 1 + \dfrac{Y}{X} = \dfrac{X + Y}{Y}$ ist der Quotient von zwei *symmetrischen* Zufallsvariablen, ist aber selbst *nicht* symmetrisch, denn sie ist $\mathcal{C}(1, 1)$-verteilt.

ERGÄNZUNGEN UND ÜBUNGEN

1. — Es sei X eine Cauchy-verteilte Zufallsvariable mit der Verteilung $\mathcal{C}(0,1)$. Dann ist auch die Variable $Y = \dfrac{1+X}{1-X}$ gemäss $\mathcal{C}(0,1)$ verteilt.

2. — Ist X eine im Intervall $]-\pi/2, +\pi/2[$ gleichverteilte Zufallsvariable, so ist die Variable $Y = \operatorname{tg} X$ gemäss $\mathcal{C}(0,1)$ verteilt.

3. - Es sei (X,Y) ein Paar von *unabhängigen* Zufallsvariablen, von denen jede $\mathcal{E}(\lambda)$-verteilt ist $(\lambda > 0)$. Dann hat die Zufallsvariable $U = \dfrac{X}{Y}$ die Dichte $f(u) = \dfrac{1}{(1+u)^2}$ $(u \geq 0)$. Es ist klar, dass U keinen endlichen Erwartungswert besitzt. Die Zufallsvariable $V = U + 1 = \dfrac{X+Y}{Y}$ hat die Dichte $g(v) = \dfrac{1}{v^2}, v \geq 1$, hat also die Paretoverteilung $\mathcal{P}(1,1)$.

4. — Es sei (X,Y) ein Paar von *unabhängigen* Zufallsvariablen mit den Randverteilungen $\mathcal{L}(X) = \Gamma(r,\lambda)$, $\mathcal{L}(Y) = \Gamma(s,\lambda)$ $(r,s,\lambda > 0)$. Sei $U = X + Y, V = \dfrac{X}{X+Y}$.
   a) Das Paar (U,V) ist unabhängig.
   b) $\mathcal{L}(U) = \Gamma(r+s,\lambda)$, $\mathcal{L}(V) = \mathrm{B}(r,s)$ (Beta-Verteilung). Man stellt fest, dass die Randverteilung von V *nicht* von $\lambda > 0$ abhängt.

5. — Es sei (U,Y) ein Paar von *unabhängigen* Zufallsvariablen; U sei auf $[0,1]$ gleichverteilt und Y sei absolut stetig mit g als Dichte. Man betrachte die Zufallsvariable $X = UY$, deren Dichte mit f bezeichnet wird.
   a) Man berechne f als Funktion von g.
   b) Hier wird nun angenommen, dass $[0, +\infty[$ der Träger von Y ist. Man zeige, dass f differenzierbar ist und dass zwischen f und g die Beziehung $xf'(x) + g(x) = 0$ besteht. Man folgere daraus, dass f genau ein Maximum hat, und zwar in $x = 0$.
   c) Nun wird $\mathbb{R}$ als Träger von Y angenommen. Man zeige, dass auch hier f genau ein Maximum hat, das sich in $x = 0$ befindet.
   d) Nun sei $g(x) = \dfrac{x^2}{\sqrt{2\pi}} e^{-x^2/2}$, für $x \in \mathbb{R}$. Man zeige, dass dann f die Dichte der Normalverteilung $\mathcal{N}(0,1)$ ist.

6. — Es sei (X,Y) ein Paar von *unabhängigen* und $\mathcal{N}(0,1)$-verteilten Zufallsvariablen. $A = \begin{pmatrix} a & b \\ c & d \end{pmatrix}$ sei eine orthogonale 2×2-Matrix und $\begin{pmatrix} U \\ V \end{pmatrix} = A \begin{pmatrix} X \\ Y \end{pmatrix}$, d.h. $U = aX + bY, V = cX + dY$.

a) Das Paar (U, V) besteht wiederum aus unabhängigen und $\mathcal{N}(0, 1)$-verteilten Zufallsvariablen.

b) Ist T mit $\mathcal{C}(0, 1)$ Cauchy-verteilt, so gilt dies auch für $Z = \dfrac{a + bT}{c + dT}$.

7. — Es sei (X, Y) ein Paar von *unabhängigen* und $\mathcal{N}(0, 1)$-verteilten Zufallsvariablen. Hier sei nun $U = 2X$, $V = X - Y$.

a) Man bestimme die gemeinsame Dichte des Paares (U, V), sowie die marginalen Dichten von U und von V.

b) Man bestimme die durch das Ereignis $\{V = 0\}$ bedingte Dichte von U.

c) Man bestimme die durch das Ereignis $\{V = 0\}$ bedingte Dichte von $X + Y$.

d) Man stellt fest, dass die in b) und c) gefundenen bedingten Dichten gleich sind und ihr gemeinsamer Wert die (nicht bedingte) Dichte von $X + Y$ ist. Anders gesagt, man stellt die Gleichung

$$\mathcal{L}(2X \mid X - Y = 0) = \mathcal{L}(X + Y \mid X - Y = 0) = \mathcal{L}(X + Y)$$

fest. Hätte man dieses Resultat vorhersehen können?

8. — Es sei $(U_1, \ldots, U_n)$ ein System von n *unabhängigen* Zufallsvariablen, die alle auf $[0, 1]$ gleichverteilt sind. Die Verteilung von $X = \prod\limits_{i=1}^{n} U_i$ hat die Dichte

$$f(x) = \begin{cases} \dfrac{1}{(n-1)!} \left(\mathrm{Log}\left(\dfrac{1}{x}\right) \right)^{n-1}, & \text{falls } 0 < x \leq 1; \\ 0, & \text{sonst.} \end{cases}$$

9. — Es sei X eine mittels $\mathcal{C}(0, 1)$ Cauchy-verteilte Zufallsvariable.

a) Man zeige, dass X und $1/X$ die gleiche Verteilung haben.

b) Sei nun: $Y = \begin{cases} X, & \text{mit Wahrscheinlichkeit } 1/2; \\ 1/X, & \text{mit Wahrscheinlichkeit } 1/2. \end{cases}$

Man zeige $\mathcal{L}(Y) = \mathcal{C}(0, 1)$.

10. — Es sei (X, Y) ein Paar von unabhängigen und $\mathcal{N}(0, 1)$-verteilten Zufallsvariablen. Es sei nun $U = XY$ und $V = X/Y$.

1) Man bestimme die gemeinsame Dichte von (U, V).

2) Man leite daraus die marginalen Verteilungen von U und von V ab.

11. (A. Joffe). — Es sei (X, Y) ein Paar von unabhängigen und $\mathcal{N}(0, 1)$-verteilten Zufallsvariablen.

1) Da X und Y unabhängig sind, gilt $\mathcal{L}(\,|X|\,|\,Y = 0) = \mathcal{L}(|X|)$. Diese Verteilung hat die Dichte: $f(x) = \dfrac{2}{\sqrt{2\pi}} e^{-x^2/2}$ $(x \geq 0)$.

2) Betrachten wir nun die Polarkoordinaten

$$R = \sqrt{X^2 + Y^2}, \quad \Theta = \mathrm{Arctg}(Y/X).$$

Wir haben in diesem Kapitel, § 2, Beispiel 1, gesehen, dass die Zufallsvariablen R und Θ unabhängig sind. Folglich ist $\mathcal{L}(R\,|\,\Theta = 0) = \mathcal{L}(R)$. Die Verteilung von R ist die Rayleigh-Verteilung mit der Dichte $g(x) = xe^{-x^2/2}$ $(x \geq 0)$.

Dieses Beispiel zeigt, dass die bedingte Dichte für sich allein keinen Sinn macht, sondern *mit Hilfe einer gemeinsamen Dichte in einem gegebenen Koordinatensystem definiert werden muss*.

12. — Es sei (X, Y) ein Paar von unabhängigen und $\mathcal{N}(0, 1)$-verteilten Zufallsvariablen. Man bestimme die Verteilungen der Variablen:

a) $U = \dfrac{X}{|Y|}$;

b) $Z = \dfrac{X + Y}{|X - Y|}$.

(Die Verteilung von Z ist die Student-Verteilung mit einem Freiheitsgrad.)

13. — Es sei (X, Y) ein Paar von unabhängigen Zufallsvariablen, die gemäss $\mathcal{C}(0, 1)$ Cauchy-verteilt sind. Dann ist auch deren harmonisches Mittel $H = \left[\frac{1}{2}\left(\frac{1}{X} + \frac{1}{Y}\right)\right]^{-1}$ gemäss $\mathcal{C}(0, 1)$ Cauchy verteilt.
Dies folgt leicht aus der Tatsache, dass sowohl das Reziproke einer Cauchy-verteilten Zufallsvariablen, als auch das arithmetische Mittel von zwei unabhängigen und Cauchy-verteilten Zufallsvariablen wiederum Cauchy-verteilt ist.

KAPITEL 16

STOCHASTISCHE KONVERGENZ

In diesem Kapitel betrachten wir Folgen (X_n) $(n \geq 1)$ von Zufallsvariablen, die auf dem gleichen Wahrscheinlichkeitsraum $(\Omega, \mathfrak{A}, \mathrm{P})$ definiert sind, wobei wir uns für das asymptotische Verhalten solcher Folgen interessieren, wenn n gegen unendlich strebt. Verschiedene wichtige Konvergenzbegriffe werden eine Rolle spielen, unter anderem die Konvergenz in der Verteilung, die Konvergenz in der Wahrscheinlichkeit, die fast-sichere Konvergenz und die Konvergenz im r-ten Mittel.

1. Konvergenz in der Verteilung

Definition. — Ausgangspunkt unserer Untersuchungen ist

a) eine Folge (X_n) $(n \geq 1)$ von Zufallsvariablen, die alle auf demselben Wahrscheinlichkeitsraum $(\Omega, \mathfrak{A}, \mathrm{P})$ definiert sind (dabei sei (F_n) $(n \geq 1)$ die Folge der zugehörigen Verteilungsfunktionen);

b) eine Zufallsvariable X, die ebenfalls auf $(\Omega, \mathfrak{A}, \mathrm{P})$ definiert ist (mit der Verteilungsfunktion F; man beachte $\mathrm{F}(+\infty) = 1$ und $\mathrm{F}(-\infty) = 0$).

Man sagt, dass die Folge (X_n) $(n \geq 1)$ *in der Verteilung gegen X konvergiert*, was mit $X_n \overset{\mathcal{L}}{\longrightarrow} X$ oder $\mathcal{L}(X_n) \to \mathcal{L}(X)$ notiert wird, wenn für jeden Stetigkeitspunkt x von F (kurz: $x \in \mathcal{C}(\mathrm{F})$) $\mathrm{F}_n(x) \to \mathrm{F}(x)$ gilt, wenn n gegen unendlich strebt.

(Genau genommen müsste man sagen, dass die Folge $\mathcal{L}(X_n)$ der Verteilungen in der Verteilung gegen $\mathcal{L}(X)$ konvergiert, aber die obige Terminologie hat sich eingebürgert und ist auch gerechtfertigt.)

Bemerkung. — Gilt $X_n \overset{\mathcal{L}}{\longrightarrow} X$ und sind die X_n sowie X von erster Ordnung (d.h. sie haben einen endlichen Erwartungswert), so muss die Folge $(\mathbb{E}[X_n])$ $(n \geq 1)$ keineswegs konvergieren. Und selbst dann, wenn sie konvergiert, muss sie keineswegs $\mathbb{E}[X]$ als Limes haben. In der Tat können sehr unterschiedliche Konstellationen auftreten.

Sei beispielsweise (a_n) $(n \geq 1)$ eine Folge von positiven reellen Zahlen, der wir eine Folge (X_n) $(n \geq 1)$ von Zufallsvariablen mit den Verteilungen $(1/n)\varepsilon_{a_n} + (1 - (1/n))\varepsilon_0$ zuordnen. Man verifiziert leicht, dass (X_n) in der Verteilung gegen $X = 0$ konvergiert (somit ist $\mathbb{E}[X] = 0$) und dass $\mathbb{E}[X_n] = a_n/n$ für alle $n \geq 0$ gilt.

Die folgenden Verhaltensweisen sind möglich:

für $a_n = \sqrt{n}$ gilt $\mathbb{E}[X_n] = 1/\sqrt{n} \to 0 = \mathbb{E}[X]$;

für $a_n = n$ gilt $\mathbb{E}[X_n] = 1 \to 1 \neq \mathbb{E}[X]$;

für $a_n = n^2$ gilt $\mathbb{E}[X_n] = n \to +\infty \neq \mathbb{E}[X]$;

für $a_n = n[2 + (-1)^n]$ oszilliert die Folge $\mathbb{E}[X_n] = 2 + (-1)^n$.

Beispiel 1. — Es sei X_n gleichverteilt auf $[0, n]$ $(n \geq 1)$. Die Folge (X_n) $(n \geq 1)$ konvergiert *nicht* gegen einen Limes. In der Tat gilt für jedes reelle x und $n \geq 1$

$$\mathrm{F}_n(x) = \begin{cases} 0, & \text{für } x < 0; \\ x/n, & \text{für } 0 \leq x < n; \\ 1, & \text{für } n \leq x. \end{cases}$$

Somit gilt $\mathrm{F}_n(x) \to \mathrm{F}(x) = 0$ für jedes x, wenn n gegen unendlich strebt. Der Limes $\mathrm{F}(x) = 0$ ist aber *keine* Verteilungsfunktion einer Wahrscheinlichkeitsverteilung. Man sagt, dass die Folge der X_n *schwach* gegen das Nullmass konvergiert. Diese Art der Konvergenz werden wir hier nicht weiter betrachten.

Beispiel 2. — Es sei nun X_n eine Zufallsvariable mit der Verteilung $\frac{1}{2}(\varepsilon_{(-1/n)} + \varepsilon_{(1/n)})$ $(n \geq 1)$. Dann konvergiert die Folge (X_n) $(n \geq 1)$ in der Verteilung gegen die Zufallsvariable $X = 0$, denn es ist

$$\mathrm{F}_n(x) = \begin{cases} 0, & \text{für } x < -1/n; \\ 1/2, & \text{für } -1/n \leq x < +1/n; \\ 1, & \text{für } 1/n \leq x, \end{cases}$$

und für jedes reelle x gilt daher

$$\mathrm{F}_n(x) \to \mathrm{F}^*(x) = \begin{cases} 0, & \text{für } x < 0; \\ 1/2, & \text{für } x = 0; \\ 1, & \text{für } x > 0, \end{cases}$$

wenn n gegen unendlich strebt. Die Funktion F^* ist *keine* Verteilungsfunktion einer Wahrscheinlichkeitsverteilung, denn sie ist im Nullpunkt *nicht rechtsseitig stetig*. Bezeichnet nun F die Verteilungsfunktion der Zufallsvariablen $X = 0$, so stimmt F^* mit F überein, ausgenommen im Punkt $x = 0$, der einzigen *Unstetigkeitsstelle* von F. Für jedes $x \in \mathcal{C}(\mathrm{F})$ gilt also

$$\mathrm{F}_n(x) \to \mathrm{F}(x), \qquad \text{wobei } \mathrm{F}(x) = \begin{cases} 0, & \text{für } x < 0; \\ 1, & \text{für } x \geq 0; \end{cases}$$

was $X_n \xrightarrow{\mathcal{L}} 0$ zeigt.

Beispiel 3. — In diesem Beispiel kommt die von den Physikern eingeführte «Dirac-Funktion» vor. Für jedes $n \geq 1$ sei X_n eine Zufallsvariable mit der Verteilung $\mathcal{N}(0, \sigma_n)$ $(\sigma_n > 0)$, wobei wir annehmen, dass σ_n für $n \to \infty$ gegen

0 strebt. Dann konvergiert die Folge (X_n) $(n \geq 1)$ in der Verteilung gegen die Zufallsvariable $X = 0$. Für jedes reelle x und jedes $n \geq 1$ gilt nämlich

$$\mathrm{F}_n(x) = \frac{1}{\sigma_n \sqrt{2\pi}} \int_{-\infty}^{x} \exp\left(-\frac{u^2}{2\sigma_n^2}\right) du = \Phi\left(\frac{x}{\sigma_n}\right).$$

Daraus folgt für jedes reelle x

$$\mathrm{F}_n(x) \longrightarrow \mathrm{F}^*(x) = \begin{cases} 0, & \text{für } x < 0; \\ 1/2, & \text{für } x = 0; \\ 1, & \text{für } x > 0. \end{cases}$$

Wie schon im vorigen Beispiel bemerkt, ist die Funktion F^* *keine* Verteilungsfunktion einer Wahrscheinlichkeitsverteilung. Wenn man aber wie im Beispiel 2 die Verteilungsfunktion $\mathrm{F}(.)$ einführt, erhält man hier ebenso

$$\mathrm{F}_n(x) \to \mathrm{F}(x), \qquad \text{wobei } \mathrm{F}(x) = \begin{cases} 0, & \text{für } x < 0; \\ 1, & \text{für } x \geq 0, \end{cases}$$

für jedes $x \in \mathcal{C}(\mathrm{F})$, und das zeigt $X_n \xrightarrow{\mathcal{L}} 0$.

Das folgende Theorem von Paul Lévy präzisiert den Zusammenhang zwischen der Verteilungskonvergenz einer Folge von Zufallsvariablen und der Konvergenz der zugehörigen Folge von charakteristischen Funktionen.

THEOREM (Paul Lévy)
  1) *Es sei (X_n) eine Folge von Zufallsvariablen, die in der Verteilung gegen eine Zufallsvariable X konvergiert. Dann konvergiert die Folge (φ_n) der entsprechenden charakteristischen Funktionen gegen die charakteristische Funktion φ von X, und zwar gleichmässig in jedem endlichen Intervall.*

  2) *Es sei (X_n) eine Folge von Zufallsvariablen und (φ_n) die Folge der zugehörigen charakteristischen Funktionen, wobei angenommen wird, dass die Folge (φ_n) im Sinne der einfachen Konvergenz gegen eine Funktion φ konvergiert, deren Realteil $\Re\varphi$ im Ursprung stetig ist. Dann gilt:*

   a) *φ ist eine charakteristische Funktion, d.h. es existiert eine (und zwar genau eine) Wahrscheinlichkeitsverteilung μ, deren charakteristische Funktion gerade φ ist;*

   b) *die Folge (X_n) $(n \geq 1)$ konvergiert in der Verteilung gegen μ.*

Die Aussage des zweiten Teils dieses Theorems liefert ein mächtiges Hilfsmittel, um die Konvergenz in der Verteilung einer Folge von Zufallsvariablen nachzuweisen. Es wird benützt, um gewisse Versionen des «zentralen Grenzwertsatzes» zu beweisen. Ein Beweis einer Version von Teil 2) des Theorems von Lévy findet sich im Abschnitt 9 dieses Kapitels.

2. Konvergenz in der Wahrscheinlichkeit

Definition. — Es sei (X_n) $(n \geq 1)$ eine Folge von Zufallsvariablen, die alle auf dem gleichen Wahrscheinlichkeitsraum $(\Omega, \mathfrak{A}, \mathrm{P})$ definiert sind.

a) Man sagt, dass die Folge (X_n) $(n \geq 1)$ *in der Wahrscheinlichkeit gegen 0 konvergiert,* wenn n gegen unendlich strebt, geschrieben $X_n \xrightarrow{p} 0$, falls

$$\lim_{n \to \infty} \mathrm{P}\{|X_n| > \varepsilon\} = 0 \qquad \text{für jedes } \varepsilon > 0.$$

b) Ist zudem X eine auf demselben Raum $(\Omega, \mathfrak{A}, \mathrm{P})$ definierte Zufallsvariable, so sagt man, dass (X_n) $(n \geq 1)$ *in der Wahrscheinlichkeit gegen X konvergiert,* geschrieben $X_n \xrightarrow{p} X$, falls $X_n - X \xrightarrow{p} 0$ gilt.

Bemerkung. — Nehmen wir an, dass $X_n \xrightarrow{p} X$ gilt und dass die X_n sowie X von erster Ordnung sind. Dann muss die Folge $(\mathbb{E}[X_n])$ $(n \geq 1)$ keineswegs konvergieren, und selbst wenn sie konvergiert, muss $\mathbb{E}[X]$ keineswegs ihr Grenzwert sein. Man kann wiederum die verschiedensten Situationen antreffen.

Beispiel. — Wir greifen das Beispiel aus Bemerkung 1 des vorigen Paragraphen auf, das wir dort bezüglich der Konvergenz in der Verteilung behandelt haben.

1) Es gilt $X_n \xrightarrow{p} X = 0$, denn für jedes $\varepsilon > 0$ ist

$$\mathrm{P}\{X_n > \varepsilon\} \leq \mathrm{P}\{X_n > 0\} = \frac{1}{n} \to 0.$$

2) Die Folge $(\mathbb{E}[X_n])$ $(n \geq 1)$ zeigt die oben beschriebenen verschiedenen Verhaltensweisen.

Wir stellen nun zunächst einmal zwei Aussagen über die Konvergenz in der Wahrscheinlichkeit vor.

THEOREM 2.1. — *Es sei $(M_n = (X_n, Y_n))$ $(n \geq 1)$ eine Folge von Zufallspunkten, die in der Wahrscheinlichkeit gegen den Zufallspunkt $M = (X, Y)$ konvergiert (d.h. es gilt $\lim_n \mathrm{P}(|M_n - M| > \epsilon) = 0$ für alle $\epsilon > 0$; daraus folgt, dass gleichzeitig $X_n \xrightarrow{p} X$ und $Y_n \xrightarrow{p} Y$ gilt). Es sei weiterhin $h : \mathbb{R}^2 \to \mathbb{R}$ eine in jedem Punkt (x, y) von $\mathbb{R}^2$ stetige Funktion. Dann konvergiert die Folge der Zufallsvariablen $h(X_n, Y_n)$ $(n \geq 1)$ in der Wahrscheinlichkeit gegen die Zufallsvariable $h(X, Y)$.*

Daraus folgt: Ist $X_n \xrightarrow{p} X$ und $f : \mathbb{R} \to \mathbb{R}$ eine in jedem Punkt $x \in \mathbb{R}$ stetige Funktion, so gilt auch $f \circ X_n \xrightarrow{p} f \circ X$. Ist zudem $X = c$ (c reell), so kann die Voraussetzung $X_n \xrightarrow{p} c$ durch $X_n \xrightarrow{\mathcal{L}} c$ ersetzt werden.

THEOREM 2.2. — *Wenn die Folge der Zufallsvariablen (X_n) $(n \geq 1)$ in der Wahrscheinlichkeit gegen die Zufallsvariable X konvergiert und zudem $\mathrm{P}\{X = 0\} = 0$ gilt, so hat man auch $1/X_n \xrightarrow{p} 1/X$.*

Die Beweise beider Theoreme kann man im Buch von Fourgeaud-Fuchs[1] finden. Wir werden sehen, dass es sich tatsächlich um Folgerungen aus Theorem 4.6 weiter unten handelt. Das folgende Korollar ist eine einfache Konsequenz dieser beiden Theoreme.

KOROLLAR. - *Wenn die Folge der zufälligen Punkte $(M_n = (X_n, Y_n))$ $(n \geq 1)$ in der Wahrscheinlichkeit gegen den zufälligen Punkt $M = (X, Y)$ konvergiert, so hat das die folgenden Konsequenzen:*

1) $X_n + Y_n \xrightarrow{p} X + Y$;
2) $\lambda X_n \xrightarrow{p} \lambda X \quad (\lambda \in \mathbb{R})$;
3) $X_n Y_n \xrightarrow{p} XY$;
4) $X_n / Y_n \xrightarrow{p} X/Y$, *falls* $P\{Y = 0\} = 0$.

Bemerkung. — Das Korollar zeigt, dass die Konvergenz in der Wahrscheinlichkeit mit den elementaren algebraischen Operationen verträglich ist. *Entsprechendes gilt nicht für die Konvergenz in der Verteilung.*

THEOREM 2.3 (Kriterium für die Konvergenz in der Wahrscheinlichkeit). *Es sei (X_n) $(n \geq 1)$ eine Folge von Zufallsvariablen; falls für ein $r > 0$ die Folge mit dem allgemeinen Glied $\big(\mathbb{E}\big[|X_n|^r\big]\big)$ $(n \geq 1)$ gegen 0 konvergiert, so konvergiert die Folge (X_n) $(n \geq 1)$ in der Wahrscheinlichkeit gegen 0.*

Beweis. — Aufgrund der Ungleichung von Bienaymé-Tchebychev gilt für alle $\varepsilon > 0$

$$ P\big\{|X_n| \geq \varepsilon\big\} \leq \frac{\mathbb{E}\big[|X_n|^r\big]}{\varepsilon^r} \longrightarrow 0. \quad \square $$

3. Konvergenz im Mittel der Ordnung $r > 0$

Definition. — Es sei (X_n) $(n \geq 1)$ eine Folge von Zufallsvariablen, die auf dem gleichen Wahrscheinlichkeitsraum $(\Omega, \mathfrak{A}, P)$ definiert sind. Es existiere ein $r > 0$ derart, dass für alle $n \geq 1$ das Moment $\mathbb{E}\big[|X_n|^r\big]$ endlich ist.

a) Man sagt, dass die Folge (X_n) $(n \geq 1)$ *im r-ten Mittel gegen 0 konvergiert,* falls $\mathbb{E}\big[|X_n|^r\big] \to 0$, wenn n gegen unendlich strebt.

b) Ist X eine andere Zufallsvariable, die auf dem gleichen Wahrscheinlichkeitsraum $(\Omega, \mathfrak{A}, P)$ definiert ist, so sagt man, dass die Folge (X_n) $(n \geq 1)$ *im r-ten Mittel gegen X konvergiert,* wenn die Folge $(X_n - X)$ $(n \geq 1)$ im r-ten Mittel gegen 0 konvergiert.

Bemerkung 1. — Gilt $X_n \to X$ im r-ten Mittel, so muss das Moment $\mathbb{E}\big[|X|^r\big]$ nicht endlich sein; wenn es aber endlich ist, so gilt $\mathbb{E}\big[|X_n|^r\big] \to \mathbb{E}\big[|X|^r\big]$.

Bemerkung 2. — Dieser Konvergenztyp wird hauptsächlich für $r = 2$ verwendet. Man spricht dann von *Konvergenz im quadratischen Mittel.*

---

[1] Fourgeaud (C.), Fuchs (A.). — *Statistique.* — Dunod, Paris, 1972, pp. 27–29.

4. Fast-sichere Konvergenz

Definition. — Es sei (X_n) $(n \geq 1)$ eine Folge von Zufallsvariablen, die alle auf dem gleichen Wahrscheinlichkeitsraum $(\Omega, \mathfrak{A}, \mathrm{P})$ definiert sind.

a) Man sagt, dass die Folge (X_n) $(n \geq 1)$ *fast-sicher gegen 0 konvergiert,* geschrieben $X_n \overset{f.s.}{\longrightarrow} 0$, wenn es eine P-Nullmenge $A \in \mathfrak{A}$ gibt, so dass die punktweise Konvergenz $X_n(\omega) \to 0$ $(n \to \infty)$ für alle $\omega \in \Omega \setminus A$ gilt.

b) Sei nun X eine weitere Zufallsvariable, die auf dem gleichen Wahrscheinlichkeitsraum $(\Omega, \mathfrak{A}, \mathrm{P})$ definiert ist, so sagt man, dass die Folge (X_n) $(n \geq 1)$ *fast-sicher gegen X konvergiert,* geschrieben $X_n \overset{f.s.}{\longrightarrow} X$, wenn die Folge $(X_n - X)$ $(n \geq 1)$ fast-sicher gegen 0 konvergiert.

Bemerkung. — Aus der Definition ist unmittelbar ersichtlich, dass sich die Aussagen der Theoreme 2.1 und 2.2, wie auch ihrer Korollare, auf die fast-sichere Konvergenz übertragen. Gleichwohl ist diese Definition *nicht* sehr praktikabel und es ist manchmal von Vorteil, eine äquivalente, besser handhabbare Definition für die fast-sichere Konvergenz zur Verfügung zu haben. Eine solche Definition findet sich nach dem folgenden Kommentar und Theorem.

Kommentar zur Definition. — Für jedes $\varepsilon > 0$ setzen wir

$$E_n(\varepsilon) = \big\{ |X_n| > \varepsilon \big\}, \qquad E(\varepsilon) = \limsup_{n \to \infty} E_n(\varepsilon) = \bigcap_{n \geq 1} \bigcup_{k \geq n} E_k(\varepsilon).$$

Dann konvergiert (X_n) $(n \geq 1)$ gegen 0 auf der «Konvergenzmenge»

$$C = \bigcap_{\varepsilon > 0} \bigcup_{n \geq 1} \bigcap_{k \geq n} \{ |X_k| \leq \varepsilon \} = \bigcap_{\varepsilon > 0} E(\varepsilon)^c.$$

Deren Komplement ist die «Divergenzmenge»

$$D = C^c = \bigcup_{\varepsilon > 0} \bigcap_{n \geq 1} \bigcup_{k \geq n} \{ |X_k| > \varepsilon \} = \bigcup_{\varepsilon > 0} E(\varepsilon).$$

Es ist $0 < \varepsilon < \varepsilon' \implies E(\varepsilon') \subset E(\varepsilon)$ und somit ist $(E(\varepsilon))$ $(\varepsilon > 0)$ eine monoton wachsende Familie für $\varepsilon \downarrow 0$; daraus ergeben sich die beiden folgenden Aussagen:

a) Die Menge D kann als $D = \bigcup_l E(1/l)$, mit $l \geq 1$ ganzzahlig, geschrieben werden. Folglich ist D (und damit auch C) *messbar.* (Diese Beobachtung wurde erstmals von Kolmogorov in seinem fundamentalen Werk[2] gemacht.)

b) $D = \lim_{\varepsilon \downarrow 0} E(\varepsilon)$.

Offenbar ist die Aussage $X_n \overset{f.s.}{\longrightarrow} 0$ äquivalent zu $\mathrm{P}(C) = 1$, sie ist somit auch äquivalent zu $\mathrm{P}(D) = 0$. Die letzte Aussage hat eine interessante Interpretation, die Gegenstand des folgenden Theorems ist.

---

[2] Kolmogorov (A. N.). — *Grundbegriffe der Wahrscheinlichkeitsrechnung.* — Berlin, Springer, 1933.

THEOREM 4.1. — *Mit den gerade eingeführten Notationen sind die beiden folgenden Aussagen äquivalent:*
  a) $P(D) = 0$;
  b) *für jedes $\varepsilon > 0$ ist* $P(E(\varepsilon)) = 0$.
Beweis.
  a) $\Rightarrow$ b) Aus $D = \bigcup_{\varepsilon > 0} E(\varepsilon)$ folgt $P(E(\varepsilon)) \leq P(D)$ für jedes $\varepsilon > 0$.
  b) $\Rightarrow$ a) Aus $D = \lim_{\varepsilon \downarrow 0} E(\varepsilon)$ folgt $P(D) = \lim_{\varepsilon \downarrow 0} P(E(\varepsilon))$. $\square$

Dieses Theorem erlaubt es uns nun, eine besser handhabbare Definition der fast-sicheren Konvergenz zu geben.

Definition. — Es sei (X_n) $(n \geq 1)$ eine Folge von Zufallsvariablen, die auf einem gemeinsamen Wahrscheinlichkeitsraum definiert sind. Für $\varepsilon > 0$ sei

$$E_n(\varepsilon) = \{|X_n| > \varepsilon\}, \qquad E(\varepsilon) = \limsup_{n \to \infty} E_n(\varepsilon).$$

  a) Man sagt, dass die Folge (X_n) $(n \geq 1)$ *fast-sicher gegen 0 konvergiert,* wenn $P(E(\varepsilon)) = 0$ für jedes $\varepsilon > 0$ gilt.
  b) Ist X eine weitere Zufallsvariable, die auf dem gleichen Wahrscheinlichkeitsraum wie die X_n definiert ist, so sagt man, dass die Folge (X_n) *fast-sicher gegen X konvergiert,* wenn $X_n - X \xrightarrow{f.s.} 0$ gilt.

THEOREM 4.2. — *Es sei (X_n) $(n \geq 1)$ eine Folge von Zufallsvariablen. Dann sind die beiden folgenden Aussagen äquivalent:*
  a) *Die Folge (X_n) konvergiert fast-sicher gegen 0.*
  b) *Die Folge der $Y_n = \sup_{k \geq n} |X_k|$ $(n \geq 1)$ konvergiert gegen 0 in der Wahrscheinlichkeit.*
  Als unmittelbare Konsequenz ergibt sich daraus, dass die fast-sichere Konvergenz die Konvergenz in der Wahrscheinlichkeit impliziert.

Beweis. — Mit den eingeführten Definitionen ist

$$\bigcup_{k \geq n} E_k(\varepsilon) = \bigcup_{k \geq n} \{|X_k| > \varepsilon\} = \Big\{ \sup_{k \geq n} |X_k| > \varepsilon \Big\}.$$

Dies ist eine monoton absteigende Folge von Mengen für wachsendes n, deshalb gilt für jedes $\varepsilon > 0$

$$E(\varepsilon) = \lim_{n \to \infty} \Big\{ \sup_{k \geq n} |X_k| > \varepsilon \Big\} \quad \text{und} \quad P(E(\varepsilon)) = \lim_{n \to \infty} P\Big\{ \sup_{k \geq n} |X_k| > \varepsilon \Big\}.$$

Diese Gleichheit, die für jedes $\varepsilon > 0$ gilt, zeigt a) $\Leftrightarrow$ b). $\square$

Wir führen nun zwei Kriterien für die fast-sichere Konvergenz an.

SATZ 4.3. — *Es sei (X_n) $(n \geq 1)$ eine Folge von Zufallsvariablen. Wenn für jedes $\varepsilon > 0$ die Reihe mit dem allgemeinen Glied $\mathrm{P}\{|X_n| > \varepsilon\}$ konvergiert, so konvergiert die Folge (X_n) $(n \geq 1)$ fast-sicher gegen 0.*

Beweis. — Mit den oben eingeführten Notationen gilt für jedes $\varepsilon > 0$ und jedes $n \geq 1$ ist

$$\mathrm{P}(E(\varepsilon)) \leq \sum_{k \geq n} \mathrm{P}(E_k(\varepsilon)).$$

Da die rechte Seite der Rest der Ordnung n einer konvergenten Reihe ist, muss er gegen 0 gehen, wenn n gegen unendlich strebt. Da die linke Seite von n unabhängig ist, muss sie also gleich 0 sein. Daher hat man $\mathrm{P}(E(\varepsilon)) = 0$ für jedes $\varepsilon > 0$, d.h. $X_n \xrightarrow{f.s.} 0$. $\square$

SATZ 4.4. — *Sei (X_n) $(n \geq 1)$ eine Folge von Zufallsvariablen. Falls für ein $r > 0$ die Reihe mit dem allgemeinen Glied $\mathbb{E}\big[|X_n|^r\big]$ konvergiert, so konvergiert die Folge (X_n) $(n \geq 1)$ fast-sicher gegen 0.*

Beweis. — Aus der Ungleichung von Bienaymé-Tchebychev folgt

$$\mathrm{P}\{|X_n| \geq \varepsilon\} \leq \frac{\mathbb{E}[|X_n|^r]}{\varepsilon^r} \qquad \text{für jedes } \varepsilon > 0;$$

daraus folgt die Behauptung mittels Satz 4.3. $\square$

Zum Abschluss dieses Abschnitts wollen wir noch den Zusammenhang zwischen fast-sicherer Konvergenz und Konvergenz in der Wahrscheinlichkeit behandeln.

THEOREM 4.5. — *Gilt $X_n \xrightarrow{p} 0$, so gibt es eine Teilfolge (X_{n_k}) von (X_n) mit $X_{n_k} \xrightarrow{f.s.} 0$.*

Beweis. — Es sei $\varepsilon > 0$ und (η_k) sei eine Folge von positiven Zahlen mit $\sum_{k \geq 1} \eta_k < +\infty$. Nach Voraussetzung gibt es zu jedem $k \geq 1$ einen Index $n_k \geq 1$ mit $\mathrm{P}\{|X_{n_k}| > \varepsilon\} < \eta_k$. Dabei kann man stets $n_k < n_{k+1}$ voraussetzen. Dann gilt für jedes $\varepsilon > 0$

$$\mathrm{P}\Big\{\sup_{k \geq n} |X_{n_k}| > \varepsilon\Big\} = \mathrm{P}\Big\{\bigcup_{k \geq n} \{|X_{n_k}| > \varepsilon\}\Big\} \leq \sum_{k \geq n} \eta_k.$$

Die rechte Seite konvergiert gegen 0 für $n \to \infty$. Daraus folgt die Behauptung mittels Theorem 4.1. $\square$

THEOREM 4.6. — *Für eine Folge (X_n) $(n \geq 1)$ von Zufallsvariablen sind die beiden folgenden Aussagen äquivalent:*

a) *$X_n \xrightarrow{p} 0$;*

b) *Aus jeder Teilfolge von (X_n) kann man eine Teilfolge auswählen, die fast-sicher gegen 0 konvergiert.*

Beweis.

a) $\Rightarrow$ b) Ist (X_{a_n}) eine Teilfolge von (X_n), so gilt auch $X_{a_n} \xrightarrow{p} 0$. Damit kann man Theorem 4.5 auf die Folge (X_{a_n}) anwenden und erhält die Existenz einer fast-sicher gegen 0 konvergierenden Teilfolge von (X_{a_n}).

b) $\Rightarrow$ a) Wir nehmen nun an, dass die Aussage a) nicht gilt, d.h. es gibt $\varepsilon, \eta > 0$ derart, dass es zu jedem beliebigen $N > 0$ eine ganze Zahl $n \geq N$ gibt mit $P\{|X_n| > \varepsilon\} > \eta$. Damit hat man aber die Existenz einer Teilfolge (X_{a_n}) von (X_n) nachgewiesen, so dass $P\{|X_{a_n}| > \varepsilon\} > \eta$ für alle $n \geq 1$ gilt. Somit gilt auch $P\{|X_{b_k}| > \varepsilon\} > \eta$ für jede Teilfolge (X_{b_k}) $(k \geq 1)$, die man aus (X_{a_n}) gewinnen kann. Damit konvergiert die Folge nicht gegen 0 in der Wahrscheinlichkeit, und damit auch erst recht nicht fast-sicher. Dies steht im Widerspruch zu b). $\quad\square$

Bemerkung. — Die Theoreme 2.1 und 2.2 erweisen sich nun als unmittelbare Folgerungen von Theorem 4.6. Es genügt die Beobachtung, dass $X_n \xrightarrow{f.s.} X$ für jede *stetige* Funktion f die Aussage $f \circ X_n \xrightarrow{f.s.} f \circ X$ impliziert.

5. Vergleich der Konvergenzbegriffe. — Die Beziehungen zwischen den verschiedenen Konvergenzbegriffen werden durch das folgende Diagramm beschrieben:

$$\text{Konv. im } r\text{-ten Mittel} \Longrightarrow \text{Konv. in W.keit} \Longrightarrow \text{Verteilungskonv.}$$

$$\text{fast-sichere Konv.}$$

Es ist *a priori* klar, dass die Verteilungskonvergenz der schwächste dieser Konvergenzbegriffe ist, denn dieser Begriff bezieht sich nur auf die *Verteilungen* der X_n, und nicht auf einen zugrunde liegenden Wahrscheinlichkeitsraum.

Notation. — Im folgenden bezeichnen (X_n) und (F_n) $(n \geq 1)$ eine Folge von Zufallsvariablen und die Folge der zugehörigen Verteilungsfunktionen.

THEOREM 5.1. — *Für $r > 0$ impliziert die Konvergenz im r-ten Mittel die Konvergenz in der Wahrscheinlichkeit.*

Beweis. — Dies folgt aus der Ungleichung von Bienaymé-Tchebychev, denn für jedes $\varepsilon > 0$ gilt

$$P\{|X_n| \geq \varepsilon\} \leq \frac{\mathbb{E}[|X_n|^r]}{\varepsilon^r} \longrightarrow 0. \quad\square$$

Bemerkung. — Die Umkehrung gilt *nicht*. Sei $r = 1$ und (X_n) eine Folge von Zufallsvariablen mit den Verteilungen $\frac{1}{n}\varepsilon_{n^2} + (1 - \frac{1}{n})\varepsilon_0$. Man verifiziert leicht, dass diese Folge gegen 0 in der Wahrscheinlichkeit konvergiert, nicht aber im 1-ten Mittel. Die Umkehrung gilt allerdings in dem Spezialfall, dass die Folge (X_n) fast-sicher beschränkt ist. (*cf.* Aufgabe 4).

THEOREM 5.2. — *Die Konvergenz in der Wahrscheinlichkeit impliziert die Konvergenz in der Verteilung.*

Der Beweis stützt sich auf das folgende Lemma.

LEMMA 5.3. — *Es sei (X, Y) ein Paar von Zufallsvariablen. Dann gilt für jedes $\eta > 0$*

$$|F_X(x) - F_Y(x)| \leq F_X(x + \eta) - F_X(x - \eta) + P\{|X - Y| > \eta\}.$$

Beweis.
a) Aus

$$\{Y \leq x\} = \{Y \leq x,\ X \leq x + \eta\} + \{Y \leq x,\ X > x + \eta\}$$
$$\subset \{X \leq x + \eta\} + \{|X - Y| > \eta\}$$

folgt

$$F_Y(x) \leq F_X(x + \eta) + P\{|X - Y| > \eta\}.$$

b) Analog erhält man

$$F_X(x - \eta) \leq F_Y(x) + P\{|X - Y| > \eta\}.$$

c) Aus a) und b) ergibt sich

$$F_X(x - \eta) - P\{|X - Y| > \eta\} \leq F_Y(x) \leq F_X(x + \eta) + P\{|X - Y| > \eta\}.$$

d) Trivial ist:

$$F_X(x - \eta) \leq F_X(x) \leq F_X(x + \eta).$$

e) Aus c) und d) folgt schliesslich

$$|F_X(x) - F_Y(x)| \leq F_X(x + \eta) - F_X(x - \eta) + P\{|X - Y| > \eta\}. \quad \square$$

Um nun Theorem 5.2 zu beweisen, wendet man das Lemma auf $Y = X_n$ an. Man erhält für jedes $n \geq 0$ und jedes $\eta > 0$

$$|F_X(x) - F_{X_n}(x)| \leq F_X(x + \eta) - F_X(x - \eta) + P\{|X - X_n| > \eta\}.$$

Ist nun x ein Stetigkeitspunkt von F_X, so gibt es zu jedem $\varepsilon > 0$ ein $\eta(\varepsilon)$ mit $F(x + \eta) - F_X(x - \eta) < \varepsilon$. Gilt nun $X_n \xrightarrow{p} X$, so kann man zu dem Paar $(\varepsilon, \eta(\varepsilon))$ eine Zahl $N(\varepsilon) > 0$ derart bestimmen, dass $P\{|X - X_n| \geq \eta\} < \varepsilon$ für alle $n \geq N$ gilt. An einem Stetigkeitspunkt x von F_X gilt also für alle $n \geq N$ die Ungleichung $|F_X(x) - F_{X_n}(x)| < 2\varepsilon. \quad \square$

Bemerkung 1. — Die Umkehrung dieser Aussage gilt *nicht*, denn eine Folge von Zufallsvariablen kann in der Verteilung konvergent sein, ohne in der Wahrscheinlichkeit zu konvergieren. Es folgt ein Beispiel, dessen schlagende Einfachheit klar erkennen lässt, was diese beiden Konvergenztypen voneinander unterscheidet. Es sei X eine Zufallsvariable mit der Verteilung

$\frac{1}{2}(\varepsilon_0 + \varepsilon_1)$, und es sei $Y = 1 - X$. Dann haben X und Y die gleiche Verteilung und es ist $|X - Y| = 1$. Definiert man nun die Folge (X_n) $(n \geq 1)$ einfach durch $X_n = Y$ für alle $n \geq 1$, so konvergiert (X_n) $(n \geq 1)$ (trivialerweise) in der Verteilung gegen X, aber natürlich nicht in der Wahrscheinlichkeit, denn es gilt $|X_n - X| = |Y - X| = 1$.

Bemerkung 2. — Eine Umkehrung der obigen Aussage gilt allerdings in der speziellen Situation, dass die Limes-Variable X fast-sicher konstant ist. Wir werden zeigen, dass eine Folge (X_n), die in der Verteilung gegen 0 konvergiert, auch in der Wahrscheinlichkeit gegen 0 konvergiert. Wir setzen dafür

$$\mathrm{F}_n(x) \to \begin{cases} 1, & \text{für } x > 0; \\ 0, & \text{für } x < 0. \end{cases}$$

Für jedes $\varepsilon > 0$ und jedes $\eta > 0$ mit $\varepsilon - \eta > 0$ kann man

$$\begin{aligned} \mathrm{P}\{|X_n| > \varepsilon\} &= \mathrm{P}\{X_n > \varepsilon\} + \mathrm{P}\{X_n < -\varepsilon\} \\ &\leq \mathrm{P}\{X_n > \varepsilon - \eta\} + \mathrm{P}\{X_n \leq -\varepsilon\} \end{aligned}$$

schreiben, und somit gilt

$$\mathrm{P}\{|X_n| > \varepsilon\} \leq 1 - \mathrm{F}_n(\varepsilon - \eta) + \mathrm{F}_n(-\varepsilon) \to 0. \quad \square$$

THEOREM 5.4. — *Die fast-sichere Konvergenz impliziert die Konvergenz in der Wahrscheinlichkeit*

Beweis. — Das ist eine unmittelbare Konsequenz von Theorem 4.2. $\quad \square$

Bemerkung 1. — Die Umkehrung gilt nicht, denn eine Folge von Zufallsvariablen kann gegen 0 in der Wahrscheinlichkeit konvergieren, ohne dass sie fast-sicher gegen 0 konvergiert; das kann sogar soweit gehen, dass *überhaupt keine* ihrer Realisierungen gegen 0 konvergiert. Dies zeigt das folgende Beispiel ("gleitende Hügel" genannt).

Wir nehmen als Ω das Intervall $[0,1]$, als $\mathfrak{A}$ die Borel-σ-Algebra, als P das Lebesgue-Mass auf $([0,1], \mathfrak{A})$. Als Zufallsvariable betrachten wir eine doppelt indizierte Folge von Abbildungen von Ω in $\mathbb{R}$:

$$X_{11} = I_{[0,1]}; \quad X_{21} = I_{[0,1/2[}; \quad X_{22} = I_{[1/2,1]};$$
$$X_{31} = I_{[0,1/3[}; \quad X_{32} = I_{[1/3,2/3[}; \quad X_{33} = I_{[2/3,1]}; \quad \ldots$$

Die Graphen der X_{nk} $(n \geq 1, 1 \leq k \leq n)$ sind "gleitende Hügel", die mit wachsendem n immer schmaler werden. Man kann die doppelt indizierte Folge (X_{nk}) gemäss der lexikografischen Ordnung in eine Folge (Y_n) umschreiben.

Dann erkennt man,

1) dass die Folge (Y_n) in keinem einzigen Punkt $\omega \in [0,1]$ konvergiert;

2) dass die Folge (Y_n) in der Wahrscheinlichkeit gegen 0 konvergiert, denn für jedes ε aus dem Intervall $]0,1[$ gilt $\mathrm{P}\{|X_{nk}| > \varepsilon\} = 1/n$ für jedes $n \geq 1$ und jedes k mit $1 \leq k \leq n$; daher strebt $\mathrm{P}\{|Y_n| > \varepsilon\}$ für $n \to \infty$ gegen 0.

Bemerkung 2. — Das Beispiel der gleitenden Hügel dient auch zur Illustration folgender Tatsache: *die Konvergenz im quadratischen Mittel impliziert nicht die fast-sichere Konvergenz.* In der Tat:

1) die Folge (Y_n) konvergiert in keinem einzigen Punkt ω von $[0,1]$;

2) $\mathbb{E}\big[|X_{nk}|^2\big] = 1/n$ für jedes $n \geq 1$ und jedes k mit $1 \leq k \leq n$. Also konvergiert $\mathbb{E}\big[|Y_n|^2\big]$ für $n \to \infty$ gegen 0, d.h. (Y_n) $(n \geq 1)$ konvergiert gegen 0 *im quadratischen Mittel* (und auch im Mittel erster Ordnung).

6. Konvergenz in der Verteilung für ganzzahlige und absolut stetige Zufallsvariable

THEOREM 6.1. — *Gegeben sei eine Folge (X_n) $(n \geq 1)$ von Zufallsvariablen mit Werten in $\mathbb{Z}$ und eine weitere Zufallsvariable X, ebenfalls mit Werten in $\mathbb{Z}$. Es bezeichne $(p_{n,k},\ k \in \mathbb{Z})$ die Verteilung von X_n $(n \geq 1)$ und $(\alpha_k,\ k \in \mathbb{Z})$ die Verteilung von X. Dann sind die beiden folgenden Aussagen gleichwertig:*

a) *Für jedes $k \in \mathbb{Z}$ gilt* $\displaystyle\lim_{n\to\infty} p_{n,k} = \alpha_k$;

b) $X_n \overset{\mathcal{L}}{\longrightarrow} X$ $(n \to \infty)$ *(Konvergenz in der Verteilung).*

Beweis.

a) $\Rightarrow$ b) Zunächst ist $|p_{n,k} - \alpha_k| = p_{n,k} + \alpha_k - 2\,p_{n,k} \wedge \alpha_k$ und daher

$$\sum_{k\in\mathbb{Z}} |p_{n,k} - \alpha_k| = \sum_{k\in\mathbb{Z}} p_{n,k} + \sum_{k\in\mathbb{Z}} \alpha_k - 2\sum_{k\in\mathbb{Z}} p_{n,k} \wedge \alpha_k\,.$$

Weil $(p_{n,k})$ und (α_k) Wahrscheinlichkeitsverteilungen sind, folgt

$$\sum_{k\in\mathbb{Z}} |p_{n,k} - \alpha_k| = 2 - 2\sum_{k\in\mathbb{Z}} p_{n,k} \wedge \alpha_k.$$

Nun ist $0 \leq p_{n,k} \wedge \alpha_k \leq \alpha_k$ und $\sum_{k\in\mathbb{Z}} \alpha_k = 1$. Für jedes $k \in \mathbb{Z}$ konvergiert die Folge $(p_{n,k} \wedge \alpha_k)$ für $n \to \infty$ gegen α_k. Nach dem Satz von der dominierten Konvergenz kann man also den Grenzübergang $\sum_{k\in\mathbb{Z}} p_{n,k} \wedge \alpha_k \to \sum_{k\in\mathbb{Z}} \alpha_k = 1$ und daher $\sum_{k\in\mathbb{Z}} |p_{n,k} - \alpha_k| \to 0$ $(n \to \infty)$ folgern.

Für reelles x sei nun $F_n(x) = \sum_{k \leq x} p_{n,k}$, $F(x) = \sum_{k \in \mathbb{Z}} \alpha_k$. Dann gilt

$$|F_n(x) - F(x)| \leq \sum_{k \leq x} |p_{n,k} - \alpha_k| \leq \sum_{k \in \mathbb{Z}} |p_{n,k} - \alpha_k| \to 0 \quad (n \to \infty)$$

für jedes reelle x, also $X_n \xrightarrow{\mathcal{L}} X$.

b) $\Rightarrow$ a) Es bezeichne F_n die Verteilungsfunktion von X_n und F diejenige von X. Dann gilt $p_{n,k} = F_n(k) - F_n(k-1) \to F(k) - F(k-1) = \alpha_k$ für jedes $k \in \mathbb{Z}$ für $n \to \infty$. Es gilt auch $\sum_{k \in \mathbb{Z}} \alpha_k = F(+\infty) - F(-\infty) = 1$. $\square$

Bemerkung. — Zusammen mit Theorem 4.2 von Kapitel 9 ergibt dieses Theorem ein Kriterium für die Konvergenz in der Verteilung einer Folge von Zufallsvariablen mit ganzzahligen *positiven* Werten.

KRITERIUM. — *Es sei (X_n) eine Folge von Zufallsvariablen mit Werten in $\mathbb{N}$, wobei X_n die erzeugende Funktion G_n habe. Ebenso sei X eine Zufallsvariable mit Werten in $\mathbb{N}$ und erzeugender Funktion G. Wenn für alle $u \in]0,1[$ $\lim_{n \to \infty} G_n(u) = G(u)$ gilt, so gilt auch $X_n \xrightarrow{\mathcal{L}} X$ $(n \to \infty)$.*

THEOREM 6.2 (Satz von Scheffé). — *Es sei (X_n) $(n \geq 1)$ eine Folge von absolut stetigen Zufallsvariablen und auch X eine absolut stetige Zufallsvariable. Mit f_n (bzw. f) seien die Dichten von X_n (bzw. X) und mit μ_n (bzw. μ) die entsprechenden Verteilungen benannt. Für fast alle reellen x gelte $f_n(x) \to f(x)$ für $n \to \infty$. Dann folgt:*

a) $\|f_n - f\|_1 = \int_{\mathbb{R}} |f_n(x) - f(x)| \, dx \to 0$, *für* $n \to \infty$ *d.h.* $f_n \to f$ *in der L^1-Norm.*

b) $\lim_{n \to \infty} \sup_{B \in \mathcal{B}^1} |\mu_n(B) - \mu(B)| = 0$, *d.h.* $\mu_n \to \mu$ *"in der Variation".*

c) $X_n \xrightarrow{\mathcal{L}} X$ *(Konvergenz in der Verteilung).*

Beweis.

a) Zunächst hat man $|f_n - f| = f_n + f - 2 f_n \wedge f$, und daher $\int_{\mathbb{R}} |f_n - f| \, dx = \int_{\mathbb{R}} f_n \, dx + \int_{\mathbb{R}} f \, dx - 2 \int_{\mathbb{R}} f_n \wedge f \, dx$. Da f_n und f Wahrscheinlichkeitsdichten sind, folgt $\|f_n - f\|_1 = 2 - 2 \int_{\mathbb{R}} f_n \wedge f \, dx$. Für jedes $n \geq 1$ gilt $0 \leq f_n \wedge f \leq f$, wobei f integrierbar ist; ausserdem hat man für jedes reelle x die Konvergenz $(f_n \wedge f)(x) \to f(x)$ für $n \to \infty$. Der Satz von der dominierten Konvergenz erlaubt den Schluss $\int_{\mathbb{R}} f_n \wedge f \, dx \to \int_{\mathbb{R}} f \, dx = 1$ für $n \to \infty$. Daher gilt auch $\|f_n - f\|_1 \to 0$ für $n \to \infty$.

b) Für $B \in \mathcal{B}^1$ gilt $|\mu_n(B) - \mu(B)| = \left|\int_B (f_n - f) \, dx\right| \leq \int_B |f_n - f| \, dx \leq \int_{\mathbb{R}} |f_n - f| \, dx$, daher $\sup_{B \in \mathcal{B}^1} |\mu_n(B) - \mu(B)| \leq \|f_n - f\|_1 \to 0$ für $n \to \infty$.

c) Für reelles x sei $F_n(x) = \mu_n(]-\infty, x])$ und $F(x) = \mu(]-\infty, x])$. Mittels b) für $B =]-\infty, x]$, erhält man für jedes reelle x die Konvergenz $|F_n(x) - F(x)| \to 0$ für $n \to \infty$, d.h. $X_n \xrightarrow{\mathcal{L}} X$. $\square$

Bemerkung. — Aus $X_n \xrightarrow{\mathcal{L}} X$ folgt nicht notwendig, dass $f_n(x) \to f(x)$ für jedes reelle x für $n \to \infty$ gilt.

Beispiel. — Für jedes $n \geq 1$ sei X_n eine Zufallsvariable mit der Dichte

$$f_n(x) = \begin{cases} 1 - \cos(2\pi n x), & \text{für } x \in [0,1]; \\ 0, & \text{sonst.} \end{cases}$$

a) Die Folge $(X_n)_{n \geq 1}$ konvergiert in der Verteilung gegen eine gleichverteilte Zufallsvariable auf $[0,1]$, d.h. die zugehörige Dichte ist $f(x) = I_{[0,1]}(x)$. In der Tat, für jedes $x \in [0,1]$ gilt

$$\int_0^x f_n(t)\, dt = x - \frac{\sin(2\pi n x)}{2\pi n} \to x \qquad (n \to \infty).$$

b) Die Folge $(f_n(x))$ konvergiert für keinen Wert $x \in\,]0,1[$.

7. Konvergenz in der Verteilung und fast-sichere Konvergenz

7.1. *Inverse einer Verteilungsfunktion.* — Es sei F die Verteilungsfunktion eines Wahrscheinlichkeitsmasses μ auf $\mathbb{R}$. Für jedes $u \in\,]0,1[$ ist die Menge $\{x : F(x) \geq u\}$ ein nicht beschränktes *Intervall* von $\mathbb{R}$, das ein kleinstes Element besitzt. Bezeichnet man dieses kleinste Element mit $F^{-1}(u)$, so gilt

$$\{x : F(x) \geq u\} = \big[F^{-1}(u), +\infty\big[.$$

Auf diese Weise definiert man eine monoton wachsende Abbildung F^{-1} von $]0,1[$ in $\mathbb{R}$. Diese Abbildung stimmt mit der Inversen von F überein, wenn F bijektiv $\mathbb{R}$ auf $]0,1[$ abbildet (d.h. wenn F stetig und streng monoton steigend ist). In der allgemeinen Situation spricht man von der *verallgemeinerten Inversen im Sinne von Paul Lévy.*

Aus der Definition ergibt sich unmittelbar für jede reelle Zahl $u \in\,]0,1[$ und jedes Paar (a,b) von reellen Zahlen mit $a < b$ die Äquivalenz

$$(7.1) \qquad F(a) < u \leq F(b) \iff a < F^{-1}(u) \leq b.$$

7.2. *Konstruktion einer Zufallsvariablen mit vorgegebener Verteilung.* Wir behalten die Notation des vorigen Unterabschnittes bei.

THEOREM 7.1. — *Es sei* $(]0,1[, \mathcal{B}(]0,1[), \mathrm{P})$ *der Wahrscheinlichkeitsraum, bei dem* P *die Restriktion des Lebesgue-Masses auf die σ-Algebra* $\mathcal{B}(]0,1[)$ *ist. Als reelle Zufallsvariable auf diesem Raum betrachtet, hat die Abbildung* F^{-1} *gerade* F *als Verteilungsfunktion und somit auch* μ *als Verteilung.*

Beweis. — Für jedes reelle x folgt aus (7.1)

$$\mathrm{P}\{F^{-1} \le x\} = \mathrm{P}\{u : F^{-1}(u) \le x\} = \mathrm{P}\{u : u \le F(x)\} = F(x). \quad \square$$

7.3. *Der Satz von Skorohod*

THEOREM 7.2 (Skorohod). — *Es sei (μ_n) eine Folge von Wahrscheinlichkeitsverteilungen auf $\mathbb{R}$, die in der Verteilung gegen eine Wahrscheinlichkeitsverteilung μ konvergieren. Dann kann man auf einem gemeinsamen Wahrscheinlichkeitsraum eine Folge von Zufallsvariablen (X_n) und eine Zufallsvariable X so definieren, dass jedes X_n die Verteilung μ_n und X die Verteilung μ hat, wobei zudem noch $X_n \xrightarrow{f.s.} X$ gilt.*

Beweis. — Es bezeichne F_n die Verteilungsfunktion von μ_n, F diejenige von μ, und $\mathcal{C}$ sei die Menge der Stetigkeitspunkte von F. Schliesslich sei F_n^{-1} die verallgemeinerte Inverse von F_n und F^{-1} diejenige von F. Zu μ_n hat man die auf $(]0, 1[, \mathcal{B}(]0, 1[), \lambda)$ (mit Lebesgue-Mass λ) definierte Zufallsvariable $X_n = F_n^{-1}$ und ebenso zu μ die auf dem gleichen Raum definierte Zufallsvariable $X = F^{-1}$.

Es ist nur noch $X_n \xrightarrow{f.s.} X$ zu zeigen, dafür genügt es aber nachzuweisen, dass die Folge $(F_n^{-1}(u))$ in jedem Punkt, in dem F^{-1} stetig ist, gegen $F^{-1}(u)$ konvergiert. (Man beachte, dass das Komplement dieser Menge von Stetigkeitspunkten das Lebesgue-Mass Null hat.) Es sei also $u \in]0, 1[$ ein solcher Punkt. Sind a, b zwei Elemente von $\mathcal{C}$ mit

$$(7.2) \qquad\qquad u < F^{-1}(u) < b,$$

so kann man einen Punkt v mit $u < v < 1$ finden, für den $a < F^{-1}(u) \le F^{-1}(v) \le b$, d.h. $F(a) < u < v \le F(b)$, gilt. Da a und b zu $\mathcal{C}$ gehören, gelten für hinreichend grosses n die Ungleichungen $F_n(a) < u \le F_n(b)$, also

$$(7.3) \qquad\qquad a < F_n^{-1}(u) \le b.$$

Aus (7.2) und (7.3) folgt dann die Behauptung. $\quad \square$

Bemerkung 1. — Man sagt, die Zufallsvariable X' sei eine *Version* der Zufallsvariablen X, wenn X' die gleiche Verteilung wie X hat. (Dabei wird natürlich nicht vorausgesetzt, dass X und X' auf dem gleichen Wahrscheinlichkeitsraum definiert sind.) In dieser Terminologie besagt Theorem 7.2:

Konvergiert eine Folge von Zufallsvariablen (X_n) in der Verteilung gegen eine Zufallsvariable X, so gibt es Versionen X_n', X' von X_n, X, die auf ein und demselben Wahrscheinlichkeitsraum definiert sind, für die $X_n' \xrightarrow{f.s.} X'$ gilt.

Bemerkung 2. — Wir stellen hier ein Resultat vor, das eine unmittelbare Folgerung aus dem Satz von Skorohod ist, dessen Beweis auf direktem Weg aber langwierig wäre.

Es gelte $X_n \xrightarrow{\mathcal{L}} X$ und es sei $g : \mathbb{R} \to \mathbb{R}$ eine stetige Funktion. Dann gilt auch $g \circ X_n \xrightarrow{\mathcal{L}} g \circ X$.

8. Die Konvergenz in der Verteilung aus funktionaler Sicht. Wir wollen hier eine alternative Definition der Konvergenz in der Verteilung geben, bei der man sich auf eine Klasse von "Testfunktionen" bezieht. Eine solche, mit $\mathcal{H}$ bezeichnete, Klasse besteht aus *stetigen und beschränkten* Funktionen auf $\mathbb{R}$, und soll noch die folgende Eigenschaft besitzen:

(D) Für jedes Paar (a, b) von reellen Zahlen mit $a < b$ existiert ein Element $f \in \mathcal{H}$ mit: $I_{]-\infty,a]} \leq f \leq I_{]-\infty,b]}$.

Man könnte beispielsweise für $\mathcal{H}$ jede der drei folgenden Klassen nehmen:

a) die Klasse *aller* stetigen und beschränkten Funktionen auf $\mathbb{R}$;

b) die eingeschränktere Klasse aller beschränkten Lipschitz-Funktionen auf $\mathbb{R}$;

c) die noch weiter eingeschränkte Klasse aller Funktionen der Form:

$$x \mapsto 1 \wedge \left[\frac{(b-x)^+}{b-a} \right], \qquad (a < b).$$

THEOREM 8.1. — *Es sei (X_n) eine Folge von reellen Zufallsvariablen und X eine reelle Zufallsvariable, die nicht notwendigerweise auf demselben Wahrscheinlichkeitsraum definiert sein müssen. Weiter sei $\mathcal{H}$ eine Klasse von stetigen und beschränkten Funktionen auf $\mathbb{R}$ mit der Eigenschaft* (D) *Dann sind die beiden folgenden Aussagen äquivalent:*

1) $X_n \xrightarrow{\mathcal{L}} X$;

2) *Für jedes $f \in \mathcal{H}$ gilt $\mathbb{E}[f \circ X_n] \to \mathbb{E}[f \circ X]$* $\qquad (n \to \infty)$.

Beweis.

1) $\Rightarrow$ 2) Dank Theorem 7.2, kann man von Versionen X'_n, X' von X_n, X ausgehen, die auf ein und demselben Wahrscheinlichkeitsraum definiert sind und für die X'_n fast-sicher gegen X' konvergiert. Für jedes $f \in \mathcal{H}$ konvergiert dann die Folge $(f \circ X'_n)$ fast-sicher gegen $f \circ X'$. Da f beschränkt ist, folgt aus dem Satz von der dominierten Konvergenz $\mathbb{E}[f \circ X'_n] \to \mathbb{E}[f \circ X']$; gleiches gilt dann natürlich für X_n, X und somit hat man $\mathbb{E}[f \circ X_n] \to \mathbb{E}[f \circ X]$.

2) $\Rightarrow$ 1) Bezeichne jetzt F die Verteilungsfunktion von X und F_n diejenige von X_n. Es sei weiter x ein *Stetigkeitspunkt* für F und δ eine positive reelle Zahl. Wegen Eigenschaft (D) gibt es also Elemente f, g in $\mathcal{H}$ mit

$$I_{]-\infty,x-\delta]} \leq f \leq I_{]-\infty,x]} \leq g \leq I_{]-\infty,x+\delta]}.$$

Also gilt für alle n

$$f \circ X_n \leq I_{\{X_n \leq x\}} \leq g \circ X_n$$

und folglich $\mathbb{E}[f \circ X_n] \leq F_n(x) \leq \mathbb{E}[g \circ X_n]$. Indem man nun n gegen unendlich gehen lässt, erhält man

$$\mathbb{E}[f \circ X] \leq \liminf_{n \to \infty} F_n(x) \leq \limsup_{n \to \infty} F_n(x) \leq \mathbb{E}[g \circ X]$$

und daraus

$$F(x - \delta) \leq \liminf_{n \to \infty} F_n(x) \leq \limsup_{n \to \infty} F_n(x) \leq F(x + \delta).$$

Nun muss man nur noch δ gegen 0 gehen lassen, um die auf die Konvergenz von $(F_n(x))$ gegen $F(x)$ schliessen zu können. $\quad \square$

Bemerkung. — Offensichtlich gilt die Aussage von Theorem 8.1 auch dann noch, wenn man an Stelle der *Stetigkeit* und Beschränktheit für die Funktionen der Klasse $\mathcal{H}$ annimmt, dass diese Borel-messbar und beschränkt sind, und dass die Menge ihrer Unstetigkeitspunkte eine Nullmenge bezüglich der Verteilung von X ist.

9. Der Satz von Paul Lévy. — Im Abschnitt 6 dieses Kapitels haben wir für die Konvergenz in der Verteilung einer Folge von Zufallsvariablen mit Werten in $\mathbb{N}$ ein Kriterium formuliert, welches von den *erzeugenden Funktionen* Gebrauch macht. In der allgemeinen Situation verfügt man über ein entsprechendes Kriterium, bei dem die Rolle der erzeugenden Funktionen von den *charakteristischen Funktionen* übernommen wird. Dieses Kriterium, dessen Beweis aufwendiger ist, trägt den Namen von Paul Lévy. Wir formulieren hier eine Version, deren Beweis im wesentlichen auf Giorgio Letta zurückgeht.

THEOREM 9.1. — *Es sei (X_n) eine Folge von Zufallsvariablen und X eine weitere Zufallsvariable. Für jedes n sei μ_n die Verteilung von X_n und $\hat{\mu}_n$ die charakteristische Funktion von μ_n. Ebenso bezeichnen μ und $\hat{\mu}$ die Verteilung von X und die charakteristische Funktion von μ. Gilt $\hat{\mu}_n \to \hat{\mu}$ im Sinne der punktweisen Konvergenz, so gilt auch $X_n \xrightarrow{\mathcal{L}} X$.*

Beweis. — Man stützt sich auf zwei Lemmata. Einmal verwendet man Lemma 7.2 aus Kapitel 13, das schon dazu verwendet wurde zu zeigen, dass die charakteristische Funktion ihr Mass bestimmt. Der Bequemlichkeit halber nennen wir es hier "Lemma 1". Das zweite Lemma ist das folgende.

LEMMA 2. — *Es sei (μ_n) eine Folge von Wahrscheinlichkeitsmassen auf $\mathbb{R}$, μ sei ein weiteres Wahrscheinlichkeitsmass auf $\mathbb{R}$ und g sei eine Wahrscheinlichkeitsdichte auf $\mathbb{R}$, die (wie in Lemma 1) bis auf einen konstanten Faktor die charakteristische Funktion einer Wahrscheinlichkeitsdichte f*

ist. Wenn nun $\hat\mu_n \to \hat\mu$ im Sinn der punktweisen Konvergenz gilt, so gilt $\mu_n * g \to \mu * g$ im Sinne der Konvergenz in der Verteilung.

Beweis. — Mit h_n bzw. h sollen hier die Dichten von $\mu_n * g$ bzw. $\mu * g$ bezeichnet werden. Lemma 1 beinhaltet insbesondere die Darstellung

$$h_n(u) = c \int_{\mathbb{R}} e^{iux} f(x)\, \hat\mu_n(-x)\, dx.$$

Nun wird für jedes n die Funktion $|\hat\mu_n|$ durch 1 majorisiert (die bezüglich des Masses $g\lambda$ integrierbar ist) und es gilt $\hat\mu_n \to \hat\mu$ im Sinne der punktweisen Konvergenz. Mit Hilfe des Satzes von der dominierten Konvergenz (Theorem 9.3 in Kap. 10) kann man folgern, dass

$$h_n(u) \to c \int_{\mathbb{R}} e^{iux} f(x)\, \hat\mu(-x)\, dx = h(u)$$

für $n \to \infty$ gilt. Aus dem Satz von Scheffé 6.2 folgt nun $\mu_n * g \to \mu * g$ im Sinne der Konvergenz in der Verteilung. $\square$

Wir kehren nun zum Beweis von Theorem 9.1 zurück.

1) Für jedes $\varepsilon > 0$ kann man eine Zufallsvariable Z konstruieren, die unabhängig von der Folge (X_n) und von X ist, die eine Dichte g mit der in Lemma 1 und 2 geforderten Eigenschaft hat und für die $\mathbb{E}[\,|Z|\,] < \varepsilon$ ist. (Ist beispielsweise Y eine $\mathcal{N}(0,1)$-verteilte Zufallsvariable, so leistet die Zufallsvariable $Z = \epsilon Y$ das Verlangte.) Lemma 2 besagt nun

$$(9.1) \qquad\qquad X_n + Z \xrightarrow{\mathcal{L}} X + Z.$$

2) Sei nun $\mathcal{H}$ die Klasse der beschränkten Lipschitz-Funktionen auf $\mathbb{R}$. Wir werden zeigen, dass

$$(9.2) \qquad\qquad \mathbb{E}[f \circ X_n] \to \mathbb{E}[f \circ X]$$

für jedes f aus $\mathcal{H}$ gilt. Betrachten wir nämlich die Abschätzung

$$|\mathbb{E}[f \circ X_n] - \mathbb{E}[f \circ X)]| \le |\mathbb{E}[f \circ X_n] - \mathbb{E}[f \circ (X_n + Z)]|$$
$$+ |\mathbb{E}[f \circ (X_n + Z)] - \mathbb{E}[f \circ (X + Z)]| + |\mathbb{E}[f \circ (X + Z)] - \mathbb{E}[f \circ X]|,$$

so wird für eine Lipschitz-Funktion f mit der Konstanten l das erste und das dritte Glied auf der rechten Seite jeweils durch $l\,\mathbb{E}[\,|Z|\,] \le l\varepsilon$ majorisiert. Das zweite Glied auf der rechten Seite konvergiert für $n \to \infty$ gegen 0, und zwar wegen Theorem 8.1 und (9.1). Da $\varepsilon > 0$ beliebig war, ist (9.2) gezeigt.

3) Theorem 8.1 besagt, dass die Eigenschaft

$$\mathbb{E}[f \circ X_n] \to \mathbb{E}[f \circ X] \qquad \text{für alle } f \in \mathcal{H}$$

äquivalent zu $X_n \xrightarrow{\mathcal{L}} X$ ist. Damit ist Theorem 9.1 bewiesen. $\square$

Ein Spezialfall von Theorem 9.1 ist die Aussage von Theorem 7.1 aus Kapitel 13, die wir hier wegen ihrer Bedeutung nochmals formulieren.

KOROLLAR. — *Sind μ und ν zwei Wahrscheinlichkeitsverteilungen auf $\mathbb{R}$ mit $\hat{\mu} = \hat{\nu}$, so gilt $\mu = \nu$.*

ERGÄNZUNGEN UND ÜBUNGEN

1. — Es sei $(M_n = (X_n, Y_n))$ eine Folge von Zufallspunkten, die in der Wahrscheinlichkeit gegen einen Zufallspunkt $M = (X, Y)$ konvergiert (was $X_n \xrightarrow{p} X$ und $Y_n \xrightarrow{p} Y$ impliziert). Man zeige auf direktem Weg
    a) $X_n + Y_n \xrightarrow{p} X + Y$;
    b) $X_n Y_n \xrightarrow{p} XY$.

2. — Es ist im allgemeinen nicht richtig, dass $X_n \xrightarrow{\mathcal{L}} X$ und $Y_n \xrightarrow{\mathcal{L}} Y$ die Konvergenz $X_n + Y_n \xrightarrow{\mathcal{L}} X + Y$ implizieren, aber immerhin gilt folgende Aussage:

Es sei $(M_n = (X_n, Y_n))$ eine Folge von Zufallspunkten mit $X_n \xrightarrow{\mathcal{L}} X$ und $Y_n \xrightarrow{p} 0$ (wobei die Variable X auf dem gleichen Wahrscheinlichkeitsraum wie die X_n definiert ist); dann gilt
    a) $X_n + Y_n \xrightarrow{\mathcal{L}} X$;
    b) $X_n Y_n \xrightarrow{p} 0$ und daher auch $X_n Y_n \xrightarrow{\mathcal{L}} 0$.
Gilt also $X_n \xrightarrow{\mathcal{L}} X$ und $Y_n \xrightarrow{\mathcal{L}} c$ (c reell), so hat man auch
    a′) $X_n + Y_n \xrightarrow{\mathcal{L}} X + c$;
    b′) $X_n Y_n \xrightarrow{\mathcal{L}} cX$.

3. (*Fast-sichere Konvergenz impliziert nicht die Konvergenz im quadratischen Mittel*). — Es sei (X_n) eine Folge von Zufallsvariablen mit Verteilungen $\mathrm{P}_{X_n} = (1 - 1/n^2)\varepsilon_0 + (1/2n^2)(\varepsilon_{-n} + \varepsilon_{+n})$. Dann konvergiert die Folge (X_n) fast sicher gegen 0, aber nicht im quadratischen Mittel.

4. — Es sei (X_n) $(n \geq 1)$ eine Folge von fast-sicher beschränkten Zufallsvariablen. Man zeige, dass aus $X_n \xrightarrow{p} X$ für jedes reelle $r > 0$ auch $\mathbb{E}\big[\,|X_n - X|^r\,\big] \to 0$ folgt.

5. — Für jede ganze Zahl $n \geq 0$ und jedes p mit $0 \leq p \leq 1$, sei $B(n,p;k) = \binom{n}{k}p^k q^{n-k}$. Man zeige: lässt man gleichzeitig n gegen unendlich und p gegen 0 gehen, und zwar so, dass $np = \lambda$ konstant bleibt, so gilt für jedes $k \geq 0$ der Grenzübergang $B(n,p;k) \to \pi(k;\lambda) = e^{-\lambda}\lambda^k/k!$ Ist also für jedes ganze n die Zufallsvariable X_n binomial-verteilt mit Parametern $p(= \lambda/n)$, n, so konvergiert die Folge (X_n) in der Verteilung gegen eine Poisson-verteilte Zufallsvariable mit Parameter λ.

6. — Es sei X eine *zentrierte* Zufallsvariable und ε eine positive Zahl.
a) Man setze $g(\varepsilon) = \mathrm{E}[e^{\varepsilon X}]$ und beweise die Ungleichung:

$$\mathrm{P}\left\{X \geq \frac{t + \mathrm{Log}\, g(\varepsilon)}{\varepsilon}\right\} \leq e^{-t}, \qquad \text{für } t > 0.$$

b) Man betrachte $g^*(\varepsilon) = \mathbb{E}[e^{-\varepsilon X}]$ und beweise die Ungleichung

$$\mathrm{P}\left\{X \leq -\frac{t + \mathrm{Log}\, g^*(\varepsilon)}{\varepsilon}\right\} \leq e^{-t}, \qquad \text{für } t > 0.$$

7. — Es sei (X_n) $(n \geq 1)$ eine Folge von Zufallsvariablen zweiter Ordnung, für die $\sum_{n \geq 1} \mathbb{E}[X_n^2] < +\infty$ gilt. Man zeige
a) $X_n \to 0$ fast-sicher;
b) $X_n \to 0$ im quadratischen Mittel.
Man erkennt, dass eine Folge von Zufallsvariablen, die die Voraussetzungen von Satz 4.2 für $r = 2$ erfüllt (zweites Kriterium für die fast-sichere Konvergenz), auch im quadratischen Mittel konvergiert.

8. — Es sei (X_n) $(n \geq 1)$ eine Folge von Zufallsvariablen zweiter Ordnung. Dabei sei $\mathbb{E}[X_n] = \mu_n$, $\mathrm{Var}\, X_n = \sigma_n^2$, und wir nehmen an, dass $|\mu_n| \to +\infty$ $\sigma_n^2/|\mu_n| = O(1)$ gilt. Man zeige, dass dann $X_n/\mu_n \to 1$ im quadratischen Mittel und somit auch in der Wahrscheinlichkeit gilt.

9. — Es sei (X_n) $(n \geq 1)$ eine *monoton fallende* Folge von Zufallsvariablen. Man zeige, dass aus $X_n \xrightarrow{p} 0$ auch $X_n \xrightarrow{f.s.} 0$ folgt.

10. — Wir betrachten den Wahrscheinlichkeitsraum $([0,1], \mathcal{B}([0,1]), \lambda)$, wobei λ das Lebesgue-Mass auf $[0,1]$ ist. Eine Folge (X_n) $(n \geq 1)$ von Zufallsvariablen sei auf diesem Raum durch

$$X_n(x) = \begin{cases} 1/\sqrt{x}, & \text{falls } 0 < x < 1/n; \\ 0, & \text{falls } 1/n \leq x \leq 1, \end{cases}$$

definiert. Man zeige, dass $X_n \xrightarrow{p} 0$ gilt, dass aber X_n nicht im quadratischen Mittel gegen 0 konvergiert. (Siehe hierzu auch Aufgabe 17.)

11. — Es sei (X_n) $(n \geq 1)$ eine Folge von Zufallsvariablen und $Y_n = \frac{1}{n} \sum_{k=1}^{n} X_k$ $(n \geq 1)$. Aus $X_n \xrightarrow{p} 0$ kann man nicht auf $Y_n \xrightarrow{p} 0$ schliessen. Anders formuliert, der Satz von Césaro gilt nicht für die Konvergenz in der Wahrscheinlichkeit. Dagegen gilt er für die fast-sichere Konvergenz.
[Man wähle als Verteilung der X_n die Verteilung $(1/n)\varepsilon_n + (1 - 1/n)\varepsilon_0$ $(n \geq 1)$ und nehme die X_n als *unabhängig* an.]

12. — Es sei U eine auf $[0, 1]$ gleichverteilte Zufallsvariable und (U_n) $(n \geq 1)$ eine Folge von unabhängigen Zufallsvariablen, die alle die gleiche Verteilung wie U haben. Weiter sei Y eine mit Parameter 1 exponential-verteilte Zufallsvariable. Für alle $n \geq 1$ sei $Z_n = n \min(U_1, \ldots, U_n)$. Man zeige, dass dann $Z_n \xrightarrow{\mathcal{L}} Y$ gilt.

13. — Es sei X eine mit Parameter $\lambda > 0$ exponential-verteilte Zufallsvariable. Man bestimme die Verteilung der Zufallsvariablen $e^{-\lambda X}$.

14. — Es sei (X_n) $(n \geq 1)$ eine Folge von unabhängigen Zufallsvariablen, die alle mit Parameter $\lambda > 0$ exponential-verteilt sind. Man bestimme die Grenzwerte bezüglich der Konvergenz in der Verteilung für die Folgen, deren allgemeines Glied folgendermassen gegeben ist:
a) $A_n = n \min(e^{-\lambda X_1}, \ldots, e^{-\lambda X_n})$;
b) $B_n = n^{1/\lambda} \min(e^{-X_1}, \ldots, e^{-X_n})$;
c) $C_n = n^{-1/\lambda} \max(e^{X_1}, \ldots, e^{X_n})$;
d) $D_n = \max(X_1, \ldots, X_n) - \operatorname{Log} n$, wenn der Parameter λ gleich 1 ist.
[Man benütze die Aufgaben 12 und 13.]

15. — Es sei X eine Zufallsvariable mit Werten in $[0, +\infty[$ und (X_n) $(n \geq 1)$ eine Folge von unabhängigen Zufallsvariablen, die alle die gleiche Verteilung wie X haben. Man zeige:
a) ist $P\{X > x\} = o(1/x)$ für $x \to \infty$, so hat man

$$Z_n = \frac{1}{n} \max(X_1, \ldots, X_n) \xrightarrow{\mathcal{L}} 0;$$

b) ist $P\{X > x\} \sim \alpha/x^\lambda$ für $x \to \infty$ mit $\alpha, \lambda > 0$, so hat man

$$Z_n = \frac{1}{n^{1/\lambda}} \max(X_1, \ldots, X_n) \xrightarrow{\mathcal{L}} Y,$$

wobei Y eine Fréchet-verteilte Zufallsvariable ist, deren Verteilungsfunktion für $x > 0$ durch $P\{Y \leq x\} = e^{-\alpha x^{-\lambda}}$ gegeben ist.

16. — Wir verwenden die gleichen Bezeichnungen wie in Aufgabe 15, setzen aber nun voraus, dass X Werte in $\mathbb{R}$ annimmt und eine *symmetrische* Verteilung hat. Dann sind die Aussagen von a) und b) aus Aufgabe 15 ebenfalls gültig. Wir zeigen dies für b).

Für $x < 0$ gilt $\mathrm{P}\{Z_n \le x\} = \left(\mathrm{P}\{X \le n^{1/\lambda}x\}\right)^n$, was wegen der Symmetrie von $\mathcal{L}(X)$ gleich $\left(\mathrm{P}\{X > n^{1/\lambda}|x|\}\right)^n \sim \left(\dfrac{\alpha}{n(|x|)^\lambda}\right)^n$ ist; und dies konvergiert gegen 0 für $n \to \infty$.

Für $x > 0$ hat man $\mathrm{P}\{Z_n \le x\} = \left(\mathrm{P}\{X \le n^{1/\lambda}x\}\right)^n = (1 - \mathrm{P}\{X > n^{1/\lambda}x\})^n = \left(1 - \dfrac{\alpha}{nx^\lambda} + o(1/n)\right)^n$, und dieser Ausdruck geht gegen $e^{-\alpha x^{-\lambda}}$, wenn n gegen unendlich strebt.

Für a) kann man als Beispiel für $\mathcal{L}(X)$ die erste Laplace-Verteilung oder auch $\mathcal{N}(0,1)$ wählen, für b) beispielsweise die Cauchy-Verteilung $\mathcal{C}(0,1)$ mit $\alpha = 1/\pi$ und $\lambda = 1$.

17. (E. Khalili). — Es gelten die gleichen Voraussetzungen bezüglich der Folge von Zufallsvariablen (X_n) wie in Aufgabe 10.

a) Man berechne explizit die Verteilungsfunktion F_n von X_n und schliesse daraus auf $X_n \overset{\mathcal{L}}{\longrightarrow} 0$.

b) Man zeige $X_n \overset{f.s.}{\longrightarrow} 0$.

Die folgenden Hinweise sollen die Lösung ersetzen. Bei der Auswertung von $\mathrm{F}_n(y)$ unterscheide man vier Fälle: $y < 0$, $y = 0$, $0 < y \le \sqrt{n}$, $\sqrt{n} < y$. Man erhält

$$\mathrm{F}_n(y) = \begin{cases} 0, & \text{für } y < 0; \\[2mm] 1 - \dfrac{1}{n}, & \text{für } y = 0; \\[2mm] 1 - \dfrac{1}{n}, & \text{für } 0 < y \le \sqrt{n}; \\[2mm] 1 - \dfrac{1}{y^2}, & \text{für } \sqrt{n} < y. \end{cases}$$

Folglich gilt $\lim_n \mathrm{F}_n(y) = 0$ für $y < 0$ und $\lim_n \mathrm{F}_n(y) = 1$ für $y \ge 0$.

Zu b) ist zu bemerken, dass $X_n(x) \to 0$ für $0 < x \le 1$ gilt, wenn n gegen unendlich strebt; zudem ist $\lambda\{\,]0,1]\,\} = 1$.

18. — Es sei (X_n) $(n \ge 0)$ eine Folge von absolut-stetigen Zufallsvariablen mit $\mathbb{R}$ als Träger, wobei die Dichte von X_n durch

$$f_n(x) = \begin{cases} n/2\pi, & \text{für } x = 0; \\[2mm] \dfrac{1 - \cos(nx)}{n\,\pi\,x^2}, & \text{für } x \ne 0 \end{cases}$$

gegeben ist.

1) Man verifiziere, dass für jedes $n \geq 1$ die Funktion f_n tatsächlich eine Wahrscheinlichkeitsdichte ist.

2) Sei $F(x) = \int_{-\infty}^{x} f_n(t)\, dt$. Man zeige

$$\lim_{n \to \infty} F_n(x) = \begin{cases} 0, & \text{für } x < 0; \\ 1/2, & \text{für } x = 0; \\ 1, & \text{für } x > 0; \end{cases}$$

d.h. $X_n \xrightarrow{\mathcal{L}} 0$. (Zur Erinnerung: $\dfrac{1}{\pi} \displaystyle\int_{-\infty}^{+\infty} \left(\dfrac{\sin t}{t} \right)^2 dt = 1$.)

Bemerkung 1. — Für die Folge (f_n) gilt $\displaystyle\lim_{n \to \infty} f_n(x) = \begin{cases} +\infty, & \text{für } x = 0; \\ 0, & \text{für } x \neq 0; \end{cases}$
und der Limes in der Verteilung von (X_n) ist nicht absolut-stetig.

Bemerkung 2. — Die Verteilung von X_n hat die charakteristische Funktion $\varphi_n(t) = \left(1 - \dfrac{|t|}{n} \right) I_{[-n,+n]}(t)$. Es handelt sich um eine *Dreiecksverteilung* von Khintchin.

KAPITEL 17

GESETZE DER GROSSEN ZAHLEN

Am Anfang der Wahrscheinlichkeitsrechnung stand der Wunsch, gewisse experimentelle Fakten zu modellieren, die man vage als «empirische Gesetze des Zufalls» bezeichnete und die sich in einer erstaunlichen Konstanz der Häufigkeiten von Ereignissen manifestierten, wenn man nur eine genügend grosse Anzahl von Wiederholungen eines Experiments zuliess. So hat man bereits vor sehr langer Zeit bemerkt, dass sich bei einer grossen Zahl von Wiederholungen des Werfens einer perfekten Münze die Häufigkeit des Auftretens von «Zahl» tatsächlich um den Wert $\frac{1}{2}$ stabilisiert, den man von daher versucht war, als die «Wahrscheinlichkeit» für das Auftreten von «Zahl» anzusprechen.

J. Bernoulli (*Ars Conjectandi*, 1713) war der erste, der ein Modell für dieses Phänomen entworfen hat. Er hat einen Konvergenzbegriff eingeführt, welcher dem der Konvergenz in der Wahrscheinlichkeit eng verwandt ist, und er hat gezeigt, dass die Häufigkeit des Auftretens von «Zahl» in diesem Modell tatsächlich gegen $\frac{1}{2}$ konvergiert. Die Argumente Bernoullis waren kombinatorischer Art und sehr kompliziert. Sie wurden von Tchebychev erheblich vereinfacht und zwar dank der Ungleichung, die seinen Namen trägt und die er bei diesem Anlass eingeführt hat. Die von J. Bernoulli untersuchte Problemstellung wurde in der Folge beträchtlich ausgeweitet und führte zu den verschiedensten Versionen von Aussagen, die man unter dem Begriff *Gesetze der grossen Zahlen* zusammenfasst.

Es sei nun (X_n) $(n \geq 1)$ eine Folge von reellen und zentrierten Zufallsvariablen. Gesucht sind hinreichende Bedingungen dafür, dass die Folge der Zufallsvariablen

$$\left(\frac{1}{n} \sum_{k=1}^{n} X_k \right) \quad (n \geq 1)$$

gemäss einem der in Kapitel 16 behandelten Konvergenzbegriffe gegen 0 konvergiert. Dabei sind nur die Konvergenz in der Wahrscheinlichkeit und die fast-sichere Konvergenz systematisch untersucht worden. Entsprechend ist die Rede von dem *schwachen* und dem *starken* Gesetz der grossen Zahlen.

Definition. — Die Folge (X_n) $(n \geq 1)$ genügt dem *schwachen Gesetz der grossen Zahlen*, wenn die Folge mit dem allgemeinen Glied $\frac{1}{n} \sum_{k=1}^{n} X_k$ *in der Wahrscheinlichkeit* gegen 0 konvergiert. Die Folge (X_n) $(n \geq 1)$ genügt dem *starken Gesetz der grossen Zahlen*, wenn die Folge mit dem allgemeinen Glied $\frac{1}{n} \sum_{k=1}^{n} X_k$ *fast-sicher* gegen 0 konvergiert.

1. Das schwache Gesetz der grossen Zahlen. — Es gibt mehrere hinreichende Bedingungen, die sicherstellen, dass eine Folge (X_n) $(n \geq 1)$ von Zufallsvariablen dem schwachen Gesetz der grossen Zahlen genügt. Wir geben hier einige dieser Aussagen an, wobei stets die Notation

$$(1.1) \qquad S_n = \sum_{k=1}^{n} X_k, \qquad Y_n = \frac{S_n}{n} \quad (n \geq 1)$$

verwendet wird.

THEOREM 1.1 (Schwaches Gesetz der grossen Zahlen in L^2 für paarweise nichtkorrelierte Zufallsvariable). — *Es sei* (X_n) $(n \geq 1)$ *eine Folge von Zufallsvariablen aus* L^2, *die zentriert und paarweise nichtkorreliert sind. Für jedes* $n \geq 1$ *sei* $\mathrm{Var}\, X_n = \sigma_n^2 < +\infty$. *Wenn* $(1/n^2) \sum_{k=1}^{n} \sigma_k^2$ *für* $n \to \infty$ *gegen 0 konvergiert, so konvergiert* Y_n *in* L^2 *gegen 0, und damit gilt auch* $Y_n \to 0$ *in der Wahrscheinlichkeit.*

Beweis. — Da die X_n paarweise nichtkorreliert sind, gilt für jedes $n \geq 1$

$$\mathbb{E}[Y_n^2] = \mathrm{Var}\, Y_n = \frac{1}{n^2} \mathrm{Var}\, S_n = \frac{1}{n^2} \sum_{k=1}^{n} \sigma_k^2$$

und somit $\mathbb{E}[Y_n^2] \to 0$ für $n \to \infty$, d.h. $Y_n \to 0$ in L^2. Die Konvergenz von Y_n gegen 0 in der Wahrscheinlichkeit ist nun eine unmittelbare Konsequenz der Ungleichung von Bienaymé-Tchebychev. $\square$

Bemerkungen. — Die Aussage von Theorem 1.1 gilt natürlich insbesondere dann, wenn die Zufallsvariablen X_n als Gesamtheit unabhängig sind oder nur *paarweise unabhängig* sind.

ANWENDUNG 1.2. — *Es sei* (X_n) $(n \geq 1)$ *eine Folge von Zufallsvariablen aus* L^2, *die paarweise nichtkorreliert sind. Für jedes* $n \geq 1$ *sei* $\mathbb{E}[X_n] = \mu_n$; *die Folge mit dem allgemeinen Glied* $\frac{1}{n} \sum_{k=1}^{n} \mu_k$ *konvergiere für* $n \to \infty$ *gegen* μ *und* $(1/n^2) \sum_{k=1}^{n} \sigma_k^2$ *konvergiere gegen 0. Dann konvergiert die Folge* $(\frac{1}{n} \sum_{k=1}^{n} X_k)$ *in* L^2 *gegen* μ, *und damit gilt Konvergenz auch in der Wahrscheinlichkeit.*

Beweis. — Wir wenden Theorem 1.1 auf die Folge $(X_n - \mu_n)$ $(n \geq 1)$ von *zentrierten* Zufallsvariablen an und erhalten aus

$$\frac{1}{n} \sum_{k=1}^{n} (X_k - \mu_k) = \frac{1}{n} \sum_{k=1}^{n} X_k - \frac{1}{n} \sum_{k=1}^{n} \mu_k \to 0$$

das gewünschte Resultat für die L^2-Konvergenz, also auch für die Konvergenz in der Wahrscheinlichkeit. $\square$

Das folgende Korollar betrifft die Situation von *identisch verteilten* Zufallsvariablen und ist ebenfalls ein Korollar von Theorem 1.1.

THEOREM 1.3 (Schwaches Gesetz der grossen Zahlen in L^2 für paarweise nichtkorrelierte Zufallsvariablen mit identischer Verteilung.). — *Es sei (X_n) $(n \geq 1)$ eine Folge von zentrierten Zufallsvariablen aus L^2, die identisch verteilt und paarweise nichtkorreliert sind. Dann gilt $Y_n \to 0$ in L^2, also $Y_n \to 0$ in der Wahrscheinlichkeit.*

Beweis. — Für jedes $n \geq 1$ ist $\operatorname{Var} X_n = \sigma_n^2 = \sigma^2 < +\infty$. Also gilt

$$\frac{1}{n^2} \sum_{k=1}^{n} \sigma_k^2 = \frac{\sigma^2}{n} \to 0$$

und die Behauptung folgt aus Theorem 1.1. $\square$

Bemerkung 1. — Die Aussage von Theorem 1.3 gilt natürlich insbesondere dann, wenn die Zufallsvariablen X_n *als Gesamtheit unabhängig* oder nur *paarweise unabhängig* sind.

Bemerkung 2. — Die Folge mit dem allgemeinen Glied $\mathbb{E}[Y_n^2]$ konvergiert *monoton absteigend* gegen 0, denn es gilt $\mathbb{E}[Y_n^2] = \sigma^2/n \downarrow 0$.

ANWENDUNG 1.4. — *Es sei (X_n) $(n \geq 1)$ eine Folge von Zufallsvariablen aus L^2, die identisch verteilt und paarweise nichtkorreliert sind; dabei sei μ der gemeinsame Erwartungswert der X_n. Dann konvergiert $\frac{1}{n} \sum_{k=1}^{n} X_k$ gegen μ in L^2, also auch in der Wahrscheinlichkeit.*

Beweis. — Man wendet Theorem 1.3 auf die Folge $(X_n - \mu)$ $(n \geq 1)$ von zentrierten Zufallsvariablen an und erhält

$$\frac{1}{n} \sum_{k=1}^{n} (X_k - \mu) = \frac{1}{n} \sum_{k=1}^{n} X_k - \mu \to 0$$

in L^2, also auch in der Wahrscheinlichkeit. $\square$

ANWENDUNG 1.5. — *Es sei (X_n) $(n \geq 1)$ eine Folge von unabhängigen, identisch verteilten Zufallsvariablen mit der Verteilung $p\varepsilon_1 + q\varepsilon_0$, wobei $0 \leq p \leq 1$, $p + q = 1$. Dann konvergiert $\frac{1}{n} \sum_{k=1}^{n} X_k$ gegen p in L^2, also auch in der Wahrscheinlichkeit.*

Dies ist das klassische Beispiel des Münzwurfs von Bernoulli.

Wie wir gesehen haben, ist der Beweis des schwachen Gesetzes der grossen Zahlen (Theoreme 1.1 und 1.3) besonders einfach für Zufallsvariable aus der

Klasse L^2. Tatsächlich kann man sich von dieser Hypothese befreien und lediglich deren Zugehörigkeit zu L^1 voraussetzen, wenn man zusätzlich noch annimmt, dass sie *paarweise unabhägig* und *identisch verteilt* sind. Der Beweis des schwachen Gesetzes der grossen Zahlen ist in diesem Fall schwieriger und verwendet die Techniken des Stutzens und Zentrierens, was wir jetzt darstellen werden.

THEOREM 1.6 (Schwaches Gesetz der grossen Zahlen in L^1 für paarweise unabhängige, identisch verteilte Zufallsvariable). — *Es sei (X_n) $(n \geq 1)$ eine Folge von zentrierten Zufallsvariablen aus L^1, die paarweise unabhängig und identisch verteilt sind. Mit den Bezeichnungen (1.1) gilt dann $Y_n \to 0$ in L^1, also auch $Y_n \to 0$ in der Wahrscheinlichkeit.*

Beweis. — Würden die X_n zu L^2 gehören, so folgte die Behauptung aus Theorem 1.3, denn aus $Y_n \to 0$ im quadratischen Mittel folgt die Konvergenz auch in L^1. Die Beweisidee besteht darin, sich mit Hilfe der Techniken des *Stutzens* und *Zentrierens* auf den Fall von L^2 zurückzuziehen. Das folgende technische Lemma wird dabei helfen.

LEMMA 1.7. — *Zu jedem $\varepsilon > 0$ gibt es eine Borel-messbare und beschränkte Funktion f auf $\mathbb{R}$ derart, dass $f \circ X_1$ (wie X_1) zentriert ist und*

$$\|X_1 - f \circ X_1\|_1 < \varepsilon$$

gilt. Dabei hängt f nur von der Verteilung von X_1 ab.

Beweis des Lemmas.

a) Sei also $\varepsilon > 0$ vorgegeben; da X_1 zu L^1 gehört, kann man ein hinreichend grosses $c > 0$ wählen, damit für die Funktion

$$g(x) = x\, I_{[-c,+c]} = \begin{cases} x, & \text{für } |x| \leq c; \\ 0, & \text{sonst}; \end{cases}$$

folgende Gleichung gilt:

$$\|X_1 - g \circ X_1\|_1 = \int_{\{|x|>c\}} |x|\, d\mu(x) < \varepsilon.$$

b) Die Funktion g leistet nicht notwendigerweise das Gewünschte, da $g \circ X_1$ nicht zentriert sein muss. Um die Zentrierung zu erreichen, geht man über zu der Funktion

$$f(x) = g(x) - m, \qquad \text{wobei } m = \mathbb{E}[g \circ X_1],$$

also

$$f(x) = x\, I_{[-c,+c]}(x) - \int_{[-c,+c]} x\, d\mu(x).$$

c) Für hinreichend grosses c erfüllt f die Anforderungen, denn nun ist $f \circ X_1$ nach Konstruktion zentriert und $\|X_1 - f \circ X_1\|_1 < \varepsilon$ kann man folgendermassen erreichen. Man wählt c so gross, dass $\|X_1 - g \circ X_1\|_1 < \varepsilon$ gilt, was nach a) möglich ist. Da X_1 zentriert ist, gilt

$$|m| = |\mathbb{E}[X_1] - m| = |\mathbb{E}[X_1] - \mathbb{E}[g \circ X_1]| \le \|X_1 - g \circ X_1\|_1 < \varepsilon$$

und somit schliesslich

$$\|X_1 - f \circ X_1\|_1 \le \|X_1 - g \circ X_1\|_1 + |m| < 2\varepsilon. \quad \Box$$

Nun können wir den Beweis von Theorem 1.6 angehen. Es sei $X'_n = f \circ X_n$, $S'_n = X'_1 + \cdots + X'_n$ und $Y'_n = S'_n/n$. Die Zufallsvariablen X'_n sind zentriert, paarweise unabhängig und identisch verteilt. Als *beschränkte* Variablen gehören sie zu L^2. Somit folgt aus Theorem 1.3 $Y'_n \to 0$ in L^2 und somit auch in L^1. Andererseits gilt

$$\|Y_n - Y'_n\|_1 \le \frac{1}{n} \sum_{k=1}^{n} \|X_k - X'_k\|_1 \,.$$

Aber für $k = 1, \ldots, n$ hängt der Ausdruck $\|X_k - X'_k\|_1$ nur von der gemeinsamen Verteilung der X_n ab; alle diese Glieder sind also gleich und es folgt

$$\|Y_n - Y'_n\|_1 \le \|X_1 - X'_1\|_1 < \varepsilon.$$

Schliesslich gilt

$$\|Y_n\|_1 \le \|Y_n - Y'_n\|_1 + \|Y'_n\|_1 \,,$$

so dass $\|Y_n\|_1 < 2\varepsilon$ für hinreichend grosses n gilt. Die Folge mit dem allgemeinen Glied $\|Y_n\|_1 = \mathbb{E}\big[|Y_n|\big]$ konvergiert also für $n \to \infty$ gegen 0. $\quad \Box$

Bemerkung 1. — Die Aussage von Theorem 1.6 gilt natürlich auch dann, wenn die Zufallsvariablen X_n unabhängig sind.

Bemerkung 2. — In dem Fall, dass die Variablen X_n *unabhängig* sind, konvergiert die Folge mit dem allgemeinen Glied $\mathbb{E}\big[|Y_n|\big] = \|Y_n\|_1$ *monoton absteigend* gegen 0.

Diese Bemerkung kann man folgendermassen einsehen. Wegen

$$Y_{n-1} = \frac{n}{n-1} Y_n - \frac{X_n}{n-1}$$

ist

$$\mathbb{E}[Y_{n-1} \mid Y_n] = \frac{n}{n-1} Y_n - \frac{1}{n-1} \mathbb{E}[X_n \mid Y_n].$$

Andererseits ist $\mathbb{E}[X_1 \mid Y_n] = \cdots = \mathbb{E}[X_n \mid Y_n]$, da die Zufallsvariablen $X_1, \ldots, X_n$ unabhängig und identisch verteilt sind. Somit hat man

$$Y_n = \mathbb{E}[Y_n \mid Y_n] = \frac{1}{n}\big(\mathbb{E}[X_1 \mid Y_n] + \cdots + \mathbb{E}[X_n \mid Y_n]\big) = \mathbb{E}[X_n \mid Y_n],$$

und damit folgt

$$\mathbb{E}[Y_{n-1} \mid Y_n] = \frac{n}{n-1}Y_n - \frac{1}{n-1}Y_n = Y_n$$

sowie

$$|Y_n| \le \mathbb{E}\big[\,|Y_{n-1}| \mid Y_n\big].$$

Nimmt man nun von beiden Seiten den Erwartungswert, so folgt

$$\mathbb{E}\big[\,|Y_n|\,\big] \le \mathbb{E}\big[\,|Y_{n-1}|\,\big]. \quad \Box$$

2. Das starke Gesetz der grossen Zahlen. — Wir beginnen diesen Abschnitt mit einer Version des starken Gesetzes der grossen Zahlen für Zufallsvariable aus L^2. (Einen Beweis findet man in dem Buch von Fourgeaud-Fuchs (*op. cit.*).)

THEOREM 2.1 (Starkes Gesetz der grossen Zahlen für Zufallsvariable aus L^2). — *Es sei* (X_n) $(n \ge 1)$ *eine Folge von zentrierten und unabhängigen Zufallsvariablen aus* L^2. *Für* $n \ge 1$ *sei* $\operatorname{Var} X_n = \sigma_n^2 < +\infty$ *und, wie vorher,*

$$(2.1) \qquad S_n = \sum_{k=1}^{n} X_k, \qquad Y_n = \frac{S_n}{n} \quad (n \ge 1).$$

Wenn die Reihe $\sum_{n \ge 1} \sigma_n^2 / n^2$ *konvergiert, so gilt* $Y_n \to 0$ *fast-sicher.*

THEOREM 2.2 (Rajchman). — *Es sei* (X_n) $(n \ge 1)$ *eine Folge von zentrierten und unabhängigen Zufallsvariablen aus* L^2. *Für* $n \ge 1$ *sei* $\operatorname{Var} X_n = \sigma_n^2$; *weiter werden die Bezeichnungen wie oben in (2.1) verwendet. Ist* $\sup_n \sigma_n^2 < +\infty$, *so gilt*
   a) $Y_n \to 0$ *fast-sicher;*
   b) $Y_n \to 0$ *in* L^2.

Beweis.
   a) Es sei $\sigma^2 = \sup_n \sigma_n^2 < +\infty$; dann gilt $\sum_{n \ge 1} \dfrac{\sigma_n^2}{n^2} \le \sigma^2 \sum_{n \ge 1} \dfrac{1}{n^2} < \infty$ und damit $Y_n \to 0$ fast-sicher gemäss Theorem 2.1.

   b) Es gilt $\mathbb{E}[Y_n^2] = \operatorname{Var} Y_n = \dfrac{1}{n^2} \sum_{k=1}^{n} \sigma_k^2 \le \dfrac{\sigma^2}{n} \to 0$ und daher $Y_n \to 0$ in L^2 gemäss Theorem 1.1. $\Box$

Bemerkung 1. — Rajchman hat die entsprechenden Aussagen auch für den Fall gezeigt, bei dem «unabhängig» durch «paarweise nichtkorreliert» ersetzt wird.

Bemerkung 2. — Man kann also in der Aussage des Satzes von Bernoulli die Konvergenz in der Wahrscheinlichkeit durch die fast-sichere Konvergenz ersetzen (E. Borel).

THEOREM 2.3 (Starkes Gesetz der grossen Zahlen für Zufallsvariable aus L^1 (Kolmogorov)). — *Es sei (X_n) $(n \geq 1)$ eine Folge von zentrierten, unabhängigen und identisch verteilten Zufallsvariablen aus L^1. Mit den Bezeichnungen wie oben in (2.1) gilt dann $Y_n \to 0$ fast-sicher.*

Beweis (L. Pratelli, unveröffentlicht).

a) Gemäss Theorem 4.2 aus Kapitel 16 ist die Aussage $Y_n \xrightarrow{f.s.} 0$ äquivalent zu der Feststellung

$$\text{für jedes } \varepsilon > 0 \text{ gilt } \mathrm{P}\left\{\sup_{k \geq m} |Y_k| > \varepsilon\right\} \longrightarrow 0 \qquad (m \to \infty).$$

b) Folgendes Lemma wird benötigt:

LEMMA 2.4. — *Für jedes $m \geq 1$ und jedes $\varepsilon > 0$ gilt*

$$\varepsilon \, \mathrm{P}\left\{\sup_{k \geq m} |Y_k| > \varepsilon\right\} \leq \|Y_m\|_1 \,,$$

d.h. aus $Y_m \to 0$ in L^1 folgt $Y_m \to 0$ fast-sicher.

c) Die Behauptung des Theorems folgt nun aus a) und b) und Theorem 1.6 (schwaches Gesetz der grossen Zahlen in L^1).

Beweis des Lemmas. — Man beweist die folgende, zum Lemma äquivalente Aussage: *Für jedes Paar (m,n) von ganzen Zahlen mit $1 \leq m \leq n$ und jedes $\varepsilon > 0$ gilt*

$$\varepsilon \, \mathrm{P}\left\{\sup_{m \leq k \leq n} |Y_k| > \varepsilon\right\} \leq \|Y_m\|_1 \,.$$

Wir betrachten die Menge $T_n = \sup\{k : 1 \leq k \leq n, |Y_k| > \varepsilon\}$ (mit der Konvention $\sup \emptyset = -\infty$) und setzen $A = \{\sup_{m \leq k \leq n} |Y_k| > \varepsilon\}$. Dann ist

$$A = \{T_n \geq m\} = \sum_{m \leq k \leq n} \{T_n = k\} \quad \text{und} \quad \varepsilon \, \mathrm{P}(A) = \varepsilon \sum_{m \leq k \leq n} \mathrm{P}\{T_n = k\}.$$

Nach Definition der T_n gilt aber für jedes k mit $m \leq k \leq n$ die Abschätzung

$$\varepsilon \mathrm{P}\{T_n = k\} \leq \int_{\{T_n = k\}} |Y_k| \, d\mathrm{P} = \int_{\{T_n = k,\, Y_k > 0\}} Y_k \, d\mathrm{P} + \int_{\{T_n = k,\, Y_k < 0\}} (-Y_k) \, d\mathrm{P}$$
$$= B + C.$$

Wir werden B und C getrennt berechnen. Zunächst ist

$$B = \frac{1}{k} \sum_{j=1}^{k} \int_{\{T_n = k,\, Y_k > 0\}} X_j \, d\mathrm{P}.$$

Da nun aber die X_n unabhängig und identisch verteilt sind, haben alle Integrale auf der rechten Seite den gleichen Wert. Die rechte Seite ist also auch gleich dem arithmetischen Mittel von k Zahlen, die ihrerseits alle gleich dem Wert des Integrals $\int_{\{T_n=k,\,Y_k>0\}} X_1\,dP$ sind. Sie ist dann aber auch gleich dem arithmetischen Mittel von m ($\leq k$) Zahlen mit eben diesem Wert. Folglich kann man

$$B = \frac{1}{m}\sum_{j=1}^{m}\int_{\{T_n=k,\,Y_k>0\}} X_1\,dP = \int_{\{T_n=k,\,Y_k>0\}} Y_m\,dP$$

schreiben. Ganz entsprechend geht man für C vor und erhält

$$C = \int_{\{T_n=k,\,Y_k<0\}} (-Y_m)\,dP.$$

Zusammenfassend erhält man

$$\varepsilon P\{T_n=k\} \leq B+C = \int_{\{T_n=k\}} |Y_m|\,dP\,,$$

und durch Summation über k

$$\varepsilon P(A) \leq \sum_{m\leq k\leq n}\int_{\{T_n=k\}} |Y_m|\,dP \leq \mathbb{E}[\,|Y_m|\,] = \|Y_m\|_1\,. \quad \Box$$

KOROLLAR 2.5. — *Es sei (X_n) $(n \geq 1)$ eine Folge von unabhängigen und identisch verteilten Zufallsvariablen aus L^1. Dann gilt*

$$Y_n = \frac{1}{n}\sum_{k=1}^{n} X_k \xrightarrow{\ f.s.\ } \mathbb{E}[X_1].$$

Dieses Korollar hat eine Umkehrung; *cf.* Aufgabe 3.

3. Die Lemmata von Borel-Cantelli

LEMMA 3.1 (Borel-Cantelli). — *Es sei (A_n) $(n \geq 1)$ eine Folge von Ereignissen, und es bezeichne A^* den Limes $\limsup_n A_n$.*

a) *Ist $\sum_{n\geq 1} P(A_n) < +\infty$, so ist $P(A^*) = 0$, d.h. mit Wahrscheinlichkeit 1 treten nur endlich viele der Ereignisse A_n ein.*

b) *Seien nun die Ereignisse A_n paarweise unabhängig.*
Ist $\sum_{n\geq 1} P(A_n) = +\infty$, so ist $P(A^*) = 1$, d.h. mit Wahrscheinlichkeit 1 treten unendlich viele der Ereignisse A_n ein.

Beweis.

a) Es ist $A^* = \bigcap_{n\geq 1}\bigcup_{k\geq n} A_k$, also gilt für jedes $n \geq 1$

$$P(A^*) \leq P(\bigcup_{k\geq n} A_k) \leq \sum_{k\geq n} P(A_k).$$

Nun ist der rechte Ausdruck der Rest der Ordnung n einer *konvergenten* Reihe, er muss also für $n \to \infty$ gegen 0 gehen. Daher gilt $P(A^*) = 0$.

b) Wir setzen $S_n = I_{A_1} + \cdots + I_{A_n}$. Dann gilt nach Voraussetzung

$$\mathbb{E}[S_n] = \sum_{k=1}^{n} \mathbb{E}[I_{A_k}] = \sum_{k=1}^{n} \mathrm{P}(A_k) \uparrow +\infty.$$

Da die A_n paarweise unabhängig sind, hat man aber auch

$$\mathrm{Var}\, S_n = \sum_{k=1}^{n} \mathrm{Var}\, I_{A_k} \leq \sum_{k=1}^{n} \mathbb{E}[I^2_{A_k}] = \sum_{k=1}^{n} \mathbb{E}[I_{A_k}] = \mathbb{E}[S_n].$$

Setzt man nun $T_n = S_n / \mathbb{E}[S_n]$, so erhält man

$$\mathbb{E}[(T_n - 1)^2] = \mathrm{Var}\, T_n = \frac{\mathrm{Var}\, S_n}{(\mathbb{E}[S_n])^2} \leq \frac{1}{\mathbb{E}[S_n]},$$

und dies konvergiert für $n \to \infty$ gegen 0. Damit wurde $T_n - 1 \to 0$ in L^2 gezeigt, dies, ebenso wie $T_n \to 1$, gilt dann auch in der Wahrscheinlichkeit.

Man kann somit aus der Folge (T_n) eine Teilfolge (T_{n_k}) herausziehen, für die $T_{n_k} \to 1$ *fast-sicher* für $k \to \infty$ gilt. Da die Voraussetzung $\sum_{n \geq 1} \mathrm{P}(A_n) = +\infty$ zu $\mathbb{E}[S_{n_k}] \uparrow \infty$ für $k \to \infty$ äquivalent ist, folgt $S_{n_k} \uparrow \infty$ für $k \to \infty$ *fast-sicher*, und diese Aussage ist schliesslich äquivalent zu $\mathrm{P}(A^*) = 1$. $\quad\Box$

Bemerkung. — Die Umkehrung der Aussage a) gilt *nicht*. Um dies einzusehen, nehme man den Wahrscheinlichkeitsraum $(\Omega, \mathfrak{A}, \mathrm{P})$ mit $\Omega = [0,1]$, mit der Borel-σ-Algebra von $[0,1]$ als $\mathfrak{A}$ und dem Lebesgue-Mass auf $[0,1]$ als P. Betrachtet man nun die Folge von Ereignissen $(A_n = [0, 1/n])$ $(n \geq 1)$, so ist diese Folge monoton-absteigend, also $A^* = \bigcap_{n \geq 1} A_n = \{0\}$ und $\mathrm{P}(A^*) = 0$. Es ist aber

$$\sum_{n \geq 1} \mathrm{P}(A_n) = \sum_{n \geq 1} \frac{1}{n} = +\infty.$$

Die Voraussetzung der Unabhängigkeit in b) ist also wesentlich.

Anwendung. — Wir betrachten eine unabhängige Folge von Münzwürfen, wobei die Wahrscheinlichkeit des Auftretens von « Zahl » in einem Wurf gleich p $(0 < p < 1)$ sei. Nun sei A ein *Wort* der Länge $l \geq 1$, d.h. eine Folge von l Symbolen, von denen jedes entweder « Zahl » oder « Kopf » bedeutet. Weiter bezeichne A_1 das Ereignis, dass das Wort A in den ersten l Würfen realisiert wird, A_2 das Ereignis, dass A in den folgenden l Würfen realisiert wird, etc. Die Ereignisse A_1, A_2, ... sind unabhängig und für jedes $n \geq 1$ gilt $\mathrm{P}(A_n) = \mathrm{P}(A_1) > 0$, somit ist $\sum_{n \geq 1} \mathrm{P}(A_n) = +\infty$. Aus Teil b) des Lemmas folgt nun, dass mit Wahrscheinlichkeit 1 das Wort A *unendlich oft* im Verlauf des Spiels auftritt. Ein analoges Argument zeigt, dass ein Affe, der « zufällig » auf einer Schreibmaschine tippt, mit Wahrscheinlichkeit 1 jeden

Text beliebiger endlicher Länge im Verlauf von *unendlich vielen* Anschlägen einmal schreibt.[1]

Das Lemma von Borel-Cantelli hat folgende Konsequenz.

THEOREM 3.2 ((0, 1)-Gesetz von E. Borel). — *Es sei* (A_n) $(n \geq 1)$ *eine Folge von paarweise unabhängigen Ereignissen und A^* bezeichne das Ereignis* $\limsup_n A_n$. *Dann kann* $\mathrm{P}(A^*)$ *nur die Werte* 0 *oder* 1 *annehmen, und zwar je nachdem, ob die Reihe mit dem allgemeinen Glied* $\mathrm{P}(A_n)$ *konvergiert oder divergiert.*

Dieses Theorem ist ein erstes Beispiel für das berühmte $(0, 1)$-Gesetz von Kolmogorov, welches besagt, dass gewisse «terminale» Ereignisse nur mit Wahrscheinlichkeit 0 oder 1 auftreten können.

Als Anwendung dieses Theorems werden wir nun zeigen, dass für eine Folge (X_n) $(n \geq 1)$ von unabhängigen Zufallsvariablen, für welche die Folge (Y_n) $(n \geq 1)$ mit $Y_n = \frac{1}{n} \sum_{k=1}^{n} X_k$ fast-sicher gegen einen Limes Y konvergiert, dieser Limes fast-sicher konstant sein muss. Um dies zu sehen, stellen wir zunächst fest, dass das System $(X_1, \ldots, X_k)$ für jedes $k \geq 1$ unabhängig von $Y = \lim_n (X_1 + \cdots + X_n)/n = \lim_n (X_{k+1} + \cdots + X_{k+n})/n$ ist, und somit auch Y_k unabhängig von Y. Für jedes reelle x ist also das Ereignis $\{Y_k \leq x\}$ unabhängig von dem Ereignis $\{Y \leq x\}$. (Das Ereignis $\{Y \leq x\}$ ist ein typisches «terminales» Ereignis.) Somit gilt

$$\mathrm{P}(\{Y_k \leq x\} \cap \{Y \leq x\}) = \mathrm{P}\{Y_k \leq x\}\mathrm{P}\{Y \leq x\}$$

für jedes reelle x. Lässt man nun k gegen unendlich gehen, so folgt daraus $\mathrm{P}\{Y \leq x\} = (\mathrm{P}\{Y \leq x\})^2$; dann kann aber für jedes x nur $\mathrm{P}\{Y \leq x\} = 0$ oder 1 gelten. Da die Abbildung $x \mapsto \mathrm{P}\{Y \leq x\}$ eine Verteilungsfunktion ist, muss sie notwendigerweise eine Stufe der Höhe 1 sein.

Also ist $Y = $ konstant. $\square$

ERGÄNZUNGEN UND ÜBUNGEN

1. — Es sei (X_n) $(n \geq 1)$ eine Folge von unabhängigen und identisch verteilten Zufallsvariablen aus L^2. Dabei sei $m = \mathbb{E}[X_1]$ und $\sigma^2 = \operatorname{Var} X_1$. Für jedes $n \geq 2$ werden die folgenden Zufallsvariablen definiert:

$$Y_n = \frac{1}{n} \sum_{k=1}^{n} X_k, \qquad Z_n = \frac{1}{n-1} \sum_{k=1}^{n} (X_k - Y_n)^2.$$

---

[1] Borel (Émile). — *Le hasard*. — Paris, Librairie Félix Alcan, 1938.

a) Man berechne $\mathbb{E}[Z_n]$.

b) Man zeige $Z_n \xrightarrow{f.s.} \sigma^2$ für $n \to \infty$.

2. — Es sollen nun die Voraussetzungen von Theorem 1.6 gelten, wobei die Zufallsvariablen X_n *als Gesamtheit unabhängig*, und nicht etwa nur paarweise unabhängig seien. Man zeige auf direktem Weg, und zwar unter Verwendung von charakteristischen Funktionen, dass $Y_n \xrightarrow{p} 0$ gilt.

3. — Es sei (X_n) $(n \geq 1)$ eine Folge von unabhängigen und identisch verteilten Zufallsvariablen. Dabei gelte $Y_n = (1/n) \sum_{k=1}^{n} X_k \xrightarrow{f.s.} Y$. Man beweise die folgenden Aussagen:

a) $\sum_{n \geq 1} \mathrm{P}\{|X_n| \geq n\} < +\infty$;

b) die X_n sind integrierbar;

c) Y ist fast-sicher *konstant*.

4. — Es sei (X_n) $(n \geq 1)$ eine Folge von Zufallsvariablen und $S_n = X_1 + \cdots + X_n$. Man zeige, dass aus $S_n/\sqrt{n} \xrightarrow{\mathcal{L}} Y$ dann $S_n/n \xrightarrow{p} 0$ folgt, d.h. die Folge (X_n) $(n \geq 1)$ genügt dem schwachen Gesetz der grossen Zahlen.

5. — Das Modell des Münzwurfs von Bernoulli kann dazu verwendet werden, um einen bemerkenswerten Beweis des *Approximationssatzes von Weierstrass* zu liefern. Dieser Satz sagt aus, dass eine auf einem *beschränkten* Intervall *stetige* Funktion dort von Polynomen *gleichmässig* approximiert werden kann. Dieser Beweis stammt von Bernstein.

Es sei (X_n) $(n \geq 1)$ eine Folge von unabhängigen und mittels $p\varepsilon_1 + q\varepsilon_0$ $(0 \leq p \leq 1, p + q = 1)$ identisch verteilten Zufallsvariablen. Man setzt wieder $Y_n = (1/n) \sum_{k=1}^{n} X_k$; der Satz von Bernoulli besagt $Y_n \xrightarrow{p} p$. Sei nun $h : [0,1] \to \mathbb{R}$ eine *stetige* und somit *beschränkte* Funktion. Wir zeigen $\mathbb{E}[h \circ Y_n] \to h(p)$ $(n \to \infty)$, wobei dies gleichmässig für $p \in [0,1]$ gilt.

Beweis. — Bezeichnet μ die Verteilung von Y_n, so gilt für jedes $\delta > 0$

$$|\mathbb{E}[h \circ Y_n - h(p)]| \leq \mathbb{E}[\,|h \circ Y_n - h(p)|\,] = A + B, \quad \text{wobei}$$

$$A = \int_{\{|x-p| \leq \delta\}} |h(x) - h(p)|\, d\mu(x) \text{ und } B = \int_{\{|x-p| > \delta\}} |h(x) - h(p)|\, d\mu(x).$$

Als stetige Funktion auf $[0,1]$ ist h sogar gleichmässig stetig. Zu jedem $\varepsilon > 0$ gibt es also ein $\delta(\varepsilon) > 0$ derart, dass $|x - p| \leq \delta$ die Abschätzung $|h(x) - h(p)| < \varepsilon$ impliziert. Damit ist $A < \varepsilon$.

Halten wir nun ε, und damit auch δ fest. Es sei M eine obere Schranke für $|h|$ auf $[0,1]$. Dann gilt $B \leq 2M \int_{\{|x-p|>\delta\}} d\mu(x) = 2M\mathrm{P}\{|Y_n - p| > \delta\}$, und dies wird gemäss der Ungleichung von Bienaymé-Tchebychev majorisiert durch $2M \operatorname{Var} Y_n/\delta^2 \le 2M\, pq/(n\delta^2) \le 2M/(n\delta^2)$. Die rechte Seite ist aber von p unabhängig und strebt für $n \to \infty$ gegen 0. Dies gilt also auch für B, und zwar gleichmässig in p.

Folglich konvergiert $\mathbb{E}[h \circ Y_n]$ für $n \to \infty$ gleichmässig in p gegen $h(p)$. Wegen $Y_n = S_n/n$ und $\mathcal{L}(S_n) = B(n,p)$ gilt aber

$$\mathbb{E}[h \circ Y_n] = \sum_{k=0}^{n} h(k/n) \binom{n}{k} p^k (1-p)^{n-k},$$

und dieser Ausdruck konvergiert gleichmässig für $p \in [0,1]$ gegen $h(p)$. Dies ist gerade die Aussage des Satzes von Weierstrass, wobei die Polynome sogar noch explizit angegeben werden. Man nennt sie auch *Bernstein-Polynome*. $\Box$

6. — Wir betrachten nun die Kugel $B_n(0,R)$ im $\mathbb{R}^n$ $(n \ge 1)$ mit Mittelpunkt 0 und Radius $R \ge 0$. Ihr Volumen ist $V_n(R) = \pi^{n/2} R^n / \Gamma(1 + n/2)$ (*cf.* Aufgabe 12, Kap. 14). Wir projizieren dieses Volumen auf eine der Achsen, etwa die x-Achse; man erhält eine Massenverteilung auf $\mathbb{R}$, die eine Dichte $g_n(x,R)$ besitzt. Mittels geeigneter Normierung wird daraus eine *Wahrscheinlichkeitsdichte* $f_n(x,R) = g_n(x,R)/V_n(R)$. Wählt man nun $R = \sqrt{n}$, so stellt man erstaunlicherweise fest, dass die Folge der Wahrscheinlichkeitsdichten $f_n(x,\sqrt{n})$ für $n \to \infty$ punktweise gegen die Dichte der Normalverteilung $\mathcal{N}(0,1)$ konvergiert. Anders gesagt, für jedes reelle x gilt

$$f_n(x,\sqrt{n}) \to \frac{1}{\sqrt{2\pi}}\, e^{-x^2/2} \qquad (n \to \infty).$$

7. — Es sei (u_n) $(n \ge 1)$ eine Folge von reellen Zahlen mit $0 < u_n \le 1$ für jedes $n \ge 1$. Weiter sei (X_n) $(n \ge 1)$ eine Folge von unabhängigen Zufallsvariablen, wobei X_n für jedes $n \ge 1$ die Verteilung $u_n \varepsilon_{1/u_n} + (1-u_n)\varepsilon_0$ hat. Dann gilt:

1) Für jedes $n \ge 1$ ist $\mathbb{E}[X_n] = 1$.

2) $X_n \xrightarrow{p} 0$ genau dann, wenn $u_n \to 0$.

3) $X_n \xrightarrow{f.s.} 0$ genau dann, wenn $\sum_{n \ge 1} u_n < +\infty$.

Man beachte: für eine Folge (u_n) $(n \ge 1)$ mit der Eigenschaft, dass die *Reihe* mit dem allgemeinen Glied u_n konvergiert, folgt $\dfrac{X_1 + \cdots + X_n}{n} \xrightarrow{f.s.} 0$ aus dem Resultat 3) und dem Satz von Césaro, obwohl man $\mathbb{E}[X_n] = 1$ für alle $n > 1$ hat.

KAPITEL 18

ZENTRALE ROLLE DER NORMALVERTEILUNG.
ZENTRALER GRENZWERTSATZ

Der zentrale Grenzwertsatz gibt hinreichende Bedingungen dafür an, dass eine (geeignet normalisierte) endliche Summe von reellen Zufallsvariablen annähernd normalverteilt ist. Wie im folgenden historischen Abriss geschildert wird, reichen Vorläufer dieses Satzes bis in das neunzehnte Jahrhundert zu Gauss und Laplace zurück, aber erst im zwanzigsten Jahrhundert war man in der Lage, die genauen Bedingungen für die Gültigkeit einer solchen Aussage explizit zu formulieren.

1. Historischer Abriss. — Die Normalverteilung ist eng mit den berühmten Namen von Gauss und Laplace verknüpft; beide Mathematiker haben diese Verteilung eingeführt, wobei ihr jeweiliges Vorgehen grundlegend verschieden war.

Der Ansatz von Gauss. — Die Normalverteilung wurde von Gauss anlässlich der Untersuchung des Schätzproblems für Parameter eingeführt.[1] Dabei bezeichnet θ eine (unbekannte) Grösse, von der n unabhängige Beobachtungen die n Näherungswerte $x_1, \ldots, x_n$ geliefert haben. Gauss hatte sich die Aufgabe gestellt, θ auf der Basis der beobachteten Werte $x_1, \ldots, x_n$ zu *schätzen*.

a) Eine erste Schätzung von θ wird durch die *Methode der kleinsten Quadrate* geleistet; sie besteht darin, als Schätzwert für θ denjenigen Wert $\tilde{\theta}$ zu nehmen, für den die Funktion $\theta \mapsto \sum_{k=1}^{n}(x_k - \theta)^2$ ein Minimum annimmt. Offenbar gilt $\tilde{\theta} = (x_1 + \cdots + x_n)/n = \overline{x}$.

b) Gauss schlug eine weitere Methode vor, die man in heutiger Sprechweise als *maximum-likelihood Methode* bezeichnen würde. Er führt eine Funktion $f(x)$ ein, mit der die Wahrscheinlichkeitsdichte für den Fehler x bei einer Beobachtung wiedergegeben werden sollte. Über f macht er folgende Annahmen (H):

---

[1] Gauss (C.F.). — *Theoria motus corporum coelestium*, Liber II, Section III, 1809; vor allem die Abschnitte 175, 176, 177, 178.

$f > 0$, $\int_{-\infty}^{+\infty} f(x)\,dx = 1$;

f ist gerade (d.h. positive und negative Fehler (gleicher absoluter Grösse) sind gleichwahrscheinlich);

$f(x)$ ist monoton fallend für $|x| \to +\infty$ (d.h. grosse Fehler sind seltener als kleine Fehler).

Die beobachteten Werte $x_1, \ldots, x_n$ von θ sind mit den Fehlern $x_1 - \theta$, $\ldots, x_n - \theta$ behaftet, sodass die Wahrscheinlichkeitsdichte für das gemeinsame Auftreten dieser Fehler, wegen der Unabhängigkeit der Beobachtungen, durch

$$(1.1) \qquad L(x_1, \ldots, x_n; \theta) = f(x_1 - \theta) \ldots f(x_n - \theta)$$

beschrieben wird. Dies bezeichnet man in moderner Terminologie als *likelihood-Funktion*.

Es ist nun natürlich, nach Dichten f zu fragen, welche die Hypothesen (H) erfüllen, und für welche die in (1.1) definierte Funktion $L(\theta)$ ihr Maximum im Wert $\theta = \tilde{\theta} = \bar{x}$ annimmt. In moderner Ausdrucksweise versucht man *die Dichten f zu bestimmen, die (H) erfüllen und für welche die Schätzung von θ nach der Methode der kleinsten Quadrate mit der Schätzung nach der maximum-likelihood Methode übereinstimmt.* Gauss zeigte, dass die Dichten der (zentrierten) *Normalverteilungen* die einzigen Lösungen dieses Problems sind.

c) Schreiben wir (1.1) in der Form

$$\mathrm{Log}\, L(\theta) = \mathrm{Log}\, f(x_1 - \theta) + \cdots + \mathrm{Log}\, f(x_n - \theta),$$

so suchen wir Dichten f, welche (H) erfüllen, wobei für jedes n und jede Folge $(x_1, \ldots x_n)$

$$\left[\frac{d}{d\theta} \mathrm{Log}\, L(\theta)\right]_{\theta=\bar{x}} = 0$$

gilt. Setzt man $g = \mathrm{Log}\, f$, so heisst das

$$g'(x_1 - \bar{x}) + \cdots + g'(x_n - \bar{x}) = 0.$$

Um diese Funktionalgleichung zu lösen, betrachte man den speziellen Fall $x_2 = \cdots = x_n = x_1 - ny$ mit reellem y. Dann ist $\bar{x} = x_1 - (n-1)y$, somit $x_1 - \bar{x} = (n-1)y$ und $x_2 - \bar{x} = \cdots = x_n - \bar{x} = -y$. Für jedes n und jedes y gilt also

$$g'\big[(n-1)y\big] + (n-1)g'(-y) = 0.$$

Da f gerade ist, gilt $g'(-y) = -g'(y)$, und daher ist $g'\big[(n-1)y\big] = (n-1)g'(y)$, oder auch

$$\frac{g'\big[(n-1)y\big]}{(n-1)y} = \frac{g'(y)}{y} = k\,;$$

somit ergibt sich $g'(x) = kx$ und $\mathrm{Log}\, f(x) = g(x) = k(x^2/2) + C$. Richtet man die Konstanten noch so ein, dass f die Hypothesen (H) erfüllt, so sieht man, dass f die *Dichte einer zentrierten Normalverteilung* sein muss. $\square$

Bemerkung. — Ein Beispiel soll zeigen, dass die Schätzung $\bar{x}$ nach der Methode der kleinsten Quadrate im allgemeinen verschieden ist von der maximum-likelihood Schätzung, wenn f nicht die Dichte einer Normalverteilung ist. Wir nehmen

$$f(x) = \frac{1}{2}e^{-|x|} \qquad \text{(die Dichte der ersten Laplace-Verteilung).}$$

Die likelihood-Funktion ist hier

$$L(x_1,\dots,x_n;\theta) = f(x_1 - \theta)\dots f(x_n - \theta) = \left(\frac{1}{2}\right)^n \exp\left(-\sum_{k=1}^{n} |x_k - \theta|\right).$$

Jeder Wert, der $L(\theta)$ maximiert, minimiert $\sum_{k=1}^{n} |x_k - \theta|$ und umgekehrt. Aber jeder Wert $\tilde{\theta}$, der $\sum_{k=1}^{n} |x_k - \theta|$ minimiert, ist *ein Median $M(x_1,\dots,x_n)$ von* $(x_1,\dots,x_n)$. Also ist *die Schätzung von θ nach der Methode der kleinsten Quadrate das arithmetische Mittel $\bar{x}$ der $(x_1,\dots,x_n)$, während die Schätzung von θ nach der maximum-likelihood Methode irgendein Median $M(x_1,\dots,x_n)$ von $(x_1,\dots,x_n)$ ist.* Es wäre interessant zu untersuchen, ob die Dichte der ersten Laplace-Verteilung die einzige (gerade) Dichte ist, für welche die Schätzung nach der maximum-likelihood Methode ein Median von $(x_1,\dots,x_n)$ ist. Dieses Problem ist unseres Wissens noch ungelöst.

Der Ansatz von Laplace. — Hierbei geht es um die Approximation der Binomial-Verteilung durch die Normalverteilung. In moderner Terminologie geht es darum, den folgenden Satz zu beweisen.

Es sei (X_n) $(n \geq 1)$ eine Folge von Zufallsvariablen, wobei jedes X_n mittels $B(n,p)$ mit $0 < p < 1$, $q = 1 - p$ binomial-verteilt ist. Setzt man $Y_n = (X_n - np)/\sqrt{npq}$, so konvergiert die Folge (Y_n) $(n \geq 1)$ in der Verteilung gegen eine Zufallsvariable mit der Verteilung $\mathcal{N}(0,1)$.

Dieser Satz wurde schon 1733 von de Moivre *im Spezialfall $p = 1/2$* mittels aufwendiger Abschätzungen von Binomialkoeffizienten bewiesen. Dieser Beweis findet sich in seinem Hauptwerk.[2] Der allgemeine Fall $0 < p < 1$ wurde von Laplace[3] mit Methoden behandelt, die schon auf die Methode der

---

[2] de Moivre (A.). — *The doctrine of chances or a method of calculating the probabilities of events in play.* — London, Millar, 1756, p. 235–283. Nachdruck von Chelsea, New York, 1967.

[3] Laplace (Pierre-Simon, marquis de). — *Théorie analytique des probabilités.* — Paris, Courcier, 1820, p. 83–84. Siehe auch *Œuvres complètes*, vol. VII. — Paris, Gauthier-Villars, 1896.

charakteristischen Funktionen hinweisen. Mit diesem Hilfsmittel bereitet der Beweis dieses Satzes heutzutage keinerlei Schwierigkeiten. Aber der Beitrag von Laplace beschränkt sich nicht allein darauf. Tatsächlich hat er die Normalverteilung auch mit der Theorie der Beobachtungsfehler in Zusammenhang gebracht, und zwar mittels einer subtilen Analyse, von der wir weiter unten einen Eindruck (in moderner Notation) geben wollen.

Die Verteilung der Fehler. — Es sei (X_n) $(n \geq 1)$ eine Folge von *unabhängigen* und *zentrierten* Zufallsvariablen *zweiter Ordnung.* Es sei $\sigma_k^2 = \operatorname{Var} X_k$, wobei $0 < \sigma_k < +\infty$ vorausgesetzt wird. Für $n \geq 1$ führen wir die folgenden Variablen ein:

$$S_n = X_1 + \cdots + X_n, \qquad Y_n = \frac{S_n}{\sigma(S_n)}, \qquad \text{wobei} \quad \sigma^2(S_n) = \sigma_1^2 + \cdots + \sigma_n^2.$$

Man sucht nun nach Bedingungen, unter denen die Folge (Y_n) $(n \geq 1)$ in der Verteilung gegen eine $\mathcal{N}(0,1)$-verteilte Zufallsvariable konvergiert. Bezeichne nun $\psi = \operatorname{Log} \varphi$ die zweite charakteristische Funktion. Aus Satz 5.3, Kapitel 13, folgt, dass für alle $k \geq 1$ die Funktion $\psi_k = \psi_{X_k}$ die Form

$$\psi_k = -\frac{\sigma_k^2 t^2}{2}[1 + \varepsilon_k(\sigma_k t)]$$

hat, wobei $\varepsilon_k(t) \to 0$ für $t \to 0$. Folglich gilt (*cf.* Theorem 5.1, Kap. 13)

$$\psi_{Y_n}(t) = \sum_{k=1}^{n} \psi_k \left(\frac{t}{\sigma(S_n)}\right) = -\frac{t^2}{2} - \frac{t^2}{2}\sum_{k=1}^{n}\left(\frac{\sigma_k}{\sigma(S_n)}\right)^2 \varepsilon_k\left(\frac{\sigma_k}{\sigma(S_n)}t\right)$$

$$= -\frac{t^2}{2} - \frac{t^2}{2}R_n.$$

Damit nun (Y_n) in der Verteilung gegen eine $\mathcal{N}(0,1)$-verteilte Zufallsvariable konvergiert, ist notwendig und hinreichend, dass $\psi_{Y_n}(t) \to -t^2/2$ für jedes reelle t gilt, d.h. R_n konvergiert für jedes t gegen 0 $(n \to \infty)$. Das ist nun tatsächlich der Fall, wenn die beiden folgenden Bedingungen erfüllt sind:

$$1) \quad \sup_{k=1,\ldots,n} \frac{\sigma_k}{\sigma(S_n)} \to 0 \qquad (n \to \infty),$$

d.h. *die grösste individuelle Standardabweichung ist gegenüber der Standardabweichung der Summe S_n vernachlässigbar.*

2) Wenn t gegen 0 strebt, so konvergieren die $\varepsilon_k(t)$ gleichmässig in k gegen 0, d.h. für jedes $\varepsilon > 0$ existiert ein $\delta(\varepsilon) > 0$ derart, dass für jedes t mit $|t| < \delta(\varepsilon)$ die Ungleichung $|\varepsilon_k(t)| < \varepsilon$ für alle $k \geq 1$ gilt.

Ist nämlich t eine reelle Zahl ungleich Null, so wählen wir N_0 hinreichend gross, damit $\displaystyle\sup_{k=1,\ldots,n} \frac{\sigma_k}{\sigma(S_n)} \leq \frac{\delta(\varepsilon)}{|t|}$ für alle $n \geq N_0$ gilt. Damit hat man aber für jedes $n \geq N_0$ und jedes $k = 1, \ldots, n$ die Ungleichungen

$$\frac{\sigma_k}{\sigma(S_n)}\,|t| \leq \delta(\varepsilon), \qquad \varepsilon_k\left(\frac{\sigma_k}{\sigma(S_n)}t\right) < \varepsilon,$$

und somit

$$R_n = \sum_{k=1}^{n}\left(\frac{\sigma_k}{\sigma(S_n)}\right)^2 \varepsilon_k\left(\frac{\sigma_k}{\sigma(S_n)}t\right) \leq \varepsilon \sum_{k=1}^{n}\left(\frac{\sigma_k}{\sigma(S_n)}\right)^2 = \varepsilon.$$

Laplace hatte die Bedeutung der Bedingung 1) für die Konvergenz in der Verteilung von (Y_n) gegen $\mathcal{N}(0,1)$ deutlich erkannt und hat sich klar gemacht, dass ein im Vergleich zu den anderen überproportionaler Fehler sich mit seiner Verteilung durchsetzen würde. Gleichwohl merkt G. Darmois[4], dem wir diese Analyse verdanken, an, Laplace habe nicht erkannt, dass die Bedingung 1) alleine *nicht hinreichend* ist und dass es einer weiteren Bedingung (etwa 2)) bedarf.

2. Der zentrale Grenzwertsatz. — In diesem Abschnitt werden wir die Tendenz einer Folge von Zufallsvariablen untersuchen, gegen eine normalverteilte Zufallsvariable zu konvergieren. Dabei werden wir einige Sätze beweisen, in denen wir hinreichende Bedingungen dafür formulieren werden, dass sich diese Tendenz tatsächlich beweisen lässt. Jeder Satz dieser Art trägt den Namen «zentraler Grenzwertsatz». Diese Bezeichnung geht auf Polyà[5] zurück.

THEOREM 2.1 (Lindeberg-Lévy, 1920). — *Es sei (X_n) $(n \geq 1)$ eine Folge von unabhängigen, identisch verteilten Zufallsvariablen aus L^2. Folgende Bezeichnungen werden verwendet:*

$$\mu = \mathbb{E}[X_1], \qquad \sigma^2 = \operatorname{Var} X_1 \quad (0 < \sigma < +\infty)\,;$$

$$S_n = X_1 + \cdots + X_n, \qquad \overline{X}_n = \frac{S_n}{n}, \qquad Y_n = \frac{S_n - n\mu}{\sigma\sqrt{n}} = \frac{\overline{X}_n - \mu}{\sigma/\sqrt{n}}.$$

Dann konvergiert die Folge (Y_n) $(n \geq 1)$ in der Verteilung gegen eine $\mathcal{N}(0,1)$-verteilte Zufallsvariable, d.h. für jedes reelle x gilt

$$\mathrm{P}\{Y_n \leq x\} \to \int_{-\infty}^{x} \frac{1}{\sqrt{2\pi}} e^{-u^2/2}\, du \qquad (n \to +\infty).$$

Beweis. — Es bezeichne φ die charakteristische Funktion von $X_1 - \mu$; da diese Zufallsvariable *zentriert* ist und zu L^2 gehört, liefert uns die Taylor-Formel bis zur 2. Ordnung von $\varphi(t)$ in der Umgebung von $t = 0$ (*cf.* Satz 5.3,

---

[4] Darmois (G.). — *Cours de calcul des probabilités.* — Paris, vervielfältigtes Skriptum, 1955.
[5] Polyà (G.). — Über den zentralen Grenzwertsatz der Wahrscheinlichkeitsrechnung und das Momentenproblem, *Math. Z.*, t. **8** (1920), p. 171–181.

Kap. 13) die Darstellung

$$\varphi(t) = 1 - \frac{t^2}{2}\sigma^2 + o(t^2) \qquad (t \to 0).$$

Es ist aber

$$Y_n \doteq \sum_{k=1}^{n} \frac{X_k - \mu}{\sigma\sqrt{n}}$$

und daher

$$\varphi_{Y_n}(t) = \left(\varphi\left(\frac{t}{\sigma\sqrt{n}}\right)\right)^n = \left(1 - \frac{t^2}{2n} + o\left(\frac{t^2}{n}\right)\right)^n \to e^{-t^2/2}.$$

Damit ist die Behauptung unter Hinweis auf den Satz von Paul Lévy bewiesen. □

Bemerkung. — Die Bedeutung von Theorem 2.1 besteht darin, dass für «grosses» n die (im allgemeinen sehr komplizierten) Wahrscheinlichkeitsverteilungen der S_n bzw. $\overline{X}_n$ durch Normalverteilungen $\mathcal{N}(n\mu, \sigma\sqrt{n})$ bzw. $\mathcal{N}(\mu, \sigma/\sqrt{n})$ approximiert werden können. Theorem 2.1 beinhaltet eine Reihe von Spezialfällen, die wir nun untersuchen wollen.

Spezialfall 1 (de Moivre-Laplace). — Jede Variable X_n habe die Bernoulli-Verteilung $p\varepsilon_1 + q\varepsilon_0$ mit $p, q > 0$, $p + q = 1$. Dann ist S_n gemäss $B(n, p)$ binomialverteilt. Dabei ist $\mathbb{E}[S_n] = np$, $\operatorname{Var} S_n = npq$, und aus Theorem 2.1 ergibt sich folgende Aussage.

SATZ 2.2. — *Eine Folge von Zufallsvariablen mit dem allgemeinen Glied* $Y_n = (S_n - np)/\sqrt{npq}$ *konvergiert in der Verteilung gegen eine* $\mathcal{N}(0, 1)$-*verteilte Zufallsvariable.*

Damit zeigt sich, dass für «grosses» n die Binomialverteilung $B(n, p)$ durch die Normalverteilung $\mathcal{N}(np, \sqrt{npq})$ approximiert werden kann.

Spezialfall 2. — Nun sei die allen X_n gemeinsame Verteilung die Poisson-Verteilung π_1 mit Parameter 1 . Dann ist S_n gemäss π_n verteilt, d.h. Poisson-verteilt mit Parameter n; hierbei gilt $\mathbb{E}[S_n] = n$, $\operatorname{Var} S_n = n$ und in diesem Fall besagt Theorem 2.1:

SATZ 2.3. — *Eine Folge von Zufallsvariablen mit dem allgemeinen Glied* $Y_n = (S_n - n)/\sqrt{n}$ *konvergiert in der Verteilung gegen eine* $\mathcal{N}(0, 1)$-*verteilte Zufallsvariable.*

Damit kann für «grosses» n die Poisson-Verteilung π_n durch die Normalverteilung $\mathcal{N}(n, \sqrt{n})$ angenähert dargestellt werden.

Bemerkung 1 (Bernstein). — Aus Satz 2.3 folgt, dass

$$\mathrm{P}\left\{\frac{S_n - n}{\sqrt{n}} \le 0\right\} \to \int_{-\infty}^{0} \frac{1}{\sqrt{2\pi}} e^{-x^2/2}\, dx = \frac{1}{2} \qquad (n \to \infty)$$

gilt, und das bedeutet

$$P\{S_n \le n\} = e^{-n} \sum_{k=0}^{n} \frac{n^k}{k!} \to \frac{1}{2} \qquad (n \to \infty).$$

(Es ist zu beachten, dass dieser letzte Grenzübergang nicht leicht zu beweisen ist, ohne den zentralen Grenzwertsatz zu verwenden.)

Bemerkung 2. — Satz 2.3 kann auf den Fall einer Familie (X_λ) $(\lambda > 0)$ von Zufallsvariablen ausgedehnt werden, deren allgemeines Glied X_λ gemäss π_λ-verteilt ist, also mit Parameter λ Poisson-verteilt ist. Man kann direkt zeigen (*cf.* Aufgabe 1), dass für $\lambda \to \infty$ die Variable $(X_\lambda - \lambda)/\sqrt{\lambda}$ in der Verteilung gegen eine $\mathcal{N}(0,1)$-verteilte Zufallsvariable konvergiert, so dass also für «grosses» λ die Poisson-Verteilung π_λ angenähert durch die Normalverteilung $\mathcal{N}(\lambda, \sqrt{\lambda})$ dargestellt wird.

Spezialfall 3. — Nun sei die Exponentialverteilung $\mathcal{E}(\lambda)$ mit Parameter $\lambda > 0$ die allen X_n gemeinsame Verteilung. Dann ist S_n gemäss $\Gamma(n, \lambda)$ verteilt und es ist $\mathbb{E}[S_n] = n/\lambda$, $\operatorname{Var} S_n = n/\lambda^2$. Theorem 2.1 besagt in diesem Fall:

SATZ 2.4. — *Eine Folge von Zufallsvariablen mit dem allgemeinen Glied* $Y_n = \dfrac{S_n - n/\lambda}{\sqrt{n}/\lambda}$ *konvergiert für* $n \to \infty$ *in der Verteilung gegen eine* $\mathcal{N}(0,1)$-*verteilte Zufallsvariable.*

Damit kann für «grosses» n die Gamma-Verteilung $\Gamma(n, \lambda)$ durch die Normalverteilung $\mathcal{N}(n/\lambda, \sqrt{n}/\lambda)$ approximiert werden.

Bemerkung. — Satz 2.4 kann auf den Fall einer Familie (X_p) $(p > 0)$ von Zufallsvariablen ausgeweitet werden, deren allgemeines Glied X_p gemäss $\Gamma(p, \lambda)$ verteilt ist, wobei $\lambda > 0$ *fest* ist. Man kann direkt zeigen (*cf.* Aufgabe 2), dass für $p \to \infty$ und festes λ die Zufallsvariable $\dfrac{X_p - p/\lambda}{\sqrt{p}/\lambda}$ in der Verteilung gegen eine $\mathcal{N}(0,1)$-verteilte Zufallsvariable konvergiert. Also kann man für «grosses» p die $\Gamma(p, \lambda)$-Verteilung angenähert durch die Normalverteilung $\mathcal{N}(p/\lambda, \sqrt{p}/\lambda)$ darstellen.

3. Der zentrale Grenzwertsatz und die Formel von Stirling. — Es sei nun (X_p) $(p > 0)$ eine Familie von Zufallsvariablen, deren allgemeines Glied X_p gemäss $\Gamma(p + 1, 1)$ verteilt ist. $(X_p - (p + 1))/\sqrt{p+1}$ konvergiert für $p \to \infty$ in der Verteilung gegen eine $\mathcal{N}(0,1)$-verteilte Zufallsvariable; natürlich hat $(X_p - p)/\sqrt{p}$ für $p \to \infty$ das gleiche asymptotische Verhalten. Wir zeigen, dass diese Eigenschaft zur Formel von Stirling äquivalent ist.

THEOREM 3.1. — *Es sei* (X_p) $(p > 0)$ *eine Familie von Zufallsvariablen, deren allgemeines Glied* X_p *gemäss* $\Gamma(p + 1, 1)$ *verteilt ist. Dann kann jede der beiden folgenden Aussagen aus der anderen gefolgert werden:*

a) $(X_p - p)/\sqrt{p}$ *konvergiert für* $p \to \infty$ *in der Verteilung gegen eine* $\mathcal{N}(0,1)$*-verteilte Zufallsvariable (zentraler Grenzwertsatz);*

b) $\Gamma(p+1) \sim p^p e^{-p}\sqrt{2\pi p}$ *für* $p \to \infty$ *(Formel von Stirling).*

Beweis. — Wir bezeichnen mit f_p bzw. g_p die Dichten von X_p bzw. $(X_p - p)/\sqrt{p}$. Dann gilt

$$f_p(x) = \frac{1}{\Gamma(p+1)} e^{-x} x^p I_{[0,+\infty[}(x) \quad \text{und} \quad g_p(x) = \sqrt{p}\, f_p(p + x\sqrt{p}).$$

Für jedes reelle x kann man $p > 0$ so gross wählen, dass auch $p + x\sqrt{p} > 0$ ist; dann hat man

$$g_p(x) = \sqrt{p}\frac{1}{\Gamma(p+1)} e^{-(p+x\sqrt{p})}(p + x\sqrt{p})^p = \frac{p^p e^{-p}\sqrt{2\pi p}}{\Gamma(p+1)}\frac{1}{\sqrt{2\pi}} r_p(x),$$

wobei

$$r_p(x) = e^{-x\sqrt{p}}\left(1 + \frac{x}{\sqrt{p}}\right)^p$$

ist. Daraus folgt

$$(3.1) \qquad \int_{-\infty}^x g_p(u)\, du = \frac{p^p e^{-p}\sqrt{2\pi p}}{\Gamma(p+1)}\frac{1}{\sqrt{2\pi}}\int_{-\infty}^x r_p(u)\, du.$$

Eine elementare Rechnung zeigt, dass $r_p(u) \to e^{-u^2/2}$ für $p \to \infty$ gilt. Der Satz von der dominierten Konvergenz liefert dann für jedes reelle x

$$(3.2) \qquad \int_{-\infty}^x r_p(u)\, du \to \int_{-\infty}^x e^{-u^2/2}\, du \quad (p \to \infty).$$

Die Behauptung des Theorems folgt nun aus (3.1) und (3.2). $\quad\square$

4. Der Satz von Lindeberg. — Im folgenden Theorem sei $(X_k)(k \geq 1)$ eine Folge von *zentrierten* und *unabhängigen* Zufallsvariablen aus L^2. Wir setzen $\operatorname{Var} X_k = \sigma_k^2$ und bezeichnen die Wahrscheinlichkeitsverteilung von X_k mit μ_k. Für $n \geq 1$ sei S_n die Partialsumme $S_n = \sum_{k=1}^n X_k$, und wir setzen noch $\operatorname{Var} S_n = \sum_{k=1}^n \sigma_k^2 = C_n^2$.

THEOREM 4.1. — *Wenn die sogenannte « Lindeberg-Bedingung » erfüllt ist, die besagt, dass für jedes* $\varepsilon > 0$

$$\frac{1}{C_n^2}\sum_{k=1}^n \int_{|x|\geq \varepsilon C_n} x^2\, d\mu_k(x) \to 0 \quad (n \to \infty)$$

gilt, dann konvergiert die Folge der Zufallsvariablen $Z_n = S_n/C_n$ *in der Verteilung gegen eine* $\mathcal{N}(0,1)$*-verteilte Zufallsvariable.*

Beweis.

a) Die Lindeberg-Bedingung impliziert $\dfrac{1}{C_n^2}\sup\limits_{1\le k\le n}\sigma_k^2\to 0$ für $n\to\infty$, denn aus

$$\sup_{1\le k\le n}\sigma_k^2=\sup_{1\le k\le n}\left(\int_{|x|<\varepsilon C_n}x^2\,d\mu_k+\int_{|x|\ge\varepsilon C_n}x^2\,d\mu_k\right)$$

$$\le\varepsilon^2 C_n^2+\sum_{k=1}^{n}\int_{|x|\ge\varepsilon C_n}x^2\,d\mu_k$$

für beliebiges $\varepsilon>0$ folgt

$$\frac{1}{C_n^2}\sup_{1\le k\le n}\sigma_k^2\le\varepsilon^2+\frac{1}{C_n^2}\sum_{k=1}^{n}\int_{|x|\ge\varepsilon C_n}x^2\,d\mu_k.$$

Die Behauptung folgt nun aus der Lindeberg-Bedingung und der Tatsache, dass $\varepsilon>0$ beliebig ist.

b) Wir betrachten nun die Zufallsvariable $Z_n=\dfrac{S_n}{C_n}=\sum\limits_{k=1}^{n}\dfrac{X_k}{C_n}$; deren charaktistische Funktion ist durch $\varphi_{Z_n}(t)=\prod\limits_{k=1}^{n}\varphi_{X_k}(t/C_n)$ gegeben. Wegen Teil a), kann man zu jeder reellen Zahl t ein hinreichend grosses n finden, so dass für alle $k=1,\ldots,n$ die Ungleichung $3(t^2/C_n^2)\sigma_k^2\le 1$ gilt. Wendet man nun die Aussage von Theorem 4.7, Kapitel 13, auf jedes X_k an, so sieht man, dass $\operatorname{Log}\varphi_{Z_n}(t)$ existiert und eine Darstellung

$$\operatorname{Log}\varphi_{Z_n}(t)=\sum_{k=1}^{n}\operatorname{Log}\varphi_{X_k}\!\left(\frac{t}{C_n}\right)$$

mit

$$\operatorname{Log}\varphi_{Z_n}(t)=-\frac{t^2}{2}\frac{\sum\limits_{k=1}^{n}\sigma_k^2}{C_n^2}-t^2\!\left(\frac{1}{C_n^2}\sum_{k=1}^{n}\int_0^1(1-u)\mathbb{E}\!\left[X_k^2\!\left(e^{ituX_k/C_n}-1\right)\right]du\right)$$

$$+3t^4\frac{\sum_{k=1}^{n}\sigma_k^4}{C_n^4}\theta\qquad\qquad[\text{mit }|\theta|\le 1]$$

$$=-\frac{t^2}{2}-t^2 A_n+3t^4 B_n$$

hat. Zum Beweis des Theorems genügt also der Nachweis, dass sowohl A_n als auch B_n für $n\to\infty$ gegen 0 gehen.

c) Wir zeigen zuerst $A_n\to 0$. Mit $g(x,t,u)=x^2(e^{itux/C_n}-1)$ gilt

$$\mathbb{E}[X_k^2(e^{ituX_k/C_n}-1)]=\int_{|x|<\varepsilon C_n}g\,d\mu_k+\int_{|x|\ge\varepsilon C_n}g\,d\mu_k.$$

Für $|x| < \varepsilon C_n$ gilt $|g| \leq x^2 \, |tux| \, /C_n$, denn es ist $\left|e^{i\alpha} - 1\right| \leq |\alpha|$. Daher hat man $|g| \leq x^2 \, |tu| \, \varepsilon$. Für $|x| \geq \varepsilon C_n$ gilt $|g| \leq 2x^2$, denn es ist $\left|e^{i\alpha} - 1\right| \leq 2$. Damit folgt

$$\left| \mathbb{E}[X_k^2(e^{ituX_k/C_n} - 1)] \right| \leq |tu| \, \varepsilon \sigma_k^2 + 2 \int_{|x| \geq \varepsilon C_n} x^2 \, d\mu_k \,,$$

$$|A_n| \leq \varepsilon \, |t| + \frac{1}{C_n^2} \sum_{k=1}^{n} \int_{|x| \geq \varepsilon C_n} x^2 \, d\mu_k,$$

und $A_n \to 0$ ergibt sich aus der Lindeberg-Bedingung und der Tatsache, dass $\varepsilon > 0$ beliebig war.

d) Nun zeigen wir $B_n \to 0$. Aus

$$|B_n| \leq \frac{\sum_{k=1}^{n} \sigma_k^4}{C_n^4} \leq \frac{\sup\limits_{1 \leq k \leq n} \sigma_k^2 \sum\limits_{k=1}^{n} \sigma_k^2}{C_n^2 \quad C_n^2} = \frac{\sup\limits_{1 \leq k \leq n} \sigma_k^2}{C_n^2}$$

folgt $B_n \to 0$ wegen Teil a). $\quad \Box$

Bemerkungen. — Im Teil a) des Beweises haben wir festgestellt, dass die Lindeberg-Bedingung die Aussage $(1/C_n^2)\sup_{1 \leq k \leq n} \sigma_k^2 \to 0$ für $n \to \infty$ impliziert. Dies besagt, dass die grösste Varianz der $X_1, \ldots, X_n$ gegenüber der Varianz der Summe asymptotisch vernachlässigbar ist. Die Rolle dieser letzten Aussage wird im folgenden Satz von Feller[6] deutlich hervorgehoben.

THEOREM 4.1′. — *Unter den Voraussetzungen und mit den Bezeichnungen von Theorem 4.1 sind die folgenden Aussagen äquivalent:*
   1) *die Lindeberg-Bedingung;*
   2) a) *die Folge mit dem allgemeinen Glied $Y_n = S_n/C_n$ konvergiert in der Verteilung gegen eine $\mathcal{N}(0,1)$-verteilte Zufallsvariable;*
   b) $\dfrac{1}{C_n^2} \sup\limits_{1 \leq k \leq n} \sigma_k^2 \to 0 \qquad (n \to \infty).$

5. Eine Ergänzung zum Satz von Lindeberg-Lévy.

— In diesem Abschnitt werden wir eine notwendige und hinreichende Bedingung dafür formulieren, dass die Aussage des zentralen Grenzwertsatzes für eine Folge von unabhängigen und *identisch verteilten* Zufallsvariablen gilt. Es handelt sich um das folgende Resultat.

THEOREM 5.1. — *Es sei (X_n) $(n \geq 1)$ eine Folge von reellen, unabhängigen und identisch verteilten Zufallsvariablen mit $X_1 \in L^1$ und $\mathbb{E}[X_1] = 0$. Dann sind die beiden folgenden Aussagen äquivalent:*

<hr>

[6] Feller (William). — *An Introduction to Probability Theory and its Applications*, vol. 2. J. Wiley, 1962, p. 491.

a) *die Folge mit dem allgemeinen Glied $Y_n = (X_1 + \cdots + X_n)/\sqrt{n}$ konvergiert in der Verteilung gegen eine $\mathcal{N}(0,1)$-verteilte Zufallsvariable;*

b) $X_1 \in L^2$ *und* $\mathbb{E}[X_1^2] = 1$.

Beweis (L. Pratelli, private Mitteilung). — Die Implikation b) $\Rightarrow$ a) ist nichts anderes als der Satz von Lindeberg-Lévy, es genügt also, die Richtung a) $\Rightarrow$ b) zu beweisen. Dazu verwenden wir die beiden folgenden Lemmata.

LEMMA 5.2. — *Ist X eine Zufallsvariable mit Verteilung μ und charakteristischer Funktion φ, so gilt in $[0, +\infty]$*

$$\lim_{u \to 0} 2\,\frac{1 - \Re\,\varphi(u)}{u^2} = \int_{\mathbb{R}} x^2\,d\mu(x).$$

Beweis. — Für $u \neq 0$ gilt:

$$I(u) = 2\,\frac{1 - \Re\,\varphi(u)}{u^2} = 2 \int_{\mathbb{R}} \frac{1 - \cos ux}{u^2}\,d\mu(x).$$

Der Ausdruck $(1 - \cos ux)/u^2$ bewegt sich zwischen 0 und $x^2/2$, und er konvergiert gegen $x^2/2$ für $u \to 0$. In $[0, +\infty]$ gilt also

$$\int_{\mathbb{R}} x^2\,d\mu(x) \leq \liminf_{u \to 0} I(u) \leq \limsup_{u \to 0} I(u) \leq \int_{\mathbb{R}} x^2\,d\mu(x),$$

wobei die erste Ungleichung aus dem Lemma von Fatou folgt und die letzte trivial ist. Damit ist das Lemma bewiesen. □

LEMMA 5.3. — *Es sei (X, Y) ein Paar von unabhängigen reellen Zufallsvariablen, für die $X + Y$ zu L^2 gehört. Dann gehören auch X und Y zu L^2.*

Beweis. — Wir zeigen, dass Y zu L^2 gehört. Es bezeichne μ die Verteilung von X. Dann gilt für alle reellen x:

$$\int_{\mathbb{R}} \mathbb{E}[(x + Y)^2]\,d\mu(x) = \mathbb{E}[(X + Y)^2] < +\infty\,;$$

demnach muss für μ-fast jedes reelle x (also mindestens für eines) die Summe $x + Y$ zu L^2 gehören. □

Die Richtung a) $\Rightarrow$ b) in Theorem 5.1 lässt sich nun folgendermassen beweisen. Es bezeichne φ die charakteristische Funktion von X_1. Wir behandeln zunächst den Fall, dass die Verteilung μ von X_1 *symmetrisch* ist; dann ist φ *reellwertig*.

Die Bedingung a) impliziert $\lim_{n \to \infty} \left(\varphi(1/\sqrt{n}) \right)^n = e^{-1/2}$. Für hinreichend grosses n ist $\varphi(1/\sqrt{n}) > 0$, sodass man zu den Logarithmen übergehen kann. Dabei erhält man $n \operatorname{Log} \varphi(1\sqrt{n}) \sim -1/2$, also $\varphi(1/\sqrt{n}) - 1 \sim -1/(2n)$ und $2 \dfrac{1 - \varphi(1/\sqrt{n})}{1/n} \sim 1$. Aus Lemma 5.2 folgt nun

$$\int_{\mathbb{R}} x^2 \, d\mu(x) = \lim_{n \to +\infty} 2 \frac{1 - \varphi(1/\sqrt{n})}{1/n} = 1.$$

Im allgemeinen Fall impliziert die Bedingung a), dass die durch

$$Z_n = \frac{(X_1 - X_2) + (X_3 - X_4) + \cdots + (X_{2n-1} - X_{2n})}{\sqrt{2n}}$$

$$= \frac{1}{\sqrt{2}} \left(\frac{X_1 + X_3 + \cdots + X_{2n-1}}{\sqrt{n}} - \frac{X_2 + X_4 + \cdots + X_{2n}}{\sqrt{n}} \right)$$

definierte Folge (Z_n) $(n \geq 1)$ in der Verteilung gegen eine Zufallsvariable mit Normalverteilung $\mathcal{N}(0,1)$ konvergiert. Setzt man $Y_n = (X_{2n-1} - X_{2n})/\sqrt{2}$, so kann man Z_n in der Form $Z_n = (Y_1 + \cdots + Y_n)/\sqrt{n}$ schreiben, wobei die Y_n unabhängige und identische verteilte Zufallsvariable mit zentrierter, symmetrischer Verteilung sind. Man kann also hierfür den obigen Schluss anwenden und findet, dass $\mathbb{E}[Y_1^2] = 1$ ist. Mittels Lemma 5.3 schliesst man nun auf $\mathbb{E}[X_1^2] = 1$. $\square$

6. Der Satz von Liapunov. — Der Satz von Lindeberg hat ein Korollar, das als Satz von Liapunov bekannt ist.

THEOREM 6.1. — *Es sei* (X_n) $(n \geq 1)$ *eine Folge von unabhängigen, zentrierten Zufallsvariablen aus* $L_{2+\delta}$ *für ein gewisses* $\delta > 0$. *Es sei* $\operatorname{Var} X_k = \sigma_k^2$, *es bezeichne* $S_n = \sum_{k=1}^n X_k$ *die Partialsummen und* $\operatorname{Var} S_n = \sum_{k=1}^n \sigma_k^2 = C_n^2$ *sei deren Varianz. Schliesslich sei die sogenannte « Liapunov-Bedingung »*

$$\frac{1}{(C_n)^{2+\delta}} \sum_{k=1}^n \mathbb{E}\big[|X_k|^{2+\delta}\big] \to 0 \qquad (n \to \infty)$$

erfüllt. Dann konvergiert die Folge der Zufallsvariablen $(Z_n = S_n/C_n)$ *in der Verteilung gegen eine* $\mathcal{N}(0,1)$-*verteilte Zufallsvariable.*

Beweis. — Es genügt nachzuweisen, dass die Lindeberg-Bedingung aus der Liapunov-Bedingung folgt. Dazu bezeichne μ_k die Verteilung von X_k. Für jedes $\delta > 0$ gilt dann

$$\int_{|x| \geq \varepsilon C_n} x^2 \, d\mu_k \leq \int_{|x| \geq \varepsilon C_n} x^2 \left(\frac{|x|}{\varepsilon C_n} \right)^\delta d\mu_k$$

$$= \frac{1}{(\varepsilon C_n)^\delta} \int_{|x| \geq \varepsilon C_n} |x|^{2+\delta} \, d\mu_k \leq \frac{1}{(\varepsilon C_n)^\delta} \mathbb{E}\big[|X_k|^{2+\delta}\big],$$

und damit erhält man

$$\frac{1}{C_n^2} \sum_{k=1}^{n} \int_{|x| \geq \varepsilon C_n} x^2 \, d\mu_k \leq \frac{1}{\varepsilon^\delta} \frac{1}{(C_n)^{2+\delta}} \sum_{k=1}^{n} \mathbb{E}\big[|X_k|^{2+\delta}\big]. \quad \square$$

Bemerkung. — Wenn die X_n auch noch *identisch verteilt* sind, so ist die Liapunov-Bedingung automatisch erfüllt und die Folge (Z_n) konvergiert in der Verteilung gegen eine $\mathcal{N}(0,1)$-verteilte Zufallsvariable.

ANWENDUNG 6.2. — *Es sei (X_n) $(n \geq 1)$ eine Folge von unabhängigen und identisch verteilten Zufallsvariablen mit $\frac{1}{2}(\varepsilon_{-1} + \varepsilon_{+1})$ als gemeinsamer Verteilung. Dazu betrachtet man nun die Folge von unabhängigen Zufallsvariablen, deren allgemeines Glied $Y_n = n^\alpha X_n$ mit einer positiven Konstanten α ist. Dann konvergiert die Folge von Zufallsvariablen mit dem allgemeinen Glied $\dfrac{1}{n^{\alpha+1/2}} \sum_{k=1}^{n} Y_k$ in der Verteilung gegen eine $\mathcal{N}(0, 1/\sqrt{2\alpha+1})$-verteilte Zufallsvariable.*

Beweis.

a) Es sei daran erinnert, dass sich die Summe $s_\alpha = \sum_{k=1}^{n} k^\alpha$ für $n \to \infty$ asymptotisch wie $n^{\alpha+1}/(\alpha+1)$ verhält.

b) Sei nun $S_n = \sum_{k=1}^{n} Y_k$; die Variable S_n ist (wie Y_n) *zentriert* und es gilt $\operatorname{Var} S_n = \sum_{k=1}^{n} \operatorname{Var} Y_k = \sum_{k=1}^{n} k^{2\alpha}$; somit ist wegen a)

$$\operatorname{Var} S_n \sim \frac{n^{2\alpha+1}}{2\alpha+1} \qquad \text{und} \qquad \sigma(S_n) \sim \frac{n^{\alpha+1/2}}{\sqrt{2\alpha+1}} \qquad (n \to \infty).$$

c) Für jedes $\delta > 0$ gilt $\mathbb{E}\big[|Y_k|^{2+\delta}\big] = k^{\alpha(2+\delta)}$; daher ist

$$\sum_{k=1}^{n} \mathbb{E}\big[|Y_k|^{2+\delta}\big] = \sum_{k=1}^{n} k^{\alpha(2+\delta)} \sim \frac{n^{\alpha(2+\delta)+1}}{\alpha(2+\delta)+1}.$$

Mit der Notation $C_n = \sigma(S_n)$ stellt sich der Liapunov-Quotient für jedes $\delta > 0$ als

$$\frac{1}{(C_n)^{2+\delta}} \sum_{k=1}^{n} \mathbb{E}\big[|X_k|^{2+\delta}\big]$$
$$\sim \frac{(2\alpha+1)^{(2+\delta)/2}}{n^{(\alpha+1/2)(2+\delta)}} \frac{n^{\alpha(2+\delta)+1}}{\alpha(2+\delta)+1} = \frac{(2\alpha+1)^{(2+\delta)/2}}{\alpha(2+\delta)+1} \frac{1}{n^{\delta/2}}$$

dar, und dieser Ausdruck geht für $n \to \infty$ gegen 0.

d) Aus dem Satz von Liapunov folgt also

$$\frac{1}{C_n} \sum_{k=1}^{n} Y_k \xrightarrow{\mathcal{L}} \mathcal{N}(0,1).$$

Wegen $C_n = \sigma(S_n) \sim n^{\alpha+1/2}/\sqrt{2\alpha+1}$ für $n \to \infty$ gilt dann

$$\sqrt{2\alpha+1}\,\frac{1}{n^{\alpha+1/2}} \sum_{k=1}^{n} Y_k \xrightarrow{\mathcal{L}} \mathcal{N}(0,1)$$

oder

$$\frac{1}{n^{\alpha+1/2}} \sum_{k=1}^{n} Y_k \xrightarrow{\mathcal{L}} \mathcal{N}(0,1/\sqrt{2\alpha+1}). \quad \square$$

Bemerkung. — Für $\alpha = 1$ ist $Y_n = nX_n$ und somit

$$\frac{1}{n^{3/2}} \sum_{k=1}^{n} Y_k \xrightarrow{\mathcal{L}} \mathcal{N}(0,1/\sqrt{3}).$$

Dieses Resultat wird in der Theorie des Wilcoxon-Tests verwendet.[7]

ANWENDUNG 6.3. — *Es sei (X_n) $(n \geq 1)$ eine Folge von unabhängigen Zufallsvariablen, wobei X_n die Verteilung $p_n\varepsilon_1 + q_n\varepsilon_0$ mit $0 < p_n < 1$ und $p_n + q_n = 1$ hat. Dabei sei $\sum_{n\geq 1} p_n q_n = +\infty$. Dann konvergiert die Folge von Zufallsvariablen mit $Z_n = \sum_{k=1}^{n}(X_k - p_k)/\sqrt{\sum_{k=1}^{n} p_k q_k}$ als allgemeinem Glied in der Verteilung gegen eine $\mathcal{N}(0,1)$-verteilte Zufallsvariable.*

Beweis. — Wegen $\mathbb{E}[X_k] = p_k$ und $\operatorname{Var} X_k = p_k q_k$ hat Summe $S_n = \sum_{k=1}^{n}(X_k - p_k)$ die Varianz $(C_n)^2 = \operatorname{Var} S_n = \sum_{k=1}^{n} p_k q_k$. Andererseits ist $\mathbb{E}\big[|X_k - p_k|^3\big] = p_k q_k^3 + q_k p_k^3 = p_k q_k(p_k^2 + q_k^2) \leq p_k q_k$. Schliesslich erfüllt $(X_n - p_n)$ die Liapunov-Bedingung mit $\delta = 1$, denn es ist

$$\frac{1}{(C_n)^3} \sum_{k=1}^{n} \mathbb{E}[\,|X_k - p_k|^3\,] \leq \frac{\sum_{k=1}^{n} p_k q_k}{\left(\sum_{k=1}^{n} p_k q_k\right)^{3/2}} = \frac{1}{\left(\sum_{k=1}^{n} p_k q_k\right)^{1/2}},$$

und dieser Ausdruck geht für $n \to \infty$ gegen 0. Somit konvergiert $Z_n = S_n/C_n$ in der Verteilung gegen eine $\mathcal{N}(0,1)$-verteilte Zufallsvariable. $\square$

---

[7] Siegel (Sidney). — *Non-Parametric Statistics for the Behavioral Sciences.* — McGraw-Hill, 1956, p. 79.

ERGÄNZUNGEN UND ÜBUNGEN

1. — Es sei (X_λ) $(\lambda > 0)$ eine Familie von Zufallsvariablen, für die das allgemeine Glied X_λ gemäss π_λ Poisson-verteilt ist. Man zeige, dass dann $(X_\lambda - \lambda)/\sqrt{\lambda}$ für $\lambda \to \infty$ in der Verteilung gegen eine $\mathcal{N}(0,1)$-verteilte Zufallsvariable konvergiert.

2. — Es sei (X_p) $(p > 0)$ ein Familie von Zufallsvariablen, für die das allgemeine Glied X_p gemäss $\Gamma(p,\lambda)$ verteilt ist $(\lambda > 0)$. Man zeige, dass $\dfrac{X_p - (p/\lambda)}{\sqrt{p}/\lambda}$ für $p \to \infty$ in der Verteilung gegen eine $\mathcal{N}(0,1)$-verteilte Zufallsvariable konvergiert.

3. — Es sei (X_n) $(n \geq 1)$ eine Folge von unabhängigen Zufallsvariablen, wobei X_n die Verteilung $(1/n)\varepsilon_1 + (1-1/n)\varepsilon_0$ hat. Weiter sei $S_n = \sum_{k=1}^n X_k$.

a) Man zeige $\mathbb{E}[S_n] \sim \mathrm{Log}\, n$, $\mathrm{Var}\, S_n \sim \mathrm{Log}\, n$.

b) Man zeige, dass $Y_n = \dfrac{S_n - \mathrm{Log}\, n}{\sqrt{\mathrm{Log}\, n}}$ in der Verteilung gegen eine $\mathcal{N}(0,1)$-verteilte Zufallsvariable konvergiert.

4. — Es sei $0 < p < 1$, $p + q = 1$. Man zeige, dass für $p > q$ die Summe

$$\sum_{k=[n/2]+1}^{n} \binom{n}{k} p^k q^{n-k}$$

für $n \to \infty$ gegen 1 konvergiert.

5. a) Es sei (Y_n) $(n \geq 1)$ eine Folge von Zufallsvariablen und (N_n) $(n \geq 1)$ eine Folge von Zufallsvariablen mit Werten in $\mathbb{N}^*$, die von der Folge (Y_n) $(n \geq 1)$ unabhängig ist, wobei $N_n \xrightarrow{p} +\infty$ für $n \to \infty$ gilt (d.h. für jedes $k \geq 1$ gilt $\lim_{n \to +\infty} \mathrm{P}\{N_n \geq k\} = 1$.) Man zeige: wenn die Folge (Y_n) $(n \geq 1)$ in der Verteilung gegen eine Grenzverteilung konvergiert, so konvergiert die Folge (Y_{N_n}) in der Verteilung gegen die gleiche Verteilung.

b) Es sei (X_n) $(n \geq 1)$ eine Folge von unabhängigen, identisch verteilten, zentrierten und reduzierten Zufallsvariablen aus L^2. Es sei $Y_n = \dfrac{1}{\sqrt{n}} \sum_{k=1}^n X_k$ und weiter sei (N_n) $(n \geq 1)$ eine Folge wie in a). Man beweise die folgende Version des zentralen Grenzwertsatzes: $Y_{N_n} \xrightarrow{L} \mathcal{N}(0,1)$ für $n \to \infty$.

$$\text{KAPITEL } 19$$

GESETZ VOM ITERIERTEN LOGARITHMUS

Eines der Hauptanliegen der Wahrscheinlichkeitstheoretiker war seit jeher das Studium der Fluktuationen von (geeignet normierten) Summen $S_n = X_1 + \cdots + X_n$, deren Glieder zu einer Folge (X_n) von *unabhängigen und identisch verteilten* Zufallsvariablen gehören. Die ersten Untersuchungen befassten sich mit dem Spezialfall von zentrierten, *Bernoulli-verteilten* Zufallsvariablen. Seit 1909 kannte man als erstes Resultat das *starke Gesetz der grossen Zahlen* von Borel, das $S_n/n \xrightarrow{f.s.} 0$ besagt. Allerdings war das ein eher bescheidenes Ergebnis, gemessen an dem Ziel, das sich die Mathematiker zu Beginn des Jahrhunderts gesteckt hatten: es besagt ja nur, dass $S_n = o(n)$ fast sicher gilt, was man schwerlich als eine befriedigende Antwort auf die Frage nach dem Verhalten der Folge (S_n) akzeptieren konnte. Gleichwohl, ein Anfang war gemacht und herausragende Mathematiker interessierten sich für dieses Problem und erzielten präzisere Resultate. Wir verweisen speziell auf Hausdorff (1913), der zeigen konnte, dass für jedes $\varepsilon > 0$ sogar $S_n = o(n^{(1/2)+\varepsilon})$ fast-sicher gilt, sodann auf Hardy und Littlewood (1914), die zeigten, dass sogar $S_n = O(\sqrt{n \log n})$ fast-sicher gilt. Ein Höhepunkt wurde 1924 erreicht, als Khintchin sein berühmtes *Gesetz vom iterierten Logarithmus* ankündigte. Wir werden es in diesem Kapitel als Theorem 3.3 vorstellen, wobei der Beweis den *historischen Weg* zu diesem Resultat nachzuzeichnen versucht.

1. Notation und vorbereitende Lemmata. — Es sei (Y_n) $(n \geq 1)$ eine Folge von *unabhängigen, identisch verteilten Bernoulli*-Zufallsvariablen mit $\frac{1}{2}(\varepsilon_1 + \varepsilon_0)$ als gemeinsamer Verteilung. Für $n \geq 1$ bezeichne X_n die *zentrierte* und *reduzierte* Zufallsvariable $X_n = 2Y_n - 1$. Mit $g(u)$ wird die erzeugende Funktion der Momente von X_1 benannt, also

$$g(u) = g_{X_1}(u) = \mathbb{E}[e^{uX_1}] = \frac{1}{2}(e^u + e^{-u}) = \operatorname{ch} u \qquad (u \in \mathbb{R}),$$

und für jedes $n \geq 1$ sei $S_n = \sum_{k=1}^{n} X_k$.

LEMMA 1.1. — *Für jedes $u \in \mathbb{R}$ gilt $g(u) \leq e^{u^2/2}$.*

Beweis. — Es genügt, die Reihenentwicklungen von $g(u) = \cosh u$ und von $e^{u^2/2}$ gliedweise miteinander zu vergleichen. Es ist:

$$g(u) = \cosh u = \sum_{k \geq 0} \frac{u^{2k}}{(2k)!} \quad \text{und} \quad e^{u^2/2} = \sum_{k \geq 0} \frac{u^{2k}}{2^k k!}.$$

Damit folgt die Behauptung aus der Ungleichung $\dfrac{1}{(2k)!} \leq \dfrac{1}{2^k k!}$ die für jedes $k \geq 0$ gilt. $\quad\Box$

Bemerkungen. — Setzt man $S_n^* = S_n/\sqrt{n}$ und $g_n(u) = g_{S_n^*}(u) = \left(g(u/\sqrt{n})\right)^n$, so folgt aus Lemma 1.1 für alle $u \in \mathbb{R}$ die Ungleichung

$$g_n(u) \leq e^{u^2/2}.$$

Gemäss dem zentralen Grenzwertsatz gilt aber

$$S_n^* \xrightarrow{\mathcal{L}} \mathcal{N}(0,1) \qquad (n \to \infty)$$

und somit für alle $u \in \mathbb{R}$

$$g_n(u) \to e^{u^2/2} \qquad (n \to \infty).$$

Man erkennt, dass $g_n(u)$ *von unten* gegen $e^{u^2/2}$ konvergiert.

LEMMA 1.2. — *Für jedes $a > 0$ und jedes $n \geq 1$ gilt*

$$(1.1) \qquad\qquad \mathrm{P}\{S_n > a\} \leq e^{-a^2/(2n)};$$

$$(1.2) \qquad\qquad \mathrm{P}\{|S_n| > a\} \leq 2e^{-a^2/(2n)}.$$

Beweis. — Für jedes $a > 0$ und jedes $u > 0$ sind die beiden Ereignisse $\{S_n > a\}$ und $\{e^{uS_n} > e^{ua}\}$ gleichwertig. Die Markov-Ungleichung zeigt nun

$$\mathrm{P}\{S_n > a\} \leq \frac{\mathbb{E}[e^{uS_n}]}{e^{ua}} = \frac{g(u)^n}{e^{ua}},$$

woraus wegen Lemma 1.1

$$\mathrm{P}\{S_n > a\} \leq e^{(nu^2/2)-ua}$$

folgt. Diese Ungleichung gilt für alle $u > 0$. Wählt man nun $u > 0$ so, dass der Ausdruck auf der rechten Seite minimal wird, also so, dass bei u_0 die Ableitung des Exponenten verschwindet, so findet man $u_0 = a/n$ und der Wert des Exponenten ist $-a^2/(2n)$. Damit ist die Ungleichung (1.1) gezeigt. Da die Zufallsvariable S_n symmetrisch ist, gilt für jedes $n \geq 1$ $\mathrm{P}\{S_n < -a\} = \mathrm{P}\{S_n > a\}$, und daraus ergibt sich die Ungleichung (1.2). $\quad\Box$

LEMMA 1.3. — *Für jedes $a > 0$, jedes $n \geq 1$ und jedes $u \geq 0$ gilt*

$$(1.3) \qquad \mathrm{P}\Big\{ \sup_{1 \leq k \leq n} S_k \geq a \Big\} \leq \frac{\mathbb{E}[e^{uS_n}]}{e^{ua}}.$$

Beweis. — Wir betrachten die disjunkten Ereignisse

$$A_0 = \{S_1 < a_1, \ldots, S_n < a\}, \qquad A_1 = \{S_1 \geq a\},$$
$$A_k = \{S_1 < a, \ldots, S_{k-1} < a, S_k \geq a\} \quad (k = 2, \ldots, n),$$

deren Vereinigung alle Möglichkeiten ausschöpft. Es gilt

$$\sum_{1 \leq k \leq n} A_k = \Big\{ \sup_{1 \leq k \leq n} S_k \geq a \Big\},$$

und für jedes $u \geq 0$ kann man daher

$$(1.4) \qquad \mathbb{E}[e^{uS_n}] \geq \sum_{k=1}^{n} \int_{A_k} e^{uS_n} \, d\mathrm{P} = \sum_{k=1}^{n} \int_{\Omega} e^{uS_n} I_{A_k} \, d\mathrm{P}$$

schreiben. Wenn wir jetzt für jedes $k = 1, \ldots, n$ die Zerlegung $S_n = S_k + R_k$ mit $R_k = X_{k+1} + \cdots + X_n$ betrachten (für $k = n$ sei $R_n = 0$), so erhalten wir

$$\int_{\Omega} e^{uS_n} I_{A_k} \, d\mathrm{P} = \int_{\Omega} \Big(e^{uS_k} I_{A_k} \Big) e^{uR_k} \, d\mathrm{P}.$$

Die beiden Zufallsvariablen $e^{uS_k} I_{A_k}$ und e^{uR_k} sind nun aber *unabhängig* (die erste hängt nur von den $X_1, \ldots, X_k$ ab, die zweite von $X_{k+1}, \ldots, X_n$). Daher gilt weiter

$$\int_{\Omega} e^{uS_n} I_{A_k} \, d\mathrm{P} = \int_{\Omega} e^{uS_k} I_{A_k} \, d\mathrm{P} \int_{\Omega} e^{uR_k} \, d\mathrm{P}$$
$$\geq e^{ua} \mathrm{P}(A_k) \big(g(u) \big)^{n-k},$$

und wegen $g(u) \geq 1$ erhält man

$$\int_{\Omega} e^{uS_n} I_{A_k} \, d\mathrm{P} \geq e^{ua} \mathrm{P}(A_k).$$

Blickt man auf (1.4) zurück, so hat man insgesamt

$$\mathbb{E}[e^{uS_n}] \geq e^{ua} \sum_{k=1}^{n} \mathrm{P}(A_k) = e^{ua} \mathrm{P}\Big(\sum_{1 \leq k \leq n} A_k \Big)$$
$$= e^{ua} \mathrm{P}\Big\{ \sup_{1 < k < n} S_k \geq a \Big\}. \quad \square$$

LEMMA 1.4. — *Für jedes $a > 0$ und jedes $n \geq 1$ gilt:*

$$(1.5) \qquad P\{ \sup_{1 \leq k \leq n} S_k > a \} \leq e^{-a^2/(2n)} \; ;$$

$$(1.6) \qquad P\{ \sup_{1 \leq k \leq n} |S_k| > a \} \leq 2e^{-a^2/(2n)}.$$

Beweis. — Majorisiert man die rechte Seite von Ungleichung (1.3) aus Lemma 1.3 ebenso, wie das im Beweis von Lemma 1.2 gemacht wurde, so erhält man die Ungleichung (1.5). Da die Zufallsvariablen S_n symmetrisch sind, gilt noch

$$P\Big\{ \inf_{1 \leq k \leq n} S_k \leq -a \Big\} \leq P\Big\{ \sup_{1 \leq k \leq n} S_k \geq a \Big\} \; ;$$

damit erhält man auch die Ungleichung (1.6). $\square$

2. Zwischenresultate

THEOREM 2.1 (Gesetz der grossen Zahlen, E. Borel, 1909). — *Für $n \to \infty$ gilt $S_n/n \xrightarrow{f.s.} 0$, d.h. $S_n = o(n)$ fast-sicher.*

Beweis. — Setzt man in Lemma 1.2 (2) $a = n\varepsilon$, so erhält man für jedes $\varepsilon > 0$ die Ungleichung $P\{ |S_n/n| > \varepsilon \} \leq 2e^{-(\varepsilon^2/2)n}$. Da für jedes $\varepsilon > 0$ die rechte Seite das allgemeine Glied einer konvergenten Reihe ist, gilt ebenso $\sum_{n \geq 1} P\{ |S_n/n| > \varepsilon \} < \infty$; daraus ergibt sich die Aussage von Theorem 2.1. $\square$

Im Jahr 1914 konnten Hardy und Littlewood[1] « $S_n = O(\sqrt{n \log n})$ fast-sicher » zeigen: Dieses Resultat wurde 1922 von Steinhaus noch verfeinert.

THEOREM 2.2 (Steinhaus, 1922). — *Fast-sicher gilt*

$$\limsup_{n \to \infty} \left| \frac{S_n}{\sqrt{2n \log n}} \right| \leq 1.$$

Dies besagt, dass für jedes $c > 1$ fast-sicher nur endlich viele der Ereignisse $E_n = \{ |S_n| > c\sqrt{2n \log n} \}$ eintreten können.

Beweis. — Aus Lemma 1.2 (2) mit $a = c\sqrt{2n \log n}$ folgt $P(E_n) \leq 2e^{-c^2 \log n} = 2n^{-c^2}$. Für jedes $c > 1$ ist aber die rechte Seite das allgemeine Glied einer konvergenten Reihe. Das gilt also auch für $P(E_n)$ und das Lemma von Borel-Cantelli liefert die Behauptung. $\square$

---

[1] Hardy (G.H.) and Littlewood (J.E.). — Some problems of Diophantine approximation, *Acta Math.*, vol. **37** (1914), p. 155–239.

3. Das Gesetz vom iterierten Logarithmus[2]

THEOREM 3.1. — *Fast-sicher gilt*

$$\limsup_{n\to\infty} \left| \frac{S_n}{\sqrt{2n\log\log n}} \right| \leq 1.$$

Dies besagt, dass für jedes $c > 1$ fast-sicher nur endlich viele der Ereignisse $A_n = \{\, |S_n| > c\sqrt{2n\log\log n}\,\}$ eintreten können.

Beweis. — Wir wählen ein $c > 1$ und eine Zahl γ mit $1 < \gamma < c$. Für $r \geq 1$ bezeichne n_r die zu γ^r nächstgelegene ganze Zahl. Wir betrachten nun das Ereignis

$$B_r = \left\{ \sup_{n_r < n \leq n_{r+1}} |S_n| > \sqrt{2n_r \log\log n_r} \right\}.$$

Wenn man nun zeigen kann, dass das Ereignis B_r nur für *endlich viele* Indices eintreten kann, so kann auch das Ereignis A_n nur für endlich viele Indices n eintreten. Wegen des Lemmas von Borel-Cantelli genügt es also, die Konvergenz der Reihe $\sum P(B_r)$ zu zeigen. Um die Richtigkeit dieser Aussage zu erkennen, wendet man Lemma 1.4 (2) mit $a = c\sqrt{2n_r \log\log n_r}$ an:

$$P(B_r) \leq 2e^{-c^2(n_r/n_{r+1})\log\log n_r} = 2\left(\frac{1}{\log n_r}\right)^{c^2(n_r/n_{r+1})}.$$

Nun ist $(n_r/n_{r+1}) \sim (1/\gamma) > (1/c)$, und daher $n_r/n_{r+1} > 1/c$ für hinreichend grosses r. Damit hat man für hinreichend grosses r auch die Abschätzung

$$P(B_r) \leq 2\left(\frac{1}{\log n_r}\right)^c \sim 2\left(\frac{1}{r\log\gamma}\right)^c.$$

Für jedes $c > 1$ ist aber die rechte Seite das allgemeine Glied einer konvergenten Reihe. Dies gilt dann auch für die $P(B_r)$, und unter Berufung auf das Lemma von Borel-Cantelli ist das Theorem somit bewiesen. $\square$

THEOREM 3.2. — *Für jedes c mit $0 < c < 1$ tritt das Ereignis $A_n = \{S_n > c\sqrt{2n\log\log n}\}$ für unendlich viele Indices ein.*

Beweis. — Wir wählen $0 < c < 1$, eine ganze Zahl γ und eine reelle Zahl η mit $\gamma \geq 2$ und $0 < c < \eta < (\gamma - 1)/\gamma < 1$. Dann sei noch $n_r = \gamma^r$ ($r \geq 1$).

a) Wenn das Ereignis A_{n_r} für unendlich viele Indices r eintritt, dann tritt auch das Ereignis A_n für unendlich viele Indices n ein.

---

[2] Dieser Abschnitt orientiert sich an der Darstellung von Feller, *An Introduction to Probability and its Applications*, vol. 1. — Wiley, New York, 1966, p. 192–195.

b) Wir setzen $D_r = S_{n_r} - S_{n_{r-1}} = \sum_{k=n_{r-1}+1}^{n_r} X_k$. Dann sind für jedes $r \geq 1$ die Variablen D_r und $S_{n_{r-1}}$ *unabhängig*; ebenso sind die D_r $(r \geq 1)$ untereinander *unabhängig*. Setzt man also

$$B_r = \{D_r > \eta\sqrt{2n_r \log\log n_r}\}, \ \ C_r = \{S_{n_{r-1}} > -(\eta - c)\sqrt{2n_r \log\log n_r}\},$$

so hat man die Inklusion $B_r \cap C_r \subset A_{n_r}$.

c) Wir werden nun sehen, dass bei geschickter Wahl η das Ereignis C_r fast-sicher für jeden Index r eintritt, und zwar bis auf eine *endliche* Ausnahmemenge. Tatsächlich tritt nach Theorem 3.1 das Ereignis $E_r = \{|S_{n_{r-1}}| < 2\sqrt{2n_{r-1}\log\log n_{r-1}}\}$ fast-sicher für jeden Index r ein, bis auf eine *endliche* Ausnahmemenge.

Wählen wir nun η genügend nahe bei 1, damit $1 - \eta < ((\eta - c)/r)^2$ gilt, so ist

$$4n_{r-1} = 4\frac{n_r}{\gamma} < 4n_r(1 - \eta) < n_r(\eta - c)^2,$$

und man erhält

$$E_r = \{|S_{n_{r-1}}| < 2\sqrt{2n_{r-1}\log\log n_{r-1}}\}$$
$$\subset \{|S_{n_{r-1}}| < (\eta - c)\sqrt{2n_r \log\log n_r}\}$$
$$\subset \{S_{n_{r-1}} > -(\eta - c)\sqrt{2n_r \log\log n_r}\} = C_r.$$

Aus der Inklusion $E_r \subset C_r$ folgt nun die Behauptung.

d) Wir werden nun $\sum P(B_r) = +\infty$ zeigen. Da die B_r $(r \geq 1)$ unabhängig sind, folgt aus dem Lemma von Borel-Cantelli, dass das Ereignis B_r fast-sicher für unendlich viele Indices r eintreten muss. In der Tat, D_r ist eine Zufallsvariable mit der Varianz $n_r - n_{r-1}$. Die reduzierte Variable ist also $D_r^* = D_r/\sqrt{n_r - n_{r-1}}$, und sie erlaubt es, B_r folgendermassen zu schreiben:

$$B_r = \left\{D_r^* > \eta\sqrt{2\frac{n_r}{n_r - n_{r-1}}\log\log n_r}\right\}.$$

Wegen $n_r/(n_r - n_{r-1}) = \gamma/(\gamma - 1) < 1/\eta$ gilt für $0 < \eta < 1$

$$B_r \supset \{D_r^* > \sqrt{\eta}\sqrt{2\log\log n_r}\} = \{D_r^* > \sqrt{\eta}\sqrt{2\log(r\log\gamma)}\}.$$

Nun hat man aber $D_r^* \xrightarrow{\mathcal{L}} \mathcal{N}(0,1)$ für $r \to \infty$. Folglich ist die Reihe mit dem allgemeinen Glied $P\{D_r^* > \sqrt{\eta}\sqrt{2\log(r\log\gamma)}\}$ divergent, und daraus folgt die Behauptung.

e) Aus c), d) und der Inklusion $B_r \cup C_r \subset A_{n_r}$ folgt, dass das Ereignis A_{n_r} fast-sicher für unendlich viele Indices r eintritt. $\quad\square$

THEOREM 3.2′. — *Für jedes c mit $0 < c < 1$ tritt das Ereignis $A'_n = \{S_n < -c\sqrt{2n \log\log n}\,\}$ für unendlich viele Indices ein.*

Beweis. — Dies ergibt sich aus Theorem 3.2, da die Variablen S_n symmetrisch sind. $\square$

Die Theoreme 3.1, 3.2, 3.2′ lassen sich nun zu der folgenden Aussage zusammenfassen.

THEOREM 3.3 (Gesetz vom iterierten Logarithmus, Khintchin, 1924). *Fast-sicher gilt*

$$\limsup_{n\to\infty} \frac{S_n}{\sqrt{2n \log\log n}} = 1 \quad und \quad \liminf_{n\to\infty} \frac{S_n}{\sqrt{2n \log\log n}} = -1.$$

Anders formuliert, für jedes $\varepsilon > 0$ wird die Folge mit dem allgemeinen Term S_n fast-sicher den Wert $(1 + \varepsilon)\sqrt{2n \log\log n}$ höchstens *endlich oft* überschreiten; andererseits wird sie fast-sicher den Wert $(1 - \varepsilon)\sqrt{2n \log\log n}$ *unendlich oft* überschreiten. Ganz analog ist sie fast-sicher höchstens *endlich oft* kleiner als $-(1 + \varepsilon)\sqrt{2n \log\log n}$, aber andererseits *unendlich oft* kleiner als $-(1 - \varepsilon)\sqrt{2n \log\log n}$.

KOROLLAR. — *Mit Wahrscheinlichkeit 1 nimmt die Folge (S_n) jeden ganzzahligen Wert an.*

In späteren Untersuchungen versuchte man sich von der «klassischen» Hypothese zu befreien, dass die Y_n Bernoulli-verteilt sind mit Parameter $\frac{1}{2}$. Wir zitieren zum Abschluss eines der zahlreichen Ergebnisse in dieser Richtung.

THEOREM 3.4 (Hartman-Wintner,[3] 1941). — *Es sei (X_n) $(n \geq 1)$ eine Folge von unabhängigen, identisch-verteilten und zentrierten Zufallsvariablen aus L^2 mit $\sigma > 0$ als gemeinsamer Standardabweichung. Ferner sei $S_n = \sum_{k=1}^{n} X_k (n \geq 1)$. Dann gilt fast-sicher*

$$\limsup_{n\to\infty} \frac{S_n}{\sqrt{2n \log\log n}} = \sigma \quad und \quad \liminf_{n\to\infty} \frac{S_n}{\sqrt{2n \log\log n}} = -\sigma.$$

---

[3] Hartmann (Ph.) and Wintner (A.). — On the law of the iterated logarithm, *Amer. J. Math.*, vol. **63**, p. 169–176.

ERGÄNZUNGEN UND ÜBUNGEN

1. — Es sei (Y_n) $(n \geq 1)$ eine Folge von *unabhängigen*, identisch verteilten Zufallsvariablen mit $p\varepsilon_1 + q\varepsilon_0$ für $0 < p < 1$, $p + q = 1$ als gemeinsamer Verteilung. Man setzt $X_n = (Y_n - p)/\sqrt{pq}$ und $S_n = \sum_{k=1}^{n} X_k$ $(n \geq 1)$.

    a) Man berechne die erzeugende Funktion $g(u)$ der Momente von X_1.

    b) Für jedes $u \in \mathbb{R}$ gilt $g(u) \geq 1$. (Für $p = q = \frac{1}{2}$ ist das banal.)

Lösung. — Für jedes reelle u ist

$$g(u) = g_{X_1}(u) = \mathbb{E}[e^{uX_1}] = p\exp\Big(u\frac{q}{\sqrt{pq}}\Big) + q\exp\Big(-u\frac{p}{\sqrt{pq}}\Big).$$

Setzt man $a = \exp\Big(u\dfrac{q}{\sqrt{pq}}\Big)$, $b = \exp\Big(-u\dfrac{p}{\sqrt{pq}}\Big)$, so ist $g(u) = pa + qb$ nichts anderes als das *arithmetische* Mittel von a und b, wogegen $a^p b^q$ (was gleich 1 ist) das *geometrische* Mittel von a und b ist. Nun folgt $g(u) \geq 1$ aus der klassischen Relation zwischen beiden Mittelwerten.

2. — Es gelten weiterhin die Bezeichnungen aus der vorigen Aufgabe. Die Ungleichung $g(u) \leq e^{u^2/2}$ gilt für alle $u \geq 0$, falls $p \geq q$ ist, sowie für alle $u \leq 0$, falls $p \leq q$ ist. (Im Fall $p = q = \frac{1}{2}$ wurde diese Ungleichung in Lemma 1.1 behandelt).

Lösung. — Wir führen den Beweis für $p \geq q$, $u \geq 0$. Dazu betrachten wir die Funktion $f(u) = (u^2/2) - \operatorname{Log} g(u)$. Es ist

$$f'(u) = u - \frac{g'(u)}{g(u)}, \qquad f''(u) = 1 + \frac{g'^2(u) - g(u)g''(u)}{g^2(u)}.$$

Wegen

$$g'(u) = \sqrt{pq}\Big(\exp\Big(u\frac{q}{\sqrt{pq}}\Big) - \exp\Big(-u\frac{p}{\sqrt{pq}}\Big)\Big)$$

und

$$g''(u) = q\exp\Big(u\frac{q}{\sqrt{pq}}\Big) + p\exp\Big(-u\frac{p}{\sqrt{pq}}\Big),$$

hat man

$$g'^2(u) - g(u)g''(u) = -\exp\Big(-\frac{u}{\sqrt{pq}}(p - q)\Big).$$

Somit ist $f''(u) = 1 - \dfrac{1}{g^2(u)}\exp\Big(-\dfrac{u}{\sqrt{pq}}(p - q)\Big)$. Nach Aufgabe 1 und den Voraussetzungen $p - q \geq 0$, $u \geq 0$ folgert man

$$f''(u) \geq 1 - \exp\Big(-\frac{u}{\sqrt{pq}}(p - q)\Big) \geq 0.$$

Die Funktion $u \mapsto f(u)$ $(u \geq 0)$ ist also *konvex*; ausserdem ist $f(0) = 0$ und $f'(0) = 0$. Also muss $f(u) \geq 0$ für alle $u \geq 0$ gelten.

KAPITEL 20

ANWENDUNGEN DER WAHRSCHEINLICHKEITSRECHNUNG: PROBLEME UND LÖSUNGEN

In diesem letzten Kapitel werden einige Probleme der Wahrscheinlichkeitsrechnung mit vollständigen Lösungen behandelt, wobei die Lösungstechniken
auf die verschiedenen Methoden Bezug nehmen, die in diesem Buch behandelt wurden. Diese Probleme von unterschiedlichem Charakter eröffnen
auch *Querverbindungen* zu anderen Bereichen der Mathematik. Im einzelnen
werden behandelt: nochmals das Problem der "rencontres", ein Stopzeiten-
Problem, ein Modell für die Weiterleitung von Information in einer Hierarchie, eine Verbindung zu den Kettenbrüchen, eine Anwendung der Formel von
Bernstein, ein Blick auf das Diffusionsmodell von Ehrenfest, und schliesslich
ein Problem der stochastischen Geometrie.

1. Das Problem der "rencontres" — noch einmal. — In Aufgabe 2
von Kapitel 4 haben wir das klassische Problem der "rencontres" untersucht.
Diese Untersuchung wollen wir hier fortsetzen, indem wir uns nun den
Eigenschaften der Zufallsvariablen « Anzahl der Zusammentreffen » und deren
asymptotischem Verhalten zuwenden. Da hierbei, wie schon früher, die
Formel von Poincaré (*cf.* Kap. 3 § 3) und ihre Verallgemeinerungen (*cf.*
Kap. 3, Aufgabe 10) eine wesentliche Rolle spielen, werden wir diese Verallgemeinerungen nochmals beweisen, und zwar mittels einer neuen Methode,
die sich auf die Algebra der Indikatorfunktionen stützt und ein Zählargument
verwendet.

1.1. *Die Verallgemeinerungen der Formel von Poincaré.* — Es sei $n \geq 1$
und es seien n Ereignisse $E_1, \ldots , E_n$ gegeben. Mit A_r $(0 \leq r \leq n)$ wird das
Ereignis « genau r dieser n Ereignisse treten ein » bezeichnet. In Aufgabe 10
von Kapitel 3 wurde eine Formel für die Wahrscheinlichkeit $P(A_r)$ angegeben.
Wir werden eben diese Formel nun dadurch wiederfinden, dass wir zunächst
eine Identität für Indikatorfunktionen, nämlich

$$(1.1.1) \qquad I_{A_r} = \sum_{k=r}^{n} (-1)^{k-r} \binom{k}{r} \sum_{1 \leq i_1 < \cdots < i_k \leq n} I_{E_{i_1} \cdots E_{i_k}}$$

beweisen. Daraus ergibt sich die gesuchte Formel

$$(1.1.2) \qquad \mathrm{P}(A_r) = \sum_{k=r}^{n}(-1)^{k-r}\binom{k}{r}\sum_{1\le i_1<\cdots<i_k\le n}\mathrm{P}(E_{i_1}\cdots E_{i_k}),$$

indem man den Erwartungswert für die beiden Seiten von (1.1.1) bildet.

Beweis. — Es sei nun ω ein Element der zugrunde liegenden Basismenge Ω. Dann existiert genau eine Teilmenge L von $[n]$ der Mächtigkeit l $(0 \le l \le n)$ mit $\omega \in \prod_{i\in L} E_i \times \prod_{i\in L^c} E_i^c$.

Ist $l < r$, so gilt offensichtlich $I_{A_r}(\omega) = 0$ und ebenso ist $I_{E_{i_1}\cdots E_{i_k}}(\omega) = 0$ für jede Folge $1 \le i_1 < \cdots < i_k \le n$ mit $k \ge r$. Beide Seiten der Gleichung sind also gleich Null.

Ist $l \ge r$, so gilt $I_{A_r}(\omega) = 1$ oder 0, je nachdem, ob $l = r$ oder $l > r$ ist. Ausserdem ist $I_{E_{i_1}\cdots E_{i_k}}(\omega) = 1$ genau dann, wenn $k \le l$ und $\{i_1,\ldots,i_k\} \subset L$ gilt. Für festes k mit $r \le k \le l$ gibt es also $\binom{l}{k}$ Folgen $(i_1 < \cdots < i_k)$ mit $I_{E_{i_1}\cdots E_{i_k}}(\omega) = 1$. Die rechte Seite von (1.1.1) angewendet auf dieses Element ω, schreibt sich somit als

$$\sum_{k=r}^{l}(-1)^{k-r}\binom{k}{r}\binom{l}{k} = \binom{l}{r}\sum_{k=r}^{l}(-1)^{k-r}\binom{l-r}{k-r} = \binom{l}{r}\sum_{j=0}^{l-r}(-1)^{j}\binom{l-r}{j},$$

und dieser Ausdruck ist gleich 1 oder 0, je nachdem ob $l = r$ oder $l > r$ ist. $\square$

Mittels der gleichen Technik finden wir auch die Formel für das Ereignis B_n: «es tritt eine *ungerade* Anzahl der Ereignisse $E_1, \ldots, E_n$ ein» wieder, indem wir die Identität

$$(1.1.3) \qquad I_{B_n} = \sum_{k=1}^{n}(-1)^{k-1}2^{k-1}\sum_{1\le i_1<\cdots<i_k\le n}I_{E_{i_1}\cdots E_{i_k}}$$

beweisen und daraus

$$(1.1.4) \qquad \mathrm{P}(B_n) = \sum_{k=1}^{n}(-1)^{k-1}2^{k-1}\sum_{1\le i_1<\cdots<i_k\le n}\mathrm{P}(E_{i_1}\cdots E_{i_k})$$

folgern.

Mit den gleichen Bezeichnungen wie oben für die zu einer Stichprobe ω gehörende Teilmenge L der Mächtigkeit l gilt $I_{B_n}(\omega) = 1$ genau dann, wenn l ungerade ist. Im übrigen ist der Wert der linken Seite von (1.1.3), angewendet auf die Stichprobe ω, genau

$$\sum_{k=1}^{l}(-1)^{k-1}2^{k-1}\binom{l}{k} = -\frac{1}{2}\sum_{k=1}^{l}(-2)^{k}\binom{l}{k} = -\frac{1}{2}[(-1)^{l} - 1],$$

und das ist gleich 1 oder 0, je nachdem, ob l ungerade oder gerade ist.

1.2. Die Anzahl der Zusammentreffen. — Wir rekapitulieren die grundlegenden Aussagen über das Problem der "rencontres" (*cf.* Kap. 4, Aufgabe 2).

Eine Urne enthält n Kugeln ($n \geq 1$), die mit den Zahlen von 1 bis n durchnummeriert sind. Sie werden nacheinander *ohne Zurücklegen* gezogen und nach jeder Ziehung wird die Nummer der gezogenen Kugel notiert. Man sagt, dass ein Zusammentreffen bei der Ziehung i ($1 \leq i \leq n$) eintritt, wenn die bei der i-ten Ziehung gezogene Kugel die Nummer i trägt.

Wir bezeichnen nun mit E_i das Ereignis «es tritt ein Zusammentreffen bei der i-ten Ziehung ein». Es gilt $\mathrm{P}(E_i) = (n-1)!/n!$ ($1 \leq i \leq n$), dann $\mathrm{P}(E_i E_j) = (n-2)!/n!$ ($1 \leq i < j \leq n$), usw. und schliesslich $\mathrm{P}(E_1 \cdots E_n) = 1/n!$

Wir wollen nun die Zufallsvariable $X_n = \sum_{k=1}^{n} I_{E_k}$ untersuchen, welche die *Gesamtzahl der Zusammentreffen bei den n Ziehungen* beschreibt. Deren Werte liegen in $\{0, 1, \ldots, n\}$. Wir beginnen damit, einige Eigenschaften aufzulisten, die man ohne Kenntnis der Verteilung von X_n beweisen kann.

SATZ 1.2.1
1) *Für jedes $n \geq 1$ gilt* $\mathbb{E}[X_n] = 1$.
2) *Für jedes $n \geq 2$ gilt* $\mathrm{Var}\, X_n = 1$.
3) *Für jedes $x > 1$ und jedes $n \geq 2$ gilt die Abschätzung*

$$\mathrm{P}\{X_n > x\} \leq \frac{1}{(x-1)^2}.$$

Beweis. Für jedes $k = 1, \ldots, n$ gilt $\mathbb{E}[I_{E_k}^2] = \mathbb{E}[I_{E_k}] = \mathrm{P}(E_k) = 1/n$ und ebenso $\mathbb{E}[I_{E_i} I_{E_j}] = \mathrm{P}(E_i E_j) = 1/(n(n-1))$ für $i \neq j$. Daher ist

$$\mathbb{E}[X_n] = \sum_{k=1}^{n} \mathbb{E}[I_{E_k}] = n\frac{1}{n} = 1\,;$$

$$\mathbb{E}[X_n^2] = \sum_{k=1}^{n} \mathbb{E}[I_{E_k}^2] + 2 \sum_{1 \leq i < j \leq n} \mathbb{E}[I_{E_i} I_{E_j}] = n\frac{1}{n} + 2\binom{n}{2}\frac{1}{n(n-1)} = 2\,;$$

$$\mathrm{Var}\, X_n = \mathbb{E}[X_n^2] - (\mathbb{E}[X_n])^2 = 1.$$

Die Abschätzung 3) ergibt sich schliesslich aus der Ungleichung von Bienaymé-Tchebychev, d.h.

$$\mathrm{P}\{X_n > x\} = \mathrm{P}\{X_n - \mathbb{E}[X_n] > x - 1\} \leq \frac{\mathrm{Var}\, X_n}{(x-1)^2} = \frac{1}{(x-1)^2}. \quad \square$$

Um die Verteilung von X_n zu bestimmen, kann man nun die Verallgemeinerung (1.1.2) der Formel von Poincaré verwenden.

THEOREM 1.2.2. — *Die Zufallsvariable X_n hat die Verteilung*

$$(1.2.1) \qquad \mathrm{P}\{X_n = r\} = \begin{cases} \dfrac{1}{r!} \displaystyle\sum_{i=0}^{n-r} \dfrac{(-1)^i}{i!}, & \text{für } r \in \{0, 1, \ldots, n\}; \\ 0, & \text{sonst.} \end{cases}$$

Beweis. — Wir verwenden die Formel (1.1.2), wobei als E_i das Ereignis «Zusammentreffen bei der i-ten Ziehung» genommen wird ($i = 1, \ldots, n$). Dann ist A_r das Ereignis $\{X_n = r\}$. Andererseits gilt $\mathrm{P}(E_{i_1} \ldots E_{i_k}) = (n-k)!/n!$ für jede Folge $1 \leq i_1 < \cdots < i_k \leq n$. Daher hat man, für $r = 0, 1, \ldots, n$

$$\begin{aligned}
\mathrm{P}\{X_n = r\} &= \sum_{k=r}^{n} (-1)^{k-r} \binom{k}{r} \binom{n}{k} \frac{(n-k)!}{n!} \\
&= \sum_{k=r}^{n} (-1)^{k-r} \frac{k!}{r!\,(k-r)!} \frac{n!}{k!\,(n-k)!} \frac{(n-k)!}{n!} \\
&= \frac{1}{r!} \sum_{k=r}^{n} \frac{(-1)^{k-r}}{(k-r)!} = \frac{1}{r!} \sum_{i=0}^{n-r} \frac{(-1)^i}{i!}. \quad \square
\end{aligned}$$

Bemerkung 1. — Eine anderer Weg, um die Formel (1.2.1) zu beweisen, verwendet nur die Formel von Poincaré. Gemäss dieser Formel ist die Wahrscheinlichkeit dafür, dass *kein* Zusammentreffen eintritt, gleich $p_n = \sum_{i=0}^{n} (-1)^i/i!$ (*cf.* Kap. 4, Aufgabe 2, b). Eine Folge von n Ziehungen kann mit einer Permutation der Zahlen $(1, 2, \ldots, n)$ identifiziert werden. Die Zahl $n! \times p_n$ ist dann die Anzahl der Permutationen mit 0 Zusammentreffen; diese Permutationen werden auch als *dérangements* der Menge $[n]$ bezeichnet. Eine Permutation mit r Zusammentreffen kann dann also beschrieben werden als ein Paar (J, d), wobei J eine Teilmenge von $[n]$ mit der Mächtigkeit r ist, und d ein dérangement von $[n] \setminus J$. Die Anzahl dieser Paare ist $\binom{n}{r} \times (n-r)!\,p_{n-r}$. Die Wahrscheinlichkeit dafür, dass genau r Zusammentreffen auftreten, ist also gleich

$$\binom{n}{r} \times \frac{(n-r)!}{n!} \times p_{n-r} = \frac{1}{r!} \times \sum_{i=0}^{n-r} \frac{(-1)^i}{i!},$$

und das ist gerade die Formel (1.2.1).

Bemerkung 2. — Satz 1.2.2 beinhaltet insbesondere die Identität

$$\sum_{r=0}^{n} \frac{1}{r!} \sum_{i=0}^{n-r} \frac{(-1)^i}{i!} = 1.$$

Spezialfälle. — Es ist interessant, die beiden Formeln

$$P\{X_n = 0\} = \sum_{i=0}^{n} \frac{(-1)^i}{i!} \quad \text{und} \quad P\{X_n = 1\} = \sum_{i=0}^{n-1} \frac{(-1)^i}{i!}$$

festzuhalten, wobei beide Ausdrücke für $n \to \infty$ gegen e^{-1} konvergieren. Ausserdem gilt noch $P\{X_n = n - 1\} = 0$ (wenn es mindestens $n - 1$ Zusammentreffen gibt, so sind es tatsächlich sogar n) und offensichtlich ist $P\{X_n = n\} = 1/n!$.

THEOREM 1.2.3. — *Die erzeugende Funktion der X_n ist*

$$G(s) = \mathbb{E}[s^{X_n}] = \sum_{k=0}^{n} \frac{(s-1)^k}{k!}.$$

Beweis. — Gemäss Definition ist

$$G(s) = \sum_{r=0}^{n} s^r \, P\{X_n = r\} = \sum_{r=0}^{n} \sum_{i=0}^{n-r} \frac{s^r}{r!} \frac{(-1)^i}{i!},$$

woraus sich mittels der Indextransformation $i = k - r$

$$G(s) = \sum_{r=0}^{n} \sum_{k=r}^{n} \frac{s^r}{r!} \frac{(-1)^{k-r}}{(k-r)!} - \sum_{r=0}^{n} \sum_{k=r}^{n} \frac{1}{k!} \binom{k}{r} s^r (-1)^{k-r}$$

ergibt und die Behauptung durch Vertauschen der Summationen folgt

$$G(s) = \sum_{k=0}^{n} \frac{1}{k!} \sum_{r=0}^{k} \binom{k}{r} s^r (-1)^{k-r} = \sum_{k=0}^{n} \frac{(s-1)^k}{k!}. \quad \square$$

KOROLLAR. — *Sämtliche faktoriellen Momente der X_n bis zur Ordnung n (inkl.) sind gleich 1, für grössere Ordnungen als n verschwinden sie.*

Beweis. — Mittels der Variablentransformation $s = 1 + u$ in der erzeugenden Funktion erhält man

$$G(1 + u) = \sum_{k=0}^{n} \frac{u^k}{k!} = 1 + \sum_{k=1}^{n} 1 \cdot \frac{u^k}{k!}$$

und daraus folgt die Behauptung mittels Satz 2.5 von Kapitel 9. $\quad \square$

Spezialfälle. — Für $n \geq 2$ erhält man nochmals die Aussagen aus Satz 1.2.1, nämlich $\mathbb{E}[X_n] = 1$ und $\operatorname{Var} X_n = \mathbb{E}[X_n^2] - (\mathbb{E}[X_n])^2 = \mathbb{E}[X_n^2] - \mathbb{E}[X_n] = \mathbb{E}[X_n(X_n - 1)] = 1$.

THEOREM 1.2.4. — *Die Folge (X_n) $(n \geq 1)$ konvergiert in der Verteilung gegen die Poisson-Verteilung mit Parameter 1.*

Beweis. — Sei $r \geq 0$ fest gewählt und $n > r$. Dann gilt $\mathrm{P}\{X_n = r\} = (1/r!) \sum_{i=0}^{n-r} (-1)^i / i!$, und diese Grösse konvergiert für $n \to \infty$ gegen $e^{-1}/r!$.

Ein alternativer Beweis besteht darin, die erzeugende Funktion $G(s) = \sum_{k=0}^{n} (s-1)^k / k!$ zu betrachten und sich auf Theorem 4.1 von Kapitel 9 zu berufen. Für $n \to \infty$ strebt $G(s)$ gegen e^{s-1}, und dies ist die erzeugende Funktion der Poisson-Verteilung mit Parameter 1. $\square$

Im Zusammenhang mit Theorem 1.2.4 ist es angebracht, darauf hinzuweisen, dass sämtliche faktoriellen Momente von $\mathcal{P}(1)$ gleich 1 sind.

Man kann die Geschwindigkeit der Konvergenz der Verteilung $\mathcal{L}(X_n)$ von X_n gegen $\mathcal{P}(1)$ abschätzen.

THEOREM 1.2.5. — *Es sei Y eine Zufallsvariable mit Verteilung $\mathcal{P}(1)$. Der Variationsabstand d wird durch*

$$d(X_n, Y) = \frac{1}{2} \sum_{k \geq 0} |\mathrm{P}\{X_n = k\} - \mathrm{P}\{Y = k\}|$$

definiert. Dann gilt

$$d(X_n, Y) \leq \frac{2^n}{(n+1)!} + \frac{1}{2} \frac{1}{(n+1)!} \sim \frac{2^n}{(n+1)!}.$$

Beweis. — Wir schreiben

$$2\, d(X_n, Y) = \sum_{k=0}^{n} \left| \frac{1}{k!} \left(\sum_{i=0}^{n-k} \frac{(-1)^i}{i!} - e^{-1} \right) \right| + e^{-1} \sum_{k \geq n+1} \frac{1}{k!} = A + B.$$

Nun ist die Reihe $\sum_{i \geq 0} (-1)^i / i!$ (mit dem Wert e^{-1}) eine alternierende Reihe. Der Absolutbetrag des allgemeinen Gliedes geht monoton gegen 0. Ersetzt man die Summe durch eine partielle Summe, so ist der dabei auftretende Fehler absolut genommen kleiner als der Absolutbetrag des ersten weggelassenen Gliedes. Daher gilt

$$A \leq \sum_{k=0}^{n} \frac{1}{k!} \frac{1}{(n+1-k)!} = \frac{1}{(n+1)!} \sum_{k=0}^{n} \binom{n+1}{k}$$

$$\leq \frac{1}{(n+1)!} \sum_{k=0}^{n+1} \binom{n+1}{k} = \frac{2^{n+1}}{(n+1)!}.$$

Andererseits ist

$$B = e^{-1} \sum_{k \geq n+1} \frac{1}{k!} = \frac{\Gamma(n+1,1)}{\Gamma(n+1)},$$

mit

$$\Gamma(n+1,1) = \int_0^1 t^n e^{-t}\, dt \leq \int_0^1 t^n\, dt = \frac{1}{n+1},$$

also

$$B \leq \frac{1}{(n+1)\,\Gamma(n+1)} = \frac{1}{(n+1)!}. \quad \Box$$

Wir beschliessen diesen Abschnitt mit einer asymptotischen Untersuchung der Wahrscheinlichkeit für das Auftreten einer *ungeraden* Anzahl von Zusammentreffen. Es wird sich herausstellen, dass der Grenzwert dieser Wahrscheinlichkeit strikt kleiner als $\frac{1}{2}$ ist. Erstaunlicherweise gibt es für grosse n im Mittel mehr gerade «rencontres» als ungerade!

Spezialisiert man die Formel (1.1.4) für das Problem der "rencontres", so ist B_n das Ereignis «eine ungerade Anzahl von Zusammentreffen tritt ein»; andererseits ist $\mathrm{P}(E_{i_1} \cdots E_{i_k}) = (n-k)!\,/\,k!$. Daraus ergibt sich

$$\mathrm{P}(B_n) = \sum_{k=1}^n (-2)^{k-1} \binom{n}{k} \frac{(n-k)!}{n!} = \sum_{k=1}^n (-2)^{k-1} \frac{n!}{k!\,(n-k)!} \frac{(n-k)!}{n!}$$

$$= -\frac{1}{2} \sum_{k=1}^n \frac{(-2)^k}{k!} = -\frac{1}{2}\Big(\sum_{k=0}^n \frac{(-2)^k}{k!} - 1\Big) = \frac{1}{2} - \frac{1}{2}\sum_{k=0}^n \frac{(-2)^k}{k!},$$

und dies konvergiert für $n \to \infty$ gegen $\frac{1}{2} - \frac{1}{2}e^{-2} \approx 0,43233$.

2. Ein Stopzeiten-Problem. — Wir untersuchen hier in einer sehr speziellen Situation das Problem der Stopzeit eines stochastischen Prozesses, d.h. einer Familie (S_t) $(t \in T)$ von reellen Zufallsvariablen, bezüglich einer fest vorgegebenen Teilmenge D von $\mathbb{R}$. Es geht dabei darum, Informationen über den *ersten* Zeitpunkt t zu gewinnen, zu dem S_t in D liegt.

Wir wählen hier als Menge T die Menge $\mathbb{N}$ der nichtnegativen ganzen Zahlen und als stochastischen Prozess die Familie (S_n) $(n \in \mathbb{N})$ von Zufallsvariablen, die durch $S_0 = 0$ und $S_n = X_1 + \cdots + X_n$ $(n \geq 1)$ gegeben ist. Dabei sei (X_n) $(n \geq 1)$ eine Folge von unabhängigen Zufallsvariablen, die alle über dem Intervall $[0,1]$ gleichverteilt sind. Schliesslich sei D die offene Halbgerade $D =]1, +\infty[$.

Wir wollen hier also die Wahrscheinlichkeitsverteilung des ersten Zeitpunktes N studieren, zu dem die Summe $S_n = X_1 + \cdots + X_n$ die Menge D erreicht: Es geht also um die Zufallsvariable N, die durch

$$(2.1) \qquad\qquad N = \inf\{n \geq 1 : S_n > 1\}$$

definiert ist. Offenbar nimmt N seine Werte in der Menge $\{2, 3, \dots\}$ Andererseits ergibt sich aus der Definition selbst

$$(2.2) \qquad\qquad S_{N-1} \leq 1, \qquad S_N > 1,$$

aber auch die Mengengleichheit

$$(2.3) \qquad\qquad \{N > n\} = \{S_n \leq 1\} \quad (n \geq 0).$$

Diese Gleichheit macht sogar für $n = 0$ Sinn, da ja $S_0 = 0$ gesetzt wurde.

LEMMA 2.1. — *Es sei* $F_n(t) = P\{S_n \leq t\}$ $(t \geq 0)$. *Für jedes* $t \in [0, 1]$ *gilt dann* $F_n(t) = t^n/n!$

Beweis. — Für $n = 1$ ist die Aussage wahr. Dies ergibt sich direkt aus der Verteilungsfunktion von X_1. Wir werden nun mittels Induktion über n zeigen, dass $F_n(t) = t^n/n!$ für alle $t \in [0, 1]$ gilt.

Ist dies für einen festen Wert von n richtig, so folgt für alle $t \in [0, 1]$

$$\begin{aligned}
F_{n+1}(t) = P\{S_{n+1} \leq t\} &= P\{S_n + X_{n+1} \leq t\} \\
&= \int_0^t P\{S_n + X_{n+1} \leq t \,|\, X_{n+1} = x\} \, dx \\
&= \int_0^t P\{S_n \leq t - x \,|\, X_{n+1} = x\} \, dx,
\end{aligned}$$

woraus sich, wegen der Unabhängigkeit von S_n und X_{n+1}

$$F_{n+1}(t) = \int_0^t P\{S_n \leq t - x\} \, dx,$$

ergibt, und schliesslich mittels der Induktionshypothese, wie erwartet,

$$F_{n+1}(t) = \int_0^t \frac{(t - x)^n}{n!} \, dx = \frac{t^{n+1}}{(n + 1)!}. \qquad \square$$

Bemerkung. — Die genaue Kenntnis der Werte der Verteilungsfunktion von S_n für das Intervall $[0, 1]$ alleine reicht aus, um die Wahrscheinlichkeitsverteilung von N zu berechnen. Es sei daran erinnert, dass die Dichte von S_n für jedes Intervall $[0, n]$ schon in Aufgabe 7 von Kapitel 11 berechnet wurde.

SATZ 2.2. — *Die Zufallsvariable* N *hat*

a) *die Überlebensfunktion* $P\{N > n\} = \dfrac{1}{n!}$ $(n \geq 0)$,

b) *die Verteilung* $\begin{cases} P\{N = 0\} = P\{N = 1\} = 0, \\[2mm] P\{N = n\} = \dfrac{n - 1}{n!} \quad (n \geq 2). \end{cases}$

Beweis. — Für $n = 0$ hat man $\mathrm{P}\{N > 0\} = 1 = 1/0!$ Für $n \geq 1$ folgt aus (2.3), dass $\mathrm{P}\{N > n\} = \mathrm{P}\{S_n \leq 1\} = \mathrm{F}_n(1)$ ist. Gemäss Lemma 2.1 ist aber $\mathrm{F}(1) = 1/n!$

Um die Wahrscheinlichkeitsverteilung von N zu bestimmen stellt man zunächst $\mathrm{P}\{N = n\} = 0$ für $n = 0, 1$ fest. Für $n \geq 2$ ergibt sich

$$\mathrm{P}\{N = n\} = \mathrm{P}\{N > n - 1\} - \mathrm{P}\{N > n\} = \frac{1}{(n-1)!} - \frac{1}{n!} = \frac{n-1}{n!}. \quad \Box$$

SATZ 2.3. — *Der Erwartungswert von N ist $\mathbb{E}[N] = e$.*

Beweis. — Wegen $\mathbb{E}[N] = \sum\limits_{n \geq 0} \mathrm{P}\{N > n\}$, und Satz 2.2 a) ist $\mathbb{E}[N] = \sum\limits_{n \geq 0} (1/n!) = e.$ $\quad \Box$

SATZ 2.4. — *Sei $G(s) = \mathbb{E}[s^N]$ die erzeugende Funktion von N. Dann gilt*

$$G(1 + u) = 1 + \sum_{r \geq 1} r \, e \, \frac{u^r}{r!}.$$

Somit ergibt sich, für jedes $r \geq 1$, das faktorielle Moment der Ordnung r von N, als $\mathbb{E}[N(N-1) \cdots (N - r + 1)] = r \, e$.

Beweis. — Aus der Darstellung

$$G(s) = \sum_{n \geq 2} \frac{n-1}{n!} s^n = s \sum_{n \geq 2} \frac{s^{n-1}}{(n-1)!} - \sum_{n \geq 2} \frac{s^n}{n!}$$

$$= s \sum_{n \geq 1} \frac{s^n}{n!} - \sum_{n \geq 2} \frac{s^n}{n!} = s(e^s - 1) - (e^s - 1 - s)$$

$$= (s - 1)e^s + 1$$

folgt mittels $s = 1 + u$

$$G(1 + u) = u \, e^{1+u} + 1 = 1 + u \, e \sum_{n \geq 0} \frac{u^n}{n!}$$

$$= 1 + e \sum_{n \geq 0} \frac{u^{n+1}}{n!},$$

und, mittels Indextransformation $n + 1 = r$, schliesslich

$$G(1 + u) = 1 + e \sum_{r \geq 1} \frac{u^r}{(r-1)!} = 1 + \sum_{r \geq 1} r \, e \, \frac{u^r}{r!}.$$

Der Ausdruck für das faktorielle Moment der Ordnung $r \geq 1$ ergibt sich gemäss Satz 2.5 aus Kapitel 9. $\quad \Box$

3. Weiterleitung von Nachrichten in einer Hierarchie. — Ein Beamter erhält einen Brief, der auf dem Weg durch die ministerielle Hierarchie an den Minister weitergeleitet werden soll. Es ist dabei unabdingbar, dass der Brief vor 1 Uhr beim Minister eintrifft, wobei zuvor n Stufen E_1, $\ldots$, E_n der Hierarchie zu durchlaufen sind. Die letzte Stufe E_n steht für das Büro des Ministers. Folgende Annahmen werden gemacht:

a) Der niedrigste Beamte, derjenige auf der Stufe E_0, erhält den Brief zu einem Zeitpunkt, der zwischen 0 Uhr und 1 Uhr gleichverteilt ist.

b) Der Brief wird sofort zur Stufe E_1 weitergeleitet (wobei die Unterschrift des Beamten und die physische Weiterleitung ohne Zeitverbrauch vor sich gehen sollen), und er trifft dort zu einem Zeitpunkt ein, der zwischen dem Zeitpunkt des Weiterleitens auf der Stufe E_0 und 1 Uhr gleichverteilt ist.

c) Für jedes $k = 1, \ldots, n - 1$ leitet der Beamte auf der Stufe E_k den Brief an den Beamten auf Stufe E_{k+1} weiter, bei dem er zu einem Zeitpunkt eintrifft, der zwischen dem Zeitpunkt des Verlassens von Stufe E_k und 1 Uhr gleichverteilt ist.

Es bezeichne X_0 den Zeitpunkt, zu dem der Brief auf Stufe E_0 eintrifft, und weiter seien $X_1, \ldots, X_n$ die Zeitpunkte des Eintreffens auf den Stufen $E_1, \ldots, E_n$. Nun soll die Verteilung von X_n untersucht werden.

In diesem Modell wird verlangt, dass der Brief vor 1 Uhr beim Minister eintrifft, dass also $X_n < 1$ ist. Man setzt: $Y_n = 1 - X_n > 0$. Die Beamten auf den höheren Stufen haben also immer weniger Zeit, um den Brief an die nächste Stufe weiterzuleiten. Das ist der Preis der Macht!

Satz 3.1. — *Die Zufallsvariable $Y_n = 1 - X_n$ hat eine Darstellung*

$$Y_n = U_0 \, U_1 \cdots U_n,$$

wobei $(U_0, U_1, \ldots, U_n)$ ein System von $n + 1$ unabhängigen Zufallsvariablen ist, die jeweils über dem Intervall $]0, 1]$ gleichverteilt sind.

(Die Verteilung von Y_n wurde explizit in Aufgabe 8 von Kapitel 15 beschrieben.)

Beweis. — Man setzt $Y_k = 1 - X_k$ für $k = 0, 1, \ldots, n$. Dann gilt gemäss Definition: $0 < Y_n \le Y_{n-1} \le \cdots \le Y_1 \le Y_0 \le 1$. Wir führen nun die Zufallsvariablen $U_0 = Y_0$, $U_1 = Y_1/Y_0$, $\ldots$, $U_n = Y_n/Y_{n-1}$ ein, die ihre Werte in $]0, 1]$ annehmen. Dann gilt klarerweise $Y_n = U_0 \, U_1 \cdots U_n$, und alles hängt nun an dem Nachweis, dass das so definierte System $(U_0, U_1, \ldots, U_n)$ tatsächlich ein System von *unabhängigen* Zufallsvariablen ist, wobei jede dieser Variablen über $]0, 1]$ gleichverteilt ist.

Um die Bezeichnungen nicht zu schwerfällig zu machen, ohne aber gleichzeitig die Allgemeingültigkeit einzuschränken, werden wir den Beweis im Fall

$n = 2$ durchführen. Es seien also y_0, y_1, y_2 drei Zahlen mit $0 < y_2 \le y_1 \le y_0 \le 1$. Mit den üblichen Bezeichnungen für Dichten ergibt sich aus der Definition

$$f_{Y_0}(y_0) = I_{]0,1]}(y_0), \quad f_{Y_1 \mid Y_0}(y_1 \mid y_0) = \frac{1}{y_0} I_{]0,1]}\left(\frac{y_1}{y_0}\right),$$

$$f_{Y_2 \mid Y_1, Y_0}(y_2 \mid y_1, y_0) = f_{Y_2 \mid Y_1}(y_2 \mid y_1) = \frac{1}{y_1} I_{]0,1]}\left(\frac{y_2}{y_1}\right),$$

und damit ist die gemeinsame Dichte von (Y_0, Y_1, Y_2)

$$f_{(Y_0, Y_1, Y_2)}(y_0, y_1, y_2) = f_{Y_0}(y_0)\, f_{Y_1 \mid Y_0}(y_1 \mid y_0)\, f_{Y_2 \mid Y_1, Y_0}(y_2 \mid y_1, y_0)$$

$$= \frac{1}{y_0 y_1} I_{]0,1]}(y_0)\, I_{]0,1]}\left(\frac{y_1}{y_0}\right)\, I_{]0,1]}\left(\frac{y_2}{y_1}\right).$$

Um nun die gemeinsame Dichte von (U_0, U_1, U_2) zu erhalten, führt man die Variablentransformation $u_0 = y_0$, $u_1 = y_1/y_0$, $u_2 = y_2/y_1$ durch. Die Variablen u_0, u_1, u_2 bewegen sich zwischen 0 und 1 und es gilt $y_0 = u_0$, $y_1 = u_0 u_1$, $y_2 = u_0 u_1 u_2$. Die Jacobi-Determinante dieser Transformation ist

$$J = \frac{D(y_0, y_1, y_2)}{D(u_0, u_1, u_2)} = u_0^2 u_1.$$

Die gemeinsame Dichte von (U_0, U_1, U_2) ist folglich

$$g_{(U_0, U_1, U_2)}(u_0, u_1, u_2) = f_{(Y_0, Y_1, Y_2)}(y_0, y_1, y_2)\, |J|$$

$$= \frac{1}{u_0^2 u_1}\, I_{]0,1]}(u_0)\, I_{]0,1]}(u_1)\, I_{]0,1]}(u_2)\, u_0^2 u_1$$

$$= I_{]0,1]}(u_0)\, I_{]0,1]}(u_1)\, I_{]0,1]}(u_2). \quad \Box$$

Aus dem vorigen Satz folgt, dass die Variable Y_n für jedes $r > 0$ ein Moment r-ter Ordnung hat, nämlich

$$\mathbb{E}[Y_n^r] = \prod_{k=0}^{n} \mathbb{E}[U_k^r] = \left(\mathbb{E}[U_0^r]\right)^{n+1} = \frac{1}{(r+1)^{n+1}}.$$

SATZ 3.2

a) *Es gilt $Y_n \to 0$ im Mittel r-ter Ordnung $r > 0$, also auch in der Wahrscheinlichkeit.*

b) *Es gilt $Y_n \xrightarrow{f.s.} 0$.*

Beweis. — Die erste Aussage folgt aus der Tatsache, dass $1/(r+1)^{n+1}$ für $n \to \infty$ gegen 0 konvergiert. Für die zweite Aussage beachte man, dass die Reihe mit dem allgemeinen Glied $1/(r+1)^{n+1}$ konvergiert. Damit ergibt sich die Behauptung mittels Satz 4.4 aus Kapitel 16. $\Box$

Tatsächlich kann man ein stärkeres Resultat beweisen, dass nämlich sogar « $Y_n = o(1/2^{n+1})$ fast-sicher » gilt. Dies ergibt sich aus dem folgenden Satz.

SATZ 3.3. — *Die Reihe mit dem allgemeinen Glied* $Z_n = 2^{n+1}Y_n$ *konvergiert fast sicher gegen* 0.

Beweis. — Wir setzen $V_k = 2\,U_k$ $(k = 0,\ldots,n)$. Dann ist $(V_0, V_1, \ldots, V_n)$ ein System von $(n+1)$ unabhängigen Zufallsvariablen, von denen jede über dem Intervall $[0,2]$ gleichverteilt ist. Daher gilt $Z_n = 2^{n+1}Y_n = V_0 V_1 \cdots V_n$, also $\mathbb{E}[Z_n^{1/2}] = \prod_{k=0}^{n} \mathbb{E}[V_k^{1/2}] = (\mathbb{E}[V_0^{1/2}])^{n+1}$. Es ist aber $\mathbb{E}[V_0^{1/2}] = \frac{1}{2}\int_0^2 \sqrt{x}\,dx = 2\sqrt{2}/3 = a < 1$. Somit konvergiert die Reihe mit dem allgemeinen Glied $\mathbb{E}[Z_n^{1/2}] = a^{n+1}$. Mittels Satz 4.4 aus Kapitel 16, angewendet für $r = \frac{1}{2}$, folgt die Behauptung. $\square$

Bemerkung. — Die Tatsache, dass die Folge mit dem allgemeinen Glied Z_n fast sicher konvergiert, ergibt sich aus der Theorie der *Martingale*. Das System $(V_0, V_1, \ldots, V_n)$ besteht aus $n+1$ unabhängigen und identisch verteilten Zufallsvariablen mit *nichtnegativen Werten* und mit dem *Erwartungswert* 1. Die Folge mit dem allgemeinen Glied $Z_n = V_0 V_1 \cdots V_n$ hat also klarerweise die Eigenschaften $\mathbb{E}[Z_n] = 1$ und $\mathbb{E}[Z_n \mid Z_0, Z_1, \ldots, Z_{n-1}] = Z_{n-1}$ $(n \geq 1)$. Das ist aber gerade die Definition eines *positiven Martingals*. Ein klassisches Resultat besagt, dass dieses Martingal fast-sicher gegen 0 konvergiert, ausgenommen den banalen Fall, dass die Glieder der Folge, aus denen man die Partialprodukte bildet, fast-sicher gleich der Konstante 1 sind.[1]

4. Kettenbrüche. — Es sei (q_n) $(0 \leq n \leq N)$ (bzw. (q_n) $(n \geq 0)$) eine endliche (bzw. unendliche) Folge von ganzen Zahlen mit $q_0 \geq 0$ und $q_n \geq 1$ für alle $n = 1, 2, \ldots, N$ (bzw. für alle $n \geq 1$). Für jedes n mit $0 \leq n \leq N$ (bzw. für alle $n \geq 1$) heisst die durch

$$(4.1) \qquad [q_0; q_1, \ldots, q_n] = q_0 + \cfrac{1}{q_1 + \cfrac{1}{\ddots + \cfrac{1}{q_n}}}$$

definierte rationale Zahl $[q_0; q_1, \ldots, q_n]$ *Näherungsbruch* der Ordnung n für die Folge (q_n) $(0 \leq n \leq N)$ (bzw. für die Folge (q_n) $(n \geq 0)$). Man bezeichnet die Folge der Näherungsbrüche als einen *endlichen* (*bzw. unendlichen*) *Kettenbruch*, je nachdem, ob die Ausgangsfolge der q_n endlich oder unendlich ist. Die ganzen Zahlen $q_0, q_1, q_2, \ldots$ werden als die *partiellen Quotienten* des Kettenbruches bezeichnet.

---

[1] Siehe, beispielsweise, Neveu (Jacques). — *Martingales à temps discret.* — Paris, Masson, 1972.

Der *Wert* eines endlichen Kettenbruches wird als der Näherungsbruch höchster Ordnung definiert, also als $[q_0; q_1, \ldots, q_N]$, bezogen auf obige Notation. Man kann zeigen (siehe z.B. Hardy and Wright,[2] Kap. 10), dass die Folge der Näherungsbrüche eines *unendlichen* Kettenbruches gegen einen Grenzwert, etwa x, konvergiert. Man sagt dann, dass der Kettenbruch x als *Wert* habe. Üblicherweise stellt man x in der Form $[q_0; q_1, q_2, \ldots]$ oder als

$$(4.2) \qquad x = q_0 + \cfrac{1}{q_1 + \cfrac{1}{\ddots\; q_n + \cfrac{1}{q_{n+1} + \cfrac{1}{\ddots}}}}$$

dar.

Man kann zeigen (*op. cit.*), dass es zu jeder *rationalen* Zahl r genau zwei endliche Kettenbrüche mit dem Wert r gibt. Weiter kann man zeigen (*op. cit.*), dass es zu jeder *irrationalen* Zahl x genau einen *unendlichen* Kettenbruch mit dem Wert x gibt.

Anders gesagt, zu jeder irrationalen Zahl x gibt es genau eine Folge (q_n) $(n \geq 0)$ von positiven ganzen Zahlen derart, dass die Gleichheit (4.2) gilt.

Aus der Eindeutigkeit der Kettenbruchentwicklung von x ergibt sich die folgende Aussage:

$$(4.3) \qquad 0 < x < 1 \Rightarrow q_0 = 0 \text{ und } q_1 = \text{ganzzahliger Teil von } \frac{1}{x}.$$

In diesem Abschnitt werden wir, ausgehend von einer Zahl x, die als Realisierung einer Zufallsvariablen X (mittels einer Stichprobe ω) angesehen wird, explizit eine Wahrscheinlichkeitsverteilung für X beschreiben, welche die Eigenschaft hat, dass sich die partiellen Quotienten q_1, q_2, $\ldots$ als Realisierungen von Zufallsvariablen Q_1, Q_2, $\ldots$ beschreiben lassen, die alle identisch verteilt sind. Wir werden dabei zwei Fälle unterscheiden, je nachdem, ob die Zufallsvariable X Werte in $]0, 1[$ oder in $]1, +\infty[$ annimmt.

4.1. *Zufallsvariable mit Werten in* $]0, 1[$. — Wir betrachten eine Zufallsvariable X mit Werten in $]0, 1[$, mit *diffuser* Verteilung und mit Verteilungsfunktion F. Diese nimmt mit Wahrscheinlichkeit Null Werte in $\mathbb{Q}$ an und man kann daher mit Wahrscheinlichkeit 1 eine Entwicklung in

---

[2] Hardy (G.H.) and Wright (E.M.). — *An introduction to the theory of numbers.* Oxford Univ. Press, new edition 1979. Dieses erstmals 1938 erschienene Werk ist mehrfach neu aufgelegt worden und ist ein grosser Klassiker.

einen *unendlichen* Kettenbruch vornehmen, also

$$X = \cfrac{1}{Q_1 + \cfrac{1}{Q_2 + \cfrac{1}{\ddots}}} = [0, Q_1, Q_2, \ldots],$$

wobei die partiellen Quotienten Q_1, Q_2, ... Zufallsvariable mit Werten in $\mathbb{N}^* = \{1, 2, \ldots\}$ sind.

Gemäss (4.3) ist Q_1 der ganzzahlige Teil von $1/X$. Somit ist die Differenz $1/X - Q_1$ eine Zufallsvariable mit Werten in $]0, 1[$, die mit Y bezeichnet werde. Wir wollen zunächst die gemeinsame Verteilung von (Q_1, Y) als Funktion von F ausdrücken. Für jedes $k \geq 1$ und jedes $y \in]0, 1[$ gilt dann

$$\{Q_1 = k, Y \leq y\} = \{k \leq \frac{1}{X} < k+1, \frac{1}{X} - k \leq y\}$$

$$= \{k \leq \frac{1}{X} \leq k+y\} = \{\frac{1}{k+y} \leq X \leq \frac{1}{k}\}.$$

Daraus ergibt sich die gemeinsame Verteilung von (Q_1, Y) als

$$h(k, y) = \mathrm{P}\{Q_1 = k, Y \leq y\} = \mathrm{F}\Big(\frac{1}{k}\Big) - \mathrm{F}\Big(\frac{1}{k+y}\Big).$$

Weiter ergeben sich die Randverteilungen von (Q_1, Y) als

$$(4.1.1) \qquad \pi(k) = \mathrm{P}\{Q_1 = k\} = h(k, 1) = \mathrm{F}\Big(\frac{1}{k}\Big) - \mathrm{F}\Big(\frac{1}{k+1}\Big);$$

$$(4.1.2) \qquad r(k) = \sum_{n \geq k} \pi(n) = \mathrm{P}\{Q_1 \geq k\} = \mathrm{F}\Big(\frac{1}{k}\Big);$$

$$(4.1.3) \qquad G(y) = \mathrm{P}\{Y \leq y\} = \sum_{k \geq 1} h(k, y) = \sum_{k \geq 1}\Big(\mathrm{F}\Big(\frac{1}{k}\Big) - \mathrm{F}\Big(\frac{1}{k+y}\Big)\Big).$$

THEOREM 4.1.1 (Gauss). — *Es bezeichne* F_1 *die durch*

$$(4.1.4) \qquad \mathrm{F}_1(x) = \begin{cases} 0, & \text{\textit{für} } x \leq 1; \\[2mm] \dfrac{1}{\mathrm{Log}\, 2}\, \mathrm{Log}(1+x), & \text{\textit{für} } 0 < x < 1; \\[2mm] 1, & \text{\textit{für} } x \geq 1; \end{cases}$$

definierte Verteilungsfunktion. Ist dann X *eine Zufallsvariable mit* F_1 *als Verteilungsfunktion, so sind die partiellen Quotienten* Q_1, Q_2, ... *ihrer*

Kettenbruchentwicklung identisch verteilt und die entsprechende Verteilung ist durch

$$P\{Q_1 \geq k\} = \frac{1}{\text{Log}\,2}\,\text{Log}\left(1 + \frac{1}{k}\right) \quad (k = 1, 2, \dots)$$

gegeben.

Beweis. — Substituiert man den durch (4.1.4) gegebenen Ausdruck für F_1 in den Formeln (4.1.1)–(4.1.3), so erhält man für $k \in \mathbb{N}^*$ und $y \in\,]0, 1[$ die Beziehungen

$$\pi(k) = P\{Q_1 = k\} = \frac{1}{\text{Log}\,2}\left(\text{Log}\left(1 + \frac{1}{k}\right) - \text{Log}\left(1 + \frac{1}{k+1}\right)\right);$$

$$(4.1.5) \quad r(k) = P\{Q_1 \geq k\} = \frac{1}{\text{Log}\,2}\,\text{Log}\left(1 + \frac{1}{k}\right);$$

$$G(y) = \frac{1}{\text{Log}\,2}\sum_{k \geq 1}\left(\text{Log}\left(1 + \frac{1}{k}\right) - \text{Log}\left(1 + \frac{1}{k+y}\right)\right)$$

$$= \frac{1}{\text{Log}\,2}\sum_{k \geq 1}\left(\text{Log}\left(1 + \frac{y}{k}\right) - \text{Log}\left(1 + \frac{y}{k+1}\right)\right)$$

$$= \frac{1}{\text{Log}\,2}\,\text{Log}(1 + y).$$

Dabei stellt man $G(y) = F_1(y)$ fest, d.h. die Zufallsvariable Y hat die gleiche Verteilung wie X. Man führt nun auf Y die gleiche Operation wie vorher auf X aus und führt somit den zweiten partiellen Quotienten Q_2 ein, der somit die gleiche Verteilung wie Q_1 haben muss. In gleicher Weise fährt man fort für die weiteren partiellen Quotienten. $\quad\square$

4.2. *Zufallsvariable mit Werten in* $]1, +\infty[$. — Nun nehme die Zufallsvariable X Werte in $]1, +\infty[$ an, wobei die Verteilung diffus sei und die Verteilungsfunktion F besitze. Mit Wahrscheinlichkeit 1 kann man X in einen unendlichen Kettenbruch entwickeln, also

$$X = [Q_0; Q_1, Q_2, \dots]$$

schreiben. Hierbei ist Q_0 der ganzzahlige Teil von X, also ist $Q_0 \in \mathbb{N}^+$ und die Differenz $X - Q_0$, die wir mit Y bezeichnen, ist eine Zufallsvariable mit Werten in $]0, 1[$. Für jedes $k \in \mathbb{N}^*$ und jedes $y \in\,]0, 1[$ gilt dann

$$\{Q_0 = k,\, Y \leq y\} = \{k \leq X < k + 1,\, X - k \leq y\} = \{k \leq X \leq k + y\}.$$

Daraus ergibt sich die gemeinsame Verteilung von (Q_0, Y) als

$$h(k, y) = \mathrm{P}\{Q_0 = k,\ Y \le y\} = \mathrm{F}(k + y) - \mathrm{F}(k)$$

mit den Randverteilungen

$$(4.2.1) \qquad \pi(k) = \mathrm{P}\{Q_0 = k\} = h(k, 1) = \mathrm{F}(k + 1) - \mathrm{F}(k);$$

$$(4.2.2) \qquad r(k) = \sum_{n \ge k} \pi(n) = \mathrm{P}\{Q_0 \ge k\} = 1 - \mathrm{F}(k);$$

$$(4.2.3) \qquad G(y) = \mathrm{P}\{Y \le y\} = \sum_{k \ge 1} h(k, y) = \sum_{k \ge 1} \big(\mathrm{F}(k + y) - \mathrm{F}(k)\big).$$

Aus diesen Berechnungen ergibt sich ein dem Theorem 4.1.1 entsprechendes Resultat.

THEOREM 4.2.1 (Gauss). — *Es bezeichne* F_2 *die durch*

$$(4.2.4) \qquad 1 - \mathrm{F}_2(x) = \begin{cases} 1, & \text{für } x \le 1; \\[2mm] \dfrac{1}{\mathrm{Log}\,2}\,\mathrm{Log}\Big(1 + \dfrac{1}{x}\Big), & \text{für } x > 1. \end{cases}$$

definierte Verteilungsfunktion. Ist X *eine Zufallsvariable mit* F_2 *als Verteilungsfunktion, so sind die partiellen Quotienten* Q_0, Q_1, Q_2, ... *ihrer Kettenbruchentwicklung identisch verteilt. Die entsprechende Verteilung ist durch*

$$\mathrm{P}\{Q_0 \ge k\} = \frac{1}{\mathrm{Log}\,2}\,\mathrm{Log}\Big(1 + \frac{1}{k}\Big) \quad (k = 1, 2, \dots)$$

gegeben.

Beweis. — Wie im Beweis des vorigen Theorems ersetze man die Funktion F in den Formeln (4.2.1)–(4.2.3) durch die Funktion F_2, wie sie durch (4.2.4) gegeben ist. Man erhält für $k \in \mathbb{N}^*$ und $y > 1$ die Beziehungen

$$\pi(k) = \frac{1}{\mathrm{Log}\,2}\Big(\mathrm{Log}\Big(1 + \frac{1}{k}\Big) - \mathrm{Log}\Big(1 + \frac{1}{k + 1}\Big)\Big);$$

$$(4.2.5) \quad r(k) = \mathrm{P}\{Q_0 \ge k\} = \frac{1}{\mathrm{Log}\,2}\,\mathrm{Log}\Big(1 + \frac{1}{k}\Big);$$

$$G(y) = \mathrm{P}\{Y \le y\} = \frac{1}{\mathrm{Log}\,2}\sum_{k \ge 1}\Big(\mathrm{Log}\Big(1 + \frac{1}{k}\Big) - \mathrm{Log}\Big(1 + \frac{1}{k + y}\Big)\Big).$$

Die gleiche Berechnung wie im Beweis von Theorem 4.1.1 ergibt

$$G(y) = \frac{1}{\mathrm{Log}\,2}\sum_{k \ge 1}\Big(\mathrm{Log}\Big(1 + \frac{y}{k}\Big) - \mathrm{Log}\Big(1 + \frac{y}{k + 1}\Big)\Big)$$

$$= \frac{1}{\mathrm{Log}\,2}\,\mathrm{Log}(1 + y).$$

Damit stellt man $G(y) = F_1(y)$ mit F_1 wie in Theorem 4.1.1 fest. Man kann dann dieses Theorem auf Y anwenden und Y in einen Kettenbruch $[0; Q_1, Q_2, \dots]$ entwickeln. Der Vergleich von (4.1.5) und (4.2.5) zeigt, dass die partiellen Quotienten Q_0, Q_1, $Q_2, \dots$ die gleiche Verteilung haben. $\quad\square$

Bemerkung. — Es ist durchaus erstaunlich, die gleiche Verteilung für alle partiellen Quotienten eines Kettenbruches zu finden. Die Beweise der beiden Theoreme sind nichts anderes als einfache Verifikationen. Die Schwierigkeit besteht darin, die passenden Verteilungen F_1 und F_2 erst einmal zu erahnen. Das war eben die Leistung von Gauss.

5. Eine Anwendung der Formel von Bernstein. — Eine Urne enthalte n Kugeln, die mit den Zahlen von 1 bis n nummeriert sind $(n \geq 1)$. Man führt eine Folge von Ziehungen *mit Zurücklegen* durch und interessiert sich dabei für die notwendige Anzahl X von Ziehungen, um *zum ersten Mal* eine schon früher gezogene Kugel wiederzuziehen. Da jede Folge der Länge $n + 1$, deren Glieder aus $\{1, 2, \dots, n\}$ gewählt sind, mindestens zwei gleiche Glieder enthält (Schubfachprinzip), nimmt die Zufallsvariable X Werte in $\{2, \dots, n + 1\}$ an.

Man kann als Basismenge Ω die Menge aller Folgen der Länge $(n + 1)$ wählen, deren Glieder aus $\{1, 2, \dots, n\}$ stammen und auf Ω die Gleichverteilung betrachten. Das Ereignis $\{X > k\}$ $(k = 1, \dots, n)$ beschreibt die Teilmenge aller derjenigen Folgen, deren erste k Glieder verschieden sind. Die Mächtigkeit einer solchen Menge ist offensichtlich $(n!/(n-k)!)n^{n+1-k}$. Daher gilt für die *Zuverlässigkeitsfunktion* von X

$$\mathrm{P}\{X > k\} = \frac{n!}{(n-k)!}\, n^{n+1-k}\, \frac{1}{n^{n+1}} = \frac{1}{n^k}\frac{n!}{(n-k)!}, \qquad k \in \{1, \dots, n\},$$

und wegen $\mathrm{P}\{X > 0\} = 1$ gilt dies auch für $k = 0$.

Die *Verteilung* von X ist

$$\mathrm{P}\{X = k\} = \mathrm{P}\{X > k-1\} - \mathrm{P}\{X > k\} = (k-1)\frac{n!}{n^k(n-k+1)!}$$

für $k \in \{2, \dots, n + 1\}$. Der *Erwartungswert* ist gleich

$$\mathbb{E}[X] = \sum_{k \geq 0} \mathrm{P}\{X > k\} = n! \sum_{k=0}^{n} \frac{1}{n^k(n-k)!},$$

und dies kann man, indem man $n - k = j$ setzt, umschreiben in

$$\mathbb{E}[X] = \frac{n!}{n^n} \sum_{j=0}^{n} \frac{n^j}{j!}.$$

Die Untersuchung des asymptotischen Verhaltens von $\mathbb{E}[X]$ für $n \to \infty$ ist nicht leicht; umso bemerkenswerter ist es, dass die Formel von Bernstein, wie sie in Kapitel 18, Bemerkung 1 zu Satz 2.3, aufgetreten ist, zum Ziel führt. Zur Erinnerung: $e^{-n} \sum_{j=0}^{n} \dfrac{n^j}{j!} \to \dfrac{1}{2}$ $(n \to \infty)$. Daher ist $\mathbb{E}[X] \sim \dfrac{1}{2} \dfrac{n!}{n^n} e^n$; mittels der Formel von Stirling $n! \sim (n/e)^n \sqrt{2\pi n}$ erhält man schliesslich $\mathbb{E}[X] \sim \sqrt{\pi n/2}$ $(n \to \infty)$.

6. Das Diffusionsmodell von Ehrenfest. — Wir stellen uns eine gewisse Anzahl $a \geq 2$ von Kugeln vor, die von 1 bis a durchnummeriert sind und die auf zwei Behälter A und B verteilt sind. Man betrachtet folgende Operation: zu jedem ganzzahligen Zeitpunkt (beispielweise nach jeder Sekunde, beginnend mit einem Zeitpunkt 0) wird zufällig (d.h. mit Gleichverteilung) eine ganze Zahl aus $\{1, \dots, a\}$ gewählt und die Kugel mit der entsprechenden Nummer von dem Behälter, in dem sie sich befindet, in den anderen Behälter gelegt. Man führt diese Operation unbegrenzt oft aus, wobei angenommen wird, dass die zu verschiedenen Zeitpunkten vorgenommenen Ziehungen *unabhängig* voneinander sind. Man bezeichnet als den *Zustand* des Systems (A, B) die Anzahl der Kugeln im Behälter A. Es gibt also die $a+1$ Zustände $0, 1, \dots, a$. Mit X_n $(n \geq 0)$ wird der Zustand des Systems zum Zeitpunkt n bezeichnet.

Wir nehmen an, dass sich das System zu einem gewissen Zeitpunkt in dem Zustand $i \in \{0, 1, \dots, a\}$ befindet, d.h. dass genau i Kugeln im Behälter A enthalten sind. Im nächsten Zeitpunkt befindet es sich notwendigerweise in einem der beiden Zustände $i - 1$, $i + 1$, je nachdem, ob eine Kugel aus A oder aus B gezogen wird. Dabei gibt es zwei Ausnahmen von dieser Regel, nämlich

$i = 0$, wobei nur der Übergang $0 \to 1$ möglich ist;

$i = a$, wobei nur der Übergang $a \to a - 1$ möglich ist.

Die Wahrscheinlichkeit p_{ij} dafür, dass das System, wenn es sich zu einem Zeitpunkt n im Zustand i befindet, zum Zeitpunkt $n + 1$ in den Zustand j übergeht, ist wohldefiniert; sie hängt nur von i und von j ab, nicht aber von n, was in der Notation bereits vorweggenommen wurde. Man nennt dies die *Übergangswahrscheinlichkeit* von Zustand i in den Zustand j. Die Matrix $\mathcal{P} = (p_{ij})$ $(0 \leq i, j \leq a)$ heisst *Übergangsmatrix*. Diese Matrix ist der Ausgangspunkt für die Definition von homogenen Markov-Ketten (*cf.* Kap. 10, Aufgabe 9), die hier aber nicht weiter untersucht werden sollen, zumal die wichtigste Eigenschaft des Ehrenfest-Modells auch ohne Rückgriff auf diese allgemeine Theorie hergeleitet werden kann.

Im vorliegenden Fall gilt

$$
\begin{cases}
p_{i,i-1} = \dfrac{i}{a}, & i = 1, \ldots, a; \\[2mm]
p_{i,i+1} = 1 - \dfrac{i}{a}, & i = 0, \ldots, a-1; \\[2mm]
p_{i,j} = 0, & (i,j \in \{0,1,\ldots,a\},\ |i-j| \neq 1).
\end{cases}
$$

(Die erste Beziehung gilt auch im Fall $i = 0$, ebenso wie die zweite auch im Fall $i = a$ richtig ist, aber in beiden Fällen handelt es sich um Wahrscheinlichkeiten vom Wert 0).

Mit der Notation $i \to j$ für die Tatsache, dass $p_{ij} > 0$ gilt, kann man die möglichen Übergänge in einem Schritt in einem Diagramm darstellen:

$$
\boxed{0} \ \underset{\longleftarrow}{\longrightarrow} \ \boxed{1} \ \underset{\longleftarrow}{\longrightarrow} \ \cdots \ \underset{\longleftarrow}{\longrightarrow} \ \boxed{a-1} \ \underset{\longleftarrow}{\longrightarrow} \ \boxed{a}
$$

Hier nun die fundamentale Aussage für das Ehrenfest-Modell.

THEOREM 6.1. — *Es gilt* $\mathbb{E}[X_n] - \dfrac{a}{2} = \left(1 - \dfrac{2}{a}\right)^n \left(\mathbb{E}[X_0] - \dfrac{a}{2}\right).$

Beweis. — Aus der Definition für den bedingten Erwartungswert folgt

$$
\mathbb{E}[X_n] = \mathbb{E}[\,\mathbb{E}[X_n \mid X_{n-1}]\,]
$$
$$
= \sum_{i=0}^{a} \mathrm{P}\{X_{n-1} = i\}\, \mathbb{E}[X_n \mid X_{n-1} = i].
$$

Nun ist

$$
\mathbb{E}[X_n \mid X_{n-1} = i] = p_{i,i-1} \times (i-1) + p_{i,i+1} \times (i+1)
$$
$$
= \frac{i}{a}(i-1) + \left(1 - \frac{i}{a}\right)(i+1) = \left(1 - \frac{2}{a}\right)i + 1;
$$

daher gilt

$$
\mathbb{E}[X_n] = \left(1 - \frac{2}{a}\right) \sum_{i=0}^{a} i\, \mathrm{P}\{X_{n-1} = i\} + 1
$$
$$
= \left(1 - \frac{2}{a}\right) \mathbb{E}[X_{n-1}] + 1,
$$

oder gleichwertig

$$
\mathbb{E}[X_n] - \frac{a}{2} = \left(1 - \frac{2}{a}\right)\left(\mathbb{E}[X_{n-1}] - \frac{a}{2}\right).
$$

Damit folgt die Behauptung mittels Induktion über n.   ☐

Bemerkung 1. — Aus dem vorigen Theorem folgt, dass die Folge mit dem allgemeinen Glied $\mathbb{E}[X_n]$ für $n \to \infty$ unabhängig von $\mathbb{E}[X_0]$ *exponentiell* konvergiert, und zwar gegen $a/2$, die Hälfte der Anzahl der Kugeln. Der Fall $X_0 = a$, also der Fall, in dem sich zum Zeitpunkt 0 alle Kugeln im Behälter A befinden, ist besonders interessant. Hier gilt $\mathbb{E}[X_n] - \dfrac{a}{2} = \left(1 - \dfrac{2}{a}\right)^n \dfrac{a}{2}$, und daraus folgt, dass $\mathbb{E}[X_n]$ *monoton fallend* und *exponentiell* gegen den Wert $a/2$ konvergiert. Betrachtet man die Kugeln als Modell für ein Gas in einem geschlossenen Raum, das sich zum Zeitpunkt 0 ganz im Behälter A befindet, so diffundiert dieses Gas in den Behälter B und langfristig werden sich im Mittel genauso viele Moleküle in A wie in B aufhalten. Genau dies zeigt das Modell von Ehrenfest.

Bemerkung 2. — Die Folge (X_n) $(n \geq 0)$ selbst konvergiert natürlich *nicht* gegen irgendeinen Grenzwert, weder fast sicher noch in der Wahrscheinlichkeit, denn für alle $n \geq 1$ gilt $|X_n - X_{n-1}| = 1$.

7. Auf der Einheitssphäre des $\mathbb{R}^n$ gleichverteilte Zufallsvektoren. Die Ergebnisse dieses Abschnitts werden für ein Problem der geometrischen Wahrscheinlichkeit benötigt, das am Ende dieses Kapitels behandelt wird.

Es sei $n \geq 2$ und $X = (X_1, \ldots, X_n)$ ein Zufallsvektor, der auf der Oberfläche der Einheitskugel von $\mathbb{R}^n$ gleichverteilt ist. Da die Komponenten $X_1, \ldots, X_n$ alle die gleiche Verteilung haben, untersuchen wir die Verteilung der ersten Komponente X_1.

SATZ 7.1. — *Die Verteilung von X_1 hat eine Dichte $f(x)$, die für $|x| \geq 1$ gleich 0 ist und für $|x| < 1$ durch*

$$f(x) = c_n \left(1 - x^2\right)^{(n-3)/2} \quad mit \quad c_n = \frac{1}{\sqrt{\pi}} \frac{\Gamma(n/2)}{\Gamma((n-1)/2)}$$

gegeben ist. Für $n = 2$ ist diese Verteilung die Arcussinus-Verteilung A_1 und für $n = 3$ ist dies die Gleichverteilung auf $]-1, +1[$.

Beweis. — Die Verteilung von X_1 ist nichts anderes als die orthogonale Projektion der auf der Einheitssphäre gleichverteilten Einheitsmasse auf die Achse $0x_1$. Diese Projektion werden wir berechnen. Das Volumen der Kugel $B_n(0, R)$ ist

$$V_n(R) = \frac{\pi^{n/2}}{\Gamma(1 + n/2)} R^n$$

und die Fläche der Sphäre $S_{n-1}(0, R)$ ist

$$\sigma_{n-1}(R) = \frac{d}{dR} V_n(R) = 2 \frac{\pi^{n/2}}{\Gamma(n/2)} R^{n-1}.$$

Wir wählen $R = 1$ und projizieren das von $S_{n-1}(0, 1)$ getragene Flächenmass auf $0x_1$. Man erhält so eine Massenverteilung auf R mit Dichte $g(x)$, die für

$|x| \geq 1$ verschwindet und die für $|x| < 1$ durch $g(x)\,dx = \sigma_{n-2}(\sqrt{1-x^2})\,ds$ gegeben ist, wobei $\sqrt{1-x^2}\,ds = dx$ ist. Daher ist

$$g(x) = \sigma_{n-2}(\sqrt{1-x^2})\,\frac{1}{\sqrt{1-x^2}} = 2\,\frac{\pi^{(n-1)/2}}{\Gamma((n-1)/2)}(1-x^2)^{(n-3)/2}.$$

Man erhält daraus die normierte Dichte $f(x) = g(x)/\sigma_{n-1}(1)$ und nach Vereinfachung erweist sich dies gerade als der behauptete Ausdruck. $\square$

In der folgenden Aussage bezeichne E einen Unterraum der Dimension $k \geq 2$ von $\mathbb{R}^n$. Weiter sei $E^\perp$ sein orthogonales Komplement und es sollen p bzw. q die orthogonalen Projektionen von $\mathbb{R}^n$ auf E bzw. $E^\perp$ bezeichnen. Dann sei

$$U = p \circ X, \quad V = q \circ X,$$

und U^* sei der zufällige normierte Vektor $|U|^{-1}U$ (welcher ausserhalb der vernachlässigbaren Menge $\{|U| = 0\}$ definiert ist).

SATZ 7.2. — *Der Zufallsvektor U^* ist auf der Einheitssphäre von E gleichverteilt.*

Beweis. — Ist eine Rotation ρ von E gegeben, so bezeichne $\overline{\rho}$ diejenige Rotation von $\mathbb{R}^n$, die durch die Bedingungen $p \circ \overline{\rho} = \rho \circ p$, $q \circ \overline{\rho} = q$ charakterisiert ist. Weiter sei $X' = \overline{\rho} \circ X$. Dann gilt

$$\rho \circ U^* = |p \circ X'|^{-1}\, p \circ X', \qquad V = q \circ X'.$$

Ausserdem hat X' die gleiche Verteilung wie X. Dann hat das Paar $(\rho \circ U^*, V)$ die gleiche gemeinsame Verteilung wie (U^*, V). Das ist ausreichend, um die Behauptung zu beweisen. $\square$

SATZ 7.3. — *Für jedes $n \geq 2$ bezeichne F_n die Verteilungsfunktion von X_1. Dann ist die Folge (F_n) monoton wachsend.*

Beweis. — Wir beziehen uns auf die Situation von Satz 7.2 und nehmen als E den von den ersten $n-1$ Elementen der kanonischen Basis von $\mathbb{R}^n$ erzeugten Vektorraum. Die erste Komponente X_1 von X stimmt mit der ersten Komponente U_1 von U überein. Andererseits ist $U_1^* = |U|^{-1}U_1$ die erste Komponente von $U^* = |U|^{-1}U$, die, gemäss Satz 7.2, auf der Einheitssphäre von $\mathbb{R}^{n-1}$ gleichverteilt ist. Die Ungleichung $\mathrm{F}_{n-1} \leq \mathrm{F}_n$ folgt nun aus $X_1 = U_1 \leq |U|^{-1}U_1 = U_1^*$. $\square$

8. Ein Problem der geometrischen Wahrscheinlichkeit. — Die

«geometrische Wahrscheinlichkeitsrechnung» war in der Frühzeit der Wahrscheinlichkeitsrechnung besonders populär. Probleme wie das Nadelproblem von Buffon, das Problem des gebrochenen Stabes usw. haben den Ehrgeiz

vieler Mathematiker herausgefordert. In diesem Abschnitt werden wir ein
Problem aus dem Umkreis dieser Disziplin lösen, das von Williams[3] gestellt
wurde.

PROBLEM. — *Drei Raumschiffe stranden an den Punkten P, Q, R
eines Planeten; diese Landepunkte seien unabhängig und gleichverteilt auf
der Oberfläche des Planeten, der als Sphäre mit Zentrum O und Radius 1
angenommen wird. Zwei Raumschiffe «kommunizieren direkt miteinander
mittels Funk» wenn der Winkel, den sie mit dem Zentrum 0 der Sphäre
bilden, kleiner als $\pi/2$ ist. Beispielsweise kommunizieren P und Q direkt
miteinander, wenn $\widehat{POQ} < \pi/2$ ist. Dann ist die Wahrscheinlichkeit, dass die
drei Raumschiffe miteinander kommunizieren können, gleich $(\pi + 2)/(4\pi)$.
Dabei ist zu beachten, dass zwei Raumschiffe entweder direkt oder durch
Vermittlung des dritten miteinander kommunizieren können.*

Die Lösungsmethode, die wir hier präsentieren, ist uns von G. Letta und
L. Pratelli vorgeschlagen worden.

Wir bezeichnen mit $u \cdot v$ das Skalarprodukt von zwei Vektoren u, v des
$\mathbb{R}^3$ und mit $U \cdot V$ dasjenige von zwei zufälligen Vektoren U, V im $\mathbb{R}^3$; ferner
bezeichne S die Einheitssphäre des $\mathbb{R}^3$. Auf einem Wahrscheinlichkeitsraum
$(\Omega, \mathfrak{A}, P)$ seien drei unabhängige Zufallsvektoren U, V, W mit Werten in S
gegeben, wobei jeder als Verteilung die Gleichverteilung μ auf S hat. Wir
setzen

$$A = \{U \cdot V > 0\}, \quad B = \{V \cdot W > 0\}, \quad C = \{W \cdot U > 0\}.$$

Das Ereignis, dessen Wahrscheinlichkeit wir suchen, ist also

$$D = (A \cap B) \cup (B \cap C) \cup (C \cap A),$$

was man auch als Vereinigung von drei *paarweise disjunkten* Ereignissen als

$$(8.1) \qquad D = (A \cap B) \cup (B \cap C \cap A^c) \cup (C \cap A \cap B^c)$$

schreiben kann. Zur Berechnung der Wahrscheinlichkeit von D verwenden
wir die beiden folgenden Lemmata, deren Beweis im Anhang gegeben wird.

LEMMA 8.1. — *Ist ein Zufallsvektor V mit Werten in S gemäss μ
gleichverteilt, so ist für jedes $u \in S$ die reelle Zufallsvariable $u \cdot V$ gleichverteilt
im Intervall $[-1, +1]$.*

LEMMA 8.2. — *Für jedes Element $v \in S$ bezeichne H_v die offene
Hemisphäre, die Durchschnitt der Sphäre S mit dem Halbraum $\{u : u \cdot v > 0\}$
ist. Ist ein Paar (v, w) von Elementen von S mit $v \cdot w > 0$ gegeben*

---

[3] Williams (David). — *Probability with martingales.* — Cambridge, Cambridge Math.
Textbooks, 1994, exercice EG2, p. 224.

und bezeichnet α den Winkel zwischen diesen beiden Vektoren, also $\alpha = $ Arccos$(v \cdot w)$, so gilt $\mu(H_w \cap H_{-v}) = \alpha/(2\pi)$.

Nun sind wir in der Lage, die Wahrscheinlichkeit der Menge D mittels der Formel (8.1) zu berechnen.

a) Nach Lemma 8.1 gilt

$$P(A \cap B) = \int_S \mu(dv) \, P\{U \cdot v > 0,\, v \cdot W > 0\} = \frac{1}{4}.$$

b) Mittels Lemma 8.2 und Lemma 8.1 ergibt sich

$$P(B \cap C \cap A^c) = P\{V \cdot W > 0,\, W \cdot U > 0,\, U \cdot V < 0\}$$

$$= \int_S \mu(dv) \int_{H_v} \mu(dw) \, P\{w \cdot U > 0,\, U \cdot v < 0\}$$

$$= \int_S \mu(dv) \int_{H_v} \mu(dw) \, \mu(H_w \cap H_{-v})$$

$$= \int_S \mu(dv) \int_{H_v} \mu(dw) \, \frac{1}{2\pi} \text{Arccos}(v \cdot w)$$

$$= \frac{1}{2\pi} \int_S \mu(dv) \int_{\{v \cdot W > 0\}} \text{Arccos}(v \cdot W) \, dP$$

$$= \frac{1}{2\pi} \frac{1}{2} \int_0^1 \text{Arccos}\, t \, dt$$

$$= \frac{1}{4\pi} \int_0^{\pi/2} x \sin x \, dx = \frac{1}{4\pi}.$$

Ebenso erhält man $P(C \cap A \cap B^c) = \dfrac{1}{4\pi}$ und daher

$$P(D) = \frac{1}{4} + \frac{1}{4\pi} + \frac{1}{4\pi} = \frac{\pi + 2}{4\pi} \approx 0,409155.$$

Verallgemeinerung. — Das vorangehende Problem kann man dadurch verallgemeinern, dass man den $\mathbb{R}^3$ durch den $\mathbb{R}^n$ ersetzt $(n \geq 2)$. Lemma 8.2 behält seine Gültigkeit, wogegen man Lemma 8.1 folgendermassen modifizieren muss.

LEMMA 8.1′. — *Ist ein Zufallsvektor V mit Werten in der Einheitssphäre S des $\mathbb{R}^n$ mittels μ gleichverteilt, so hat für jedes Element $u \in S$ die reelle Zufallsvariable $u \cdot V$ eine Dichte f, die durch*

$$f(x) = \begin{cases} c_n(1 - x^2)^{(n-3)/2}, & \text{falls } |x| < 1; \\ 0, & \text{sonst;} \end{cases}$$

gegeben ist. Dabei ist c_n die Normierungskonstante

$$c_n = \frac{1}{\sqrt{\pi}} \frac{\Gamma(n/2)}{\Gamma((n-1)/2)}.$$

Für das verallgemeinerte Problem hat man genauso wie im Fall $n = 3$ die Auswertungen

$$P(A \cap B) = \frac{1}{4};$$

$$(8.2) \qquad P(B \cap C \cap A^c) = \frac{1}{2\pi} \int_S \mu(dv) \int_{\{v \cdot W > 0\}} \mathrm{Arccos}(v \cdot W)\, dP.$$

Um diese zweite Wahrscheinlichkeit zu berechnen, verwendet man Lemma 8.1'.

$$P(B \cap C \cap A^c) = \frac{1}{2\pi} \int_0^1 f(t)\, \mathrm{Arccos}\, t\, dt$$

$$= \frac{1}{2\pi} c_n \int_0^1 (1 - t^2)^{(n-3)/2}\, \mathrm{Arccos}\, t\, dt = \frac{1}{2\pi} c_n \int_O^{\pi/2} x\, \sin^{n-2} x\, dx.$$

Man erhält den gleichen Wert für $P(C \cap A \cap B^c)$ und findet somit schliesslich

$$P(D) = \frac{1}{4} + \frac{1}{\pi} c_n \int_0^{\pi/2} x\, \sin^{n-2} x\, dx \quad \text{mit} \quad c_n = \frac{1}{\sqrt{\pi}} \frac{\Gamma(n/2)}{\Gamma((n-1)/2)}.$$

Spezialfälle:

$$n = 2,\ c_2 = \frac{1}{\pi}, \quad P(D) = \frac{1}{4} + \frac{1}{\pi^2} \int_0^{\pi/2} x\, dx = \frac{1}{4} + \frac{1}{8} = \frac{3}{8} = 0,375.$$

$$n = 3,\ c_3 = \frac{1}{2}, \quad P(D) = \frac{1}{4} + \frac{1}{2\pi} \int_0^{\pi/2} x\, \sin x\, dx = \frac{1}{4} + \frac{1}{2\pi} = \frac{\pi + 2}{4\pi} \approx 0,409155.$$

Asymptotisches Verhalten der Lösung. — Es bezeichne p_n die Wahrscheinlichkeit, dass drei Raumschiffe, die auf einer n-dimensionalen (!) Einheitssphäre stranden, mittels Funk miteinander kommunizieren können. Wir werden zeigen, dass die Folge (p_n) *monoton wächst*. Zu diesem Zweck betrachten wir auf einem Wahrscheinlichkeitsraum $(\Omega, \mathfrak{A}, P)$ eine Folge (X_n) $(n \geq 2)$ von reellen Zufallsvektoren, wobei X_n die erste Komponente eines Zufallsvektors ist, der auf der Einheitssphäre des $\mathbb{R}^n$ gleichverteilt ist. Gemäss (8.2) gilt

$$p_n = \frac{1}{4} + \frac{1}{\pi} \int_{\{X_n > 0\}} \mathrm{Arccos}\, X_n\, dP.$$

Sei nun $\delta_n = \frac{\pi}{4} - \frac{1}{\pi} \int_{\{X_n > 0\}} \mathrm{Arccos}\, X_n\, dP$. Wegen $P\{X_n > 0\} = \frac{1}{2}$ kann man

$$\delta_n = \int_{\{X_n > 0\}} \left[\frac{\pi}{2} - \mathrm{Arccos}\, X_n \right] dP = \int \left[\frac{\pi}{2} - \mathrm{Arccos}\, X_n \right]^+ dP$$

schreiben, oder, indem man $Y_n = \frac{\pi}{2} - \mathrm{Arccos}\, X_n$ setzt,

$$(8.3) \qquad \delta_n = \int Y_n^+ \, dP = \int_0^{\pi/2} P\{Y_n > y\}\, dy = \int_0^{\pi/2} P\{X_n > \sin y\}\, dy.$$

Die offensichtliche Beziehung $\mathbb{E}[X_n^2] = 1/n$ zeigt, dass die Folge (X_n) in L^2 gegen 0 konvergiert, also auch in der Wahrscheinlichkeit. Damit folgt aus (8.3), wegen des Satzes von der dominierten Konvergenz, dass $\delta_n \to 0$ gilt, und somit

$$\lim_{n\to\infty} \int_{\{X_n>0\}} \operatorname{Arccos} X_n \, d\mathrm{P} = \frac{\pi}{4} \quad \text{und} \quad \lim_{n\to\infty} p_n = \frac{1}{2}.$$

Es bleibt zu zeigen, dass die Folge (p_n) monoton wächst, oder, was auf dasselbe hinausläuft, dass die Folge (δ_n) monoton fällt. Das ergibt sich aber aus (8.3) und Satz 7.3, der besagt, dass die Folge der Verteilungsfunktionen der Variablen X_n monoton wächst. $\quad\square$

Anhang. — Wir beweisen zum Abschluss die beiden Lemmata 8.1′ und 8.2, wobei wir gleich den Fall $n \geq 2$ behandeln. Lemma 8.1′ ist nichts anderes als Satz 7.1. Es genügt also, Lemma 8.2 zu beweisen.

Beweis von Lemma 8.2. — Man kann $u \neq w$ annehmen. Im Fall $n = 2$ zeigt eine einfache Skizze, dass das Lemma wahr ist. Im Fall $n \geq 3$ bezeichne E die Ebene (Unterraum des $\mathbb{R}^n$ der Dimension 2), die von den beiden Vektoren v und w aufgespannt wird. Weiter bezeichne p die orthogonale Projektion von $\mathbb{R}^n$ auf E. Wir betrachten nun auf einem Wahrscheinlichkeitsraum $(\Omega, \mathfrak{A}, \mathrm{P})$ einen Zufallsvektor M, der auf der Einheitssphäre des $\mathbb{R}^n$ gleichverteilt ist, wir setzen $J = p \circ M$ und bezeichnen mit J^* den normierten Zufallsvektor $|J|^{-1}J$ (der ausserhalb der vernachlässigbaren Menge $\{|J| = 0\}$ definiert ist). Satz 7.2 zeigt uns, dass J^* auf dem Einheitskreis der (zweidimensionalen) Ebene E gleichverteilt ist. Damit gilt aber

$$\mu(H_w \cap H_{-v}) = \mathrm{P}\{M \in H_w \cap H_{-v}\} = \mathrm{P}\{M \cdot w > 0,\, M \cdot v < 0\}$$
$$= \mathrm{P}\{J \cdot w > 0,\, J \cdot v < 0\} = \frac{\alpha}{2\pi},$$

wobei die letzte Gleichheit aus dem bereits behandelten Spezialfall $n = 2$ folgt. $\quad\square$

LÖSUNGEN DER AUFGABEN

Kapitel 1

1. a) AB^cC^c;   b) AB^cC;   c) ABC;   d) $A \cup B \cup C$;   e) $A^cBC \cup AB^cC \cup ABC^c \cup ABC$;   f) $AB^cC^c \cup A^cBC^c \cup A^cB^cC \cup A^cB^cC^c$;
   g) $A^cB^cC^c$;   h) $A^cBC \cup AB^cC \cup ABC^c$;   i) $(ABC)^c$.

2. Man betrachte die folgenden «Atome», deren Vereinigung Ω ist: ABC, ABC^c, AB^cC, $[AB^cC^c]$, $[A^cBC]$, A^cBC^c, A^cB^cC, $A^cB^cC^c$. Nach Voraussetzung sind die Atome in eckigen Klammern leer. Daher gilt
   a) $AC^c = ABC^c \cup AB^cC^c = ABC^c$.
   c) $B = ABC \cup ABC^c \cup A^cBC \cup A^cBC^c$. Man erkennt $AC^c \subset B$.

6. Man betrachte die folgenden «Atome», deren Vereinigung Ω ist: EFG, EFG^c, EF^cG, EF^cG^c, E^cFG, E^cFG^c, E^cF^cG, $E^cF^cG^c$. Jedes der Ereignisse A und B kann als disjunkte Vereinigung von Atomen geschrieben werden: $A = EFG \cup EF^cG \cup E^cFG$, $B = EFG \cup EFG^c \cup EF^cG \cup EF^cG^c \cup E^cFG$.
   a) Man erkennt $A \subset B$.
   b) Es ist $A = B$ genau dann, wenn $EFG^c \cup EF^cG^c = \emptyset$ gilt, d.h. wenn $EG^c = \emptyset$, d.h. wenn $E \subset G$.
   Ein alternativer Beweis, der Indikatorfunktionen verwendet:
   a) $I_A = I_{E \cup F}I_G = (I_E + I_F - I_{EF})I_G = I_{EG} + I_{FG} - I_{EFG}$ und $I_B = I_E + I_{FG} - I_{EFG}$. Man erkennt $I_A - I_B = I_{EG} - I_E \leq 0$, denn es ist $EG \subset E$; daher gilt $A \subset B$.
   b) Es gilt $A = B$ genau dann, wenn $I_A - I_B = 0$, d.h. $I_{EG} - I_E = 0$, d.h. $EG = E$, d.h. $E \subset G$.

7. a) $A \triangle B = A^cB \cup AB^c$ und $A \triangle B^c = A^cB^c \cup AB$. Daraus folgt die Behauptung.
   b) Man betrachtet die Zerlegung von Ω in Atome $A^{\varepsilon_1}B^{\varepsilon_2}C^{\varepsilon_3}$ mit ε_1, ε_2, $\varepsilon_3 = 0,1$, wobei A^ε gleich A oder gleich A^c ist, je nachdem, ob $\varepsilon = 1$ oder $= 0$ ist.
   Nun kann jedes Ereignis als disjunkte Vereinigung von Atomen geschrieben werden: $A \triangle B = A^cBC \cup A^cBC^c \cup AB^cC \cup AB^cC^c$; $A \triangle C = A^cBC \cup A^cB^cC \cup ABC^c \cup AB^cC^c$; daher ist $(A \triangle B) \cap (A \triangle C) = A^cBC \cup AB^cC^c$. Entsprechend erkennt man, dass $A \triangle (B \cup C) =$

$A^c BC \cup A^c BC^c \cup A^c B^c C \cup AB^c C^c$. Es gilt $(A\triangle B)\cap(A\triangle C) = A\triangle(B\cup C)$ genau dann, wenn $A^c BC^c \cup A^c B^c C = \emptyset$, d.h. $A^c(B \triangle C) = \emptyset$, d.h. $B \triangle C \subset A$.

Kapitel 2

2. $\{\emptyset, \{a\,b\}, \{c\}, \{a, b, c\}\,\}$.

3. b) $\mathfrak{F}_3 = \{\emptyset, \{a\,\}, \{c, d\}, \{b, e\,\}, \{a, b, e\,\}, \{a, c, d,\ \}, \{b, c, d, e\,\}, \Omega\,\}$.
   d) $\mathfrak{F}_4 = \mathfrak{F}_2 \cup \mathfrak{F}_3 \cup \{\{e\,\}, \{a, e\,\}, \{b, c, d\,\}, \{a, b, c, d\,\}\,\}$.

4. a) Man betrachte die auf Ω durch
$$x\,R\,y \Longleftrightarrow \forall A \in \mathfrak{A} \quad [(x \in A) \Leftrightarrow (y \in A)]$$
definierte Äquivalenzrelation R. Die Klassen dieser Relation gehören zu $\mathfrak{A}$ und bilden die geforderte Zerlegung.
   b) Nein.

5. Die Algebra $\mathfrak{A}$ wird von der (disjunkten) Mengenfamilie
$$\Pi = \{A_1^{\varepsilon_1} \cap \cdots \cap A_n^{\varepsilon_n}\}$$
erzeugt, wobei $\varepsilon_1, \ldots, \varepsilon_n \in \{0, 1\}$ und $A^\varepsilon = A$ oder gleich A^c ist, je nachdem, ob $\varepsilon = 1$ ist oder $= 0$. Die Elemente dieser Familie kann man als «Atome» bezeichnen. Jedes Element von $\mathfrak{A}$ ist eine (endliche) Vereinigung von Atomen. Die Familie Π hat höchstens 2^n Elemente, deshalb hat $\mathfrak{A}$ höchstens $2^{(2^n)}$ Elemente.

6. Alle zehn Aussagen lassen sich in gleicher Weise zeigen. Exemplarisch sei $\mathcal{C}_3$ behandelt.
   a) $]a, b] = [a, b] \setminus [a, a]$, daher gilt $\sigma(\mathcal{C}_3) \subset \mathcal{B}^1$.
   b) $[a, b] =]a, b] \cup \left(\bigcap_{k \geq 1}]a - 1/k, a]\right)$, daher gilt $\mathcal{B}^1 \subset \sigma(\mathcal{C}_3)$.

7. In dieser Aufgabe bedeute «abzählbar» soviel wie «höchstens abzählbar». Die Bedingung ist offensichtlich *hinreichend*, denn für abzählbares Ω gilt $\sigma(\mathcal{C}) = \mathfrak{P}(\Omega)$. Um zu zeigen, dass sie auch *notwendig* ist, betrachte man die Familie $\mathfrak{A}$ aller Elemente von $\mathfrak{P}(\Omega)$, die abzählbar sind oder deren Komplement abzählbar ist. Man weist ohne Probleme nach, dass $\mathfrak{A}$ eine σ-Algebra ist. Nimmt man jetzt $\sigma(\mathcal{C}) = \mathfrak{P}(\Omega)$, so erhält man aus der Inklusionskette $\mathcal{C} \subset \mathfrak{A} \subset \mathfrak{P}(\Omega)$ die Gleichheit $\sigma(\mathcal{C}) = \sigma(\mathfrak{A}) = \mathfrak{P}(\Omega)$. Da aber $\mathfrak{A}$ eine σ-Algebra ist, hat man $\sigma(\mathfrak{A}) = \mathfrak{A}$, und schliesslich $\mathfrak{A} = \mathfrak{P}(\Omega)$. Somit ist jede Teilmenge von Ω abzählbar oder hat ein abzählbares Komplement. Das kann aber nur gelten, wenn Ω selbst abzählbar ist. Denn in jeder nicht-abzählbaren Menge Ω gibt es eine Teilmenge $A \in \mathfrak{P}(\Omega)$, so dass weder A selbst noch ihr Komplement A^c abzählbar ist.

8. Man wählt als Basismenge die dreielementige Menge $\Omega = \{a, b, c\}$ und bezeichnet mit $\mathcal{A}_a$ (bzw. $\mathcal{A}_b$, bzw. $\mathcal{A}_c$) die von $\{a\}$ (bzw. $\{b\}$, bzw. $\{c\}$) erzeugte σ-Algebra. Beispielsweise ist $\mathcal{A}_a = \{\emptyset, \{a\}, \{b, c\}, \Omega\}$. Die Menge $\mathcal{A}_b \cup \mathcal{A}_c$ ist aber *keine* σ-Algebra, denn sie enthält zwar die Elemente $\{b\}$

und $\{c\}$, nicht aber $\{b, c\}$. Ebenso sind die Mengen $\mathcal{A}_c \cup \mathcal{A}_a$ und $\mathcal{A}_a \cup \mathcal{A}_b$ keine σ-Algebren, wohl aber ihre Vereinigung $\mathcal{A}_a \cup \mathcal{A}_b \cup \mathcal{A}_c$.

Kapitel 3

4. Man wendet die Formel von Poincaré (*cf.* Satz 3.1) auf die Ereignisse $A_1^c, \ldots, A_n^c$ an, also

$$P(A_1^c \cup \cdots \cup A_n^c) = \sum_{k=1}^{n} (-1)^{k-1} \sum_{1 \le i_1 < \cdots < i_k \le n} P(A_{i_1}^c \cap \cdots \cap A_{i_k}^c).$$

Daher ist

$$1 - P(A_1 \cap \cdots \cap A_n) = \sum_{k=1}^{n} (-1)^{k-1} \sum_{1 \le i_1 < \cdots < i_k \le n} \left(1 - P(A_{i_1} \cup \cdots \cup A_{i_k})\right).$$

$$= \sum_{k=1}^{n} (-1)^{k-1} \binom{n}{k} - \sum_{k=1}^{n} (-1)^{k-1} \sum_{1 \le i_1 < \cdots < i_k \le n} P(A_{i_1} \cup \cdots \cup A_{i_k}).$$

Wegen $\sum_{k=1}^{n} (-1)^{k-1} \binom{n}{k} = 1 \quad (= 1 - (1-1)^n)$ folgt die Behauptung.

5. a) Es geht darum, $d(A, B) \ge 0$, $d(A, A) = 0$ und $d(A, C) \le d(A, B) + d(B, C)$ zu verifizieren. Nur bei der letzten Aussage ist etwas zu zeigen. Sie wird unmittelbar einsichtig, wenn man jedes der Ereignisse $A \triangle C$, $A \triangle B$, $B \triangle C$ mittels der «Atome» darstellt: $A \triangle C = ABC^c \cup AB^cC^c \cup A^cBC \cup A^cB^cC$; $A \triangle B = AB^cC \cup AB^cC^c \cup A^cBC \cup A^cBC^c$; $B \triangle C = ABC^c \cup A^cBC^c \cup AB^cC \cup A^cB^cC$. Man erkennt $A \triangle C \subset (A \triangle B) \cup (B \triangle C)$ und daraus folgt die Behauptung. Man kann diese letzte Inklusion sogar noch schneller beweisen, wenn man die Tatsachen benutzt, dass die Operation $\triangle$ assoziativ ist und dass $A \triangle A = \emptyset$ für alle $A \in \mathfrak{A}$ gilt. Dann kann man schreiben $A \triangle C = A \triangle \emptyset \triangle C = A \triangle (B \triangle B) \triangle C = (A \triangle B) \triangle (B \triangle C) \subset (A \triangle B) \cup (B \triangle C)$.

   b) Es gilt $P(A \triangle B) = P(A) + P(B) - 2P(A \cap B)$ und damit folgt die Behauptung aus der Beobachtung $P(A \cap B) \le P(A)$, $P(B)$.

6. Die erste Ungleichung wird gezeigt. Man setzt $A_* = \liminf_n A_n = \bigcup_{n \ge 1} B_n$ und $B_n = \bigcap_{k \ge n} A_k$ $(n \ge 1)$. Dann ist (B_n) eine *monoton wachsende* Folge und es ist $A_* = \lim_n B_n$. Daher gilt $P(A_*) = P(\lim_n B_n) = \lim_n P(B_n)$. Für jedes $n \ge 1$ gilt aber $B_n \subset A_n$, und somit $P(B_n) \le P(A_n)$. Nimmt man den Limes inferior auf beiden Seiten und beachtet, dass die Folge (B_n) monoton wachsend ist, so erhält man $\liminf_n P(B_n) = \lim_n P(B_n) = P(A_*)$. Damit ergibt sich $P(A_*) \le \liminf_n P(A_n)$. Wählt man nun $\Omega = \{-1, +1\}$, $P(\{-1\}) = 1/4$, $P(\{+1\}) = 3/4$, $A_n = \{(-1)^n\}$, so ist $\liminf_n A_n = \emptyset$, $\limsup_n A_n = \Omega$, $\liminf_n P(A_n) = 1/4$, $\limsup_n P(A_n) = 3/4$.

7. a) Dass $\mathfrak{A}$ eine Algebra ist, weist man folgendermassen nach. Zunächst gilt $\Omega \in \mathfrak{A}$, denn Ω ist co-endlich; weiter ist $\mathfrak{A}$ offensichtlich unter Komplementierung abgeschlossen. Schliesslich ist zu zeigen, dass $\mathfrak{A}$ unter endlichen Vereinigungen abgeschlossen ist. Es seien also $A_1, \ldots, A_n \in \mathfrak{A}$. Wenn alle A_i endlich sind, so gilt das auch für $\bigcup_{i=1}^{n} A_i$ und diese Vereinigung gehört somit zu $\mathfrak{A}$. Nehmen wir an, dass mindestens eines der A_i, etwa A_1, nicht endlich, also co-endlich ist. Dann gilt $\bigcup_{i=1}^{n} A_i \supset A_1$, also $(\bigcup_{i=1}^{n} A_i)^c \subset A_1^c$ wobei A_1^c endlich ist; somit ist $\bigcup_{i=1}^{n} A_i$ co-endlich und gehört somit zu $\mathfrak{A}$. Aber $\mathfrak{A}$ ist keine σ-Algebra. Im Falle $\Omega = \mathbb{N}$ etwa stellt man fest, dass die Menge $\bigcup_{k \geq 0} \{2k\}$ der geraden Zahlen eine abzählbare Vereinigung von Elementen aus $\mathfrak{A}$ ist; sie ist aber weder endlich, noch co-endlich.

b) Man hat nur zu beachten, dass die von $\mathcal{C}$ erzeugte Algebra $\alpha(\mathcal{C})$ die Familie $\mathfrak{A}$ der endlichen und co-endlichen Teilmengen von Ω enthält. Da diese Familie eine Algebra ist, muss $\alpha(\mathcal{C}) = \mathfrak{A}$ gelten.

c) Zunächst einmal gilt $P \geq 0$, sowie $P(\emptyset) = 0$, da $\emptyset$ endlich ist. Weiter ist P endlich-additiv, d.h. für jede Folge $(A_1, \ldots, A_n)$ von paarweise disjunkten Elementen aus $\mathfrak{A}$ gilt

$$(1) \qquad P\Big(\bigcup_{i=1}^{n} A_i\Big) = \sum_{i=1}^{n} P(A_i).$$

Falls alle A_i endlich sind, so gilt dies auch für $\bigcup_{i=1}^{n} A_i$, und (1) reduziert sich auf $0 = 0 + \cdots + 0$. Gibt es mindestens ein A_i, etwa A_1, welches nicht endlich, also co-endlich ist, so folgt aus der Disjunktheit der A_i, dass A_1 das *einzige* Glied der Folge $(A_1, \ldots, A_n)$ ist, welches co-endlich ist. Nun ist auch $\bigcup_{i=1}^{n} A_i$ co-endlich, deshalb reduziert sich (1) auf $1 = 1 + 0 + \cdots + 0$. Schliesslich ist P nicht σ-additiv auf $\mathfrak{A}$. Das erkennt man beispielsweise an $\Omega = \mathbb{N}$, $A_n = \{n\}$ $(n \in \mathbb{N})$. Die Folge (A_n) hat paarweise disjunkte Elemente von $\mathfrak{A}$ als Glieder, und auch ihre Vereinigung $\mathbb{N}$ gehört zu $\mathfrak{A}$. Wäre P σ-additiv, so hätte man $P(\mathbb{N}) = P\big(\bigcup_{n \geq 0} \{n\}\big) = \sum_{n \geq 0} P(\{n\})$, und das besagt gerade $1 = 0$; Widerspruch!

8. Die Beweise sind ganz analog zu denen von Aufgabe 7. Man kann dazu noch bemerken: wenn «abzählbar» als «abzählbar unendlich» zu verstehen ist, so ist $\mathfrak{A}$ keine Algebra. Denn wenn Ω eine überabzählbare Mächtigkeit hat, so ist Ω weder abzählbar noch co-abzählbar ($\Omega^c = \emptyset$ ist endlich und nicht «abzählbar unendlich»); also gilt $\Omega \notin \mathfrak{A}$.

9. Sei $\mathfrak{A}$ die von den Mengen $A_1, \ldots, A_n$ erzeugte Algebra auf Ω. Die Mengen des Typs $A_1^{\epsilon_1} \cap \ldots A_n^{\epsilon_n}$ mit $\epsilon_i \in \{0, 1\}$, $(1 \leq i \leq n)$, die nicht leer sind, bilden eine Partition von Ω, deren Elemente $\alpha_1, \ldots, \alpha_q$ (mit $q \leq 2^n$) die *Atome* von $\mathfrak{A}$ sind. Zu jedem Atom α_j sei nun P_j diejenige Wahrscheinlichkeit auf $\mathfrak{A}$, deren Masse auf α_j konzentriert ist, d.h. $P_j(\alpha_i) = \delta_{ij}$.

Dann ist jede beliebige Wahrscheinlichkeit auf $\mathfrak{A}$ eine konvexe Linearkombination der P_j, d.h. $P = \sum_{j=1}^{q} \gamma_j P_j$, wobei $\gamma_j \geq 0$ $(1 \leq j \leq q)$ und $\sum_{j=1}^{q} \gamma_j = 1$. Tatsächlich ist $\gamma_j = P(\alpha_j), (1 \leq j \leq q)$.

Sind nun $B_1, \ldots, B_m$ und $c_1, \ldots, c_m$ wie in der Aufgabenstellung gegeben, so gilt für jede Wahrscheinlichkeit P

$$\sum_{k=1}^{m} c_k P(B_k) = \sum_{j=1}^{q} \gamma_j \sum_{k=1}^{m} c_k P_j(B_k),$$

d.h. $\sum_{k=1}^{m} c_k P(B_k)$ ist eine *konvexe* (!) Linearkombination der Werte $\sum_{k=1}^{m} c_k P_j(B_k)$ $(1 \leq j \leq q)$.

Die Behauptung ergibt sich nun daraus, dass die Wahrscheinlichkeiten P_j auf $\mathfrak{A}$ überhaupt nur die Werte 0 und 1 annehmen.

10.   Um die Gültigkeit der vier Formeln in voller Allgemeinheit nachzuweisen, genügt es (wegen Aufgabe 9), sie in der speziellen Situation von solchen Wahrscheinlichkeitsmassen P_ℓ zu beweisen, für die $P_\ell(A_1) = \cdots = P_\ell(A_\ell) = 1$ und $P_\ell(A_{\ell+1}) = \cdots = P_\ell(A_n) = 0$ gilt, wobei $0 \leq \ell \leq n$ ist. Im Fall $\ell = 0$ sind alle vier Formeln offensichtlich. Sei nun $1 \leq \ell \leq n$. Für beliebige Indexfolgen $1 \leq i_1 < i_2 < \cdots < i_k \leq n$ mit $1 \leq k \leq n$ ist $P_\ell(A_{i_1} A_{i_2} \ldots A_{i_k}) = 0$ oder $= 1$, je nachdem, ob $\{i_1, i_2, \ldots, i_k\}$ eine Teilmenge von $[\ell]$ ist oder nicht, was man leicht per Induktion über k zeigen kann. Damit ist aber S_k^n in dieser Situation nichts anderes als die Anzahl der k-elementigen Teilmengen einer ℓ-elementigen Menge, und dies ist $\binom{\ell}{k}$ (*cf.* Satz 4.4.1 von Kap. 4).

Der Nachweis der Formel von Poincaré läuft also auf das Verifizieren der bekannten (Binomial-)Identität $1 = \sum_{k=1}^{n} (-1)^{k-1} \binom{\ell}{k}$ hinaus.

Was die Formel für die V_n^r angeht, so verschwinden im Fall $\ell < r$ offensichtlich beide Seiten. Im Fall $\ell = r$ ist $P(A_1 \cdots A_\ell) = 1$, also $V_n^r = 1$; die rechte Seite ist ebenfalls $= 1$, und zwar wegen $S_{r+k}^n = \binom{\ell}{r+k} = \binom{\ell}{\ell+k} = 0$ für $1 \leq k \leq n - r$ und $S_r^n = \binom{\ell}{r} = \binom{\ell}{\ell} = 1$. Im Fall $\ell > r$ ist $V_n^r = 0$, und die rechte Seite verschwindet ebenfalls wegen $\sum_{k=0}^{n-r} (-1)^k \binom{r+k}{k} \binom{\ell}{r+k} = \sum_{k=0}^{\ell-r} (-1)^k \binom{r+k}{k} \binom{\ell}{r+k} = \binom{\ell}{r} \sum_{k=0}^{\ell-r} (-1)^k \binom{\ell-r}{k} = 0$.

Was die Formel für die W_n^r angeht, so verschwinden im Fall $\ell < r$ ebenfalls offensichtlich beide Seiten. Im Fall $\ell = r$ sind beide $= 1$. Im Fall $\ell > r$ hat man $1 \geq W_n^r \geq P(A_1 \cdots A_\ell A_{\ell+1}^c \cdots A_n^c) = 1$ auf der linken Seite, und die rechte Seite ist auch gleich 1 wegen der Identität von Abschnitt 5.4.

Bei der vierten Formel schliesslich ist die linke Seite $\frac{1}{2}[1 - (-1)^\ell]$ gleich 1 oder 0, je nachdem, ob ℓ ungerade ist oder gerade. Dies trifft wegen $\sum_{j=1}^{\ell} (-1)^{j-1} 2^{j-1} \binom{\ell}{j} = -\frac{1}{2} \sum_{j=1}^{\ell} (-2)^j \binom{\ell}{j} = -\frac{1}{2}[(-1)^\ell - 1]$ aber auch auf die rechte Seite zu.

11. Für jedes $n \geq 1$ kann man $A = A_1 + \cdots + A_n + R_n$ schreiben, wobei $R_n = \bigcup_{k \geq n+1} A_k$ ist. Wegen c) gilt $P(A) = P(A_1) + \cdots + P(A_n) + P(R_n)$, und daher folgt wegen $P(R_n) \geq 0$ die Ungleichung $P(A) \geq P(A_1) + \cdots + P(A_n)$. Lässt man nun noch n gegen unendlich gehen, so erhält man $P(A) \geq \sum_{n \geq 1} P(A_n)$.

Bemerkung. — Die σ-Additivität ist zur endlichen Additivität äquivalent, wenn für die *monoton absteigende* Folge (R_n) $(n \geq 1)$ die Aussage $P(R_n) \to 0$ gilt.

12. Setzt man $f_a(x) = \sum_{n \geq 0} (a)_n (x^n/n!)$, so gilt $f_a'(x) = a f_{a+1}(x)$ für $|x| < 1$. Andererseits gilt $f_{a+1}(x) - f_a(x) = x f_{a+1}(x)$, und daraus erhält man die Differentialgleichung $f_a'(x) = a f_a(x)/(1 - x)$. Wegen $f_a(0) = 1$ erhält man die Lösung $f_a(x) = (1 - x)^{-a}$ $(|x| < 1)$.

13. Hier sind die wohlbekannten Reihenentwicklungen:

$$\sin x = x \,_0F_1\left(\begin{matrix} - \\ 3/2 \end{matrix}; -\frac{x^2}{4}\right) = \sum_{n \geq 0} (-1)^n \frac{x^{2n+1}}{(2n+1)!} \,;$$

$$\cos x = \,_0F_1\left(\begin{matrix} - \\ 1/2 \end{matrix}; -\frac{x^2}{4}\right) = \sum_{n \geq 0} (-1)^n \frac{x^{2n}}{(2n)!} \,;$$

$$\ln(1 + x) = x \,_2F_1\left(\begin{matrix} 1, 1 \\ 2 \end{matrix}; -x\right) = \sum_{n \geq 1} (-1)^{n-1} \frac{x^n}{n} \quad (|x| < 1)\,;$$

$$\operatorname{arctg} x = x \,_2F_1\left(\begin{matrix} 1/2, 1 \\ 3/2 \end{matrix}; -x^2\right) = \sum_{n \geq 0} (-1)^n \frac{x^{2n+1}}{2n+1} \quad (|x| < 1)\,;$$

$$\arcsin x = x \,_2F_1\left(\begin{matrix} 1/2, 1/2 \\ 3/2 \end{matrix}; x^2\right)$$

$$= x + \sum_{n \geq 1} \frac{1 \cdot 3 \cdot 5 \cdots (2n-1)}{2 \cdot 4 \cdot 6 \cdots (2n)} \frac{x^{2n+1}}{2n+1} \quad (|x| < 1).$$

Kapitel 4

4. a) Man wählt als Ω die Familie der vierelementigen Teilmengen von X, dann $\mathfrak{A} = \mathfrak{P}(\Omega)$, und schliesslich als P die Gleichverteilung auf Ω. Es ist $\operatorname{card} \Omega = \binom{20}{4}$.

   b) Es sei $X_i = X \setminus \{(i, d), (i, g)\}$. Dann ist A_i die Familie von Teilmengen von Ω, die aus dem i-ten Paar und einer zweielementigen Menge aus X_i bestehen.

   c) $P(A_i) = \dfrac{\binom{18}{2}}{\binom{20}{4}} = \dfrac{3}{95}$.

   d) Für $k = 2$ gilt: $P(A_{i_1} \cap A_{i_2}) = \dfrac{\binom{16}{0}}{\binom{20}{4}} = \dfrac{1}{\binom{20}{4}}$; für $k > 2$ ist diese Grösse gleich Null.

e) Sei $E = A_1 \cup \cdots \cup A_{10}$. Dann folgt aus der Formel von Poincaré

$$P(E) = \sum_{i=1}^{10} P(A_i) - \sum_{1 \leq <i<j \leq 10} P(A_i \cap A_j) = 10\frac{3}{95} - \frac{\binom{10}{2}}{\binom{20}{4}} = \frac{99}{323}.$$

5. Man wählt als Ω die Familie aller vierelementigen Teilmengen einer Menge von zweiundfünfzig Karten. Die Mächtigkeit von Ω ist $\binom{52}{4}$ und P ist die Gleichverteilung auf Ω. Die gesuchte Wahrscheinlichkeit ist $\binom{4}{2}\binom{48}{2}/\binom{52}{4} \approx 0,025$.

6. Das Spiel « Passe-Dix ». Ganz allgemein sei eine *ungerade* Anzahl, etwa $2k+1$, von Würfeln gegeben ($k \geq 0$). Es bezeichne Ω die Menge aller Folgen $\omega = (\alpha_1, \ldots, \alpha_{2k+1})$, wobei α_i die vom i-ten Würfel erzielte Augenzahl angibt ($1 \leq i \leq 2k+1$). P sei die Gleichverteilung auf Ω. Bezeichnet nun A das Ereignis « die Summe der Augenzahlen ist *echt* grösser als $3 + 7k$ », so geht es darum, $P(A) = P(A^c)$ zu zeigen. Nun ist aber die Abbildung $(\alpha_1, \ldots, \alpha_{2k+1}) \mapsto (7 - \alpha_1, \ldots, 7 - \alpha_{2k+1})$ eine *Bijektion* von A auf A^c, denn es gilt $\alpha_1 + \cdots + \alpha_{2k+1} > 3 + 7k \Leftrightarrow (7 - \alpha_1) + \cdots + (7 - \alpha_{2k+1}) \leq 3 + 7k$. Anders formuliert, das Spiel « Passe-$(3 + 7k)$ » ist fair. Das Spiel « Passe-Dix » ist der Spezialfall für $k = 1$.

Kapitel 5

3. Die Menge $\mathcal{C}$ der Elemente ω von Ω, für die die Folge $(X_n(\omega))$ konvergiert, kann folgendermassen geschrieben werden:

$$\mathcal{C} = \bigcap_{l \geq 1} \bigcup_{n \geq 1} \bigcap_{k \geq n} \left\{ \omega : |X_k(\omega) - X_n(\omega)| < \frac{1}{l} \right\}.$$

5. $a = 0$; $F_Y(y) = P\{Y \leq y\} = H_b(y) = \begin{cases} 0, & \text{für } y < b \, ; \\ 1, & \text{für } y \geq b. \end{cases}$

$a > 0$; $F_Y(y) = P\{aX + b \leq y\} = P\left\{X \leq \dfrac{y-b}{a}\right\} = F\left(\dfrac{y-b}{a}\right).$

$a < 0$; $F_Y(y) = P\{aX + b \leq y\} = P\left\{X \geq \dfrac{y-b}{a}\right\}$

$$= 1 - P\left\{X \geq \frac{y-b}{a}\right\} = 1 - F\left(\frac{y-b}{a} - 0\right).$$

6. Die Funktion $\Phi_h(x)$ ist monoton wachsend (sie ist differenzierbar und ihre Ableitung ist positiv). Andererseits hat man die Abschätzungen $F(x) \leq \Phi_h(x) \leq F(x+h)$ und daraus folgt $\lim_{x \to -\infty} \Phi_h(x) = 0$, sowie $\lim_{x \to +\infty} \Phi_h(x) = 1$.

8. a) Für $0 \leq u \leq 1$ gilt $G(u) = P\{U \leq u\} = P\{F \circ X \leq u\} = P\{X \leq F^{-1}(u)\} = F(F^{-1}(u)) = u$.

b) Setzt man $h = \mathrm{F}^{-1}$, so ist $\mathrm{P}\{X \leq x\} = \mathrm{P}\{X \in]-\infty, x]\} = \mathrm{P}\{h \circ U \in]-\infty, x]\} = \mathrm{P}\{U \in h^{-1}(]-\infty, x])\}$. Man verifiziert $h^{-1}(]-\infty, x]) =]0, \mathrm{F}(x)]$, und daher folgt $\mathrm{P}\{X \leq x\} = \mathrm{P}\{U \in]0, \mathrm{F}(x)]\} = \mathrm{F}(x)$.

9. Nach Voraussetzung gilt für jedes x die Gleichung $\mathrm{F}(2x) = \mathrm{P}\{X \leq 2x\} = \mathrm{P}\{2X \leq 2x\} = \mathrm{P}\{X \leq x\} = \mathrm{F}(x)$; daraus erhält man mittels Iteration $\mathrm{F}(x) = \mathrm{F}(2^n x)$. Der Grenzübergang $n \to \infty$ liefert

$$\mathrm{F}(x) = \begin{cases} \mathrm{F}(-\infty) = 0, & \text{für } x < 0 \text{ ;} \\ \mathrm{F}(+\infty) = 1, & \text{für } x > 0. \end{cases}$$

Als Verteilungsfunktion ist F rechtsseitig stetig, und somit gilt auch $\mathrm{F}(0) = 1$. $\mathrm{F} = H_0$ ist also die Verteilungsfunktion von ε_0. Damit gilt $X = 0$ fast-sicher.

Kapitel 6

2. a) Es bezeichne $\mathcal{E}_1$ die Familie aller Ereignisse, die von jedem Ereignis aus C_2 unabhängig sind. Es ist leicht zu sehen, dass $\mathcal{E}_1$ eine *monotone Klasse* ist. Da sie C_1 umfasst, muss sie die erzeugte monotone Klasse $\mathfrak{M}(C_1)$ enthalten. Also sind $\mathfrak{M}(C_1)$ und C_2 zwei unabhängige Familien. Ebenso zeigt man, dass die Familie $\mathcal{E}_2$ aller Ereignisse, die von jedem Ereignis aus $\mathfrak{M}(C_1)$ unabhängig sind, eine monotone Klasse ist. Sie umfasst C_2 und damit auch $\mathfrak{M}(C_2)$. Folglich sind $\mathfrak{M}(C_1)$ und $\mathfrak{M}(C_2)$ unabhängige Familien.

   b) Man beachte, dass $\mathfrak{M}(\mathfrak{A}) = \sigma(\mathfrak{A})$ für eine σ-Algebra $\mathfrak{A}$ gilt (Satz 7, Kap. 2) und wende a) an.

3. $\mathrm{P}(A) = \frac{1}{3}$, $\mathrm{P}(B) = \frac{1}{2}$, $\mathrm{P}(AB) = \frac{1}{6}$. Daher $\mathrm{P}(AB) = \mathrm{P}(A)\mathrm{P}(B)$.

5. Schreibt man «A unabhängig von BC», «B unabhängig von CA», «C unabhängig von AB» als $\mathrm{P}(ABC) = \mathrm{P}(A)\mathrm{P}(BC) = \mathrm{P}(B)\mathrm{P}(CA) = \mathrm{P}(C)\mathrm{P}(AB)$, so hat man

$$\frac{\mathrm{P}(ABC)}{\mathrm{P}(A)\mathrm{P}(B)\mathrm{P}(C)} = \frac{\mathrm{P}(BC)}{\mathrm{P}(B)\mathrm{P}(C)} = \frac{\mathrm{P}(CA)}{\mathrm{P}(C)\mathrm{P}(A)} = \frac{\mathrm{P}(AB)}{\mathrm{P}(A)\mathrm{P}(B)} = k. \qquad \text{(a)}$$

Schreibt man «A unabhängig von $B \cup C$» als

$$\mathrm{P}(AB) + \mathrm{P}(AC) = \mathrm{P}(A)\mathrm{P}(B) + \mathrm{P}(A)\mathrm{P}(C), \qquad \text{(b)}$$

so folgt $k = 1$, wenn man (a) in (b) einsetzt.

6. Man wähle A, B als nicht unabhängig und $C = B^c$.

7. Nach Voraussetzung ist $\mathrm{P}(AB\,|\,C) = \mathrm{P}(A\,|\,C)\mathrm{P}(B\,|\,C)$, $\mathrm{P}(A\,|\,C) = \mathrm{P}(A)$; daher $\mathrm{P}(AB) = \mathrm{P}(AB\,|\,C)\mathrm{P}(C) + \mathrm{P}(AB\,|\,C^c)\mathrm{P}(C^c) = \mathrm{P}(A\,|\,C)\mathrm{P}(B\,|\,C)\mathrm{P}(C) + \mathrm{P}(A\,|\,C^c)\mathrm{P}(B\,|\,C^c)\mathrm{P}(C^c) = \mathrm{P}(A)\mathrm{P}(BC) + \mathrm{P}(A)\mathrm{P}(BC^c) = \mathrm{P}(A)\mathrm{P}(B)$.

8. a) Man teile die Menge aller Familien mit zwei Kindern in vier Klassen auf, die mit (j,j), (j,m), (m,j), (m,m) bezeichnet werden. Die Symbole j und m besagen «Junge» und «Mädchen», wobei das erste Symbol eines Paares das ältere der Geschwister kennzeichnet. Man wählt also $\Omega = \{(j,j),(j,m),(m,j),(m,m)\}$ und auf Ω die Gleichverteilung P. Unter diesen Voraussetzungen ist

$\alpha)$ $P\{(j,j)\,|\,\{(j,j),(j,m),(m,j)\}\} = \frac{1}{3}.$

$\beta)$ $P\{(j,j)\,|\,\{(j,j),(j,m)\}\} = \frac{1}{2}.$

   b) Ein Kind aus einer Familie mit zwei Kindern kann gemäss der Alternative «es ist ein Junge oder ein Mädchen», «es hat einen Bruder oder eine Schwester» klassifiziert werden. Das ergibt eine Menge Ω von $2^2 = 4$ möglichen Profilen. Mit der Gleichverteilung P auf Ω, ist $\frac{1}{2}$ die gesuchte Wahrscheinlichkeit.

9. Die Zufallsvariable X muss konstant sein, denn die erzeugte σ-Algebra $\sigma(X)$ ist von sich selbst unabhängig, besteht also nur aus Ereignissen der Wahrscheinlichkeit 0 oder 1.

10. Die drei Variablen sind paarweise unabhängig. (Man beachte, dass das Produkt $X_1 X_2 X_3 = (X_1 X_2)^2$ identisch gleich 1 ist).

11. $F_Y(x) = F_1(x)\ldots F_n(x)$ und $F_Z(x) = 1 - (1 - F_1(x))\ldots(1 - F_n(x))$.

12. a) $P_2(s) = \displaystyle\sum_{k=0}^{s} P_1(k)P_1(s-k);$ \qquad b) $P_r(k) = e^{-ra}\dfrac{(ra)^k}{k!}.$

13. b) Es gilt: $\operatorname{card} A_k = \binom{r+s-1}{r-1}$, daher $P\{X_k = 1\} = \dfrac{\operatorname{card} A_k}{\operatorname{card}\Omega} = \dfrac{r}{r+s}.$

14. Es gilt $P\{X_k = 1\,|\,S_n = i\} = i/n$, und diese Grösse hängt weder von r, noch von s ab, und dies unabhängig von der Art der Ziehungen (mit oder ohne Zurücklegen). Dies ist ein überraschendes Resultat.

16. Es sei $\Omega = \{ABC, ACB, BAC, BCA, CAB, CBA\}$ die Menge der $3! = 6$ Permutationen von A, B, C, sowie P die Gleichverteilung auf Ω; dann ist $P(E) = P(F) = \frac{1}{2}$, $P(E \cap F) = \frac{1}{3} \neq P(E)P(F)$, somit sind E und F nicht unabhängig.

17. a) Nein. b) Ja (man wähle beispielsweise die Gleichverteilung auf den «Atomen» AB, AB^c, $A^c B$, $A^c B^c$).

Kapitel 7

2. $P\{T_r = r + k\} = \binom{r+k-1}{r-1}p^r q^k \ (k \geq 0).$

3. Man betrachte eine Folge von unabhängigen Wiederholungen einer Alternative mit den beiden Möglichkeiten A: «Wahl der linken Tasche», und B: «Wahl der rechten Tasche», jeweils mit der Wahrscheinlichkeit $\frac{1}{2}$.

Es bezeichne nun T_s die *minimale* Anzahl von Wiederholungen, die man benötigt, um s Mal A zu erhalten. Die Zufallsvariable T_s hat eine negative Binomialverteilung, d.h. $\mathrm{P}\{T_s = s + k\} = \binom{s+k-1}{s-1}\left(\frac{1}{2}\right)^{s+k}$ $(k \geq 0)$.

a) Das Ereignis «die linke Tasche wird als leer erkannt und die rechte Tasche enthält r Streichhölzer» ist äquivalent zu dem Ereignis $\{T_{N+1} = (N + 1) + (N - r)\}$, und die Wahrscheinlichkeit dafür ist $u'_r = \binom{2N-r}{N}2^{-(N+1)}2^{-(N-r)}$. Das entsprechende Argument gilt natürlich, wenn man die Rollen von «links» und «rechts» vertauscht. Also ist $u_r = 2u'_r = \binom{2N-r}{N}2^{-2N+r}$.

b) $v_r = 2\mathrm{P}\{T_N = N + (N - r)\} = \binom{2N-r-1}{N-1}2^{-2N+r+1}$.

c) $v = \sum\limits_{r=1}^{N} v_r 2^{-(r+1)} = 2^{-2N}\sum\limits_{r=1}^{N}\binom{2N-r-1}{N-1}$. (Wenn in dem Augenblick, in dem die erste Schachtel geleert wird, die andere noch r Streichhölzer enthält $(r \geq 1)$, so wird die erste Schachtel genau dann nicht als erste als leer *erkannt*, wenn bei den $(r + 1)$ folgenden Wahlen der Raucher immer die andere Schachtel wählt. Die Wahrscheinlichkeit dafür ist gleich $2^{-(r+1)}$.)

d) Man verwende die Identität $\binom{a-k}{N-1} + \binom{a-k}{N} = \binom{a-k+1}{N}$ und summiere von $k = 0$ bis $k = n$.

e) Mit $n = N$, $a = 2N - 1$ in d) gilt $\sum_{k=1}^{N}\binom{2N-1-k}{N-1} = \binom{2N}{N} - \binom{N-1}{N} - \binom{2N-1}{N-1} = \frac{1}{2}\binom{2N}{N}$, und daraus folgt das Resultat.

Bemerkung 1. — Aus a) folgt $\sum_{r=0}^{N}\binom{2N-r}{N}(1/2)^{2N-r} = 1$, was nicht so leicht direkt zu beweisen ist (siehe Aufgabe 11).

Bemerkung 2. — Die weiter oben gegebene Lösung beruht auf dem Begriff einer Zufallsvariablen mit *negativer Binomialverteilung*, deren Definition eigentlich einen *unendlichen* Wahrscheinlichkeitsraum voraussetzt. Man kann das Problem aber auch im Rahmen eines *endlichen* Wahrscheinlichkeitsraumes lösen, was uns Anatole Joffe gezeigt hat.

Die Anzahl der Streichhölzer, die der Raucher wählen muss, um eine der Schachteln als leer zu erkennen, kann zwischen $N + 1$ und $2N + 1$ variieren. Sei nun $n \geq 2N + 1$ und betrachten wir die Wahl einer Tasche als eine Art Münzwurfexperiment. Diese Situation kann man dadurch modellieren, dass man als Basismenge die Menge Ω_n aller Folgen der Länge n nimmt, deren Glieder gleich 0 oder gleich 1 sind; dabei erhalte jede dieser Folge die Wahrscheinlichkeit $1/2^n$, was eine Wahrscheinlichkeitsverteilung P auf Ω_n definiert.

Es gibt eine Bijektion zwischen der Menge dieser Folgen und der Menge der Gitterwege der Länge n, die den Ursprung mit der Geraden $x+y = n$ verbinden. Der Raum, der hier interessiert, ist die Menge Ω' aller Wege ω', die vom Ursprung ausgehen und an einer der Seiten $x = N + 1$,

$y = N + 1$ des Quadrats $(0,0)$, $(0, N + 1)$, $(N + 1, 0)$, $(N + 1, N + 1)$ enden. Es sei nun ω' ein Weg aus Ω' mit der Länge $(N+1)+(N-r) = 2N + 1 - r$, der also entweder am Punkt P $(N + 1, N - r)$ oder am Punkt Q $(N - r, N + 1)$ endet. Die Wahrscheinlichkeit dafür ist $\mathrm{P}(\{\omega'\}) = \mathrm{P}\{\omega \in \Omega_n : \omega$ hat ω' als Anfangsstück$\}$, und dies ist $(1/2^n)2^{n-(2N+1-r)} = 2^{-(2N+1)+r}$. (Man beachte, dass dieser Ausdruck nicht mehr von n abhängt.)

Um nun u_r zu berechnen, muss man die Anzahl der Wege ω' zählen, die von $(0,0)$ nach P und von $(0,0)$ nach Q führen *und dort den Rand des Quadrats zum erstenmal berühren*. Das heisst, dass der letzte Schritt des Weges horizontal ist, falls der Weg in P endet, und dass er vertikal ist, falls der Weg in Q endet. Die Anzahl der in P endenden Wege ist also $\binom{2N-r}{N}$ und gleiches gilt für die in Q endenden Wege. Daher ist

$$u_r = 2\binom{2N - r}{N}\frac{1}{2^{2N+1-r}} = \binom{2N - r}{N}\frac{1}{2^{2N-r}} \qquad (0 \le r \le N).$$

Eine analoge Argumentation für das Quadrat $(0,0)$, $(0, N)$, $(N, 0)$, (N, N), zeigt $v_r = \binom{2N-r-1}{N-1}(1/2^{2N-r-1})$ $(r = 1, \ldots, N)$. Die Abschnitte b) ... e) werden wie oben behandelt. Einem Studenten aus dem Jahr 1995 verdanken wir die direkte Berechnung von v mittels der Relation $v = u_0/2$. Seine Methode besteht darin, die beiden folgenden Ereignisse zu betrachten:

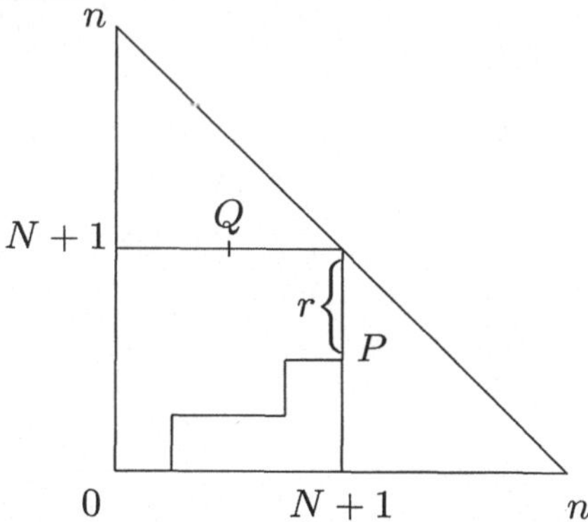

A: (mit Wahrscheinlichkeit u_0) «der Raucher bemerkt *zum ersten Mal*, dass eine der Schachteln leer ist, wobei die andere auch leer ist, ohne dass es der Raucher bemerkt»; B: (mit Wahrscheinlichkeit v) «die erste Schachtel, die leer wird, ist nicht die, die als erste als leer erkannt wird»

Beim Eintreten eines jeden dieser Ereignisse muss man durch den Punkt (N, N) laufen, aber im Fall A ist es gleichgültig, ob man danach horizontal oder vertikal weitergeht, wogegen man im Fall B im entgegengesetzten Sinne weitergehen muss, zu dem, wie man angekommen ist. Daraus erhält man $v = u_0/2$.

4. $\dfrac{b(k;n,p)}{b(k-1;n,p)} = 1 + \dfrac{(n+1)p - k}{kq}$. Das Glied $b(k;n,p)$ ist grösser als sein Vorgänger für $k < (n+1)p$ und kleiner für $k > (n+1)p$. Falls $(n+1)p = m$ eine ganze Zahl ist, gilt $b(m;n,p) = b(m-1;n,p)$. andererseits existiert genau eine ganze Zahl m mit $(n+1)p - 1 < m \le (n+1)p$.

5. Der maximale Wert wird für das durch $\lambda - 1 < k \le \lambda$ definierte ganzzahlige k angenommen.

6. $P = \dbinom{500}{3} \left(\dfrac{1}{365}\right)^3 \left(\dfrac{364}{365}\right)^{497}$. Es ist $n = 500$, $p = 1/365$, daher $np = \lambda = 500/365$. Mit der Approximation der Poisson-Verteilung erhält man: $P \approx e^{-\lambda}\lambda^3/3! \approx 0,11$.

7. Falls a) gilt, so hat man $p_n = e^{-\lambda}\dfrac{\lambda^n}{n!}$ für jedes $n \ge 0$, daher gilt b).

Falls b) gilt, so hat man $\dfrac{p_n}{p_0} = \dfrac{p_1}{p_0}\dfrac{p_2}{p_1}\cdots\dfrac{p_n}{p_{n-1}} = \dfrac{\lambda^n}{n!}$ für jedes $n \ge 1$, und daher $p_n = p_0\dfrac{\lambda^n}{n!}$; somit ist $p_0 = e^{-\lambda}$, da $\sum_{n\ge 0} p_n = 1$ gelten muss.

8. Es ist $\mathbb{E}[1/X] = \mathbb{E}[1/(1+(X-1))] = \mathbb{E}[\int_0^1 u^{X-1}\,du] = \int_0^1 \mathbb{E}[u^{X-1}]\,du = \int_0^1 (1/u)\mathbb{E}[u^X]\,du$. Es ist aber auch $\mathbb{E}[u^X] = G_X(u) = pu/(1-qu)$, daher $\mathbb{E}[1/X] = \int_0^1 (p/(1-qu))\,du = -(p/q)\,\mathrm{Log}\,p$. Für $p = \frac{1}{2}$ erhält man $\mathbb{E}[1/X] = \mathrm{Log}\,2$.

9. 2 a) Die erzeugende Funktion von (N_1, N_2) ist gegeben durch

$g(u,v) = \mathbb{E}[u^{N_1} v^{N_2}] = \sum_{n\ge 0} \mathbb{E}[u^{N_1} v^{N_2} \mid N = n]P\{N = n\}$. Nun ist $\mathbb{E}[u^{N_1} v^{N_2} \mid N = n] = \sum_{k=0}^n u^k v^{n-k} \binom{n}{k}p^k q^{n-k} = \sum_{k=0}^n \binom{n}{k}(pu)^k (qv)^{n-k} = (pu+qv)^n$ und daher $g(u,v) = \sum_{n\ge 0}(pu+qv)^n P\{N = n\}$, d.h. wenn man die erzeugende Funktion von N mit G bezeichnet, so gilt

(1) $$g(u,v) = G(pu + qv).$$

Wenn nun $\mathcal{L}(N) = \mathcal{P}(\lambda)$ ist, so hat man $G(u) = e^{\lambda(u-1)}$, also $g(u,v) = e^{\lambda(pu+qv-1)} = e^{\lambda p(u-1)}e^{\lambda q(v-1)} = g(u,1)g(1,v)$.

2 b) Seien nun N_1, N_2 unabhängig; dann gilt also $g(u,v) = g(u,1)g(1,v)$, d.h., wenn man wieder wie in (1) die erzeugende Funktion von N mit G bezeichnet, ist $G(pu + qv) = G(pu + q)G(p + qv)$. Setzt man $h(x) = G(1-x)$, so ist $h(pu+qv) = h(pu)h(qv)$ und somit $h(x+y) = h(x)h(y)$. Das ist aber die Funktionalgleichung für die Exponentialfunktion; deren einzige stetige Lösungen sind von der Form $h(x) = e^{-\lambda x}$ (λ reell); daher ist $G(x) = h(1-x) = e^{\lambda(x-1)}$. Da G eine erzeugende Funktion sein soll, muss noch $\lambda > 0$ gelten; somit ist N Poisson-verteilt mit Parameter λ.

10. 1) $P\{T_1 = n\} = P\{\varepsilon_1 = \cdots = \varepsilon_{n-1} = 0\,;\, \varepsilon_n = 1\} = q^{n-1}p \quad (n \geq 1).$

2) Es geht darum, $P\{\tau_1 = i_1, \ldots, \tau_n = i_n\} = \prod_{k=1}^{n} q^{i_k-1}p$ zu zeigen, wobei $i_k \geq 1$ für $k = 1, \ldots, n$ ist. Um das einzusehen, drückt man das Ereignis $\{\tau_1 = i_1, \ldots, \tau_n = i_n\}$ als Funktion der ε_k aus: $\{\tau_1 = i_1, \ldots, \tau_n = i_n\} = \{\varepsilon_1 = \cdots = \varepsilon_{i_1-1} = 0, \varepsilon_{i_1} = 1; \varepsilon_{i_1+1} = \cdots = \varepsilon_{i_1+i_2-1} = 0, \varepsilon_{i_1+i_2} = 1; \ldots, \varepsilon_{i_1+\cdots+i_{n-1}+1} = \cdots = \varepsilon_{i_1+\cdots i_n-1} = 0, \varepsilon_{i_1+\cdots+i_n} = 1\}$, und daher $P\{\tau_1 = i_1, \ldots, \tau_n = i_n\} = q^{i_1-1}p \cdot q^{i_2-1}p \cdots q^{i_n-1}p.$

3) Man schreibt das Ereignis $\{T_1 = t_1, \ldots, T_n = t_n\}$ als Funktion der ε_k: $\{T_1 = t_1, \ldots, T_n = t_n\} = \{\tau_1 = t_1, \tau_2 = t_2 - t_1, \ldots, \tau_n = t_n - t_{n-1}\}$; wenn man noch $t_0 = 0$ setzt, ist $P\{T_1 = t_1, \ldots, T_n = t_n\} = \prod_{k=1}^{n} q^{t_k-t_{k-1}-1}p = p^n q^{(t_1-t_0-1)+\cdots+(t_n-t_{n-1}-1)} = p^n q^{t_n-n}$ für $0 < t_1 < \cdots < t_n$, und $= 0$ sonst.

4) Zunächst hat man $P(A) = P\{N_m = n\} = P\{\sum_{k=1}^{m} \varepsilon_k = n\} = \binom{m}{n}p^n q^{m-n}$. Es ist aber $B \cap A = \{T_1 = t_1, \ldots, T_n = t_n, N_m = n\} = \{T_1 = t_1, \ldots, T_n = t_n, T_{n+1} > m\}$ und daher $P(B \cap A) = \sum_{k \geq m+1} P\{T_1 = t_1, \ldots, T_n = t_n, T_{n+1} = k\}$. Dieser Ausdruck wird zu Null, wenn mindestens eine der Ungleichungen $0 < t_1 < \cdots < t_n \leq m$ nicht erfüllt ist; falls aber alle diese Ungleichungen gelten, so ist dies gleich $\sum_{k \geq m+1} p^{n+1}q^{k-n-1} = \dfrac{p^{n+1}}{q^{n+1}}\dfrac{q^{m+1}}{1-q} = p^n q^{m-n}$. Damit hat man

$$P(B\,|\,A) = \frac{P(B \cap A)}{P(A)} = \begin{cases} \dfrac{1}{\binom{m}{n}}, & \text{falls } 0 < t_1 < \cdots < t_n \leq m; \\ 0, & \text{sonst.} \end{cases}$$

5) a) Man bestimmt zunächst die gemeinsame Verteilung von (U_n, V_n); zu diesem Zweck drückt man das Ereignis $\{U_n = i, V_n = j\}$ als Funktion der ε_k aus. Für $0 \leq i \leq n - 1$ und $j \geq 1$ hat man offenbar $\{U_n = i, V_n = j\} = \{\varepsilon_{n-i} = 1, \varepsilon_{n-i+1} = \cdots = \varepsilon_n = 0\,;\, \varepsilon_{n+1} = \cdots = \varepsilon_{n+j-1} = 0, \varepsilon_{n+j} = 1\}$ und für $i = n$ und $j \geq 1$ findet man $\{U_n = n, V_n = j\} = \{\varepsilon_1 = \cdots = \varepsilon_n = 0\,;\, \varepsilon_{n+1} = \cdots = \varepsilon_{n+j-1} = 0, \varepsilon_{n+j} = 1\}$. Die gemeinsame Verteilung von (U_n, V_n) ist für $0 \leq i \leq n - 1$, $j \geq 1$ durch $P\{U_n = i, V_n = j\} = p^2 q^{i+j-1} = (pq^i)(pq^{j-1})$ und $P\{U_n = n, V_n = j\} = q^n pq^{j-1}$ gegeben. Daraus erhält man die Randverteilungen

$$P\{U_n = i\} = \sum_{j \geq 1} P\{U_n = i, V_n = j\} = \begin{cases} pq^i, & \text{für } 0 \leq i \leq n - 1; \\ q^n, & \text{für } i = n; \end{cases}$$

$$P\{V_n = j\} = \sum_{i=0}^{n} P\{U_n = i, V_n = j\} = pq^{n-1} \quad (j \geq 1).$$

Die gemeinsame Verteilung ist tatsächlich das Produkt der Randverteilungen. Die Zufallsvariablen U_n, V_n sind also unabhängig. Man bemerkt ausserdem, dass U_n die gleiche Verteilung wie $\inf(\tau_1 - 1, n)$ und V_n die gleiche Verteilung wie τ_1 hat (die unabhängig von n ist).

b) Aus der Bemerkung von 5a) folgt, dass U_n in der Verteilung gegen $\tau_1 - 1$ konvergiert, was man wegen $\lim_{n \to \infty} \mathrm{P}\{U_n = i\} = pq^i$ $(i = 0, 1, \dots)$ auch direkt einsehen kann.

11. Es sei $G = \sum_{r=0}^{N} \binom{2N-r}{N}\left(\frac{1}{2}\right)^{2N-r}$. Mit $N - r = i$ gilt dann

$G = \left(\frac{1}{2}\right)^{N} \sum_{i=0}^{N} \frac{(N+1)_i}{i!} \left(\frac{1}{2}\right)^{i}$. Wegen der Binomialidentität ist aber

$\left(\frac{1}{2}\right)^{N} \sum_{i=0}^{\infty} \frac{(N+1)_i}{i!} \left(\frac{1}{2}\right)^{i} = \left(\frac{1}{2}\right)^{N}(1 - \frac{1}{2})^{-(N+1)} = 2$. Es genügt

$\left(\frac{1}{2}\right)^{N} \sum_{i=N+1}^{\infty} \frac{(N+1)_i}{i!} \left(\frac{1}{2}\right)^{i} = 1$ zu zeigen. Die linke Seite schreibt sich

aber als $\left(\frac{1}{2}\right)^{2N+1} \frac{(N+1)_{N+1}}{(N+1)!} \, {}_2F_1\left(\frac{2N+2, 1}{N+2}; \frac{1}{2}\right)$, und dies ist nach der Iden-

tität von Gauss $\left(\frac{1}{2}\right)^{2N+1} \frac{(N+1)_{N+1}}{(N+1)!} \frac{\Gamma(\frac{1}{2})\Gamma(\frac{1}{2} + N + 1 + \frac{1}{2})}{\Gamma(\frac{1}{2} + N + 1)\Gamma(\frac{1}{2} + \frac{1}{2})} = 1$.

Kapitel 8

1. Die Verteilung $B(n, p)$ hat Erwartungswert np und Varianz npq. Die Poisson-Verteilung π_λ hat Erwartungswert λ und Varianz λ.
   Man beachte, dass für die Poisson-Verteilung sowohl der Erwartungswert als auch die Varianz gleich dem Wert des Parameters der Verteilung sind.

2. $(n + 1)/2$.

3. b) $\mathrm{P}\{L = n\} = p^n q + q^n p$ $(n \geq 1)$, woraus $\mathbb{E}[L] = 2 + (p - q)^2/(pq) \geq 2$ und $\operatorname{Var} L = 2 + (1 + pq)(p - q)^2/(p^2 q^2) \geq 2$ folgt. Um die Verteilung von M zu bestimmen, betrachtet man sie als Randverteilung des Paares (L, M); es ist

$$\mathrm{P}\{L = l, M = n\} = p^l q^n p + q^l p^n q \qquad (l, n \geq 1);$$
$$\mathrm{P}\{M = n\} = \sum_{l \geq 1} \mathrm{P}\{L = l, M = n\} = q^{n-1} p^2 + p^{n-1} q^2 \qquad (n \geq 1).$$

Daher gilt $\mathbb{E}[M] = 2$ (unabhängig von p), und dann auch $\operatorname{Var} M = 2 + 2(p - q)^2/(pq) \geq 2$.

c) d) Rechnungen ohne Probleme.

e) $\mathbb{E}[T] = q/p$.

f) Man verwendet $k\binom{r}{k} = r\binom{r-1}{k-1}$ und $\binom{r+k-1}{k} = (-1)^k \binom{-r}{k}$.

4. Die Anzahl der Versuche ist geometrisch verteilt mit Parameter $p = 1/n$, deshalb ist der Erwartungswert $1/p = n$.

9. a) Man nimmt als Ω die Menge der Permutationen der n Hüte und als P die Gleichverteilung auf Ω.

b) Es sei A_k das Ereignis «die k-te Person erhält den eigenen Hut zurück». Dann gilt $P(A_k) = (n-1)!/n! = 1/n$ für $1 \leq k \leq n$, also $P(A_k \cap A_l) = (n-2)!/n! = 1/(n(n-1))$ für $1 \leq k < l \leq n$, und schliesslich $\mathbb{E}[X_k] = P(A_k) = 1/n$, sowie $\mathbb{E}[X_k X_l] = P(A_k A_l) = 1/(n(n-1))$, und daher

$$\mathbb{E}[S_n] = \mathbb{E}[X_1] + \cdots + \mathbb{E}[X_n] = 1\,;$$

$$\mathbb{E}[S_n^2] = \sum_{k=1}^{n} \mathbb{E}[X_k^2] + 2\sum_{k<l} \mathbb{E}[X_k X_l] = n\frac{1}{n} + n(n-1)\frac{1}{n(n-1)} = 2\,;$$

$$\operatorname{Var} S_n = \mathbb{E}[S_n^2] - (\mathbb{E}[S_n])^2 = 1,$$

wobei alle diese Grössen unabhängig von n sind.

c) $P\{S_n \geq 11\} = P\{S_n - 1 \geq 10\} = P\{S_n - \mathbb{E}[S_n] \geq 10\}$
$$\leq P\{\,|S_n - \mathbb{E}[S_n]| \geq 10\} \leq \frac{\operatorname{Var} S_n}{10^2} = \frac{1}{10^2}.$$

10. a) $X + Z = 1 - Y$, daher $\operatorname{Var}(X+Z) = \operatorname{Var} X + \operatorname{Var} Z + 2\operatorname{Cov}(X,Z) = \operatorname{Var} Y$, $2\operatorname{Cov}(Z,X) = \operatorname{Var} X - (\operatorname{Var} Z - \operatorname{Var} Y) \leq 0$. Eine analoge Rechnung ergibt $\operatorname{Cov}(Y,Z)$.

b) $X + Y = 1 - Z$, daher $\operatorname{Var}(X+Y) = \operatorname{Var} X + \operatorname{Var} Y + 2\operatorname{Cov}(X,Y) = \operatorname{Var} Z$ und $2\operatorname{Cov}(X,Y) = \operatorname{Var} Z - (\operatorname{Var} X + \operatorname{Var} Y)$.

c) $2\operatorname{Cov}(X,Z) = -[(\operatorname{Var} Z - \operatorname{Var} Y) + \operatorname{Var} X] \leq 0$;
$2\operatorname{Cov}(Y,Z) = -[(\operatorname{Var} Z - \operatorname{Var} X) + \operatorname{Var} Y] \leq 0$:
$2\,|\operatorname{Cov}(X,Z)| = \operatorname{Var} Z - (\operatorname{Var} Y - \operatorname{Var} X) \leq \operatorname{Var} Z$;
$2\,|\operatorname{Cov}(Y,Z)| = \operatorname{Var} Z + (\operatorname{Var} Y - \operatorname{Var} X) \geq \operatorname{Var} Z$;
daher $|\operatorname{Cov}(X,Z)| \leq |\operatorname{Cov}(Y,Z)|$.

11.　$\{10 - n < X < 10 + n\} = \{|X - 10|/5 < n/5\}$. Sei n derart, dass $0,99 \leq P\{\,|X - 10|/5 < n/5\}$ ist, d.h.

$$P\{\,|X - 10|/5 \geq n/5\} \leq 0,01.$$

Wegen der Ungleichung von Tchebychev gilt

$$P\left\{\,|X - 10|/5 \geq 5\,\right\} \leq 1/(n/5)^2 = 25/n^2.$$

Die vorletzte Ungleichung gilt also, wenn $25/n^2 \leq 0,01$ ist, d.h. $n \geq 50$.

12.　Für jedes $t > 0$ besagt die Markov-Ungleichung

$$P\{\,|X| \geq t\} \leq \frac{\mathbb{E}[\,|X|\,]}{t} = 0.$$

Es ist aber $\{\,|X| > 0\,\} = \bigcup_{n \geq 1}\{\,|X| \geq 1/n\,\}$, daher

$$P\{\,|X| > 0\} \leq \sum_{n \geq 1} P\left\{|X| \geq \frac{1}{n}\right\} = 0.$$

14. Aus der Ungleichung für die Mittelwerte folgt $(\mathbb{E}[1/X])^{-1} \leq \mathbb{E}[X]$.

15. Es sei $P_X = \sum_k \alpha_k \varepsilon_{x_k}$ die Verteilung von X. Dann gilt für jedes $n \geq 1$

$$\sum_{|x_k| \geq n} |x_k|^r \, \alpha_k \geq n^r P\{\, |X| \geq n\}.$$

Wenn aber $\mathbb{E}[|X|^r] \leq +\infty$ ist, so muss $\lim_n \sum_{|x_k| \geq n} |x_k|^r \, \alpha_k \to 0$ gelten.

16. Da die Kovarianz invariant gegen Verschiebungen des Ursprungs ist, kann man X_1, X_2, Y_1, Y_2 als *zentriert* annehmen; dann gilt aber:
$\mathrm{Cov}(X_1 + Y_1, X_2 + Y_2) = \mathbb{E}[(X_1 + Y_1)(X_2 + Y_2)] = \mathbb{E}[X_1 X_2] + \mathbb{E}[X_1 Y_2] + \mathbb{E}[Y_1 X_2] + \mathbb{E}[Y_1 Y_2] = \mathbb{E}[X_1 X_2] + \mathbb{E}[X_1]\mathbb{E}[Y_2] + \mathbb{E}[Y_1]\mathbb{E}[X_2] + \mathbb{E}[Y_1 Y_2] = \mathrm{Cov}(X_1, X_2) + \mathrm{Cov}(Y_1, Y_2)$.

17. Zunächst sind I_A und I_B genau dann unabhängig, wenn für alle $\varepsilon, \varepsilon' \in \{0, 1\}$ die Gleichheit $P\{I_A = \varepsilon, I_B = \varepsilon'\} = P\{I_A = \varepsilon\}P\{I_B = \varepsilon'\}$ gilt. Diese Bedingung ist gleichwertig zu $P(AB) = P(A)P(B)$ (denn die drei restlichen Gleichungen, in denen A^c und B^c vorkommen, folgen daraus). Schliesslich ist $\mathbb{E}[I_A] = P(A)$, $\mathbb{E}[I_B] = P(B)$, $\mathbb{E}[I_A I_B] = P(AB)$ und daher ist vorige Bedingung äquivalent zu $\mathbb{E}[I_A I_B] = \mathbb{E}[I_A]\mathbb{E}[I_B]$.

18. Ohne Einschränkung der Allgemeinheit kann man X und Y als *zentriert* annehmen; dies gilt dann auch für $X + Y$ und $X - Y$ und man hat $\mathrm{Cov}(X + Y, X - Y) = \mathbb{E}[(X + Y)(X - Y)] = \mathbb{E}[X^2 - Y^2] = \mathbb{E}[X^2] - \mathbb{E}[Y^2] = \mathrm{Var}\, X - \mathrm{Var}\, Y = 0$. [Ist (X, Y) ein Paar von unabhängigen, normalverteilten, zentrierten und reduzierten Zufallsvariablen, so ist das Paar $(X + Y, X - Y)$ nicht nur nicht korreliert, sondern auch unabhängig.]

Kapitel 9

1. $(ps + q)^n$; $\exp(\lambda(s - 1))$; $ps(1 - qs)^{-1}$.

2. Die erzeugende Funktion von X ist $G_X(u) = \dfrac{pu}{1 - qu} \; (-\dfrac{1}{q} < u < \dfrac{1}{q})$. Da q im Intervall $]0, 1[$ liegt, enthält das offene Intervall, in dem G_X definiert ist, den Punkt $u = 1$. Wegen Satz 8 existieren alle faktoriellen Momente von X, und das faktorielle Moment r-ter Ordnung ist gleich dem Koeffizienten von $v^r / r!$ in der Reihenentwicklung von $G_X(1 + v)$ in einer Umgebung von $v = 0$. Nun ist $G_X(u) = -\dfrac{p}{q} + \dfrac{p}{q}\dfrac{1}{1 - qu}$ und

$$G_X(1 + v) = -\frac{1}{q} + \frac{1}{q}\frac{1}{1 - (q/p)v}. \text{ Für } -p/q < v < p/q \text{ hat man also}$$

$$G_X(1 + v) = 1 + \sum_{r \geq 1} \frac{1}{q}\left(\frac{q}{p}\right)^r r! \cdot \frac{v^n}{r!}. \text{ Daher gilt}$$

$$\mathbb{E}[X(X - 1)\cdots(X - r + 1)] = \frac{1}{q}\left(\frac{q}{p}\right)^r r! \quad (r \geq 1).$$

Speziell für $p = q = \frac{1}{2}$ ist dieses faktorielle Moment gleich $2\,r!$
Man kann alternativ auch den Ausdruck für die r-te Ableitung von G_X berechnen und dann Satz 2.4 anwenden.

5. b) Wenn man jeden Binomialkoeffizienten durch die steigenden Faktoriellen ausdrückt, erhält man

$$G_H(s) = \frac{1}{(-N)_n} \sum_k (-M)_k\,(-n)_k\,(-1)^k\,(-N+M)_{n-k}\,\frac{s^k}{k!}.$$

Für $n \leq N-M$ ist $(-N+M)_n = (-N+M)_{n-k}(-1)^k(N-M-n+1)_k$ und erhält den gewünschten Ausdruck. Im Falle $n \geq N-M+1$ nimmt man $l = k - (n - (N-M))$ als Summationsindex, der im Intervall $[0, \min\{(N-M), (N-n)\}]$ variiert. Man beachte

$$\frac{(n-N+M+1)_{N-M}}{(M+1)_{N-M}} = \frac{(n-N+M+1)_{N-n}}{(n+1)_{N-n}}.$$

d) Man benutzt die Identität von Chu-Vandermonde.

6. $\quad s^b G(s); \quad G(s^a).$

7. a) $G(s)/(1-s);\quad$ b) $sG(s)/(1-s);\quad$ c) $(1-sG(s))/(1-s);$
   d) $\mathrm{P}\{X=0\}/s + (1 - G(s)/s)/(1-s);\quad$ e) $(G(s^{1/2}) + G(-s^{1/2}))/2.$

8. a) $\mathrm{P}\{T_1 = m\} = \left(\frac{1}{3}\right)^{m-1}\left(\frac{2}{3}\right)\ (m \geq 1);\quad G_{T_1}(s) = 2s/((3-s));$
   $\mathbb{E}[T_1] = \frac{3}{2};\quad \operatorname{Var} T_1 = \frac{3}{4}.$
   b) $\left(\frac{1}{2}\right)^{n-m-1}\left(\frac{1}{3}\right)^m.$
   c) $\mathrm{P}\{T_2 = n\} = 2[\left(\frac{1}{2}\right)^{n-1} - \left(\frac{1}{3}\right)^{n-1}]\ (n \geq 2);$
   $G_{T_2}(s) = 2s^2/(6 - 5s + s^2);\ \mathbb{E}[T_2] = 7/2;\ \operatorname{Var} T_2 = 11/4.$
   d) $\mathrm{P}\{X_n = 0\} = \mathrm{P}\{T_1 = n\} + \mathrm{P}\{T_2 = n\} = 4\left[\left(\frac{1}{2}\right)^n - \left(\frac{1}{3}\right)^n\right]\ (n \geq 1)$, was die Verteilung von X_n vollständig bestimmt, denn es handelt sich um eine Bernoulli-Verteilung.

9. $\quad$ Man verwende Satz 3.2.

10. a) Folgt aus Satz 3.2.
    c) Es gilt $x_{n+1} = G(x_n)$ für $n \geq 1$ und G ist stetig.
    d) Man beachte $G'(1) = \mu.$
    e) Man betrachte die Fälle $\mu \leq 1$ und $\mu \geq 1.$
    f) $\mathbb{E}[X_n] = \mu^n\ (n \geq 2);\quad \operatorname{Var} X_n = \sigma^2 \mu^{n-1}(1-\mu^n)/(1-\mu)\ (n \geq 1).$
    g) $G_n(s) = 1 - p^n + p^n s.$

11. $t_n = 1 - \left(1 - \frac{1}{2^n}\right)^a$; $H(s) = \sum_{j=1}^{a} \binom{a}{j}\left(1 - \frac{s}{2^j}\right)^{-1}$;

       $\mathbb{E}[T] = H(1) = \sum_{j=1}^{a} \binom{a}{j}(-1)^{j-1}\left(1 - \frac{1}{2^j}\right)^{-1}$.

12. a) Es gilt $U(s) = \dfrac{P(s)}{(s - s_1)^{r_1} \dots (s - s_m)^{r_m}} = \displaystyle\sum_{1 \le i \le m} \sum_{1 \le j \le r_i} \dfrac{a_{ij}}{(s - s_i)^j}.$ (1)

Multipliziert man dies mit $(s - s_1)^{r_1}$ und setzt dann $s = s_1$, so erhält man $a_{1,r_1} = P(s_1)/Q(s)$ mit $Q(s) = (s - s_1)^{r_1} \dots (s - s_m)^{r_m}$.
Wegen $Q^{(r_1)}(s_1) = r_1! \, (s_1 - s_2)^{r_2} \dots (s_1 - s_m)^{r_m}$ ist dann also $a_{1,r_1} = r_1! \, P(s_1)/Q^{(r_1)}(s_1)$. Eine entsprechende Formel erhält man für a_{i,r_i}.

   b) Für $|s| < |s_i|$ folgt mittels der Binomialformel

$$\frac{1}{(s - s_i)^j} = (-1)^j s_i^{-j}\left(1 - \frac{s}{s_i}\right)^{-j} = (-1)^j s_i^{-j} \sum_{n \ge 0}\left(\frac{s}{s_i}\right)^n \frac{(j)_n}{n!}. \qquad (2)$$

Mittels Substitution in (1) erhält man die gewünschte Formel.

   c) Es sei $|s_1| < |s_i|$ für $2 \le i \le m$; da die Wurzel s_1 einfach ist, muss sie notwendigerweise reell sein. Man erkennt ohne Schwierigkeiten, dass das dominierende Glied auf der rechten Seite von (2) dasjenige ist, das $i = 1$, $j = r_1$ entspricht. (Man bemerke auch, dass für $1 \le j < r$ $(j)_n = o((r)_n)$ für $n \to \infty$ gilt.)

   d) Angenommen, der Grad von P sei $m + r$ ($r \ge 0$). Mittels Division kann man $U(s)$ als Summe eines Polynoms vom Grad r und einer rationalen Funktion $P_1(s)/Q(s)$ schreiben, wobei der Grad von P_1 echt kleiner ist als der Grad von Q. Das Polynom beeinflusst lediglich die ersten $r + 1$ Glieder der Folge (u_n), und für die rationale Funktion $P_1(s)/Q(s)$ kann, wie vorher, eine Partialbruchzerlegung durchgeführt werden. Deshalb gilt weiterhin die Aussage von c).

13. a) Damit im Verlauf von n Würfen (mit $n \ge 3$) niemals das Tripel KKK vorkommt, darf es insbesondere nicht im Verlauf der ersten drei Würfe auftreten. Die Folge der n Würfe darf also nur mit Z, mit KZ oder mit KKZ beginnen. Diese drei Ereignisse haben die Wahrscheinlichkeiten $1/2$, $1/4$, $1/8$. Relativ zu jedem dieser drei Ereignisse ist die Wahrscheinlichkeit, dass auch in den folgenden Würfen kein Tripel KKK vorkommt, gleich u_{n-1}, u_{n-2} oder u_{n-3}. Daraus ergibt sich die Behauptung.

   b) $U(s) - 1 - s - s^2 = \sum_{n \ge 3} u_n s^n = \frac{1}{2}\sum_{n \ge 3} u_{n-1} s^n + \frac{1}{4}\sum_{n \ge 3} u_{n-2} s^n +$

$\frac{1}{8}\sum_{n \ge 3} u_{n-3} s^n = \frac{s}{2}\left(U(s) - 1 - s\right) + \frac{s^2}{4}\left(U(s) - 1\right) + \frac{s^3}{8}U(s)$. Man erhält das gewünschte Resultat durch Auflösen dieser Gleichung nach $U(s)$.

   d) Wegen Teil c) von Problem 12, gilt $u_n \sim -a s_1^{-(n+1)}$, wobei $a = P(s_1)/Q'(s_1) = (2s_1^2 + 4s_1 + 8)/(4 + 4s_1 + 3s_1^2) = 1,236 \dots$ ist, also

$$u_n \sim \frac{1,236 \dots}{(1,087 \dots)^{n+1}} \text{ für } n \to \infty.$$

15. Nein. Nehmen wir an, dass der erste Würfel gemäss Wahrscheinlichkeiten $(p_1, \ldots, p_6)$ gezinkt sei und der zweite gemäss $(q_1, \ldots, q_6)$, wobei also $p_i \geq 0$, $p_1 + \cdots + p_6 = 1$ und $q_i \geq 0$, $q_1 + \cdots + q_6 = 1$. Es bezeichne nun X_1 (bzw. X_2) die Augenzahl des ersten (bzw. des zweiten) Würfels. Die zugehörigen erzeugenden Funktionen sind dann $G_{X_1}(s) = p_1 s + \cdots + p_6 s^6 = s(p_1 + p_2 s + \cdots + p_6 s^5) = s\, P_1(s)$ und $G_{X_2}(s) = q_1 s + \cdots + q_6 s^6 = s\, P_2(s)$, wobei P_1 und P_2 Polynome vom Grad 5 in s *mit reellen Koeffizienten* sind. Nach Annahme soll $G_{X_1+X_2}(s) = \frac{1}{11}(s^2 + \cdots + s^{12}) = \frac{s^2}{11}(1 + s + \cdots + s^{10})$ sein. Wäre die Aufgabe lösbar, so hätte man $G_{X_1+X_2} = G_{X_1} G_{X_2}$, d.h.

$$P_1(s)\, P_2(s) = \frac{1}{11}(1 + s + \cdots + s^{10}) = \frac{1}{11}\frac{1 - s^{11}}{1 - s} = Q(s).$$

Nun ist aber Q ein Polynom mit reellen Koeffizienten, das zehn (nicht reelle) paarweise konjugierte komplexe Nullstellen hat, wogegen P_1 und P_2 als Polynome vom Grad 5 mit reellen Koeffizienten jeweils (mindestens) eine reelle Nullstelle haben. Daraus ergibt sich ein Widerspruch.

16. $\alpha_k = \sum \dfrac{n!}{n_1! \ldots n_6!}$, wobei die Summation über die Menge aller Folgen $(n_1, \ldots, n_6)$ läuft, für die $n_1 \geq 0$, $\ldots$, $n_6 \geq 0$ und $n_1 + \cdots + n_6 = k$ gilt.

17. λ^r.

18. a) $G_{S_r}(s) = \left(\dfrac{ps}{1 - qs}\right)^r$ $(|s| < 1,\ q = 1 - p)$.

b) $G_{S_r}(s)(ps)^r (1 - qs)^{-r} = (ps)^r \sum_{k \geq 0} \binom{-r}{k}(-qs)^k = \sum_{k \geq 0} \binom{-r}{k} p^k (-q)^r s^{r+k}$,

und deshalb ist die Verteilung von S_r durch $\mathrm{P}\{S_r = r + k\} = \binom{-r}{k} p^k (-q)^r$ $(k \geq 0)$ gegeben. Offenbar ist die Verteilung $\Pi(r, p)$ von S_r eine negative Binomialverteilung mit Parametern r, p.

c) Klar wegen a).

19. a) Es muss $1 = k \sum_{n \geq 1} \dfrac{\theta^n}{n} = k\, \mathrm{Log}\, \dfrac{1}{1 - \theta}$ gelten, also $k = -\dfrac{1}{\mathrm{Log}(1 - \theta)}$.

b) Für $-1/\theta < u < 1/\theta$ gilt $G_X(u) = k \sum_{n \geq 1} \dfrac{(\theta u)^n}{n} = \dfrac{\mathrm{Log}(1 - \theta u)}{\mathrm{Log}(1 - \theta)}$.

c) Wegen $\theta \in\,]0, 1[$ ist die Funktion G_X in einer Umgebung des Punktes 1 definiert. Wegen $G'_X(u) = k\theta/(1 - \theta u)$ und $G''_X(u) = k\theta^2/(1 - \theta u)^2$ folgt mit Hilfe von Satz 2.4 $\mathbb{E}[X] = G'_X(1) = k\theta/(1 - \theta)$ und $\mathrm{Var}\, X = G''_X(1) + G'_X(1) - \left(G'_X(1)\right)^2 = k\theta(1 - k\theta)/(1 - \theta)^2$.

20. Man notiert mit $C_1, \ldots, C_N$ die gefundenen Pilze und mit $\{C_k = c\}$ das Ereignis, dass der k-te Pilz essbar ist. Die Wahrscheinlichkeit, dass *alle*

Pilze essbar sind, ist dann

$$P\{C_1 = c, \ldots, C_N = c\} = \sum_{n \geq 1} P\{N = n\} P\{C_1 = c, \ldots, C_n = c \mid N = n\}.$$

Nimmt man an, dass die Ereignisse $\{C_1, = c\}$, $\{C_2 = c\}$, $\ldots$ untereinander unabhängig und auch unabhängig von N sind, so erhält man $P\{C_1 = c, \ldots, C_N = c\} = \sum_{n \geq 1} P\{N = n\} \big(P\{C_1 = c\}\big)^n = \sum_{n \geq 1} P\{N = n\} p^n = G(p)$.

Kapitel 10

1. a) Die Menge $\mathfrak{A}_n$ ist nichts anderes als die von π_n erzeugte σ-Algebra, also das inverse Bild $\pi_n^{-1}(\mathfrak{P}(S^n))$. Es handelt sich also ebenfalls um eine σ-Algebra.

   b) Für $A \subset S^n$ gilt $\pi_n^{-1}(A) = \pi_{n+1}^{-1}(A \times S)$.

   c) Die Basismenge Ω gehört zu $\mathfrak{A}_1$, also auch zu $\mathfrak{A}$. Wenn C zu $\mathfrak{A}$ gehört, so muss es zu $\mathfrak{A}_n$ für ein gewisses $n \geq 1$ gehören; das Komplement C^c gehört auch zu $\mathfrak{A}_n$ und deshalb auch zu $\mathfrak{A}$. Sind schliesslich C und D zwei Elemente von $\mathfrak{A}$, so kann man annehmen, dass C ein n-Zylinder und D ein m-Zylinder ist, wobei $n \leq m$ gelte. Da die Folge $(\mathfrak{A}_n)$ monoton wachsend ist, gehören beide Zylinder C und D zu $\mathfrak{A}_m$, also gilt das auch für ihre Vereinigung, da $\mathfrak{A}_m$ eine σ-Algebra ist. Somit gehört die Vereinigung auch zu $\mathfrak{A}$. Damit sind die Axiome einer Algebra erfüllt. Andererseits ist $\mathfrak{A}$ *keine* σ-Algebra. Zum Nachweis dieser Behauptung sei $(x_1, x_2, \ldots)$ ein fest gewähltes Element von Ω. Für jedes $n \geq 1$ ist die Menge $C_n = \{\pi_n = (x_1, x_2, \ldots, x_n)\}$ ein n-Zylinder. Der Durchschnitt $\bigcap_{n \geq 1} C_n$ ist die einelementige Menge $\{\omega\}$, die ihrerseits für keinen Wert von n ein n-Zylinder ist.

2.   Zunächst ist $\mathfrak{A}_n$ die von π_n erzeugte σ-Algebra. Dies ist die kleinste σ-Algebra, bezüglich der π_n messbar ist. Jede σ-Algebra, bezüglich der *alle* π_n messbar sind, muss die Vereinigung der $\mathfrak{A}_n$, also $\mathfrak{A}$, umfassen, also auch die erzeugte σ-Algebra $\mathfrak{T} = \sigma(\mathfrak{A})$. Jedes X_n ist messbar, denn für jedes $T \subset S$ gehört die Menge $X_n^{-1}(T)$, die man als $\pi_n^{-1}(S^{n-1} \times T)$ schreiben kann, zu $\mathfrak{A}_n$ und somit auch zu $\mathfrak{T}$. Schliesslich lässt sich jeder Zylinder $C = \{\pi_n \in A\}$ als Vereinigung aller Elemente der Form $\{X_1 = x_1\} \cap \{X_2 = x_2\} \cap \cdots \cap \{X_n = x_n\}$ schreiben, wobei die Folge $(x_1, x_2, \ldots, x_n)$ über die (endliche) Menge A variiert. Folglich muss jede σ-Algebra, bezüglich der alle X_n messbar sind, notwendigerweise alle Zylinder enthalten, also die σ-Algebra $\mathfrak{T}$ umfassen.

3.   Zur Vereinfachung bezeichne $\sum_A p_n(x_1, \ldots, x_n)$ die zu untersuchende Formel. Weiter sei $C = \{\pi_n \in A\} = \{\pi_m \in B\}$. Es geht darum, die Gleichheit $P\{\pi_n \in A\} = P\{\pi_m \in B\}$ zu zeigen. Tatsächlich impliziert

$\sum_A p_n(x_1,\ldots,x_n) = \sum_B p_m(x_1,\ldots,x_m)$ die Gleichheit $A = B$, falls $n = m$ ist, denn π_n ist surjektiv. Ist $m < n$, so folgt aus $\{\pi_n \in A\} = \{\pi_m \in B\}$ die Gleichheit $A = \pi_n(\pi_m^{-1}(B)) = B \times S^{n-m}$. Daher ist $\sum_B p_m(x_1,\ldots,x_m) = \sum_{B \times S} p_{m+1}(x_1,\ldots,x_m,x_{m+1}) = \cdots = \sum_{B \times S^{n-m}} p_n(x_1,\ldots,x_m,\ldots,x_n)$.

4. Wenn man n festhält, ist $\pi_n(C_m)$ $(m \geq 1)$ eine monoton absteigende Folge von nichtleeren Teilmengen der *endlichen* Menge S^n. Daher gibt es einen Index $m(n)$ derart, dass $\pi_n(C_k) = \pi_n(C_{m(n)})$ für alle $k \geq m(n)$ gilt. Damit ist $\bigcap_{m \geq 1} \pi_n(C_m) = \pi_n(C_{m(n)}) \neq \emptyset$. Die Menge $\pi_1(C_{m(1)})$ ist nicht leer, sie enthält also ein Element s_1. Hat man bereits eine Folge $(s_1,\ldots,s_n)$ aus S^n gewonnen, derart dass für alle $k \leq n$ die Teilfolge $(s_1,\ldots,s_k)$ zu $\pi_k(C_{m(k)})$ gehört, so gehört $(s_1,\ldots,s_n)$ zu $\pi_n(C_{m(n)})$ und somit auch zu $\pi_n(C_{m(n+1)})$. Auf diese Weise konstruiert man rekursiv ein Element $\omega = (s_1,s_2,\ldots)$ aus Ω, für welches jedes Anfangsstück $(s_1,s_2,\ldots,s_n)$ zu $\bigcap_{m \geq 1} \pi_n(C_m)$ gehört $(n \geq 1)$. Nun wähle man ein $m \geq 1$. Dann ist C_m ein l-Zylinder für ein gewisses ganzzahliges l. Somit gehört die Folge $(s_1,s_2,\ldots,s_l)$ zu $\pi_l(C_m)$. Die unendliche Folge ω gehört also zu C_m, und dies gilt für jedes m. Also ist der Durchschnitt $\bigcap_m C_m$ nicht leer.

5. Zunächst ist P offensichtlich positiv, da dies für die p_n gilt. Nimmt man nun $\Omega = \{\pi_1 \in S\}$, so hat man $\mathrm{P}(\Omega) = \sum_{x \in S} p_1(x) = 1$. Sind dann C, D zwei Elemente der Algebra $\mathfrak{A}$ mit $C \cap D = \emptyset$, so existiert eine ganze Zahl n mit $A \subset S^n$, $B \subset S^n$ und $C = \pi_n^{-1}(A)$, $D = \pi_n^{-1}(B)$. Daraus folgt $\pi_n^{-1}(A \cup B) = \pi_n^{-1}(A) \cup \pi_n^{-1}(B) = C \cup D$ und $\emptyset = \pi_n(C \cap D) = \pi_n(\pi_n^{-1}(A) \cap \pi_n^{-1}(B)) = \pi_n \pi_n^{-1}(A \cap B) = A \cap B$. Man erhält also $\mathrm{P}(C \cup D) = \sum_{A \cup B} p_n(x_1,\ldots,x_n) = \sum_A p_n(x_1,\ldots,x_n) + \sum_B p_n(x_1,\ldots,x_n) = \mathrm{P}(C) + \mathrm{P}(D)$. Die Additivität von P ist damit nachgewiesen. Um nun die σ-Additivität zu beweisen, greift man auf die vorige Aufgabe zurück. Ist (C_m) eine absteigende Folge von Zylindern, die gegen $\emptyset$ strebt, so muss es bereits ein m geben derart, dass $C_m = \emptyset$ gilt. Folglich ist auch $C_m = C_{m+1} = \cdots = \emptyset$. Daher hat man $\lim_k \mathrm{P}(C_k) = 0$, was die σ-Additivität beweist.

6. Tatsächlich sind alle Voraussetzungen des Fortsetzungssatzes für Wahrscheinlichkeitsmasse auf einer Algebra erfüllt. Man kann also das Mass auf die ganze erzeugte σ-Algebra fortsetzen.

7. Nimmt man als p_n die Funktion $p_n(x_1,\ldots,x_n) = p(x_1)\ldots p(x_n)$, so sind die Bedingungen (i), (ii) und (iii) von Aufgabe 3 offensichtlich erfüllt. Wegen Aufgabe 6 gibt es ein Wahrscheinlichkeitsmass P auf $(\Omega,\mathfrak{T})$, für das $\mathrm{P}\{X_1 = x_1,\ldots,X_n = x_n\} = p(x_1)\ldots p(x_n)$ gilt. Ausserdem hat man $\mathrm{P}\{X_n = x_n\} = \sum \mathrm{P}\{X_1 = x_1,\ldots,X_{n-1} = x_{n-1}, X_n = x_n\}$, wobei die Summation über die Menge aller Folgen

$(x_1, \ldots, x_{n-1}) \in S^{n-1}$, also $\mathrm{P}\{X_n = x_n\} = \sum p(x_1) \ldots p(x_{n-1})p(x_n)$ mit Summation über die gleiche Menge. Damit gilt also $\mathrm{P}\{X_n = x_n\} = p(x_n) \prod_{1 \leq i \leq n-1} \sum_{x_i \in S} p(x_i) = p(x_n).1 = p(x_n)$, und das zeigt, dass die Bedingung (ii) der vorliegenden Aufgabe erfüllt ist. Das gilt auch für die Bedingung (i), denn

$$\mathrm{P}\{X_1{=}x_n, \ldots, X_n{=}x_n\} = p(x_1) \ldots p(x_n) = \mathrm{P}\{X_1{=}x_1\} \ldots \mathrm{P}\{X_n{=}x_n\}.$$

8.   Die Funktion p_1 ist gegeben, und für $n \geq 2$ setze man $p_n(x_1, \ldots, x_n) = p_1(x_1)q_2(x_1, x_2) \ldots q_n(x_1, \ldots, x_n)$, was gleich $\prod_{2 \leq i \leq n} \mathrm{P}\{X_i = x_i \mid X_{i-1} = x_{i-1}, \ldots, X_1 = x_1\}\mathrm{P}\{X_1 = x_1\}$ ist, und folglich auch gleich $\mathrm{P}\{X_1 = x_1, \ldots, X_n = x_n\}$, falls dieses Wahrscheinlichkeitmass P existiert. Nun sind aber die Bedingungen (i), (ii) und (iii) aus der Aufgabe 3 für die eben definierte Folge (p_n) offensichtlich erfüllt. Somit existiert genau ein Wahrscheinlichkeitsmass P auf $(\Omega, \mathfrak{T})$, für das $\mathrm{P}\{X_1 = x_1, \ldots, X_n = x_n\} = p_1(x_1)q_2(x_1, x_2) \ldots q_n(x_1, \ldots, x_n)$ gilt. Diese Verteilung ist von der gewünschten Art, denn $\mathrm{P}\{X_1 = x_1\} = p_1(x_1)$ gilt gemäss Definition; weiterhin ist

$$\mathrm{P}\{X_n = x_n \mid X_{n-1} = x_{n-1}, \ldots, X_1 = x_1\}$$
$$= \frac{\mathrm{P}\{X_1 = x_1, \ldots, X_n = x_n\}}{\mathrm{P}\{X_1 = x_1, \ldots, X_{n-1} = x_{n-1}\}} = \frac{p_1 q_2 \ldots q_n}{p_1 q_2 \ldots q_{n-1}} = q_n.$$

9.   Dies ist ein (wichtiger) Spezialfall der vorigen Aufgabe mit $q_n(x_1, \ldots, x_n) = p_{x_{n-1}, x_n}$ und $p_1(x) = p_x$.

Kapitel 11

1. a) Wir schreiben X und Y an Stelle von X_1 und X_2 und betrachten die Ereignisse $A_{n,j} = \{(j-1)/2^n \leq X < j/2^n\}$ und $B_{n,k} = \{(k-1)/2^n \leq X < k/2^n\}$ $(j, k = 1, 2, \ldots, n2^n)$, sowie $A_{n,n2^n+1} = \{n \leq X\}$ und $B_{n,n2^n+1} = \{n \leq Y\}$. Da X und Y unabhängig sind, ist jedes $A_{n,j}$ von jedem $B_{n,k}$ unabhängig $(j, k = 1, 2, \ldots, n2^n + 1)$. Man betrachte nun die einfachen, positiven Zufallsvariablen

$$X_n = \sum_{j=1}^n 2^n + 1((j-1)/2^n)\, I_{A_{n,j}} \text{ und } Y_n = \sum_{k=1}^n 2^n + 1((k-1)/2^n)\, I_{B_{n,k}}.$$

Für jedes (j, k) mit $1 \leq j, k \leq n2^n + 1$ gilt $\mathrm{P}\{X_n = (j-1)/2^n, Y_n = (k-1)/2^n\} = \mathrm{P}\{X_n = (j-1)/2^n\}\mathrm{P}\{Y_n = (k-1)/2^n\} = \mathrm{P}(A_{n,j}B_{n,k}) = \mathrm{P}(A_{n,j})\mathrm{P}(B_{n,k}) = \mathrm{P}\{X_n = (j-1)/2^n\}\mathrm{P}\{Y_n = (k-1)/2^n\}$. Also sind X_n und Y_n unabhängig; daher gilt $\mathbb{E}[X_nY_n] = \mathbb{E}[X_n]\mathbb{E}[Y_n]$. Andererseits gilt aber auch $XY = \sup_n X_nY_n$, und da (X_nY_n) eine monoton wachsende Folge von einfachen, positiven Zufallsvariablen ist, kann man $\mathbb{E}[XY] = \sup_n \mathbb{E}[X_nY_n] = \sup_n \mathbb{E}[X_n]\mathbb{E}[Y_n] = \mathbb{E}[X]\mathbb{E}[Y]$ schliessen.

   b) Gemäss Satz 6.2 von Kap. 6 sind die Variablen X^+ und X^- unabhängig von den Variablen Y^+ und Y^-. Alle vier Variablen sind positiv und haben einen endlichen Erwartungswert. Aus a) folgt also $\mathbb{E}[X]\mathbb{E}[Y] = (\mathbb{E}[X^+]-\mathbb{E}[X^-])(\mathbb{E}[Y^+]-\mathbb{E}[Y^-]) = \mathbb{E}[X^+Y^+]-\mathbb{E}[X^+Y^-]-\mathbb{E}[X^-Y^+]+ \mathbb{E}[X^-Y^+] = \mathbb{E}[(X^+ - X^-)(Y^+ - Y^-)] = \mathbb{E}[XY]$.

2. Gemäss der Definition der Dichte (siehe die Definition vor Satz 4.2) gilt $\mathrm{P}\{Y \in B\} = \mathrm{P}\{h \circ X \in B\} = \mathrm{P}_X\{h \in B\} = \int_{h^{-1}(B)} f_X(x)\,dx = \int_{S_X \cap h^{-1}(B)} f_X(x)\,dx$ für jede Borel-Menge B. Falls $B \cap h(S_X) = \emptyset$ ist, so ist $S_X \cap h^{-1}(B) = \emptyset$ und daher $\mathrm{P}\{Y \in B\} = 0$. Für jede Borel-Menge B gilt also $\mathrm{P}\{Y \in B\} = \mathrm{P}\{Y \in B \cap h(S_X)\}$ und dies zeigt, dass der Träger von Y in $h(S_X)$ enthalten ist. Wendet man diese Formel schliesslich auf $B = \{y\}$ an, so erhält man: $\pi_Y(y) = \mathrm{P}\{Y = y\} = \int_{h^{-1}(\{y\})} f_X(x)\,dx$.

3. Zur Lösung sehe man sich den Beweis von Theorem 1.1 aus Kapitel 15 über Variablentransformationen an.

4. Es genügt, den Beweis für den Fall $\mathbb{E}[X] < +\infty$ zu führen. Offensichtlich gilt $f(x) \downarrow 0$ für $x \to \infty$, und die Funktion $r(x) = \mathrm{P}\{X > x\}$ ist für $x \geq 0$ stetig differenzierbar, strikt monoton fallend und *konvex*. Andererseits ist $\mathbb{E}[X] = \int_0^{+\infty} r(x)\,dx$ und M ist die eindeutig bestimmte Zahl mit $r(M) = 1/2$. Dies ist auch die Fläche des Rechtecks $(OADE)$. Man konstruiere nun die Tangente an den Graphen von $r(\cdot)$ im Punkt C; die schraffierten Dreiecke haben die gleiche Fläche. Man erkennt, dass die krummlinig begrenzte Fläche (ABC) grösser ist als die krummlinig begrenzte Fläche (CDE). Ergänzt man jede dieser krummlinig begrenzten Flächen noch um die krummlinig begrenzte Fläche $(OACE)$, so erhält man $\mathbb{E}[X] =$ krummlinig begrenzte Fläche $(OBE) > $ Rechtecksfläche $(OADE) = M$.

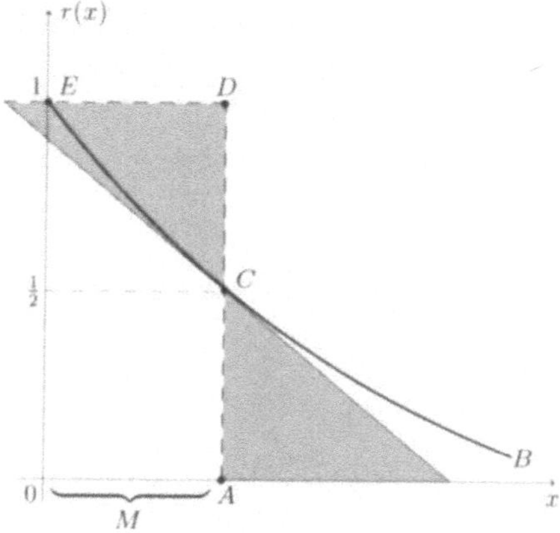

5. a) Die allen drei Variablen gemeinsame Dichte ist $f(x) = I_{[0,1]}(x)$. Die Dichte von $X_1 + X_2$ ist das Faltungsprodukt von f mit sich selbst:

$f_2(x) = (f * f)(x) = \int_{-\infty}^{\infty} f(u)f(x-u)\,du$. Die zu integrierende Funktion ist auf dem Gebiet $D_2 = \{(u,x) : 0 < u < 1, 0 < x-u < 1\} = \{(u,x) : \max(0, x-1) < u < \min(1,x)\}$ echt positiv.

Daher gilt: $f_2(x) = \begin{cases} \int_0^x du = x, & \text{für } 0 \le x \le 1; \\ \int_{x-1}^1 du = 1 - (x-1) = 2-x, & \text{für } 1 \le x \le 2. \end{cases}$

Somit erhält man schliesslich $f_2(x) = \begin{cases} 1 - |1-x|, & \text{für } 0 \le x \le 2, \\ 0, & \text{sonst.} \end{cases}$

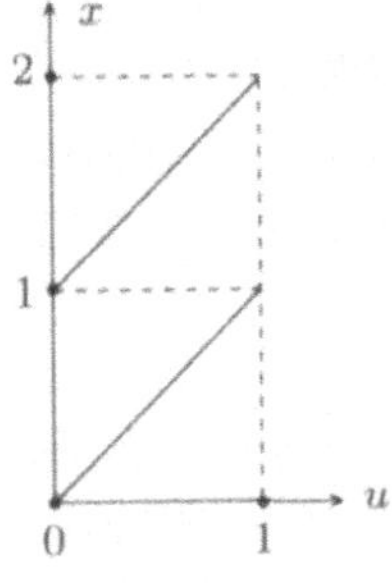

Das Gebiet D_2

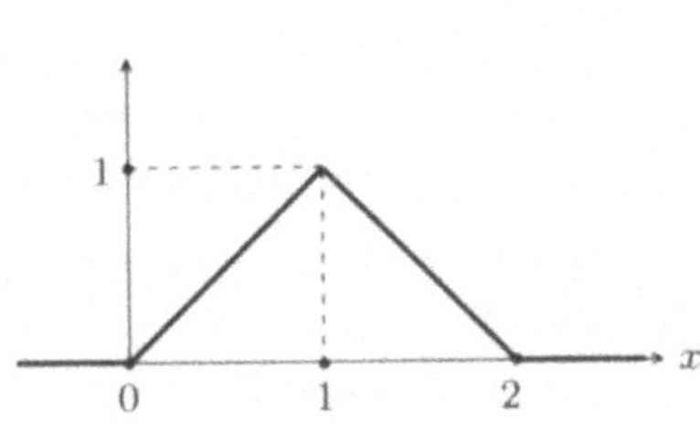

Die Dichte f_2

b) Die Dichte der Variablen $X_1 + X_2 + X_3$ ist $f_3(x) = (f_2 * f)(x) = \int_{-\infty}^{\infty} f_2(u)f(x-u)\,du$. Die zu integrierende Funktion ist im Gebiet $D_3 = \{(u,x) : 0 < u < 2, 0 < x-u < 1\} = \{(u,x) : \max(0, x-1) < u < \min(2,x)\}$ strikt positiv. Nun sind drei Fälle zu unterscheiden: (1) für $0 \le x \le 1$ hat man $f_3(x) = \int_0^x u\,du = x^2/2$; (2) für $1 \le x \le 2$ hat man $f_3(x) = \int_{x-1}^x f_2(u)f(x-u)\,du = \int_{x-1}^1 u\,du + \int_1^x (2-u)\,du = \frac{1}{2}(1-(x-1)^2) + 2(x-1) - \frac{1}{2}(x^2-1) = -(x-\frac{3}{2})^2 + \frac{3}{4}$; (3) für $2 \le x \le 3$ hat man $f_3(x) = \int_{x-1}^2 (2-u)\,du = \int_0^{3-x} v\,dv = \frac{1}{2}(x-3)^2$.

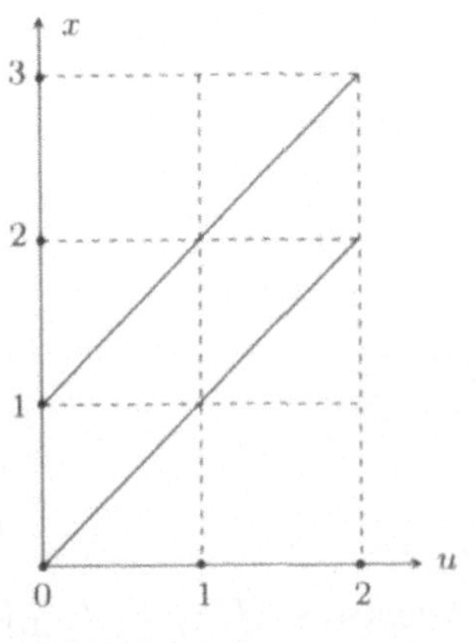

Das Gebiet D_3

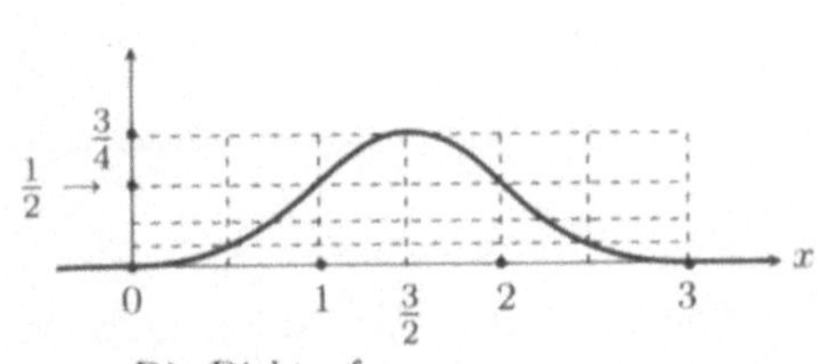

Die Dichte f_3

Daraus ergibt sich $f_3(x) = \begin{cases} x^2/2, & \text{für } 0 \leq x \leq 1; \\ -(x-\frac{3}{2})^2 + \frac{3}{4}, & \text{für } 1 \leq x \leq 2; \\ (x-3)^2/2, & \text{für } 2 \leq x \leq 3; \\ 0, & \text{sonst.} \end{cases}$

Man stellt fest, dass die Funktion f_3, im Gegensatz zu f_2, stetig differenzierbar ist.

c) Die Dichte von $X_1 - X_2$ ist gerade und hat die Darstellung $g(x) = \int_{-\infty}^{\infty} f(u)f(x+u)\,du$. Die zu integrierende Funktion ist im Gebiet $D = \{(u,x) : 0 < u < 1, 0 < x+u < 1\} = \{(u,x) : \max(0,-x) < u < \min(1, 1-x)\}$ strikt positiv. Es gilt also $g(x) = \int_0^{1-x} du = 1 - x$ für $0 \leq x \leq 1$ und $g(x) = \int_{-x}^{1} du = 1 + x$ für $-1 \leq x \leq 0$, also

$$g(u) = \begin{cases} 1 - |x|, & \text{für } |x| \leq 1, \\ 0, & \text{sonst.} \end{cases}$$

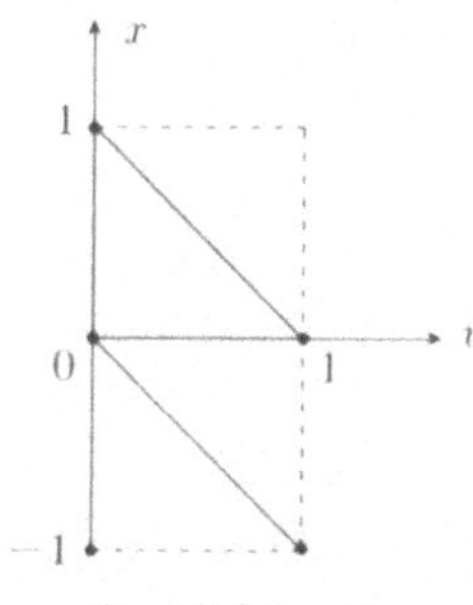

Das Gebiet D

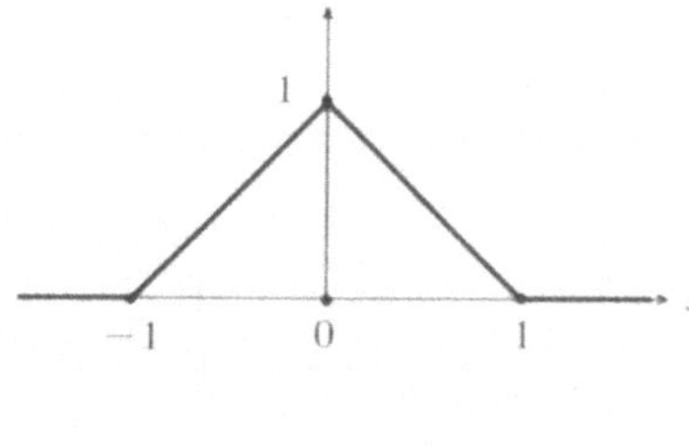

Die Dichte g

6. a) Die Bezeichnungen der vorigen Aufgabe gelten auch hier.
Wegen $Y_1 + Y_2 = (X_1 + X_2) - 1$ hat die Variable $Y_1 + Y_2$ die Dichte $g_2(y) = f_2(y+1) = 1 - |y|$ für $|y| \leq 1$ und 0 sonst.

b) Die Variable $Y_1 + Y_2 + Y_3 = (X_1 + X_2 + X_3) - \frac{3}{2}$ hat die Dichte

$$g_2(y) = f_3(y + \tfrac{3}{2}) = \begin{cases} \frac{1}{2}(y+\frac{3}{2})^2, & \text{für } -\frac{3}{2} \leq y \leq -\frac{1}{2}, \\ y^2 + \frac{3}{4}, & \text{für } -\frac{1}{2} \leq y \leq \frac{1}{2}, \\ \frac{1}{2}(y-\frac{3}{2})^2, & \text{für } \frac{1}{2} \leq y \leq \frac{3}{2}, \\ 0, & \text{sonst.} \end{cases}$$

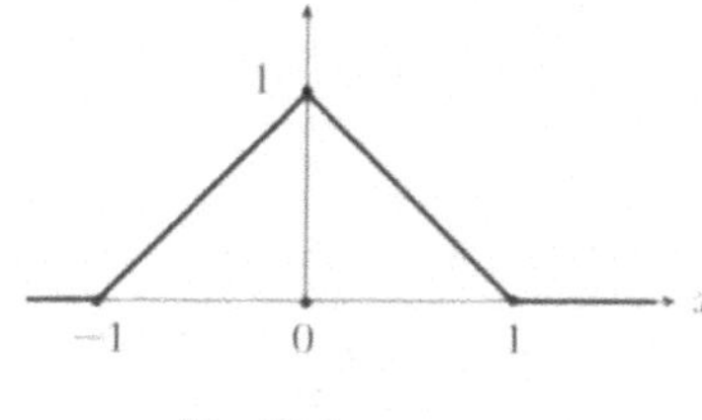

Die Dichte g_2

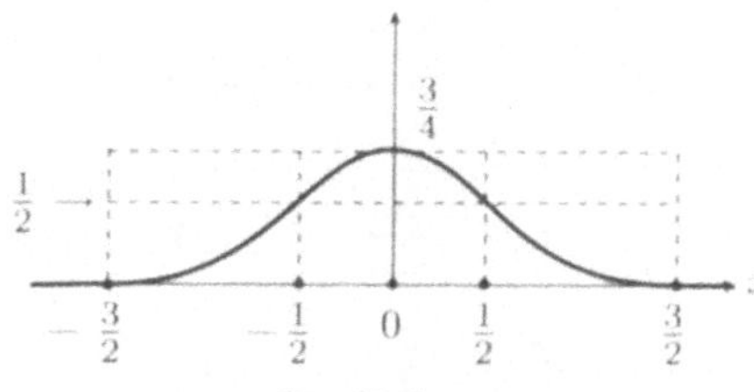

Die Dichte g_3

c) Die Variable $Y_1 - Y_2 = X_1 - X_2$ hat die gleiche Dichte wie $Y_1 + Y_2$. Man beachte, dass der Graph von g_3 als "Verklebung" von fünf verschiedenen Kurvenstücken entsteht. Diese Verklebung ist stetig differenzierbar. Angesichts des Graphen sollte man nicht über die Aussage erstaunt sein, dass die Verteilung von $Y_1 + \cdots + Y_n$ bei geeigneter Normierung gegen eine Normalverteilung $\mathcal{N}(0,1)$ konvergiert (*cf.* Kap. 18).

7. Für $0 \leq x \leq 1$ und $n = 1$ findet man $f_1(x) = 1$. Sei nun $n \geq 1$; für $0 \leq x \leq n+1$ ergibt sich dann per Induktion über n

$$f_{n+1}(x) = \int_{-\infty}^{+\infty} f_1(x-u) f_n(u) du = \int_{x-1}^{x} f_n(u) du = \sum_{k=0}^{n} (-1)^k \binom{n}{k} U(x,k)$$

mit

$$U(x,k) = \int_{x-1}^{x} \frac{((u-k)^+)^{n-1}}{(n-1)!} du.$$

Die Auswertung des Integrals ergibt

$$\int_{x-1}^{x} \frac{((u-k)^+)^{n-1}}{(n-1)!} = \begin{cases} 0, & \text{falls } x \leq k; \\ \dfrac{(x-k)^n}{n!}, & \text{falls } x-1 \leq k < x; \\ \dfrac{(x-k)^n}{n!} - \dfrac{(x-k-1)^n}{n!}, & \text{falls } k < x-1. \end{cases}$$

Sei ℓ die eindeutig bestimmte ganze positive Zahl mit $x - 1 \leq l < x$, dann gilt

$$f_{n+1}(x) = \sum_{k=0}^{n-1} (-1)^k \binom{n}{k} U(x,k) = \sum_{k=0}^{\ell} (-1)^k \binom{n}{k} U(x,k)$$

$$= \sum_{k=0}^{\ell-1} (-1)^k \binom{n}{k} \left(\frac{(x-k)^n}{n!} - \frac{(x-k-1)^n}{n!} \right) + (-1)^\ell \binom{n}{\ell} \frac{(x-\ell)^n}{n!}$$

$$= \frac{x^n}{n!} + \sum_{k=1}^{\ell} (-1)^k \binom{n}{k} \frac{(x-k)^n}{n!} + \sum_{k=0}^{\ell-1} (-1)^{k+1} \binom{n}{k} \frac{(x-k-1)^n}{n!}$$

daher, durch Verschiebung des Index im letzten Glied,

$$= \frac{x^n}{n!} + \sum_{k=1}^{\ell} (-1)^k \binom{n}{k} \frac{(x-k)^n}{n!} + \sum_{k=1}^{\ell} (-1)^k \binom{n}{k-1} \frac{(x-k)^n}{n!}$$

$$= \frac{x^n}{n!} + \sum_{k=1}^{\ell} (-1)^k \left(\binom{n}{k} + \binom{n}{k-1} \right) \frac{(x-k)^n}{n!}$$

$$= \frac{x^n}{n!} + \sum_{k=1}^{\ell}(-1)^k \binom{n+1}{k}\frac{(x-k)^n}{n!} = \sum_{k=0}^{\ell}(-1)^k \binom{n+1}{k}\frac{(x-k)^n}{n!}$$

$$= \sum_{k=0}^{n}(-1)^k \binom{n+1}{k}\frac{((x-k)^+)^n}{n!}.$$

Kapitel 12

1. a) Wegen $P\{X \in A, Y \in B\} = \int_{x \in A,\, y \in B} d\mu(x,y)$, sowie

$$\mathbb{E}[Q_{(\cdot)}(A) \cdot I_{\{Y \in B\}}] = \int_{\mathbb{R}} Q_y(A) \cdot I_{\{Y \in B\}}(y)\, d\mathrm{P}_Y(y) = \int_{y \in B} Q_y(A)\, d\mathrm{P}_Y(y),$$

und

$$Q_y(A) = \int I_A(x)\, dQ_y(x) = \int_{x \in A} dQ_y(x),$$

kann man die ursprüngliche Identität als

$$\int_{x \in A,\, y \in B} d\mu(x,y) = \int_{y \in B}\left(\int_{x \in A} dQ_y(x)\right)d\mathrm{P}_Y(y)$$

schreiben.

b) Die Bedingungen (1) und (2) sind offensichtlich erfüllt. Für (3) hat man
$\mathbb{E}[Q_{(\cdot)}(A) \cdot I_{\{Y \in B\}}] = \sum_{j \in J} Q_{y_j}(A) I_{\{y_j \in B\}} P\{Y = y_j\} = \sum_{j \in J} P\{X \in A \mid Y = y_j\} I_{\{y_j \subset B\}} P\{Y = y_j\}$
$= \sum_{j \in J} P\{X \in A, Y = y_j\} I_{\{y_j \in B\}} = P\{X \in A, Y \in B\}.$

c) Die Eigenschaft (1) ist banal; für (2) folgt die Messbarkeit der Funktion $y \mapsto Q_y(A) = \int_A f_{X \mid Y}(x \mid y)\, dx$ aus dem Satz von Fubini. Schreibt man (3) in Integralform, so ist dies

$$\int_{x \in A,\, y \in B} f_{X,Y}(x,y)\, dx\, dy = \int_{y \in B}\left(\int_{x \in A} f_{X \mid Y}(x \mid y)\, dx\right)f_Y(y)\, dy,$$

und diese Gleichheit wurde in (3.3) bewiesen.

2. a) $f_X(x) = e^{-x}I_{[0,+\infty[}(x)$, $f_Y(y) = e^{-y}I_{[0,+\infty[}(y)$.
   b) Für jedes $(x,y) \in \mathbb{R}^2$ gilt $f(x,y) = f_X(x)f_Y(y)$.

3. Die Variablen X und Y sind nicht unabhängig, man zeigt nämlich $f_X(x) = 2e^{-2x}I_{[0,+\infty[}(x)$ und $f_Y(y) = 2e^{-y}(1 - e^{-y})I_{[0,+\infty[}(y)$, so dass also $f(x,y) = f_X(x)f_Y(y)$ *nicht* gilt. [$f(x,y)$ ist nur scheinbar das Produkt einer Funktion in x mit einer Funktion in y.]

4. Die Bedingung ist offensichtlich notwendig. Zu zeigen bleibt, dass sie auch hinreichend ist. Bezeichnen $f_X(x)$, $f_Y(y)$ die marginalen Dichten

von X, Y, so gilt $f_X(x) = \int_{\mathbb{R}} f(x,y)\,dy = g(x)\big(\int_{\mathbb{R}} h(y)\,dy\big)$ und auch $f_Y(y) = \int_{\mathbb{R}} f(x,y)\,dx = \big(\int_{\mathbb{R}} g(x)\,dx\big)h(y)$; daher ist $1 = \int_{\mathbb{R}} f_Y(y)\,dy = \big(\int_{\mathbb{R}} g(x)\,dx\big)\big(\int_{\mathbb{R}} h(y)\,dy\big)$ und somit $f_X(x)f_Y(y) = g(x)h(y) = f(x,y)$.

5. a)

$$f_X(x) = \begin{cases} \dfrac{1}{\pi r^2} \displaystyle\int_{-\sqrt{r^2-x^2}}^{+\sqrt{r^2-x^2}} dt = \dfrac{2}{\pi} \dfrac{\sqrt{r^2-x^2}}{r^2}, & \text{für } |x| \le r; \\[4mm] 0, & \text{sonst.} \end{cases}$$

$$f_Y(y) = \begin{cases} \dfrac{2}{\pi} \dfrac{\sqrt{r^2-y^2}}{r^2}, & \text{für } |y| \le r; \\[4mm] 0, & \text{sonst.} \end{cases}$$

$$\mathbb{E}[X] = \mathbb{E}[Y] = 0.$$

b) X und Y sind *nicht* unabhängig.

c) $\mathrm{Cov}(X,Y) = 0$; tatsächlich ist $\mathbb{E}[XY] = 0$ (aus Symmetriegründen). Folgerung: das Paar (X,Y) ist *nicht korreliert*, aber gleichwohl nicht unabhängig.

d) $G(u) = \mathrm{P}\{U \le u\} = \mathrm{P}\{X^2 + Y^2 \le u\}$. Für $u \le 0$ $G(u) = 0$. Für $0 < u \le r^2$ ist $G(u) = \mathrm{P}\{\sqrt{X^2+Y^2} \le \sqrt{u}\} = \pi(\sqrt{u})^2/(\pi r^2) = u/r^2$. Für $u > r^2$ ist $G(u) = 1$. Mittels Ableitung erhält man $g(u) = (1/r^2)I_{[0,r^2]}(u)$.

e) $\mathbb{E}[U] = \displaystyle\int_{\mathbb{R}} u\,g(u)\,du = \dfrac{1}{r^2} \int_0^{r^2} u\,du = \dfrac{r^2}{2}$.
Wegen $\mathbb{E}[U] = \mathbb{E}[X^2] + \mathbb{E}[Y^2]$ und $\mathbb{E}[X^2] = \mathbb{E}[Y^2]$ folgt $\mathbb{E}[X^2] = \mathbb{E}[Y^2] = r^2/4$. Wegen $\mathbb{E}[X] = \mathbb{E}[Y] = 0$ folgt $\mathrm{Var}\,X = \mathrm{Var}\,Y = r^2/4$.

f) $f_{Y\,|\,X}(y\,|\,x) = \begin{cases} \dfrac{f_{X,Y}(x,y)}{f_X(x)}, & \text{für } f_X(x) > 0; \\[3mm] \text{beliebige Dichte}, & \text{sonst.} \end{cases}$
Es ist aber $f_X(x) > 0$ genau dann, wenn $|x| < r$, und daher
$$f_{Y\,|\,X}(y\,|\,x) = \begin{cases} \dfrac{1}{2} \dfrac{1}{\sqrt{r^2-x^2}}, & \text{für } |x| < r,\ |y| \le \sqrt{r^2-x^2}; \\[3mm] \text{beliebige Dichte}, & \text{sonst.} \end{cases}$$
$$\mathbb{E}[Y^2 \mid X = x] = \int_{\mathbb{R}} y^2\, f_{Y\,|\,X}(y\,|\,x)\,dy = \frac{r^2 - x^2}{3};$$
$$\mathbb{E}[X^2 + Y^2 \mid X = x] = x^2 + \frac{r^2 - x^2}{3} = \frac{r^2 + 2x^2}{3};$$
$$\mathbb{E}[X^2 + Y^2 \mid X] = \frac{r^2 + 2X^2}{3}.$$

g) $\mathrm{P}\{L \le a\} = \mathrm{P}\{\sqrt{X^2+Y^2} \le a\} = \mathrm{P}\{X^2 + Y^2 \le a^2\} = G(a^2) = a^2/r^2$.
$$\mathrm{P}\{\min(L_1, \ldots, L_n) > a\} = \mathrm{P}\{L_1 > a\} \ldots \mathrm{P}\{L_n > a\} = \Big(1 - \frac{a^2}{r^2}\Big)^n.$$

$P\{\min(L_1, \ldots, L_n) \le a\} = 1 - \left(1 - \dfrac{a^2}{r^2}\right)^n$. Dies ist die Wahrscheinlichkeit dafür, dass mindestens ein Schuss die Kreisscheibe $(0, a)$ mit Zentrum 0 und Radius a trifft.

6. a) Bezeichnen $f(x_1, x_2)$ die gemeinsame Dichte von M und $f_{X_1}(x_1)$ die marginale Dichte von X_1, so schreibt sich die durch $\{X_1 = x_1\}$ bedingte Dichte von X_2 als

$$f_{X_2 \mid X_1}(x_2 \mid x_1) = \frac{f(x_1, x_2)}{f_{X_1}(x_1)} = \frac{1}{\sqrt{1 - \rho^2}} \exp\left(-\frac{1}{2} \frac{(x_2 - \rho x_1)^2}{1 - \rho^2}\right).$$

Dies ist die Dichte der Normalverteilung $\mathcal{N}(\rho x_1, \sqrt{1 - \rho^2})$.

b) Es ist $\mathbb{E}[X_2 \mid X_1] = \rho X_1$, daher ergibt sich die Behauptung aus Korollar 2 von Theorem 5.6.

7. Wir betrachten drei Beispiele.

a) Es sei $f(x_1, x_2) = \dfrac{1}{2\pi} \exp\left(-\dfrac{1}{2}(x_1^2 + x_2^2)\right) + a\, g(x_1, x_2)$ mit

$g(x_1, x_2) = \begin{cases} x_1 x_2, & \text{für } |x_1| \le 1,\ |x_2| \le 1, \\ 0, & \text{sonst,} \end{cases}$, wobei a eine positive Konstante sein soll, so dass $f(x_1, x_2)$ strikt positiv ist. Man verifiziert, dass $f(x_1, x_2)$ eine Wahrscheinlichkeitsdichte ist, die offensichtlich nicht normal ist, deren marginale Dichten aber zu Normalverteilungen $\mathcal{N}(0, 1)$ gehören.

b) Es sei (X, Z) ein Paar von unabhängigen Zufallsvariablen, wobei X $\mathcal{N}(0, 1)$-verteilt ist und Z die Verteilung $\frac{1}{2}(\varepsilon_{-1} + \varepsilon_{+1})$ hat. Dann sei $Y = XZ$; das Paar (X, Y) ist dann ein Beispiel. Zunächst sind X und Y nach $\mathcal{N}(0, 1)$ verteilt. Für X gilt das nach Voraussetzung. Für Y kann man das folgendermassen einsehen: $P\{Y \le y\} = P\{Y \le y \mid Z = +1\}\frac{1}{2} + P\{Y \le y \mid Z = -1\}\frac{1}{2} = \frac{1}{2}\left(P\{X \le y \mid Z = +1\} + P\{-X \le y \mid Z = -1\}\right)$, und dieser Ausdruck ist gleich $\frac{1}{2}\left(P\{X \le y\} + P\{-X \le y\}\right)$, da X und Z unabhängig sind, und schliesslich ist er gleich $P\{X \le y\}$, da X symmetrisch ist. Aber das Paar (X, Y) hat keine zweidimensionale Normalverteilung. Man braucht sich nur klarzumachen, dass $X + Y = X(1 + Z)$ gleich 0 mit Wahrscheinlichkeit $\frac{1}{2}$ und gleich $2X$ ebenfalls mit Wahrscheinlichkeit $\frac{1}{2}$ ist. Übrigens sieht man auch noch, dass die *Summe* dieser zwei *normalverteilten* Zufallsvariablen X und Y *nicht normalverteilt* ist.

c) Man nimmt eine zentrierte Normalverteilung in zwei Dimensionen, die so degeneriert ist, dass der Träger die erste Winkelhalbierende ist und dreht dann das gewichtete Segment dieser Winkelhalbierenden zwischen den Punkten $(-1, -1)$ und $(+1, +1)$ um $90°$; der Rest der

Winkelhalbierenden wird nicht bewegt. Man erhält auf diese Weise eine zentrierte zweidimensionale Verteilung, die nicht normal ist. An den Randverteilungen hat sich aber nichts geändert, sie sind immer noch normal.

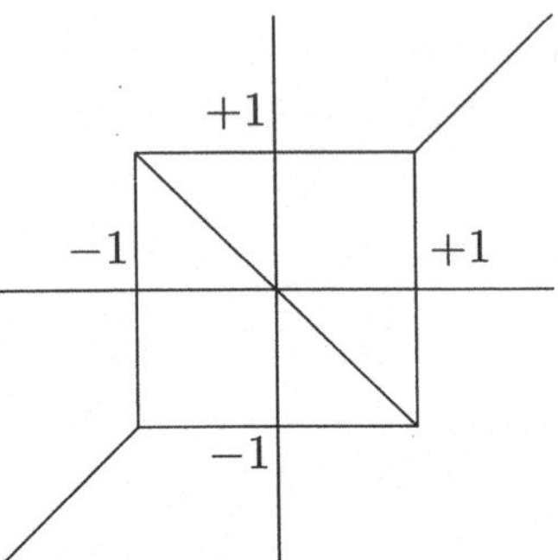

8. Es bezeichne $h(x,y)$ die gemeinsame Verteilung von (X,Y), $f(x)$ (bzw. $g(y)$) die marginale Dichte von X (bzw. von Y). Nach Annahme ist $h(x,y) > 0$ und $f(x) > 0$, $g(y) > 0$ für alle x und alle y. Wir zeigen nur b) $\Rightarrow$ a). Falls b) gilt, so ist $f = g$ und $h(x,y) = f(x)f(y) = \varphi(x^2 + y^2)$. Nimmt man φ als differenzierbar an, so ergibt sich $f'(x)f(y) = 2x\,\varphi'(x^2 + y^2)$ und $f(x)f'(y) = 2y\,\varphi'(x^2 + y^2)$; daher ist $\dfrac{f'(x)}{2x\,f(x)} = \dfrac{f'(y)}{2y\,f(y)} = c$, d.h. $f'(x) - 2cxf(x) = 0$ und somit $f(x) = ke^{cx^2}$.

9. a) Die gemeinsame Verteilung von (X,Y) ist sowohl durch die Verteilung von X, also die Gleichverteilung auf $\{1, 2, \ldots, 6\}$ (demnach ist $\mathbb{E}[X] = 7/2$), als auch durch die durch X bedingte Verteilung von Y gegeben. Die durch $\{X = x\}$ ($1 \leq x \leq 6$) bedingte Verteilung von Y ist aber die Binomialverteilung $B(x, 1/2)$.

   b) Es ist $\mathbb{E}[Y \mid X = x] = x/2$, also $\mathbb{E}[Y \mid X] = X/2$; dies ist eine Zufallsvariable. Weiter gilt $\mathbb{E}[Y] = \mathbb{E}[\mathbb{E}[Y \mid X]] = \mathbb{E}[X/2] = 7/4$.

10. Es ist $\mathbb{E}[N] = \mathbb{E}[\mathbb{E}[N \mid X]] = \mathbb{E}[N \mid X = 1]p + \mathbb{E}[N \mid X = 0](1 - p)$. Wegen $\mathbb{E}[N \mid X = 1] = 1$ und $\mathbb{E}[N \mid X = 0] = 1 + \mathbb{E}[N]$ folgt $\mathbb{E}[N] = p + (1 + \mathbb{E}[N])(1 - p) = 1 + (1 - p)\mathbb{E}[N]$, daher ist $\mathbb{E}[N] = 1/p$.

11. a) $a_{r,s} = \mathbb{E}[\mathbb{E}[N_{r,s} \mid X]] = \mathbb{E}[N_{r,s} \mid X{=}1](r/(r + s)) + \mathbb{E}[N_{r,s} \mid X{=}0](s/(r + s)) = 1 \times (r/(r + s)) + (1 + \mathbb{E}[N_{r,s-1}])(s/(r + s)) = (r/(r+s)) + (1 + a_{r,s-1})(s/(r+s))$. Daher ist $a_{r,s} = 1 + (s/(r + s))a_{r,s-1}$. Die Anfangsbedingungen $a_{r,0} = 1$ ($r \geq 1$) sind offensichtlich.

   b) Der Beweis benützt Induktion über s, bei festem r.

12. 1) $\mathbb{E}[Y] = \mathbb{E}[\mathbb{E}[Y \mid X]] = \sum_{k>0} P\{X = k\}\mathbb{E}[Y \mid X = k] = \sum_{k>0} P\{X = k\}(k/2) = \mathbb{E}[X]/2$.

2) Die gemeinsame Verteilung von $(X-Y, Y)$ ist für $k, l \geq 0$ gegeben durch
$\mathrm{P}\{X - Y = k, Y = l\} = \mathrm{P}\{X = k+l, Y = l\} =$
$\mathrm{P}\{X = k+l\}\mathrm{P}\{Y = l \mid X = k+l\} = \mathrm{P}\{X = k+l\}/(k+l+1)$; setzt man
$u_n = \mathrm{P}\{X = n\}/(n+1)$ $(n \geq 0)$, so ist $\mathrm{P}\{X - Y = k, Y = l\} = u_{k+l}$.
Die gemeinsame Verteilung ist offensichtlich in k, l symmetrisch; die
Randverteilungen von $X - Y$ und Y sind also identisch. Genau gesagt:
$\mathrm{P}\{X - Y = k\} = \sum_{l \geq 0} u_{k+l} = \sum_{i \geq k} u_i$ und $\mathrm{P}\{Y = l\} = \sum_{k \geq 0} u_{k+l} = \sum_{j \geq l} u_j$.

b $\Rightarrow$ a: Wenn b) gilt, so hat man $u_l = \mathrm{P}\{Y = l\} - \mathrm{P}\{Y = l+1\} =$
$q^l p - q^{l+1} p = q^l p^2$ $(l \geq 0)$ und daher $u_{k+l} = q^{k+l} p^2 = (q^k p)(q^l p)$, d.h.
$\mathrm{P}\{X - Y = k, Y = l\} = \mathrm{P}\{X - Y = k\}\mathrm{P}\{Y = l\}$.

a $\Rightarrow$ b: Wenn a) gilt, so hat man $u_{k+l} = \left(\sum_{i \geq k} u_i\right)\left(\sum_{j \geq l} u_j\right)$. Wählt
man $l = 0$ und setzt $p = \sum_{j \geq 0} u_j$, was zu $]0, 1[$ gehört, so folgt
$u_k = p \sum_{i \geq k} u_i$, $u_k - u_{k+1} = p u_k$, $q u_k = u_{k+1}$ $(q = 1 - p)$. Wegen $u_0 =$
p^2 erhält man $u_k = q^k p^2$ $(k \geq 0)$ und somit $\mathrm{P}\{Y = l\} = \sum_{j \geq l} u_j = q^l p$
$(l \geq 0)$.

13. a) Man kann $g(a, b) = \mathbb{E}[X \mid a \leq X \leq b]$ nehmen. Die bedingte Überlebensfunktion schreibt sich als

$$\mathrm{P}\{X > x \mid a \leq X \leq b\} = \frac{\mathrm{P}\{X > x, a \leq X \leq b\}}{\mathrm{P}\{a \leq X \leq b\}} \quad (x \geq 0)$$

$$= \begin{cases} 1, & \text{für } 0 \leq x < a; \\ \dfrac{\mathrm{P}\{X > x\} - \mathrm{P}\{X > b\}}{\mathrm{P}\{X > a\} - \mathrm{P}\{X > b\}} = \dfrac{e^{-\lambda x} - e^{-\lambda b}}{e^{-\lambda a} - e^{\lambda b}}, & \text{für } a \leq x \leq b; \\ 0, & \text{für } x > b. \end{cases}$$

Daher ist $g(a, b) = \displaystyle\int_0^a 1 \, dx + \int_a^b \frac{e^{-\lambda x} - e^{-\lambda b}}{e^{-\lambda a} - e^{\lambda b}} \, dx = \frac{1}{\lambda} + \frac{ae^{-\lambda a} - be^{-\lambda b}}{e^{-\lambda a} - e^{-\lambda b}}$.

b) Es gilt $\lim_{b \to \infty} g(a, b) = \mathbb{E}[X \mid X > a] = \frac{1}{\lambda} + a = \mathbb{E}[X] + a$, was man sich
wegen der Gedächtnisfreiheit der Exponentialverteilung schon vorher
hätte denken können.

c) Es ist $g(a, a+\varepsilon) = \frac{1}{\lambda} + \left(-\frac{1}{\lambda} + a + o(\varepsilon)\right)$. Daher $\lim_{\varepsilon \to 0+} g(a, a+\varepsilon) = a$.

Kapitel 13

1. Man erinnere sich an die Definition der Parallelogrammfläche und
mache einige entsprechende Skizzen.

2. $g(u) = \mathbb{E}[e^{u(X-p)}] = pe^{qu} + qe^{-pu}$ $(u \in \mathbb{R})$. Somit hat $g(u)$ folgende
Reihenentwicklung

$$g(u) = p \sum_{k \geq 0} \frac{(qu)^k}{k!} + q \sum_{k \geq 0} \frac{(-pu)^k}{k!} = \sum_{k \geq 0} \left(pq^k + q(-p)^k\right)\frac{u^k}{k!} \, (u \in \mathbb{R}).$$

Das Moment k-ter Ordnung $(k \geq 1)$ ist der Koeffizient von $u^k/k!$ in dieser Entwicklung, also ist $\mathbb{E}\big[(X - p)^k\big] = pq^k + q(-p)^k \; (k \geq 1)$

$k = 1$: 0;

$k = 2$: $pq^2 + qp^2 = pq(p + q) = pq$;

$k = 3$: $pq^3 - qp^3 = pq(q^2 - p^2) = pq(q - p)$;

$k = 4$: $pq^4 + qp^4 = pq(q^3 + p^3) = pq(1 - 3pq)$.

3. a) $g_1'(u) = -\mathbb{E}[Xe^{-uX}]$, daraus erhält man durch Multiplikation mit e^{-yu} $(u \geq 0)$: $g_1'(u)e^{-yu} = -\mathbb{E}[Xe^{-u(X+y)}]$. Integration ergibt dann

$$\int_0^\infty g_1'(u)e^{-yu}\,du = \mathbb{E}\Big[\frac{X}{X + y}\Big]. \tag{1}$$

Mittels bedingter Erwartung bezüglich Y geschrieben, ergibt sich

$$\mathbb{E}\Big[\frac{X}{X + Y}\Big] = \mathbb{E}\Big[\mathbb{E}\Big[\frac{X}{X + Y}\,\Big|\,Y\Big]\Big] = \int_0^\infty \mathbb{E}\Big[\frac{X}{X + Y}\,\Big|\,Y = y\Big]\,d\mu(y)$$

$$= \int_0^\infty \mathbb{E}\Big[\frac{X}{X + y}\Big]\,d\mu(y)$$

woraus, wenn man nun $\mathbb{E}[(X/X + y)]$ durch den Wert in (1) ersetzt,

$$\mathbb{E}\Big[\frac{X}{X + Y}\Big] = -\int_0^\infty d\mu(y)\Big(\int_0^\infty g_1'(u)e^{-yu}\,du\Big)$$

folgt. Schliesslich ergibt sich mittels des Satzes von Fubini

$$\mathbb{E}\Big[\frac{X}{X + Y}\Big] = -\int_0^\infty g_1'(u)\Big(\int_0^\infty e^{-yu}\,d\mu(y)\Big)du = -\int_0^\infty g_1'(u)g_2(u)\,du.$$

  b) Sind X, Y unabhängig und haben sie die *gleiche Verteilung*, so ist $g_1 = g_2 = g$ und damit

$$\mathbb{E}\Big[\frac{X}{X + Y}\Big] = -\int_0^\infty g'(u)g(u)\,du = -\frac{1}{2}\int_0^\infty \big(g^2(u)\big)'\,du = \frac{1}{2}\big[1 - \lim_{u \to \infty} g^2(u)\big].$$

Es ist aber $\mathbb{E}\Big[\dfrac{X}{X + Y}\Big] = \dfrac{1}{2}$ wegen $1 = \mathbb{E}\Big[\dfrac{X + Y}{X + Y}\Big]$ und $\mathbb{E}\Big[\dfrac{X}{X + Y}\Big] = \mathbb{E}\Big[\dfrac{Y}{X + Y}\Big]$; daher also $\displaystyle\lim_{u \to +\infty} g^2(u) = 0$.

4.   Man beginnt mit der Definition der Gamma-Funktion

$$\Gamma(p) = \int_0^\infty e^{-x}x^{p-1}\,dx \qquad (p > 0)$$

und führt die Variablentransformation $x = su \; (s > 0)$ durch

$$\Gamma(p) = s^p\int_0^\infty e^{-su}u^{p-1}\,du; \quad \frac{1}{s^p} = \frac{1}{\Gamma(p)}\int_0^\infty e^{-su}u^{p-1}\,du.$$

Nimmt man für s eine Zufallsvariable X mit *positiven* Werten und setzt $g(u) = \mathbb{E}[e^{-uX}]$, so erhält man

$$\frac{1}{X^p} = \frac{1}{\Gamma(p)} \int_0^\infty e^{-uX} u^{p-1}\, du,$$

und schliesslich, mit Hilfe des Satzes von Fubini, folgende Identität in $[0, +\infty]$

$$\mathbb{E}\Big[\frac{1}{X^p}\Big] = \frac{1}{\Gamma(p)} \int_0^\infty g(u) u^{p-1}\, du. \quad \square$$

5. Es bezeichnen m_1 den Erwartungswert von X, sowie μ_2, μ_3, μ_4 die zentrierten Momente der Ordnungen 2,3,4. Es sei $X - m_1 = Y$, dann ist $g(u) = e^{um_1} g_Y(u)$, $h(u) = \operatorname{Log} g(u) = um_1 + \operatorname{Log} g_Y(u)$. Wegen

$$g_Y(u) = 1 + \mu_2 \frac{u^2}{2!} + \mu_3 \frac{u^3}{3!} + \mu_4 \frac{u^4}{4!} + o(|u|^4) = 1 + \lambda(u)$$

ist $\quad h(u) = um_1 + \operatorname{Log}\big(1 + \lambda(u)\big) = um_1 + \lambda(u) - \frac{\lambda^2(u)}{2!} + o(|u|^4)$

$$= um_1 + \mu_2 \frac{u^2}{2!} + \mu_3 \frac{u^3}{3!} + (\mu_4 - 3\mu_2^2) \frac{u^4}{4!} + o(|u|^4).$$

Man stellt fest, dass $h'(0) = m_1$, $h''(0) = \mu_2$, $h'''(0) = \mu_3$, sowie $h^{(4)}(0) = \mu_4 - 3\mu_2^2$ gilt. Dies sind die vier ersten Kumulanten von X.

6. a) $\mathbb{E}[X^n] = \displaystyle\int_1^\infty x^n f(x)\, dx = a \int_1^\infty \frac{dx}{x^{(a+1)-n}}$. Das Integral auf der rechten Seite konvergiert genau dann, wenn $(a+1) - n > 1$, d.h. wenn $n < a$ ist, und in diesem Fall ist der Wert $a/(a-n)$.

   b) $g(u) = \mathbb{E}[e^{uX}] = \displaystyle\int_1^\infty e^{uX} f(x)\, dx = a \int_1^\infty \frac{e^{ux}}{x^{a+1}}\, dx$. Dieses Integral ist nur für $u \in\,]-\infty, 0]$ definiert. Aber $]-\infty, 0]$ ist *keine* offene Umgebung von $u = 0$; die Funktion g ist also *keine* erzeugende Funktion der Momente. Wenn sie übrigens doch eine wäre, so hätte die Zufallsvariable X Momente beliebiger Ordnung, was wegen a) nicht der Fall ist. Aber X hat natürlich, wie jede Zufallsvariable, eine charakteristische Funktion.

7. $g(u) = \dfrac{1}{\sqrt{2\pi}} \displaystyle\int_{\mathbb{R}} e^{u|x|} e^{-x^2/2}\, dx = \dfrac{2}{\sqrt{2\pi}} \int_0^\infty e^{ux - x^2/2}\, dx$. Aus

$ux - \dfrac{x^2}{2} = -\dfrac{(x-u)^2}{2} + \dfrac{u^2}{2}$ ergibt sich $g(u) = \dfrac{2e^{u^2/2}}{\sqrt{2\pi}} \displaystyle\int_0^\infty e^{-(x-u)^2/2}\, dx$.

Die Substitution $x - u = t$ liefert

$$g(u) = \frac{2e^{u^2/2}}{\sqrt{2\pi}} \int_{-u}^{\infty} e^{-t^2/2}\,dt = \frac{2e^{u^2/2}}{\sqrt{2\pi}} \left(\int_{-u}^{0} e^{-t^2/2}\,dt + \int_{0}^{\infty} e^{-t^2/2}\,dt \right)$$

$$= 2e^{u^2/2} \left(\frac{1}{2} - \frac{1}{\sqrt{2\pi}} \int_{0}^{-u} e^{-t^2/2}\,dt \right) = e^{u^2/2}(1 - 2\Phi(-u)),$$

wobei $\Phi(u) = \dfrac{1}{\sqrt{2\pi}} \displaystyle\int_{0}^{u} e^{-t^2/2}\,dt$ gesetzt wurde.

8. Es ist $g(u) = \mathbb{E}[e^{uXY}] = \dfrac{1}{2\pi} \displaystyle\int_{\mathbb{R}^2} e^{uxy} e^{-x^2/2} e^{-y^2/2}\,dx\,dy$; Integration für festes x liefert

$$g(u) = \frac{1}{\sqrt{2\pi}} \int_{\mathbb{R}} \left(\frac{1}{\sqrt{2\pi}} \int_{\mathbb{R}} e^{uxy - y^2/2}\,dy \right) e^{-x^2/2}\,dx$$

$$= \frac{1}{\sqrt{2\pi}} \int_{\mathbb{R}} e^{u^2 x^2/2} e^{-x^2/2}\,dx = \frac{1}{\sqrt{2\pi}} \int_{\mathbb{R}} e^{-(1-u^2)x^2/2}\,dx$$

$$= \frac{1}{\sqrt{1-u^2}} \qquad (|u| < 1).$$

9. Die Variable $\Delta = X_1 X_4 - X_2 X_3$ ist die Summe der beiden *unabhängigen* Zufallsvariablen $X_1 X_4$ und $-X_2 X_3$. Es ist aber $\mathcal{L}(-X_2 X_3) = \mathcal{L}(X_2 X_3)$. Somit ist $\mathcal{L}(\Delta)$ die Verteilung der Summe von zwei unabhängigen und identisch verteilten Zufallsvariablen $X_1 X_4$ und $X_2 X_3$. Mittels der vorigen Aufgabe erhält man dann $g_\Delta(u) = \dfrac{1}{\sqrt{1-u^2}} \cdot \dfrac{1}{\sqrt{1-u^2}} = \dfrac{1}{1-u^2}$ $(|u| < 1)$.

10. a) Es ist $\displaystyle\sum_{k\geq 0} \alpha_k(\varphi)^k = e^{-\lambda} \sum_{k\geq 0} \frac{(\lambda\varphi)^k}{k!} = e^{-\lambda} e^{\lambda\varphi} = e^{\lambda(\varphi-1)}$. Mit $\varphi = e^{it}$ ist aber

$$\sum_{k\geq 0} \alpha_k(\varphi)^k = \sum_{k\geq 0} \alpha_k e^{ikt} n,$$

und dies ist die charakteristische Funktion der Verteilung $\mathcal{P}(\lambda)$.

b) Es ist $\sum_{k\geq 0} \alpha_k(\varphi)^k = p \sum_{k\geq 0} (q\varphi)^k = \dfrac{p}{1-q\varphi} = \dfrac{1-q}{1-q\varphi} = \dfrac{\lambda-1}{\lambda-\varphi}$, wobei $1/q = \lambda > 1$ gesetzt wurde. Im speziellen Fall $\varphi(t) = e^{it}$ ist $\sum_{k\geq 0} \alpha_k(\varphi)^k = \sum_{k\geq 0} \alpha_k e^{ikt}$, und dies ist die charakteristische Funktion der geometrischen Verteilung $\displaystyle\sum_k pq^k \varepsilon_k$ $(k \geq 0)$.

11. a) Setzt man $\varphi_\lambda(t) = \varphi(\lambda t)$ $(\lambda \in [0,1])$ und $f(\lambda) = I_{[0,1]}(\lambda)$, so ist $\int_0^1 \varphi_\lambda(t)\,d\lambda = \int_0^1 \varphi(\lambda t)\,d\lambda = (1/t) \int_0^t \varphi(u)\,du = \Phi(t)$ eine charakteristische Funktion.

b) Für jedes $\lambda \in [0, +\infty[$ ist die Funktion $\varphi_\lambda(t) = e^{-\lambda^2 t^2}$ eine charakteristische Funktion. Ausserdem ist für $\alpha > -1$ die Funktion $f(\lambda) = \lambda^\alpha e^{-\lambda^2}/I_\alpha$, wobei $I_\alpha = \int_0^\infty \lambda^\alpha e^{-\lambda^2} d\lambda < \infty$ ist, eine Wahrscheinlichkeitsdichte auf $[0, +\infty[$. Nun kann $\int_0^\infty e^{-\lambda^2 t^2} (\lambda^\alpha e^{-\lambda^2}/I_\alpha) d\lambda = (1/I_\alpha) \int_0^\infty \lambda^\alpha e^{-\lambda^2(1+t^2)} d\lambda$ mittels der Transformation $\lambda\sqrt{1+t^2} = u$ in $(1/I_\alpha)(1/(1+t^2)^{(\alpha+1)/2}) \int_0^\infty u^\alpha e^{-u^2} du = 1/(1+t^2)^{(\alpha+1)/2}$ bzw. $1/(1+t^2)^\gamma$ [mit $\gamma = (\alpha+1)/2 > 0$] übergeführt werden; dabei handelt es sich nun um eine charakteristische Funktion.

12.   Es gilt $\varphi_X(t) = \varphi_{-Y+Z}(t) = \varphi_{-Y}(t)\varphi_Z(t) = \overline{\varphi_Y(t)}\varphi_Z(t)$ und ausserdem $\overline{\varphi_Y(t)} = \varphi_X(t)\varphi_Z(t)$, wenn man die Rollen von X und Y vertauscht. Man erhält $|\varphi_Z(t)|^2 = 1$, also $|\varphi_Z(t)| = 1$ und $\varphi_Z(t) = e^{ict}$ mit $c \in \mathbb{R}$.

13.   Bezeichne $\varphi(u_1, u_2)$ die charakteristische Funktion des Paares (Y_1, Y_2). Dann gilt $\varphi(u_1, u_2) = \mathbb{E}[e^{i(u_1 Y_1 + u_2 Y_2)}] = \mathbb{E}[e^{i(u_1+u_2)X + u_1 X_1 + u_2 X_2}] = \varphi_X(u_1+u_2)\varphi_{X_1}(u_1)\varphi_{X_2}(u_2)$. Man schliesst daraus $\varphi(u_1, 0)\varphi(0, u_2) = \varphi_X(u_1)\varphi_X(u_2)\varphi_{X_1}(u_1)\varphi_{X_2}(u_2)$. Aber das Paar (Y_1, Y_2) ist genau dann unabhängig, wenn $\varphi(u_1, u_2) = \varphi(u_1, 0)\varphi(0, u_2)$ gilt, was sich hier auch als $\varphi_X(u_1 + u_2) = \varphi_X(u_1)\varphi_X(u_2)$ schreiben lässt. Dies ist die Funktionalgleichung der Exponentialfunktion. Also ist $\varphi_X(u) = e^{cu}$, mit $c = i\alpha$ und α reell, denn $\varphi_X(u)$ ist eine charakteristische Funktion. Folglich gilt $X = \alpha$ fast-sicher.

14.   Für $u \geq 0$, $x > 0$, gilt wegen der Ungleichung von Markov $\mathrm{P}\{X \geq x\} = \mathrm{P}\{e^{uX} \geq e^{ux}\} \leq e^{-ux}\,\mathbb{E}[e^{uX}]$, und daraus folgt die Behauptung, wenn man das Minimum der rechten Seite bestimmt.

Kapitel 14

1.   Man nimmt an, dass r rechtsseitig stetig ist und der Gleichung genügt. Zunächst ist $r(0) = r(0)^2$, also $r(0) = 0$ oder 1. Ist $r(0) = 0$, so folgt aus der Gleichung, dass r identisch verschwindet. Ist $r(0) = 1$, so gilt $r(1) = r(1/2)^2 \geq 0$. Wäre nun $r(1) = 0$, so würde aus $r(1) = r\left(\frac{1}{n} + \cdots + \frac{1}{n}\right) = r^n\left(\frac{1}{n}\right)$ $(n \geq 1)$ folgen, dass $r(1/n) = 0$ für alle $n \geq 1$ ist. Da aber r rechtsseitig stetig ist, folgte dann $r(0) = 0$, im Widerspruch zur Annahme. Somit ist $r(1) > 0$ und $r(1/n) = (r(1))^{1/n}$ für alle $n \geq 1$, also auch $r(m/n) = (r(1))^{m/n}$. Nun ist aber jede reelle Zahl $x \geq 0$ Limes von rechts einer Folge von rationalen Zahlen (q_n). Da r rechtsseitig stetig ist, muss also $r(x) = r(\lim_n q_n) = \lim_n r(q_n) = \lim_n (r(1))^{q_n} = (r(1))^x$ gelten. Daraus folgt $r(x) = e^{\alpha x}$ mit $\alpha = \mathrm{Log}\, r(1)$.

2. a)   Für $x \geq 1$ gilt $\mathrm{P}\{X > x\} = \mathrm{P}\{e^Y > x\} = \mathrm{P}\{Y > \mathrm{Log}\, x\} = e^{-\lambda\,\mathrm{Log}\, x} = x^{-\lambda}$ und $f(x) = -(d/dx)\mathrm{P}\{X > x\} = \lambda/x^{\lambda+1}$.

b) $\mathbb{E}[X] = \int_0^\infty r(x)\,dx = \int_0^1 dx + \int_1^\infty x^{-\lambda}\,dx = \lambda/(\lambda-1)$, falls $\lambda > 1$. Für $\lambda \leq 1$ konvergiert das Integral nicht.

c) Es ist $\mathrm{P}\{X^k > x\} = \mathrm{P}\{X > \sqrt[k]{x}\} = x^{-\lambda/k}$ für $x \geq 1$ und $= 1$ für $0 \leq x < 1$. Also ist $\mathbb{E}[X^k] = \lambda/(\lambda-k)$ für $\lambda > k$ und $\mathbb{E}[X^k] = +\infty$ für $\lambda \leq k$. Eine Pareto-verteilte Zufallsvariable besitzt also nicht Momente jeder Ordnung, hat also keine erzeugende Funktion der Momente.

3. Für $x \geq 0$ hat man $r(x) = \mathrm{P}\{X \geq x\} = \mathrm{P}\{Y \geq x^\alpha\} = e^{-\lambda x^\alpha}$, daher $f(x) = -r'(x)$. Man erhält $\mathbb{E}[X] = \int_0^{+\infty} r(x)\,dx = \int_0^{+\infty} e^{-\lambda x^\alpha}\,dx = (1/\lambda^{1/\alpha})(1/\alpha)\int_0^{+\infty} e^{-u}u^{(1/\alpha)-u}\,du = (1/\lambda^{1/\alpha})\Gamma(1+(1/\alpha))$ mittels der Variablentransformation $\lambda x^\alpha = u$.

4. Es ist ja $F(x) = \mathrm{P}\{X \leq x\} = \mathrm{P}\{-\mathrm{Log}(e^Y - 1) \leq x\} = \mathrm{P}\{\mathrm{Log}(e^Y - 1) \geq -x\} = \mathrm{P}\{e^Y \geq 1 + e^{-x}\} = \mathrm{P}\{Y \geq \mathrm{Log}(1 + e^{-x})\} = \exp(-\mathrm{Log}(1 + e^{-x})) = 1/(1 + e^{-x})$. Mittels Ableiten erhält man den Ausdruck für $f(x)$. Schliesslich ist die zweite Ableitung von $\mathrm{Log}\,f(x)$ gleich $-1/(1 + \cosh x) < 0$.

5. Für $0 \leq x \leq 1$ ist $\mathrm{P}\{Y > x\} = (\mathrm{P}\{X > x\})^n = (1-x)^n$, daher also $\mathrm{P}\{Y \leq x\} = 1 - \mathrm{P}\{Y \geq x\} = 1 - (1-x)^n$. Die Dichte von Y ist also durch $f(x) = n(1-x)^{n-1} = nx^{1-1}(1-x)^{n-1}$ gegeben, und dies ist die Dichte der Verteilung $B(1,n)$. Entsprechend ist $\mathrm{P}\{X \leq x\} = x^n$ und dies ergibt die Dichte $f(x) = nx^{n-1} = nx^{n-1}(1-x)^{1-1}$, also die Dichte der Verteilung $B(n,1)$.

6. a) $e_0 = \exp\left[\dfrac{1}{2}\left(\mathrm{Log}\,2 + \dfrac{\Gamma'(1/2)}{\Gamma(1/2)}\right)\right]$. Denn wegen $\mathbb{E}[|X|^r] = \dfrac{2^{r/2}}{\sqrt{\pi}}\Gamma\left(\dfrac{r+1}{2}\right)$ für $r > -1$ und $\sqrt{\pi} = \Gamma(1/2)$ gilt

$$\mathrm{Log}\,e_r = \frac{1}{r}\left[\frac{r}{2}\mathrm{Log}\,2 + \mathrm{Log}\,\frac{\Gamma(1/2 + r/2)}{\Gamma(1/2)}\right] = \frac{\mathrm{Log}\,2}{2} + \frac{1}{r}\mathrm{Log}\,\frac{\Gamma(1/2 + r/2)}{\Gamma(1/2)}.$$

Es ist aber $\mathrm{Log}\,\dfrac{\Gamma(1/2 + r/2)}{\Gamma(1/2)} = \dfrac{\Gamma(1/2) + (r/2)\Gamma'(1/2) + o(r)}{\Gamma(1/2)} = 1 + \dfrac{r}{2}\dfrac{\Gamma'(1/2)}{\Gamma(1/2)} + o(r)$; daher ist $\mathrm{Log}\,\dfrac{\Gamma(1/2 + r/2)}{\Gamma(1/2)} = \dfrac{r}{2}\dfrac{\Gamma'(1/2)}{\Gamma(1/2)} + o(r)$ und daraus ergibt sich die Behauptung.

b) Es ist $e_0 = \lambda^{-1}e^{-\gamma}$, wobei γ die Eulersche Konstante bezeichnet. Dazu benutzt man $\mathbb{E}[X^r] = \Gamma(r+1)/\lambda^r$ $(r > -1)$, also $\mathrm{Log}\,e_r = \frac{1}{r}[-r\log\lambda + \mathrm{Log}\,\Gamma(1+r)] = -\mathrm{Log}\,\lambda + \frac{1}{r}\mathrm{Log}\,\Gamma(1+r)$. Es ist aber $\Gamma(1+r) = \Gamma(1) + r\Gamma'(1) + o(r)$. Man weiss nun, dass $\Gamma'(1) = -\gamma$ ist; daher folgt $\Gamma(1+r) = 1 - \gamma r + o(r)$, $\mathrm{Log}\,\Gamma(1+r) = -\gamma r + o(r)$ und die Behauptung.

c) Es reicht aus, $\mathbb{E}[|X|^r] < +\infty$ für alle $r \in [0,1[$ zu beachten.

d) Sei $X = e^Y$, wobei Y eine Cauchy-$\mathcal{C}(0,1)$-verteilte Zufallsvariable ist. Dann ist $\mathbb{E}[X^r]$ für keinen Wert $r > 0$ endlich.

7. Für jedes $x > 0$ gilt

$$\frac{1}{\rho(x)} = \frac{r(x)}{f(x)} = \frac{\int_x^\infty e^{-\lambda t}(\lambda t)^{p-1}\,dt}{e^{-\lambda x}(\lambda x)^{p-1}} = \int_x^\infty e^{-\lambda(t-x)}\left(\frac{t}{x}\right)^{p-1}\,dt\,;$$

daraus folgt mittels der Variablentransformation $t - x = u$

$$\frac{1}{\rho(x)} = \int_0^\infty e^{-\lambda u}\left(1 + \frac{u}{x}\right)^{p-1}\,du\,;$$

und dies führt zur Behauptung.

8. $\mathbb{E}[X^r] = \dfrac{\lambda^p}{\Gamma(p)} \int_0^\infty e^{-\lambda x} x^{p+r-1}\,dx$; mittels der Variablentransformation

$\lambda x = u$ erhält man $\mathbb{E}[X^r] = \dfrac{1}{\lambda^r}\dfrac{1}{\Gamma(p)} \int_0^\infty e^{-u} u^{p+r-1}\,du$. Das Integral

auf der rechten Seite konvergiert genau dann, wenn $p + r > 0$ ist und hat dann den Wert $\Gamma(p+r)$.

9. a) $g(u) = \mathbb{E}[e^{u|X|}] = \frac{1}{2}\int_{\mathbb{R}} e^{(u-1)|x|}\,dx = \int_0^\infty e^{(u-1)x}\,dx$. Dieses Integral konvergiert für $u - 1 < 0$; mit Variablentransformation $(u-1)x = y$ erhält man $g(u) = 1/(1-u)$ $(u < 1)$; die Verteilung $|X|$ ist $\mathcal{E}(1)$.

   b) Es sei g die erzeugende Funktion von $\mathcal{E}(1)$, d.h. $g(u) = \dfrac{1}{1-u}$ $(u < 1)$.

   Dann ist $g_{X_1+X_2}(u) = g_{X_1}(u)g_{X_2}(u) = \left(\dfrac{1}{1-u}\right)^2$ $(u < 1)$ $(\Gamma(2,1)$-

   Verteilung); weiter $g_{X_1-X_2}(u) = g_{X_1}(u)g_{-X_2}(u) = g_{X_1}(u)g_{X_2}(-u) =$

   $\dfrac{1}{1-u}\cdot\dfrac{1}{1+u} = \dfrac{1}{1-u^2}$ $(|u| < 1)$ (erste Laplace-Verteilung) und

   $g_{|X_1-X_2|}(u) = \dfrac{1}{1-u}$ $(u < 1)$ $(\mathcal{E}(1)$-Verteilung).

10. a) Es bezeichne μ die Verteilung von X; dann gilt $\mathrm{P}\{Y > X\} = \int_0^\infty \mathrm{P}\{Y > X \mid X = x\}\,d\mu(x) = \int_0^\infty \mathrm{P}\{Y > x \mid X = x\}\,d\mu(x)$, woraus $\mathrm{P}\{Y > X\} = \int_0^\infty \mathrm{P}\{Y > x\}\,d\mu(x) = \int_0^\infty e^{-\lambda x}\,d\mu(x) = \mathbb{E}[e^{-\lambda X}] = L(\lambda)$ wegen der Unabhängigkeit von X und Y folgt.

   b) Wegen a), und weil die X_k unabhängig sind, ist $\mathrm{P}\{Y > X_1+\cdots+X_n\} = L_{X_1+\cdots+X_n}(\lambda) = L_{X_1}(\lambda)\ldots L_{X_n}(\lambda) = \mathrm{P}\{Y > X_1\}\ldots\mathrm{P}\{Y > X_n\}$.

   c) Es ist $\Omega = \{M = X_1\} + \cdots + \{M = X_n\}$, und daher
   $\{M > \sum_{k=1}^n X_k - M\} = \{X_1 > \sum_{k\neq 1} X_k\} \cup \cdots \cup \{X_n > \sum_{k\neq n} X_k\}$
   und $\mathrm{P}\{M > \sum_{k=1}^n X_k - M\} = n\mathrm{P}\{X_1 > \sum_{k\neq 1} X_k\}$.
   Wegen b), und weil $\mathrm{P}\{X_1 > X_2\} = 1/2$ ist, folgt daraus
   $\mathrm{P}\{M > \sum_{k=1}^n X_k - M\} = n[\mathrm{P}\{X_1 > X_2\}]^{n-1} = n\left(\frac{1}{2}\right)^{n-1}$.

11. $e_r = [\mathbb{E}[X^r]]^{1/r} = (1+r)^{-1/r}$ $(r > 0)$; $e_0 = \lim_{r\downarrow 0} e_r = e^{-1}$.

13. a) Der Träger von X ist $[-1, +1]$; für $x \in [-1, +1]$ ist die Dichte also
   $f(x) = \int_{\mathbb{R}} I_{[0,1]}(u)\,I_{[0,1]}(x + u)\,du$. Die zu integrierende Funktion ist

positiv für $0 < u < 1$ und $0 < x + u < 1$, nämlich $f(x) = (1 - |x|)\, I_{[-1,+1]}(x)$. Um die charakteristische Funktion zu erhalten, benutzt man $\varphi_{X_1}(t) = (e^{it} - 1)/(it)$, $\varphi_X(t) = \varphi_{X_1}(t)\,\varphi_{X_1}(-t) = 2(1-\cos t)/t^2 = (\sin(t/2)/(t/2))^2$. Die Zufallsvariable $2X$ hat als Dichte und charakteristische Funktion $f_{2X}(x) = (1/2)f_X(x/2) = (1/2)(1 - (|x|/2))I_{[-2,+2]}(x)$ und $\varphi_{2X}(t) = \varphi_X(2t) = (\sin t/t)^2$.

b) $\varphi_{Y_1}(t) = (\sin t)/t$, $\varphi_Y(t) = \varphi_{Y_1}(t)^2 = ((\sin t)/t)^2$; das ist die charakteristische Funktion von $2X$.

Kapitel 15

1.   Man verwendet Theorem 1.1. Eine elegantere Lösung besteht darin, die letzte Anwendung dieses Kapitels zu benutzen

2.   Man verwendet Theorem 1.1.

3.   Man verwendet die Formel aus Beispiel 3 (Verteilung des Quotienten).

4.   Die Variablentransformation $u = x + y$, $v = x/(x + y)$ definiert eine Bijektion zwischen $]0, +\infty[\times]0, +\infty[$ und $]0, +\infty[\times]0, 1[$. Dabei gilt

$$x = uv,\ y = u(1 - v),\ D(x,y)/D(u,v) = \begin{vmatrix} v & u \\ 1 - v & -u \end{vmatrix} = -u.$$

Die gemeinsame Dichte von (X, Y) ist

$$f(x,y) = \frac{\lambda^r}{\Gamma(r)}e^{-\lambda x}x^{r-1}\cdot\frac{\lambda^s}{\Gamma(s)}e^{-\lambda y}y^{s-1} = \frac{\lambda^{r+s}}{\Gamma(r)\Gamma(s)}e^{-\lambda(x+y)}x^{r-1}y^{s-1};$$

die gemeinsame Dichte von (U, V) ist also $g(u,v) = f(uv, u(1 - v))u$, d.h.

$$g(u,v) = \frac{\lambda^{r+s}}{\Gamma(r)\Gamma(s)}(uv)^{r-1}(u(1 - v))^{s-1}e^{-\lambda(uv+u(1-v))}u$$

$$= \frac{\lambda^{r+s}}{\Gamma(r + s)}u^{r+s-1}e^{-\lambda u}\cdot\frac{\Gamma(r + s)}{\Gamma(r)\Gamma(s)}v^{r-1}(1 - v)^{s-1}.$$

Somit ist $g(u,v)$ das Produkt einer Dichte der $\Gamma(r + s, \lambda)$-Verteilung mit der Dichte der Beta-Verteilung $B(r,s)$.

5. a) $f(x) = \int_{\mathbb{R}} I_{[0,1]}(v)g(x/v)(1/|v|)\,dv = \int_0^1 (1/v)g(x/v)\,dv$.

    b) Die Zufallsvariable X nimmt ihre Werte in $[0, +\infty[$ an. Man kann die Variablentransformation $x/v = u$ durchführen, dabei ergibt sich $f(x) = \int_x^\infty (g(u)/u)\,du$. Somit ist f differenzierbar, und es ist $f'(x) = -g(x)/x$ $(x > 0)$. Da nach Voraussetzung $g(x) > 0$ für jedes $x > 0$ gilt, erkennt man, dass $f'(x) < 0$ für jedes $x > 0$ ist. Somit ist f streng monoton fallend auf $]0, +\infty[$ und hat genau ein Maximum in $x = 0$.

    c) Die Zufallsvariable X nimmt nun Werte in $\mathbb{R}$ an. Mit der gleichen Darstellung von f wie in a) wird die Variablentransformation $x/v = u$ ausgeführt. Zwei Fälle sind zu unterscheiden:

(1) für $x > 0$ erhält man $f(x) = \int_x^\infty (g(u)/u)\,du$ $(x > 0)$;

(2) für $x < 0$ erhält man $f(x) = \int_x^{-\infty} (g(u)/u)\,du$ $(x < 0)$.

In beiden Fällen ist f differenzierbar und es gilt $f'(x) = -g(x)/x$ $(x \neq 0)$. Folglich ist $g(x) > 0$ für alle $x \in \mathbb{R}$. Für $x < 0$ gilt also $f'(x) < 0$ und für $x < 0$ entsprechend $f'(x) > 0$. Somit ist f streng monoton fallend auf $]0, \infty[$ und streng monoton steigend auf $]-\infty, 0[$. Somit gibt es genau ein Maximum in $x = 0$.

    d) Aus der Beziehung $xf'(x) + g(x) = 0$ folgt $f'(x) = -(x/\sqrt{2\pi})e^{-x^2/2}$ und daher $f(x) = (1/\sqrt{2\pi})e^{-x^2/2}$.

6. a) Man betrachte die Variablentransformation $\binom{u}{v} = A\binom{x}{y}$, $\binom{x}{y} = A^{-1}\binom{u}{v}$, $(D(x,y)/D(u,v)) = \det A^{-1} = \pm 1$. Mit den gleichen Bezeichnungen wie in 3) gilt also

$$g(u,v) = f(x(u,v), y(u,v))\,|\det A^{-1}| = \frac{1}{2\pi}\exp(-\frac{1}{2}(x^2(u,v) + y^2(u,v))).$$

Wegen der Orthogonalität von A ist $x^2 + y^2 = u^2 + v^2$ und folglich

$$g(u,v) = \frac{1}{2\pi}\exp(-\frac{1}{2}(u^2 + v^2)) = \frac{1}{\sqrt{2\pi}}\exp(-\frac{1}{2}u^2) \times \frac{1}{\sqrt{2\pi}}\exp(-\frac{1}{2}v^2).$$

    b) Man weiss, dass $T = Y/X$ Cauchy-$\mathcal{C}(0,1)$-verteilt ist. Daher kann man $Z = \dfrac{a + bT}{c + dT} = \dfrac{aX + bY}{cX + dY}$ schreiben. Dies ist der Quotient von zwei unabhängigen Zufallsvariablen, von denen jede $\mathcal{N}(0,1)$-verteilt ist, es handelt sich also um eine Cauchy-$\mathcal{C}(0,1)$-verteilte Zufallsvariable.

7. a) Die gemeinsame Dichte von (X, Y) ist $f(x,y) = (1/(2\pi))e^{-(x^2 + y^2)/2}$. Die Variablentransformation $\begin{cases} u = 2x \\ v = x - y \end{cases}$ liefert eine Bijektion von $\mathbb{R}^2$ auf $\mathbb{R}^2$, nämlich $\begin{cases} x = u/2 \\ y = (u/2) - v \end{cases}$, $\dfrac{D(x,y)}{D(u,v)} = \begin{vmatrix} 1/2 & 0 \\ 1/2 & -1 \end{vmatrix} = -\dfrac{1}{2}$. Die gemeinsame Dichte $g(u,v)$ von (U, V) ist also gleich

$$g(u,v) = f\left(\frac{u}{2}, \frac{u}{2} - v\right)\frac{1}{2} = \frac{1}{2}\frac{1}{2\pi}\exp\left(-\frac{1}{2}\left(\left(\frac{u}{2}\right)^2 + \left(\frac{u}{2} - v\right)^2\right)\right).$$

Daraus ergeben sich die marginalen Dichten als

$$g(u, \cdot) = \int_{\mathbb{R}} g(u,v)\,dv = \frac{1}{2}\frac{1}{\sqrt{2\pi}}\exp\left(-\frac{1}{2}\frac{u^2}{4}\right) \qquad (\,\mathcal{N}(0, \sigma = 2));$$

$$g(\cdot, v) = \int_{\mathbb{R}} g(u,v)\,du = \frac{1}{\sqrt{2}}\frac{1}{\sqrt{2\pi}}\exp\left(-\frac{1}{2}\frac{v^2}{2}\right) \qquad (\,\mathcal{N}(0, \sigma = \sqrt{2})).$$

b) Die gesuchte bedingte Dichte ist

$$g_{U\,|\,V}(u,0) = \frac{g(u,0)}{g(\cdot,0)} = \frac{1}{\sqrt 2}\,\frac{1}{\sqrt{2\pi}}\,\exp\Big(-\frac{1}{2}\frac{u^2}{2}\Big) \quad (\,\mathcal N(0,\sigma=\sqrt 2)).$$

c) Sei nun $W = X + Y$, $V = X - Y$. Mittels der Variablentransformation $w = x + y$, $v = x - y$ liefert ein analoges Vorgehen

$$g_{W\,|\,V}(w,0) = \frac{1}{\sqrt 2}\,\frac{1}{\sqrt{2\pi}}\,\exp\Big(-\frac{1}{2}\frac{w^2}{2}\Big) \qquad (\,\mathcal N(0,\sigma=\sqrt 2)).$$

d) Man stellt tatsächlich $\mathcal L(2X\,|\,X - Y = 0) = \mathcal L(X + Y\,|\,X - Y = 0) = \mathcal L(X + Y)$ fest. Der Grund dafür ist, dass unter den gegebenen Voraussetzungen die Zufallsvariablen $X + Y$ und $X - Y$ *unabhängig* sind und dass, bedingt mit $X - Y = 0$, die Aussage $X + Y = 2X$ gilt.

8.   Mittels Induktion.

9.   Es genügt, b) zu zeigen. Sei also A eine Borel-Menge von $\mathbb R$. Dann gilt $\mathrm P\{Y \in A\} = \frac{1}{2}\mathrm P\{X \in A\} + \frac{1}{2}\mathrm P\{(1/X) \in A\}$. Wegen a) ist aber $\mathrm P\{(1/X) \in A\} = \mathrm P\{X \in A\}$, und daher $\mathrm P\{Y \in A\} = \mathrm P\{X \in A\}$.

10.   Die gemeinsame Dichte von (X,Y) ist $f(x,y) = (1/(2\pi))e^{-(x^2+y^2)/2}$. Man betrachte nun die Variablentransformation $u = xy$, $v = x/y$, die eine Abbildung von $\mathbb R^2$ in $D = \{(u,v) : u \ge 0, v \ge 0,$ oder $u \le 0, v \le 0\}$ definiert. Diese Abbildung ist allerdings *keine* Bijektion von $\mathbb R^2$ auf D (denn die Paare (x,y) und $(-x,-y)$ haben das gleiche Bild). Wegen $x^2 = uv$ und $y^2 = u/v$ kann man $x = +\sqrt{uv}$, $y = +\sqrt{u/v}$ wählen, dann ist $\dfrac{D(u,v)}{D(x,y)} = \begin{vmatrix} y & x \\ 1/y & -x/y^2 \end{vmatrix} = -2(x/y) = -2v$ und $\dfrac{D(x,y)}{D(u,v)} = -1/(2v)$. Da jedes Element (u,v) von D *zwei* Urbilder in $\mathbb R^2$ hat, ergibt sich

$$g(u,v) = 2f\big(x(u,v),y(u,v)\big)\frac{1}{2|v|} = 2\frac{1}{2\pi}\exp\Big(-\frac{1}{2}\Big(uv + \frac{u}{v}\Big)\Big)\frac{1}{2|v|}$$

$$= \frac{1}{2\pi}\exp\Big(-\frac{u}{2}\Big(v + \frac{1}{v}\Big)\Big)\frac{1}{|v|} \qquad ((u,v) \in D).$$

Marginale Dichte von U:

Für $u \ge 0$ ist $\quad g(u,\cdot) = \dfrac{1}{2\pi}\displaystyle\int_0^\infty \exp\Big(-\frac{u}{2}\Big(v + \frac{1}{v}\Big)\Big)\frac{dv}{v}.$

Für $u \le 0$ ist $\quad g(u,\cdot) = \dfrac{1}{2\pi}\displaystyle\int_{-\infty}^0 \exp\Big(-\frac{u}{2}\Big(v + \frac{1}{v}\Big)\Big)\frac{dv}{-v}$

$$= \frac{1}{2\pi}\int_0^\infty \exp\Big(\frac{u}{2}\Big(t + \frac{1}{t}\Big)\Big)\frac{dt}{t}.$$

Daher

$$g(u, \cdot) = \frac{1}{2\pi} \int_0^\infty \exp\left(-\frac{|u|}{2}\left(t + \frac{1}{t}\right)\right) \frac{dt}{t} \quad (u \in \mathbb{R}).$$

Marginale Dichte von V:

Für $v \geq 0$: $\quad g(\cdot, v) = \frac{1}{2\pi} \frac{1}{v} \int_0^\infty \exp\left(-\frac{u}{2}\left(v + \frac{1}{v}\right)\right) du.$

Wenn man also $\frac{u}{2}\left(v + \frac{1}{v}\right) = t$ setzt, ist

$$g(\cdot, v) = \frac{1}{\pi} \frac{1}{v} \int_0^\infty e^{-t} \frac{dt}{v + (1/v)} = \frac{1}{\pi} \frac{1}{1 + v^2}$$

Für $v \leq 0$: $\quad g(\cdot, v) = \frac{1}{2\pi} \frac{1}{-v} \int_{-\infty}^0 \exp\left(-\frac{u}{2}\left(v + \frac{1}{v}\right)\right) du.$

Wenn man also $\frac{u}{2}\left(v + \frac{1}{v}\right) = t$ setzt, ist

$$g(\cdot, v) = \frac{1}{\pi} \frac{1}{-v} \int_{+\infty}^0 \frac{e^{-t}\, dt}{v + (1/v)} = \frac{1}{\pi} \frac{1}{1 + v^2} \int_0^\infty e^{-t}\, dt.$$

Daher gilt

$$g(\cdot, v) = \frac{1}{\pi} \frac{1}{1 + v^2} \quad (v \in \mathbb{R}).$$

12.   a) $\mathcal{L}(U) = \mathcal{C}(0, 1)$;   b) $\mathcal{L}(Z) = \mathcal{C}(0, 1)$.

Kapitel 16

1. a) Man betrachte die folgende Ungleichung, die für $n \geq 1$ und $\varepsilon > 0$ gilt:

$$\mathrm{P}\big\{|X_n + Y_n - X - Y| > 2\varepsilon\big\} \leq \mathrm{P}\big\{|X_n - X| > \varepsilon\big\} + \mathrm{P}\big\{|Y_n - Y| > \varepsilon\big\}.$$

Die Behauptung ergibt sich für $n \to \infty$, wobei ε fest bleibt.

b) Man betrachte die folgende Ungleichung, die für $n \geq 1$ und $\varepsilon > 0$ gilt:

$$\mathrm{P}\big\{|X_n Y_n - XY| > 3\varepsilon\big\} \leq \mathrm{P}\big\{|X_n - X|\,|Y| > \varepsilon\big\}$$
$$+ \mathrm{P}\big\{|Y_n - Y|\,|X| > \varepsilon\big\} + \mathrm{P}\big\{|X_n - X|\,|Y_n - Y| > \varepsilon\big\}.$$

Der erste Term auf der rechten Seite wird folgendermassen majorisiert. Für $\varepsilon > 0$ und $A > 0$ gilt

$$\mathrm{P}\big\{|X_n - X|\,|Y| > \varepsilon\big\} \leq \mathrm{P}\big\{|X_n - X| > \varepsilon/A\big\} + \mathrm{P}\big\{|Y| > A\big\}.$$

Man kann A so gross wählen, dass $\mathrm{P}\big\{|Y| > A\big\} < \eta$ gilt; wenn nun A so gewählt ist, kann man n so gross machen, dass $\mathrm{P}\big\{|X_n - X| > \varepsilon/A\big\} < \eta$ gilt, also insgesamt $\mathrm{P}\big\{|X_n - X|\,|Y| > \varepsilon\big\} < 2\eta$. Das zweite Glied auf der rechten Seite kann ganz analog behandelt werden. Das dritte Glied schliesslich konvergiert für $n \to \infty$ gegen 0, denn es ist

$$\mathrm{P}\big\{|X_n - X|\,|Y_n - Y| > \varepsilon\big\} \leq \mathrm{P}\big\{|X_n - X| > \sqrt{\varepsilon}\big\} + \mathrm{P}\big\{|Y_n - Y| > \sqrt{\varepsilon}\big\}.$$

2. a) Wegen Lemma 5.3 gilt für jedes $\eta > 0$ die Ungleichung

$$|\mathrm{F}_{X_n+Y_n}(x) - \mathrm{F}_{X_n}(x)| \leq \mathrm{F}_{X_n}(x+\eta) - \mathrm{F}_{X_n}(x-\eta) + \mathrm{P}\{|Y_n| > \eta\}.$$

Die Behauptung ergibt sich, wenn man für x, $x - \eta$, $x + \eta$ ($\eta > 0$) Stetigkeitspunkte der Verteilungsfunktion F von X wählt und n gegen unendlich gehen lässt.

b) Für jedes $A > 0$ und jedes $\varepsilon > 0$ gilt

$$\mathrm{P}\{|X_n\,Y_n| > A\varepsilon\} \leq \mathrm{P}\{|X_n| > A\} + \mathrm{P}\{|Y_n| > \varepsilon\}.$$

Wegen $X_n \xrightarrow{\mathcal{L}} X$ (wobei X eine Zufallsvariable ist) wird das erste Glied auf der rechten Seite kleiner als η, wenn man A und n hinreichend gross wählt. Wegen $Y_n \xrightarrow{p} 0$ konvergiert das zweite Glied für $n \to \infty$ gegen 0. Aus diesen beiden Aussagen ergibt sich die Behauptung.

3. a) Die Reihe mit dem allgemeinen Glied $\mathbb{E}\big[\,|X_n|^{1/2}\big] = n^{-3/2}$ konvergiert; deshalb gilt $X_n \xrightarrow{f.s.} 0$ gemäss dem zweiten Kriterium für fast-sichere Konvergenz.

b) $\mathbb{E}\big[X_n^2\big] = 1$; also konvergiert X_n nicht im quadratischen Mittel gegen 0.

4.   Man nimmt $X_n \xrightarrow{p} X$ an, sowie die Existenz eines $C > 0$ derart, dass $\mathrm{P}\{|X_n| \leq C\} = 1$ für $n \geq 1$ gilt. Dann folgt $\mathrm{P}\{|X| \leq C\} = 1$, denn für jedes $\varepsilon > 0$ gilt $\mathrm{P}\{|X| \leq C + \varepsilon\} = \lim_{n\to\infty} \mathrm{P}\{|X_n| \leq C + \varepsilon\} = 1$. Setzt man $E_n(\varepsilon) = \{|X_n - X| > \varepsilon\}$, so hat man $|X_n - X|^r \leq \varepsilon^r I_{E_n^c(\varepsilon)} + (2C)^r I_{E_n(\varepsilon)}$: Daraus folgt $\limsup_{n\to\infty} \mathbb{E}[\,|X_n - X|^r\,] \leq \varepsilon^r$, indem man den Erwartungswert nimmt.

6. a) Mit $B = \dfrac{t + \mathrm{Log}\,g(\varepsilon))}{\varepsilon}$ gilt

$$g(\varepsilon) \geq \int_{\{X \geq B\}} e^{\varepsilon X}\,d\mathrm{P} \geq e^{\varepsilon B} \int_{\{X \geq B\}} d\mathrm{P} = e^t g(\varepsilon)\mathrm{P}\{X \geq B\}.$$

7. a) Man verwendet das zweite Kriterium für fast-sichere Konvergenz.

b) Wenn $\sum_{n\geq 1} \mathbb{E}[X_n^2] < \infty$ ist, so gilt $\mathbb{E}[X_n^2] \to 0$ für $n \to \infty$, daraus ergibt sich die Behauptung.

8. $\mathbb{E}\left[\left(\dfrac{X_n}{\mu_n} - 1\right)^2\right] = \mathrm{Var}\,\dfrac{X_n}{\mu_n} = \dfrac{\sigma_n^2}{(\mu_n)^2} = \dfrac{O(1)}{|\mu_n|} \to 0.$ Also konvergiert $(X_n/\mu_n) - 1$ im quadratischen Mittel gegen 0, also auch in der Wahrscheinlichkeit.

9.   Wegen $X_n \xrightarrow{p} 0$ kann man aus der Folge (X_n) eine Teilfolge (X_{n_k}), mit $X_{n_k} \downarrow 0$ fast-sicher, auswählen. Dann folgt aber auch $X_n \downarrow 0$ fast-sicher, da die Folge (X_n) monoton absteigend ist.

10.   Für jedes $\varepsilon > 0$ gilt $\mathrm{P}\{X_n > \varepsilon\} \leq 1/n \to 0$ für $n \to \infty$; andererseits gilt $\mathbb{E}[X_n^2] = +\infty$ für jedes $n \geq 1$, da das Integral $\int_0^{1/n}(1/x)\,dx$ divergiert.

11. a) $X_n \xrightarrow{p} 0$, denn für $\varepsilon > 0$ gilt $\mathrm{P}\{X_n > \varepsilon\} \leq \mathrm{P}\{X_n > 0\} = 1/n \to 0$.

    b) Man zeigt, dass (Y_n) *nicht* gegen 0 in der Wahrscheinlichkeit konvergiert. Zunächst bemerkt man $\{Y_{2n} \geq 1/2\} \supset \bigcup_{n<k\leq 2n}\{X_k = k\}$, und deswegen ist

$$\mathrm{P}\{Y_{2n} \geq 1/2\} \geq \mathrm{P}\Big(\bigcup_{n<k\leq 2n}\{X_k = k\}\Big) = 1 - \mathrm{P}\Big(\bigcap_{n<k\leq 2n}\{X_k = 0\}\Big)$$

$$= 1 - \prod_{n<k\leq 2n}\big(1 - (1/k)\big) \geq 1 - \prod_{n<k\leq 2n}\exp(-1/k)$$

$$= 1 - \exp\Big(-\sum_{n<k\leq 2n}(1/k)\Big) \geq 1 - e^{-1/2} > 0.$$

Deshalb konvergiert $\mathrm{P}\{Y_{2n} \geq 1/2\}$ *nicht* gegen 0 für $n \to \infty$; die Folge (Y_n) $(n \geq 1)$ konvergiert also *nicht* in der Wahrscheinlichkeit gegen 0.

12.   Der Träger von Z_n ist $[0, n]$. Für $n \geq x$ gilt

$$\begin{aligned}
\mathrm{P}\{Z_n > x\} &= \mathrm{P}\{\min(U_1, \ldots, U_n) > x/n\} \\
&= \mathrm{P}\{U_1 > x/n, \ldots, U_n > x/n\} \\
&= (\mathrm{P}\{U > x/n\})^n = (1 - (x/n))^n
\end{aligned}$$

und dies konvergiert gegen e^{-x} für $n \to \infty$.

13.   Der Träger von $e^{-\lambda X}$ ist $]0, 1[$. Für $0 < x < 1$ gilt

$$\mathrm{P}\{e^{-\lambda X} < x\} = \mathrm{P}\{X > -(\mathrm{Log}\,x/\lambda)\} = e^{-\lambda(-\mathrm{Log}\,x/\lambda)} = x;$$

also ist $\mathcal{L}(e^{-\lambda X}) = \mathcal{L}(U)$.

14. a) Wegen der Aufgaben 12 und 13 hat man $\mathcal{L}(A_n) = \mathcal{L}(Z_n)$, wobei Z_n die in Aufgabe 12 definierte Zufallsvariable bezeichnet. Gemäss Aufgabe 12 gilt also $A_n \xrightarrow{\mathcal{L}} Y$, wobei Y eine exponential-verteilte Zufallsvariable mit Parameter 1 ist.

    b) Wegen $B_n = (A_n)^{1/\lambda}$ gilt $B_n \xrightarrow{\mathcal{L}} Y^{1/\lambda}$. Die Verteilung des Limes ist eine *Weibull*-Verteilung (*cf.* Aufgabe 3 von Kap. 14), deren Überlebensfunktion $\mathrm{P}\{Y^{1/\lambda} > x\} = \mathrm{P}\{Y > x^\lambda\} = e^{-x^\lambda}$ $(x > 0)$ ist.

    c) Wegen $C_n = (A_n)^{-1/\lambda}$ gilt $C_n \xrightarrow{\mathcal{L}} Y^{-1/\lambda}$. Die Verteilung des Limes ist eine *Fréchet*-Verteilung, deren Verteilungsfunktion für $x > 0$ durch $\mathrm{P}\{Y^{-1/\lambda} < x\} = \mathrm{P}\{Y > x^{-\lambda}\} = e^{-(x^{-\lambda})}$ gegeben ist.

d) Es ist $D_n = -\operatorname{Log} A_n$; also gilt $D_n \xrightarrow{\mathcal{L}} -\operatorname{Log} Y$. Die Verteilung des Limes ist eine *Gumbel*-Verteilung, deren Verteilungsfunktion für jedes x durch $\mathrm{P}\{-\operatorname{Log} Y < x\} = \mathrm{P}\{Y > e^{-x}\} = e^{-(e^{-x})}$ gegeben ist.

15. a) Für $x > 0$ gilt

$$\mathrm{P}\{Z_n \le x\} = \big(\mathrm{P}\{X \le nx\}\big)^n = \big(1 - \mathrm{P}\{X > nx\}\big)^n = \big(1 - o(1/(nx))\big)^n.$$

Daher ist $\operatorname{Log} \mathrm{P}\{Z_n \le x\} = n\operatorname{Log}\big(1 - o(1/(nx))\big)$, und dies strebt gegen 0 für $n \to \infty$.

b) Für $x > 0$ gilt

$$\mathrm{P}\{Z_n \le x\} = \big(1 - \mathrm{P}\{X > n^{1/\lambda}x\}\big)^n = \Big(1 - \frac{\alpha}{nx^\lambda} + o(1/n)\Big)^n,$$

und dies strebt gegen $e^{-\alpha x^{-\lambda}}$ für $n \to \infty$.
Beispiele für a): $\mathcal{L}(X) = \mathcal{E}(\theta)$ $(\theta > 0)$, $X = |Y|$, mit $\mathcal{L}(Y) = \mathcal{N}(0,1)$.
Beispiele für b): $X = e^Y$ mit $\mathcal{L}(Y) = \mathcal{E}(\theta)$ $(\theta > 0)$ und $\alpha = 1$, $\lambda = \theta$; oder auch $X = |Y|$ mit $\mathcal{L}(Y) = \mathcal{C}(0,1)$ und $\alpha = 2/\pi$, $\lambda = 1$; oder schliesslich auch $X = Y - 1$, mit $\mathcal{L}(Y) = \mathrm{Pareto}(1,1)$ und $\alpha = 1$, $\lambda = 1$.

Kapitel 17

1. a) Es ist $\mathbb{E}[Y_n] = m$ und $\operatorname{Var} Y_n = \sigma^2/n$. Um $\mathbb{E}[Z_n]$ zu berechnen, kann man $m = 0$ annehmen, denn Z_n hängt nicht von m ab. Eine einfache Rechnung zeigt $\sum_{k=1}^n (X_k - Y_n)^2 = \sum_{k=1}^n X_k^2 - nY_n^2$, daher gilt

$$\mathbb{E}\Big[\sum_{k=1}^n (X_k - Y_n)^2\Big] = n\sigma^2 - \sigma^2 = (n-1)\sigma^2 \text{ und } \mathbb{E}[Z_n] = \sigma^2.$$

b) $Z_n = (1/(n-1)) \sum_{k=1}^n X_k^2 - (n/(n-1))Y_n^2$. Mit dem starken Gesetz der grossen Zahlen von Kolmogorov (Theorem 2.3) erhält man

$$(1/n) \sum_{k=1}^n X_k^2 \xrightarrow{f.s.} \mathbb{E}[X_1^2] \text{ wegen } \mathbb{E}[X_1^2] < \infty, \text{ sowie } Y_n \xrightarrow{f.s.} \mathbb{E}[X_1] \text{ wegen}$$

$\mathbb{E}[\,|X_1|\,] < \infty$; daher also $Z_n \xrightarrow{f.s.} \mathbb{E}[X_1^2] - (\mathbb{E}[X_1])^2 = \sigma^2$.

2. Es bezeichne φ die allen X_n gemeinsame charakteristische Funktion. Da X_n zu L^1 gehört und zentriert ist, gilt $\varphi'(0) = 0$. Nun ist aber $\varphi_{Y_n}(t) = \big(\varphi(t/n)\big)^n$. Setzt man $\psi = \operatorname{Log}\varphi$, so erhält man $\psi_{Y_n}(t) = n\psi(t/n) = t(\psi(t/n) - \psi(0))/(t/n)$. Lässt man nun n gegen unendlich gehen, so ergibt sich $\psi_{Y_n}(t) \to t\,\psi'(0) = t\,\varphi'(0)/\varphi(0) = 0$; daher also $\varphi_{Y_n}(t) \to 1$ und $Y_n \xrightarrow{\mathcal{L}} 0$. Da der Limes eine Konstante ist, ist die letzte Aussage äquivalent zu $Y_n \xrightarrow{p} 0$.

3. a) Wegen $X_n/n = Y_n - ((n-1)/n)Y_{n-1}$ gilt $X_n/n \xrightarrow{f.s.} 0$ für $n \to \infty$. Mit Wahrscheinlichkeit 1 tritt das Ereignis $A_n = \{|X_n| \geq n\}$ also nur für *endlich* viele Indices n ein. Da die X_n unabhängig sind, sind auch die A_n unabhängig, und aus dem Lemma von Borel-Cantelli ergibt sich $\sum_{n \geq 1} \mathrm{P}(A_n) < \infty$.

   b) Da die X_n identisch verteilt sind, genügt es, $\mathbb{E}[\,|X_1|\,] < \infty$ zu zeigen. Es ist aber $\mathbb{E}[\,|X_1|\,] = \int_0^{+\infty} \mathrm{P}\{|X_1| \geq x\}\,dx$. Setzt man nun $H_k = \{x \in \mathbb{R}^+ : k \leq x < k+1\}$, so ist $\mathbb{E}[\,|X_1|\,] = \sum_{k \geq 0} \int_{H_k} \mathrm{P}\{|X_1| \geq x\}\,dx \leq \sum_{k \geq 0} \mathrm{P}\{|X_1| \geq k\} \int_{H_k} dx = \sum_{k \geq 0} \mathrm{P}\{|X_1| \geq k\} < +\infty$.

   c) Da die X_n zu L^1 gehören, folgt aus dem starken Gesetz der grossen Zahlen von Kolmogorov, dass $Y = \mathbb{E}[X_1] = $ konstant ist.

4. Für jedes $\varepsilon > 0$ gilt $\mathrm{P}\{|S_n/n| > \varepsilon\} = \mathrm{P}\{|S_n/\sqrt{n}| > \varepsilon\sqrt{n}\}$. Zu jedem $N > 0$ gibt es aber ein N_0 derart, dass $\varepsilon\sqrt{n} > N$ für alle $n \geq N_0$ gilt. Folglich ist $\mathrm{P}\{|S_n/n| > \varepsilon\} \leq \mathrm{P}\{|S_n/\sqrt{n}| > N\} \to \int_{|x|>N} d\mu(x)$, wobei μ die Verteilung von Y ist. Da aber N beliebig war, folgt $\mathrm{P}\{|S_n/n| > \varepsilon\} \to 0$.

6. a) Die Dichte $g_n(x, R)$ ist gleich $V_{n-1}(\sqrt{R^2 - x^2}\,)I_{[-R,+R]}(x)$, daher

$$f_n(x, R) = \frac{V_{n-1}(\sqrt{R^2 - x^2})}{V_n(R)}$$

$$= \frac{1}{\sqrt{\pi}} \frac{\Gamma(1 + n + 2)}{\Gamma(1 + (n-1)/2)} \frac{1}{R} \left(1 - \frac{x^2}{R^2}\right)^{(n-1)/2} I_{[-R,+R]}(x);$$

wenn man also noch $R = \sqrt{n}$ setzt, ist dies die Dichte

$$f_n(x, \sqrt{n}) = \frac{1}{\sqrt{n}} \frac{\Gamma(1 + n/2)}{\Gamma(1 + (n-1)/2)} \left(1 - \frac{x^2}{R^2}\right)^{(n-1)/2} I_{[-\sqrt{n},+\sqrt{n}]}(x).$$

   b) Unter Verwendung der Formel von Stirling $\Gamma(1 + p) \sim (p/e)^p \sqrt{2\pi p}$ für $p \to \infty$ erhält man mit einer einfachen Rechnung

$$\frac{1}{\sqrt{n}} \frac{\Gamma(1 + n/2)}{\Gamma(1 + (n-1)/2)} \to \frac{1}{\sqrt{2}} \qquad (n \to \infty).$$

   c) Sei x reell und die ganze Zahl n so gross, dass $|x| < \sqrt{n}$ gilt. Man erkennt $\left(1 - \frac{x^2}{n}\right)^{(n-1)/2} \to e^{-x^2/2}$ für $n \to \infty$.

Man weiss nun andererseits, dass für grosse Werte von n das Volumen der Kugel $B_n(0, R)$ weitgehend am Rand konzentriert ist. Dies ergibt sich aus

$$\frac{V_n(R)}{V_n(R + h)} = \left(\frac{R}{R + h}\right)^n \to 0 \quad (n \to \infty)$$

für jedes $h > 0$. Man darf also folgendes Resultat erwarten:

Projiziert man die Oberfläche $A_n(R)$ der Kugel $B_n(0, R)$ auf die x-Achse, so erhält man eine Massenverteilung mit der Dichte $g_n^*(x, R)$, die man noch so normiert, dass man es mit einer *Wahrscheinlichkeitsdichte* $f_n^*(x, R) = \dfrac{g_n^*(x, R)}{A_n(R)}$ zu tun hat. Für $R = \sqrt{n}$ konvergiert die Folge der Dichten $f_n^*(x, \sqrt{n})$ für $n \to \infty$ punktweise gegen die Dichte der Normalverteilung $\mathcal{N}(0, 1)$. Diese Vermutung ist in der Tat richtig und kann durch ein zur obigen Rechnung analoges Vorgehen bestätigt werden.

7.   Es genügt, 3) zu beweisen. Für $n \geq 1$ sei $A_n = \{X_n = 0\}$. Dann gilt $\{X_n \to 0\} = \liminf_{n \to \infty} A_n = \left(\limsup_{n \to \infty} A_n^c\right)^c$; daher $\mathrm{P}\{X_n \to 0\} = 1 \Leftrightarrow$ $\mathrm{P}\left(\limsup_{n \to \infty} A_n^c\right) = 0$. Da aber die A_n unabhängig sind, ergibt sich mittels des Lemmas von Borel-Cantelli

$$\mathrm{P}\left(\limsup_{n \to \infty} A_n^c\right) = 0 \Leftrightarrow \sum_{n \geq 1} \mathrm{P}(A_n^c) < \infty \Leftrightarrow \sum_{n \geq 1} u_n < +\infty.$$

Kapitel 18

1.   Die erzeugende Funktion von X_λ ist $g_0(u) = \exp(\lambda(e^u - 1))$; diejenige von $(X_\lambda - \lambda)/\sqrt{\lambda}$ ist also $g(u) = e^{-u\sqrt{\lambda}} \exp(\lambda(e^{u/\sqrt{\lambda}} - 1))$. Daher ist

$$\mathrm{Log}\, g(u) = -u\sqrt{\lambda} - \lambda + \lambda e^{u/\sqrt{\lambda}} = -u\sqrt{\lambda} - \lambda + \lambda\left(1 + \frac{u}{\sqrt{\lambda}} + \frac{u^2}{2\lambda} + o\left(\frac{1}{\lambda}\right)\right) =$$
$$\frac{u^2}{2} + o(1) \to \frac{u^2}{2}; \text{ somit hat man } g(u) \to e^{u^2/2}.$$

2.   Die erzeugende Funktion von X_p ist $g_0(u) = (\lambda/(\lambda - u))^p$ für $u < \lambda$; die erzeugende Funktion von $\dfrac{X_p - (p/\lambda)}{\sqrt{p}/\lambda}$ ist also $g(u) = e^{-u\sqrt{p}} g_0\left(\dfrac{\lambda}{\sqrt{p}} u\right) =$ $e^{-u\sqrt{p}}\left(\dfrac{1}{1 - \frac{u}{\sqrt{p}}}\right)^p$. Daher ist $\mathrm{Log}\, g(u) = -u\sqrt{p} - p\,\mathrm{Log}\left(1 - \dfrac{u}{\sqrt{\lambda}}\right) =$

$$-u\sqrt{p} - p\left(-\frac{u}{\sqrt{\lambda}} - \frac{u^2}{2p} + o\left(\frac{1}{p}\right)\right) = \frac{u^2}{2} + o\left(\frac{1}{p}\right) \to \frac{u^2}{2}; \text{ man erhält}$$
$$g(u) \to e^{u^2/2}.$$

3. a) $\mathbb{E}[S_n] = \displaystyle\sum_{k=1}^{n} \frac{1}{k} \sim \log n$, $C_n^2 = \mathrm{Var}\, S_n = \sum_{k=1}^{n} \frac{1}{k}\left(1 - \frac{1}{k}\right) \sim \mathrm{Log}\, n$.

    b)   Es sei $X_n' = X_n - 1/n$, $S_n' = \sum_{k=1}^{n} X_n'$. Dann gilt $\mathrm{Var}\, S_n' = \mathrm{Var}\, S_n = C_n^2$. Die Folge (X_n') $(n \geq 1)$ ist eine Folge von unabhängigen, zentrierten Zufallsvariablen aus L^2. Ausserdem genügt sie der Liapunov-Bedingung für $\delta = 1$, denn es gilt

$$\mathbb{E}[|X_k'|^3] = \frac{1}{k}\left(1 - \frac{1}{k}\right)^3 + \left(1 - \frac{1}{k}\right)\left(\frac{1}{k}\right)^3 = \frac{1}{k}\left(1 - \frac{1}{k}\right)\left[\left(1 - \frac{1}{k}\right)^2 + \left(\frac{1}{k}\right)^2\right]$$
$$\leq \frac{1}{k}\left(1 - \frac{1}{k}\right) \leq \frac{1}{k},$$

und daher

$$\frac{1}{(C_n)^3} \sum_{k=1}^{n} |X_n'|^3 \leq \frac{1}{(C_n)^3} \sum_{k=1}^{n} \frac{1}{k} \sim \frac{1}{\sqrt{\mathrm{Log}\, n}} \to 0 \qquad (n \to \infty).$$

Damit zeigt sich $S_n'/C_n \xrightarrow{\mathcal{L}} \mathcal{N}(0,1)$ und somit ebenfalls $Y_n \xrightarrow{\mathcal{L}} \mathcal{N}(0,1)$.

4.   Es sei (X_k) $(k \geq 1)$ eine Folge von unabhängigen Zufallsvariablen mit $p\varepsilon_1 + q\varepsilon_0$ als gemeinsamer Verteilung. Sei dann $S_n = \sum_{k=1}^{n} X_k$. Da S_n $B(n,p)$-binomial-verteilt ist, ist die Summe, deren Limes interessiert, gleich

$$P\{[n/2] + 1 \leq S_n \leq n\} = P\left\{ \frac{[n/2] + 1 - np}{\sqrt{npq}} \leq \frac{S_n - np}{\sqrt{npq}} \leq \frac{n - np}{\sqrt{npq}} \right\},$$

und dieser Ausdruck ist für grosse n gleich

$$P\left\{ \frac{(n/2) - np}{\sqrt{npq}} \leq \frac{S_n - np}{\sqrt{npq}} \leq \frac{nq}{\sqrt{npq}} \right\}.$$

Gemäss dem zentralen Grenzwertsatz ist dieser Ausdruck äquivalent zu

$$\frac{1}{\sqrt{2\pi}} \int_{-(p-(1/2))\sqrt{n}/\sqrt{pq}}^{\sqrt{(q/p)}\sqrt{n}} e^{-x^2/2} \, dx \,,$$

was wegen $p > \frac{1}{2}$ gegen $\dfrac{1}{\sqrt{2\pi}} \displaystyle\int_{-\infty}^{+\infty} e^{-x^2/2} \, dx = 1$ konvergiert.

Bemerkung. — Interpretiert man die X_k als Indikatorfunktionen für das Abstimmungsverhalten des k-ten Wählers in Bezug auf einen Kandidaten A und gibt es insgesamt n Wähler, so stellt S_n die Gesamtzahl der Stimmen für A dar. Das vorige Ergebnis zeigt also, dass im Falle $p > \frac{1}{2}$, wenn also das Wahlverhalten *von vornherein* günstig für A ist, die Wahrscheinlichkeit dafür, dass eine Mehrheitsentscheidung (d.h. *ein Vorsprung von einer einzigen Stimme genügt*) zugunsten von A ausgeht, gegen 1 konvergiert, wenn die Zahl der Wähler gegen unendlich strebt.

5. a)   Mit F_n und F werden die Verteilungsfunktionen von Y_n und Y bezeichnet. Für jeden Stetigkeitspunkt x von F und für jedes $n \geq 1$ gilt $P\{Y_{N_n} \leq x\} = \sum_{k \geq 1} P\{Y_{N_n} \leq x, N_n = k\} = \sum_{k \geq 1} P\{Y_k \leq x, N_n = k\}$. Wegen der Unabhängigkeit der Folgen (Y_n) und (N_n) folgert man

$$P\{Y_{N_n} \leq x\} = \sum_{k \geq 1} P\{Y_k \leq x\} P\{N_n = k\} = \sum_{k \geq 1} F_k(x) P\{N_n = k\}$$

und daher $P\{Y_{N_n} \leq x\} - F(x) = \sum_{k>1}(F_k(x) - F(x))P\{N_n = k\} =$

$$\sum_{k=1}^{M}(\mathrm{F}_k(x) - F(x))\mathrm{P}\{N_n = k\} + \sum_{k>M}(\mathrm{F}_k(x) - \mathrm{F}(x))\mathrm{P}\{N_n = k\} = J_1 + J_2.$$

Nehmen wir jetzt $Y_n \xrightarrow{\mathcal{L}} Y$ an. Man kann M hinreichend gross wählen, so dass $|\mathrm{F}_k(x) - \mathrm{F}(x)| < \varepsilon$ für alle $k \geq M$ gilt, daher ist $|J_2| < \varepsilon$.

Ist die Zahl M so fixiert, kann man n gegen ∞ gehen lassen. Wegen der Voraussetzung $N_n \xrightarrow{p} +\infty$ gilt $\lim_{n\to\infty} \mathrm{P}\{N_n = k\} = 0$ für jedes $k \geq 1$. Man kann also n_0 so gross wählen, dass $|J_1| < \varepsilon$ für alle $n > n_0$ gilt.

b) Die ist eine unmittelbare Folge von a), denn wegen des zentralen Grenzwertsatzes gilt $Y_n \xrightarrow{\mathcal{L}} \mathcal{N}(0,1)$.

INDEX